二战武器大百科 陆战篇

ENCYCLOPEDIA OF LAND WEAPONS OF WORLD WAR II

ZVEN可视化中心 著绘

民主与建设出版社
·北京·

图书在版编目（CIP）数据
二战武器大百科. 陆战篇 / ZVEN可视化中心著绘.
北京 : 民主与建设出版社, 2024. 7. -- ISBN 978-7
-5139-4646-9
Ⅰ. E92-62
中国国家版本馆CIP数据核字第2024Q6G828号

二战武器大百科. 陆战篇
ERZHAN WUQI DA BAIKE LUZHAN PIAN

著　　绘　ZVEN可视化中心
责任编辑　宁莲佳
策划编辑　罗应中　顾超逸　刘　昂
封面设计　王　涛
出版发行　民主与建设出版社有限责任公司
电　　话　（010）59417749　59419778
社　　址　北京市海淀区西三环中路 10 号望海楼 E 座 7 层
邮　　编　100142
印　　刷　重庆亘鑫印务有限公司
版　　次　2024 年 7 月第 1 版
印　　次　2024 年 9 月第 1 次印刷
开　　本　889 毫米 ×1194 毫米　1/12
印　　张　25
字　　数　690 千字
书　　号　ISBN 978-7-5139-4646-9
定　　价　268.00 元

ZVEN可视化中心

ZVEN可视化中心，为数据创新而生，致力于创作既有视觉冲击力又蕴含丰富知识信息的创意产品，帮助读者轻松、愉悦地理解每一个文化主题。

中心现拥有上百位稳定合作的核心创作者，数百位专业顾问（军事专业技术顾问34位，教授级学术顾问47位），11位专职策划编辑，5位专职3D建模人员，4位专职美术编辑，3位文创策划，并与5家创作机构建立了长期合作关系。已经开发完成的作品有《中国古代兵器大百科》《世界坦克大百科》等，正在开发的作品包括《二战武器大百科. 海战篇》《二战武器大百科. 空战篇》《世界轻兵器大百科》等。

ZVEN可视化中心秉承指文图书专业学术与大众科普相融合的特色，坚持“视觉创意 + 硬核数据”的创作理念，努力为读者创造沉浸式的阅读体验。

序 言

历史一再证明，人们对战争的认识主要来自过往，当一场战争刚刚爆发时，大多数人都没有为崭新的技术手段、战场形态、国际局势，以及社会生活受到的新冲击做好准备，即便那些专业人士也可能是后知后觉者。少数引领潮流、开创未来的人能够占得先机，打对手一个措手不及，不过后知后觉者也不会永远停滞不前，毕竟学习和探索是人类最重要的本能。

和上一场世界大战相比，第二次世界大战有什么不同之处呢？这里就不用“牵涉国家之多，影响范围之广，损失人员之众，塑造格局之深”之类的套路了，仅就地面战场来说，空前的机动性和突然性是二战最显著的特征。这一切得益于钢铁、石化、电气、汽车工业的快速发展，通信技术的长足进步，组织管理水平的大幅提高。其表象和结果则是战场空间极度广阔，战役和战斗间隔短促、节奏紧凑，以及战场形势瞬息万变、错综复杂。

这种机动性和突然性在武器装备方面自然也有迹可循：作为具备良好机动性的火力平台，坦克在二战中成了主要突击兵器；各个工业强国纷纷尝试为火炮安装车辆底盘，使其跟得上坦克的脚步；运兵卡车得到广泛应用，各种装甲运兵车也崭露头角，步兵的摩托化甚至机械化进行得如火如荼；机枪这一步兵火力支柱朝着轻量化、便携化的方向发展，以便及时提供掩护和支援；就连步枪这种最基础的单兵武器也变得长度更短、重量更轻、射速更快，以期在突然交战时获得火力优势。

今天回顾二战，难免会有一种沧海桑田、风云剧变之感，特别是在二战塑造的世界格局已然几经变化，二战留给战胜国的历史遗产和政治资本正在迅速流失的时刻。当然，为了自身的生存和发展，不同族群之间会产生矛盾冲突，这一点至今未变，战争的阴影从未走远。但愿人们能惩前毖后，不要让世界大战规模的冲突再度上演。这样的冲突中肯定不乏坚韧不拔的领袖、叱咤风云的将领、可歌可泣的英雄、同仇敌忾的民众，以及先进精密的武器装备、可圈可点的战略战术、荡气回肠的战斗故事。但对每个普通人来说，最真切的却是苦难和死亡，是财富化为乌有，往昔所珍视的生活方式土崩瓦解，曾经鲜活的亲人朋友化为冰冷的统计数字。

军事爱好者们喜爱武器装备，大抵并非因为向往战争，更有可能是单纯地欣赏这些人类工业王冠上的明珠与宝石，欣赏它们独具一格的机械结构，欣赏它们丰富的历史背景和深厚的文化底蕴，欣赏它们所体现的力量之美、雄浑之美、精细之美。KV-2 坦克的 152 毫米大炮，散发着一种摄人心魄的魅力；“猎豹”歼击车的硬朗线条，有一种让强迫症患者感到舒适的干练与简洁；“捷克式”机枪的精准与可靠，映衬着威武不屈、穷且益坚的人性光辉；“盒子炮”的大肚长苗，彰显着深深植根于乡土的豪迈与粗犷……今天我们可以从这样的角度来审视那些本来用于夺人性命的武器，这无疑是莫大的幸运，这份幸运源自我们生在一个繁荣稳定且有能力拒止战争的国度——衷心希望每一位军事爱好者都可以安心地做“好龙”的“叶公”。

这本书正是为无陷入战火之虞而又有志趣了解、鉴赏二战武器的军事爱好者打造的。书中选取了各参战国具有代表性的地面武器，按照其功能类型和发展脉络来编排章节。全书涵盖枪械、刀具、火炮、坦克装甲车辆、轻型军用车辆等轻重武器装备，力求做到管中窥豹，以点带面，尽量全面地为读者展现二战陆战武器的真实面貌。

为了凸显武器装备的独特美感，书中大量运用 3D 建模技术，主要以大幅 3D 渲染图展示它们的外形特征和内部结构，同时辅以适量的技术线图和历史照片，丰富读者的观察角度。对每种武器的介绍则力求避免泛泛而谈，而是通过精要的文字点明它们的结构特征和性能特点，揭示其对战争的影响和在武器科技树中的源流与地位。书中的每种武器都附有较为详尽的性能参数列表以便读者快速获取信息，各种基础知识、扩展知识和奇闻逸事则以小贴士的形式呈现以增添全书的趣味性。

对刚刚涉足二战武器的读者来说，这是一本不错的入门读物；对深度二战爱好者来说，这也是一本风格独到的鉴赏手册。无论读者是希望获得抛砖引玉式的启发和指引，还是只想轻轻松松地欣赏图片，这本书都能胜任。

当然，3D 建模本质上是一种艺术再创作，如果本书在武器装备的历史考据和细节复原方面存在纰漏，还望广大读者批评指正。

ZVEN可视化中心

目录 CONTENTS

ENCYCLOPEDIA OF

LAND WEAPONS

OF WORLD WAR II

Chapter 1
Rifles

第一章 步枪

步枪似乎从未缺席热兵器时代的任何一场战争，当然也包括第二次世界大战。那时可供选择的轻武器种类繁多，但步枪仍是最基本的武器，是士兵们最忠实的伙伴。人们非常清楚手动装填步枪的缺点，很早就开始探索如何实现自动装填，这能赋予步枪更快的射速，让射手从容地对付多个目标。令人满意的成果直到二战前夕才出现，美国陆军大规模列装了 M1 半自动步枪，这种武器的战斗表现十分优异。不过半自动步枪并不是人们追求的终点，德国空军主导研发的 FG42 是一种能以全自动模式发射全威力步枪弹的武器，但它暴露出的种种问题表明，那时的技术还无法使步枪兼顾威力和火力密度。一战结束后人们就已经意识到步兵之间的交战距离不像此前设想的那样远，全威力弹药的威力和射程都有些过剩。如果减少装药量、缩短弹壳、换用更轻的弹头，枪械的重量也可以更轻，不仅便于携带，而且更容易控制。美国人手中的 M1 卡宾枪就是一种轻便且容易操作的武器，德国的 StG-44 则将结合步枪与冲锋枪优点的构想变成了现实。虽然半自动与自动步枪在二战期间发展迅速，但在大多数国家它们没能取代那些久经考验的手动装填步枪。这些步枪仍是致命的武器，依然用途广泛，第二次世界大战或许是它们最后一次被各个军事强国的一线部队使用，但显然不是它们的谢幕演出。

Manual Action Rifle

手动装填步枪

工字形头箍是毛瑟步枪的典型特征

手动装填步枪需要使用者手动完成上膛、闭锁、击发、开锁、抽壳、抛壳等动作。第二次世界大战期间，手动装填步枪仍然在大多数军队中占据主导地位。它们普遍继承了19世纪末期的设计，采用一体式木质枪托/护手，发射全威力弹药，多以弹仓供弹，全长通常超过一米，有效射程超过600米，表尺射程可达1000米，甚至2000米。在众多的手动枪机当中，旋转后拉枪机几乎“一统江湖”，杠杆式枪机和泵动式枪机在军用步枪领域基本上销声匿迹了。从动作原理角度来说，手动装填步枪可以具有极高的精度，不过这并不意味着二战时期手动装填步枪的精度一定优于今天的自动步枪。此外，它们的威力也不一定比半自动步枪和自动步枪更大。

旋转后拉枪机

“旋转后拉”指的是枪机的操作方式。射手握住拉机柄，先旋转枪机开锁，然后将其向后拉，完成抽壳、抛壳。装弹上膛和闭锁的动作则与之相反，先前推，再旋转。和其他的手动枪机相比，旋转后拉枪机具有可靠性高、闭锁牢固、便于卧姿射击等优点，所以逐渐成为主流。

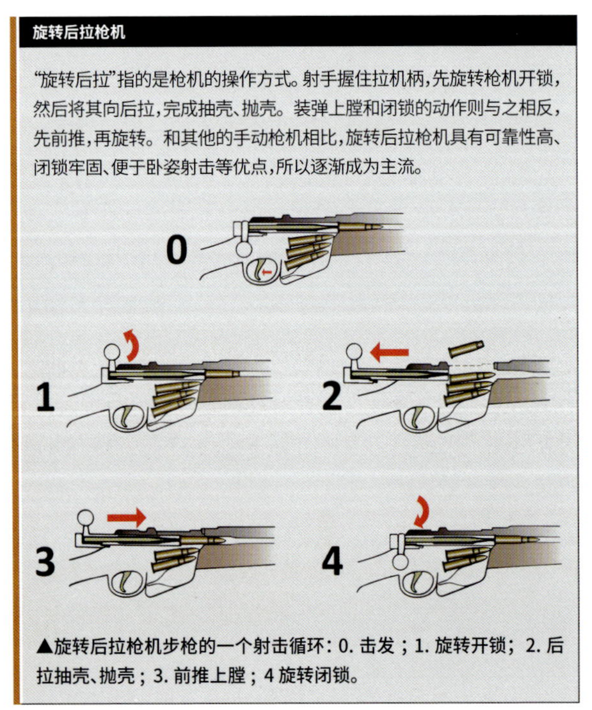

▲旋转后拉枪机步枪的一个射击循环：0. 击发；1. 旋转开锁；2. 后拉抽壳、抛壳；3. 前推上膛；4 旋转闭锁。

枪机上方设有大型防尘盖

枪机上的防尘盖和三八式步枪一脉相承

背带环设在侧面，方便携行

◀ Kar98K 步枪	
生产国	德国
投产时间	1935 年
全枪长 / 枪管长	1100 毫米 /600 毫米
空枪重	3.9 千克
供弹方式	弹仓 /5 发桥夹
弹药	7.92 毫米 ×57 毫米毛瑟弹

Kar98K 步枪

毛瑟 98 系列步枪对全世界都产生了深远影响，Kar98K 是其“短卡宾枪”型号，二战期间广泛装备德国军队。它采用前端闭锁式旋转后拉枪机，结构坚固、动作可靠，拉机柄向下弯曲，既利于携行，又方便安装瞄准镜。受大众传媒影响，Kar98K 现在几乎家喻户晓。

弹仓容量为 6 发，而不是常见的 5 发

◀ 卡尔卡诺 M1891/38 步枪（6.5 毫米口径）	
生产国	意大利
投产时间	1940 年
全枪长 / 枪管长	1018 毫米 /530 毫米
空枪重	3.4 千克
供弹方式	弹仓 /6 发漏夹
弹药	6.5 毫米 ×52 毫米卡尔卡诺弹

卡尔卡诺 M1891/38 步枪

卡尔卡诺步枪结构简单、公差宽松、成本低廉，是意大利工业水平相对落后的真实写照。二战前夕意军曾短暂采用 7.35 毫米子弹，不过从卡尔卡诺 M1891/38 开始换回了 6.5 毫米子弹。值得一提的是，1963 年刺杀美国总统肯尼迪的凶手使用的正是这种步枪。

全长将近 1.3 米，枪身显得格外修长

◀ 三八式步枪	
生产国	日本
投产时间	1905 年
全枪长 / 枪管长	1276 毫米 /797 毫米
空枪重	3.7 千克
供弹方式	弹仓 /5 发桥夹
弹药	6.5 毫米 ×50 毫米有坂弹

三八式步枪

在明治三十八年（1905 年）定型，因而得名三八式，具有后坐力小、易于控制的特点，是日军的主力步枪。加装刺刀后全长甚至超过日军士兵的身高，因而被美军戏称为“能射击的长矛”。枪机上覆有巨大的防尘盖，所以中国抗日军民称之为“三八大盖”。

九九式步枪

九九式步枪采用毛瑟式枪机，以及基于毛瑟步枪弹开发的 7.7 毫米 ×58 毫米有坂弹，杀伤力较三八式步枪有所提高。枪托下方装有铁丝弯成的单脚架，用来提高远射精度；表尺两侧设置对空瞄准照门，用来瞄准横向运动的敌机。这些无不体现了日本轻武器设计的独特思路。

呈展开状态的单脚架

▲ 九九式步枪	
生产国	日本
投产时间	1939 年
全枪长 / 枪管长	1258 毫米 /797 毫米
空枪重	3.79 千克
供弹方式	弹仓 /5 发桥夹
弹药	7.7 毫米 ×58 毫米有坂弹

莫辛 - 纳甘 M1891/30 步枪

融合了俄军上尉谢尔盖·莫辛设计的基本结构和比利时设计师纳甘兄弟设计的供弹系统。其枪机坚固可靠，但结构比较复杂，拉机柄力臂也比较短，操作不太顺畅。M1891/30 是莫辛 - 纳甘系列步枪中产量最大的型号，也是卫国战争中苏军的主力步枪。

▶ 莫辛 - 纳甘 M1891/30 步枪	
生产国	苏联
投产时间	1930 年
全枪长 / 枪管长	1234 毫米 /730 毫米
空枪重	3.8 千克
供弹方式	5 发弹仓
弹药	7.62 毫米 ×54 毫米凸缘莫辛 - 纳甘弹

李 - 恩菲尔德 4 号 Mk. Ⅰ 步枪

李 - 恩菲尔德步枪采用后端闭锁式旋转后拉枪机，枪机行程短，操作简易，射速较同类步枪更快。再加上采用 10 发弹匣供弹，火力持续性也优于其他旋转后拉枪机步枪。4 号 Mk. Ⅰ型是开战后大量生产的型号，诺曼底登陆后被广泛采用。

斯普林菲尔德 M1903 A4 步枪

M1903 步枪由德国毛瑟兵工厂特许美国斯普林菲尔德兵工厂生产，其设计参考了毛瑟 M1893、Gew98 等步枪。斯普林菲尔德 M1903A4 是这一系列步枪的狙击型，取消了固定瞄准具，只安装瞄准镜。

▲李 - 恩菲尔德 4 号 Mk. Ⅰ 步枪	
生产国	英国
投产时间	1939 年
全枪长 / 枪管长	1130 毫米 /640 毫米
空枪重	4.11 千克
供弹方式	10 发弹匣 /5 发桥夹
弹药	7.7 毫米 ×56 毫米凸缘李 - 恩菲尔德弹

典型的旋转后拉枪机

毛瑟式枪机、李 - 恩菲尔德式枪机和莫辛 - 纳甘式枪机是三种主流旋转后拉枪机，其中又以毛瑟式枪机应用最广。

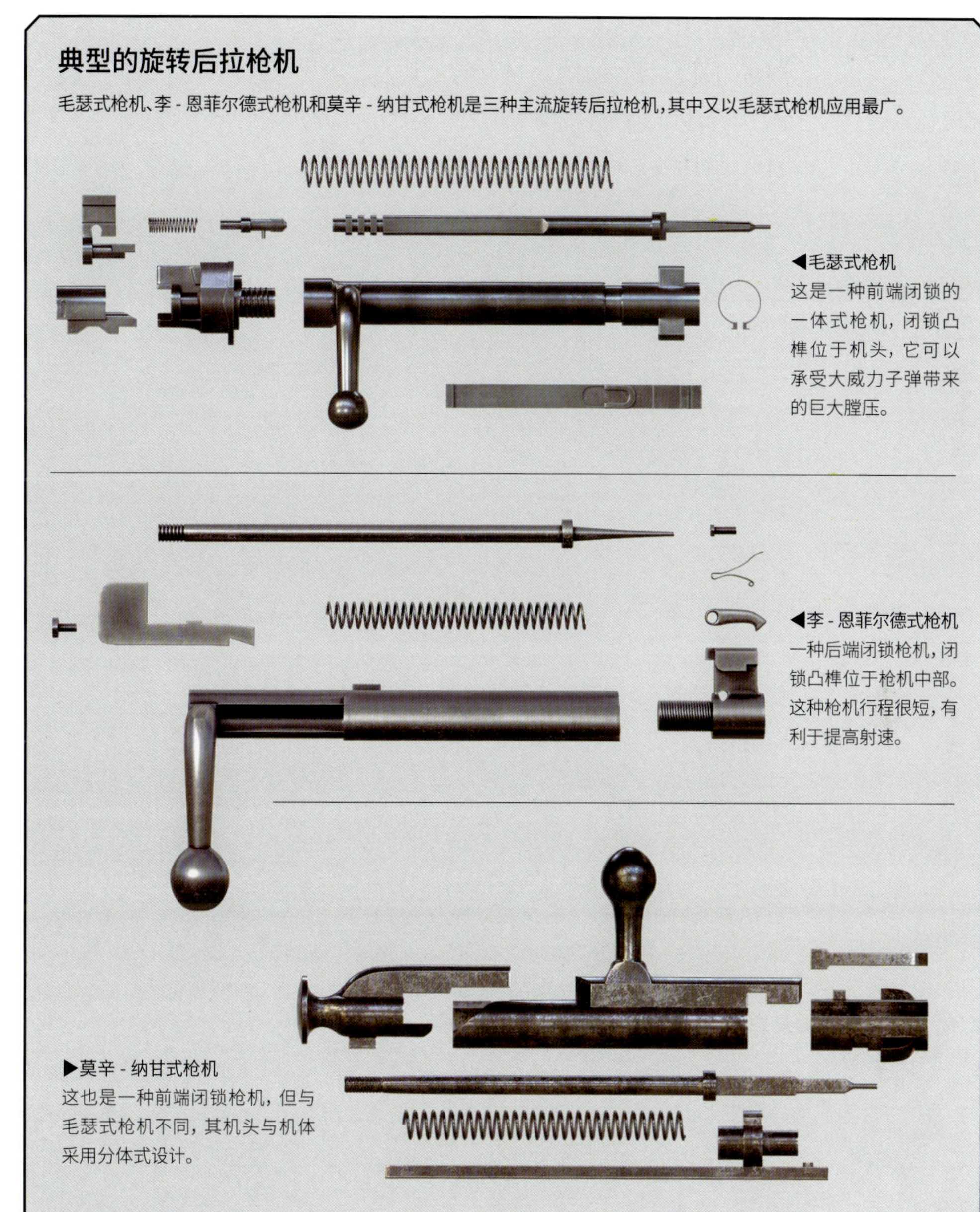

◀毛瑟式枪机
这是一种前端闭锁的一体式枪机，闭锁凸榫位于机头，它可以承受大威力子弹带来的巨大膛压。

◀李 - 恩菲尔德式枪机
一种后端闭锁枪机，闭锁凸榫位于枪机中部。这种枪机行程很短，有利于提高射速。

▶莫辛 - 纳甘式枪机
这也是一种前端闭锁枪机，但与毛瑟式枪机不同，其机头与机体采用分体式设计。

安装瞄准镜后无法使用桥夹，子弹只能逐发装填

作为专用狙击步枪，M1903A4 取消了准星

◀ 斯普林菲尔德 M1903 A4 步枪	
生产国	美国
投产时间	1942 年
全枪长 / 枪管长	1097 毫米 /610 毫米
空枪重	3.9 千克
供弹方式	弹仓 /5 发桥夹
弹药	7.62 毫米 ×63 毫米斯普林菲尔德弹

▲ 八八式步枪	
生产国	中国
投产时间	1889 年
全枪长 / 枪管长	1250 毫米 /740 毫米
空枪重	4.06 千克
供弹方式	弹仓 /5 发漏夹
弹药	7.92 毫米 ×57 毫米毛瑟弹

中正式步枪

毛瑟 M24 步枪的中国版本，理念与德军使用的 Kar98K 类似，都是在 Gew98 步枪的基础上缩短了枪管以提高便携性，在和日军三八式步枪的对抗中并不落下风。为了弥补长度缩短给刺刀格斗带来的不利影响，采用了全长575毫米、刃长484.5毫米的长型刺刀。

◀ 中正式步枪	
生产国	中国
投产时间	1935 年
全枪长 / 枪管长	1110 毫米 /600 毫米
空枪重	4.08 千克
供弹方式	弹仓 /5 发桥夹
弹药	7.92 毫米 ×57 毫米毛瑟弹

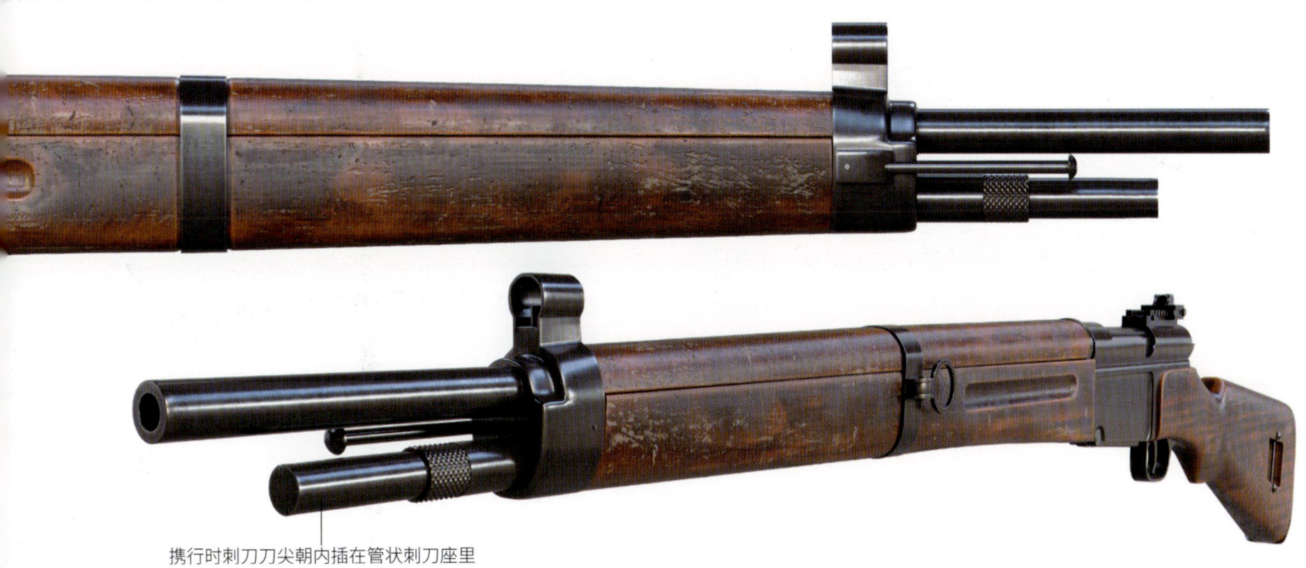

携行时刺刀刀尖朝内插在管状刺刀座里

MAS36 步枪

法国最后一种旋转后拉枪机制式步枪，设计精巧，操作顺畅，分解容易，但继承了法国步枪没有保险的一贯特点，携行时不能上膛。为了便于操作，拉机柄采用了弯折设计。刺刀平时刀刃朝内装在枪管下方的刺刀座里。抽出刺刀后将其根部朝内插回刺刀座，即可固定使用。

◀ MAS36 步枪	
生产国	法国
投产时间	1937 年
全枪长 / 枪管长	1020 毫米 /575 毫米
空枪重	3.72 千克
供弹方式	弹仓 /5 发桥夹
弹药	7.5 毫米 ×54 毫米法国弹

通条，在擦拭枪管时使用

八八式步枪

清末从德国引进，是 Gew88 步枪的仿制版。八八式步枪最早、最主要的生产厂是汉阳兵工厂，因此被称作“汉阳造”。抗战时期，八八式步枪的性能已经显得落伍，不过在顽强的中国军队手中，它依然是抵御侵略者的主力步枪。

步枪的供弹具

二战期间，弹仓供弹和弹匣供弹是两种最常见的步枪供弹方式，弹仓固定在机匣上，弹匣则可快速拆卸。为了方便向弹仓内装填子弹，很多步枪配有漏夹或桥夹。一些弹匣供弹的步枪也可以和桥夹搭配使用，从机匣上方的抛壳窗 / 装填口把子弹压进弹匣，比如李 - 恩菲尔德系列步枪。

▲漏夹

漏夹和子弹一起压进弹仓。最后一发子弹打完后，漏夹会从弹仓底部“漏”出去。

▲桥夹

形似金属条，只夹住子弹的尾部。它不和子弹一起装进弹仓，只充当向弹仓内压弹的“导轨”。

▲弹匣

弹匣可以预装子弹，快速拆卸，显著提高了装填的速度和便捷性，具有弹仓无法比拟的优势。

Autoloading Rifle

自动装填步枪

利用火药燃气实现自动装填、自动待击的步枪虽然在 19 世纪末就已经问世，但直到二战期间才得到广泛运用。美国、苏联、德国等主要参战国相继研制并列装了半自动步枪，其中美军的半自动化进行得最为彻底。以 M1 加兰德步枪和 M1 卡宾枪取代栓动的斯普林菲尔德 M1903 步枪作为主力武器，这给美军带来了巨大的战场优势。此时的半自动步枪通常采用导气式自动原理，同时继承了旋转后拉枪机步枪一体式枪托 / 护手的整体布局，具有明显的过渡特征。在全自动步枪领域，德国走在了世界前列，其 FG42 伞兵步枪、StG-44 突击步枪都是划时代的武器。

活塞导气

活塞导气原理是应用最广泛的步枪自动原理，它引导一部分火药气体推动活塞，活塞又与枪机联动，从而完成射击循环。根据活塞是否与枪机框连接，又分为长行程和短行程两种。

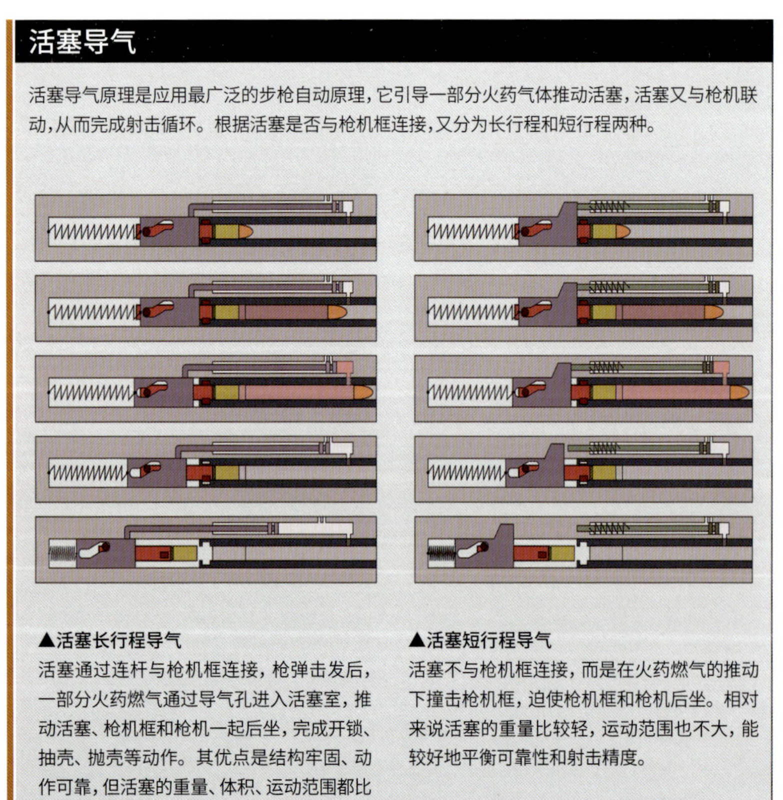

▲活塞长行程导气
活塞通过连杆与枪机框连接，枪弹击发后，一部分火药燃气通过导气孔进入活塞室，推动活塞、枪机框和枪机一起后坐，完成开锁、抽壳、抛壳等动作。其优点是结构牢固、动作可靠，但活塞的重量、体积、运动范围都比较大，对射击精度有不利影响。

▲活塞短行程导气
活塞不与枪机框连接，而是在火药燃气的推动下撞击枪机框，迫使枪机框和枪机后坐。相对来说活塞的重量比较轻，运动范围也不大，能较好地平衡可靠性和射击精度。

携行时刺刀刀尖朝内插入刺刀座

可折叠的两脚架

ZF-4 型 4 倍望远瞄准镜

FG42 伞兵步枪

FG42 主要装备德国空军伞兵部队，兼具步枪和轻机枪的功能。图中所示的 FG42 -2 型理论射速可达 750 发 / 分，为了抑制后坐力、提高射击稳定性，它配有两脚架和大型枪口制退器，并且采用了十分超前的枪托后坐缓冲系统。

▲ FG42-2 伞兵步枪	
生产国	德国
投产时间	1942 年
全枪长 / 枪管长	975 毫米 /525 毫米
空枪重	4.95 千克
供弹方式	10 发 /20 发弹匣
弹药	7.92 毫米 ×57 毫米毛瑟弹
自动原理 / 闭锁方式	活塞长行程导气 / 枪机回转

Gew43 步枪

Gew43 半自动步枪是瓦尔特 G41 步枪的改良版，借鉴了苏联 SVT-40 步枪的导气系统。图中所示的 Gew43 安装了 ZF-4 四倍望远瞄准镜，用于狙击作战。二战中大约有 1/8 的 Gew43 配备瞄准镜作为中距离狙击步枪使用，它捕捉目标的速度比旋转后拉枪机步枪快很多。

▲ Gew43 步枪	
生产国	德国
投产时间	1943 年
全枪长 / 枪管长	1117 毫米 /550 毫米
空枪重	4.3 千克
供弹方式	10 发弹匣
弹药	7.92 毫米 ×57 毫米毛瑟弹
自动原理 / 闭锁方式	活塞短行程导气 / 卡铁偏移

轴心国和同盟国的制式步枪弹

二战期间德军的制式步枪弹为 7.92 毫米 ×57 毫米毛瑟弹，弹头较重，动能较大，存速性较好，杀伤效果比较可观。意大利和日本都使用口径较小的弹药，前者为 6.5 毫米 ×52 毫米卡尔卡诺弹，后者为 6.5 毫米 ×50 毫米有坂弹。相对来说，这些弹药弹头较轻，存速性不好，终点效能欠佳。针对这些缺陷，日本参照毛瑟弹研制了 7.7 毫米 ×58 毫米有坂弹，与 6.5 毫米有坂弹并行装备。

① 7.92 毫米 ×57 毫米毛瑟弹（德）

② 6.5 毫米 ×52 毫米卡尔卡诺弹（意）

③ 6.5 毫米 ×50 毫米有坂弹（日）

④ 7.7 毫米 ×58 毫米有坂弹（日）

同盟国主要成员皆以 19 世纪末或 20 世纪初研制的中口径全威力步枪弹为制式弹药。此外，美国为 M1 卡宾枪研制了威力介于传统步枪弹和手枪弹之间的 7.62 毫米 ×33 毫米卡宾枪弹，以使枪械轻便可控。

① 7.62 毫米 ×63 毫米斯普林菲尔德弹（美）

② 7.62 毫米 ×33 毫米卡宾枪弹（美）

③ 7.7 毫米 ×56 毫米凸缘李 - 恩菲尔德弹（英）

④ 7.5 毫米 ×54 毫米法国弹（法）

⑤ 7.62 毫米 ×54 毫米凸缘莫辛 - 纳甘弹（苏）

SVT-40 步枪

战前苏联计划以 SVT-40 取代老式的莫辛 - 纳甘步枪，但卫国战争的爆发打断了换装进程。和传统的旋转后拉枪机步枪相比，它生产工艺复杂，维护保养烦琐，并不受苏联陆军欢迎，在文化水平和战斗素养更高的海军步兵中倒是有不错的风评。

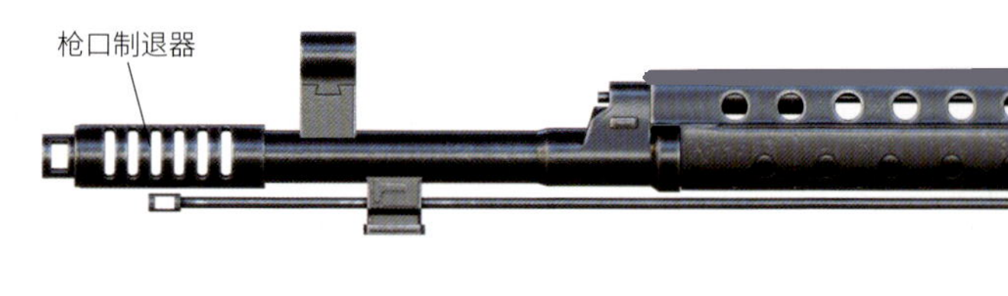

M1 系列卡宾枪

M1 卡宾枪的设计初衷是为不便于携带全尺寸步枪的人员提供一种自卫武器，以取代手枪和冲锋枪。虽然和步枪相比射程偏短、威力偏弱，但具有体积小、重量轻、近战火力较强等优点，深受二线人员好评。它是二战中产量最大的美军制式枪械，制造了超过 600 万支。其中，M1 是采用一体式枪托 / 护手的标准型，M1A1 是枪托可折叠的伞兵型。可以全自动射击的型号称作 M2，安装红外探照灯和夜视瞄准镜的夜战狙击型称为 M3。

▶ M1 卡宾枪	
生产国	美国
投产时间	1942 年
全枪长 / 枪管长	904 毫米 /458 毫米
空枪重	2.36 千克
供弹具	15 发 /30 发弹匣
弹药	7.62 毫米 ×33 毫米卡宾枪弹
自动原理 / 闭锁方式	活塞短行程导气 / 枪机回转

▲ SVT-40 步枪	
生产国	苏联
投产时间	1940 年
全枪长 / 枪管长	1226 毫米 /625 毫米
空枪重	3.85 千克
供弹具	10 发弹匣 /5 发桥夹
弹药	7.62 毫米 ×54 毫米凸缘莫辛 - 纳甘弹
自动原理 / 闭锁方式	活塞短行程导气 / 枪机偏移

M1 加兰德步枪

世界上第一种大规模服役的半自动步枪，射速较同时代的旋转后拉枪机步枪有显著提高，给美军带来了巨大的火力优势。打完最后一发子弹后漏夹会自动弹出弹仓并发出“叮”的一声提醒射手装填。很多人认为 M1 步枪不打空一个漏夹就无法再装填，事实并非如此。

▲ M1 加兰德步枪	
生产国	美国
投产时间	1936 年
全枪长 / 枪管长	1100 毫米 /610 毫米
空枪重	4.2 千克
供弹具	弹仓 /8 发漏夹
弹药	7.62 毫米 ×63 毫米斯普林菲尔德弹
自动原理 / 闭锁方式	活塞长行程导气 / 枪机回转

▲ M3 卡宾枪

▲ M1 卡宾枪

▲ M1A1 卡宾枪

StG-44 Assault Rifle

StG-44 突击步枪

1944 年，希特勒把“暴风雨”和“步枪”两个词捏合在一起，发明了一个新词——“突击步枪”，恰如其分地反映了把步枪和冲锋枪融为一体的特点。讽刺的是，就在不久之前，出于节约战争资源考虑，元首亲自否定了这种使用新式弹药且弹药消耗惊人的枪械。为了蒙混过关，军方以冲锋枪的名义（MP43/44）将其定型。所幸陆军军械局、军备和战时生产部的坚持，以及部队的肯定最终使元首认可了这种武器，他不仅赋予其 44 型突击步枪（Sturmgewehr 44）的新名称，而且提高了生产的优先级。

StG-44 摒弃了传统步枪的一体式枪托 / 护手设计，转而采用上下机匣结构。上下机匣用铰链连接，并在末端用销钉和枪托固定在一起，拆解迅速，便于维护保养。机匣为冲压件，利于大规模生产。

其上机匣横截面呈 8 字形，用以容纳形状独特的自动机。枪弹击发后，少量火药气体经导气孔进入活塞室，推动活塞和枪机框后坐，进而带动枪机向后运动，完成开锁、抽壳、抛壳等动作。继而，枪机框和活塞在复进簧的推动下向前运动，带动枪机输弹入膛、闭锁、击发，完成射击循环。

StG-44 既能单发精确射击，又能像冲锋枪一般倾泻弹雨，在有效射程之内对软目标的杀伤力与传统步枪接近，全自动射击时后坐力尚可接受，开创了突击步枪的先河。

中间威力枪弹

StG-44 发射 7.92 毫米 ×33 毫米短弹，由 7.92 毫米 ×57 毫米毛瑟弹缩减而来，长度更短，弹头更轻，发射药更少，有效解决了全自动射击时后坐力过大的问题。

伪装色

StG-44 不仅设计理念先进，我们甚至还能在它身上看到多见于当代轻武器的伪装涂装。例如这名正在擦拭滑雪板的德国国防军第一滑雪步兵旅士兵就装备了一支被涂成白色的 StG-44，显然能很好地融入雪地环境。当然，伪装枪支更有可能是他的个人行为。

武/器/档/案 WEAPON ARCHIVES

型号	StG-44 突击步枪
生产国	德国
投产时间	1943 年
产量	425,977 支
弹药	7.92 毫米 ×33 毫米短弹
供弹具	30 发弹匣
全枪长 / 枪管长	940 毫米 /419 毫米
空枪重	4.6 千克
有效射程	300 米
理论射速	500~600 发 / 分
动作原理 / 闭锁方式	活塞长行程导气 / 枪机偏移

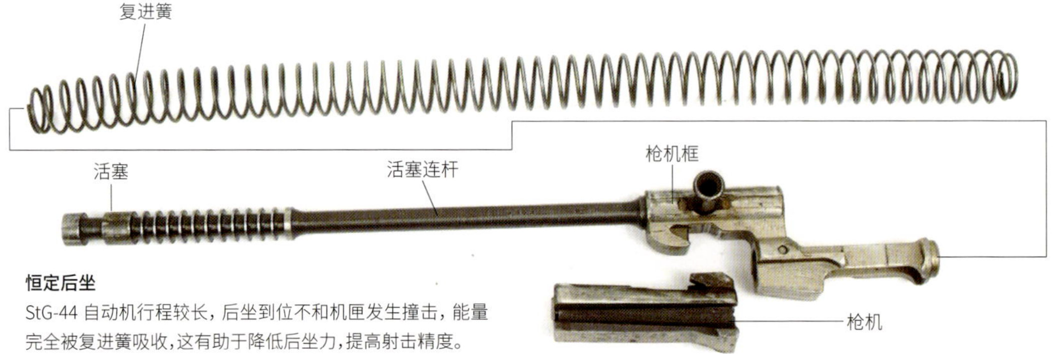

恒定后坐

StG-44 自动机行程较长，后坐到位不和机匣发生撞击，能量完全被复进簧吸收，这有助于降低后坐力，提高射击精度。

上下机匣

上机匣容纳枪管、活塞、枪机框、枪机、复进簧，下机匣容纳弹匣和发射机构。解除尾部销钉的固定就可以进行野战分解。

夜视系统

这种外号为“吸血鬼”的夜视系统 1945 年时曾少量投入战场。整套系统巨大而沉重，由背架、红外探照灯、夜视瞄准镜、红外探照灯电池、夜视瞄准镜电池等组成。

ENCYCLOPEDIA OF

第二章 手枪

手枪并非主战武器，和步枪相比，它射程和威力非常有限且难以精确射击。

尽管如此，手枪仍然深受将士们欢迎。对一线官兵来说，它让自己的火力有了备份，让生命多了一道保障。对飞机、车辆乘员和二线人员来说，它可能是唯一的自卫武器，关乎突然遇敌时的生死。对军官来说，它还是身份和地位的象征、荣誉的见证。另外，一支从敌人那里缴获的精致手枪，无疑是完美的战争纪念品。

二战期间手枪的使用规模远远超过此前的任何一场战争。彼时，转轮手枪虽然在火力持续性和威力上都不甚理想，但因为具有结构简单、动作可靠的优点，仍然没有完全退出战场。与此同时，半自动手枪已经发展得相当成熟，可靠性、安全性获得了显著提高，自动原理和口径也多种多样，彰显着才华横溢的设计师们的各种奇思妙想。

总的来说，半自动手枪取代转轮手枪是不可逆转的趋势。在半自动手枪当中，弹匣插入握把、以套筒包裹枪管的基本结构已成为主流。

Revolver

转轮手枪

和发射强装药弹的当代转轮手枪不同，二战期间的转轮手枪不一定比同时期的半自动手枪威力大。

转轮手枪的“转轮”二字指的是转轮形弹巢，它既是枪膛又是供弹具，一般有 6 个膛室。在击锤进入待击状态的过程中，弹巢会与击锤随动，沿着中心轴旋转一定的角度，使不同膛室中的子弹依次对准枪管。接着扣动扳机释放击锤就可以击发了。

这种手枪不仅爆发射速快，而且构造简单、结构坚固。它不会卡壳，还可以快速越过哑弹，非常可靠。19 世纪中叶以来，确切地说是从美墨战争、克里米亚战争、美国南北战争等战事以来，它就深受军方欢迎，一直活跃在世界各地的战场上。

因为结构上的限制，转轮手枪也有一些很难克服的缺陷，比如重量和尺寸偏大、容弹量有限、再装填速度比较慢，等等。由于枪管和弹膛是分离的，很难使二者完全同轴，这就增大了弹头留膛和枪支炸裂的风险。此外，转轮和枪管之间有较大的缝隙，这会导致闭气不严，大量的火药气体泄漏出去，弹头威力大打折扣。

第二次世界大战期间，并不是每个国家都有条件大规模装备半自动手枪，并且仍有很多人更看好转轮手枪的可靠性，因此它能继续在战场上发光放热。不过这是转轮手枪的最后一次大规模参战，战后它就快速退出了军用手枪行列。

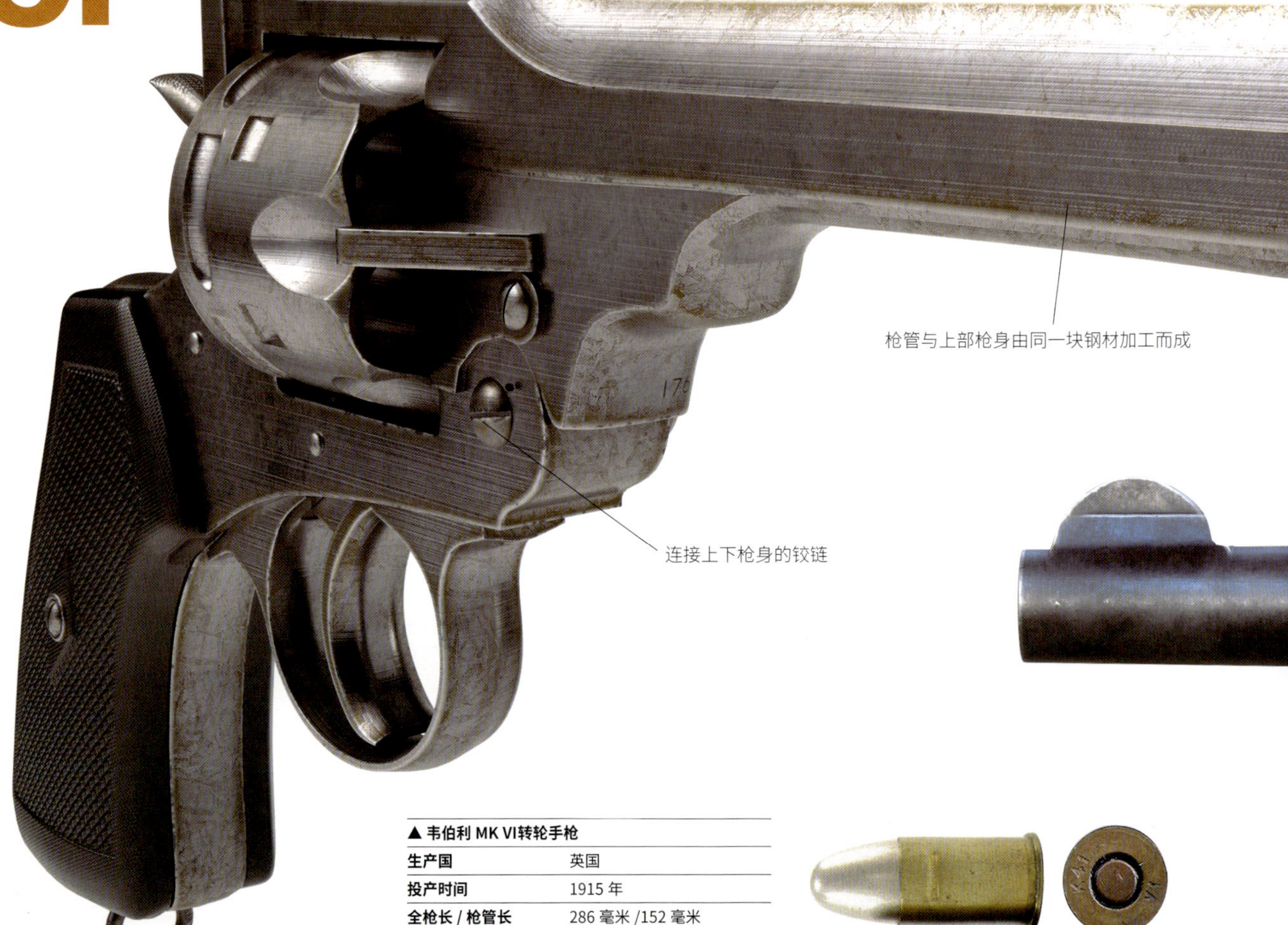

枪管与上部枪身由同一块钢材加工而成

连接上下枪身的铰链

▲ 韦伯利 MK VI转轮手枪	
生产国	英国
投产时间	1915 年
全枪长 / 枪管长	286 毫米 /152 毫米
空枪重	1100 克
容弹量	6 发
弹药	0.455 英寸韦伯利转轮手枪弹
扳机	单 / 双动

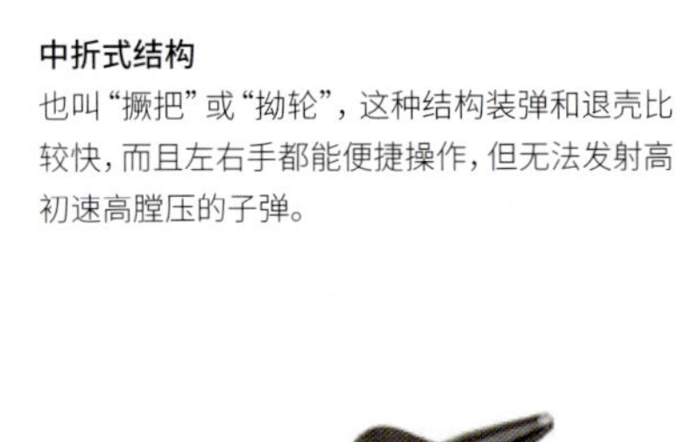

0.455 英寸韦伯利转轮手枪弹

这是一种低速重弹，弹头重 17 克，后坐力大，停止作用强，但初速较低，只有 200 米 / 秒上下。

中折式结构

也叫“撅把”或“拗轮”，这种结构装弹和退壳比较快，而且左右手都能便捷操作，但无法发射高初速高膛压的子弹。

枪管折开后退壳挺会将弹壳推出弹巢

韦伯利 MK VI转轮手枪

许多业内人士都认为韦伯利 MK VI是有史以来最好的军用转轮手枪。凭借严格的加工标准，它经受住了一战堑壕中雨水和泥浆的严酷考验，二战时仍在英联邦军队中大量服役。

单动、双动与单 / 双动

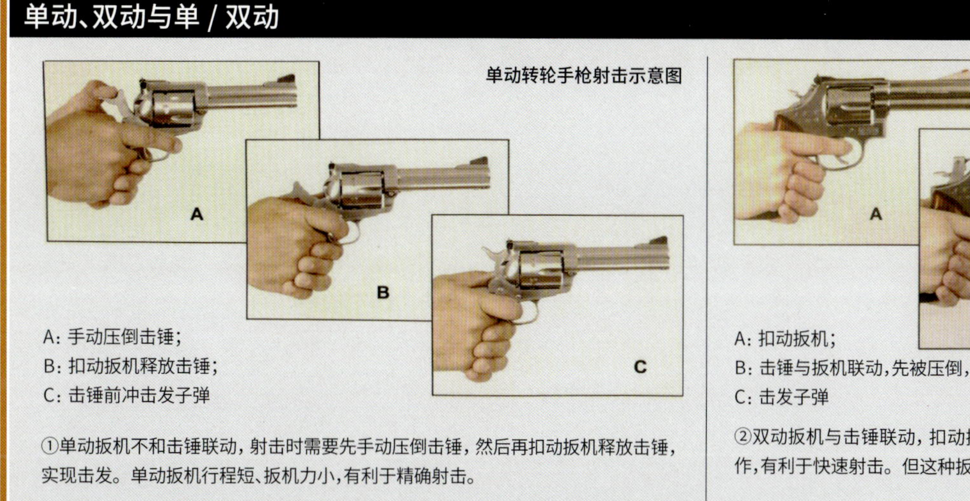

A：手动压倒击锤；
B：扣动扳机释放击锤；
C：击锤前冲击发子弹

①单动扳机不和击锤联动，射击时需要先手动压倒击锤，然后再扣动扳机释放击锤，实现击发。单动扳机行程短、扳机力小，有利于精确射击。

A：扣动扳机；
B：击锤与扳机联动，先被压倒，再前冲；
C：击发子弹

②双动扳机与击锤联动，扣动扳机的同时就完成了压倒击锤和释放击锤的动作，有利于快速射击。但这种扳机行程长、扳机力大，对射击精度有不利影响。

③单 / 双动扳机结合了单动和双动的操作特点，既可以预先手动压倒击锤又可以完全依靠扣动扳机进行射击。

V 形槽式照门

0.38 英寸史密斯 & 威森特殊弹
世界上最流行的转轮手枪弹，以精准和后坐力小著称，军用版本采用全铜被甲弹头。

▲ 史密斯 & 威森"胜利"型转轮手枪	
生产国	美国
投产时间	1942 年
全枪长 / 枪管长	248 毫米 /127 毫米
空枪重	907 克
容弹量	6 发
弹药	0.38 英寸史密斯 & 威森特殊弹
扳机	双动

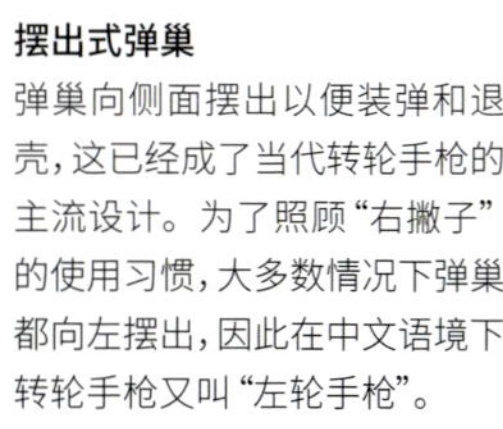

史密斯 & 威森"胜利"型转轮手枪

二战期间供美国海军和海军陆战队使用的史密斯 & 威森军警转轮手枪，生产编号带有 V 字前缀，寓意为战胜轴心国，因此被称为"胜利"型转轮手枪。相比其他转轮手枪，"胜利"型尺寸和重量较小，比较适合飞行员、坦克兵、水兵等在狭小的舱室内携带。图中是 5 英寸枪管的版本，此外还有 2 英寸、4 英寸和 6 英寸枪管的型号。

摆出式弹巢
弹巢向侧面摆出以便装弹和退壳，这已经成了当代转轮手枪的主流设计。为了照顾"右撇子"的使用习惯，大多数情况下弹巢都向左摆出，因此在中文语境下转轮手枪又叫"左轮手枪"。

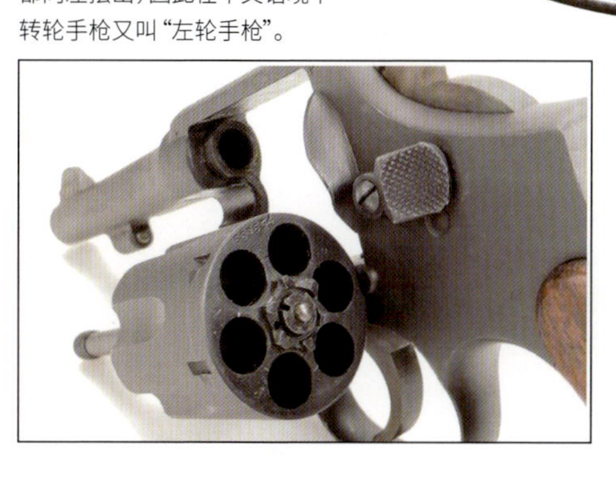

生产编号的 V 字前缀

Nagant M1895 Revolver

纳甘 M1895 转轮手枪

比利时实业家纳甘兄弟不仅为俄罗斯帝国的制式步枪选型贡献良多，而且给沙皇的军队和警察设计了一款独特的转轮手枪。苏联理所当然继承了这笔遗产，苏军指挥员、政工人员曾大量装备纳甘 M1895 转轮手枪，秘密警察、执法人员以及特工人员也是这种手枪的用户。二战期间，托卡列夫半自动手枪逐渐取代纳甘 M1895，不过后者仍在大量生产，战后才完全退出一线部队。

纳甘 M1895 的闭气结构独具特色，扳倒击锤时，弹巢不仅围绕自身中轴转动，而且向前移动，这就封闭了弹巢与枪管之间的空隙。另外，它发射的是缩口埋头弹，弹壳比弹巢略长，随着弹巢的向前移动，弹壳前缘伸进枪管后部，进一步封闭缝隙，加强闭气效果。这一设计不仅提高了火药燃气的利用率，而且不会因漏气产生巨大的噪声，从而为微声射击提供了可能。卫国战争时期，苏联的侦察部队、特种部队和内务人民委员部部队就曾装备过消声版的纳甘 M1895。

▲ 1944 年 6 月，卡累利阿地峡，一名苏军基层军官手握纳甘 M1895 转轮手枪，正在指挥进攻。

固定式弹巢

这里的"固定"并不是指弹巢无法旋转或者无法前后移动，说的是枪身不能中折或者弹巢无法向侧面摆出。纳甘 M1895 只能从右侧一发一发地装弹或退壳，速度较慢。

武/器/档/案 WEAPON ARCHIVES

型号	纳甘 M1895 转轮手枪
生产国	苏联
投产时间	1895 年
产量	2,000,000 支
弹药	7.62 毫米 ×38 毫米凸缘弹
容弹量	7 发
全枪长 / 枪管长	235 毫米 /114 毫米
空枪重	816 克
有效射程	46 米
理论射速	14~21 发 / 分
扳机	单动（士兵型） 单 / 双动（军官型）
初速	335 米 / 秒
枪口动能	340 焦耳

纳甘 M1895 的闭气结构

纳甘 M1895 靠弹巢前移来实现闭气，这终归是靠人力来驱动的，双动射击时扳机力极大。和传统转轮手枪相比，纳甘 M1895 结构更加复杂；和半自动手枪相比，它在射速、火力持续性和使用的便捷性上又没有优势。最终，这种结构并没有在转轮手枪上普及。

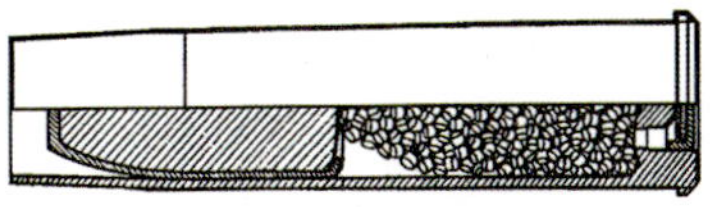

▲ 非待击状态，弹巢和枪管之间有较大的缝隙。

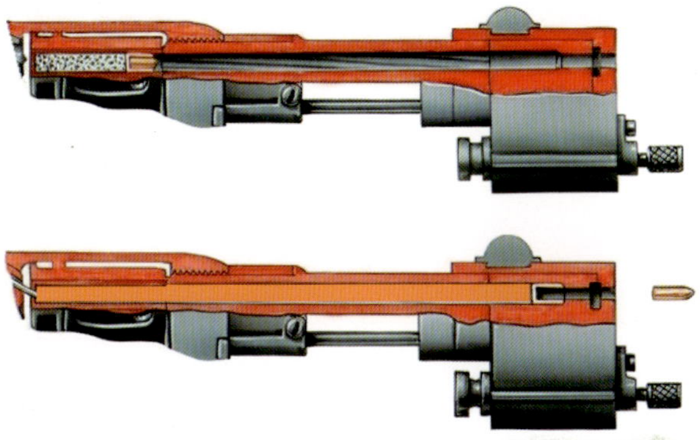

▲ 待击状态，击锤被压倒，弹巢前移，弹巢与枪管紧密贴合，弹壳前缘伸入枪管尾部。

7.62 毫米 ×38 毫米凸缘弹

这是一种专门为纳甘 M1895 转轮手枪设计的弹药，为了配合手枪的闭气结构，弹头隐藏在弹壳里面，弹壳前缘有缩口。子弹击发时，弹壳缩口扩张，紧贴枪管内壁，实现气密，从而提高弹头初速。

活塞消声

这是纳甘 M1895 的一种试验型消声装置，次口径弹丸出膛的瞬间，弹托会被膛口装置挡住，火药气体无法从膛口喷出，因而无法形成膛口暴风。

Semi-Auto Pistol Without Slide

鲁格 P08 半自动手枪

从设计角度讲，鲁格 P08 并不能代表二战时期的最高水准，但它凭借优质的用料、精湛的工艺和优雅的外形赢得了赞誉。它不仅是德军官兵手中堪用且耐用的战斗手枪，而且是盟军士兵的理想战利品。

枪身采用烤蓝工艺，具有较强的耐腐蚀性

无套筒半自动手枪

和转轮手枪相比，半自动手枪装弹更快，容弹量通常也更大。

很多时候半自动手枪会被简称为“自动手枪”，这种手枪利用后坐力来完成自动退壳和装填，击发子弹则要通过手动扣扳机来实现。

半自动手枪在 19 世纪末问世，最初各个国家、厂商和设计师的设计五花八门，简直可以用“群魔乱舞”来形容。直到一代宗师约翰·摩西·勃朗宁在 FN M1900 和柯尔特 M1900 上运用了覆盖整根枪管的全尺寸套筒，半自动手枪的设计才归于一统。

不过，二战期间仍有一些枪管暴露在外、并未采用套筒结构的手枪活跃在战场上，彰显着 19 世纪的遗风。

▶ 鲁格 P08 半自动手枪	
生产国	德国
投产时间	1908 年
全枪长 / 枪管长	220 毫米 /102 毫米
空枪重	871 克
供弹方式	8 发弹匣
弹药	9 毫米 ×19 毫米帕拉贝鲁姆弹；7.65 毫米 ×21 毫米帕拉贝鲁姆弹
自动原理 / 闭锁方式	枪管短后坐 / 肘节闭锁
扳机	单动

欲享和平，必先备战

发射 9 毫米 ×19 毫米帕拉贝鲁姆弹的鲁格 P08 产量最大，但也有使用 7.65 毫米 ×21 毫米帕拉贝鲁姆弹的款式。“帕拉贝鲁姆”一词源自拉丁文格言“Sī vīs pācem, parā bellum”，意为“欲享和平，必先备战”。

7.65 毫米 ×21 毫米帕拉贝鲁姆弹

9 毫米 ×19 毫米帕拉贝鲁姆弹

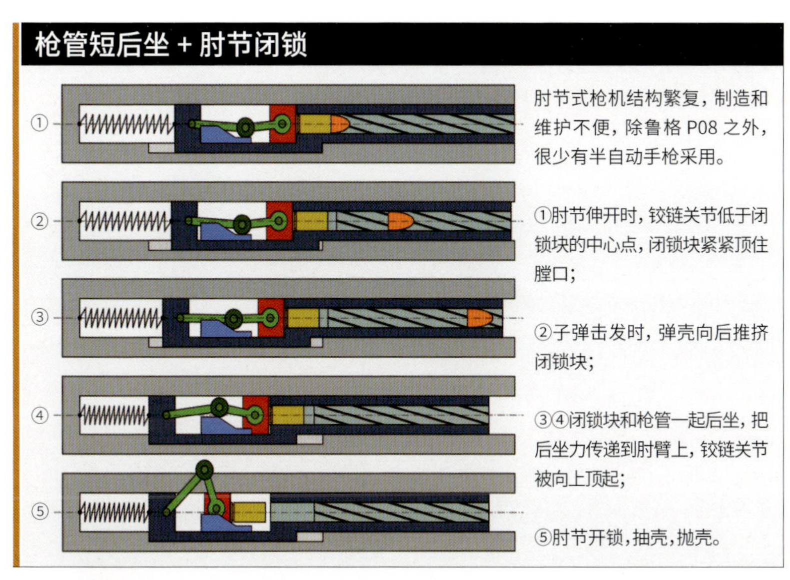

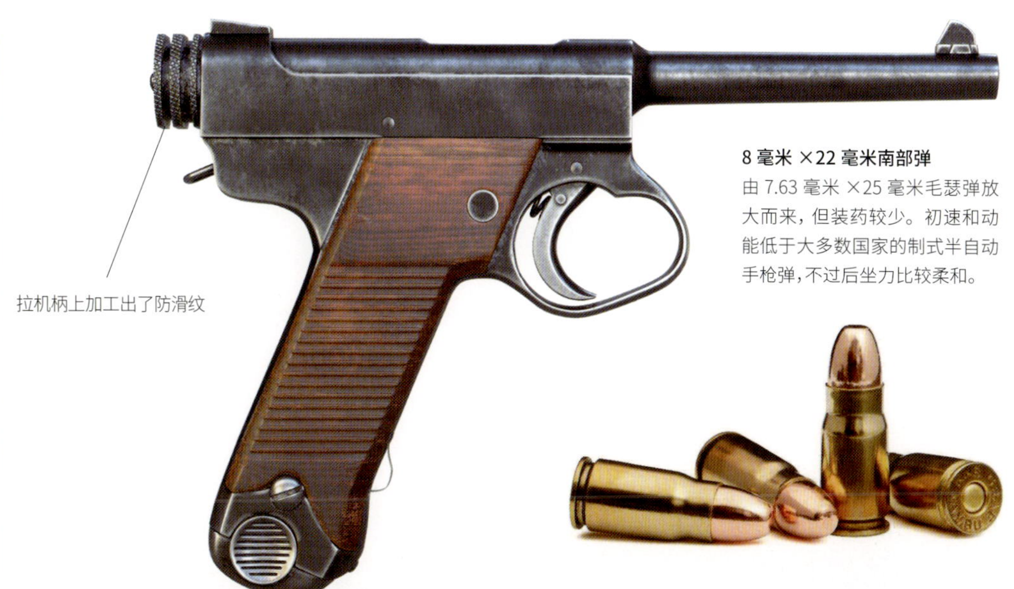

拉机柄上加工出了防滑纹

8 毫米 ×22 毫米南部弹

由 7.63 毫米 ×25 毫米毛瑟弹放大而来，但装药较少。初速和动能低于大多数国家的制式半自动手枪弹，不过后坐力比较柔和。

"火"和"安"分别对应着保险解除和保险开启

南部十四式半自动手枪

由被誉为"日本勃朗宁"的南部麟次郎设计，是南部陆式手枪的简化改进型。早期的南部十四式可靠性较差，易出现击发无力、击针断裂、供弹不到位、弹匣脱落等故障，但通过细节改进，问题逐渐得到解决。

扳机护圈向前突出是为了方便在寒冷地区戴手套使用

鸡腿撸子

因形似鸡腿，南部十四式手枪亦有"鸡腿撸子"的外号。"撸子"是中国军民对半自动手枪的俗称。

▲ 南部十四式半自动手枪	
生产国	日本
投产时间	1925 年
全枪长 / 枪管长	230 毫米 /117 毫米
空枪重	890 克
供弹方式	8 发弹匣
弹药	8 毫米 ×22 毫米南部弹
自动原理 / 闭锁方式	枪管短后坐 / 卡铁摆动
扳机	单动

王八盒子

南部十四式手枪的枪套带有巨大的龟壳状前盖板，因此被中国抗日军民戏称为"王八盒子"。

Mauser C96 Semi-Auto Pis

毛瑟 C96 半自动手枪

C96 是德国毛瑟公司在 1896 年推出的军用手枪，从未大规模列装德军部队，但仍然获得了巨大的商业成功。大多数毛瑟 C96 及其发展型都销往中国，当然还有很多西班牙仿制版和中国本土仿制版活跃在中国战场上。这种枪管外露、弹仓前置、机匣巨大，颇具视觉冲击力的手枪和中国抗日战争结下了不解之缘。和二战时期的其他手枪相比，毛瑟 C96 体型较大、携带不便，但也具有初速高、射程远、侵彻力强、容弹量大的优势，一些改型还可以全自动射击。对装备简陋、物资匮乏的抗日部队，尤其是敌后武装来说，它既是一种无奈的选择，也是一支杀敌利器。一提到“驳壳枪”，很多人会不由自主地联想到铁道游击队、敌后武工队、双枪李向阳等鲜活的英雄形象，这是中国人独有的一种记忆。主图所示为后期型毛瑟 M30 半自动手枪，是毛瑟 C96 的一个发展型，也是毛瑟生产的最后一款半自动驳壳枪，和早期的 C96 相比拥有更加完善的保险机构。

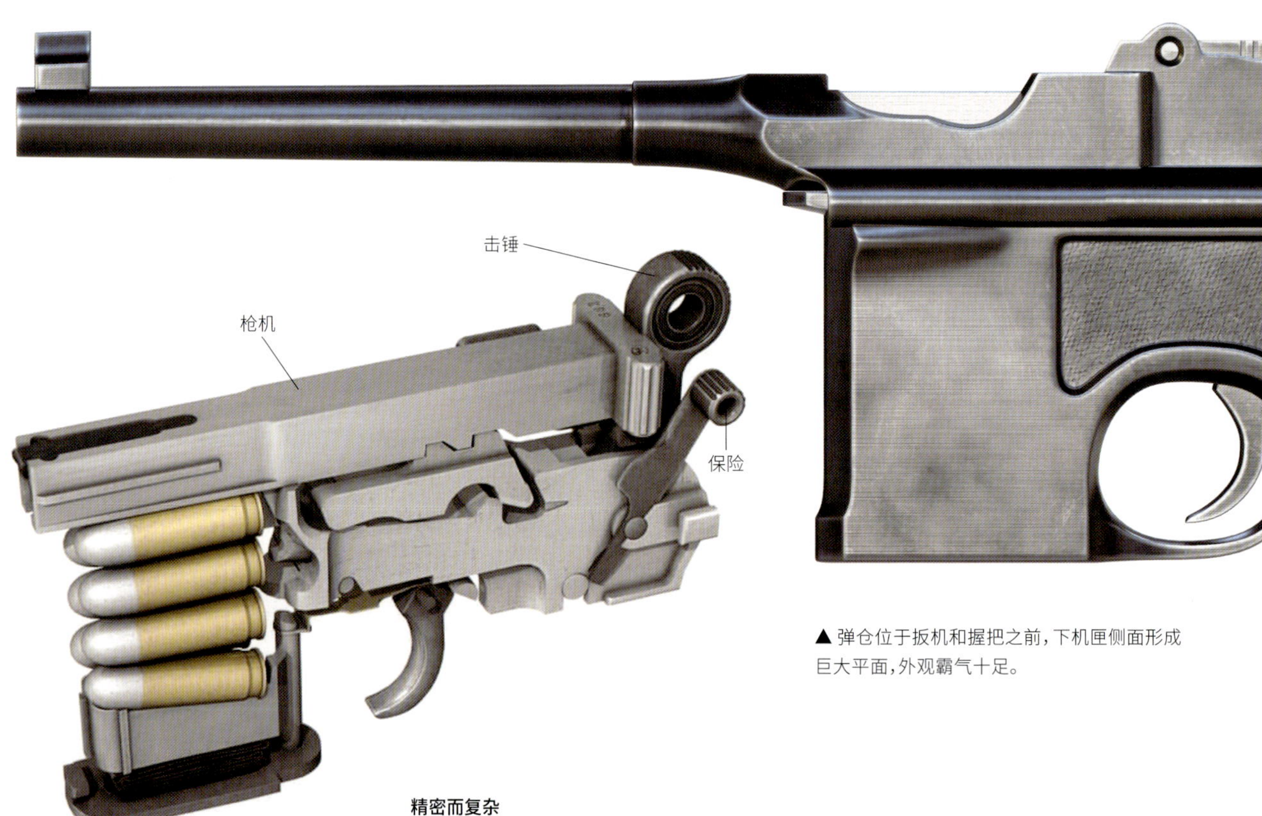

▲毛瑟 C96 的枪机与击发机构。

▲ 弹仓位于扳机和握把之前，下机匣侧面形成巨大平面，外观霸气十足。

精密而复杂

毛瑟 C96 的结构精密而复杂，各个部件以卡榫、钩挂等方式相互契合，加工难度大，工艺要求高，制造成本居高不下。此外，毛瑟 C96 的分解步骤也较为烦琐，日常维护保养多有不便。

▲ 抗战期间的中国士兵，肩扛装上枪托的毛瑟 C96，腰际挂着俗称“九龙带”的弹夹携行具。

▲枪套可以和握把驳接在一起，充当肩托，从而提高射击稳定性。

▲ 手枪装入木质枪套后的状态。

▲ 供弹具为 10 发桥夹。

7.63 毫米 ×25 毫米毛瑟弹

专门为毛瑟 C96 研制的高速轻弹，弹道平直，侵彻力强，但停止作用不足。

武/器/档/案 WEAPON ARCHIVES

型号	毛瑟 M30 半自动手枪
生产国	德国
投产时间	1930 年
弹药	7.63 毫米 ×25 毫米毛瑟弹
供弹方式	10 发弹仓 / 10 发桥夹
全枪长 / 枪管长	310 毫米 /140 毫米
空枪重	1170 克
有效射程	150 米
自动原理 / 闭锁方式	枪管短后坐 / 卡铁摆动
扳机	单动
初速	425 米 / 秒
枪口动能	545 焦耳

毛瑟 C96 的外号

□自来得

最“官方化”的称呼，多见于公文，是德文“自动装填”（Selbstlade）一词的音译。

□盒子炮

“盒子”指的就是木质枪盒，“炮”则突出射程远、威力大。

□匣子枪

“匣子”同样指木质枪盒。

□驳壳枪

对英文“盒子”（box）一词的音译，还是突出配有木质枪盒这个特点。

□快慢机

特指能全自动射击的型号，快慢机用来选择发射模式。

□大镜面

特指机匣左右都光滑如镜，没有凹槽、铭文和商标的型号。

Semi-Auto Pistol With Sl

套筒结构半自动手枪

套筒的出现是半自动手枪在结构上的重大进步。套筒把整个或部分枪管、复进簧、枪机包覆在内，不仅让上膛变得更加便利，而且提高了半自动手枪的可靠性。

贝瑞塔 M34 半自动手枪

1934 年起成为意大利军警的制式手枪，一直服役到 20 世纪 90 年代。它紧凑、小巧、精致，深受同盟国士兵喜爱，是几乎和鲁格 P08 齐名的战利品。

一物两用

贝瑞塔 M34 的保险同时也是套筒锁。在空仓挂机状态下，一拔出空弹匣枪机就会复位，装上新弹匣后需要再次拉动套筒上膛，这不利于快速射击。如果用保险旋钮卡住套筒上的缺口，则可以保持空仓挂机状态，换上新弹匣后只要扳动保险释放套筒就能上膛。

▲ 贝瑞塔 M34 半自动手枪	
生产国	意大利
投产时间	1934 年
全枪长 / 枪管长	152 毫米 /94 毫米
空枪重	660 克
供弹方式	7 发弹匣
弹药	9 毫米 ×17 毫米勃朗宁短弹
自动原理 / 闭锁方式	自由枪机
扳机	单动

保险 / 套筒锁

9 毫米 ×17 毫米勃朗宁短弹

一种非常流行的自卫手枪弹，小巧玲珑，膛压低，后坐力小。

开放式套筒

暴露部分枪管的开放式套筒是贝瑞塔手枪的一贯设计，这不仅有助于减重，而且能获得一个硕大的抛壳窗，降低卡壳的概率。

九四式半自动手枪

为日军坦克兵、汽车兵、飞行员等非直接战斗人员研制的自卫手枪。和南部十四式一样，同为南部麟次郎的作品。它外形丑陋，操作不便，保养麻烦，容弹量小，且带有可能意外击发的结构缺陷，堪称有史以来最差的军用手枪。

非典型套筒结构

九四式半自动手枪的套筒结构与现代手枪稍有不同，其套筒由前后两部分构成，通过销钉连接在一起。另外，其套筒座后部向上凸起，形成了一个包络住套筒的结构，这给拉动套筒上膛制造了麻烦。

▲ 九四式半自动手枪	
生产国	日本
投产时间	1934 年
全枪长 / 枪管长	187 毫米 /96 毫米
空枪重	720 克
供弹方式	6 发弹匣
弹药	8 毫米 ×22 毫米南部弹
自动原理 / 闭锁方式	枪管短后坐 / 下落式闭锁
扳机	单动

M1911A1 Semi-Auto Pistol

M1911A1 半自动手枪

1911 年，约翰·摩西·勃朗宁在柯尔特 M1900 基础上研发的战斗手枪通过美军的重重选拔，定型为 M1911。这不仅是美军的第一种制式半自动手枪，也为后世的半自动手枪设计确立了标杆。

M1911 采用覆盖整个枪管的套筒，依靠枪管上的凸筋与套筒上的凹槽的啮合来实现闭锁，坚固耐用又安全可靠。一战结束后，M1911 得到了一些小改进，比如缩短扳机、扩大扳机护圈、修改握把形状、延长“海狸尾”的长度并降低其高度、加宽准星、增加防滑纹，等等。这个改进版名为 M1911A1，使用起来更加舒适、便利。

对新手来说 M1911A1 并不是很好操作，特别是在紧张状态下可能无法正确按压握把保险。但经过恰当的训练后 M1911A1 无疑能发挥出强大的威力——它发射的 0.45 英寸柯尔特自动手枪弹停止作用惊人。

二战期间美国生产了大约 190 万支 M1911A1，对手枪这种备用武器来说产量已经相当惊人。直到 1990 年，美国陆军的 M1911A1 才被贝瑞塔 M9 手枪取代。直至今日，M1911A1 仍然在美国民间枪械爱好者中广为流行。

武/器/档/案 WEAPON ARCHIVES

型号	M1911A1 半自动手枪
生产国	美国
投产时间	1924 年
弹药	0.45 英寸柯尔特自动手枪弹
供弹方式	7 发弹匣
全枪长 / 枪管长	216 毫米 /127 毫米
空枪重	1105 克
有效射程	50 米
自动原理 / 闭锁方式	枪管短后坐 / 枪管偏移
扳机	单动
初速	250 米 / 秒
枪口动能	477 焦耳

▲ 一位手持 M1911A1 的加拿大伞兵部队连级军士长，他把保险绳挂在脖子上以防手枪丢失。

海报中的 M1911A1

这张知名的海报由美国战时生产委员会在 1942—1943 年推出，上书警示口号“再接再厉，兄弟”和“这仗根本还没赢”，表情坚毅的士兵则手握一支 M1911A1 手枪——这种武器的代表性和符号意义不言而喻。

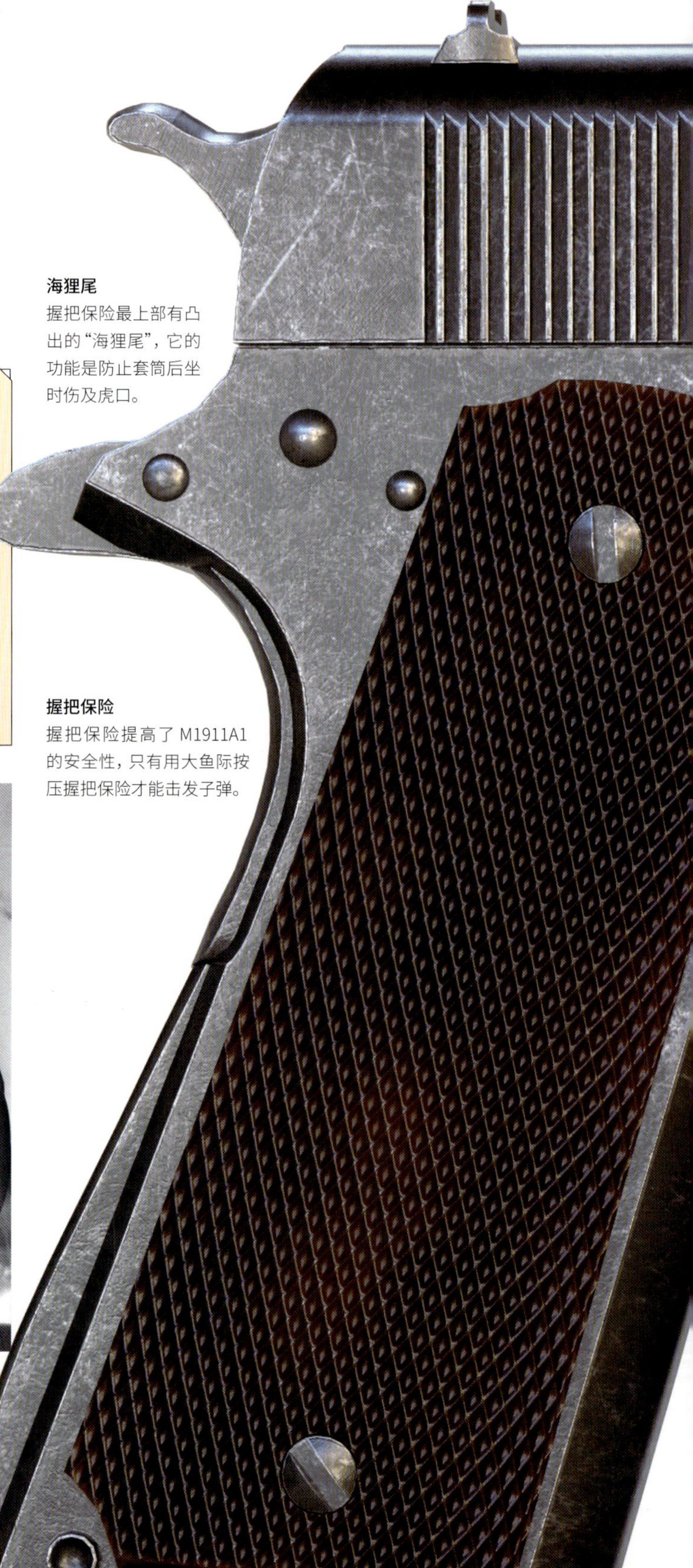

海狸尾

握把保险最上部有凸出的“海狸尾”，它的功能是防止套筒后坐时伤及虎口。

握把保险

握把保险提高了 M1911A1 的安全性，只有用大鱼际按压握把保险才能击发子弹。

大眼撸子

在中国抗日军民之中，M1911A1 有"大眼撸子"之称，因为这种手枪口径比一般的半自动手枪要大上一圈。它发射的 0.45 英寸柯尔特自动手枪弹（实测弹头直径 11.48 毫米）是一种低速重弹，侵彻力不足，停止作用强大。

▲ M1911 手枪的专利图，落款有其发明者约翰 · 摩西 · 勃朗宁的签名。

M1911 的模仿者

M1911 无疑获得了巨大的成功，后世的很多半自动手枪都沿用其基本结构，还有一些半自动手枪则继承了它的枪管短后坐自动原理和枪管偏移闭锁方式，堪称它的直接续作。

加拿大生产的款式带有射程可调的表尺

为容纳 13 发弹匣，握把厚度很大

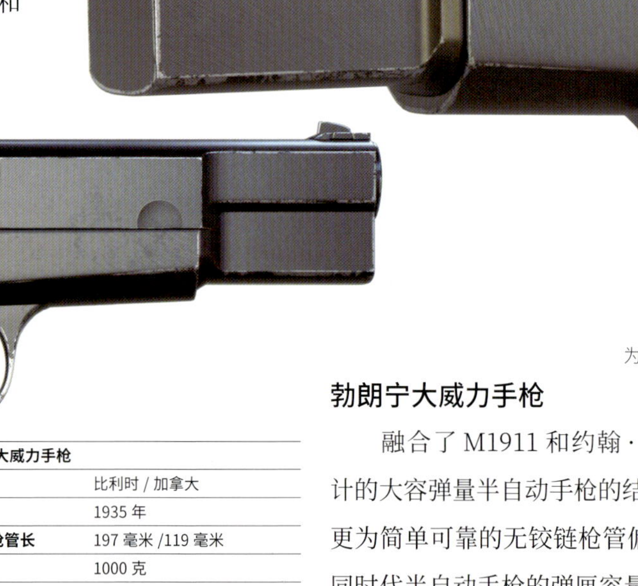

▲ 勃朗宁大威力手枪	
生产国	比利时 / 加拿大
投产时间	1935 年
全枪长 / 枪管长	197 毫米 /119 毫米
空枪重	1000 克
供弹方式	13 发弹匣
弹药	9 毫米 ×19 毫米帕拉贝鲁姆弹
自动原理 / 闭锁方式	枪管短后坐 / 枪管偏移
扳机	单动

勃朗宁大威力手枪

融合了 M1911 和约翰 · 摩西 · 勃朗宁临终前设计的大容弹量半自动手枪的结构特点，采用比 M1911 更为简单可靠的无铰链枪管偏移系统，同时拥有远超同时代半自动手枪的弹匣容量和火力持续性。最初只装备比利时军警，二战爆发后则被轴心国和同盟国双方广泛使用。因为性能出众，它被誉为“9 毫米之王”。

▶ M1935A 半自动手枪	
生产国	法国
投产时间	1937 年
全枪长 / 枪管长	197 毫米 /109 毫米
空枪重	730 克
供弹方式	8 发弹匣
弹药	7.65 毫米 ×20 毫米长弹
自动原理 / 闭锁方式	枪管短后坐 / 枪管偏移
扳机	单动

手动保险的位置迥异于常见的半自动手枪

M1935A 半自动手枪

外形漂亮、设计巧妙的法军制式手枪。和参考借鉴对象 M1911 相比，它取消了枪管衬套，并且把复进簧导杆延长到几乎和复进簧等长，从而提高了射击精度和动作可靠性。M1935A 的另一个独特之处在于，它的击锤、阻铁、扳机簧组成了一个整体的击发机构模块，可以在分解时一同取出。

托卡列夫 TT 没有保险钮，只有击锤保险，把击锤扳到半待发位置即进入保险状态

◀ 托卡列夫 TT 半自动手枪	
生产国	苏联
投产时间	1930 年
全枪长 / 枪管长	196 毫米 /116 毫米
空枪重	840 克
供弹方式	8 发弹匣
弹药	7.62 毫米 ×25 毫米托卡列夫弹
自动原理 / 闭锁方式	枪管短后坐 / 枪管偏移
扳机	单动

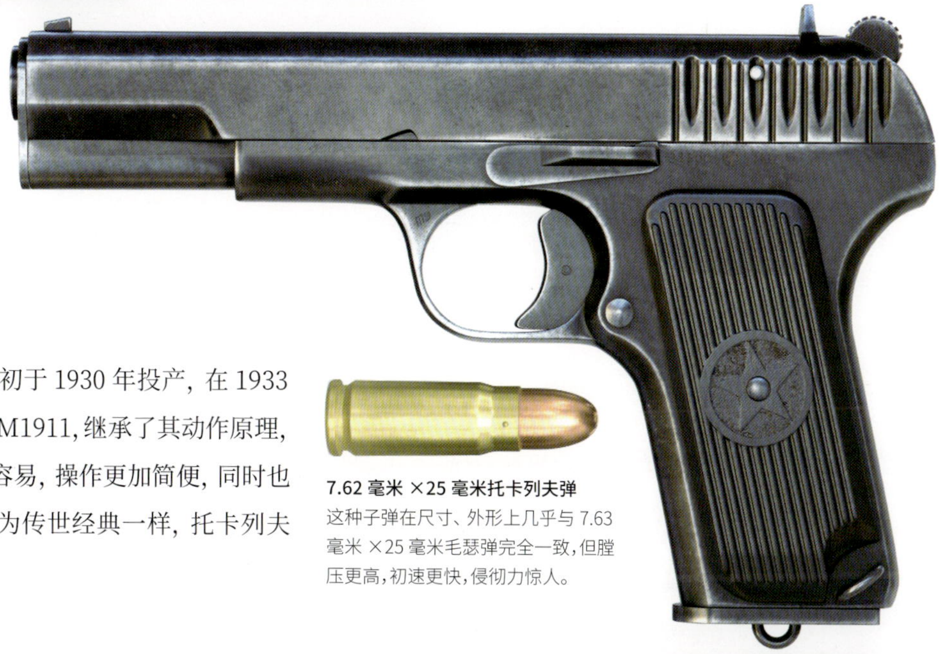

托卡列夫 TT 半自动手枪

苏联的第一支制式半自动手枪，最初于 1930 年投产，在 1933 年最终定型。托卡列夫 TT 是苏联版的 M1911，继承了其动作原理，但是对结构进行了简化，野战分解更为容易，操作更加简便，同时也更便于生产。如同 M1911 在美国被奉为传世经典一样，托卡列夫 TT 在苏联阵营影响极其深远。

7.62 毫米 ×25 毫米托卡列夫弹

这种子弹在尺寸、外形上几乎与 7.63 毫米 ×25 毫米毛瑟弹完全一致，但膛压更高，初速更快，侵彻力惊人。

单排弹匣与双排弹匣

早期半自动手枪普遍采用单排弹匣，而勃朗宁大威力手枪则开创性地使用了双排弹匣。手枪使用双排弹匣虽然能容纳更多的子弹，但也会增加握把的厚度，对手小的使用者不太友好。

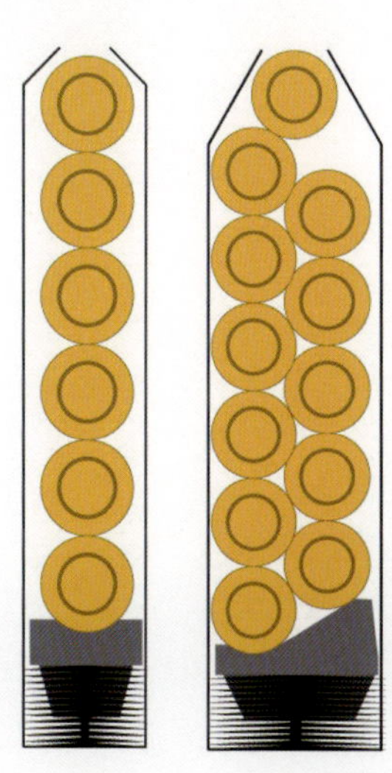

枪管短后坐 + 枪管偏移闭锁

①击锤处于待击状态；枪管上的闭锁凸筋和套筒上的闭锁凹槽啮合在一起，后膛处于闭锁状态。

②扣动扳机，释放击锤，击发子弹；在弹壳的推动下，枪管和套筒一起后坐。此时闭锁凸筋仍然卡在闭锁凹槽内，后膛仍然处于闭锁状态。

③在铰链（或开锁斜面的作用下），枪管尾部逐渐下降，闭锁凸筋从闭锁凹槽中脱离，后膛开锁；枪管受铰链（或开闭锁突起）的限制停止后退，套筒则继续后退，压倒击锤，抽壳，抛壳。

④套筒在复进簧的作用下复进，推下一发子弹上膛。

▲ 这张苏军基层军官挥舞托卡列夫 TT-33 手枪激励部下发起冲锋的照片充分体现了苏联红军的英勇无畏。很多时候他被称做“政委”，也有资料显示他是连指导员阿列克谢 · 戈尔杰维奇 · 叶廖缅科，具体身份仍有争议。

Single Action/ Double Action Semi-Auto Pistol

▼ 瓦尔特 PPK 半自动手枪

生产国	德国
投产时间	1930 年
全枪长 / 枪管长	154 毫米 /84 毫米
空枪重	570 克
供弹方式	6 发弹匣 /7 发弹匣
弹药	9 毫米 ×17 毫米勃朗宁短弹 /7.65 毫米 ×17 毫米勃朗宁短弹
自动原理 / 闭锁方式	自由枪机
扳机	单 / 双动

单 / 双动扳机半自动手枪

单动半自动手枪的扳机和击锤并不联动，采用子弹上膛、击锤复位、保险打开（safety on，即扳机 / 击锤被锁定，无法射击）这种比较安全的携带方式时，如遇突发敌情，需要先完成扳倒击锤、关闭保险（safety off，解除扳机 / 击锤的锁定）这两个动作才能开始射击。

单 / 双动半自动手枪的扳机和击锤是联动的，既可单动射击，又可双动射击。在子弹上膛、击锤复位、保险打开的携行状态下，只需关闭保险就能射击，省去了扳倒击锤的步骤，大大提高了反应速度，有利于先敌开火。

世界上第一种大规模生产的单 / 双动扳机半自动手枪是 1929 年问世的瓦尔特 PP 手枪，主要供德国和其他欧洲国家的警察使用。继 PP 手枪之后，瓦尔特公司又推出了 PPK、P38 手枪，都是单 / 双动扳机半自动手枪的典范。

膛内有弹指示器

如果子弹已经上膛，膛内有弹指示器就会从套筒尾部伸出，提示使用者注意安全。

弹匣延伸体

瓦尔特 PPK 的握把过于短小，安装弹匣延伸体可以握得更牢固。

瓦尔特 PPK 半自动手枪

瓦尔特 PP 手枪的缩小版，它小巧、轻便、不易钩挂，可以很方便地藏在口袋里或大衣下，主要用户是高级军官、特工、秘密警察等有隐蔽携枪需求的人员。据说，1945 年 4 月 30 日，希特勒正是用一支 7.65 毫米口径的 PPK 在柏林的地堡开枪自杀的。

▲瓦尔特 P38 半自动手枪	
生产国	德国
投产时间	1934 年
全枪长 / 枪管长	216 毫米 /125 毫米
空枪重	960 克
供弹方式	8 发弹匣
弹药	9 毫米 ×19 毫米帕拉贝鲁姆弹
自动原理 / 闭锁方式	枪管短后坐 / 卡铁摆动
扳机	单 / 双动

瓦尔特 P38 半自动手枪

纳粹党掌权后，德国积极扩军备战，需要一种便于生产的手枪以替代昂贵复杂的鲁格 P08，因此瓦尔特公司又研制了 P38 手枪，这是世界上第一种采用单 / 双动扳机的战斗手枪。它是一种精准、坚固、耐用的武器，加工工艺也很不错，和鲁格 P08 一样深受欢迎。

▶ 两名弓腿猫腰，做射击姿势的波兰救国军士兵，一人手握波军的 Vis wz.35 手枪，一人拿着缴获来的瓦尔特 P38。

ESTAÇÃO EXPURG
BYINGTON

第三章 冲锋枪

世人公认的第一支实用型冲锋枪是德国人雨果 · 施迈瑟 (Hugo Schmeisser) 设计的 MP18。它选择了极为简单的自由枪机自动原理, 采用开膛待击的击发方式, 发射经典的 9 毫米帕拉贝鲁姆手枪弹, 配有实木枪托和 32 发容量的蜗形弹鼓。

MP18 是一种单纯用来近距离泼洒子弹的武器, 只能全自动射击, 理论射速可达 500 发 / 分。它短小轻便、火力猛烈, 在堑壕战中表现出色, 但列装得太晚, 产量也太少, 无力扭转德军在 1918 年的颓势。

二战中, 短兵相接的情况变得更加普遍, 冲锋枪获得了更广阔的舞台, 成为主战枪种。冲锋枪的装备数量巨大, 无论是在起伏的山峦、茂密的丛林、幽深的树篱, 还是在狭窄的战壕、逼仄的工事、曲折的街巷, 到处都有这种武器的身影, 它和步枪、轻机枪一起撑起了步兵班的火力。

此时, 虽然冲锋枪的制造工艺发生了巨大的变化, 但 MP18 身上的很多基本理念被继承了下来。它们仍然是结构简单、便于携行和操持的"子弹喷射机", 肩负着近距离突袭敌人的使命。

First Generation Submachine Gun

"超长"射程

MP28的表尺射程达到了1000米，然而这没有实用性，其有效射程只有150~200米。

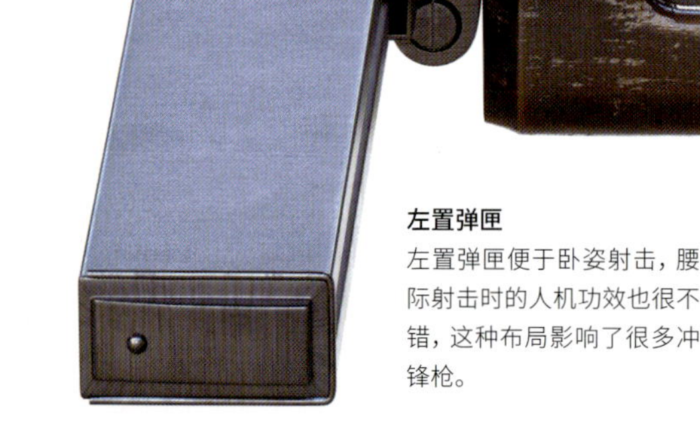

左置弹匣

左置弹匣便于卧姿射击，腰际射击时的人机功效也很不错，这种布局影响了很多冲锋枪。

第一代冲锋枪

早期的冲锋枪大量采用铣削工艺，通常配有一体式的全长实木枪托和并不实用的卧式表尺。它们用料扎实，工艺考究，质量上乘，但是加工起来费工费时费料，成本很高，不利于大规模生产，很难满足战时需求。

MP28冲锋枪

MP28是MP18的改进款，用简单的盒式弹匣取代了不太可靠的蜗形弹鼓，增添了单发射击功能，照门由L型翻转式改为卧式表尺式。MP28的产量不高，不过开战后还是作为库存武器提供给了德国国防军、武装党卫队和仆从国的武装力量。

铣削工艺

铣削是一种将钢坯固定，用高速旋转的铣刀在毛坯上走刀，切出需要的形状和特征的机械加工方法。铣削工艺加工的零件坚固厚实，但比较浪费材料，所需的工时也比较长。

▲ 正在铣床上加工司登冲锋枪枪机的英国女工，注意铣床上已经堆满了钢屑。

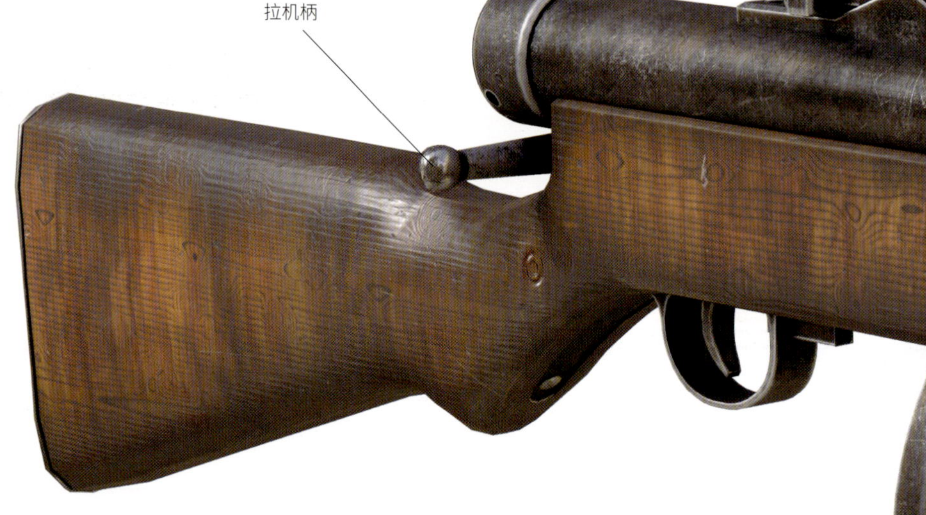

KP/-31冲锋枪

KP/-31以不惜工本、制作精良著称。它有很多与众不同的设计，比如枪管可以更换，拉机柄不和枪机随动，战争期间甚至还配备了枪口制退器。另外，它的枪管比大多数冲锋枪要长一些，其有效射程达到了惊人的300米。当然，这支冲锋枪的重量也非常可观。

◀ MP28 冲锋枪	
生产国	德国
投产时间	1928 年
全枪长 / 枪管长	813 毫米 /200 毫米
空枪重	4.0 千克
供弹方式	32 发弹匣
弹药	9 毫米 ×19 毫米帕拉贝鲁姆弹
自动原理 / 闭锁方式	自由枪机
击发方式	开膛待击
射速	550~600 发 / 分

花机关

MP28 及 MP18 的一些其他衍生型号在中国被称作“花机关”，得名于枪管护套上的散热孔。

◀ KP/-31 冲锋枪	
生产国	芬兰
投产时间	1931 年
全枪长 / 枪管长	925 毫米 /314 毫米
空枪重	4.6 千克
供弹方式	20 发 /32 发 /36 发 /50 发弹匣 40 发 /71 发弹鼓
弹药	7.65 毫米 ×21 毫米帕拉贝鲁姆弹 9 毫米 ×19 毫米帕拉贝鲁姆弹
自动原理 / 闭锁方式	自由枪机
击发方式	开膛待击
射速	900 发 / 分

▲手持 PPD-34 冲锋枪的战斗英雄叶夫多基娅·扎瓦利。她本来是一名随军护士，后来女扮男装加入战斗部队，1943 年时成为海军步兵第 83 旅一个冲锋枪排的排长。

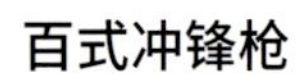

刺刀座

百式冲锋枪

出于对精确射击的执念，日军并没有给予冲锋枪足够的重视。直到 1940 年，由南部麟次郎主导设计的百式冲锋枪才正式定型。这是日本在二战中的唯一一种量产型冲锋枪，产量很少，主要供骑兵、伞兵、海军陆战队等使用，并未广泛装备普通步兵。

▲ 百式冲锋枪	
生产国	日本
投产时间	1940 年
全枪长 / 枪管长	900 毫米 /280 毫米
空枪重	3.8 千克
供弹方式	30 发弹匣
弹药	8 毫米 ×22 毫米南部弹
自动原理 / 闭锁方式	自由枪机
击发方式	开膛待击
射速	800 发 / 分

神武纪年

百式冲锋枪定型于 1940 年，当年正是日本神武纪年 2600 年，所以这型冲锋枪被命名为“一〇〇式機関短銃”。

拉机柄

可以拼刺刀的冲锋枪

百式冲锋枪是少数几种可以安装刺刀的冲锋枪之一，这种设计体现了日军对“武士道”精神的执念。

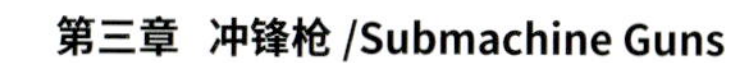

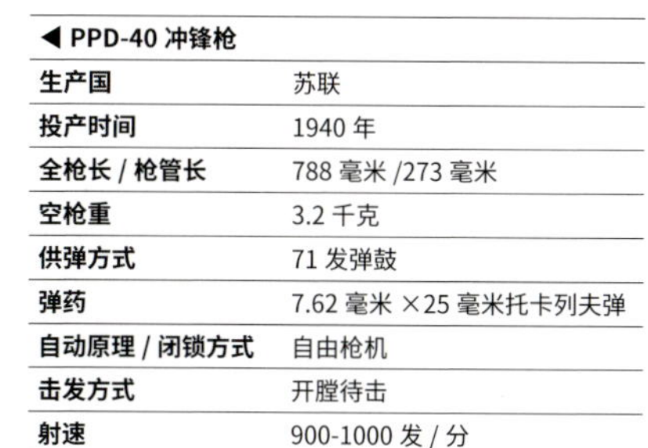

◀ PPD-40 冲锋枪	
生产国	苏联
投产时间	1940 年
全枪长 / 枪管长	788 毫米 /273 毫米
空枪重	3.2 千克
供弹方式	71 发弹鼓
弹药	7.62 毫米 ×25 毫米托卡列夫弹
自动原理 / 闭锁方式	自由枪机
击发方式	开膛待击
射速	900-1000 发 / 分

PPD-40 冲锋枪

1935 年，著名枪械设计师捷格加廖夫设计的 PPD-34 正式服役，这是苏联红军的第一种制式冲锋枪。PPD-34 工艺复杂，产量极小。捷格加廖夫随后推出了 PPD-34 的简化版——PPD-34/38 以及 PPD-40，但易生产性没有太大改观，整个系列只生产了 90000 支左右，其中主要是 PPD-40。

双扳机
贝瑞塔 M1938A 没有快慢机，通过扣动不同的扳机来选择射击模式。前扳机是单发扳机，后扳机是连发扳机。

抛壳窗

枪口制退器

左侧抛壳
和大多数冲锋枪不同，贝瑞塔 M1938A 的抛壳窗开在枪身左侧。向左飞出的弹壳或多或少会对射手造成一定的干扰。

贝瑞塔 M1938A 冲锋枪

和芬兰 KP/-31 齐名的精良冲锋枪，结构坚固，装配精细，表面处理优秀，射击精度和可靠性俱佳，射程也较为突出。贝瑞塔 M1938A 不仅是二战期间意大利士兵的标志性武器，而且得到了德国伞兵和武装党卫队的青睐。

▲ 贝瑞塔 M1938A 冲锋枪	
生产国	意大利
投产时间	1938 年
全枪长 / 枪管长	946 毫米 /315 毫米
空枪重	4.2 千克
供弹方式	10 发 /20 发 /30 发 /40 发弹匣
弹药	9 毫米 ×19 毫米帕拉贝鲁姆弹
自动原理 / 闭锁方式	自由枪机
击发方式	开膛待击
射速	600 发 / 分

Thompson Submachine Gun

汤普森冲锋枪

一战爆发后，美国陆军原上校约翰·汤普森决心开发一种用于清扫堑壕的自动武器。1917 年，美国正式参战，约翰·汤普森重新入伍，升任准将，负责监督陆军轻武器的生产，这让他研制"堑壕扫帚"的信念更加坚定。

约翰·汤普森的最终成果就是汤普森冲锋枪，采用半自由枪机自动原理，发射 0.45 英寸柯尔特自动手枪弹，火力猛烈，停止作用出色。汤普森冲锋枪在 1921 年量产，此时一战已经结束，约翰·汤普森也已再次退役。

虽然没有获得军方的大宗订单，汤普森冲锋枪还是找到了用武之地，在 20 世纪二三十年代深受犯罪集团和执法部门的欢迎。恶名昭彰的芝加哥黑帮用汤普森冲锋枪制造了众多血案，使其获得了"芝加哥打字机"的诨名，而汤普森冲锋枪的营销团队则努力为它树立"警局专用""罪犯克星"的形象。

德军在二战中大量使用冲锋枪，这让英法等欧洲国家深受刺激，汤普森冲锋枪的订单也随之陡然增加。最初销往欧洲的型号是 M1928 和 M1928A1，枪口安装大型制退器，枪管上加工出了散热片，枪机带有比较复杂的延迟开锁机构，可以使用 50 发或 100 发的弹鼓供弹——尽管弹鼓笨重且不太可靠。

鉴于 M1928 和 M1928A1 结构复杂、价格昂贵，美国在加入二战后推出了更加简化的型号——汤普森 M1 和 M1A1。这两个版本取消了枪口制退器和枪管散热片，自动方式改为自由枪机式，也不再适配华而不实的弹鼓。右图所示即为汤普森 M1A1。

铣削工艺加工的上机匣

上下机匣通过滑轨固定

手枪式独立握把

火力凶悍

汤普森冲锋枪大量配发给盟军侦察兵、士官、军官、坦克乘员。在欧洲战场，它被美军伞兵、游骑兵、宪兵部队和英国、加拿大突击队频繁使用。在太平洋战场和缅印战场，汤普森冲锋枪备受英联邦军队的推崇。

每分钟七八百发的理论射速让它在巷战、伏击、突袭阵地等场景中颇具火力优势，0.45 英寸子弹强大的停止能力更是使其如虎添翼，以致重量大和可靠性不足等问题成了可以容忍的缺点。不过在太平洋岛屿的茂密丛林中，子弹侵彻力不足的问题凸显了出来，初速较低的 0.45 英寸子弹很难穿透树木，对敌人造成有效杀伤。

▲ 英国第 59 步兵师南斯塔福德郡团的士兵手持汤普森 M1928 冲锋枪爬上港口墙基，这是 1942 年 4 月 24 日在北爱尔兰的一次登陆演习。

武/器/档/案 WEAPON ARCHIVES

型号	汤普森 M1A1 冲锋枪
生产国	美国
投产时间	1942 年
全枪长 / 枪管长	808 毫米 /267 毫米
空枪重	4.8 千克
供弹方式	20 发 /30 发弹匣
弹药	0.45 英寸柯尔特自动手枪弹
有效射程	150 米
自动原理 / 闭锁方式	自由枪机
击发方式	开膛待击
射速	700~750 发 / 分
初速	285 米 / 秒
枪口动能	586 焦耳

并非完美

以当时的标准看汤普森 M1A1 的尺寸并不算夸张，但它的重量却很大。其上下机匣都是厚重的铣削件，由整块钢材加工而成。此外，为了控制自动机的循环速度，它的枪机也很沉重。汤普森 M1A1 全长刚刚超过 800 毫米，空枪重却与 1.1 米长的 M1 加兰德步枪相近。

除了重量过大之外，需要大量的清洁也是汤普森 M1A1 的一大缺点，广受士兵诟病。所幸汤普森 M1A1 分解起来并不麻烦，它的上下机匣通过滑轨固定在一起，卸下枪托后可以很容易地分离机匣，拆下内部零件。野战分解时需要拆卸的内部零件很少，只有复进簧、枪机和机匣螺栓等部分。

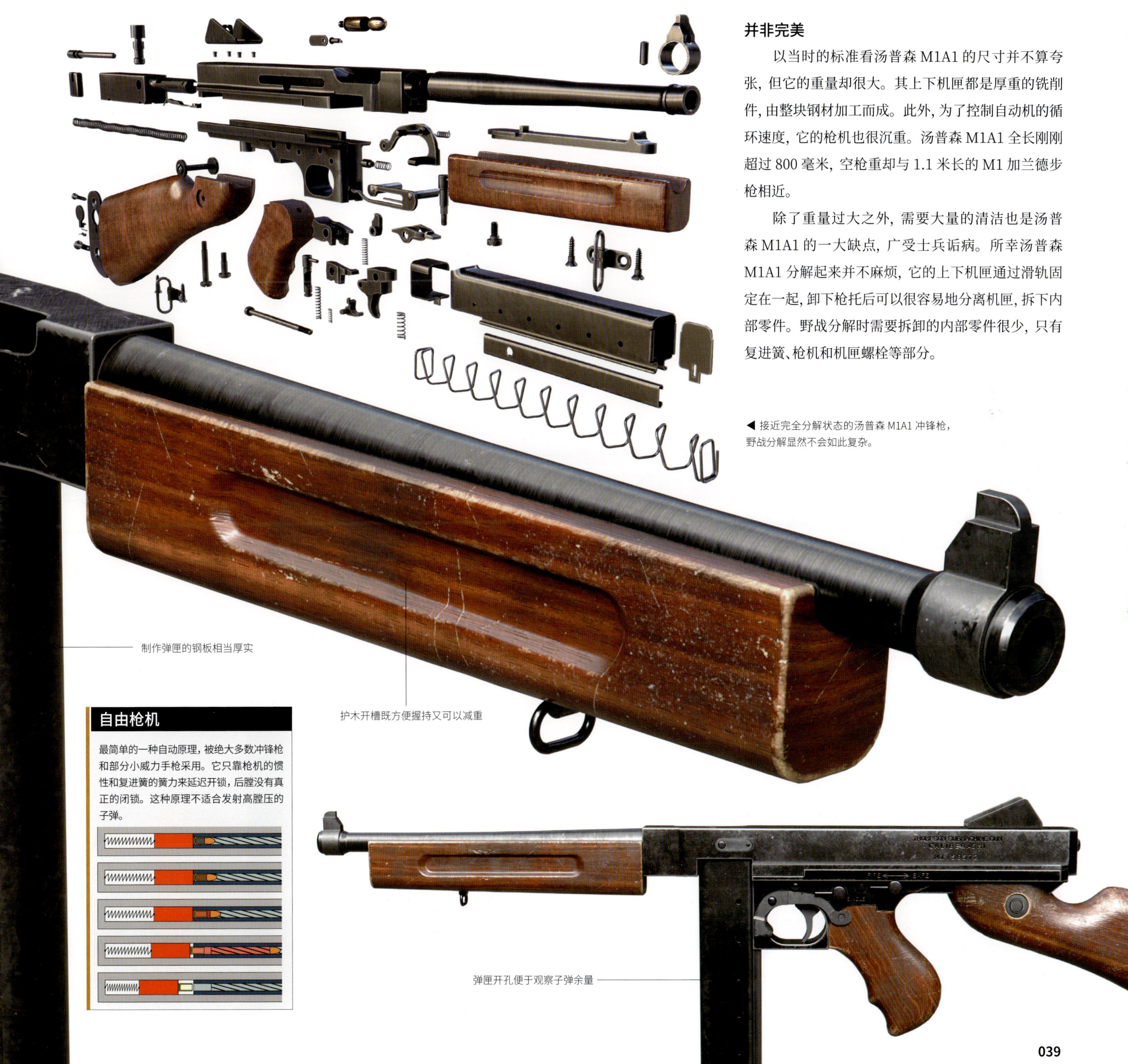

◀ 接近完全分解状态的汤普森 M1A1 冲锋枪，野战分解显然不会如此复杂。

制作弹匣的钢板相当厚实

护木开槽既方便握持又可以减重

弹匣开孔便于观察子弹余量

自由枪机

最简单的一种自动原理，被绝大多数冲锋枪和部分小威力手枪采用。它只靠枪机的惯性和复进簧的簧力来延迟开锁，后膛没有真正的闭锁。这种原理不适合发射高膛压的子弹。

Second Generation Submachine Gun

武/器/档/案 WEAPON ARCHIVES

型号	MP40 冲锋枪
生产国	德国
投产时间	1940 年
全枪长	630 毫米（收起枪托） 833 毫米（展开枪托）
枪管长	251 毫米
空枪重	4 千克
供弹方式	32 发弹匣
弹药	9 毫米 ×19 毫米帕拉贝鲁姆弹
有效射程	100 米
自动原理 / 闭锁方式	自由枪机
击发方式	开膛待击
射速	500 发 / 分
初速	400 米 / 秒
枪口动能	约 600 焦耳

冲压弹匣井的强度较差，因此需要设置加强筋

握把片和下机匣护木片为塑料材质

第二代冲锋枪

德国设计师海因里希·沃默尔在 1938 年设计的 MP38 冲锋枪预示着一个新时代的到来。

它看起来和传统的冲锋枪迥然不同：没有坚固的实木枪托，代之以看起来不甚牢靠的折叠枪托；全枪上下甚至看不到一丁点木料，握把片和机匣两侧的护木片是廉价的塑料制品；枪管裸露在外，没有护套的保护；金属零件的表面处理也惨不忍睹，有很多地方没有任何镀层。

MP38 的改进型——MP40 在易生产性上更进一步。它继承了 MP38 的总体设计，但用大量采用冲压工艺和焊接工艺的零件代替了机加工零件。理论上讲，其加工成本和工时进一步降低，产能可以得到大幅提高，这让普通步兵单位大量装备冲锋枪成为可能。

继 MP40 之后，这种降低“质量”以提高产量的思路在美、英、苏等国也推广开来。从此，冲锋枪摒弃了步枪式的钢木结构，除了枪管、枪机和扳机等核心组件外，其他部分也不再需要精密加工。它们成了廉价的速射武器，有些甚至还相当简陋。

当然，20 世纪 60 年代之后，冲锋枪再次呈现出精密化的趋势，不过这就是另外的故事了。

MP40 冲锋枪

MP40 是一支跨越时代的冲锋枪，结构简单，成本低廉，方便大量生产，但性能并未因此而下滑。它精准、稳定、容易控制、后坐力柔和，但射速略显不足。最初是为装甲兵和伞兵量身定制的武器，但很快也在步兵中普及，成了二战中最具代表性的德军轻武器。

▲ MP40 冲锋枪的不完全分解状态。

◀ 这名白俄罗斯游击队员携带着缴获来的 MP38 冲锋枪。MP38 的上机匣和弹匣井都是铣削件，非常厚实，分别开有减重槽和减重孔，这是和 MP40 最明显的外观区别。MP40 的上机匣和弹匣井都是冲压件，钢板较薄，无须开减重槽 / 孔，弹匣井甚至需要加强筋。

冲压工艺

冲压是一种利用冲压设备对板材施加压力，把板材裁切、折弯或塑造成模具所规范的形状与尺寸的金属加工方法。这种工艺生产效率高、材料消耗少，对操作者的技艺水平要求较低，适合大批量生产。

开膛待击

开膛待击指的是这样一种发射机制：准备开火时，枪机处于弹匣后方，子弹并未上膛，弹膛处于“敞开”状态；扣动扳机后，枪机被释放，在复进簧的作用下前冲，将子弹由弹匣推上膛，进而将子弹发射出去。开膛待击有利于散热，多见于冲锋枪和机枪。

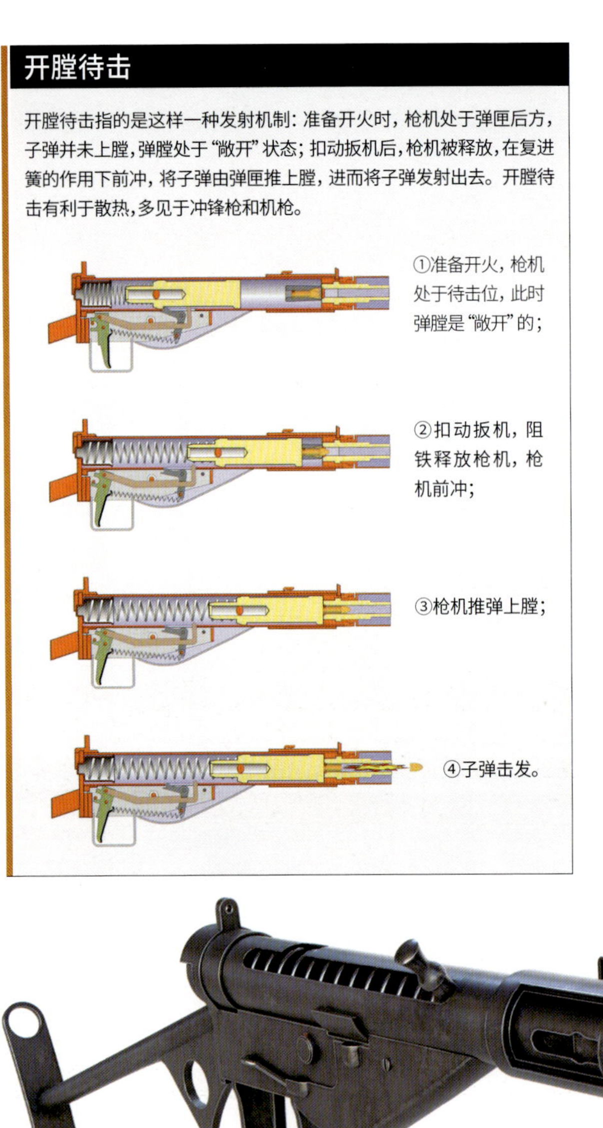

①准备开火，枪机处于待击位，此时弹膛是“敞开”的；

②扣动扳机，阻铁释放枪机，枪机前冲；

③枪机推弹上膛；

④子弹击发。

▶ PPS-43 冲锋枪	
生产国	苏联
投产时间	1943 年
全枪长	615 毫米（收起枪托） 820 毫米（展开枪托）
枪管长	243 毫米
空枪重	3.04 千克
供弹方式	35 发弹匣
弹药	7.62 毫米 ×25 毫米托卡列夫弹
自动原理 / 闭锁方式	自由枪机
击发方式	开膛待击
射速	600 ~ 700 发 / 分

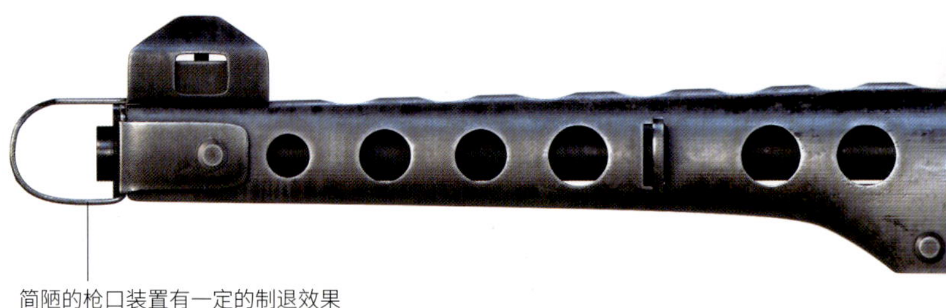

简陋的枪口装置有一定的制退效果

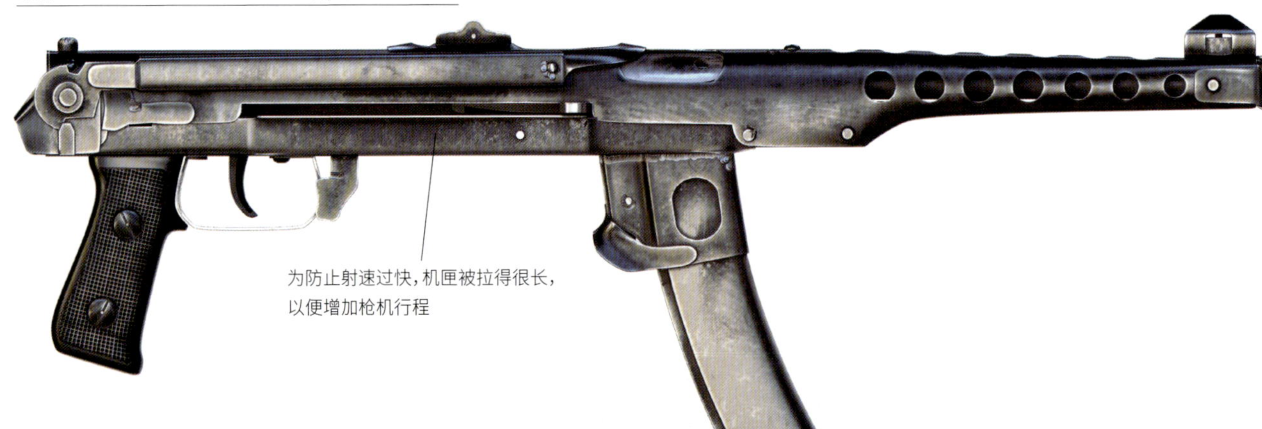

为防止射速过快，机匣被拉得很长，以便增加枪机行程

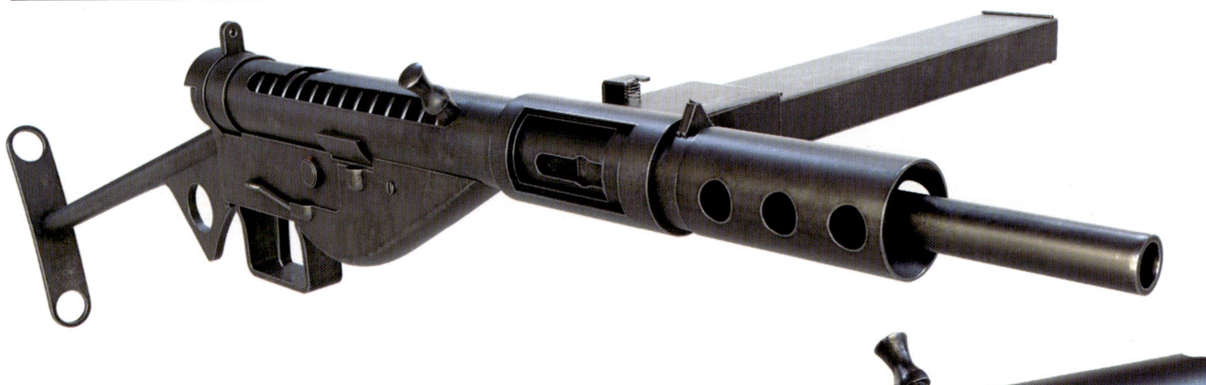

◀ 司登 Mk II 冲锋枪	
生产国	英国
投产时间	1941 年
全枪长	762 毫米
枪管长	197 毫米
空枪重	3.18 千克
供弹方式	32 发弹匣
弹药	9 毫米 ×19 毫米帕拉贝鲁姆弹
自动原理 / 闭锁方式	自由枪机
击发方式	开膛待击
射速	500 发 / 分

司登 Mk II 冲锋枪

司登是英国陆军装备的第一种国产冲锋枪，解决了从美国进口汤普森冲锋枪成本太高、数量太少的问题。司登冲锋枪型号众多，其中产量最大的是 Mk II型，二战期间生产了大约 200 万支。这是一种工艺粗糙、质量低劣的武器，精度和射程不佳，供弹系统和保险装置很不可靠，不太受人欢迎，被戏称为“水管工的噩梦”。

折叠时枪托向上翻折

上机匣与枪管护套是一体的冲压件，看起来相当粗糙

PPS-43 冲锋枪

这是一种非常廉价的自动武器，采用和 MP40 类似的折叠枪托，结构简单，零件极少，大量采用冲压、焊接、铆接工艺以节省材料和工时。在德军的围困之下，其位于列宁格勒的生产线依然能够因陋就简地维持生产，PPS-43 一出场即可上战场与德军对阵。因此，它也被视为英雄城市与不屈精神的象征。

◀ 俄罗斯于 2020 年发行的一枚 25 卢布"伟大胜利武器"纪念币，PPS-43 冲锋枪的形象和其设计师的名字 A. Y. 苏达耶夫出现在了硬币背面。

M3 冲锋枪

为取代较为昂贵的汤普森冲锋枪，美国通用汽车公司于 1942 年研发了廉价的 M3 冲锋枪。M3 的拉机柄组件故障率较高，因此 1944 年又推出了更为简洁的改进型——M3A1。M3 和 M3A1 在便携性、射击稳定性方面比汤普森冲锋枪更胜一筹，但零件易损，不够结实耐用。

▶ M3 冲锋枪	
生产国	美国
投产时间	1942 年
全枪长	579 毫米（收起枪托） 757 毫米（展开枪托）
枪管长	203 毫米
空枪重	3.7 千克
供弹方式	30 发 /32 发弹匣
弹药	0.45 英寸柯尔特自动手枪弹 9 毫米 ×19 毫米帕拉贝鲁姆弹
自动原理 / 闭锁方式	自由枪机
击发方式	开膛待击
射速	450 发 / 分

没有手动保险

M3 及 M3A1 冲锋枪没有手动保险，抛壳窗的防尘盖兼做保险，合上防尘盖，枪机就会被卡铁顶住，无法运动。

多用途枪托

可伸缩式枪托是用钢丝弯成的，除了能抵肩射击外，还能拆下来当通条，或者当拆解枪械的工具。

黄油枪

M3 与 M3A1 冲锋枪外形酷似给机械设备加注润滑剂的黄油枪，因此获得了"黄油枪"的绰号。

PPSh-41

ППШ-41

PPSh-41 冲锋枪

苏芬战争中，芬兰的索米冲锋枪对苏军造成了重大杀伤，苏联由此认识到了冲锋枪在近战中的巨大价值，并且决定研发一款便于大批量生产的冲锋枪。

设计师格奥尔基·什帕金在 PPD-40 冲锋枪的基础上简化结构和生产工艺，研制出了 PPSh-41 冲锋枪。生产一支 PPSh-41 只需要 7.3 个工时，全枪只有 87 个零件，其中大部分都采用冲压工艺，可以由不熟练的工人在非专业的工厂制造。

PPSh-41 射速高达每分钟 1000 发上下，可以使用 71 发弹鼓供弹，不仅火力十分猛烈，而且火力持续性强。得益于枪口装置对后坐力和上扬力矩的抑制作用，其连射精度甚至高于以精准著称的 MP40 冲锋枪。

此外，PPSh-41 也是一种结实可靠、保养便利的武器。它保留了枪管护套以延长持续射击的时间；枪管和膛室内侧均进行了镀铬处理以防锈蚀；木质枪托沉重而坚固，肉搏战中是很好的钝器；上下机匣用铰链连接，战场环境下可以方便地进行野战分解和清洁。

PPSh-41 是二战中苏军装备最广泛的冲锋枪，虽然稍后问世的 PPS-42 和 PPS-43 成本更加低廉，但它们无法取代 PPSh-41 的位置。

▲ 两名苏联红军战士，分别手持 PPSh-41 和 MP40。可以明显看出，MP40 更加小巧便携。

武/器/档/案 WEAPON ARCHIVES

型号	PPSh-41 冲锋枪
生产国	苏联
投产时间	1941 年
全枪长 / 枪管长	843 毫米 /269 毫米
空枪重	5.45 千克（带空弹鼓） 4.32 千克（带空弹匣）
供弹方式	71 发弹鼓 /35 发弹匣
弹药	7.62 毫米 ×25 毫米托卡列夫弹
有效射程	120 米
自动原理 / 闭锁方式	自由枪机
击发方式	开膛待击
射速	约 1000 发 / 分
初速	488 米 / 秒
枪口动能	约 542 焦耳

▲ 生产 PPSh-41 冲锋枪的流水线——大量苏联男性走向战场，而女性则在工业生产中发挥了重要作用。

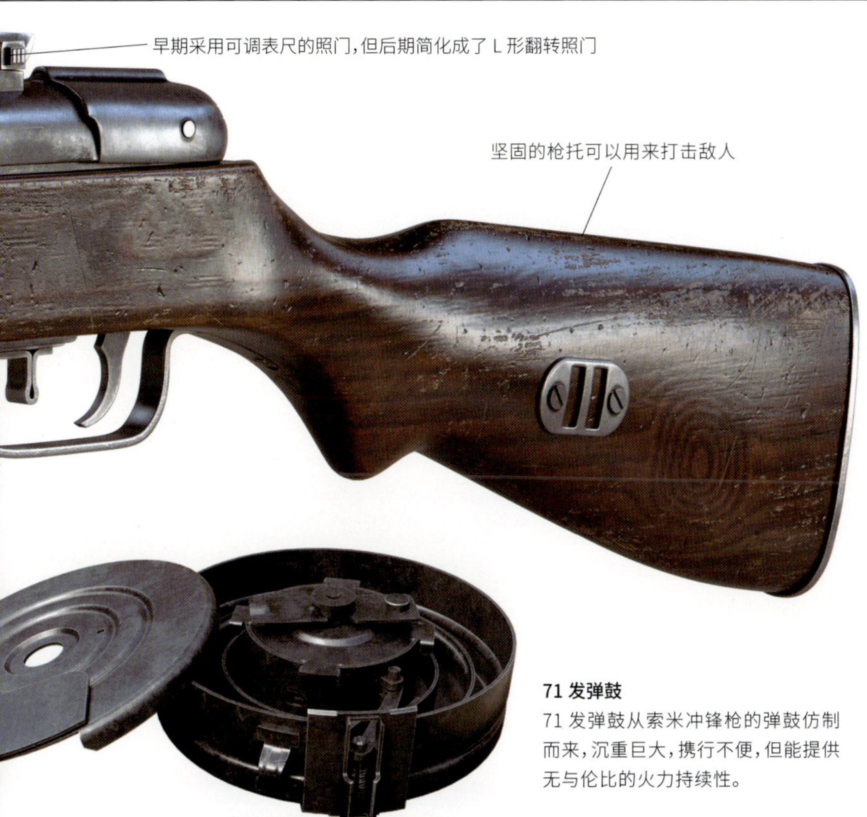

71 发弹鼓
71 发弹鼓从索米冲锋枪的弹鼓仿制而来，沉重巨大，携行不便，但能提供无与伦比的火力持续性。

冲锋枪的进化

冲锋枪在二战中走了一条由精细到粗犷，由昂贵到廉价，由高端到低端的路线，从数量稀少的“精英武器”蜕变成了产量巨大的“群众武器”。

PPD-40（波波德）

PPSh-41（波波沙）

PPs-43（波波斯）

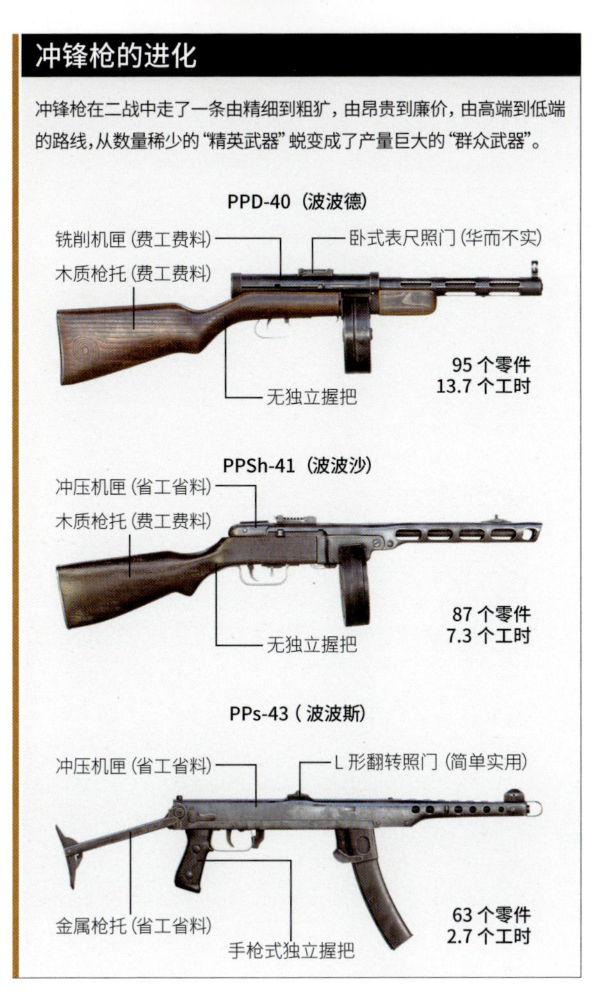

MP40 与 PPSh-41

MP40 和 PPSh-41 分别是德国、苏联这两个二战主要交战国最具代表性的冲锋枪，它们曾在广阔的战线上——特别是狭窄的街巷里、密集的建筑中——激烈交锋。那么，在战场上这两支冲锋枪究竟谁更胜一筹呢？在近距离交战中还是 PPSh-41 更有优势。

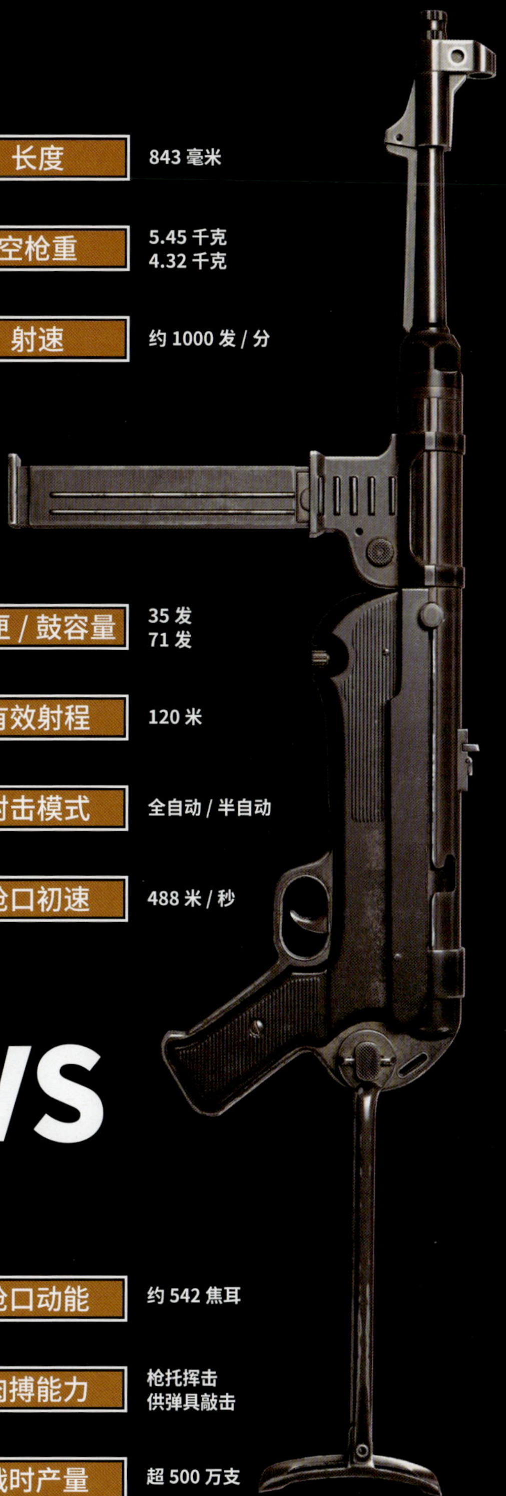

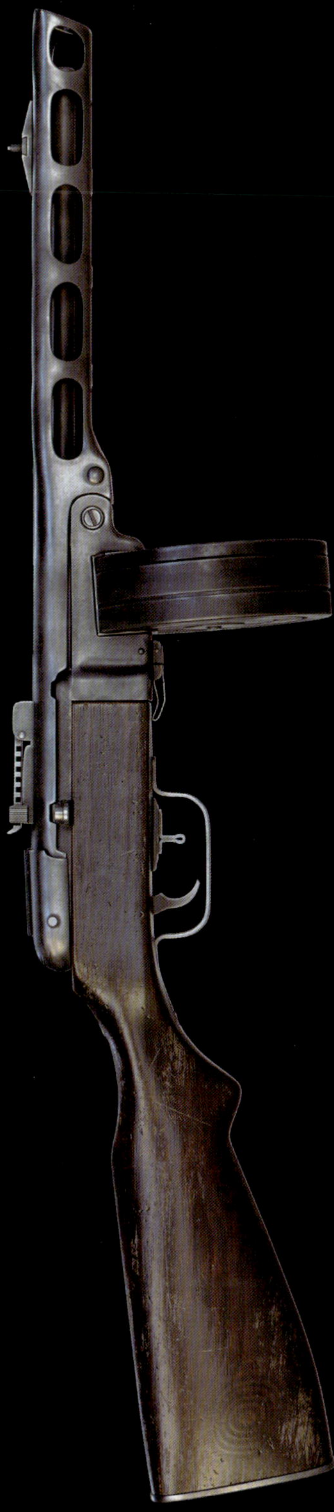

MP40		PPSh-41
833 毫米 630 毫米	长度	843 毫米
4 千克	空枪重	5.45 千克 4.32 千克
500 发 / 分	射速	约 1000 发 / 分
32 发	弹匣 / 鼓容量	35 发 71 发
100 米	有效射程	120 米
仅全自动	射击模式	全自动 / 半自动
400 米 / 秒	枪口初速	488 米 / 秒
约 600 焦耳	枪口动能	约 542 焦耳
基本没有	肉搏能力	枪托挥击 供弹具敲击
110 万支	战时产量	超 500 万支

VS

ENCYCLOPEDIA OF
LAND WEAPONS
OF WORLD WAR II

Chapter 4
Machine Guns

第四章 机枪

凭借极强的火力压制能力，机枪在一战中称霸地面战场，并且让步兵战术发生了深刻的变化——散兵线变得更加疏松以减少伤亡，进攻方的机枪越过己方士兵的头顶向敌军阵地倾泻子弹，难以突破机枪火力的困境甚至还倒逼出了坦克和步坦协同。

无论是压制敌人进攻，还是掩护己方进攻，机枪都非常有效。这种武器的最大问题在于太大、太重，携行不便。让机枪轻量化，以便跟随步兵推进的尝试在一战前就已经开始了，不过一战中轻机枪的技术仍然不太成熟。

二战是一场机械化战争，地面部队的机动能力、防护水平和火力打击能力相较二十年前有了巨大提升，机枪的地位则不如一战中那般重要，它们已无法主宰战场。但这并不意味着机枪失去了用武之地，实际上，它们仍然是步兵火力的支柱，发挥着举足轻重的作用。

从技术上讲，二战中的机枪无疑更加成熟、完善——气冷枪管取代水冷枪管、导气式自动原理取代枪管短后坐自动原理，以及便于更换枪管的设计已是大势所趋。此时，重机枪依然坚守着阵地，但是变得更加轻便灵活。轻机枪下发到了步兵班，成了班组火力的核心。有些国家还推出了大口径机枪，它们可以摧毁轻型车辆、低空飞机和地面火力点，毁伤效果和压制能力十分惊人。

另外，在平衡机枪的火力和机动性时，德国人似乎找到了最优解，那就是既可充当轻机枪，又能胜任重机枪的通用机枪，也叫“轻重两用机枪”。时至今日，通用机枪基本上取代了传统重机枪的地位，人们则更加习惯于把大口径机枪称作“重机枪”。

Heavy Machine Gun

重机枪

重机枪本意是指那些发射步枪弹，靠火药燃气推动实现自动退壳、自动装填和自动击发，拥有坚固的支撑结构的阵地防御武器，三脚架、水冷枪管、弹链通常是其标准配置。它们稳定性很好，能够长时间连续射击，深受防守方倚重，可以给进攻方造成重大伤亡。但是其重量很大，操作也相对复杂，很难和步兵分队一起行动以提供伴随支援火力。这种意义上的重机枪，最典型的就是一战中服役于各交战国的马克沁机枪。

二战的战争形态与一战迥异，此时马克沁机枪已然显得过于笨重、机动性不足，但凭借出色的火力持续性，它们仍然活跃在战场上，在一些国家甚至还是主力。英国的维克斯 Mk Ⅰ重机枪，苏联的 PM M1910/30 重机枪，中国的民二四式重机枪，都是马克沁机枪中的出色代表。

维克斯 Mk Ⅰ重机枪

维克斯 Mk Ⅰ重机枪是二战期间英军中最主要的重机枪。在所有的马克沁重机枪当中，它是最优秀的衍生型号，对重量和体积的控制都比较成功，供弹也很稳定。和其他水冷机枪相比，它还能较为方便快捷地更换枪管。这种机枪以极为坚固可靠而著称，如果冷却水充足，它们可以长时间连续射击。除了能直瞄射击外，它还可以通过间接瞄准来覆盖堑壕、交通要道、人员集结点等目标。

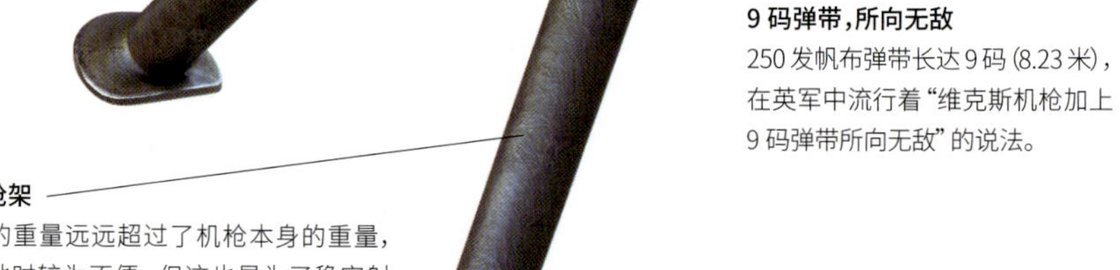

9 码弹带，所向无敌
250 发帆布弹带长达 9 码（8.23 米），在英军中流行着"维克斯机枪加上 9 码弹带所向无敌"的说法。

沉重的枪架
三脚架的重量远远超过了机枪本身的重量，转移阵地时较为不便，但这也是为了稳定射击而不得不付出的代价。

中国的马克沁机枪

民二四式机枪是德国 MG08 的中国版，使用 7.92 毫米 ×57 毫米毛瑟弹，枪管助退器前方装有圆形挡焰板，挡焰板前有喇叭口形消火帽，这些装置的作用都是防止敌人看到枪口焰，提高机枪阵地的隐蔽性。

▲ 1937 年淞沪会战期间的民二四式机枪阵地。

苏联的马克沁机枪

PM M1910/30 是马克沁机枪的一个苏联版本，它发射俄制 7.62 毫米 ×54 毫米凸缘莫辛 - 纳甘弹，采用独特的索科洛夫轮式枪架以便于畜力或人力拖拽，还可以安装护盾以提高机枪手的生存能力。

▲ 一挺被击毁的 PM M1910/30，图中可见机枪的水冷护套比较脆弱，容易损毁，不过子弹似乎并未打穿护盾。

武/器/档/案 WEAPON ARCHIVES

型号	维克斯 Mk Ⅰ重机枪
生产国	英国
投产时间	1912 年
全枪长 / 枪管长	1156 毫米 /724 毫米
枪身重 / 枪架重	14 千克 /23 千克
供弹方式	250 发帆布弹带
弹药	7.7 毫米 ×56 毫米凸缘李 - 恩菲尔德弹
自动原理 / 闭锁方式	枪管短后坐 / 肘节闭锁
击发方式	开膛待击
射速	450~500 发 / 分
有效射程	1600 米
初速	724 米 / 秒
枪口动能	约 3800 焦耳
枪管冷却方式	水冷

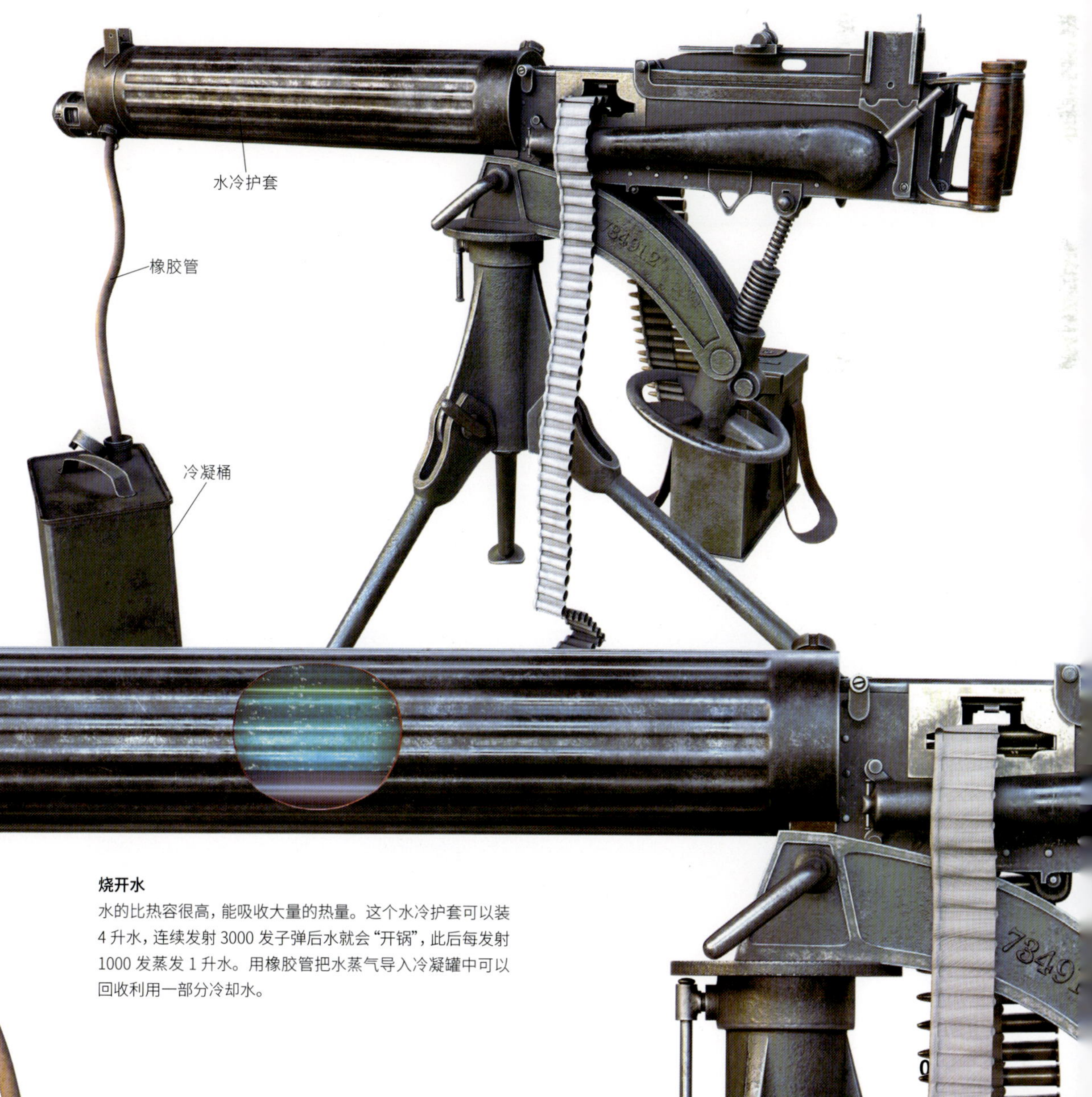

循环利用

水冷护套里的冷却水沸腾后，水蒸气会沿着橡胶管进入冷凝桶，随后重新凝结成液态水，以供循环利用，这在干旱地区尤为重要。另外，防止水蒸气外泄还能增强机枪阵位的隐蔽性。

烧开水

水的比热容很高，能吸收大量的热量。这个水冷护套可以装 4 升水，连续发射 3000 发子弹后水就会“开锅”，此后每发射 1000 发蒸发 1 升水。用橡胶管把水蒸气导入冷凝罐中可以回收利用一部分冷却水。

Hotchkiss Machine Gun

活塞筒

射手座席

哈奇开斯重机枪

法国的哈奇开斯重机枪提供了马克沁重机枪之外的另一种可能——导气式自动原理，气冷枪管，弹板供弹。

气冷散热片的散热能力远不如水冷护套，另外单个弹板的容弹量较少，也限制了实际射速，因此哈奇开斯重机枪的压制能力不及马克沁重机枪。不过，与马克沁重机枪相比，哈奇开斯重机枪零件更少，结构更简单，动作更可靠，装弹也更加便捷。由于没有笨重的水冷护套，其枪身重量也有所减轻。

哈奇开斯重机枪在产量、装备范围和知名度上确实要比马克沁重机枪逊色一些，但它仍然在轻武器史上留下了浓墨重彩的一笔。法国、英国、德国、苏联、中国等主要参战国在二战中都使用过哈奇开斯重机枪，日军装备的重机枪也深受哈奇开斯的影响。

"啄木鸟"与"野鸡脖子"

二战中日军的主力重机枪——三年式重机枪（6.5毫米有坂弹）和九二式重机枪（7.7毫米有坂弹）都是以哈奇开斯重机枪为蓝本研制的。因为开火时会发出"咯咯"声，这两款机枪被美军称作"啄木鸟"。中国军民则称它们为"野鸡脖子"，这个外号主要源自枪管护套的外形，特别是突起的散热片。

▲塞班岛上操作九二式重机枪的美国海军陆战队队员。

武/器/档/案 WEAPON ARCHIVES

型号	哈奇开斯 M1914 重机枪
生产国	法国
投产时间	1914 年
全枪长 / 枪管长	1390 毫米 /787 毫米
枪身重 / 枪架重	23.6 千克 /24 千克
供弹方式	24 发金属弹板 /239 发金属弹链
弹药	8 毫米 ×50 毫米勒贝尔弹
自动原理 / 闭锁方式	活塞长行程导气 / 卡铁摆动
击发方式	开膛待击
射速	450~600 发 / 分
有效射程	1600 米
初速	724 米 / 秒
枪口动能	约 3800 焦耳
枪管冷却方式	气冷

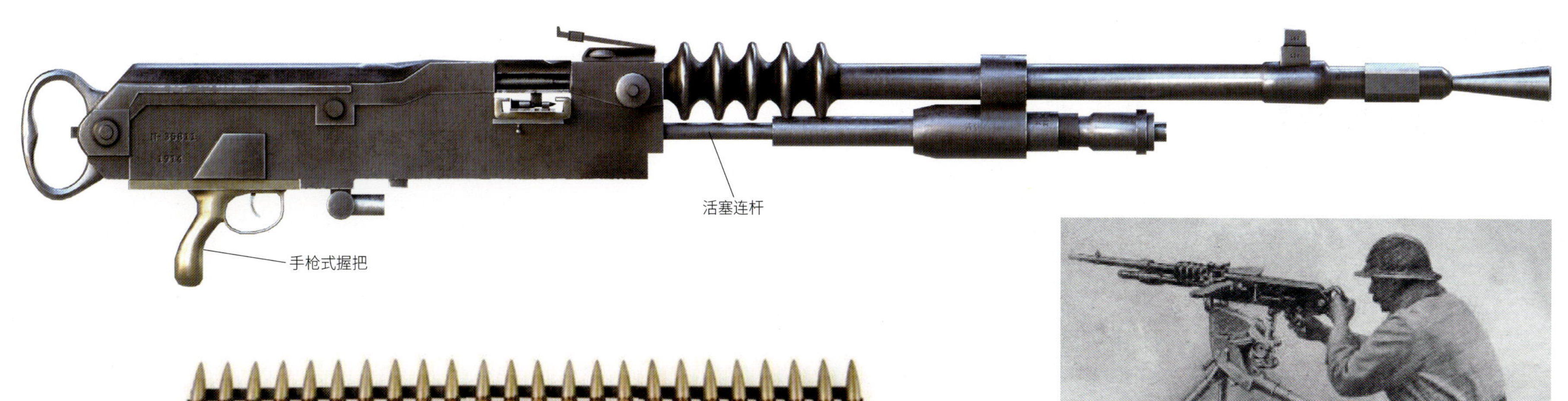

弹板

弹板装填起来要比弹带和弹链容易得多，另外它对子弹的定位更准确。不过弹板的缺点也显而易见——没法做得太长，磕碰之后还容易变形。

射击姿势

两腿前伸，坐在枪架的座席上；右手握住手枪形小握把，扣动扳机；左手握住环形握把，左右摆动调整射向。

散热片

消火帽

高低机手轮

原路返回

意大利装备的布雷达 M1937 重机枪不仅以弹板供弹，而且还用弹板收集弹壳。每发射完一颗子弹，弹壳就会被退壳机构插回弹板，最后弹板带着 20 枚空弹壳从机匣右侧被抛出。采用这种设计的初衷是节约战争资源，方便弹药复装。

▲ 1942 年在东线战场操作布雷达 M1937 重机枪的意军士兵。

SG-43 Machine Gun

SG-43 重机枪

二战期间，苏军装备的 PM M1910 及 PM M1910/30 马克沁重机枪已经显得落伍，它们的管退式自动机和肘节闭锁机构沉重而复杂，射击时对冷却水的依赖也让勤务操作过于麻烦——苏联冬季寒冷，这加剧了用水的不便。为了取代水冷式的马克沁机枪，SG-43 在战争中期进入了苏军的战斗序列。

SG-43 供弹可靠，精度良好，并且可以快速更换枪管。它的零件加工极为简单，非常便于快速生产。虽然枪管节套、击发机构、拉机柄等处存在一定的设计缺陷，但它解了苏军的燃眉之急，是一款出色的应急产品。

带有护盾的轮式枪架优点和缺点都很明显。一方面，它方便短距离拖拽，而且能便捷地在对地射击模式和对空射击模式之间转换；另一方面，它自身重量较大，对长距离机动有不利影响。另外，两个轮子加单腿大架的结构也给架枪射击带来了诸多不便。

战争结束后，SG-43 得到了完善，被重新定型为 SGM 重机枪，在苏军中服役至 20 世纪 60 年代，并且广泛装备社会主义阵营和第三世界国家。

武/器/档/案 WEAPON ARCHIVES

型号	SG-43 重机枪
生产国	苏联
投产时间	1943 年
全枪长 / 枪管长	1150 毫米 /720 毫米
枪身重 / 枪架重	13.8 千克 /27.2 千克
供弹方式	200 发 /250 发帆布弹带或金属弹链
弹药	7.62 毫米 ×54 毫米凸缘莫辛 - 纳甘弹
自动原理 / 闭锁方式	活塞长行程导气 / 枪机偏移
击发方式	开膛待击
射速	500~700 发 / 分
有效射程	1100 米
初速	800 米 / 秒
枪口动能	约 3700 焦耳
枪管冷却方式	气冷

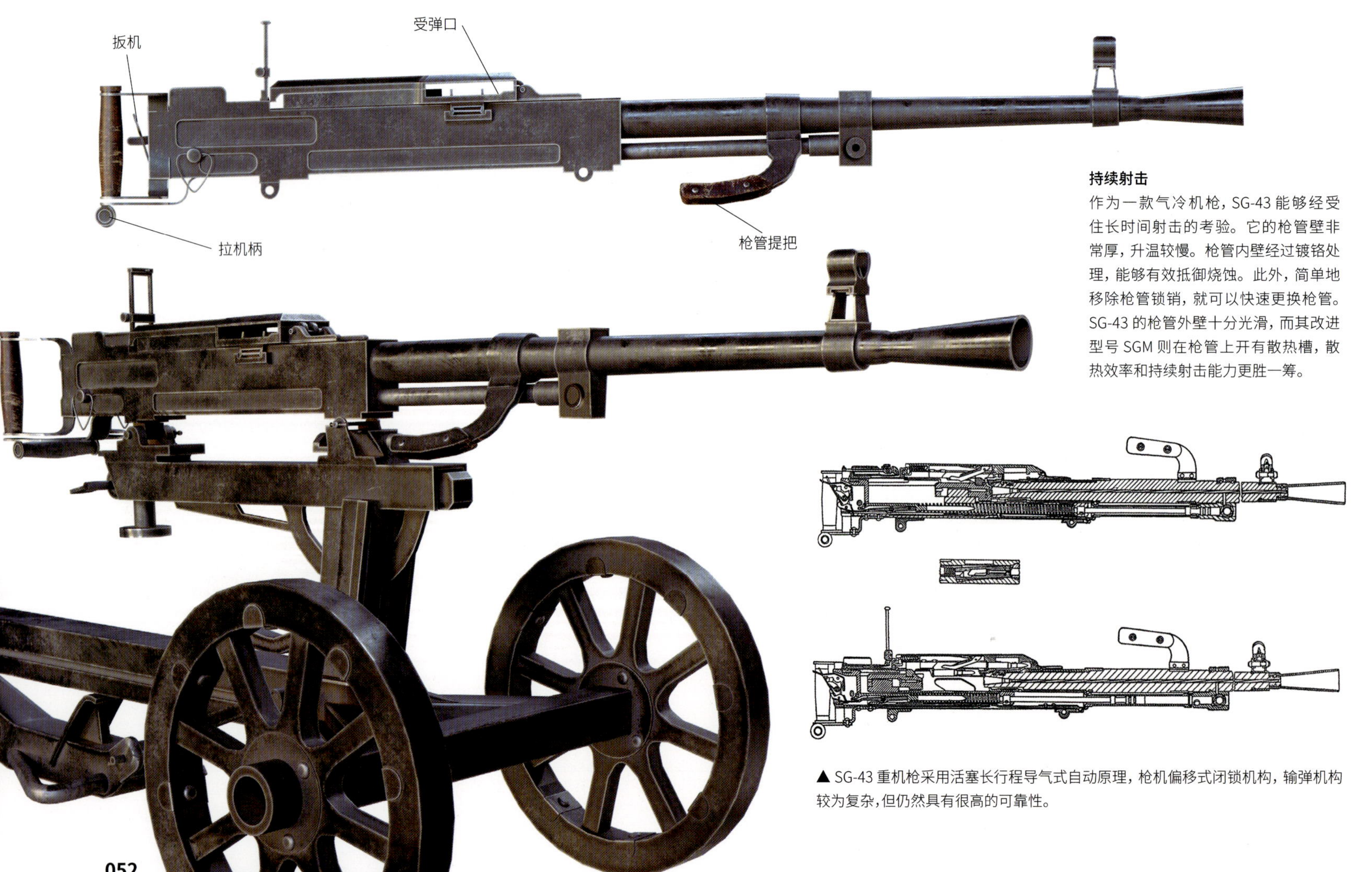

持续射击

作为一款气冷机枪，SG-43 能够经受住长时间射击的考验。它的枪管壁非常厚，升温较慢。枪管内壁经过镀铬处理，能够有效抵御烧蚀。此外，简单地移除枪管锁销，就可以快速更换枪管。SG-43 的枪管外壁十分光滑，而其改进型号 SGM 则在枪管上开有散热槽，散热效率和持续射击能力更胜一筹。

▲ SG-43 重机枪采用活塞长行程导气式自动原理，枪机偏移式闭锁机构，输弹机构较为复杂，但仍然具有很高的可靠性。

护盾

护盾厚 6 毫米，经现代测试得知，它可以在 60 米距离上抵御 7.62 毫米 ×54 毫米凸缘普通莫辛 - 纳甘弹的射击，防御力惊人。

同行的衬托

在苏军当中，最初用来取代马克沁机枪的是 DS-39 重机枪。它虽然比马克沁机枪轻便，但故障率很高，深受诟病。为了应对战争威胁，苏联不得不在 1941 年停产刚刚设计定型的 DS-39，复产成熟可靠的马克沁机枪。可以说，正是 DS-39 的糟糕表现给 SG-43 提供了问世的机会。

▲ 芬军正在检修在苏芬战争中缴获的 DS-39 重机枪。

▲ 俄罗斯发行的伟大卫国战争胜利 65 周年纪念邮票，上为 DP 轻机枪，下为 SG-43 重机枪，皆为二战中苏军的主力机枪。

折叠大架

为了方便架枪射击，SG-43 的单腿大架可以向前折叠，缩短长度。

▲ RG-43 重机枪的金属弹链为不可散式弹链，弹链节用小金属环连接起来。

Light Machine Gun

轻机枪

让机枪跟随步兵行动,随时为步兵提供火力支援,这是一个非常有吸引力的想法。

要想跟上步兵的脚步,机枪就必须减重,这会在一定程度上削弱火力。不过瘦死的骆驼比马大,轻量化的机枪虽然无法和拥有重型枪架、在固定阵位射击的机枪相比拟,但总比扣一次扳机打一发子弹的步枪强。

世界上第一种量产的实用型轻机枪是丹麦的麦德森M1902,采用气冷枪管,以弹匣供弹,配有两脚架,仅需一名士兵就可以操作。它可靠且昂贵,服役近百年,装备数十个国家,不过实际产量并不算高。

一战中后期,为了增强进攻火力,各主要参战国都开始装备轻机枪。不过此时轻机枪还不甚成熟,或重量偏大,或射速较低,或故障率过高,有着各种不尽如人意之处。另外装备数量也比较有限,一般配发到排级单位。

发展至二战时期,轻机枪已趋于完善,在火力性能、勤务性能、生产性能上都有较大的提升。随着装备规模的扩大,它们发挥的作用也愈加重要。经历过二战后,轻机枪最终成了步兵班不可或缺的火力担当。

开放式弹盘

子弹以弹头朝向弹盘中心的方式,沿着螺旋导轨排列成两层。弹盘内没有弹簧,依靠重力实现落弹。弹盘底部是开放式的,以便输弹机构工作。

刘易斯 Mk Ⅰ轻机枪

由美国陆军军官艾萨克·牛顿·刘易斯完成设计,一战中后期至二战初期大量装备英军部队,以弹盘供弹、装有粗壮的枪管散热筒是其最显著的特征。在一战的技术条件下这是一款非常优秀的轻机枪,但在二战的战场上它就显得过于沉重和复杂了。

▲ 刘易斯 Mk Ⅰ轻机枪

生产国	美国 / 英国
投产时间	1914 年
全枪长 / 枪管长	1283 毫米 /673 毫米
空枪重	11.8 千克
供弹方式	47 发弹盘
弹药	7.7 毫米 ×56 毫米凸缘李 - 恩菲尔德弹
自动原理 / 闭锁方式	活塞长行程导气 / 枪机回转
击发方式	开膛待击
射速	500~600 发 / 分

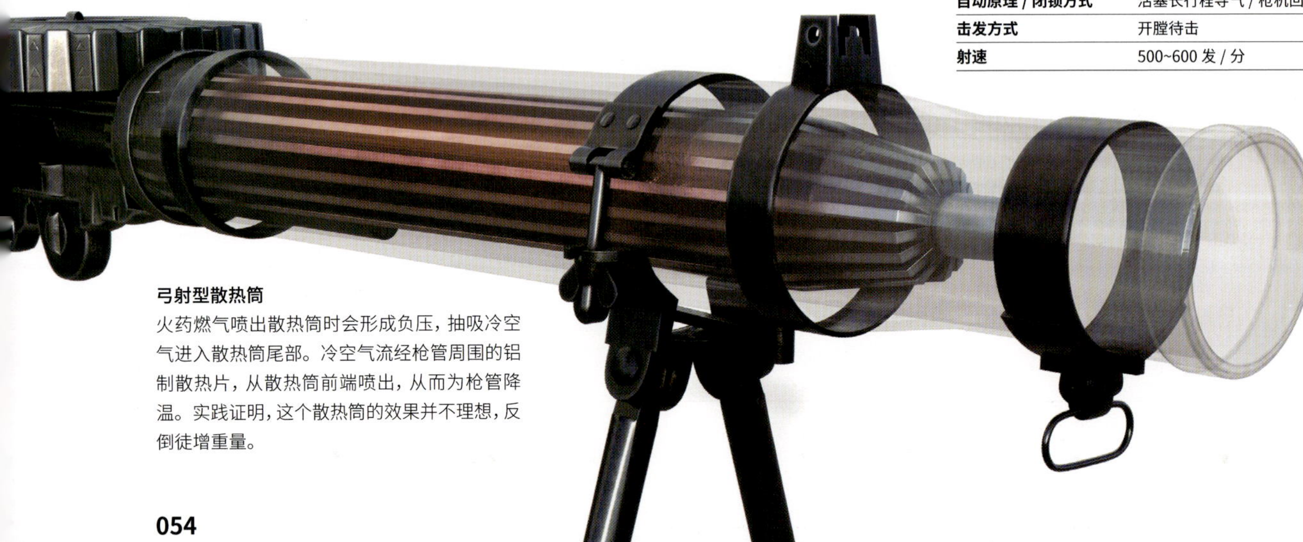

弓射型散热筒

火药燃气喷出散热筒时会形成负压,抽吸冷空气进入散热筒尾部。冷空气流经枪管周围的铝制散热片,从散热筒前端喷出,从而为枪管降温。实践证明,这个散热筒的效果并不理想,反倒徒增重量。

刘易斯机枪的输弹机构

输弹机构位于机匣顶部,与枪机联动,随着枪机的前后运动而左右摆动,负责拨动弹盘顺时针旋转,并把子弹逐发拨进供弹口。

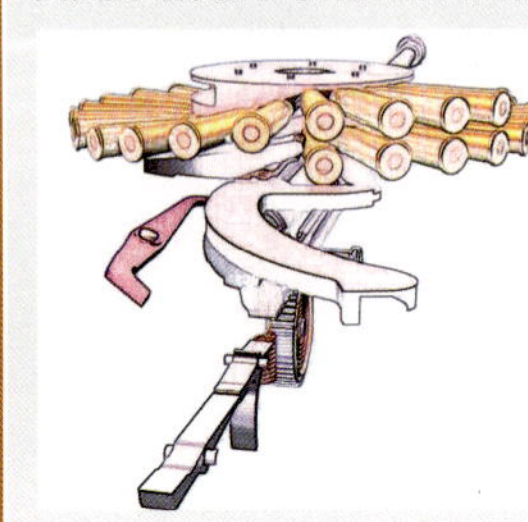

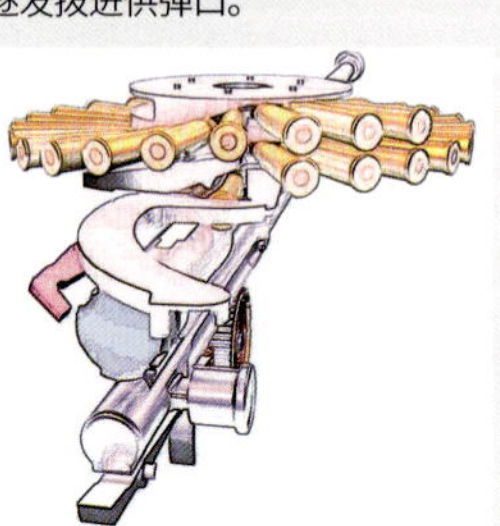

DP-27 轻机枪

DP-27 是苏联研制的第一种制式轻机枪，同时也是二战期间非常有代表性的苏军武器。它的枪机零件形状规整，容易加工，可以满足大规模生产的需要。因为一些设计瑕疵，其复进簧老化得比较快，这个问题在其改进型 DPM 轻机枪上才得到解决。

▲ DP-27 轻机枪	
生产国	苏联
投产时间	1928 年
全枪长 / 枪管长	1270 毫米 /604 毫米
空枪重	9.12 千克
供弹方式	47 发弹盘
弹药	7.62 毫米 ×54 毫米凸缘莫辛 - 纳甘弹
自动原理 / 闭锁方式	活塞长行程导气 / 卡铁撑开式闭锁
击发方式	开膛待击
射速	550 发 / 分

扁平弹盘

与刘易斯 Mk Ⅰ不同，DP-27 的弹盘内部装有发条，发条驱动弹盘的上半部分旋转，带动子弹进入供弹口，输弹过程更为简单。

M1918A2 Browning Automatic Rifle

M1918A2 勃朗宁自动步枪

加入第一次世界大战后，美国急需一种能在堑壕战中实施抵肩射击或者腰际射击的制式自动武器，约翰·摩西·勃朗宁设计的自动步枪很快被军方选中并定型为 M1918。M1918 勃朗宁自动步枪采用活塞长行程导气式工作原理，枪机偏移式闭锁方式，开膛待击运作方式，发射威力强大的 7.62 毫米 ×63 毫米斯普林菲尔德步枪弹，机件运行可靠，外形粗壮结实。这种武器投入战场时一战已接近尾声，但它仍然收获了巨大的反响。在法美联合遂行的默兹 - 阿戈讷战役中，M1918 出色的可靠性给人留下了深刻印象，以至于法国决定订购 15000 支来取代自己装备的绍沙轻机枪。一战结束后，M1918 勃朗宁自动步枪几经改进，1940 年问世的 M1918A2 是其最重要的改型。M1918A2 配有可拆卸的两脚架，可以作为轻机枪执行火力压制任务。另外，它取消了半自动射击模式，理论射速可以在每分钟 350 ~ 450 发和每分钟 500 ~ 600 发之间调节。二战期间美国陆军的每个 12 人制步兵班会配备 1 挺 M1918A2，而海军陆战队的步兵班最初也配备 1 挺，后来逐渐增加到每班 3 挺。M1918A2 是班组支援武器，步兵班的每个成员都必须具备使用技能，以便随时接替阵亡或受伤的自动步枪手。作为一种抵肩或者腰际射击武器，M1918A2 显得过于沉重，它使用的全威力弹药后坐力较大，全自动射击时不好控制。作为一种轻机枪，M1918A2 又显得过"轻"，它无法快速更换枪管，弹匣容量也只有 20 发，火力持续性和压制能力远不如专门设计的轻机枪。尽管性能特点有些尴尬，M1918A2 仍旧很受欢迎。它的存在显著提高了步兵班的火力水平，在太平洋战场，它的枪声甚至能起到鼓舞士气、稳定军心的作用，是一针独特的"强心剂"。

消焰器

圆柱状消焰器由一整块钢材加工而成，通过螺纹安装在枪口前端。

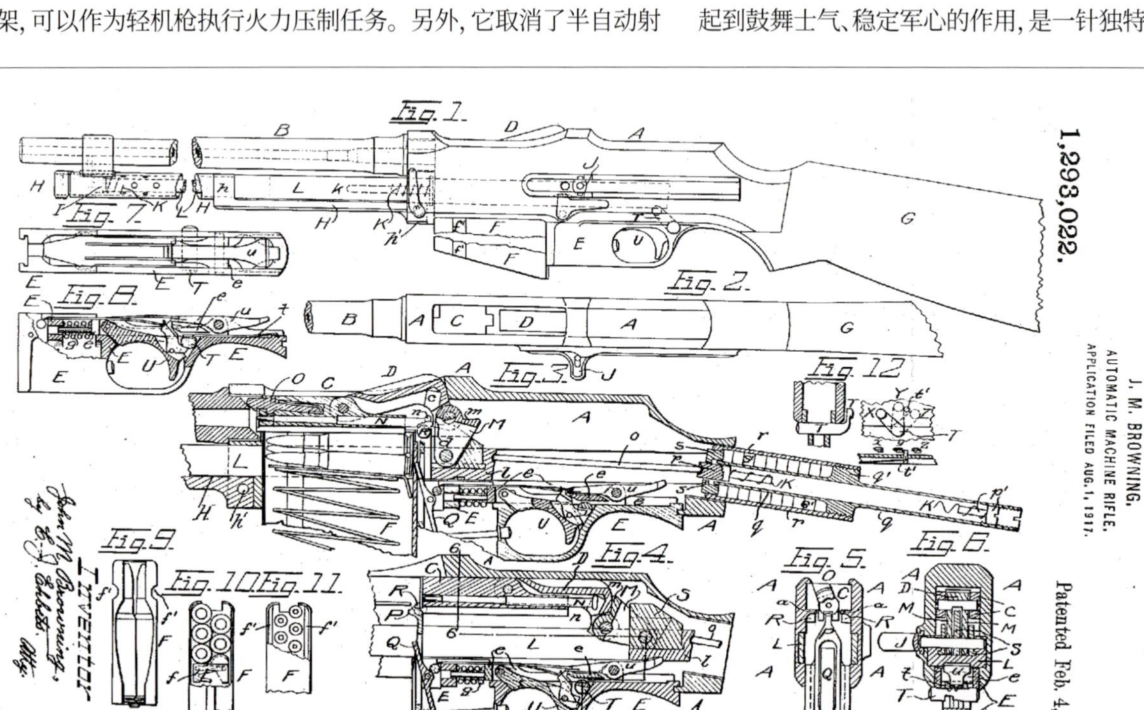

▲ 勃朗宁自动步枪的专利图，约翰·摩西·勃朗宁在 1917 年发明了这种武器，可以说恰逢其时。

▲ 硫磺岛战役中的美国海军陆战队员，为了减轻重量，他手里这支 M1918A2 拆掉了两脚架和提把。

提把
这个提把的作用仅仅是方便携行，并没有方便更换枪管的考虑。

铣削机匣
机匣由一整块钢坯加工而成，粗壮结实，也可以说巨大沉重。

立式表尺
表尺射程 1500 米，并且有修正风偏的功能。

珍贵木材
起初枪托和前护木是用北美珍贵木材黑胡桃木制作的，不过后来随着木料供应紧张，枪托改成了塑料质地。

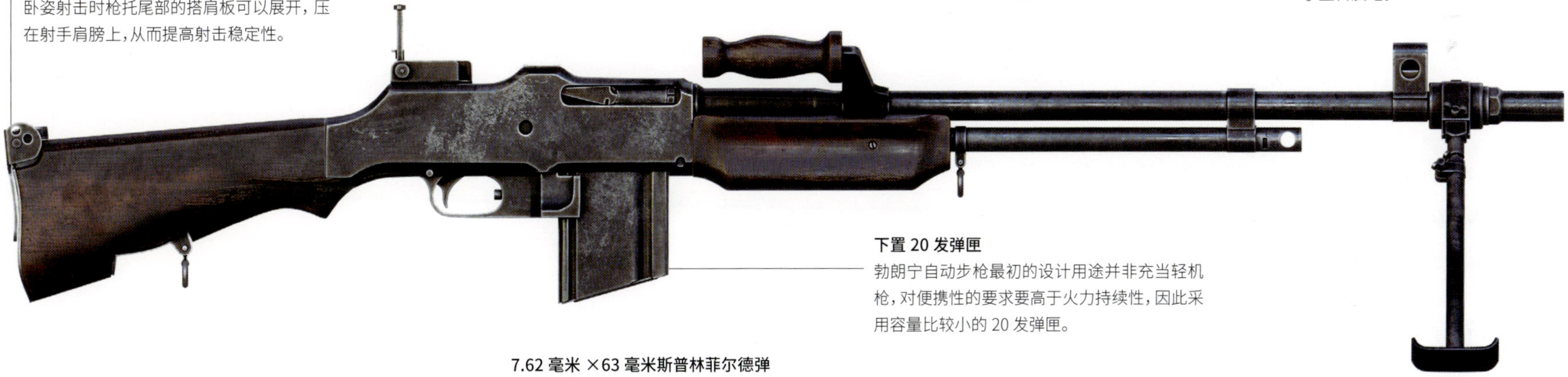

搭肩板
卧姿射击时枪托尾部的搭肩板可以展开，压在射手肩膀上，从而提高射击稳定性。

下置 20 发弹匣
勃朗宁自动步枪最初的设计用途并非充当轻机枪，对便携性的要求要高于火力持续性，因此采用容量比较小的 20 发弹匣。

7.62 毫米 ×63 毫米斯普林菲尔德弹
亦称 .30-06 斯普林菲尔德弹，从 1906 年到 20 世纪 70 年代一直是美国陆军的制式步枪弹。很多射手认为它是可以忍受的后坐力的上限，但无依托的全自动射击就另当别论了。发射这种子弹的勃朗宁自动步枪并不好控制。

两脚架
两脚架为卧姿射击提供了稳定的支撑，但也增加了全枪的重量，战场上经常会被拆除。

武/器/档/案 WEAPON ARCHIVES

型号	M1918A2 勃朗宁自动步枪
生产国	美国
投产时间	1941 年
全枪长 / 枪管长	1215 毫米 /610 毫米
空枪重	8.8 千克
供弹方式	20 发弹匣
弹药	7.62 毫米 ×63 毫米斯普林菲尔德弹
自动原理 / 闭锁方式	活塞长行程导气 / 枪机偏移闭锁
击发方式	开膛待击
射速	350~450 发 / 分 或 500~600 发 / 分（可调）
有效射程	1372 米
初速	860 米 / 秒
枪口动能	约 3900 焦耳
枪管冷却方式	气冷

战斗英雄

弗兰克 · 维特克是美国海军陆战队 3 师 9 团 1 营的一名自动步枪手，1944 年 8 月 3 日，第二次关岛战役中，他所在的排在向前推进时遭到了日军隐藏阵地的猛烈阻击。维特克站起身来，强顶着日军火力用勃朗宁自动步枪实施反击，仅用 1 个弹匣就消灭了 8 名日军，让大部分战友得以安然撤退。接着，他主动留下来掩护伤员，直到担架队赶来。在接下来的进攻行动中，维特克主动前出，用自动步枪和手榴弹交替攻击，摧毁了一个日军机枪阵地并且再次消灭了 8 名敌人。不幸的是，这位勇敢的士兵在当天的战斗中牺牲了。他原本携带了 240 发自动步枪子弹，但遗体被发现时子弹只剩了 8 发，战斗的激烈程度可见一斑。

Type 11 Light Machine Gun

大正十一年式轻机枪

中国人民对抗日战争中的代表性武器“歪把子”机枪，也就是大正十一年式轻机枪有着非常复杂的情感。

一方面，它是侵华日军手中的凶器，对中国军民犯下了累累罪行；另一方面，它被中国仿制、缴获，大量装备抗日武装，特别是敌后部队。

一方面，它外形丑陋，性能落后，操作十分不便；另一方面，对尚未完成现代化的军队来说，它确实在很大程度上解决了轻机枪的有无问题。

大正十一年式轻机枪是大正三年式重机枪的轻量化版本，其原型可以追溯到哈奇开斯重机枪。它射击精度不错，但结构过于复杂，故障率很高。此外，独特的弹斗供弹和歪枪托设计让携行、装弹、射击都非常别扭。

日军对这型机枪的评价很差，从 1936 年开始以九六式轻机枪装备常备师团，而大正十一年式轻机枪则交给了扩编师团和各地的伪军部队。

弹斗供弹
弹斗内可以横置 6 个 5 发桥夹，理论上讲，只要不断向弹斗内装入桥夹就可以持续射击。这样设计是为了和三八式步枪共用供弹具。开放式的弹斗无法阻止沙尘、污物侵入枪机，因此这种机枪容易出故障。

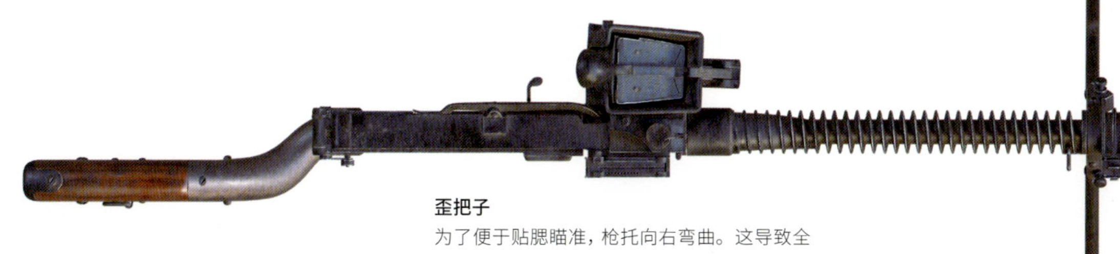

歪把子

为了便于贴腮瞄准，枪托向右弯曲。这导致全枪质心偏左，扛枪时枪身有向侧面翻转的趋势，射击时火线有向左偏移的趋势。

螺旋状散热片

自动润滑

机匣上方设有油壶，在输弹的过程中，子弹经过油壶下的毛刷，弹壳被刷上润滑油，以免退壳不畅。和网络谣言的描述不同，大正十一年式轻机枪不需要射手手动给子弹刷油。

后续型号

鉴于大正十一年式轻机枪的弹斗供弹机构表现糟糕，其后续型号九六式轻机枪采用了 30 发弹匣供弹。随着新式弹药的列装，日军又研制了九六式轻机枪的改进型——九九式轻机枪。这两种机枪外形很相似，且都可以安装刺刀。九九式轻机枪带有喇叭口形枪口消焰器，弹匣弧度略小，早期型号在枪托下方装有可折叠的单脚架。在中国，九六式和九九式都被称为“拐把子”。

大正十一年式轻机枪

6.5 毫米 ×50 毫米有坂弹　30 发弹斗

九六式轻机枪

6.5 毫米 ×50 毫米有坂弹　30 发弹匣

九九式轻机枪

7.7 毫米 ×58 毫米有坂弹　30 发弹匣

▲ 1944 年 7 月，塞班岛战役结束后，一名美国海军陆战队员端起九六式轻机枪，摆了个帅气的姿势。

▲ 同样是塞班岛上的美海军陆战队员，不过这位端着九九式轻机枪在搞怪，似乎在模仿日军高喊“板载”。

武/器/档/案 WEAPON ARCHIVES

型号	大正十一年式轻机枪
生产国	日本
投产时间	1922 年
全枪长 / 枪管长	1100 毫米 /443 毫米
空枪重	10.2 千克
供弹具	30 发弹斗 /5 发桥夹
弹药	6.5 毫米 ×50 毫米有坂弹
自动原理 / 闭锁方式	活塞长行程导气 / 卡铁起落
击发方式	开膛待击
射速	500 发 / 分
有效射程	600 米
初速	730 米 / 秒
枪口动能	约 2400 焦耳
枪管冷却方式	气冷

ZB-26 Light Machine Gun

ZB-26 轻机枪

一战结束后，获得国家独立的捷克斯洛伐克决心结束使用“万国武器”的现状，发展属于自己的轻武器装备体系，这一努力在轻机枪领域的成果便是 ZB-26。

这是一种可以快速更换枪管的气冷轻机枪，采用活塞长行程导气式自动原理，枪机偏移闭锁方式，开膛待击运作方式，坚固可靠，皮实耐用，人机工效亦很出色。由于使用了上置弹匣，准星和照门设置在枪身左侧。

防尘盖
在携行状态下这个防尘盖会封闭弹匣井，以免异物进入机匣。只要扣动扳机，防尘盖就会自动弹开。

气冷枪管
枪管上开有散热槽以提高散热效率，尽管如此，持续发射 200 ~ 250 发子弹后就应当更换枪管，以免枪管过热。

ZB-26 从 1928 年开始在捷克斯洛伐克陆军服役，不过 1927 年它就以新锐自动武器的形象销往中国。抗战期间 ZB-26 深受缺乏自动火力的中国军队倚重，其 2 ~ 3 发短点射相当精准，并且能够适应恶劣的战场环境，只是 20 发弹匣的容量较小，火力持续性略显不足。

除了被中国大量引进、仿制之外，它在二战爆发前还出口到了保加利亚、罗马尼亚、南斯拉夫、土耳其、玻利维亚等 20 多个欧洲、亚洲和南美国家。捷克沦陷之后，ZB-26 亦被德国大量采用，主要装备武装党卫队。另外它还是英国在二战期间最出色的轻机枪——布伦轻机枪的原型与蓝本。

避免过热
活塞筒的前部也开有散热槽。

▲在建筑废墟中操作 ZB-26 轻机枪的中国军人，拍摄时间可能为 1938 年，地点不详。

两脚架
两脚架可以伸缩，方便调节火线高度、适应作战环境。

表尺手轮
通过旋转手轮来调节照门表尺，这个巨大的手轮是 ZB-26 的显著识别特征。

捷克式、布伦轻机枪与七九勃然

ZB-26 轻机枪
7.92 毫米 ×57 毫米毛瑟弹　20 发弹匣
原版 ZB-26,在中国抗战期间被称作"捷克式轻机枪"。

布伦轻机枪
7.7 毫米 ×56 毫米凸缘李 - 恩菲尔德弹　30 发弹匣
英国版的 ZB-26,取消了枪管上的散热片,缩短了枪管下方的导气活塞,口径改为 7.7 毫米。

七九勃然轻机枪
7.92 毫米 ×57 毫米毛瑟弹　20 发弹匣
部分加拿大制造的布伦轻机枪将口径改回 7.92 毫米，用以支援中国抗战。这些布伦在中国被称作"七九勃然"。

活塞长行程导气＋枪机偏移闭锁

二战中的很多自动武器采用这种自动原理和闭锁方式。这样的自动机有动作可靠、闭锁牢固、结构简单、便于生产的优点,但整体尺寸和质量较大,且枪机受力不对称,对精度有不利影响。

①枪机被机匣上的闭锁支撑面抵住，后膛处于闭锁状态；

②子弹击发，一部分火药燃气进入活塞筒，推动活塞和枪机框后坐；

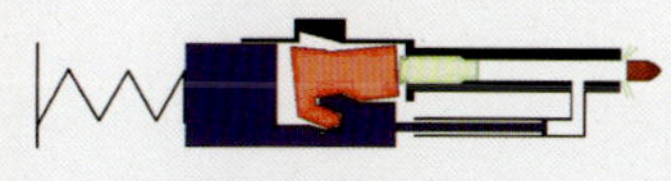

③活塞和枪机框继续后坐，枪机框"铲动"枪机，枪机发生偏移，脱离机匣上的闭锁支撑面，后膛开锁；

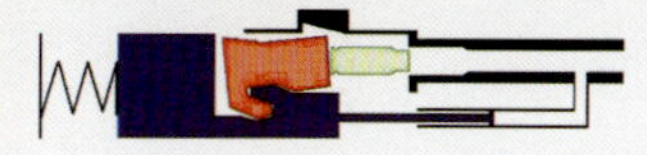

④枪机框带动枪机继续后坐,抽壳,抛壳。

提把
提把不仅方便携枪，也可在更换枪管时充当"抓手",以免烫伤。

上置弹匣
弹匣位于机匣顶部，可以避免对卧姿射击造成干扰。

枪管卡榫
向上扳开枪管卡榫，然后就可以把枪管向前抽出，整个过程只需 10 秒左右。

武/器/档/案 WEAPON ARCHIVES

型号	ZB-26 轻机枪
生产国	捷克斯洛伐克
投产时间	1926 年
全枪长 / 枪管长	1161 毫米 /672 毫米
空枪重	8.9 千克
供弹具	20 发弹匣
弹药	7.92 毫米 ×57 毫米毛瑟弹
自动原理 / 闭锁方式	活塞长行程导气 / 枪机偏移
击发方式	开膛待击
射速	550 发 / 分
有效射程	1500 米
初速	约 744 米 / 秒
枪口动能	约 4000 焦耳
枪管冷却方式	气冷

General Purpose Machine Gun

铣削机匣

通用机枪

通用机枪是一种轻重两用机枪，旨在取代传统的重机枪和轻机枪。这种机枪可以装在三脚架上，像重机枪一样连续稳定射击；也可以装在两脚架上，为步兵提供伴随火力支援。不仅如此，它们还有助于降低部队的管理、训练和后勤成本。

德国在二战前列装的 MG34 是世界上第一种真正意义的轻重两用机枪，即通用机枪。二战初期，德军步兵班排战术就围绕如何发扬 MG34 的火力展开，营连级的支援火力则依靠迫击炮和配备三脚架的 MG34。

MG34 主要采用铣削工艺，成本高昂，因此德国在开战后研发了大量使用冲压件的 MG42。在延续 MG34 基本操作方法的同时，MG42 成功降低了加工工时和材料成本，并且显著提高了循环射速，其恐怖的压制能力给盟军士兵留下了严重的心理阴影。

二战结束后，"通用机枪"这个概念被各个国家广泛接受，它向上取代了传统的重机枪，但向下没能完全取代轻机枪的战场生态位。如今，步兵班的班组支援火力仍以轻机枪为主。

武/器/档/案 WEAPON ARCHIVES

型号	MG34 通用机枪
生产国	德国
投产时间	1935 年
全枪长 / 枪管长	1219 毫米 /627 毫米
枪身重 / 三脚架重	12.1 千克 /23.6 千克
供弹具	50 发弹链 /200 发弹链 /250 发弹链 /75 发鞍形弹鼓
弹药	7.92 毫米 ×57 毫米毛瑟弹
自动原理 / 闭锁方式	枪管短后坐 / 枪机回转
击发方式	开膛待击
射速	800~900 发 / 分
枪管冷却方式	气冷

MG34 通用机枪

德国是一战战败国，《凡尔赛条约》对德国可以装备的轻重机枪的数量做了严格限制，并且禁止德国生产新的重机枪。德国莱茵金属公司在 1929 年研制出了 MG30 机枪，但为了规避条约限制，这些机枪只能在瑞士和奥地利以授权形式生产。

1932 年，德国国防军希望列装一种能够轻重两用的机枪，使用两脚架时就是跟随班排作战的轻机枪，必要时则可以"偷天换日"，安装三脚架，成为给营连级单位提供支援的重机枪，同时还能安装在坦克和装甲车上充当车载机枪。

于是，莱茵金属公司在 MG30 机枪的基础上推出了 MG34 机枪，主要修改了输弹和供弹系统。MG34 是一种气冷枪管机枪，采用枪管后坐式自动原理和枪机回转式闭锁方式，既可以用弹链供弹，也可以适配无弹链的鞍形弹鼓。

1934 年下半年，德国开始秘密扩军备战，MG34 是其重整军备计划中的重要一环。二战初期，MG34 堪称德军步兵班的战术核心和火力支柱。这种机枪工艺精良，火力猛烈，战场表现优异，但价格昂贵、产能不足，并且在恶劣环境下不是十分可靠。

随着更为廉价的 MG42 通用机枪服役，德军步兵部队中 MG34 的装备数量逐渐减少。但它作为车载机枪的地位却是难以取代的——在更换枪管时，MG34 需要的空间比 MG42 更少，并且后者无法使用方便快捷的鞍形弹鼓。

▶安装三脚架，处于重机枪状态的 MG34 机枪。

金属弹链

MG34 以 50 发不可散金属弹链供弹，为了提高火力持续性，可以把数个弹链连接在一起，组成 200 发，甚至 250 发弹链。

50 发弹链盒

这个圆筒状的容器看起来很像弹鼓，实则只是弹链盒，内部没有托弹簧，只起保护、收束弹链的作用。

75 发鞍形弹鼓

MG34 兼容 MG15 航空机枪的 75 发鞍形弹鼓，这是个实打实的弹鼓，内部有导轨和涡卷弹簧。

更换枪管

连续射击会让枪管迅速升温，MG34 通常射击 250 发就应该更换枪管。扳开卡榫后旋转枪身 90 度，然后就能向后倒出枪管。被替换下来的枪管冷却之后可以接着使用，一根枪管的寿命约为 6000 发。

MG42 Machine Gun

冲压枪管护套

MG42 通用机枪

MG42 与 MG34 外观相似，但是二者没有传承关系。除了生产工艺上的差别，MG42 的自动机和供弹机构等关键部位也与 MG34 有很大不同。之所以采用与 MG34 类似的外形与操作规程，很大程度上是为了照顾士兵的使用习惯。

因为秉承了“在单位时间内发射的子弹越多，命中机会就越大”这一理念，MG42 射速极高，并且会在射击时发出好似撕裂布匹一般的声音。密集的弹雨和恼人的枪声往往会给与之对阵的盟军士兵造成巨大的心理压力，压制效果十分显著。

MG42 不仅在二战中表现优异，而且对战后机枪的发展产生了深远影响。德国的 MG3、奥地利的 MG74、南斯拉夫的 M53 等通用机枪都是 MG42 的直系后裔。美国的 M60、比利时的 FN MAG 等通用机枪也在不同程度上沿用、参考了 MG42 的设计。

武/器/档/案 WEAPON ARCHIVES

型号	MG42 通用机枪
生产国	德国
投产时间	1942 年
全枪长 / 枪管长	1219 毫米 /533 毫米
枪身重 / 三脚架重	11.6 千克 /20.5 千克
供弹具	50 发弹链 /200 发弹链 /250 发弹链
弹药	7.92 毫米 ×57 毫米毛瑟弹
自动原理 / 闭锁方式	枪管短后坐 / 滚柱闭锁
击发方式	开膛待击
射速	1200 发 / 分
有效射程	1000 米
初速	755 米 / 秒
枪口动能	约 4000 焦耳
枪管冷却方式	气冷

▼安装三脚架，处于重机枪状态的 MG42 机枪。

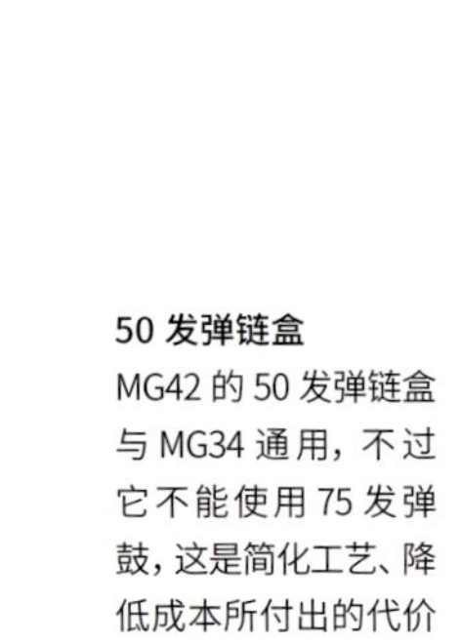

50 发弹链盒
MG42 的 50 发弹链盒与 MG34 通用，不过它不能使用 75 发弹鼓，这是简化工艺、降低成本所付出的代价之一。

长条形开口
MG42 的枪管护套右侧有一条巨大的长条形开口，这是为了方便把枪管从中拉出来。

更换枪管
MG42 射速比 MG34 高，枪管壁却更薄，因此枪管升温更快，通常连续射击 200 发就要更换枪管。打开枪管护套右侧的卡榫和盖环，盖环就会把枪管托出。接着便可用手抽出枪管，但要戴石棉手套以免烫伤。

枪管短后坐 + 滚柱闭锁

MG42 的极高射速和它采用的枪管短后座自动原理及滚柱式闭锁方式密不可分。它的枪机动作简单、行程较短，枪口帽的助退作用又加快了枪管的后座速度，这些都有助于缩短射击循环时间。

①滚柱被楔铁撑开，卡在枪管节套的闭锁槽里。此时枪管和枪机被滚柱卡在一起，后膛处于闭锁状态。

②子弹击发，弹壳推动枪机后坐，枪机带动枪管一起后坐。

③火药燃气进入枪口帽，枪口帽发挥助退作用，加速枪管后坐。

④在开锁斜面的挤压下，滚柱向内靠拢，直到脱离枪管节套内的闭锁槽，实现开锁。与此同时，滚柱挤压楔铁，使机体加速后坐。

⑤枪管停止后坐，枪机在惯性作用下继续后坐，抽壳、抛壳。（为了展示枪管尾部的闭锁槽，这一帧特意把枪管的位置前移了一些。）

Large-Caliber Machine Gun

大口径机枪

大口径机枪是一战中日益严重的空中威胁催生的，它们发射12.7毫米及以上的大口径弹药，射程远，弹道性能好，毁伤威力强大，重量和体积也十分可观。

因为问世较晚，大口径机枪错过了一战，但是在二战中被大量采用。除了执行防空任务及充当车载机枪，它们也被用来支援步兵作战，其火力与压制能力超过了传统重机枪。

勃朗宁 M2HB 重机枪

M2HB重机枪是在勃朗宁M1917重机枪的基础上研发的，HB代表"重型枪管"（heavy barrel）。它以威力强大、射击精准、动作稳定可靠而著称，不仅能对付低空飞行的飞机和轻型装甲车辆，而且是一种非常有效的人员杀伤武器。这种机枪在美军士兵心中占据着极为特殊的地位，被称作"所有机枪之母"。

12.7毫米机枪弹的尺寸

这幅图对比了两种12.7毫米机枪弹和普通男性手掌的大小，其中12.7毫米×99毫米勃朗宁机枪弹是美制弹药，个头更大的12.7毫米×108毫米机枪弹是苏制弹药。它们都是尺寸巨大、威力强大的子弹，二者相较，美制12.7毫米机枪弹初速更高、弹道更平直，苏制12.7毫米机枪弹弹头更重，威力更大。

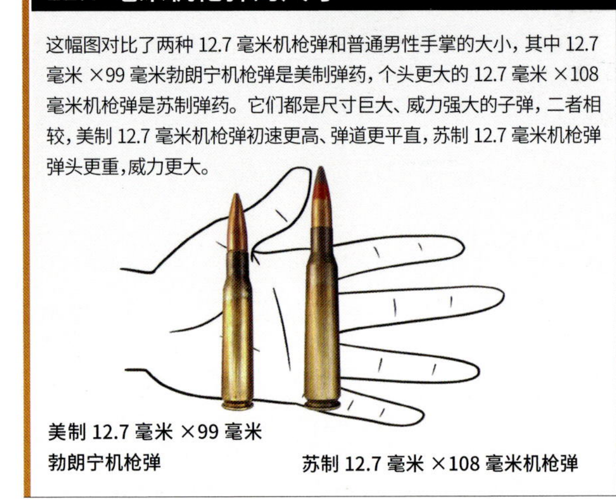

美制12.7毫米×99毫米勃朗宁机枪弹

苏制12.7毫米×108毫米机枪弹

射手座席

▲ 勃朗宁 M2HB 重机枪

生产国	美国
投产时间	1933年
全枪长 / 枪管长	1653毫米 /1143毫米
枪身重 / 三脚架重	38.2千克 /20千克
供弹具	200发弹链
弹药	12.7毫米×99毫米勃朗宁机枪弹
自动原理 / 闭锁方式	枪管短后坐 / 卡铁起落
击发方式	开膛待击
射速	450~580发/分

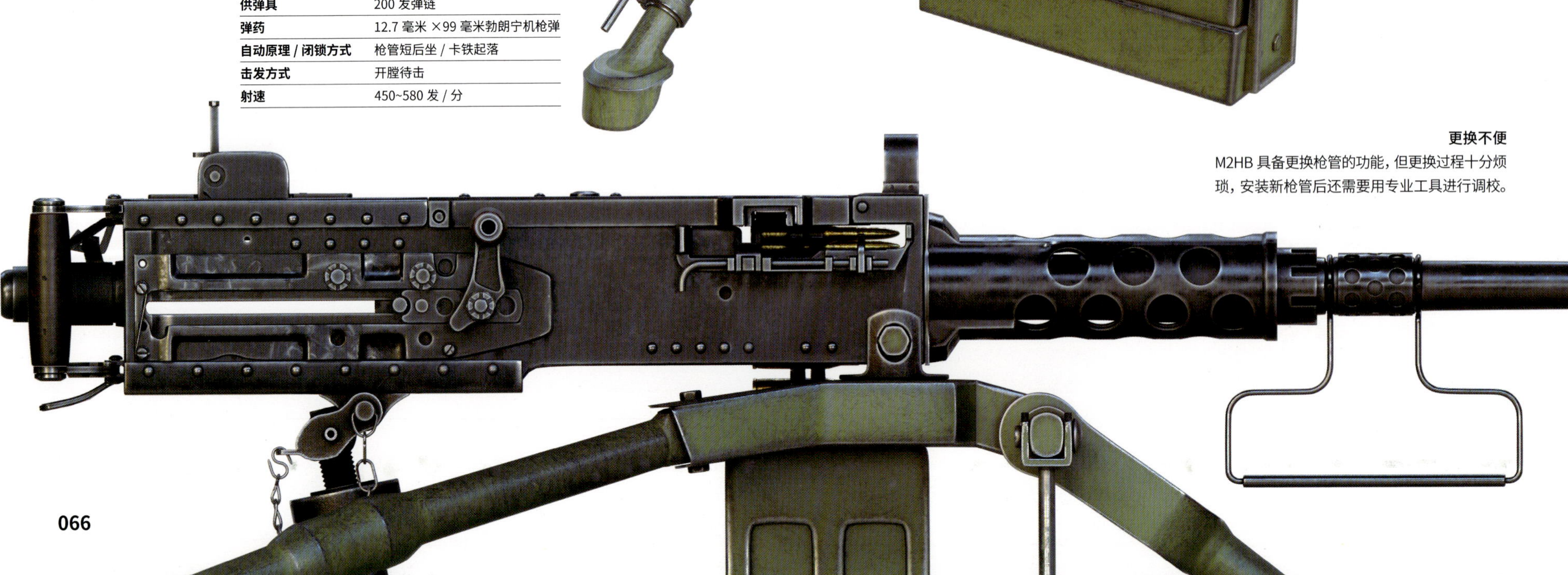

更换不便

M2HB具备更换枪管的功能，但更换过程十分烦琐，安装新枪管后还需要用专业工具进行调校。

DSHk-38 机枪

DSHk-38 是与勃朗宁 M2HB 齐名的大口径机枪，得益于更重的子弹、更大的枪口动能，其射程和威力都更胜一筹。它对土木工事有很强的破坏力，在城市作战中亦可击穿大部分墙体以打击敌军火力点，厚重的防盾则为射手提供了有效保护。不过其轮式枪架十分沉重，拖行非常不易。

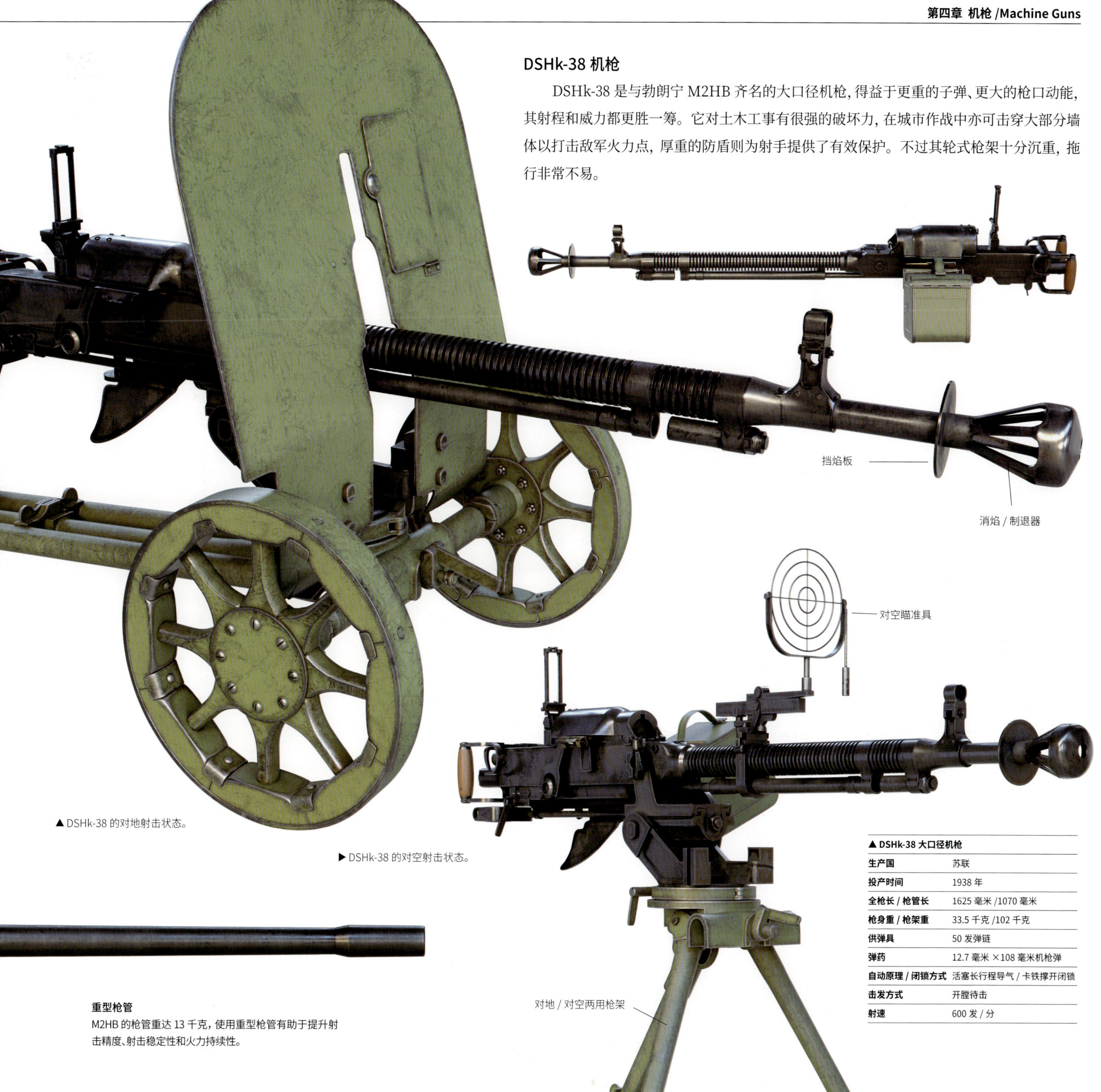

▲ DSHk-38 的对地射击状态。

▶ DSHk-38 的对空射击状态。

重型枪管

M2HB 的枪管重达 13 千克，使用重型枪管有助于提升射击精度、射击稳定性和火力持续性。

▲ DSHk-38 大口径机枪	
生产国	苏联
投产时间	1938 年
全枪长 / 枪管长	1625 毫米 /1070 毫米
枪身重 / 枪架重	33.5 千克 /102 千克
供弹具	50 发弹链
弹药	12.7 毫米 ×108 毫米机枪弹
自动原理 / 闭锁方式	活塞长行程导气 / 卡铁撑开闭锁
击发方式	开膛待击
射速	600 发 / 分

第五章
手榴弹

手榴弹曾活跃于17、18世纪的战场上，当时欧洲军事强国纷纷组建掷弹兵部队，挑选身强力壮的士兵，以手榴弹为主要武器执行突击任务。19世纪，由于枪炮射程显著增加、堡垒攻防战显著减少，手榴弹一度淡出战场。进入20世纪，堑壕战兴起，这种古老的武器再次受到重视。

作为一种手投式爆炸物，手榴弹在堑壕、碉堡、房屋的争夺战中非常有效。它们是面杀伤武器，凭借爆炸产生的冲击波和破片来杀伤目标，运用得当可以"团灭"一队敌人。它们的飞行轨迹是一条抛物线，可以越过掩体和障碍物，攻击那些让直瞄武器无可奈何的敌人。它们的单个重量通常不会超过1千克，一名士兵可以随身携带多枚，随时随地发起爆炸性火力打击。

虽然二战是一场运动战，但短兵相接时的战斗烈度远远超过以往任何一场战争，因此手榴弹的作用愈发重要。在一些缺乏炮兵火力和自动火力的部队中，手榴弹还扮演着"近程迫击炮"的角色，抵近目标发起密集手榴弹攻击是其常用战术，铺天盖地的手榴弹雨往往可以打得敌人措手不及。

Stick Hand Grenade

柄式手榴弹

给手榴弹装上手柄可以延长力臂长度，从而增加投掷距离。很多国家都尝试过这一思路，不过成效最显著的当属德国。随着德军的铁蹄在欧洲肆虐，外形略显夸张的德制 M24 木柄手榴弹也给世人留下了深刻的印象。

在战前军事合作的影响下，抗战时期的中国军队也曾大量使用木柄手榴弹，其投掷距离通常可以胜过日军的卵形手榴弹一筹。受到这种困境的倒逼，日本不得不以中国柄式手榴弹为蓝本，研发自己的木柄手榴弹。

二战结束后，随着枪射榴弹和榴弹发射器的发展，柄式手榴弹投掷距离远的优点已经没有那么重要，而其重量和体积偏大、不方便携带的劣势越发凸显，因此这种手榴弹逐渐退出了战争舞台。

M24 手榴弹

M24 是二战期间德国国防军的标准手榴弹，由一战时期的 M15 手榴弹发展而来，略微缩短了弹体，取消了腰带携行夹，并加长了木柄长度。带有木柄的 M24 能比重量相近的卵形手榴弹投掷得更远，在不装配破片套的情况下，它主要靠爆炸冲击杀伤目标，杀伤半径较小。利用多个 M24 的弹体可以较方便地制成集束手榴弹，用于攻击建筑或装甲目标。

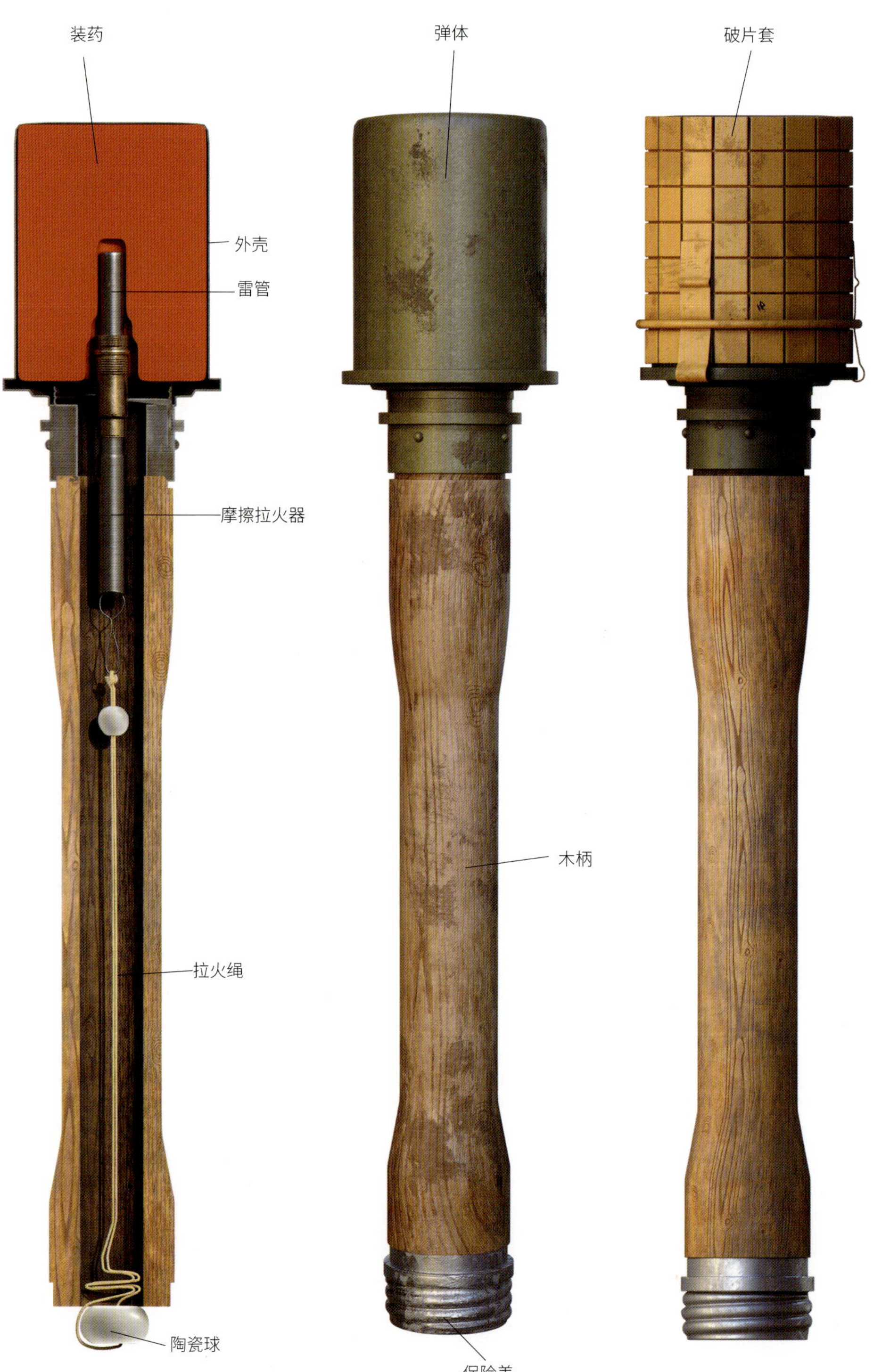

▶ M24 手榴弹	
生产国	德国
投产时间	1924 年
长度	356 毫米
直径	66 毫米
重量	595 克
装药	170 克 TNT
引信延时	4.5 秒
杀伤半径	10~12 米
功能类型	攻防两用手榴弹

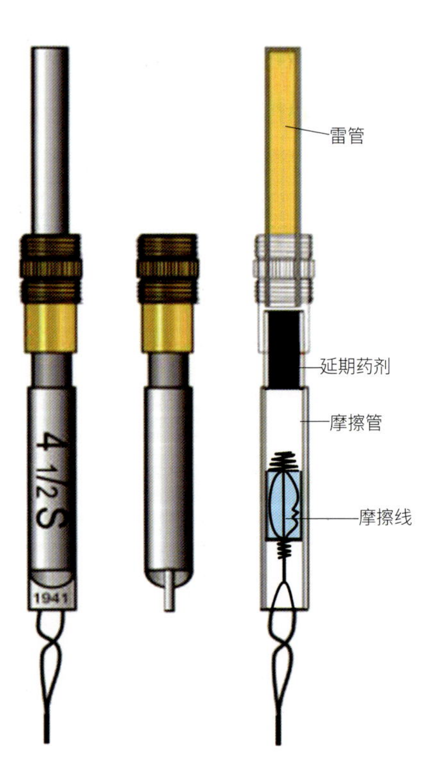

▶ 摩擦发火

M24 手榴弹采用了在其他国家手榴弹上并不常见的摩擦发火装置。拉动摩擦线，摩擦线与摩擦管相互摩擦，产生火花，点燃延期药剂。延期药剂燃烧 4.5~5 秒钟，引爆雷管。

▲理论上讲，应该以这样的动作投掷柄式手榴弹：右脚向后用力蹬地，向前送膀，转体，以大臂带动小臂，用力挥臂，扣腕，把手榴弹投向目标。但实战中未必有条件做出标准动作，图中这名德军士兵就采用了跪姿投掷。

◀ M43 手榴弹	
生产国	德国
投产时间	1943 年
长度	356 毫米
直径	70 毫米
重量	624 克
装药	165 克 TNT
引信延时	4.5 秒
杀伤半径	10 米
功能类型	攻防两用手榴弹

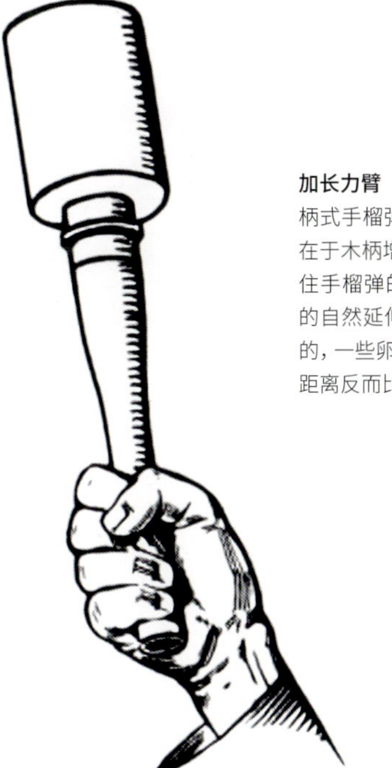

加长力臂

柄式手榴弹可以投掷得更远的关键在于木柄增加了力臂的长度——握住手榴弹的末端，手柄就成了手臂的自然延伸。不过事情也不是绝对的，一些卵形手榴弹质量更小，投掷距离反而比柄式手榴弹更远。

M43 手榴弹

M43 是 M24 手榴弹的进一步发展，它的引信置于弹体顶部，拉火绳也改为从弹体顶部拉出。M43 的木柄是实心的，减少了生产时的木工工作量。它可以不带木柄投掷，卸下木柄后的弹体可以充当诡雷。和 M24 一样，M43 也可以加装破片套以增加杀伤效果和范围，它还可以像 M24 那样制成集束手榴弹。

土豆捣碎器

一战期间，英军士兵给德军的柄式手榴弹起了一个比较有喜感的外号——土豆捣碎器 (potato mashers)。从其大头细柄的形制来看，柄式手榴弹和厨房用的土豆捣碎器还真是十分神似。

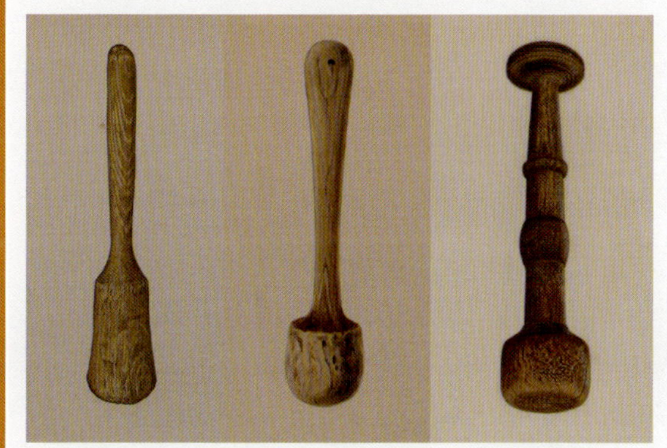

▲几种真正的老式土豆捣碎器，外形和柄式手榴弹相差无几。

RGD-33 Grenade

RGD-33 手榴弹

RGD-33 是二战中苏军广泛使用的手榴弹，可以在进攻型手榴弹和防御型手榴弹之间转换。不同于大多数柄式手榴弹，其弹体、破片套和手柄皆为钢质。它采用较为罕见的惯性发火机制，手柄分成内筒和外筒两层，手柄内部为击发机构。平时引信和手榴弹分开储运，在投掷之前再将引信插入弹体。

和其他柄式手榴弹相比，RGD-33 尺寸较小，方便携带，但使用方法比较复杂，需要长期练习才能熟练掌握。此外，它的结构比较复杂，并不易于生产。卫国战争期间，RGD-33 逐渐被更加安全、方便的 F-1 手榴弹和 RG-42 手榴弹取代。但因为产量巨大、库存众多，即便到越战时人们仍然能看到这种手榴弹的身影。

▲一名手握 RGD-33 手榴弹的苏联游击队员，1943 年拍摄于白俄罗斯。从 RGD-33 和游击队员左手的对比可以看出，这是一种比较小巧的手榴弹。

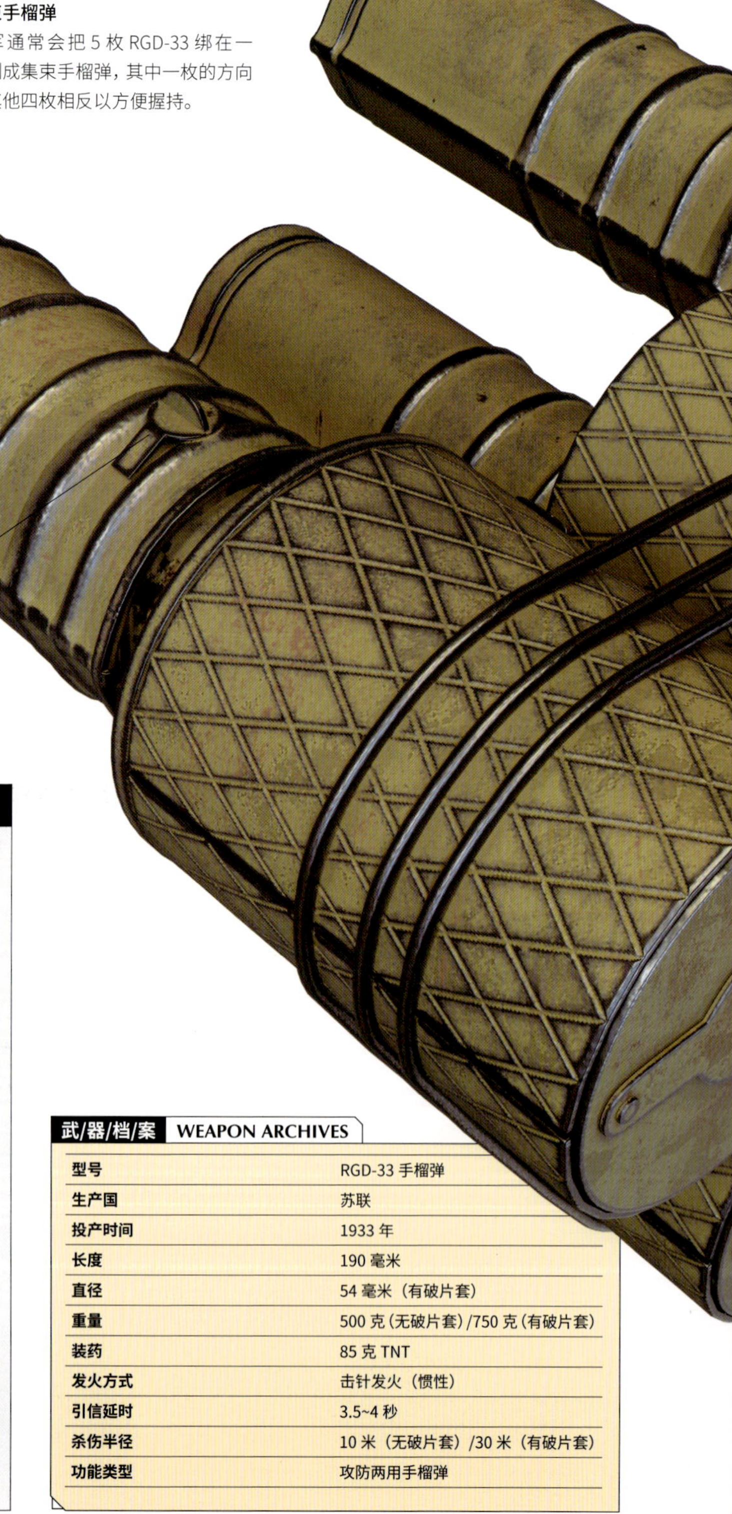

集束手榴弹

苏军通常会把 5 枚 RGD-33 绑在一起制成集束手榴弹，其中一枚的方向与其他四枚相反以方便握持。

使用不便

RGD-33 手榴弹结构独特，存储、运输都比较安全，但使用步骤较为烦琐，对新手来说很不安全。

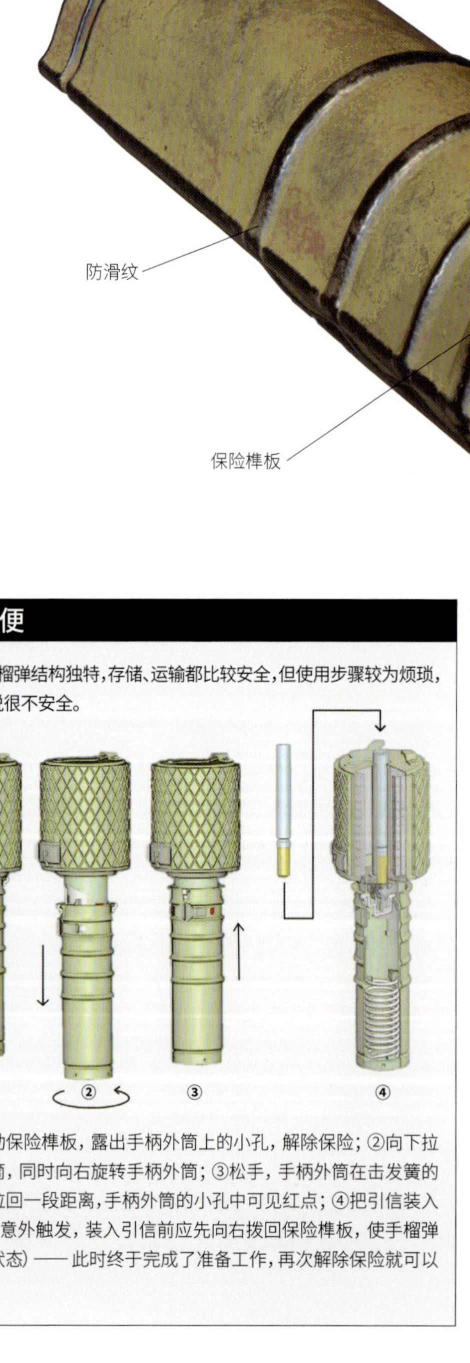

①向左拨动保险椎板，露出手柄外筒上的小孔，解除保险；②向下拉动手柄外筒，同时向右旋转手柄外筒；③松手，手柄外筒在击发簧的作用下被拉回一段距离，手柄外筒的小孔中可见红点；④把引信装入弹体（为免意外触发，装入引信前应先向右拨回保险椎板，使手榴弹恢复保险状态）——此时终于完成了准备工作，再次解除保险就可以投掷了。

武/器/档/案 WEAPON ARCHIVES

型号	RGD-33 手榴弹
生产国	苏联
投产时间	1933 年
长度	190 毫米
直径	54 毫米（有破片套）
重量	500 克（无破片套）/750 克（有破片套）
装药	85 克 TNT
发火方式	击针发火（惯性）
引信延时	3.5~4 秒
杀伤半径	10 米（无破片套）/30 米（有破片套）
功能类型	攻防两用手榴弹

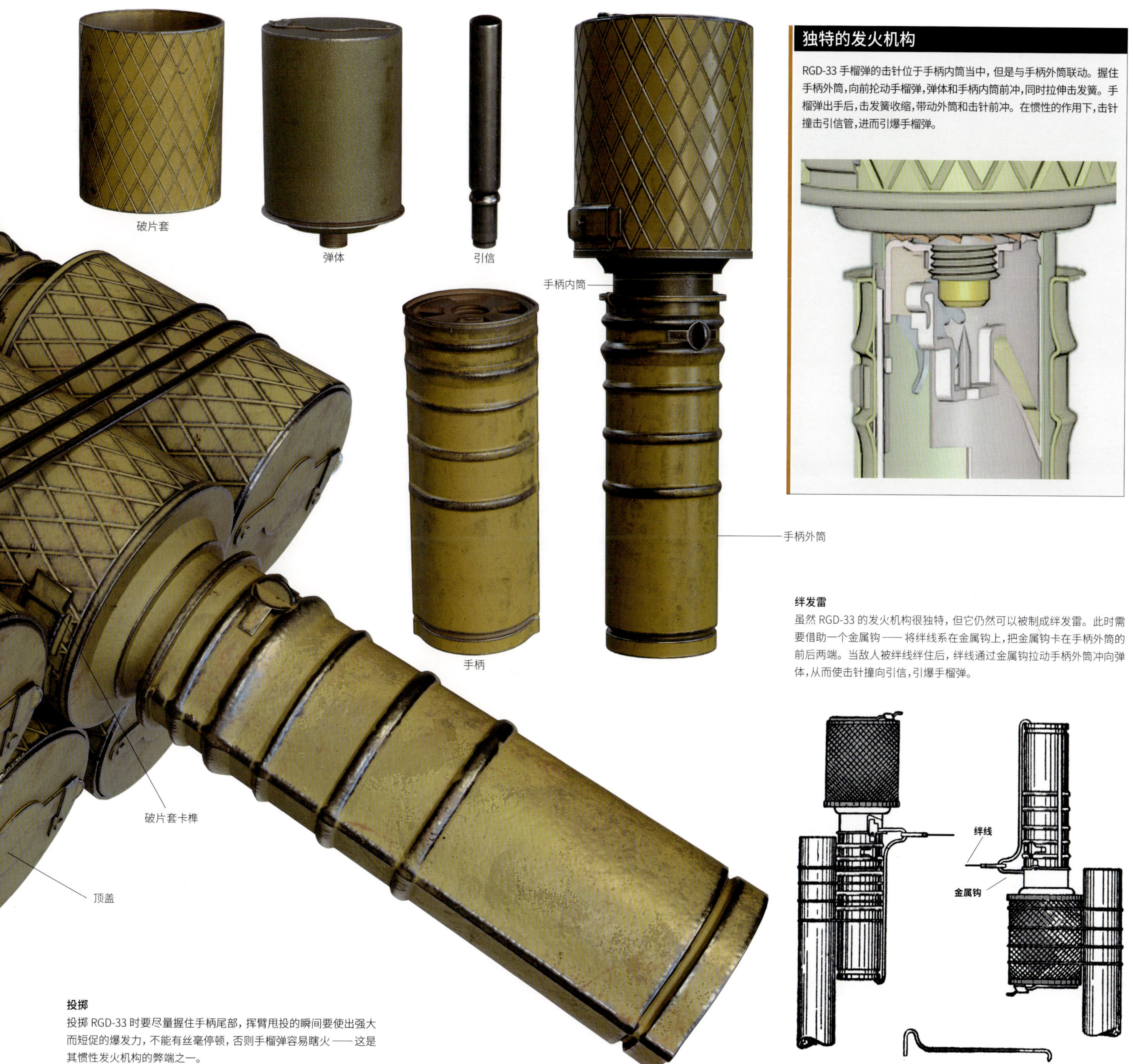

独特的发火机构

RGD-33 手榴弹的击针位于手柄内筒当中，但是与手柄外筒联动。握住手柄外筒，向前抡动手榴弹，弹体和手柄内筒前冲，同时拉伸击发簧。手榴弹出手后，击发簧收缩，带动外筒和击针前冲。在惯性的作用下，击针撞击引信管，进而引爆手榴弹。

绊发雷

虽然 RGD-33 的发火机构很独特，但它仍然可以被制成绊发雷。此时需要借助一个金属钩——将绊线系在金属钩上，把金属钩卡在手柄外筒的前后两端。当敌人被绊线绊住后，绊线通过金属钩拉动手柄外筒冲向弹体，从而使击针撞向引信，引爆手榴弹。

投掷

投掷 RGD-33 时要尽量握住手柄尾部，挥臂甩投的瞬间要使出强大而短促的爆发力，不能有丝毫停顿，否则手榴弹容易瞎火——这是其惯性发火机构的弊端之一。

Egg Hand Grenade

卵式手榴弹

在装药量相当、壳体厚度近似的情况下，卵式手榴弹通常比柄式手榴弹更小、更轻、更便携。此外，一般来说卵式手榴弹的发火机构更加安全可靠，其爆炸后产生的破片也更为均匀。卵式手榴弹在二战中和柄式手榴弹平分秋色，战后则成为主流。

黄铜帽

保险销

▶ 九七式手榴弹	
生产国	日本
投产时间	1937 年
长度	98 毫米
直径	50 毫米
重量	455 克
装药	65 克（TNT）
引信延时	4 ~ 5 秒
杀伤半径	7~9 米
功能类型	防御型手榴弹

九七式手榴弹

九七式手榴弹是日本陆军使用的标准手榴弹，与同类手榴弹相比它不仅威力较小，而且操作复杂，安全性也不尽如人意。引信内的延期药被引燃后手榴弹必须立刻投出，因为延迟时间很不稳定，可能误伤投掷者。

▲ 一名日军士兵正在用嘴拔出九七式手榴弹的保险销。

扔之前先磕一下

在各种抗战影视作品中，日军的"甜瓜手雷"给人留下了深刻印象——扔出去之前要先在脑袋上磕一下。之所以有这种操作，是因为九七式手榴弹缺乏自动发火机制，拔出保险销后必须以黄铜帽那一头敲击坚硬物体，才能迫使击针撞击火帽，引燃延期药。

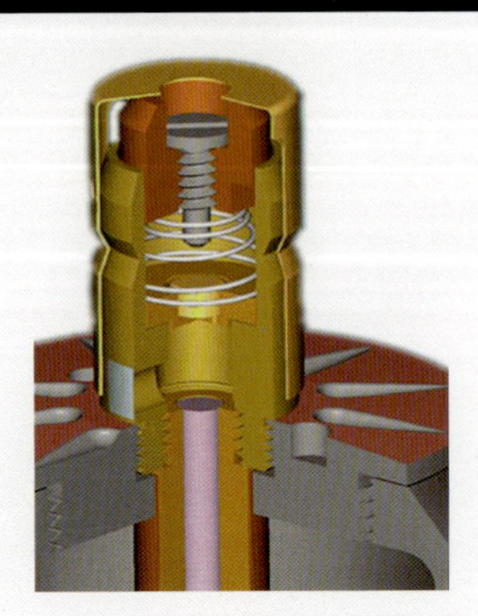

M39 手榴弹

M39 手榴弹是一种轻便易携带的手榴弹。它的引信由弹体顶部旋入，安装 1 秒延迟引信时常常被用作诡雷，是搭建"隆美尔芦笋"（诺曼底的反空降障碍）使用的爆炸物之一。据说 M39 有时会被特意放置在显眼的地方，引诱敌方士兵使用它们，手榴弹将在飞出安全距离前爆炸。

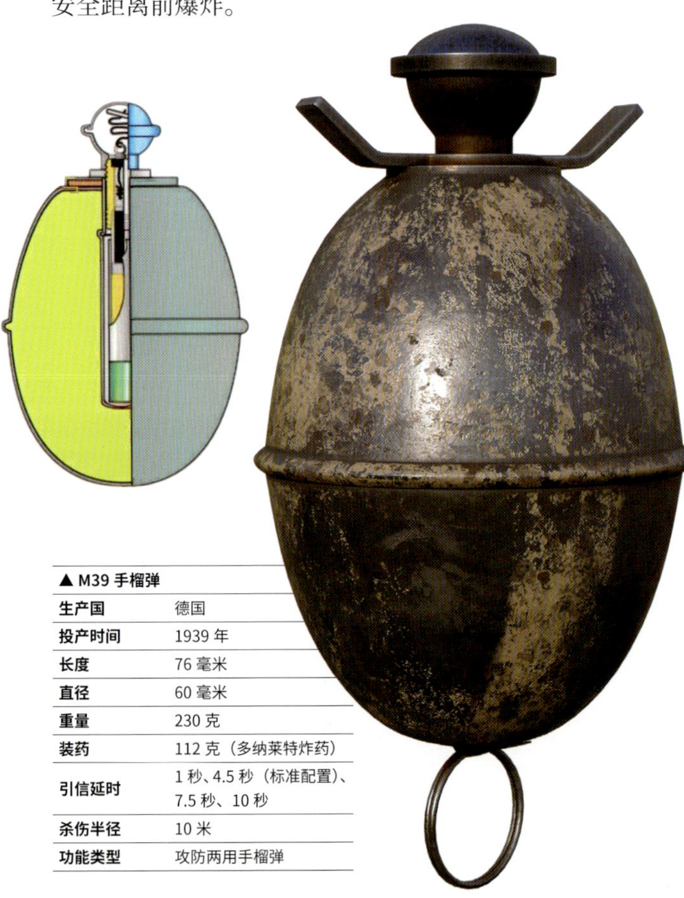

▲ M39 手榴弹	
生产国	德国
投产时间	1939 年
长度	76 毫米
直径	60 毫米
重量	230 克
装药	112 克（多纳莱特炸药）
引信延时	1 秒、4.5 秒（标准配置）、7.5 秒、10 秒
杀伤半径	10 米
功能类型	攻防两用手榴弹

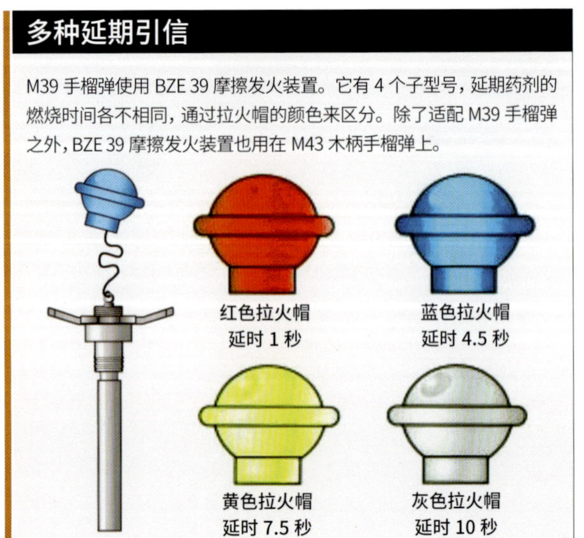

多种延期引信

M39 手榴弹使用 BZE 39 摩擦发火装置。它有 4 个子型号，延期药剂的燃烧时间各不相同，通过拉火帽的颜色来区分。除了适配 M39 手榴弹之外，BZE 39 摩擦发火装置也用在 M43 木柄手榴弹上。

意大利的“红魔鬼”

奥托 M35、布雷达 M35 和斯瑞科姆 M35 是意大利陆军在二战时常用的进攻手榴弹，因生产厂家不同，三者在细节上有些许差异。

它们都设有两重保险，第一重保险需手动解除，第二重保险在投出后自动解除，理论上讲手榴弹只要撞击地面或其他物体就会爆炸。

英国士兵给 M35 起了“红魔鬼”的绰号，一部分原因是常见的杀伤弹弹体被漆成红色，另一部分原因则是手榴弹有时不能顺利引爆，相当于一颗不定时的炸弹。

进攻手榴弹 / 防御手榴弹

按照作战用途的不同，杀伤手榴弹可以分为进攻型手榴弹与防御型手榴弹两种，二者最显著的区别在于破片的多少与杀伤范围的大小。

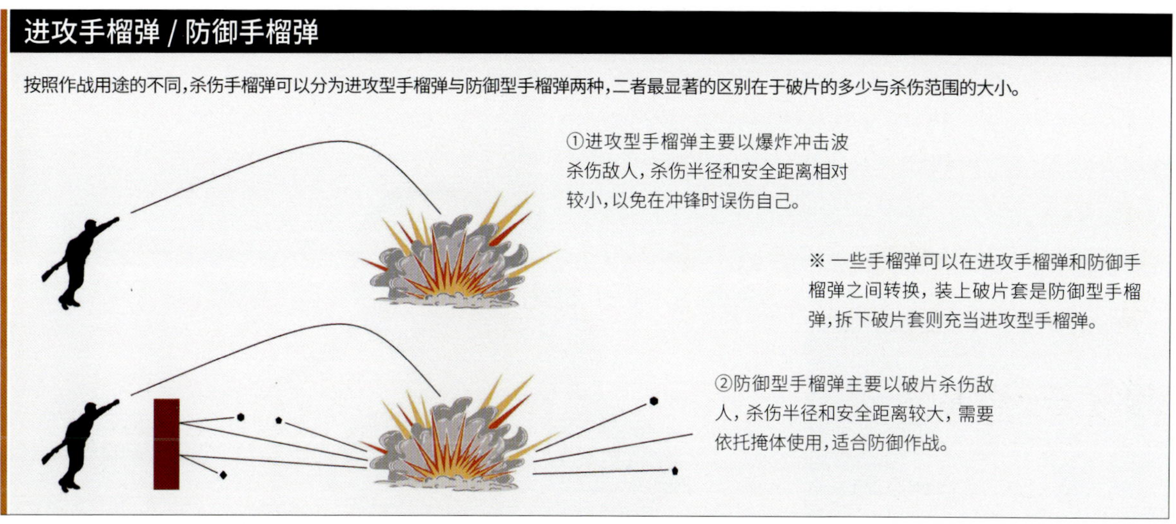

奥托 M35

三种 M35 中最简单的一型，配备了全向引信，无论顶部、底部还是侧面先受到撞击都可以被引爆。然而当引信无法正常工作时，它比另外两种 M35 更危险。

布雷达 M35

弹体比奥托 M35 更大，引信也更为复杂，发火率有所提高。

斯瑞科姆 M35

三种 M35 中最精致、复杂的一型，经过适当改装亦可用作反人员地雷。

▲ 奥托 M35	
长度	75 毫米
直径	50 毫米
重量	150 克
装药	36 克（TNT）
投掷距离	20 米
杀伤半径	10 米

▲ 布雷达 M35	
长度	96 毫米
直径	58 毫米
重量	200 克
装药	63 克（TNT 与二硝基萘混合物）
投掷距离	20 ~ 25 米
杀伤半径	10 ~ 15 米

▲ 斯瑞科姆 M35	
长度	80 毫米
直径	64 毫米
重量	195 克
装药	46 克（TNT 与二硝基萘混合物）
投掷距离	20 ~ 25 米
杀伤半径	10 ~ 15 米

F-1 手榴弹

苏联 F-1 手榴弹以法国 F-1 手榴弹为蓝本研制，弹体表面开有纵横凹槽以期产生均匀的破片。投掷手榴弹时会做出人们非常熟悉的动作——拔除保险环，这需要非常大的力量，通常无法用牙齿完成。因为弹体椭圆且呈黄绿色，它获得了“小柠檬”的外号。

▲ 全副武装——这位苏军侦察员携带着 3 支枪，5 枚手榴弹，包括 1 枚 RPG-40 反坦克手榴弹，2 枚 RGD-33 手榴弹，以及 3 枚 F-1 手榴弹。

◀ F-1 手榴弹	
生产国	苏联
投产时间	1939 年
长度	117 毫米
直径	55 毫米
重量	600 克
装药	60 克（TNT）
引信延时	3.2 ~ 4.2 秒
杀伤半径	30 米
功能类型	防御型手榴弹

法制 F-1 手榴弹

法国的 F-1 手榴弹在弹体形状上和苏联的 F-1 手榴弹略有不同。它同样可以适配多种引信，其中最有特色的是右图所示的这种撞击引信。

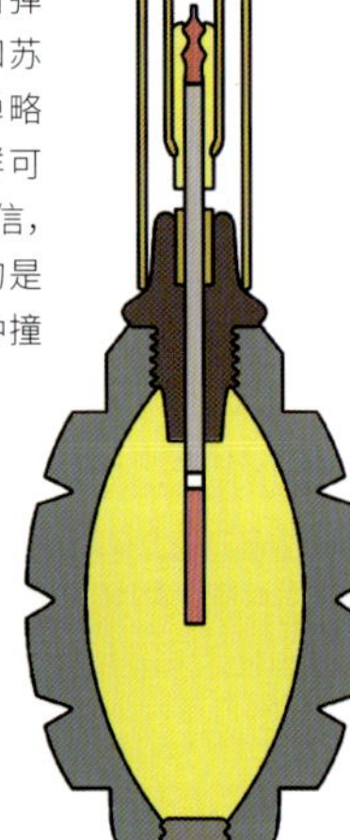

RG-42 手榴弹

RG-42 手榴弹是一种应急产品，用于取代结构更复杂的 RGD-33 手榴弹。其弹体为冲压金属制成的圆柱体，弹体内壁附有金属内衬，用以增加破片数量。除引信需要相对复杂的加工设备外，其他部件在拥有冲压和点焊设备的工厂（如罐头工厂）都可以生产。

▶ RG-42 手榴弹	
生产国	苏联
投产时间	1942 年
长度	130 毫米
直径	55 毫米
重量	420 克
装药	120 克（TNT）
引信延时	3.2 ~ 4.2 秒
杀伤半径	25 米
功能类型	进攻型手榴弹

击针
击发簧
火帽
延期药
起爆药

拔出保险环、松开击发杆后，击发杆会在击发簧的弹力作用下飞离手榴弹，从而释放击针

击针在击发簧的弹力作用下撞击火帽，从而引爆手榴弹

击针击发引信

RG-42 手榴弹使用一种名为 UZRG 的击针击发引信，这种引信结构简单，发火可靠。部分 F-1 手榴弹也采用这种引信。

◀ Mk 2 手榴弹	
生产国	美国
投产时间	1918 年
长度	110 毫米
直径	58 毫米
重量	600 克
装药	52 克 //21 克
引信延时	4 ~ 5.3 秒
杀伤半径	10 米
功能类型	防御型手榴弹

Mk 2 手榴弹

Mk 2 手榴弹绰号为“菠萝”，是美军士兵的标志性武器。其弹体由铸铁制成，表面制有纵横凹槽，设计初衷是更好地产生破片，然而实际效果并不理想。高爆型的弹体最初被漆成黄色，1942 年开始逐渐改为橄榄绿。Mk 2 手榴弹虽然产量巨大、应用广泛，但在二战期间几乎一直存在引信可靠性不佳的问题。

米尔斯炸弹

“米尔斯炸弹”是英国工程师威廉 · 米尔斯设计的一系列手榴弹的总称。它们具有相似的外形，左下图所示为 No. 36M 型，经过了防水防潮处理，便于长期储存，二战期间被英联邦国家广泛使用。米尔斯炸弹性能优异，1943 年的布纳 - 戈纳之战中，缺乏手榴弹的美军士兵曾借用 No.36M 型米尔斯炸弹，对其战斗表现赞不绝口。

▼ 米尔斯炸弹（No.36M）	
生产国	英国
投产时间	—
长度	102 毫米
直径	61 毫米
重量	765 克
装药	略多于 57 克
引信延时	7 秒 /4 秒
杀伤半径	18 米
功能类型	防御型手榴弹

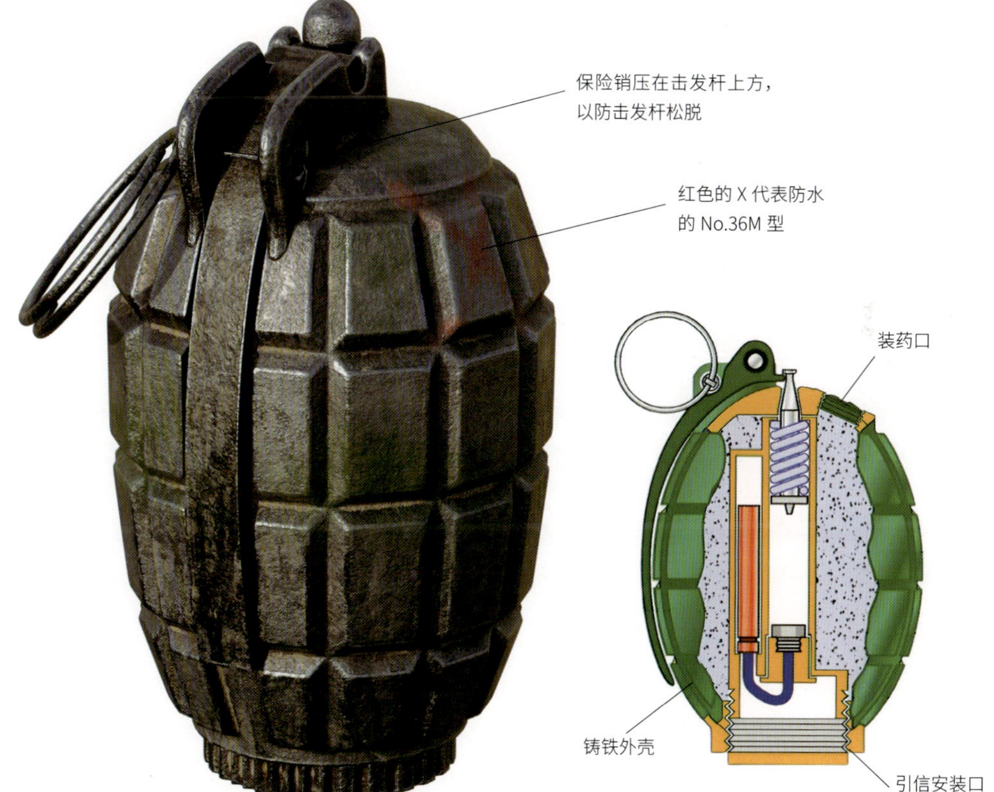

米尔斯炸弹的起爆过程

①拔出保险销；

②击发杆与弹体分离，释放击针；

③击针在击发簧的弹力作用下冲向火帽；

④击针撞击火帽，点燃延期药剂；

⑤延期药剂燃烧 4~7 秒；

⑥延期药剂引爆雷管；

⑦雷管引爆手榴弹。

ENCYCLOPEDIA OF
LAND WEAPONS
OF WORLD WAR II

Chapter 6
Anti Tank Weapons

第六章 步兵反坦克武器

坦克刚一出现在战场上，与坦克对战的步兵便开始寻找反制坦克的手段。作为应急措施，德国人为毛瑟步枪研制了名为“K 子弹”的钨芯穿甲弹，在 100 米距离内有一定概率击穿 12~13 毫米厚的装甲。与此同时，德军士兵也会把数枚手榴弹捆绑在一起制成集束手榴弹，用以攻击坦克顶部相对薄弱的装甲。到了 1918 年，世界上第一种专用反坦克枪——毛瑟 1918 T-Gewehr 问世，开启了步兵反坦克的新纪元。

二战中坦克对步兵的威胁有增无减，无论是投入战场的坦克数量还是坦克的性能水平都是空前的。反坦克枪在二战前期还是一种有效的武器，但随着坦克防护水平的迅猛提高，它们越来越“啃”不动坦克的装甲。反坦克手榴弹在二战中有了长足发展，破甲效果显著的聚能战斗部首次用在了手榴弹上，这至少可以“撬开”坦克侧面和后方不那么厚重的装甲，但在几十米、十几米，甚至几米的距离上朝坦克投手榴弹绝对是个搏命的买卖。

二战期间步兵反坦克武器的最大进步无疑要数反坦克榴弹发射器的广泛使用，它们的发射原理五花八门，但总归是把更大、更重、破甲威力更大的弹体投射到了更远的距离上，让步兵对抗坦克的胜算大大增加。话虽如此，步兵反坦克作战仍然危险重重，需要高超的技巧、非凡的勇气，以及巨大的牺牲。

Anti-Tank Rifle

反坦克枪

反坦克枪可以视作大号的旋转后拉枪机步枪或半自动步枪，它们普遍采用长枪管和大口径子弹以提升初速、枪口动能、有效射程和弹道性能，子弹多为钢芯以增加侵彻能力。

受到重量、体积、士兵可承受的后坐力等因素的限制，反坦克枪在 100 米距离上的垂直穿甲厚度很难超过 50 毫米。对阵一些二战中的早期型号，如苏联的 T-26、BT-7，德国的Ⅰ号、Ⅱ号坦克，这样的穿深尚有一战之力。

然而，坦克技术在二战期间获得了飞速发展，面对战争中后期出现的新锐坦克，反坦克枪已经很难发挥作用了。

PTRS-41 反坦克枪

PTRS-41 是与 PTRD-41 一同被批准采用的反坦克枪，不过由于结构更复杂，PTRS-41 开始批量生产的时间更晚，1943 年时年产量达到顶峰。半自动的 PTRS-41 不如手动的 PTRD-41 成功，虽然射速更高，但故障率也更高，有时甚至会在射击 10 ~ 15 发后卡壳。PTRS-41 也发射威力巨大的 14.5 毫米子弹，这使它在巷战中成了一种可怕的武器。

PTRD-41 反坦克枪

PTRD-41 由 V. A. 捷格加廖夫设计，1941 年 8 月被红军采用。这种武器成本低廉，易于大规模生产。它在莫斯科保卫战中首次投入使用，很快被证明是一件可靠的武器。除了能打击装甲目标，PTR-41 也可以对付火力点。

▼ PTRD-41 反坦克枪	
生产国	苏联
投产时间	1941 年
全枪长 / 枪管长	2000 毫米 /1350（带弹膛）毫米
空枪重	17.3 千克
供弹方式	单发手动装填
弹药	14.5 毫米 ×114 毫米子弹
动作原理 / 闭锁方式	旋转后拉枪机 / 枪机回转闭锁
射速	8~10 发 / 分
初速	1020 米 / 秒（BS-41 弹）
穿甲厚度	B-32 弹：100 米距离击穿 40 毫米装甲（90°） BS-41 弹：100 米距离击穿 50 毫米装甲（90°）

▲ 1941 至 1942 年冬天莫斯科战役期间的一个苏军 PTRD-41 反坦克枪阵地。

单打一

PTRD-41 是结构十分简单的单发枪，没有供弹具，只能在弹膛里容纳一发子弹

5 发漏夹

PTRS-41 用 5 发漏夹供弹，从弹仓底部装入，5 发子弹打完后再从弹仓底部取出。

穿甲燃烧弹

PTRD-41 和 PTRS-41 口径相同，皆以 B-32 和 BS-41 这两种穿甲燃烧弹为主要弹药。

B-32 是一种钢芯弹，弹尖填充燃烧剂，碰撞到较硬的目标会被引燃，有一定的概率点燃可燃物。

BS-41 结构与 B-32 类似，弹头更短，弹芯由碳化钨制成，初速更高，穿甲能力更强。

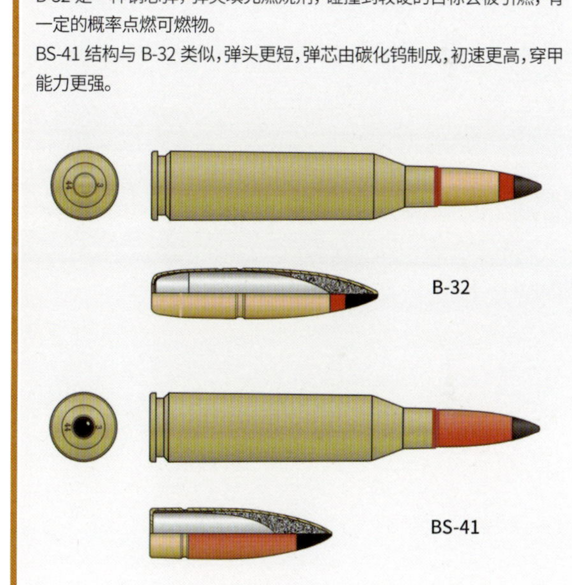

▲ PTRS-41 反坦克枪	
生产国	苏联
投产时间	1941 年
全枪长 / 枪管长	2108 毫米 /1219 毫米
空枪重	20.93 千克
供弹方式	5 发弹仓 /5 发漏夹
弹药	14.5 毫米 ×114 毫米子弹
动作原理 / 闭锁方式	活塞短行程导气 / 枪机偏移
射速	10~15 发 / 分
初速	1020 米 / 秒（BS-41 弹）
穿甲厚度	B-32 弹：100 米距离击穿 40 毫米装甲（90°） BS-41 弹：100 米距离击穿 50 毫米装甲（90°）

威力衰减

随着飞行距离的增加、飞行速度的减慢，子弹的穿甲能力逐渐减弱。以 B-32 穿甲燃烧弹为例，在 100 米至 150 米的距离上它能击穿 40 毫米厚的垂直装甲，300 米距离垂直穿深衰减为 35 毫米，1000 米距离则只能击穿 20 毫米垂直装甲。

枪管

对抗后坐力

博伊斯反坦克枪的枪体框架后部装有缓冲器，开枪后枪管和机匣会沿着枪体框架向后滑动，把后坐力传递给缓冲器，从而降低射手的可感后坐力。

▲博伊斯 Mk Ⅰ反坦克枪	
生产国	英国
全枪长 / 枪管长	1620 毫米 /915 毫米
空枪重	16.3 千克
供弹方式	5 发弹匣
弹药	13.9 毫米 ×99 毫米博伊斯弹
动作原理 / 闭锁方式	旋转后拉枪机 / 枪机回转闭锁
初速	750 米 / 秒（W Mk Ⅰ弹） 885 米 / 秒（W Mk Ⅱ弹）
穿甲厚度	W Mk Ⅰ弹：100 米距离击穿 17 毫米装甲（90°）；300 米距离击穿 14 毫米装甲（90°） W Mk Ⅱ弹：100 米距离击穿 23 毫米装甲（90°）；300 米距离击穿 21 毫米装甲（90°）

13.9 毫米 ×99 毫米博伊斯弹

博伊斯 Mk Ⅰ发射 13.9 毫米 ×99 毫米博伊斯弹，这种子弹在 12.7 毫米 ×99 毫米勃朗宁机枪弹的基础上改进而来，穿甲威力不甚理想。五发桥夹无法直接用于装填，只起到聚拢子弹，便于储存、运输的作用。

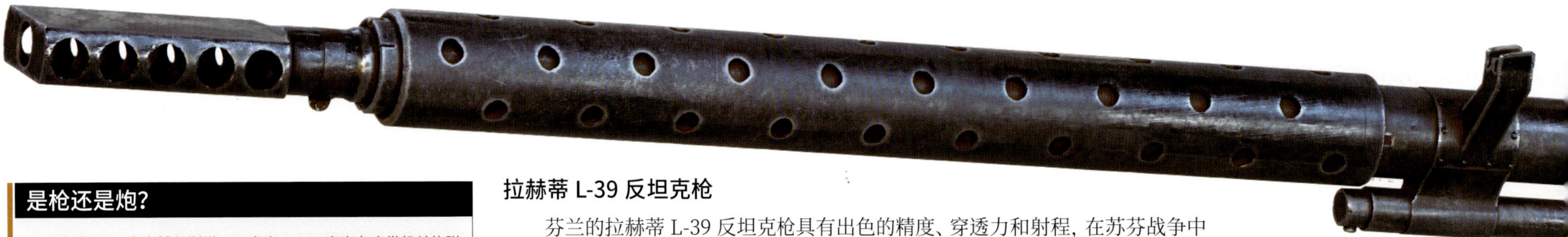

是枪还是炮？

13.9 毫米 ×99 毫米博伊斯弹、20 毫米 ×138 毫米有底带机关炮弹和成年男性手掌的大小对比。口径 20 毫米的武器已经算得上火炮了，但赫蒂 L-39 一直被归入“anti-tank rifle”范畴，因此还是称其为“枪”更合适。

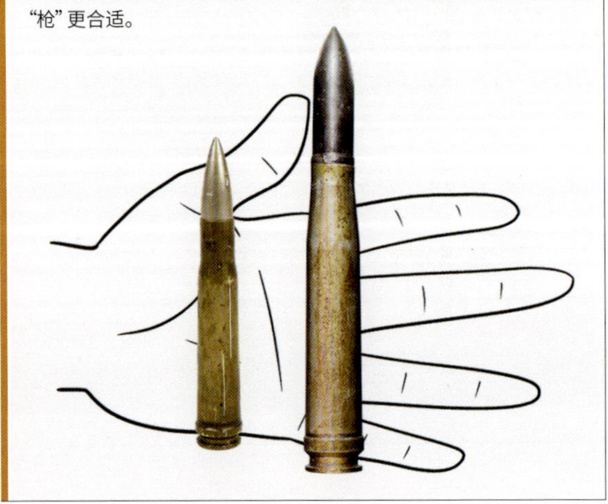

拉赫蒂 L-39 反坦克枪

芬兰的拉赫蒂 L-39 反坦克枪具有出色的精度、穿透力和射程，在苏芬战争中能有效击穿大部分苏联坦克的装甲，不过这种半自动武器巨大而沉重，运输和部署都不甚便捷。在“继续战争”期间，苏军坦克的防护水平大幅提高，拉赫蒂 L-39 已无法击穿 T-34 和 KV-1 等新型苏联坦克，转而投入狙击作战，或者用于攻击坦克的观察缝、潜望镜、炮塔座圈等薄弱部位。

▲“继续战争”期间操作拉赫蒂 L-39 的芬军士兵，拍摄于 1941 年 8 月。

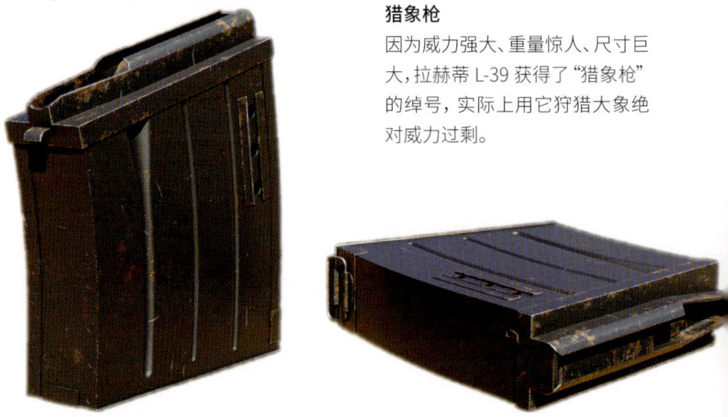

猎象枪

因为威力强大、重量惊人、尺寸巨大，拉赫蒂 L-39 获得了“猎象枪”的绰号，实际上用它狩猎大象绝对威力过剩。

博伊斯 Mk Ⅰ反坦克枪

博伊斯 Mk Ⅰ反坦克枪由恩菲尔德皇家轻武器工厂的 H. C. 博伊斯上尉主持设计，1937 年年末批准服役。它在二战初期是英军的标准步兵反坦克武器，但很快人们就发现其穿甲威力不足，很难有效打击德军坦克，仅能对意大利的老式坦克和日军的轻型坦克构成威胁。该枪的后坐力非常大，因此也常由通用运兵车或轻型轮式装甲车搭载。

射击姿势

枪托抵肩，左手握住后握把，右手握住前握把，右脸贴在贴腮垫上进行瞄准，用右手换弹匣。

摇把式拉机柄

滑橇式两脚架，用于柔软地面或雪地的行军

尖刺式两脚架，射击时使用

▲ 拉赫蒂 L-39 反坦克枪	
生产国	芬兰
全枪长 / 枪管长	2230 毫米 /1393 毫米
空枪重	51 千克
供弹方式	10 发弹匣 /15 发弹匣
弹药	20 毫米 ×138 毫米有底带机关炮弹
动作原理	活塞短行程导气
初速	840 米 / 秒
穿甲厚度	100 米距离击穿 37 毫米装甲（90°） 300 米距离击穿 33 毫米装甲（90°）

M40 反坦克枪榴弹

GrB 39 的主要反坦克弹药。这是一种采用聚能战斗部的枪榴弹，装药为 130 克 TNT，使用弹底着发引信。

7.92 毫米 ×94 毫米木质弹头子弹

7.92 毫米 ×94 毫米反坦克步枪弹本来是一种对付装甲目标的子弹，其木质弹头的子型号则专门用于发射枪榴弹。

▲ GrB 39 掷弹枪	
生产国	德国
投产时间	1942 年
全枪长 / 枪管长	1232 毫米 /612 毫米
空枪重	10.43 千克
动作原理 / 闭锁方式	枪机起落
弹药	7.92 毫米 ×94 毫米木质弹头子弹 /M40 反坦克枪榴弹
有效射程	125 米
破甲厚度	100 毫米

GrB 39 掷弹枪

1942 年，单纯依靠动能穿甲的 PzB 39 反坦克枪已经很难击穿坦克的装甲，于是德国在其基础上研制了 GrB 39 掷弹枪。它同样采用起落式枪机，但枪管更短，可以发射超口径反坦克榴弹，配备聚能战斗部，以金属射流来击穿坦克装甲。榴弹从枪口前方装入适配器，其飞行动力则来自一枚从后膛装填的 7.92 毫米 ×94 毫米子弹。子弹击发后，空心木质弹头碎裂，火药燃气推动榴弹飞出枪口。GrB 39 的破甲威力远胜于传统反坦克枪，但弹道更加弯曲，有效射程也更近。

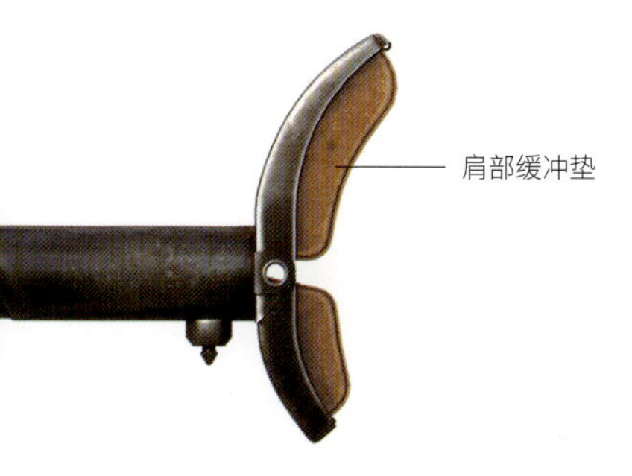

PzB 39 反坦克枪

PzB 39 是一支单发反坦克枪，采用起落式枪机，发射 7.92 毫米 ×94 毫米反坦克步枪弹，在入侵波兰和苏德战争中投入实战。这种武器一直使用到 1944 年，不过其穿甲效果并不理想，只能对付轻装甲目标，因此德国又在它的基础上研制了 GrB 39 掷弹枪。

子弹盒

PzB 39 反坦克枪可以在护木侧面挂装子弹盒，每个子弹盒可容纳 10 发子弹，这只是为了方便取用子弹，PzB 39 本身是一种单发枪。

▼ PzB 39 反坦克枪	
生产国	德国
投产时间	1939 年
全枪长 / 枪管长	1620 毫米 /1085 毫米
空枪重	12.6 千克
动作原理 / 闭锁方式	枪机起落
弹药	7.92 毫米 ×94 毫米反坦克步枪弹
有效射程	300 米
破甲厚度	25 毫米

表尺

GrB 39 的表尺内有 6 横 1 纵共 7 根金属丝，6 根横向金属丝从上到下分别对应着 0 米、50 米、75 米、100 米、125 米和 150 米。估测目标距离后，把由纵向金属丝和相应距离的横向金属丝构成的十字线置于圆形缺口的中央位置，然后再对准目标，即完成了瞄准。

起落式枪机

GrB 39 的动作方式非常独特，向前扳动握把可以降下枪机，露出后膛，从而装填子弹。向后扳回握把则枪机上升，后膛闭锁。

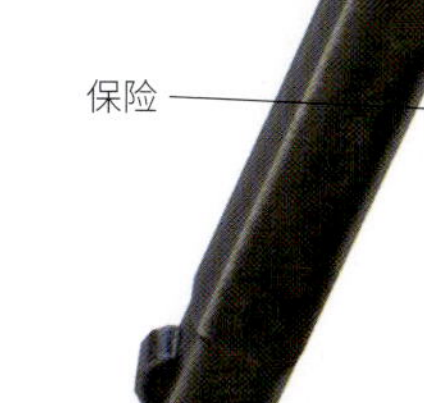

Anti-Tank Grenade

反坦克手榴弹及炸弹

二战期间，制作简单的集束手榴弹仍然普遍用于反坦克，不过它们向四面八方释放爆炸能量，而不是聚焦于某一面坦克装甲，这是对装药威力的巨大浪费。在二战中诞生的、采用聚能战斗部的专用反坦克手榴弹无疑具有更高的作战效能，破甲威力显著提高，但重量和体积并没有大到离谱。除了聚能装药手榴弹，这一时期还有很多千奇百怪的爆破类反坦克武器问世。

PWM 反坦克手榴弹

对使用破甲战斗部的手榴弹来说，只有以垂直姿态接触坦克装甲才能最大限度发挥威力。因此德国的 PWM 反坦克手榴弹安装了折叠式帆布弹翼以提高飞行稳定性、改善弹着角度。理论上讲它可以击穿 150 毫米厚的轧压均质钢装甲，足以对付任何一型盟军坦克，然而其实际作战效果不如预期，即便有弹翼加持也很难获得完美的 90 度命中，破甲厚度会大打折扣。

▼ PWM 反坦克手榴弹	
生产国	德国
投产时间	—
全长	533 毫米
弹体长	228.6 毫米
尾翼翼展	279.4 毫米
弹体直径	114.3 毫米
重量	1.35 千克
引信类型	着发引信
战斗部重量	0.52 千克

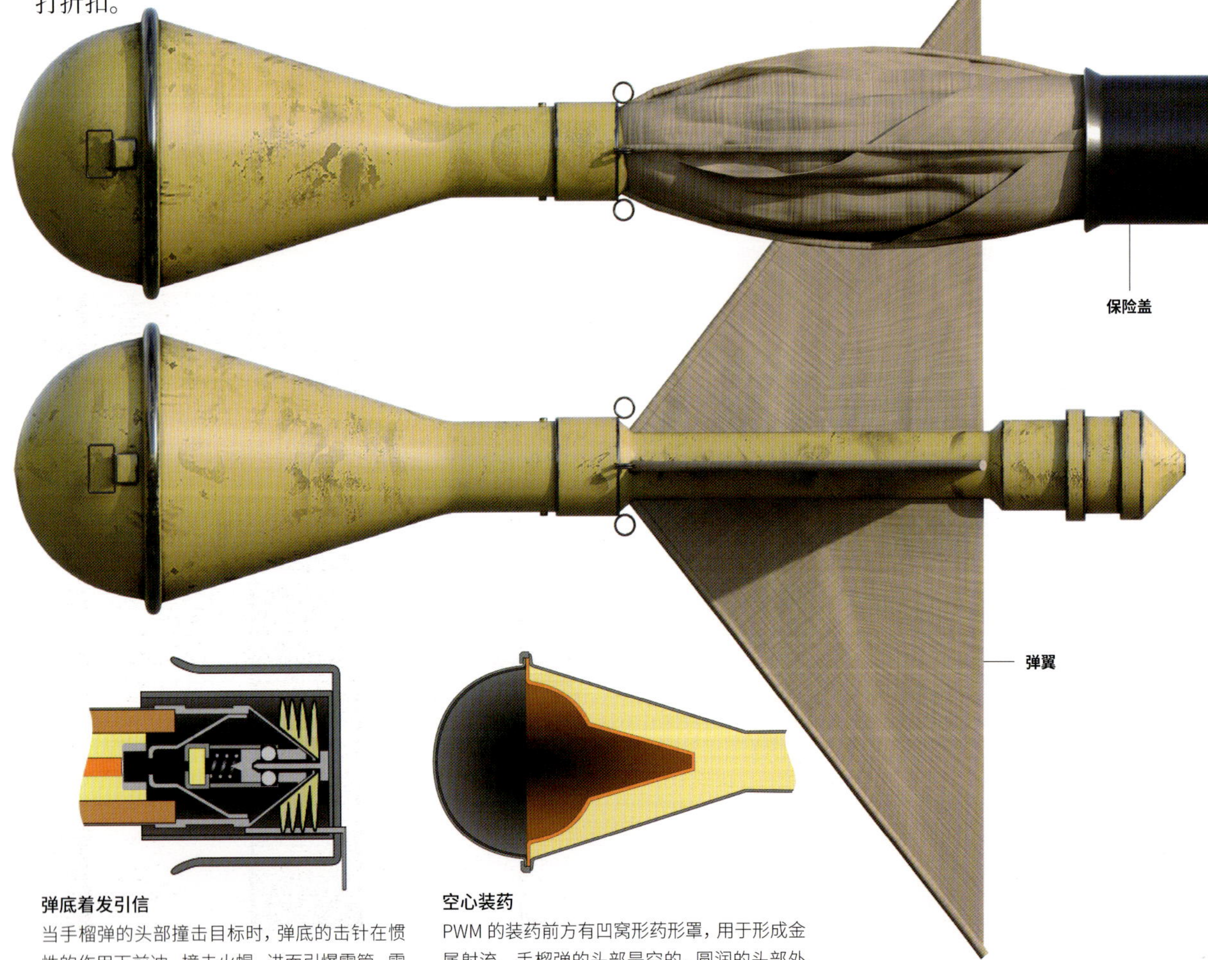

弹底着发引信
当手榴弹的头部撞击目标时，弹底的击针在惯性的作用下前冲，撞击火帽，进而引爆雷管，雷管再引爆助爆药，最后引爆主装药。

空心装药
PWM 的装药前方有凹窝形药形罩，用于形成金属射流。手榴弹的头部是空的，圆润的头部外壳主要起整流罩的作用。

有弹翼的柄式手榴弹

不要被 PWM 反坦克手榴弹飞镖一般的外形迷惑，它不应该以投飞镖的方式来投掷。标准的投掷流程如下，其出手动作更像扔一枚长柄手榴弹。

①右手握住弹翼底部，左手拔掉保险销，取下保险盖；

②右手向后引弹，右臂自然伸直，左小臂自然弯曲在胸前；

③转体，送膀，挥臂，扣腕，出手。

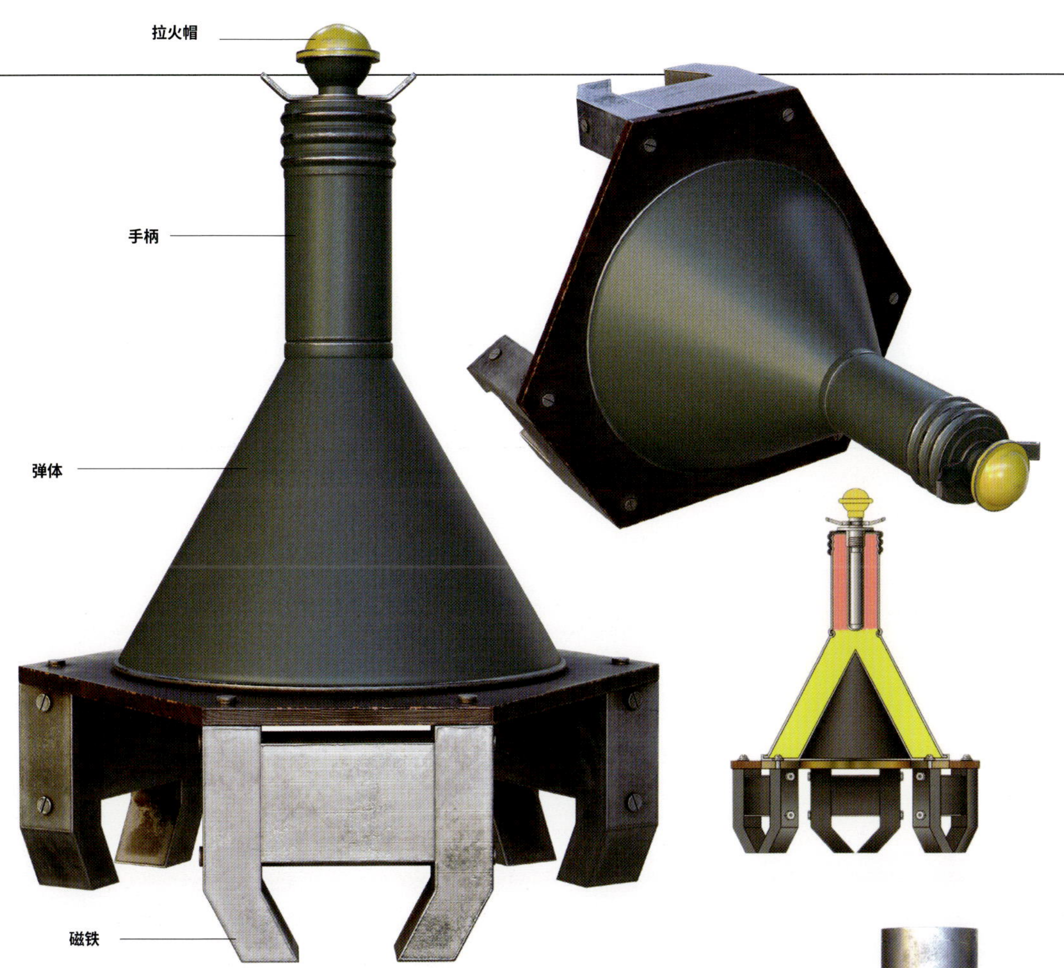

HHL-3 磁性破甲炸弹

直接把破甲战斗部固定在敌人坦克上无疑可以获得垂直入射的金属射流，HHL-3 磁性破甲炸弹采用的就是这个思路。不过使用这种武器异常危险，士兵需要抵近至敌坦克旁，将其吸附在坦克装甲上，随后拉发延期引信。

◀ HHL-3 磁性破甲炸弹	
生产国	德国
投产时间	1942 年
装药容器高度	197 毫米
磁铁高度	70 毫米
装药直径	108 毫米
重量	3 千克
装药	1.5 千克
引信类型	延期摩擦发火引信（4.5 秒、7.5 秒）
破甲威力	140 毫米

引信

和前文介绍的德国 M39 卵式手榴弹、M43 木柄手榴弹一样，HHL-3 磁性破甲炸弹也使用 BZE 39 引信，蓝色拉火帽代表延时 4.5 秒，黄色拉火帽代表延时 7.5 秒

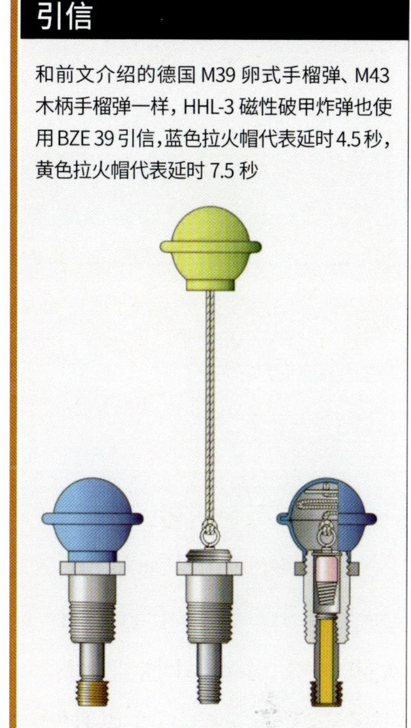

九九式反坦克雷

九九式反坦克雷是二战期间日军装备的一种反坦克武器，可以当做地雷，也可当作投掷炸弹。其雷体外镶有四枚磁铁，向敌坦克投出，磁铁就会吸附在坦克装甲上。它并未采用聚能战斗部，爆炸产生的冲击波会向各个方向蔓延，破甲能力非常有限。

▶ 九九式反坦克雷	
生产国	日本
投产时间	1939 年
厚度	38 毫米
直径	128 毫米
重量	1.3 千克
引信	延期击发引信（10 秒）
装药	650 克（TNT 或黑索金）
破甲厚度	25 毫米

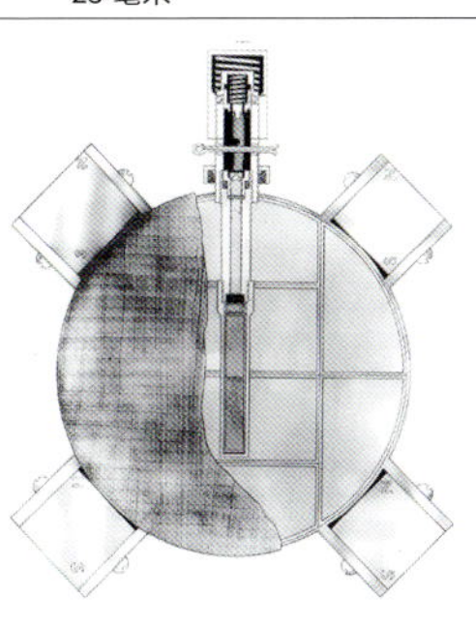

▶ 九九式反坦克雷的装药并非完整的一块炸药，而是由 8 小块炸药拼合而成。

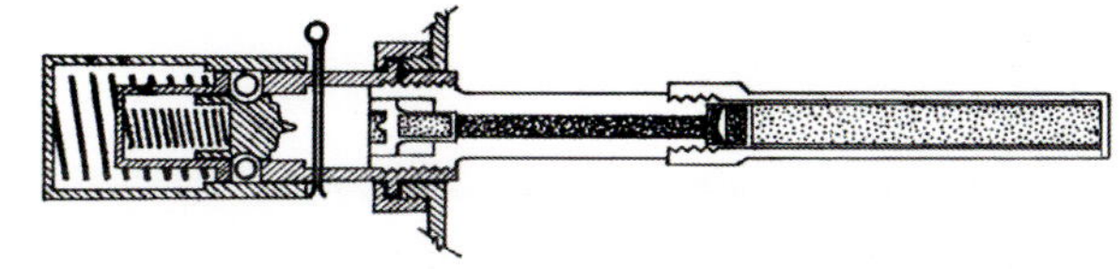

▲ 九九式反坦克雷使用延期击发引信，拔出保险销后击针即撞向火帽，延期药燃烧 10 秒左右之后会引爆雷管。

▲ 一枚吸附在美军坦克侧装甲上，但是并没有成功起爆的九九式反坦克雷。1943 年 8 月 4—5 日拍摄于新乔治亚群岛。

RPG-43 反坦克手榴弹

苏联的 RPG-43 使用聚能战斗部，在爆炸过程中可以产生速度 12000~15000 米 / 秒的金属射流，压强可达 10000 兆帕，可以穿透 75 毫米厚的轧压均质钢装甲。飞行时其保险罩和布质尾翼能起稳定作用，以尽可能地保证弹着角度接近垂直。除了能用于攻击装甲目标外，它对土木工事和集群的步兵也有很好的破坏或杀伤效果。

▲ 一般来说，空心装药药形罩的锥角越大，产生的金属射流就越细长，破甲能力也就更强。RPG-43 药形罩的设计并不理想，其破甲能力相对其体积、重量和装药量来说算不上出色。

▲ 一枚罕见的 RPG-43 教练弹，布质尾翼呈完全打开状态。

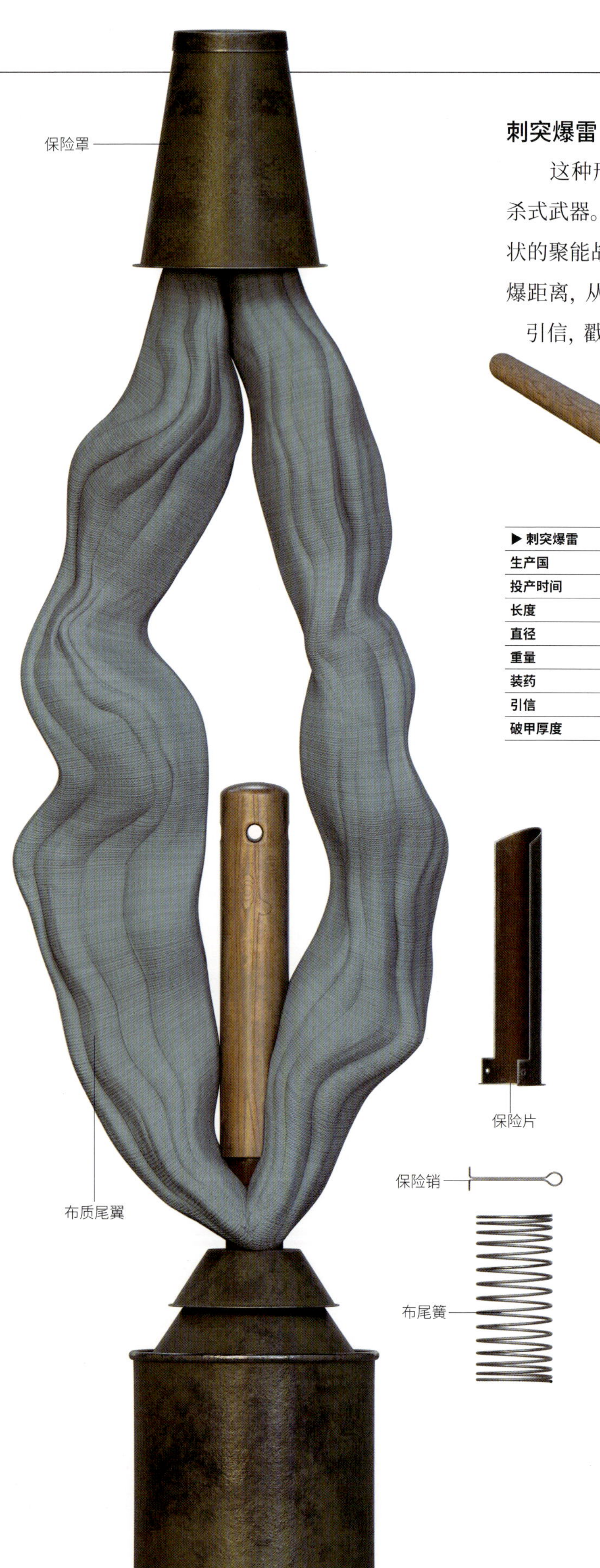

刺突爆雷

这种形似马桶搋子的日军“反坦克长矛”实属自杀式武器。一根 1.5 米长的木杆或竹竿头部装有漏斗状的聚能战斗部，战斗部顶端的三根钉子用来控制起爆距离，从而获得最佳破甲效果。刺突爆雷使用着发引信，戳到坦克后立刻就会爆炸。尽管拥有不错的纸面破甲威力，可它的实际战果惨不忍睹。端着刺突爆雷且被“武士道精神”冲昏头脑的日军士兵很难活着冲到盟军坦克跟前。

▶ 刺突爆雷	
生产国	日本
投产时间	1943 年
长度	1800 毫米
直径	203 毫米
重量	5.3 千克
装药	3 千克（TNT）
引信	着发引信
破甲厚度	150 毫米

◀ RPG-43 反坦克手榴弹	
生产国	苏联
投产时间	1943 年
长度	300 毫米
直径	95 毫米
重量	1.2 千克
装药	0.61 千克（TNT）
引信	着发引信
破甲威力	75 毫米

火帽与雷管前冲

和大多数着发引信不同，RPG-43 的引信不是击针前冲撞击火帽，而是雷管和火帽前冲撞击击针。这套发火装置存在设计缺陷，如果不能让手榴弹头部以恰当角度撞击目标，会出现不发火的故障。

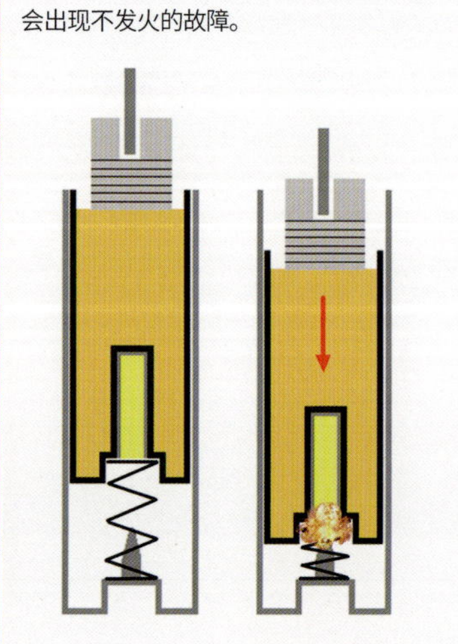

▲美军为刺突爆雷取了个"白痴棍"的外号，鄙夷之情溢于言表。

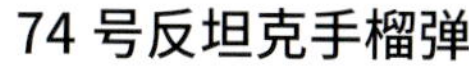

74 号反坦克手榴弹

又称"黏性炸弹"，是英国在敦刻尔克大撤退后研制的廉价反坦克武器，用来弥补英军在反坦克武器方面遭受的巨大损失。74 号反坦克手榴弹的主装药为硝酸甘油，装在一个玻璃球内。玻璃球外面套着织物外套，外套表面涂有强力黏鸟胶。为防止四处粘黏，平时需用两片半球状外壳罩住弹体。和投掷相比，官方更倾向于让士兵抵近到敌坦克跟前，直接把手榴弹粘上去。虽然看起来不太可靠，但 74 号反坦克手榴弹的确取得了少量战果。

◀ 74 号反坦克手榴弹	
生产国	英国
投产时间	1940 年
全长	229 毫米
直径	114 毫米
重量	1.02 千克
装药	0.57 千克（硝酸甘油）
引信	延期击发引信（5 秒）

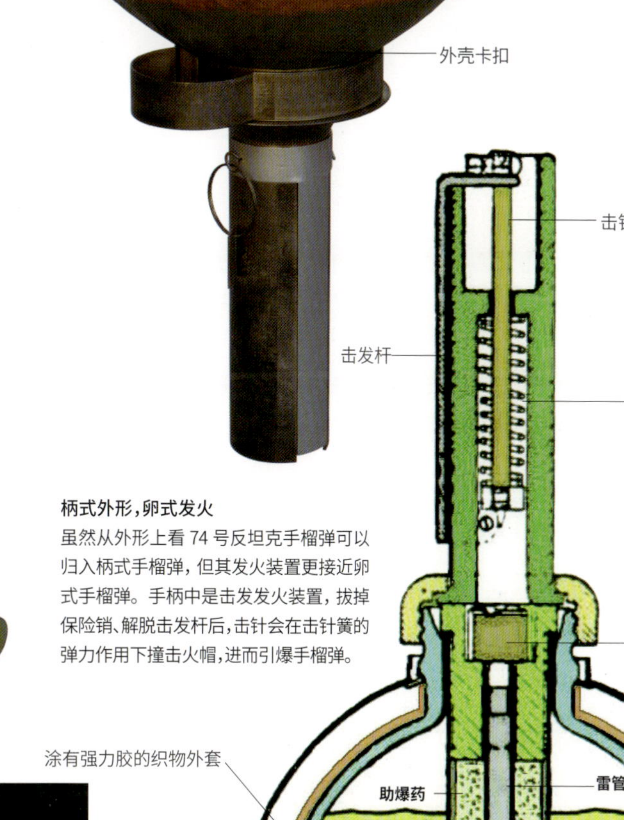

柄式外形，卵式发火

虽然从外形上看 74 号反坦克手榴弹可以归入柄式手榴弹，但其发火装置更接近卵式手榴弹。手柄中是击发发火装置，拔掉保险销、解脱击发杆后，击针会在击针簧的弹力作用下撞击火帽，进而引爆手榴弹。

▲英国女工正在生产 74 号反坦克手榴弹。这种手榴弹虽然战果寥寥，产量却达到了 250 万个。

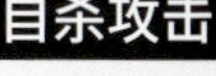

自杀攻击

且不说举着这样一根沉重的"长矛"能否成功"突刺"到坦克，即便攻击成功，使用者也绝没有生还的可能。虽然刺突爆雷使用聚能装药，但其战斗部后方 5 米之内都属于危险界，使用者无疑会被炸死。

Anti-Tank Grenade Launcher

反坦克榴弹发射器

武/器/档/案 WEAPON ARCHIVES

型号	M1A1
生产国	美国
投产时间	1943 年
发射管长	1384 毫米
发射管重	5.99 千克
口径	60 毫米
发射原理	火箭助推
击发方式	电击发
弹丸初速	81 米 / 秒
有效射程	150 米
破甲威力	100 毫米

这些被今人称为“火箭筒”的反坦克武器，有的是货真价实的火箭筒，或者叫火箭助推反坦克榴弹发射器，另一些只是外形和火箭筒近似，发射的弹药并没有安装火箭发动机。无论采用何种发射原理，其作战效能都远胜于手榴弹，它们的问世让战争的天平又朝步兵一侧倾斜了几分。

“巴祖卡”火箭筒

早在一战期间，美国就开始了对火箭动力武器的探索，不过当时并没有获得具有实用性的成果。20 世纪 40 年代初，一种名为 M10 的反坦克榴弹进入美军服役，它采用聚能战斗部，可以击穿 60 毫米厚的装甲，但重量过于巨大，既不适合作为手榴弹来投掷，也不适合作为枪榴弹来发射。为了把 M10 这种体量的反坦克榴弹发射到适当的距离，一种新式反坦克武器被催生出来——它将火箭动力和聚能战斗部结合在一起，由肩扛式发射筒发射，射程和威力远胜于手榴弹和枪榴弹，这就是今天人们熟知的火箭筒。

二战期间美军装备的一系列 60 毫米火箭筒都获得了“巴祖卡”的昵称，最早问世的是 M1 型，1942 年 7 月投入北非战场，供英军在西部沙漠战役中使用。在测试当中，M1 火箭筒成功击穿了德军Ⅲ号坦克的正面装甲，不过它使用的 M6 火箭弹并不可靠，在缺乏训练的士兵手中它也很难发挥应有的威力。次年七八月间，发射 M6A1 火箭弹的 M1A1 火箭筒参与了西西里战役，并且创造了成功击毁德军Ⅳ号坦克和“虎”式坦克的纪录。1943 年年底，M9 型火箭筒列装部队，它的电磁电点火装置可以有效避免意外走火，折叠式发射筒则满足了空降部队对便携性的需求。60 毫米“巴祖卡”的最后一个型号是 M9A1，用瞄准镜取代了机械瞄准具，于 1944 年 9 月服役。

虽然“巴祖卡”难以从正面击穿战争后期的德军坦克，但攻击坦克的弱点部位还是能够奏效的。总的来说“巴祖卡”是一系列成功的武器，它们为步兵提供了一道有效的反坦克屏障。正如巴顿将军所说：“‘巴祖卡’的作用不是进攻性地猎杀坦克，而是充当防止坦克碾压步兵的最后手段。”（主图为 M1A1 型）

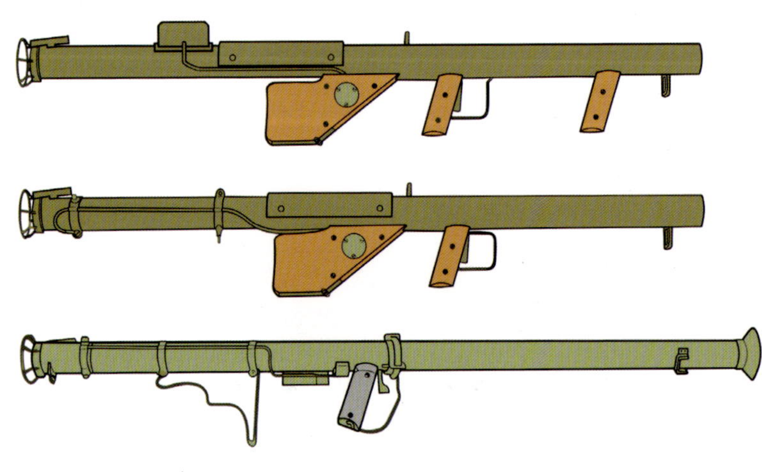

“巴祖卡”M1
拥有两个小握把，电路盒在发射管上方高高凸起

“巴祖卡”M1A1
修改了电路系统，取消了电路盒，前握把也被移除

“巴祖卡”M9
由电池供电点火改为电磁点火，发射筒可以从中间折叠以方便携行

管状乐器

巴祖卡本来是美国广播喜剧演员鲍勃·伯恩斯在 20 世纪 10 年代发明的吹奏乐器。1940 年，美国军械局的马库斯·巴恩斯少将在看过火箭助推榴弹发射器的原型之后风趣地说：“这种武器看起来真像鲍勃·伯恩斯的巴祖卡呀。”因此，在美军中“巴祖卡”就成了火箭筒的代号。二战期间美军装备的主要是 M1、M1A1、M9、M9A1 等一系列 60 毫米口径的火箭筒。战后还有口径更大的“超级巴祖卡”列装，不过那就不是本书要介绍的了。

▲鲍勃·伯恩斯和“货真价实”的巴祖卡。

M6A1 火箭弹

M6A3 火箭弹

火箭弹

M6A1 火箭弹是"巴祖卡"M1A1 的最主要弹种，采用空心装药破甲战斗部，尾部有 6 片起稳定作用的尾翼。1944 年，M1A1 火箭筒的升级版本——M9 和 M9A1 火箭筒开始列装部队，它们可以发射威力更加强大的 M6A3 火箭弹，垂直破甲厚度从 M6A1 的 100 毫米增加到了 125 毫米，头部也改成了钝圆形，以降低跳弹的概率。

电击发

"巴祖卡"M1 和 M1A1 的火箭弹由电流来击发，下图为 M1A1 型的电路示意图。火箭弹尾喷口伸出一根导线，发射前连在发射管尾部的导电弹簧上（另有一根导线从尾喷口伸出，连接到弹翼上）。扣动扳机即接通电路，启动火箭弹的发动机。

调整瞄准线

图中所示为"巴祖卡"M1 早期型的准星和照门，4 个准星片从高到低对应的距离分别为 100 码、200 码、300 码和 400 码，射击距离越远发射管的抬高角越大。"巴祖卡"从 M1 后期型开始取消了 400 码准星，表尺射程改为 300 码。

RPzB 54 Panzerschreck

RPzB 54“坦克杀手”

从美军和苏军手中缴获了“巴祖卡”火箭筒后，德国开始研制自己的同类产品。研发历时约一年，1944年春季，RPzB 54火箭筒交付部队，它的口径比60毫米“巴祖卡”大，破甲威力也更胜一筹。和“巴祖卡”一样，RPzB 54也无法在密闭空间内使用，并且发射时的烟雾和火焰更加明显，发起一次攻击后必须立刻转移阵地。RPzB 54长达1.64米，携带颇为不便，因此德国在1944年年内又推出了其缩短款——RPzB 54/1，长度变短了30厘米，重量也减少了近1.5千克。在德军中，这一系列的火箭筒获得了“坦克杀手”的绰号，这也是今天的军迷更为熟知的名字。（主图为RPzB 54/1型）

武/器/档/案 WEAPON ARCHIVES

型号	RPzB 54/1“坦克杀手”
生产国	德国
投产时间	1944年
发射管长	1350毫米
发射管重	9.5千克
口径	88毫米
发射原理	火箭助推
击发方式	电击发
弹丸初速	130米/秒
有效射程	180米
破甲厚度	152毫米表面硬化装甲

护盾

“坦克杀手”的尾焰相当猛烈，为了避免射手被火箭弹尾焰灼伤，发射筒上安装了一面护盾。不过这也增加了重量，降低了便携性。如果不加这面护盾，发射时必须佩戴防毒面具。

尾部护环

电路盒

▲ 一名芬兰陆军下士正在为他的“坦克杀手”整备弹药，1944年8月12日拍摄于沃萨米尔地区。

来自对手的肯定

美军普遍认为“坦克杀手”要优于自己手里的“巴祖卡”。一位名叫唐纳德 · 刘易斯的美军下士在试用过德军的火箭筒后说道：“‘坦克杀手’让我印象深刻，我都迫不及待地想用德国佬的武器去打德国佬了！”

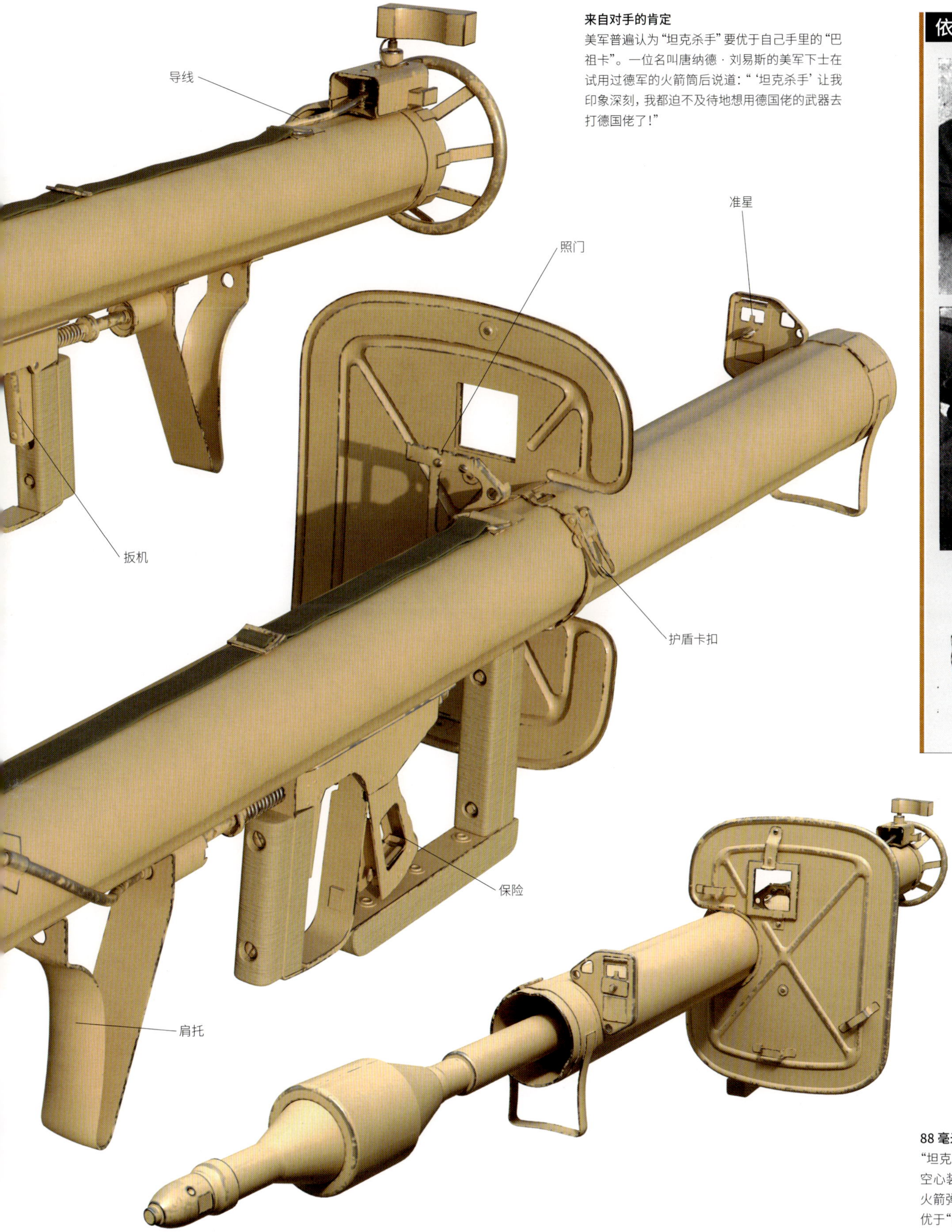

导线

准星

照门

扳机

护盾卡扣

保险

肩托

依然电击发

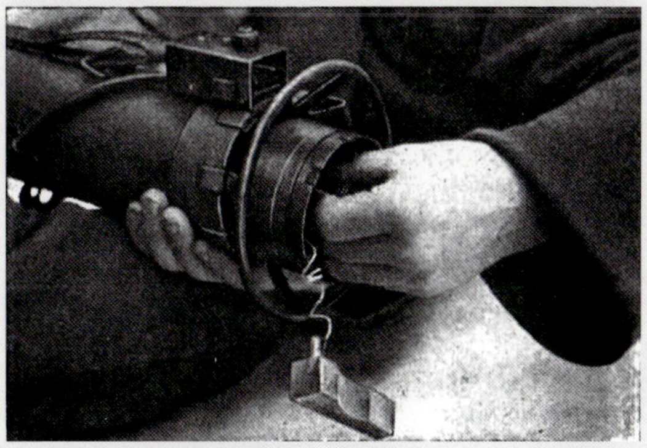

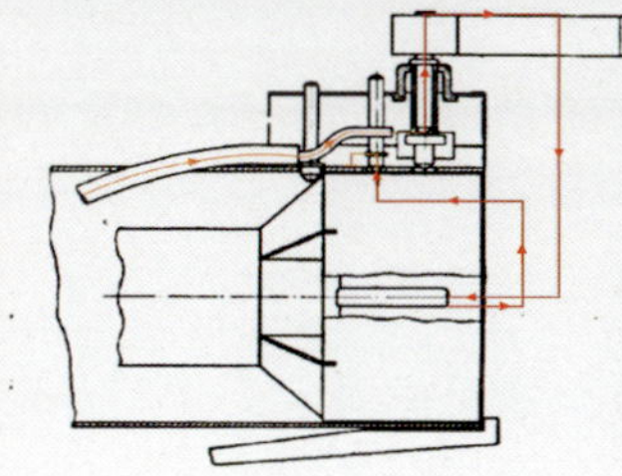

和“巴祖卡”相比，“坦克杀手”的装填准备工作要更简单一些，火箭弹尾部自带插销，把插销插进发射筒尾部的插座，即把火箭弹接入了发射筒的电路。

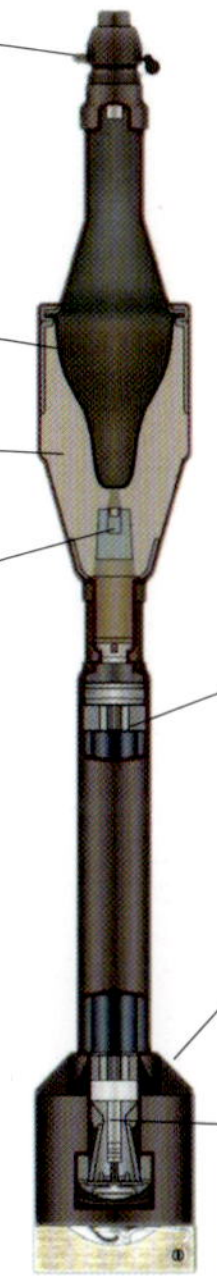

保险销

药形罩

装药

着发引信

推进剂

弹翼

火箭发动机

88 毫米 R PzB Gr.4322 火箭弹

“坦克杀手”火箭筒的主要弹药之一，空心装药战斗部，采用和美制 M6A3 火箭弹类似的环形尾翼，其破甲效果优于“巴祖卡”使用的 60 毫米火箭弹。

Armour Fist / Panzerfaust

“铁拳”反坦克榴弹发射器

开战以来，特别是入侵苏联之后，德军的单兵反坦克武器越来越难以奏效，于是德国胡戈·施耐德公司于1943年开发出一种一次性使用的预装填式反坦克榴弹发射器，用以扭转不利局面。几经修改后，这种武器最终被命名为“铁拳”。

这是一种相当简单的武器，全长约1米，发射超口径反坦克榴弹，发射管由低等钢材制成，发射药为黑火药。榴弹的战斗部由HHL反坦克炸弹改进而成，榴弹尾部装有折叠式钢片尾翼以增强飞行稳定性。根据射程和战斗部的不同，“铁拳”分为30（小）、30（大）、60型、100型、150型等型号，数字代表了其有效射程。其中，30（大）、60型和100型拥有相同的破甲能力，射程的远近是由发射管中发射药的多少决定的，它们的榴弹前端都装有钝头整流罩，减小飞行阻力的同时亦可降低跳弹的概率。虽然射程和精度不太让人满意，强烈的火焰和烟雾也很容易暴露使用者的位置，但相对于自身的体积和重量来说，“铁拳”的威力十分可观，几乎可以击穿任何一种盟军坦克的正面装甲。同时它还具有结构简单、价格低廉、携带方便、操作容易、不占编制等诸多优点，是一种可以大规模装备部队的“草根武器”。战争末期“铁拳”被大量配发给城防部队和德国平民，用于第三帝国最后的挣扎。

“铁拳”的生产过程充斥着残酷与黑暗，胡戈·施耐德公司在生产线上大量使用奴工，主要是波兰人，其中大部分是妇女儿童。在恶劣的工作和生活环境中，工人们往往两三个月就会毙命。从生产到使用，这种武器充分体现了法西斯主义的罪恶。（主图为“铁拳”60）

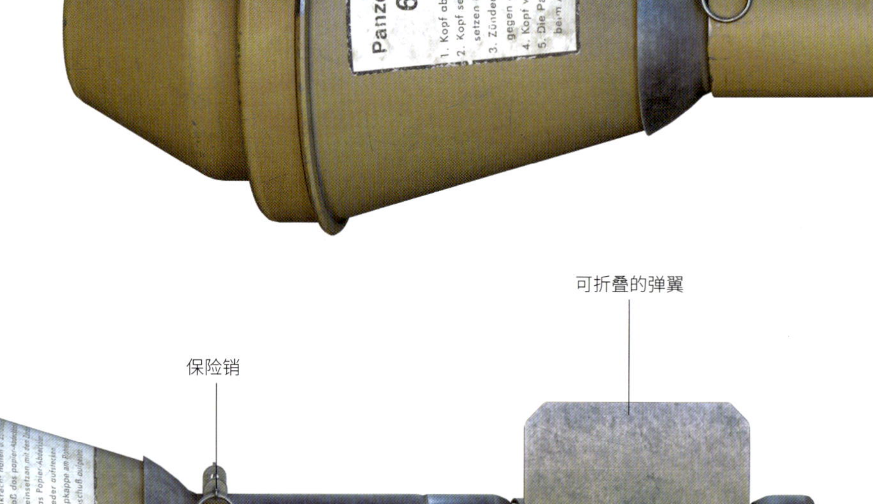

武/器/档/案 WEAPON ARCHIVES

型号	“铁拳”60
生产国	德国
投产时间	1943年
全长 / 发射管长	1045毫米 /809毫米
弹头直径 / 发射管直径	140毫米 /45毫米
全重 / 发射管重 / 弹头重	6.8千克 /3.9千克 / 2.9千克
弹头装药重 / 发射药重	1.6千克 /0.134千克
发射原理	无后坐力炮式
初速	48米 / 秒
有效射程	60米
破甲厚度	200毫米表面硬化装甲（60°）

▲这张二战德军“铁拳”使用手册上的插图生动形象地表达了“铁拳”一词的含义——一只足以砸碎坦克的、带着板甲手套的拳头。

▲德国少年正在学习使用“铁拳”，这除了能表明纳粹丧心病狂之外，也从侧面反映出“铁拳”是一种廉价、高产、易于使用的“草根”反坦克武器。

用过即弃

和“巴祖卡”与“坦克杀手”不同，“铁拳”是一次性武器，无须使用者装填，发射筒用过即弃。这也是世界上第一种一次性反坦克榴弹发射器。

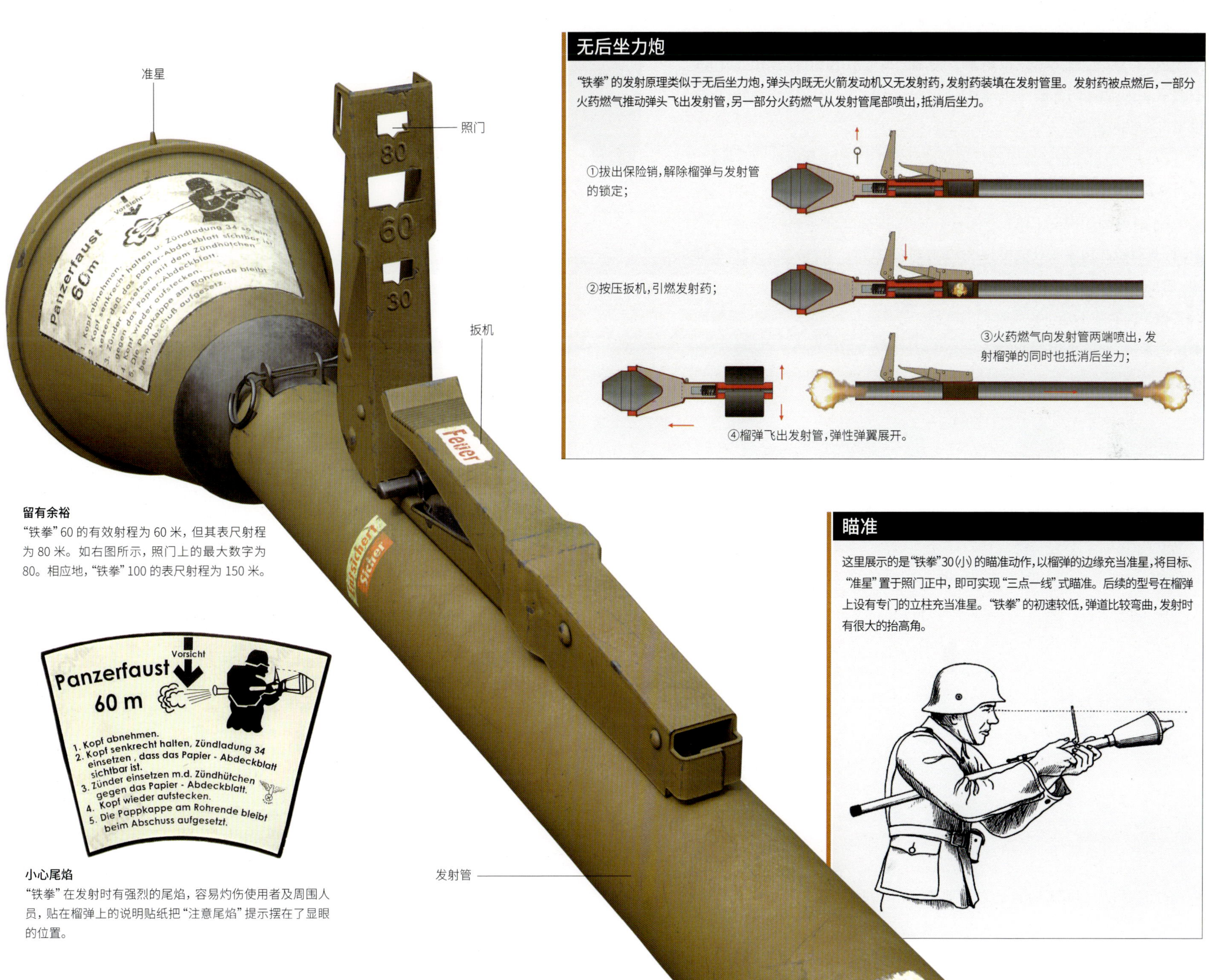

无后坐力炮

“铁拳”的发射原理类似于无后坐力炮，弹头内既无火箭发动机又无发射药，发射药装填在发射管里。发射药被点燃后，一部分火药燃气推动弹头飞出发射管，另一部分火药燃气从发射管尾部喷出，抵消后坐力。

留有余裕

“铁拳”60 的有效射程为 60 米，但其表尺射程为 80 米。如右图所示，照门上的最大数字为 80。相应地，“铁拳”100 的表尺射程为 150 米。

瞄准

这里展示的是“铁拳”30(小)的瞄准动作，以榴弹的边缘充当准星，将目标、“准星”置于照门正中，即可实现“三点一线”式瞄准。后续的型号在榴弹上设有专门的立柱充当准星。“铁拳”的初速较低，弹道比较弯曲，发射时有很大的抬高角。

小心尾焰

“铁拳”在发射时有强烈的尾焰，容易灼伤使用者及周围人员，贴在榴弹上的说明贴纸把“注意尾焰”提示摆在了显眼的位置。

Projector Infantry Anti Tank

PIAT

PIAT 为“步兵反坦克投射器”（Projector, Infantry, Anti Tank）的缩写，由英国国防部第一部（MD1）的军官设计，在 1943 年的突尼斯战役中首次投入实战。

作为一种生产相对简单的反坦克武器，PIAT 的工作原理非常独特。发射器需要借助一根弹簧前推击发组件以引燃弹丸的发射药，如同拥有活动杆的杆式迫击炮。PIAT 开火时不会产生明显的烟雾和闪光，利于隐蔽，而且可以在房屋或其他相对封闭的空间内使用。此外，通过调整单脚架，PIAT 还能转换为曲射状态以攻击更远的碉堡或机枪掩体。

但 PIAT 并不是一种受欢迎的武器，它重量太大，携行不便，发射前需压缩弹簧，将击发组件调至待发位置，这一操作相当费力。它的精度也让人不敢恭维，即使在熟练射手手中也是如此。

背带环

折叠式照门

肩托

折叠式准星

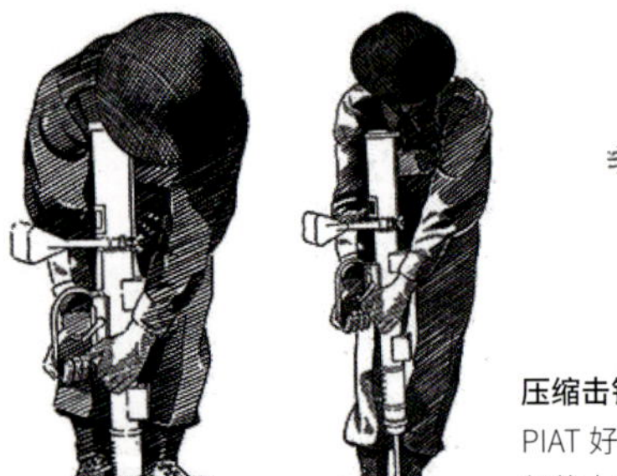

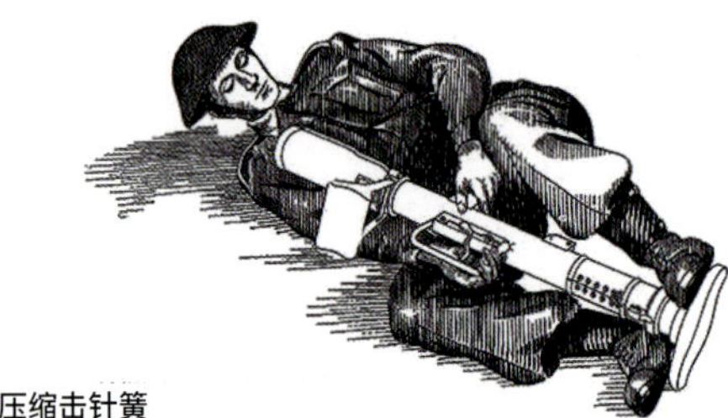

压缩击针簧

PIAT 好似一支发射塑料 BB 弹的廉价玩具枪，又好似中世纪的十字弓，需要靠人力给击针簧蓄能。这个过程并不轻松，因为击针簧的簧力非常大。采用站姿做射击准备时，射手需要两手握住握把向上提发射管。如果采用卧姿来为击针簧蓄能，射手要用双腿来蹬肩托。

发射

PIAT 发射时产生的烟雾较少，也不存在被尾焰灼烧的问题，不仅隐蔽性好，而且可以在狭窄地段使用。发射时，射手要以肩托抵肩，用左手扶住发射筒尾部，以右手握持握把，用食指和中指这两根手指来扣扳机。

武/器/档/案 WEAPON ARCHIVES

型号	PIAT
生产国	英国
投产时间	1942 年
全长	990 毫米
空重	14.51 千克
弹丸重量	1.36 千克
弹丸初速	76 米 / 秒
有效射程	105 米（平射），320 米（曲射）
发射原理	杆式迫击炮式
击发方式	机械击发
破甲厚度	100 ~ 114 毫米

独特的弹药

PIAT 发射的反坦克榴弹采用聚能战斗部，引信位于弹头处，碰撞到目标即被触发，靠一根纵贯整个圆锥形凹窝和空心装药的雷管来引爆。另外，榴弹的尾管是中空的，发射时击针会冲入其中，撞击底火，引燃发射药。

杆式迫击炮

PIAT 既不是火箭筒，也不是无后坐力炮，发射原理类似于杆式迫击炮——发射药在榴弹尾部，通过击针的撞击来击发。

▼装填好榴弹、处于待发状态的 PIAT。

ENCYCLOPEDIA OF

LAND WEAPONS

OF WORLD WAR II

Chapter 7

Cold Weapons

第七章 冷兵器

二战是有史以来规模最大的热兵器战争，对敌人的杀伤主要依靠火力投送来实现。不过冷兵器在这场战争中仍然发挥了不可替代的作用，尤其是在突袭、偷袭等行动中和在狭小空间与敌人突然遭遇的情境下。在那些火力薄弱、补给困难，缺乏现代武器装备体系和后勤供应能力的武装力量中，冷兵器获得了更高的地位，特定情况下会充当主战武器。然而时代的脚步终究不会停歇，冷兵器上阵杀敌的机会注定会越来越少。在二战中就呈现出这样一种趋势：士兵们随身携带的刀具正在由纯粹的杀戮工具向多功能野外求生工具转变。

Dagger

匕首

这类刀具是纯粹的战斗武器，户外工具的属性很弱。它们普遍拥有尖利的刀锋和基本对称的刀身，即便没有双面完全开刃，也会在刀背一侧开半刃。短剑或者矛尖一样的刃形大大加强了刺击效果，这也是匕首在近战中极为致命的关键所在。

党卫队匕首

这是一款极为著名的礼装匕首，供纳粹党卫队（Schutz Staffel）的正式成员使用。它的设计灵感来自16世纪的瑞士匕首，双面开刃，刀格和刀首呈夸张的半月形，刀柄为饱满的纺锤形，一条明显的脊线几乎纵贯全长。刀身上蚀刻着党卫队的口号：“我的荣誉是忠诚！”

▲ 党卫队匕首	
生产国	德国
投产时间	1933年
刃长	21.7厘米
全长	37.2厘米
重量（含刀鞘）	约450克

▲ 收获颇丰——这名美军第517伞兵团级战斗队士兵的面前摆满了缴获来的德国刀具，包括2把冲锋队匕首（刀型与党卫队匕首一致），三把S84/98刺刀。他手里把玩的是一把帝国劳动军团砍刀。

空军战斗刀

纳粹德国空军发放给伞兵和飞行员们的一款格斗刀，设计源自一战期间的堑壕刀。高碳钢刀身，胡桃木刀柄，涂漆钢质刀鞘。刀身一侧完全开刃，另一侧开有半刃。刀鞘带有夹具，方便把刀插在靴口。

▼ 空军战斗刀	
生产国	德国
投产时间	—
刃长	17厘米
全长	28.5厘米
重量（不含刀鞘）	约220克

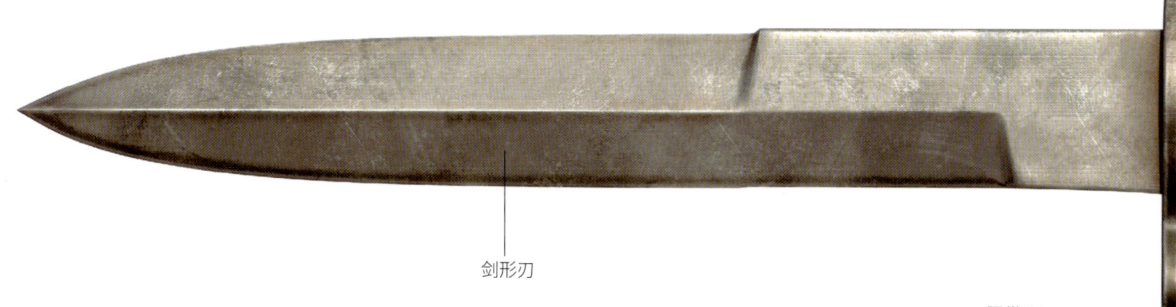

黑衫军 M1935 匕首

意大利独裁者墨索里尼的私人武装——臭名昭著的黑衫军的"荣誉"武器，既是礼装匕首，又是实战刀具。木质刀柄加工成了贴合手指轮廓的形状，护手在开刃较短的一侧向后微微弯曲，这是一种适合正握的设计。

▲黑衫军 M1935 匕首	
生产国	意大利
投产时间	1935 年
刃长	20.5 厘米
全长	33 厘米
重量（含刀鞘）	约 400 克

怀剑

怀剑即日语中的"胁差"，是日本的传统短刀。它并非日军制式武器，实战价值也很值得怀疑，不过一些军官会自行带上战场。通常来讲，这些怀剑全长在 30 厘米以内，刀身采用机械加工工艺，刀格很小或者没有刀格，便于隐藏携带。

▼怀剑	
生产国	日本
投产时间	—
刃长	约 20 厘米
全长	约 30 厘米
重量（含刀鞘）	约 450 克

匕首的正握与反握

和人们的直觉不同，刀尖向下称作正握，刀尖向上称作反握。

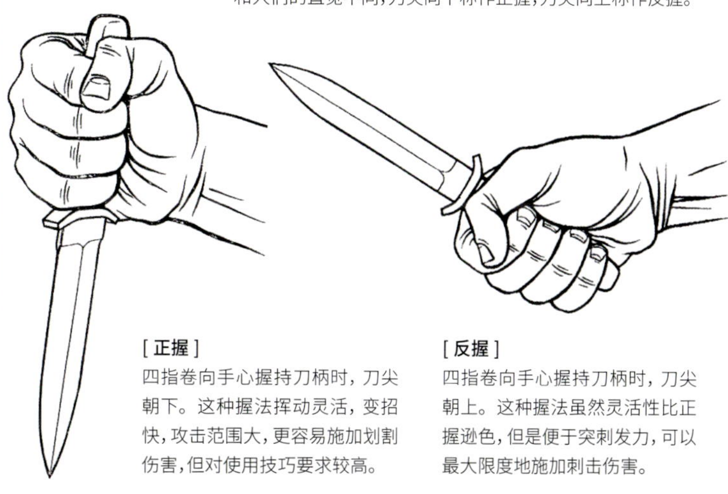

[正握]
四指卷向手心握持刀柄时，刀尖朝下。这种握法挥动灵活，变招快，攻击范围大，更容易施加划割伤害，但对使用技巧要求较高。

[反握]
四指卷向手心握持刀柄时，刀尖朝上。这种握法虽然灵活性比正握逊色，但是便于突刺发力，可以最大限度地施加刺击伤害。

携带匕首 / 格斗刀

士兵往往要随身携带很多武器装备，留给匕首 / 格斗刀的空间并不太多。一个右撇子通常会在以下位置之一携带匕首 / 格斗刀：

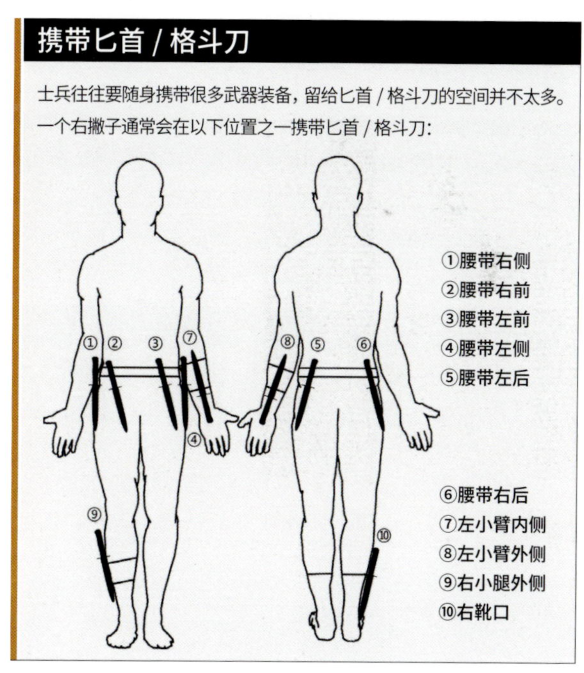

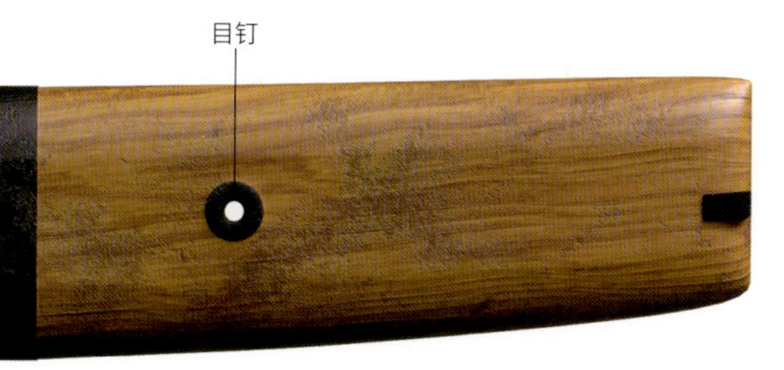

▲ 美军第 101 空降师 502 团的曼尼·格苏尔加下士正在以嬉戏打闹的方式对战友"使用"M1 堑壕刀。

M1 堑壕刀

M1 堑壕刀是美国在一战末期研制的格斗刀，为了应对堑壕中的残酷肉搏战，它整合了多种功能：短剑形刀身利于穿刺；黄铜手柄上带有护指，能够增加挥拳击打的威力；握把尾部还有一枚尖刺，反手一击时仍然威力十足。因为问世太晚，这款堑壕刀基本上错过了一战。二战期间它曾在游骑兵、空降兵和海军陆战队突袭队中短暂服役，使用者对其"一刀多能"的设计褒贬不一，最让人诟病之处是平衡性欠佳、出刀慢，以及容易在刀身根部断裂。

▲ M1 堑壕刀	
生产国	美国
投产时间	1918 年
刃长	17.1 厘米
全长	29.8 厘米
重量（含刀鞘）	450 克

费尔班和赛克斯

威廉·E. 费尔班与其好友埃里克·A. 赛克斯都曾在上海公共租界当过警察，其间积累了丰富的街头斗殴经验，这对他们的刀具设计产生了深刻影响。除了近身格斗之外，它们在战术射击领域也很有造诣，二人合著的《手枪实战射击》（*Shooting to Live With the One Hand Gun*）一书是战斗手枪射击的经典教程。

威廉·E. 费尔班

埃里克·A. 赛克斯

M3 堑壕刀

作为 M1 堑壕刀的替代品问世，刀柄由相对廉价的皮革压制而成，刀身一侧为 17.1 厘米长的主刃，另一侧是 8.9 厘米长的辅助刃，追求穿刺威力的同时也兼顾了强度。一侧护手略微向前弯曲，使用者可以把大拇指压在此处以加强操控。总的来说这是一把制作精良、平衡性优秀的武器。

▲ M3 堑壕刀	
生产国	美国
投产时间	1943 年
刃长	17.1 厘米
全长	29.8 厘米
重量（不含刀鞘）	230 克

费尔班 - 赛克斯突击队匕首

这是一种广受赞誉、久负盛名的特战匕首，由英国特别行动处军官威廉 · E. 费尔班和埃里克 · A. 赛克斯联手研制，修长、尖锐的剑形刀刃和纤细的纺锤形握把突出体现了对锋利度和平衡性的追求。这种匕首很考验使用技巧，不过在经验丰富的使用者手中是一件得心应手的武器。费尔班 - 赛克斯突击队匕首对特种部队的白刃格斗影响深远，以致很多部队都把这种匕首的形象画在了自己的徽标里。

◀ 费尔班 - 赛克斯突击队匕首	
生产国	英国
投产时间	1941 年
刃长	18 厘米
全长	29 厘米
重量（不含刀鞘）	约 200 克

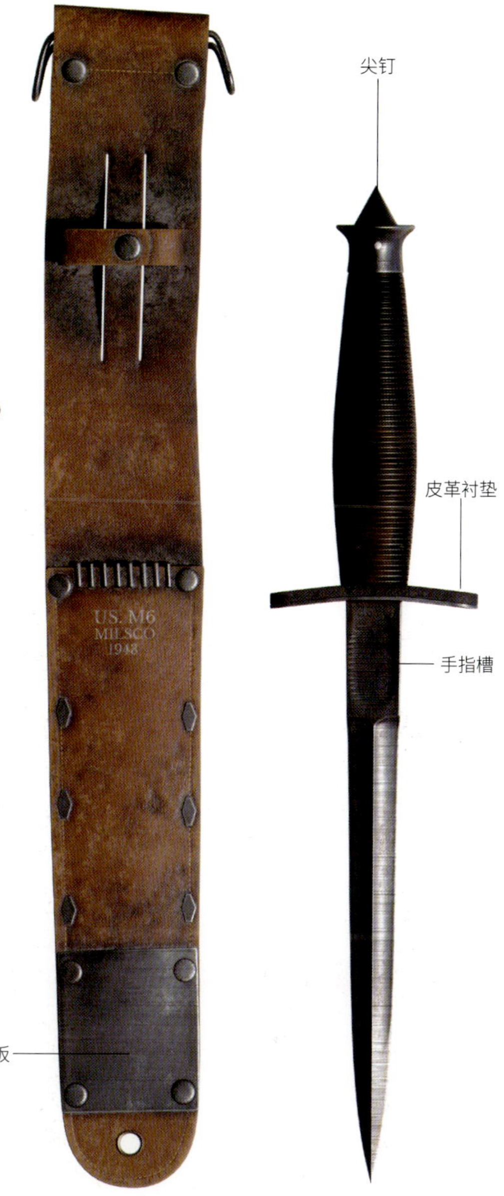

▲ V-42 匕首	
生产国	美国
投产时间	1942 年
刃长	17.8 厘米
全长	30.4 厘米
重量（不含刀鞘）	约 200 克

V-42 匕首

V-42 匕首是费尔班 - 赛克斯突击队匕首的改进版，曾装备有“恶魔旅”之称的第 1 特种勤务部队（美国与加拿大联合组建）。它拥有更尖锐的刀锋和更窄、更薄的刀身，穿刺性能极佳。刀身根部设有带防滑纹的手指槽，以拇指和食指捏住这里可以获得更好的操控。

Multi-Purpose Combat Knife

多用途战斗刀

与纯粹为了战斗而生的匕首相比，多用途战斗刀的功能更加多样。除了近战杀敌之外，它们也能在一定程度上充当野外求生刀，完成砍树开路、劈柴点火、制作工具等任务。可以说二战时期的多用途战斗刀已经具备了今天“战术刀”的雏形。

▲卡巴战斗刀	
生产国	美国
投产时间	1942 年
刃长	18 厘米
全长	30.2 厘米
重量（不含刀鞘）	320 克

◀ “卡巴”（KA-BAR）本来是 Mk 2 多用途刀和 Mk2 战斗刀的供应商之一——联合刀具公司的商标。联合刀具公司宣称：一名猎人在被熊袭击时步枪卡壳，情急之下用该公司生产的猎刀杀死了熊。事后，保命成功的猎人发来感谢信，不过这封信的关键内容字迹模糊，“kill a bear”这个词组中只有“k a b ar”几个字母能看清楚。公司觉得这个拼写很有趣，于是把它注册为商标。故事的真假已无从考证，也许只是一种营销话术，不过“卡巴”这个商标成功打开了市场。

卡巴战斗刀

相同的刀型在美国海军中被称为“Mk 2 多用途刀”，在美国海军陆战队中则叫“Mk 2 战斗刀”，不过最广为流传的名字还是“卡巴战斗刀”。其刃型设计源自户外刀具：只有一面开刃，刀背一面只在近刀尖处开有假刃；刀身较为宽阔，砍削效果较好；刀尖微微上翘，维持穿刺能力的同时也获得了一定的剜撬功能。这款功能多样的军刀广受好评，是二战中最具代表性的美军战斗刀。

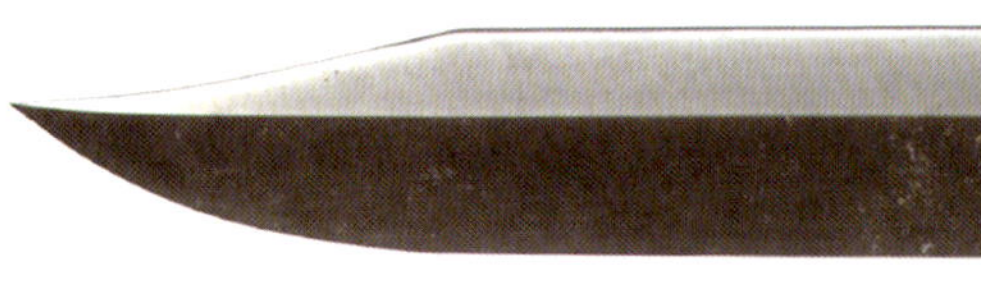

V-44 战斗 / 求生刀

亦称科林斯 18 号砍刀，最初是美国陆军航空队飞行员和机组人员的求生刀，相同的款式美国海军陆战队突袭队亦有装备。其刀形近似于美国内战期间的博伊战刀，刀身从后向前逐渐加宽以强化劈砍功能，带有球形末端的黄铜刀格十分惹眼，皮质刀鞘上压印着颇具观赏性的花纹。

▶ V-44 战斗 / 求生刀	
生产国	美国
投产时间	1934 年
刃长	24.1 厘米
全长	37.2 厘米
重量（不含刀鞘）	800 克

马切特战斗刀

马切特战斗刀（Smatchet）是威廉 · E. 费尔班的又一代表作，其蓝本是一战时期皇家威尔士燧发枪团使用的堑壕刀，不过这种柳叶状的刀身可以追溯到古老的凯尔特短剑。宽阔但轻薄的刀身能制造巨大的深切和斩击伤害，同时也有利于降低穿刺阻力。

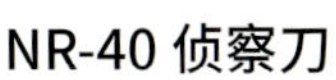

◀ 马切特战斗刀	
生产国	英国 / 美国
投产时间	1940 年
刃长	27.6 厘米
全长	42 厘米
重量（不含刀鞘）	680 克

NR-40 侦察刀

从芬兰普科刀那里汲取灵感，苏联人开发了这种带有博伊刀式刀尖和 S 形护手的多用途战斗刀，它很适合正握，平衡感优秀，可以轻松刺穿厚重的冬季军服。从其名称的字面意思来讲，这是一种配发给侦察兵的近战武器。由于刀鞘和刀柄被漆成黑色，NR-40 侦察刀也被称作"黑刀"。

◀ NR-40 侦察刀	
生产国	苏联
投产时间	1940 年
刃长	15.2 厘米
全长	26.5 厘米
重量（不含刀鞘）	150 克

黑刀师

1943 年，苏军志愿坦克第 30 军成立之时，每位指战员都获赠一把 NR-40 侦察刀，因此德国人称其为"黑刀师"（当时苏联坦克军编制仅相当于德军装甲师级别）。该部后来被改编为近卫坦克第 10 军，在参加卫国战争的 2 年时间当中，它们从奥廖尔该部从奥廖尔一路推进到布拉格，转战 5500 多千米，解放了数百座城市和数千个定居点，缴获、摧毁了 1220 辆坦克和自行火炮，消灭了近 10 万法西斯军队。

Machete / Sword

中型 / 大型砍刀

在已然实现了现代化、正规化的军队中，纯粹充当武器的大型砍刀并不多见，它们大多数时候是一种野外生存工具，紧急情况下也能用来肉搏。不过在民族特色部队或前现代化军队中情况就有所不同了，这些大型刀具通常具有很强的武器属性——要么是为了彰显民族传统，要么是为了弥补近战火力的不足。

Mk3 廓尔喀弯刀

廓尔喀弯刀（Kukri）是廓尔喀人部队的标志性武器，英军将这种武器标准化，推出了一系列制式廓尔喀弯刀，Mk 3 型就是其中之一。廓尔喀弯刀的刀刃大幅度下弯、内弧，刀身形状好似狗腿，这是为增强砍杀效果而特化形成的刃形。

▼ Mk 3 廓尔喀弯刀	
生产国	英国
投产时间	—
刃长	33 厘米
全长	45.7 厘米
重量（不含刀鞘）	675 克

英军中的廓尔喀人

廓尔喀人是尼泊尔的最主要民族，素以坚韧刚毅、骁勇善战著称，曾在1814—1816 年的英尼战争中给英国人留下深刻印象。尼泊尔战败，沦为英属印度的保护国之后，英国开始招募廓尔喀人为自己服役。二战中，有 40 个廓尔喀营在北非、意大利、新加坡和缅甸战场迎击法西斯军队，付出了约 3 万人的伤亡。

▲ 在北非战场挥舞着廓尔喀弯刀冲锋的廓尔喀士兵。

大力挥砍

大力挥砍是廓尔喀弯刀的基本攻击招式。在攻击之前，使用者应左脚在前，右脚在后，并且叉开双腿，重心落在后脚上；同时侧身对敌，以左手概略瞄准目标；右手弯曲，举过头顶，手肘和肩膀平齐。攻击时右脚蹬地，身体转向目标，以身体带动右臂，斜向下挥砍；全力挥舞右臂的过程中，左臂会自然地向后缩回。如果角度得当，这样的一次挥砍足以致命。

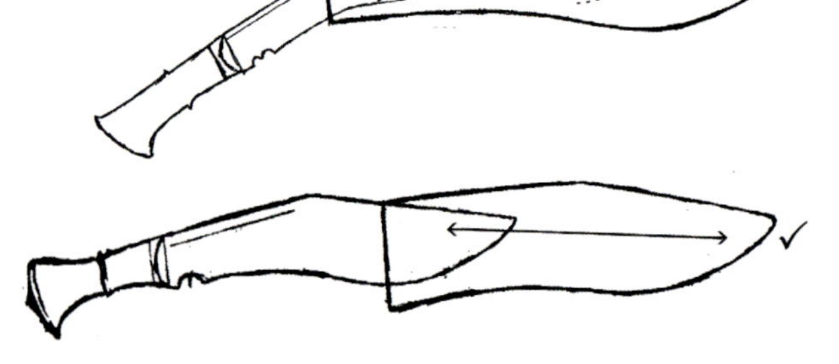

正确的出刀与收刀

廓尔喀弯刀的刀刃明显下弯，但这并不意味着出刀和收刀的路线是一条曲线。正确的做法是始终用刀背抵住刀鞘，笔直地推入或者拉出，否则容易损伤刀尖。

钩镰刃

三段刀刃

LC-14-B 砍刀拥有 3 段不连续的刀刃，主刀刃承担主要的劈砍、刮削职能，头部刀刃可作推斩之用，背部钩镰刃用途近似镰刀。

主刀刃

头部刀刃

▲ LC-14-B 砍刀的设计灵感来自柴刀，除了外形和上面这些柴刀酷似之外，其生产商的名字也能印证这一点。——生产 LC-14-B 砍刀的公司叫"森林人之友"（Woodman's Pal）。

▲ LC-14-B 砍刀	
生产国	美国
投产时间	1941 年
刃长	30.5 厘米
全长	42.2 厘米
重量（不含刀鞘）	680 克

LC-14-B 砍刀

这款美军丛林开山刀拥有内弧主刃和镰刀状的辅助刃，内弧刀刃增加了劈砍的力度，而背部的钩镰刃可以用来割草、割绳、割树枝，亦可从事刨削、挖掘工作，甚至可以充当攀登时的助力工具。其 D 形护手不仅能提供良好的手部防护，而且还有利于在战斗时"放长击远"。

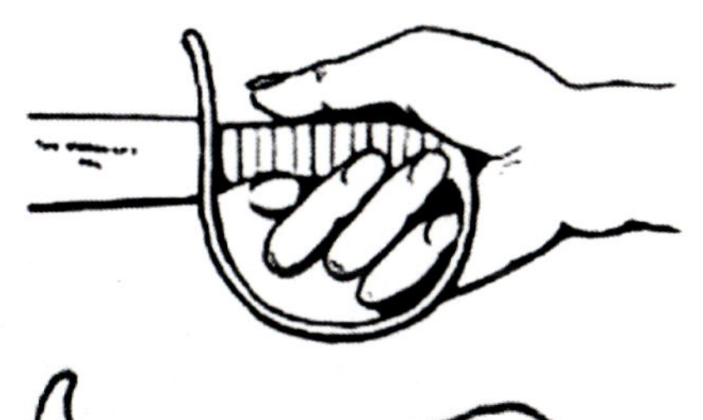

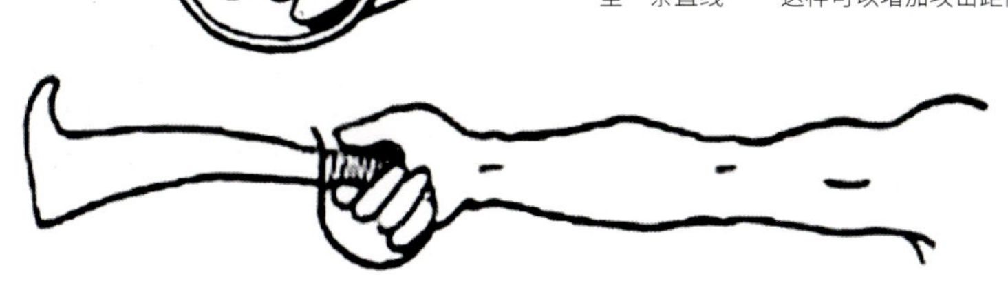

LC-14-B 砍刀的握法

战斗时，用大鱼际抵住刀柄末端，大拇指捏住刀柄上方，食指捏住刀柄下方，其他三指握向掌心，捏住刀柄和护手，让刀身和小臂呈一条直线——这样可以增加攻击距离。

LC-14-B 砍刀的战斗方法

①敌人出刀刺来时，攻击他身上离你最近的点——先废掉他的持刀手。

②敌人的持刀手处于低位时，用钩镰刀割他的手腕（不要横向切割，沿着其武器的方向纵向切割）；或者，佯攻其手腕，然后直接抬手割他的头部。

无极刀

九一八事变之后，武术大师李尧臣为驻防华北的第29军创立了一套名为“无极刀”的刀法，配合这套刀法使用的战刀与传统大刀有很大的不同。从极为稀少的存世资料来看，无极刀为雁翎刀刀型，刀身更加纤细修长，并且具有大型S形护手，可能脱胎于马刀。和传统大刀相比，无极刀更加轻盈灵活，有更强的击刺和拖割能力，但也需要更高超的使用技巧。

▼无极刀	
生产国	中国
投产时间	—
刃长	约75厘米
全长	约100厘米
重量（不含刀鞘）	约1200克

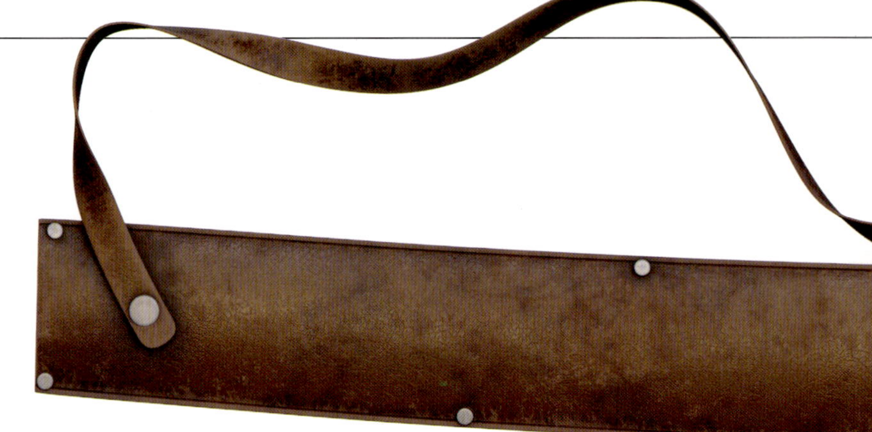

《大刀进行曲》

《大刀进行曲》是一首脍炙人口的抗日歌曲，本为1933年喜峰口胜利后音乐家麦新为29军大刀队所写。因为情绪激昂、朗朗上口，饱含英雄气概和爱国热情，这首歌被中国军民广泛传唱，成了抗日救亡歌曲的代表作，极大地鼓舞了全国的抗战信心。

大刀向鬼子们的头上砍去！
全国爱国的同胞们，抗战的一天来到了！
前面有东北的义勇军，后面有全国的老百姓。
咱们中国军队勇敢前进！
看准那敌人，把他消灭！
冲啊！大刀向鬼子们的头上砍去！杀！

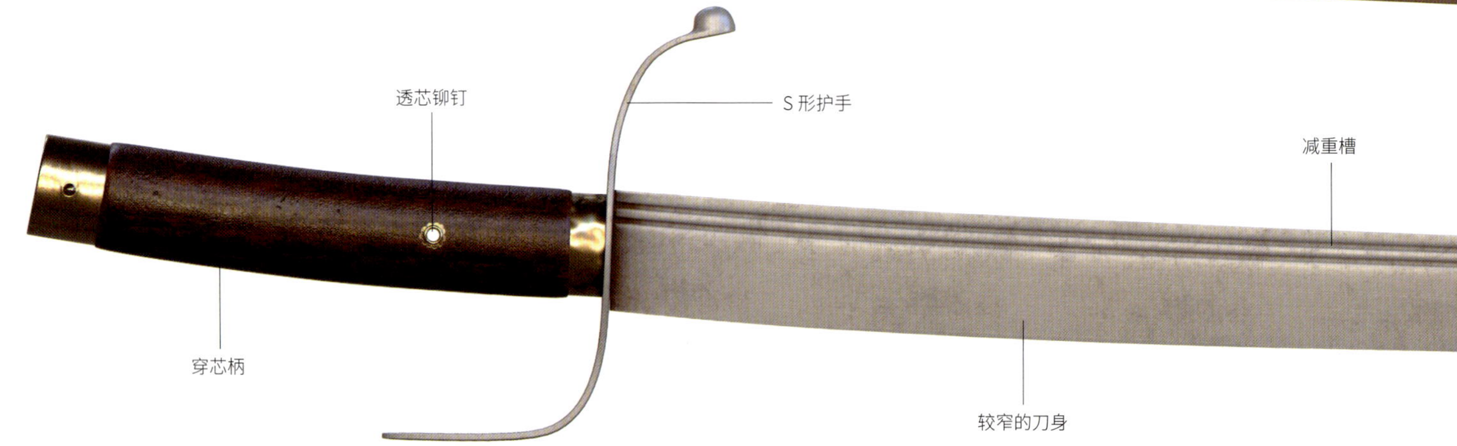

▲1937年7月，宛平城外、卢沟桥上手持大刀的29军士兵——这里打响了全面抗战的第一枪。

抗战大刀

中国军队在抗日战争中广泛使用的大刀为雁翅刀形制，刀刃外弧，刀头宽大，刀背厚重，可双手握持，利于劈砍，且对生产工艺要求不高，符合当时工业化水平较低的国情。抗战大刀在和日军刺刀的对抗中是否具有明显优势，目前还是一个颇具争议的话题，但有一点能够确定：这是在特殊条件下脱颖而出的特殊武器，彰显了中国军民不屈不挠的抗争精神。

破锋八刀

20世纪20年代，著名武术家马凤图为西北军编写了一套名为“破锋八刀”的大刀刀法，动作简练，刚猛凌厉，是十分简单实用的军队白刃格斗武术。破锋八刀歌诀如下，一句一刀，干脆利落。

迎面大劈破锋刀，掉手横挥使拦腰。
顺风势成扫秋叶，横扫千钧敌难逃。
跨步挑撩似雷奔，连环提柳下斜削。
左右防护凭快取，移步换形突刺刀。

▲抗战大刀	
生产国	中国
投产时间	—
刃长	约60厘米
全长	约90厘米
重量（不含刀鞘）	约1500克

精锐武器

和传统大刀相比，无极刀的平衡性更好，但也更加昂贵、稀少。其细长的刀刃、收窄的刀茎、穿芯柄式刀装无疑对钢材和锻打、加工工艺有着较高的要求。

大刀队夜袭日军

1933年1月2日，日军进攻山海关，长城抗战爆发。同年3月9日，日军进占连通东北和华北的咽喉要地喜峰口。为了夺回喜峰口，第29军37师109旅旅长赵登禹带领大刀队，于3月11日深夜突袭日军驻地。大刀队先用手榴弹发起攻击，将睡梦中的日军炸得晕头转向，接着又挥舞战刀劈头盖脸砍将下去……这次夜袭沉重打击了日军的嚣张气焰，大刀队也付出了巨大的牺牲。这是九一八事变后中国抗日军队的第一次重大胜利，同时也是喜峰口战役、长城抗战，乃至全国抗战的真实缩影。

▲ 挥舞战刀的29军大刀队——这是少数几张存世的关于无极刀实体的照片之一。

第八章 轻型坦克

第一次世界大战当中，坦克通过将火力、防护和机动性相结合的方式，在一定程度上打破了战线胶着的状态。反观传统的步兵和骑兵，他们在机枪和炮火面前十分脆弱，很难实现正面突破。

随着军事技术的发展和战争理念的变革，坦克迅速成长为机械化战争中的核心装备，在20年后的另一场世界大战中挑起大梁，并且大放异彩。

二战期间战斗全重在10至20吨之间的坦克通常会被视为轻型坦克。不过划分标准并不绝对，在美国、德国、苏联看来属于轻型坦克的战车，可能会被意大利、日本等工业基础相对较弱的国家划分为中型坦克。本章所指的轻型坦克即重量10至20吨的坦克，无论其所属国家如何进行划分。

按战斗全重来划分坦克其实并不能充分反映其作战用途，对二战早期的坦克来说尤是如此。负责支援步兵突破的步兵坦克、负责机动作战的骑兵坦克，以及兼具二者功能的坦克都有可能被归入轻型坦克范畴，尽管它们的性能侧重点有很大的不同。

到了二战中后期，中型坦克成为装甲部队的绝对主力，那些机动性不佳的轻型坦克遭到淘汰，而那些轻便灵活的轻型坦克则更多地肩负起了侦察、警戒、巡逻，以及在山地、丛林等特定地域作战的职责。

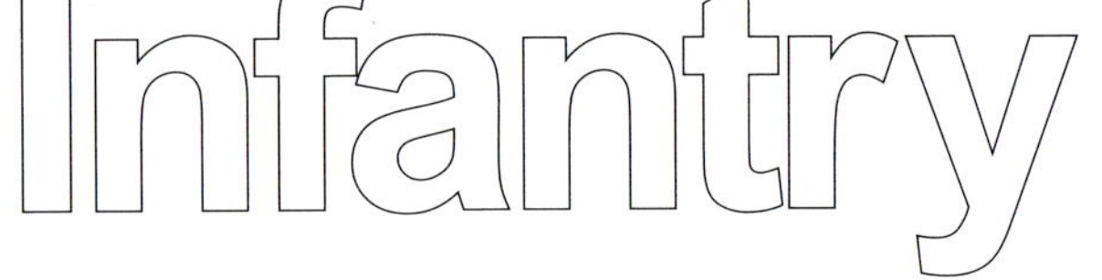

Infantry Tank

步兵坦克

掩护步兵推进，敲掉挡在步兵面前的火力点，支援步兵突破敌方战线，这是坦克在诞生时就被赋予的主要职能。在英国、法国和苏联，步兵坦克是一个明确的分类，另外一些国家虽然没有“步兵坦克”的提法，但拥有承担相应任务的坦克。

步兵坦克并不以行驶速度和越野机动性见长，只要能跟上步兵的推进速度就够了。和刻板的印象不同，并非所有的步兵坦克都有厚重的装甲，轻型步兵坦克的存在就是最好的例证。

武/器/档/案 WEAPON ARCHIVES

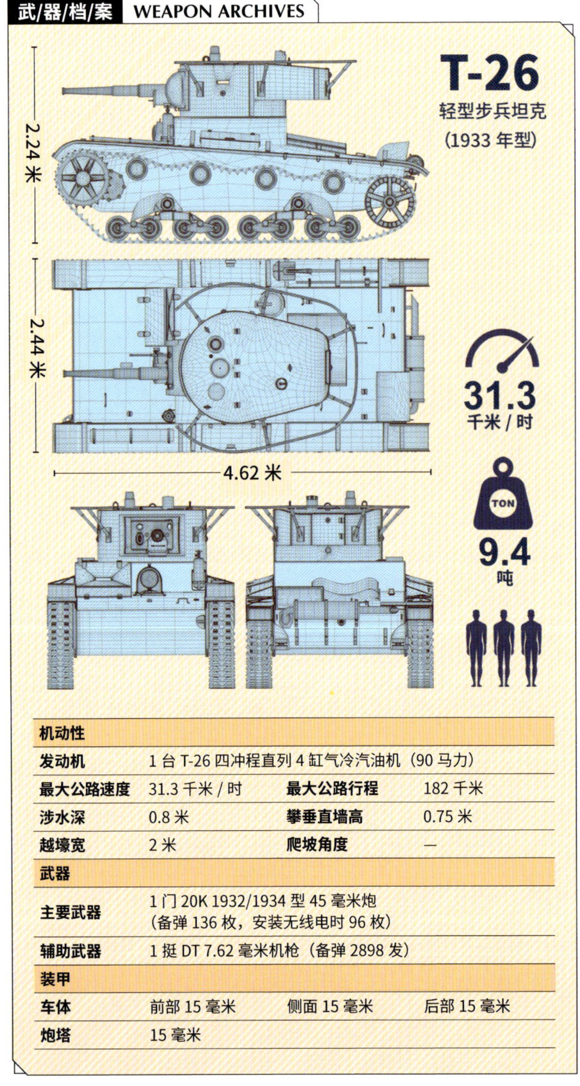

机动性			
发动机	1 台 T-26 四冲程直列 4 缸气冷汽油机（90 马力）		
最大公路速度	31.3 千米 / 时	最大公路行程	182 千米
涉水深	0.8 米	攀垂直墙高	0.75 米
越壕宽	2 米	爬坡角度	—
武器			
主要武器	1 门 20K 1932/1934 型 45 毫米炮 （备弹 136 枚，安装无线电时 96 枚）		
辅助武器	1 挺 DT 7.62 毫米机枪（备弹 2898 发）		
装甲			
车体	前部 15 毫米	侧面 15 毫米	后部 15 毫米
炮塔	15 毫米		

诱导轮

车长潜望镜

负重轮

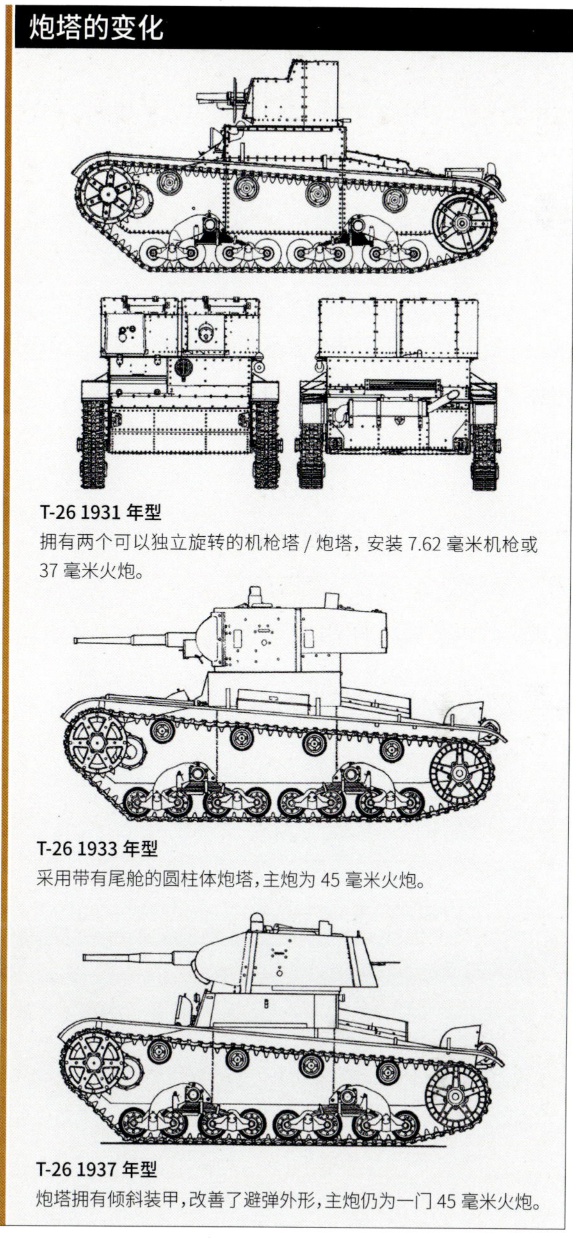

炮塔的变化

T-26 1931 年型
拥有两个可以独立旋转的机枪塔 / 炮塔，安装 7.62 毫米机枪或 37 毫米火炮。

T-26 1933 年型
采用带有尾舱的圆柱体炮塔，主炮为 45 毫米火炮。

T-26 1937 年型
炮塔拥有倾斜装甲，改善了避弹外形，主炮仍为一门 45 毫米火炮。

T-26 轻型步兵坦克

T-26 是第一种大规模生产并服役的苏联坦克，以英国的维克斯 6 吨坦克为蓝本发展而来。在西班牙内战中，T-26 展现出了对德国 I 号坦克和意大利 L3/33 超轻型坦克的火力优势。然而在接下来的苏日边境冲突、苏芬战争等战事中，其防护薄弱的缺点也显露无遗。1941 年 6 月德国发动"巴巴罗萨行动"时 T-26 的性能已然显得落后，但此时它仍是苏军中装备数量最多的坦克。卫国战争中，T-26 逐渐被更为先进的"全能型坦克"——T-34 取代，但由于装备数量十分庞大，苏军 1945 年发起"八月风暴行动"时 T-26 仍然在役。值得一提的是，T-26 在抗日战争期间亦是中国装甲部队的主力，兰封会战、桂南会战、滇缅路作战、长衡会战、桂柳会战中都有这种坦克的身影。(主图为 T-26 1933 年型)

钢板弹簧平衡悬挂
T-26 的悬挂系统直接从英国维克斯 6 吨坦克上继承而来，两组负重轮安装在同一个悬架上，弹性元件为板状弹簧。这是一种较为原始的悬挂，结实耐用，但是悬挂行程不长，避震效果欠佳，机动性不好。

菲亚特—安萨尔多 M13/40 中型坦克

M13/40 坦克是二战期间产量最大、应用最广的意大利坦克，虽然被意军划分为中型坦克，但它的战斗全重仅相当于轻型坦克。相对于 13 吨的重量，M13/40 火力较强，装甲也比较厚实。1940—1941 年间它足以对付英军的巡洋坦克，不过无法在甲弹对抗中匹敌英国步兵坦克。

机动性欠佳和发动机可靠性不足是 M13/40 的显著缺点，在北非战场表现得尤为明显。大面积的铆接装甲也是一种相对落后的设计，装甲被命中后铆钉会在车内飞溅，进而杀伤乘员、毁坏设备。二战中后期，M13/40 只进行了有限的升级，性能越来越落后于时代。

一代经典

维克斯 6 吨坦克，亦称维克斯 Mk E 型坦克，由英国维克斯公司在 20 世纪 20 年代末研制。当时来看，其悬挂系统机动性尚可且经久耐用，具有创新性。该坦克虽然没有被英军采用，但畅销十余个国家，并且对当时的坦克设计产生了深远影响。T-26 坦克就是维克斯 6 吨坦克的苏联仿制改进版，意大利的 M13/40 中型坦克、日本的九七式中型坦克等也不同程度地参考了维克斯 6 吨坦克。

天线基座

铆接装甲

铆接是一种原始的装甲安装方式，即用铆钉把装甲板固定在框架上。和焊接装甲相比，铆接装甲在受到打击后更容易在接缝处开裂。另外，飞溅的铆钉也容易击伤车内人员。

攀爬脚踏

发动机排气管消声器

备用负重轮

▲1941 年 12 月 22 日，利比亚加扎拉附近，一名意军坦克手走出坦克举手投降。在照片中能清楚地看到 M13/40 坦克车体左侧的乘员舱门。

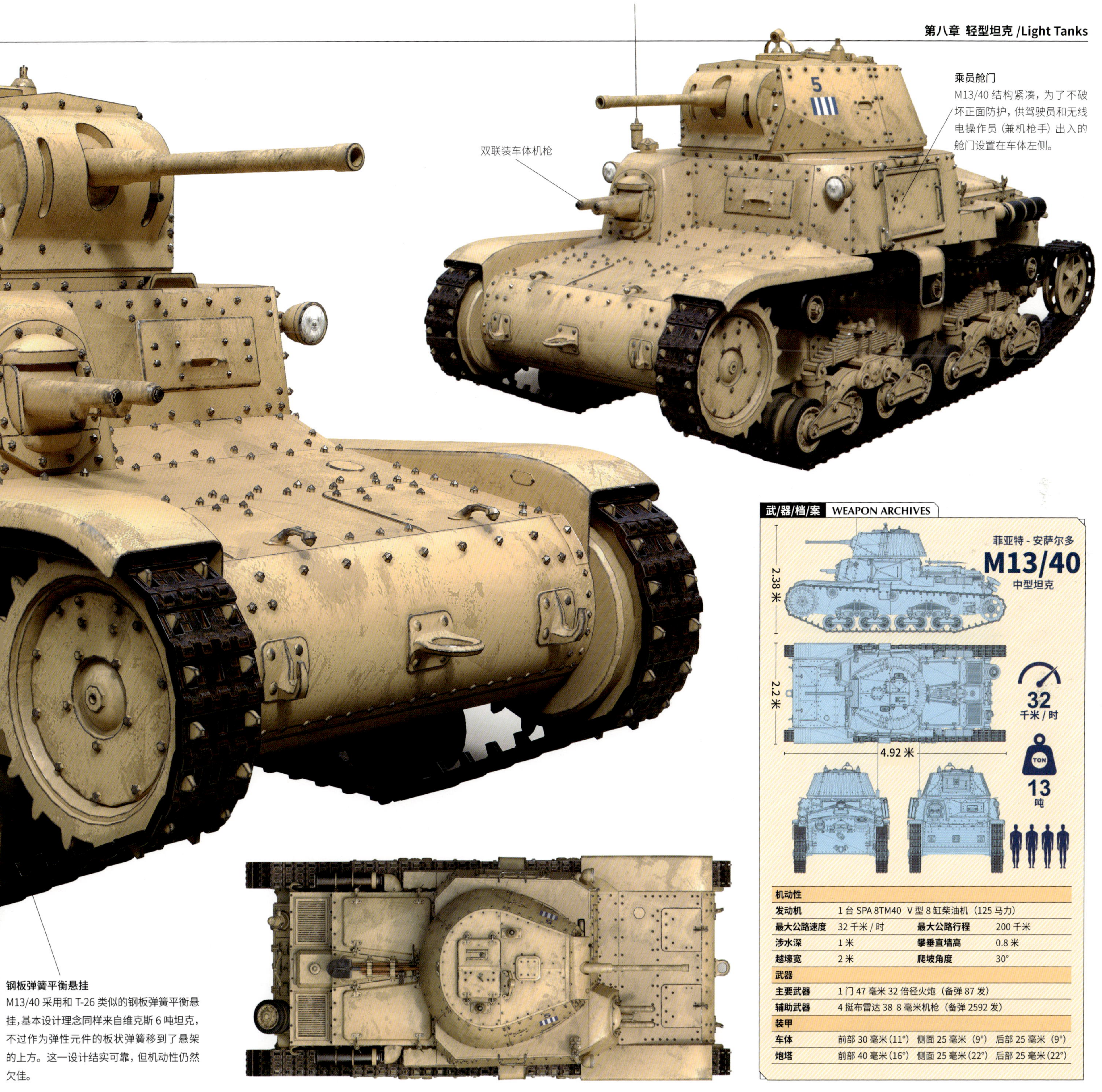

乘员舱门

M13/40 结构紧凑，为了不破坏正面防护，供驾驶员和无线电操作员（兼机枪手）出入的舱门设置在车体左侧。

钢板弹簧平衡悬挂

M13/40 采用和 T-26 类似的钢板弹簧平衡悬挂，基本设计理念同样来自维克斯 6 吨坦克，不过作为弹性元件的板状弹簧移到了悬架的上方。这一设计结实可靠，但机动性仍然欠佳。

机动性			
发动机	1 台 SPA 8TM40 V 型 8 缸柴油机（125 马力）		
最大公路速度	32 千米 / 时	最大公路行程	200 千米
涉水深	1 米	攀垂直墙高	0.8 米
越壕宽	2 米	爬坡角度	30°
武器			
主要武器	1 门 47 毫米 32 倍径火炮（备弹 87 发）		
辅助武器	4 挺布雷达 38 8 毫米机枪（备弹 2592 发）		
装甲			
车体	前部 30 毫米（11°）	侧面 25 毫米（9°）	后部 25 毫米（9°）
炮塔	前部 40 毫米（16°）	侧面 25 毫米（22°）	后部 25 毫米（22°）

“瓦伦丁”步兵坦克

“瓦伦丁”是一种结构紧凑、外形低矮的步兵坦克。它结合了英国步兵坦克装甲相对较厚和巡洋坦克重量相对较轻的特点，具备较好的防御力和极高的可靠性，除了从事支援步兵的本职工作之外，也曾“客串”巡洋坦克的角色。“瓦伦丁”的产量约占战时英国坦克总产量的四分之一，它在北非战局中被广泛使用，同时还是重要的援外车辆。“瓦伦丁”拥有多达 11 种坦克变体，其中既有采用铆接装甲的型号又有采用焊接装甲的型号，动力方面则是汽油机和柴油机兼有，主炮口径则逐渐从 40 毫米增加到了 75 毫米。（主图为“瓦伦丁”Ⅱ型）

苏维埃战士

根据《租借法案》，二战期间共有 3700 多辆各型“瓦伦丁”坦克被运往苏联，它们虽然多少有些水土不服，但经过磨合还是获得了苏联坦克兵的好评，防护优秀和稳定可靠是其最突出的优点。值得一提的是，同英国的产品相比，加拿大制造的“瓦伦丁”坦克能更好地应对苏联的严寒。

▲ 1942 年或 1943 年的某一天，苏联驻英国大使伊万·麦斯基造访坦克工厂，他的夫人将一辆即将支援苏联的“瓦伦丁”坦克命名为“斯大林”号。

没有高爆炮弹

“瓦伦丁”Ⅱ的 40 毫米主炮只有穿甲弹，没有配备高爆弹，支援能力不足，很难称得上合格的步兵坦克。苏联在得到这种坦克后甚至计划为其炮弹安装 40 毫米博福斯高炮炮弹的弹头，但这个方案最终没有实施。

潜望镜

武/器/档/案 WEAPON ARCHIVES

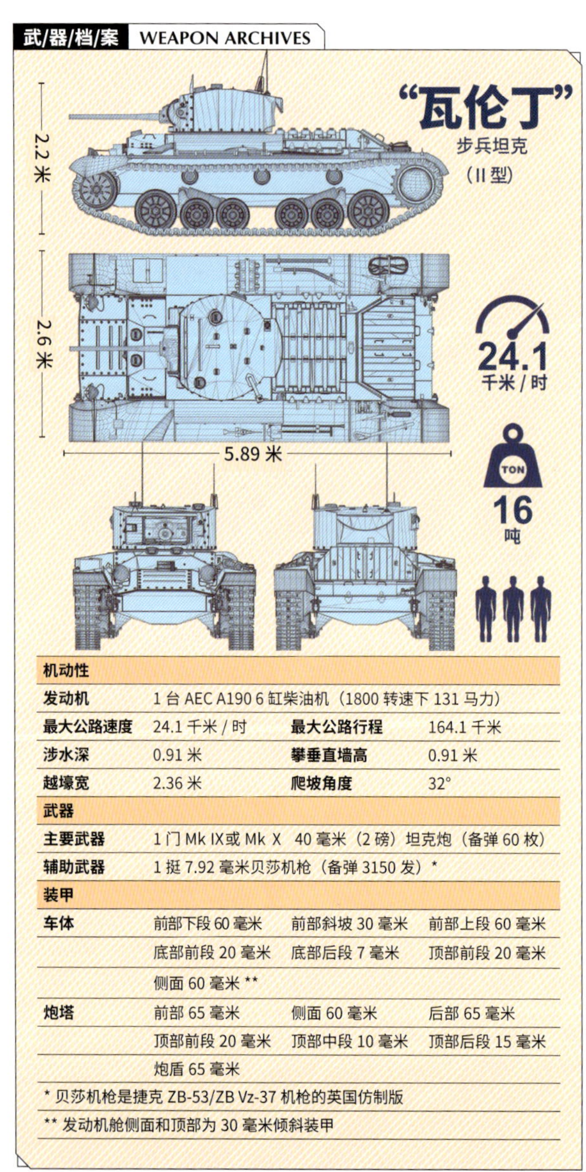

机动性			
发动机	1 台 AEC A190 6 缸柴油机（1800 转速下 131 马力）		
最大公路速度	24.1 千米 / 时	最大公路行程	164.1 千米
涉水深	0.91 米	攀垂直墙高	0.91 米
越壕宽	2.36 米	爬坡角度	32°
武器			
主要武器	1 门 Mk IX或 Mk X 40 毫米（2 磅）坦克炮（备弹 60 枚）		
辅助武器	1 挺 7.92 毫米贝莎机枪（备弹 3150 发）*		
装甲			
车体	前部下段 60 毫米	前部斜坡 30 毫米	前部上段 60 毫米
	底部前段 20 毫米	底部后段 7 毫米	顶部前段 20 毫米
	侧面 60 毫米 **		
炮塔	前部 65 毫米	侧面 60 毫米	后部 65 毫米
	顶部前段 20 毫米	顶部中段 10 毫米	顶部后段 15 毫米
	炮盾 65 毫米		

* 贝莎机枪是捷克 ZB-53/ZB Vz-37 机枪的英国仿制版

** 发动机舱侧面和顶部为 30 毫米倾斜装甲

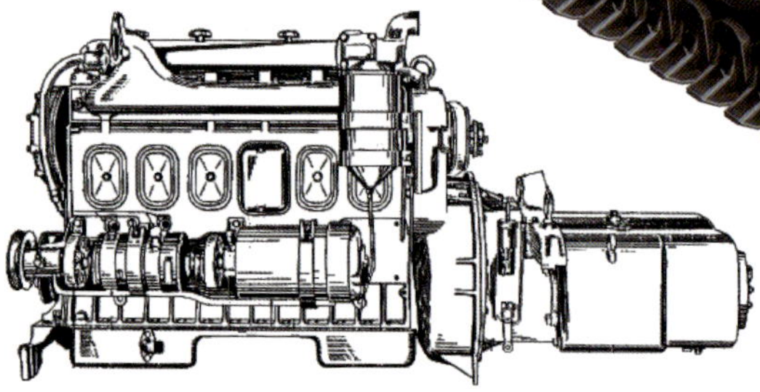

ACE 190 发动机

这台 6 缸柴油机的输出功率为 131 马力，为“瓦伦丁”Ⅱ提供了 24.1 千米 / 时的最大公路速度，在步兵坦克中算是中规中矩。

双人炮塔

“瓦伦丁”II 的炮塔较为狭小，炮手位于炮塔左侧，负责操作主炮和并列机枪，车长位于炮塔右侧，兼任装填手，同时负责操作 50.8 毫米烟幕弹发射器。

悬挂系统

“瓦伦丁”II 采用螺旋弹簧平衡悬挂，弹簧既不是垂直安装也不是水平安装，而是有较大的倾斜角度。另外，其负重轮的大小并不一致。

“瓦伦丁”坦克的主炮变化

“瓦伦丁”I

40 毫米坦克炮（I 型至VIII型装备这种火炮）。

“瓦伦丁”IX

57 毫米坦克炮（IX型与 X 型装备这种火炮）。

“瓦伦丁”XI

75 毫米坦克炮（XI型是最后一型“瓦伦丁”坦克）。

九七式 / 九七改中型坦克

1938 年，应日本陆军的要求，三菱重工推出了用于直接支援步兵的九七式中型坦克。为了应对东北亚的严寒气候以及兼容劣质燃料，它采用了当时坦克上比较罕见的气冷柴油发动机。在中国战场、中缅印战场和太平洋战场，九七式中型坦克一度是十分有效的突破武器，不过其反坦克能力非常有限。1942 年，部分九七式中型坦克换装初速更高、穿甲能力更强的坦克炮和新式炮塔，以此作为对抗美军 M3 轻型坦克的权宜之计。这种强化了反坦克能力的改型称作“九七改”，战争中后期成为日军主力，但九七式基本型也没有被完全取代，一直服役到战争结束。九七式中型坦克与同期的欧洲、苏联坦克相比不落下风，九七改的性能则很难与 1942 年问世的欧美和苏式主力坦克相提并论。

一辆九七改的新生

中国人民解放军装甲兵历史上的第一辆坦克即为九七改，1945 年 11 月由时任东北人民自治军司令部保安大队队长的高克，在沈阳日本关东军坦克修理厂缴获。这辆坦克先后参加了三下江南、攻打锦州、解放天津等战事，立下赫赫战功，获得了“功臣号”这一荣誉称号。

车长潜望镜

车长指挥塔

无线电天线

牵引环

武/器/档/案 WEAPON ARCHIVES

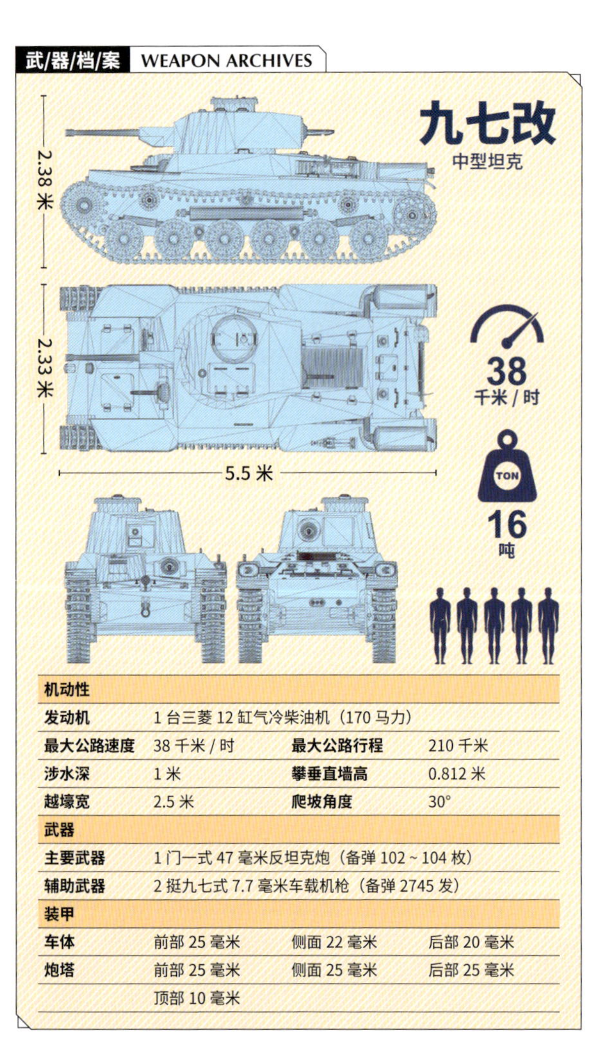

机动性			
发动机	1 台三菱 12 缸气冷柴油机（170 马力）		
最大公路速度	38 千米 / 时	最大公路行程	210 千米
涉水深	1 米	攀垂直墙高	0.812 米
越壕宽	2.5 米	爬坡角度	30°
武器			
主要武器	1 门一式 47 毫米反坦克炮（备弹 102 ~ 104 枚）		
辅助武器	2 挺九七式 7.7 毫米车载机枪（备弹 2745 发）		
装甲			
车体	前部 25 毫米	侧面 22 毫米	后部 20 毫米
炮塔	前部 25 毫米	侧面 25 毫米	后部 25 毫米
	顶部 10 毫米		

复杂的悬挂

九七式 / 九七改中型坦克采用十分复杂悬挂系统。其第 2、3 对负重轮和第 4、5 对负重轮各装在一个摇臂轮架上，摇臂轮架则与平衡肘连接，平衡肘再与水平悬架弹簧连接。第 1、第 6 对负重轮又通过平衡肘和悬架弹簧连接到中间的两个平衡肘上。这种怪异的悬挂是日本坦克的标准配置，一直沿用到二战结束。

▼ 九七式中型坦克

九七式中战车采用小型双人炮塔，主炮为 57 毫米短管榴弹炮，轰击掩体、阵地较为有效，但反装甲能力很弱，500 米距离穿深仅 20 毫米。

▶ 九七改中型坦克

九七改中型采用较大的三人炮塔，主炮改为 47 毫米反坦克炮，500 米距离上有将近 70 毫米的垂直穿深，反装甲能力大幅提高。

▶ 九七式中型坦克的炮塔布局，炮手在炮塔左侧，车长在炮塔右侧，车长兼任装填手。主炮为肩扛式，依靠炮手的身体来调整俯仰角。

▼ 九七改中型坦克右侧视图。

▶ 九七改中型坦克的炮塔布局，增添了一名专职装填手，车长可以专注于指挥战斗，炮塔尾舱显著扩大，主炮仍然为肩扛式。

Cruiser Tank

巡洋坦克 / 骑兵坦克

巡洋坦克在一些国家也被称作骑兵坦克或快速坦克。与速度缓慢、防护较好，负责正面突破的步兵坦克不同，巡洋坦克速度快、机动性强，适合实施纵深进攻和执行迂回、穿插作战。为了追求机动性，它们牺牲了防护，装甲通常比较薄弱。

"十字军" 巡洋坦克

"十字军"是英国在二战初期装备的主力巡洋坦克，具备出色的机动性，但装甲和火力都很薄弱，同时饱受发动机可靠性不足的困扰。"十字军" I 型和II型安装的 40 毫米（2 磅）高速坦克炮很难击穿德军III号坦克和IV号坦克的正面装甲，缺乏高爆弹则使其难以应对敌方的步兵、工事和反坦克炮。"十字军" III型换装了 57 毫米（6 磅）高速坦克炮，反坦克能力大幅提升，但缺乏高爆弹的问题并未得到解决。尽管存在许多问题，"十字军"在与轴心国坦克交战时还是取得了成功，它可以利用机动性优势来迂回包抄，打击敌方坦克的薄弱部位。"十字军"为英国在北非的胜利做出了重要贡献，在北非战局中后期逐渐被 M3"格兰特"、M4"谢尔曼"、"克伦威尔"等更先进的坦克取代。（主图为"十字军" III型）

武/器/档/案 WEAPON ARCHIVES

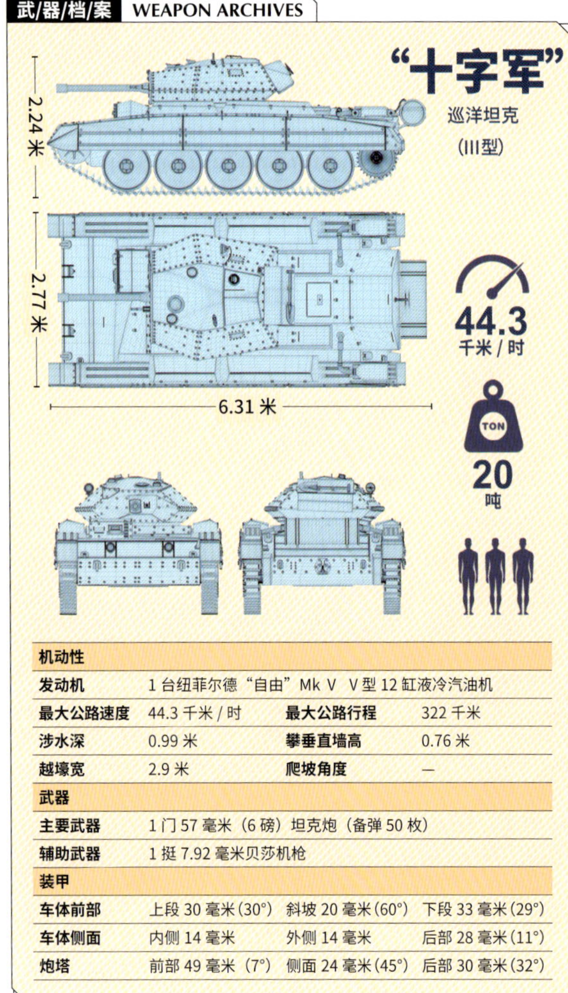

机动性			
发动机	1 台纽菲尔德"自由"Mk V V 型 12 缸液冷汽油机		
最大公路速度	44.3 千米 / 时	最大公路行程	322 千米
涉水深	0.99 米	攀垂直墙高	0.76 米
越壕宽	2.9 米	爬坡角度	—
武器			
主要武器	1 门 57 毫米（6 磅）坦克炮（备弹 50 枚）		
辅助武器	1 挺 7.92 毫米贝莎机枪		
装甲			
车体前部	上段 30 毫米（30°）	斜坡 20 毫米（60°）	下段 33 毫米（29°）
车体侧面	内侧 14 毫米	外侧 14 毫米	后部 28 毫米（11°）
炮塔	前部 49 毫米（7°）	侧面 24 毫米（45°）	后部 30 毫米（32°）

空间狭小

"十字军" III型将主炮升级为 57 毫米坦克炮，火力较"十字军" II 型的 40 毫米坦克炮有很大提升，100 米距离的最大垂直穿甲厚度从约 70 毫米增加到了 100 毫米以上。不过因为火炮变大，炮塔空间急剧缩小，"十字军" III不得不取消专职装填手，炮塔内的乘员由 3 人减少为 2 人。

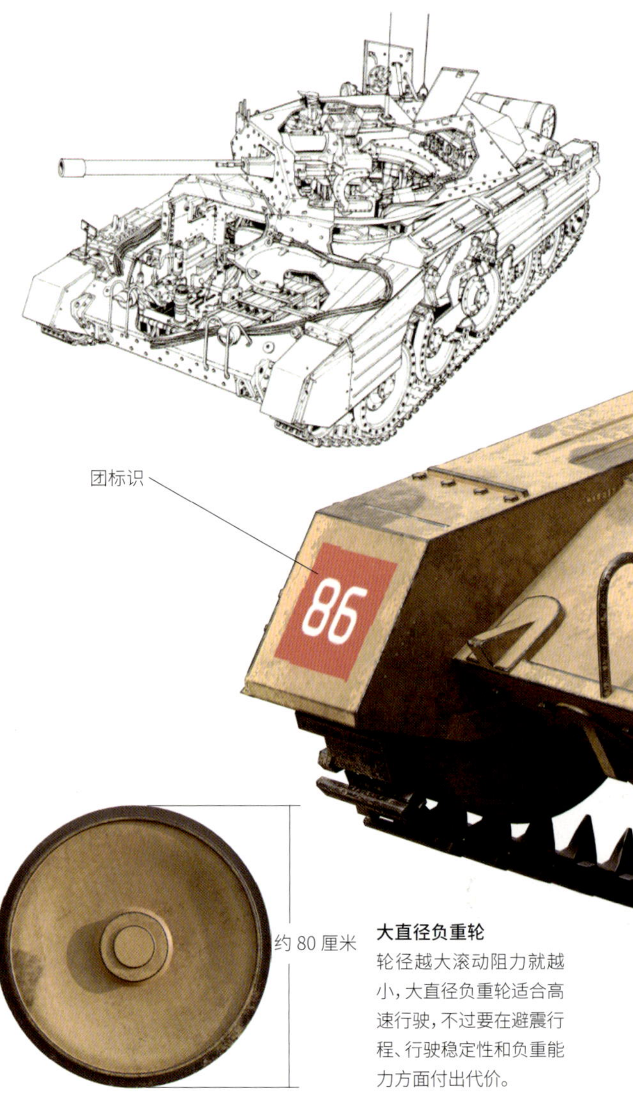

大直径负重轮

轮径越大滚动阻力就越小，大直径负重轮适合高速行驶，不过要在避震行程、行驶稳定性和负重能力方面付出代价。

▲ 一辆"十字军" III坦克的车组正在清理 57 毫米主炮，1943 年拍摄于突尼斯。

楔形炮塔

“十字军”坦克炮塔的侧面和后部装甲有较大的倾斜角，且中间有明显的折线，总体呈楔形。一方面，这改善了避弹外形，增加了跳弹概率，并且提升了等效厚度，另一面这也压缩了炮塔内部空间。

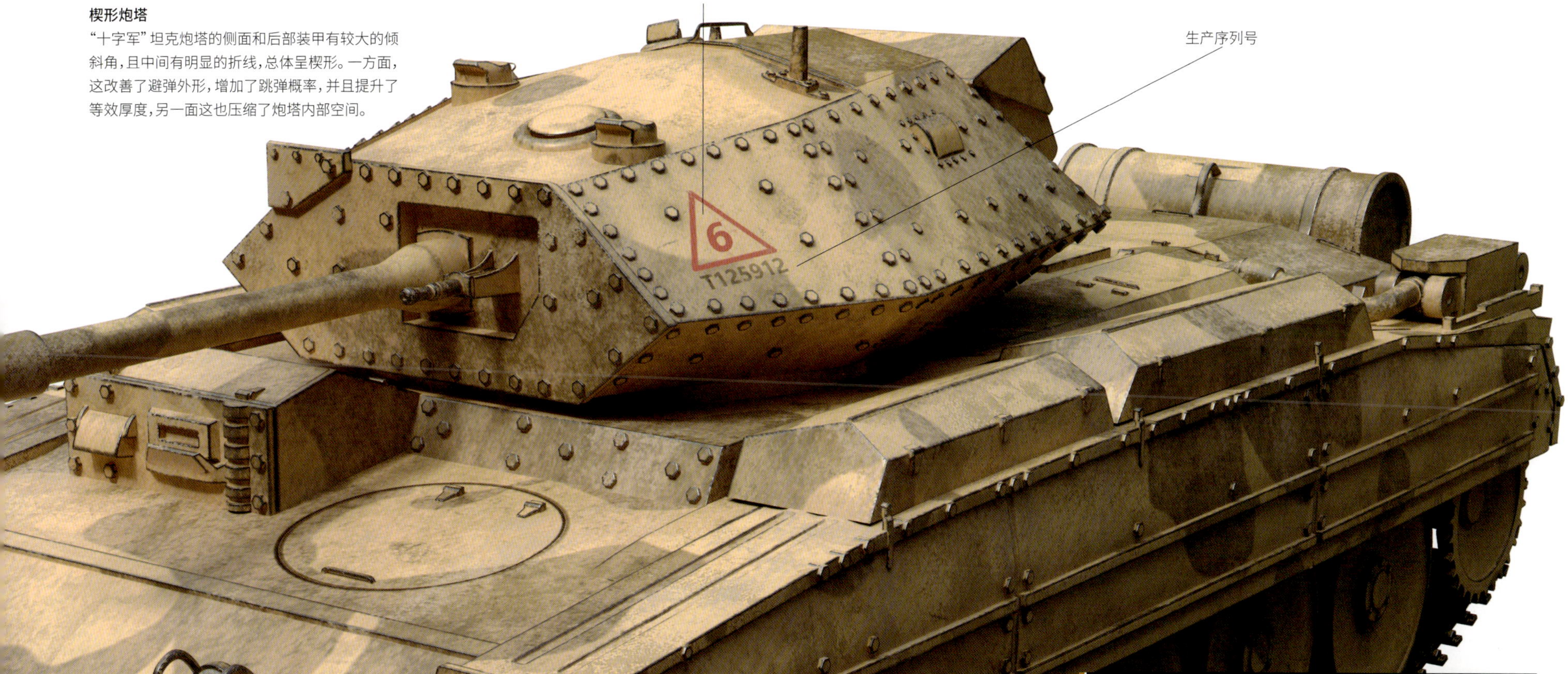
中队标识
生产序列号
6
T125912

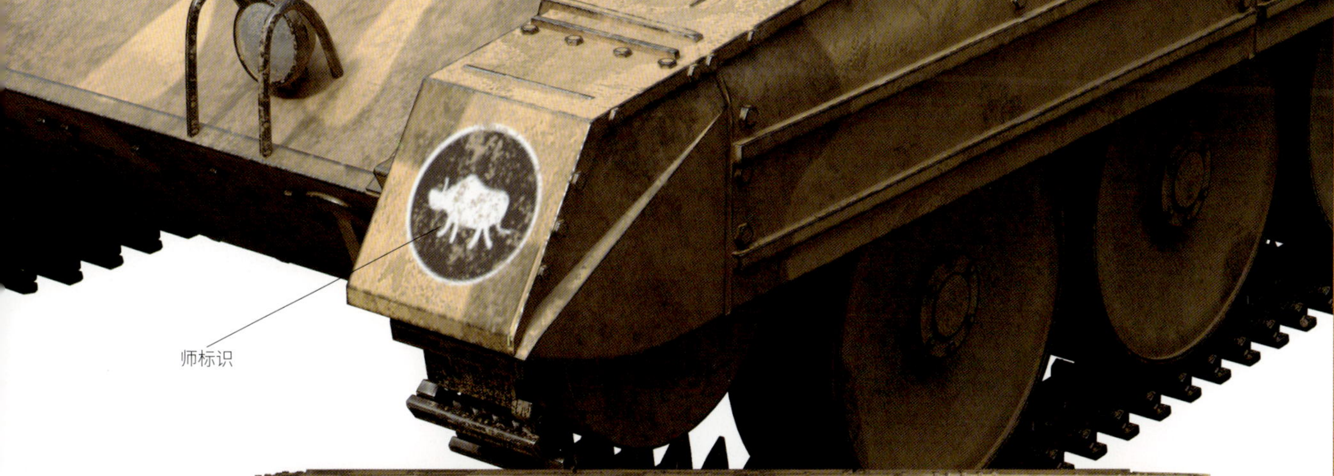
师标识

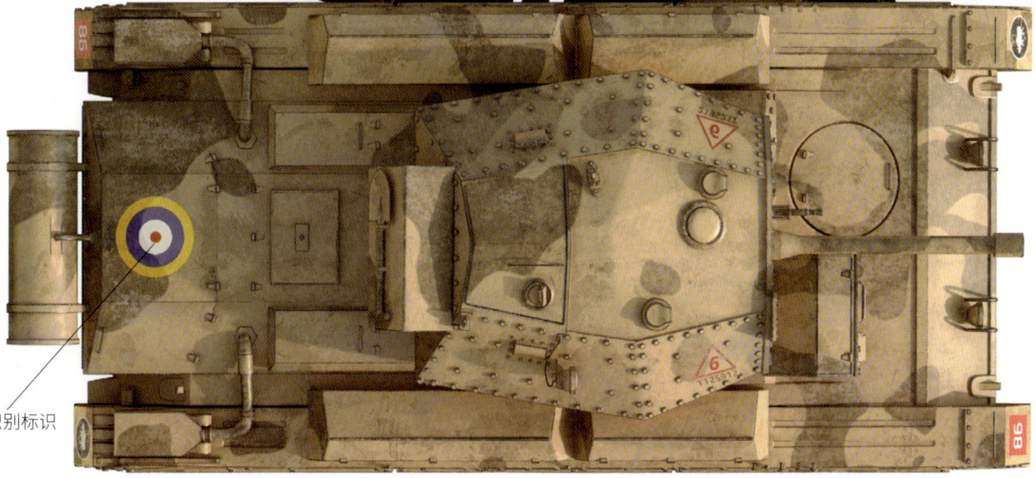
航空识别标识
86

火力升级

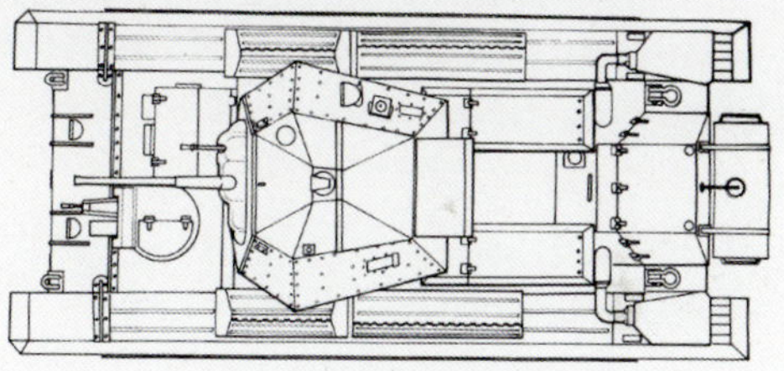

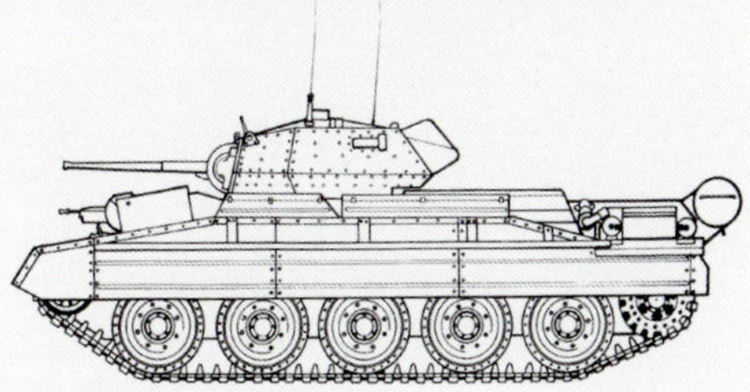

“十字军”II 型

· 3 人炮塔，40 毫米主炮

· 车体左前部设有旋转机枪塔

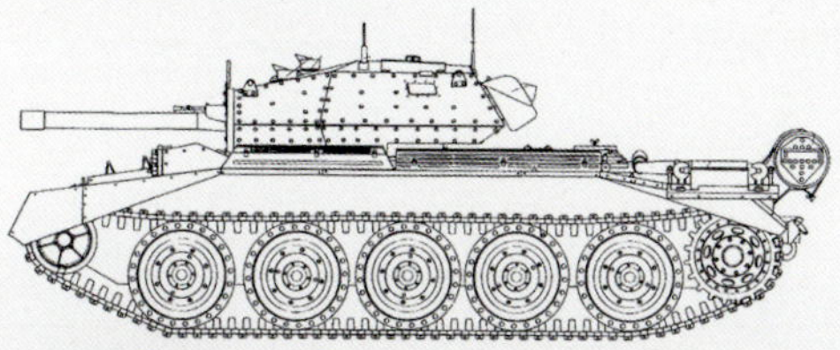

“十字军”III 型

· 2 人炮塔，57 毫米主炮

· 取消车体旋转机枪塔

武/器/档/案 WEAPON ARCHIVES

哈奇开斯 H39 骑兵坦克

2.15 米

1.95 米

4.22 米

36 千米/时

12.1 吨

机动性			
发动机	1 台哈奇开斯 6 缸液冷汽油机（120 马力）		
最大公路速度	36 千米 / 时	最大公路行程	120 千米
涉水深	0.85 米	攀垂直墙高	0.5 米
越壕宽	2.5 米	爬坡角度	—
武器			
主要武器	1 门 SA 18 或 SA 38 型 37 毫米炮（备弹 100 枚）		
辅助武器	1 挺 1931 型 7.5 毫米机枪（备弹 2400 发）		
装甲			
车体前部	最厚处 40 毫米	车体斜面	最厚处 40 毫米
炮塔	最厚处 45 毫米		

哈奇开斯 H35/H39 骑兵坦克

二战前夕，哈奇开斯公司为法国陆军研发了 H35 轻型步兵坦克。这种坦克防御力优秀，但越野行驶时操控性极为糟糕，甚至存在方向失控碾压步兵的风险，于是被转交给主要依靠公路机动的骑兵部队。为了提高坦克的行驶速度，哈奇开斯公司从 1938 年开始为 H35 换装功率更大的发动机并改进履带和悬挂系统，这一改型在 1939 年通过验收，因此也被称作 H39。哈奇卡斯 H35/H39 的战力并不输于法国战役期间的德军主力坦克——Ⅱ号和 38（t），但这无法挽回法军的败局。（主图为 H39）

车长指挥塔

指挥塔可以为车长提供全向视野，但并没有供车长出入的舱门。德国人非常不待见这种指挥塔，遂给一些缴获的 H39 换装了德式烟囱形指挥塔——法国战役后总共有大约 550 辆 H35/H38/H39 坦克被德军缴获并使用。

40 型火箭发射架

又名“陆上斯图卡”，安装在机动车辆两侧，可以为前线部队提供廉价、便捷的炮火支援。虽然精度欠佳，但其极高的火力密度和巨大的覆盖面积会让敌方人员承受极大的心理压力。一部分被德军俘获的哈奇开斯 H39 坦克安装了这种设备。

280 毫米火箭弹

重达 82 千克，电击发，自旋稳定，能把 50 千克重的高爆炸药投射到 2000 米之外。发射时会产生强烈的火焰和烟雾，容易伤及发射人员，不过车载发射应该无须担心。

火力升级

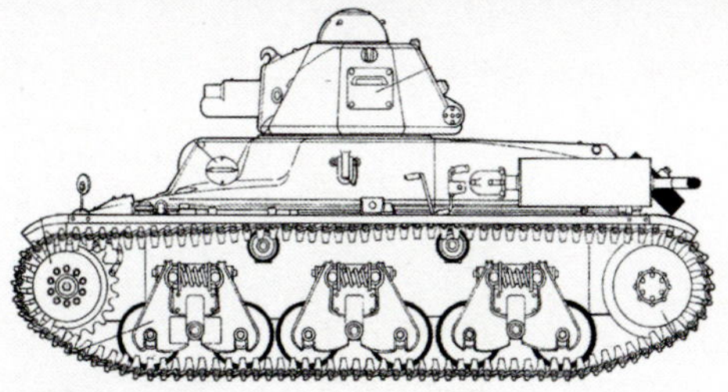

哈奇开斯 H39 早期型

装备 SA18 型 37 毫米 21 倍径坦克炮，炮管短小，发射硬芯穿甲弹时初速仅有 600 米 / 秒。

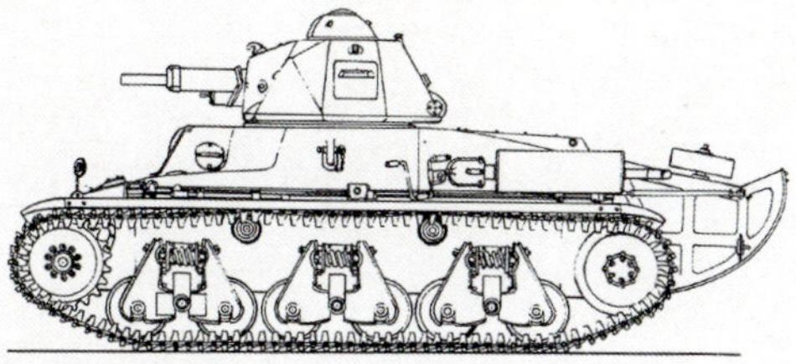

哈奇开斯 H39 后期型

换装 SA38 型 37 毫米 33 倍径坦克炮，初速提升至 705 米 / 秒，反装甲能力更强。

▲ 1940 年 11 月加蓬战役期间自由法国军队的 H39——这一仗是法军同室操戈，由自由法国对阵维希法国。

尾橇

尾橇能提高坦克跨越壕沟的能力，在早期车体较短的坦克上较为常见。

BT-7 快速坦克

BT-7 快速坦克在 1935 年至 1940 年间大量生产，超过 32 马力 / 吨的功重比和利于高速行驶的克里斯蒂悬挂赋予了它超越同时代坦克的机动性。它继承了苏联 BT 系列坦克轮履两用的设计，公路行军时可以拆下履带，以负重轮驱动，从而提高行驶速度。在苏日边境冲突中，BT-7 充分发挥机动优势对日军实施了分割包围，但也暴露出装甲薄弱的缺点。卫国战争爆发后，BT-7 主要执行侦察、巡逻、伏击等任务，并且充当培训坦克乘员的教练车。(主图为 BT-7 1937 年型)

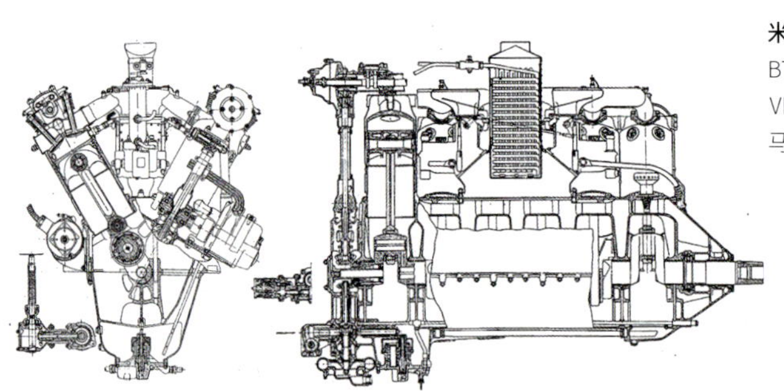

米库林 M-17T 发动机

BT-7 使用的 V 型 12 缸汽油机是宝马 VI 航空发动机的改进款，输出功率 500 马力，驱动不足 14 吨的坦克绰绰有余。

车长潜望镜

炮手潜望镜

驾驶员舱门

诱导轮轴承

▲ BT-7 的第一对负重轮可与方向盘联动，在拆下履带后负责转向，此时的行走方式与普通汽车无异。

无齿主动轮

和大多数坦克不同，BT-7 的主动轮没有棘齿，完全依靠履带诱导齿和主动轮的啮合来实现对履带的驱动。这一设计可以追溯到克里斯蒂坦克，并且被 T-34 坦克继承。

722

主动轮

履带诱导齿

克里斯蒂悬挂

克里斯蒂悬挂是美国工程师约翰·沃尔特·克里斯蒂在 20 世纪 20 年代研发的悬挂系统。这是一种拥有大直径负重轮和螺旋弹簧的独立悬挂，避震行程较长，有利于提高越野机动性。美国的 T-3 中型坦克，英国的“十字军”系列坦克、苏联的 BT 系列、T-34 系列坦克皆采用这种悬挂。

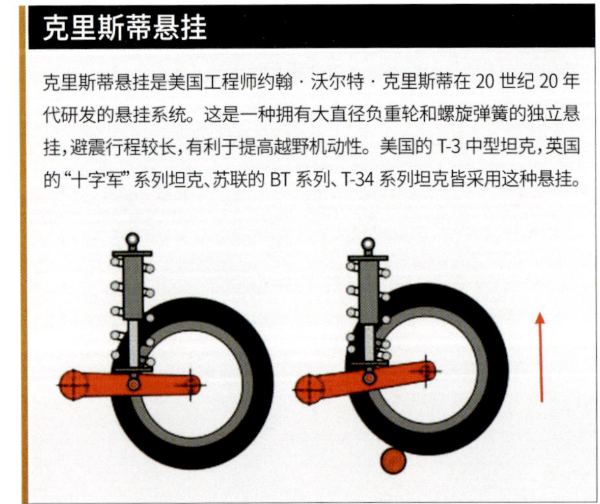

后轮驱动

BT-7 的最后一对负重轮通过齿轮与主动轮联动，在拆下履带的情况下充当驱动轮。以负重轮驱动时行驶速度会得到大幅提升。

挂胶负重轮

武/器/档/案 WEAPON ARCHIVES

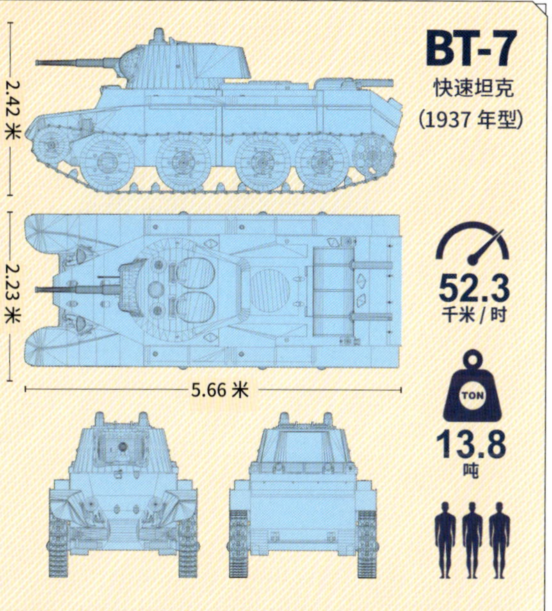

BT-7

快速坦克

(1937 年型)

2.42 米

2.23 米

5.66 米

52.3 千米 / 时

13.8 吨

机动性			
发动机	1 台 M-17T 四冲程 V 型 12 缸液冷汽油机（500 马力）		
最大公路速度	履带行驶：52.3 千米 / 时　卸下履带：72 千米 / 时		
最大公路行程	210 千米		
涉水深	0.85 米	攀垂直墙高	0.8 米
越壕宽	2.39 米	爬坡角度	—
武器			
主要武器	1 门 20K 1932/1934 型 45 毫米炮（备弹 188 枚，安装无线电时 146 枚）		
辅助武器	2 挺 DT 7.62 毫米机枪（备弹 2394 发）		
装甲			
车体	最厚处 20 毫米	炮塔	最厚处 15 毫米

BT-7 的主要型号

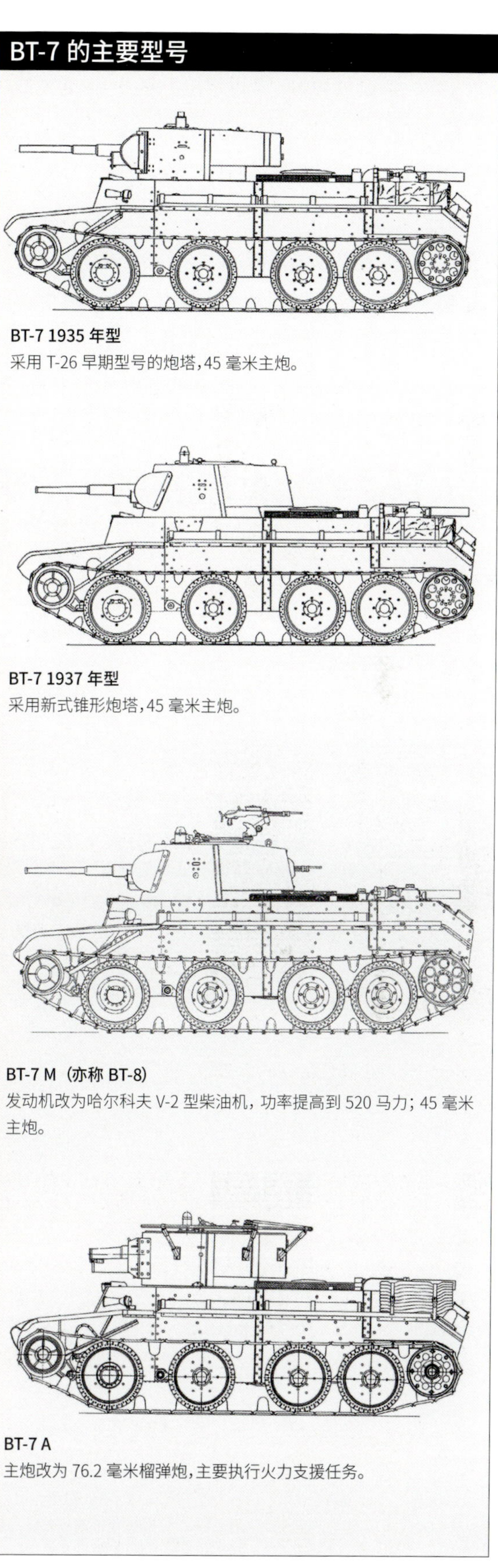

BT-7 1935 年型

采用 T-26 早期型号的炮塔，45 毫米主炮。

BT-7 1937 年型

采用新式锥形炮塔，45 毫米主炮。

BT-7 M（亦称 BT-8）

发动机改为哈尔科夫 V-2 型柴油机，功率提高到 520 马力；45 毫米主炮。

BT-7 A

主炮改为 76.2 毫米榴弹炮，主要执行火力支援任务。

M3/M5 “斯图亚特” 轻型坦克

1941 年，一种拥有相对较厚的装甲和较重的车体，采用星型气冷发动机的轻型坦克开始在美军中服役，名为 M3。这种坦克机动性出色，但由于星型气冷发动机要优先供飞机使用，美国陆军不得不为 M3 寻找新的发动机。1942 年，一种继承了 M3 的基本设计，但安装凯迪拉克汽车发动机、液力传动装置和自动辅助变速器的新坦克问世，被命名为 M5。M3/M5 系列是美国及其盟友使用最广泛的轻型坦克，二战期间总共制造了将近 23000 辆。图中所示为 M5 的最终改进型 M5A1，拥有弧形的机枪架防盾和可以容纳电台的炮塔尾舱。

武/器/档/案 WEAPON ARCHIVES

M5A1
“斯图亚特”
轻型坦克
2.59 米
2.24 米
4.44 米
57.9
千米 / 时
TON
15
吨

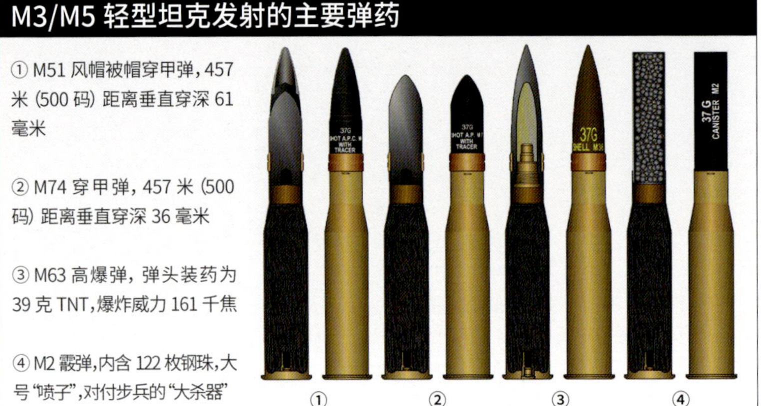

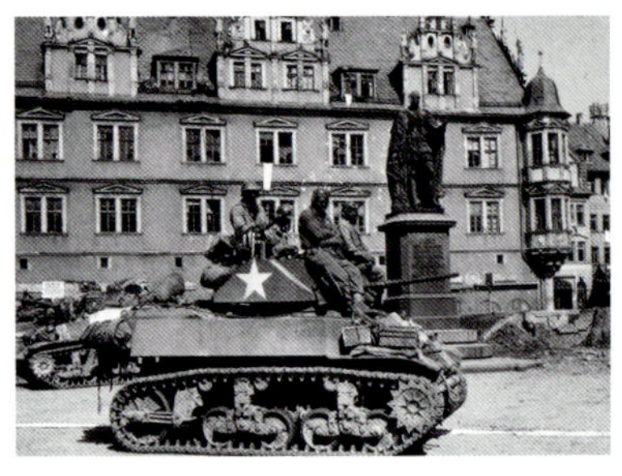

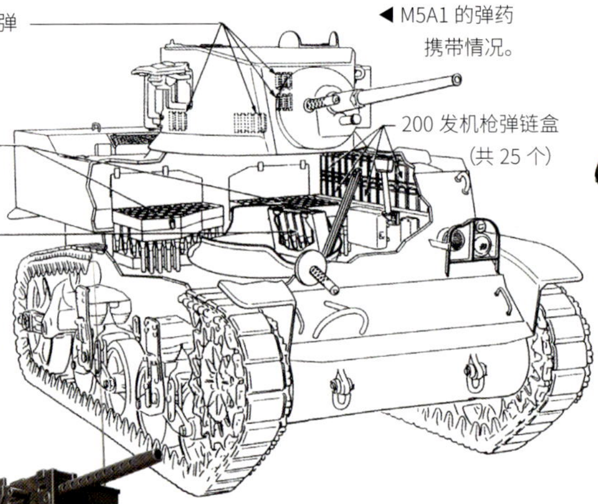

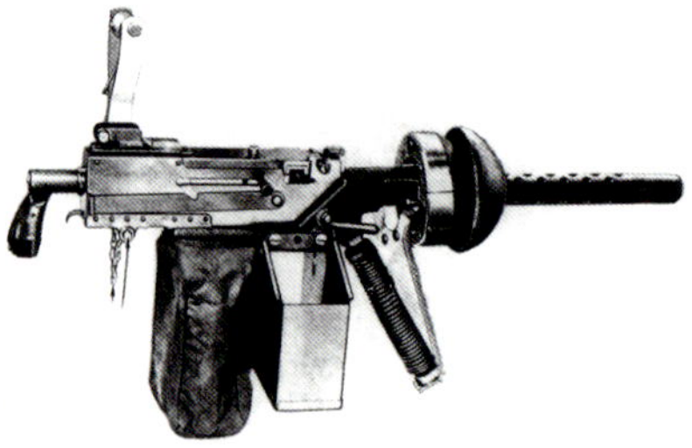

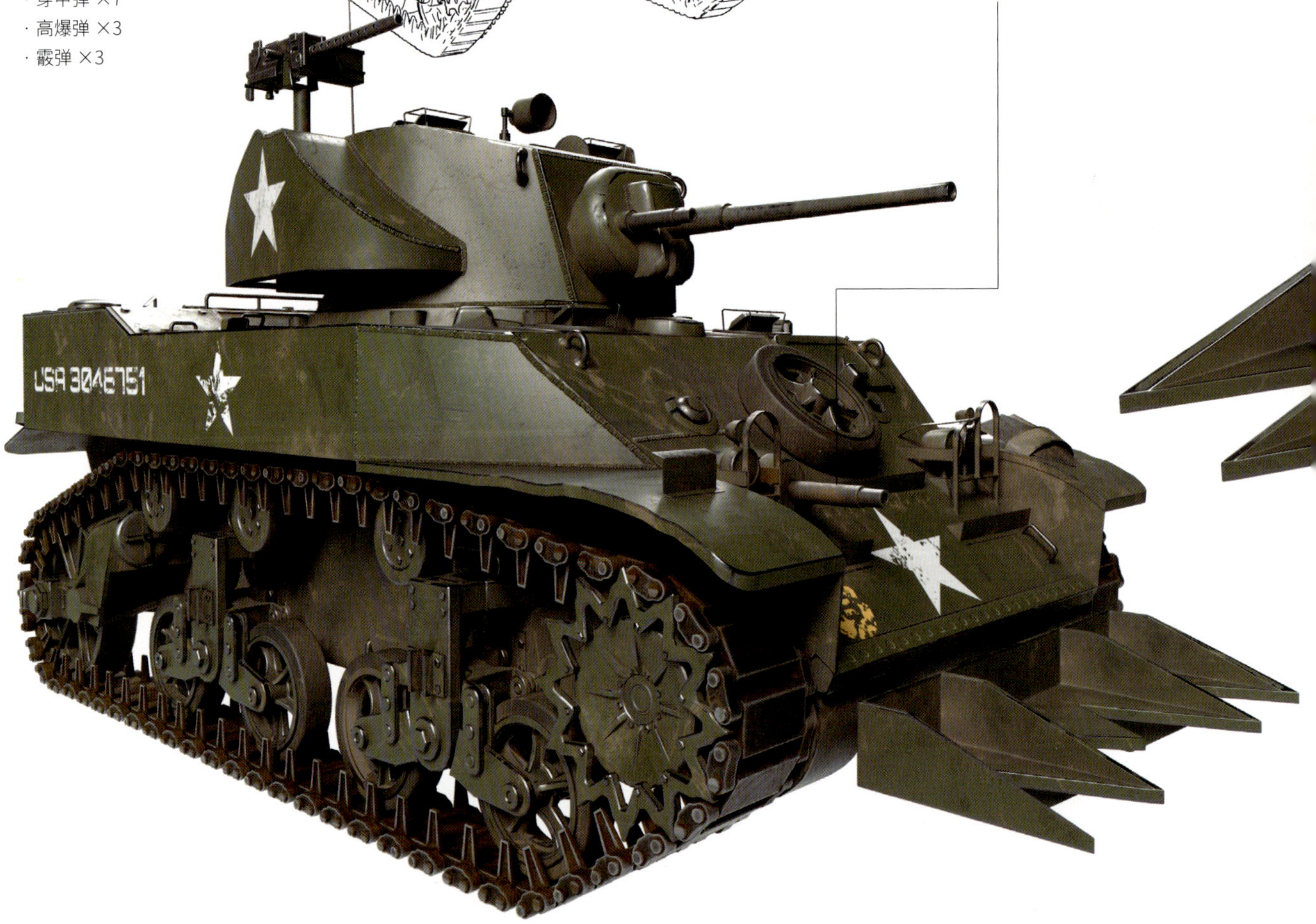

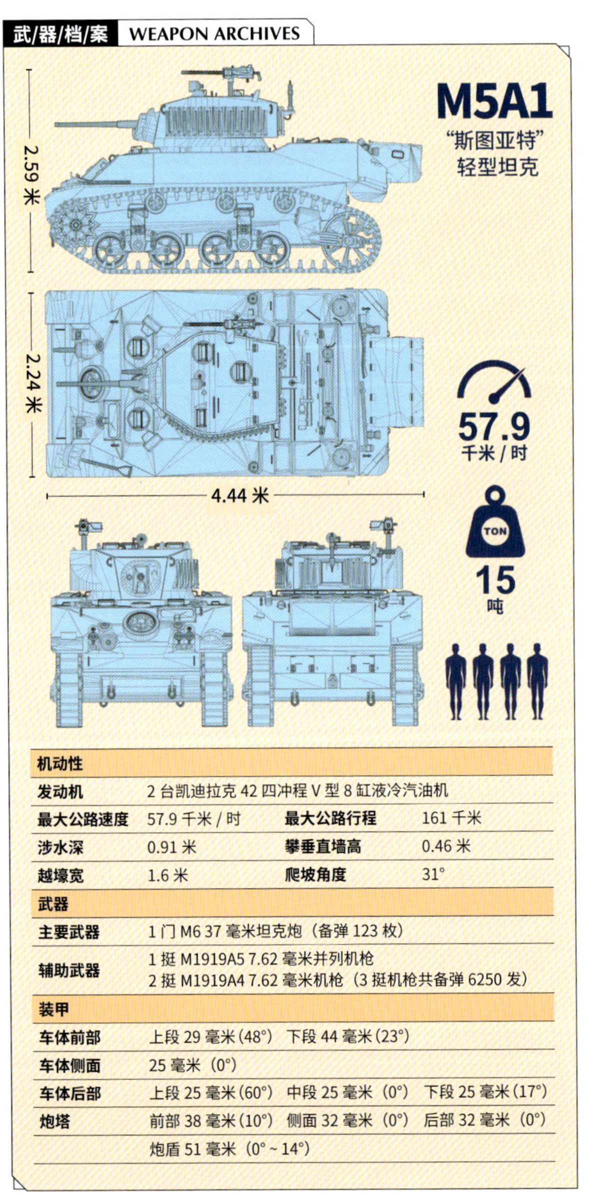

机动性			
发动机	2 台凯迪拉克 42 四冲程 V 型 8 缸液冷汽油机		
最大公路速度	57.9 千米 / 时	**最大公路行程**	161 千米
涉水深	0.91 米	**攀垂直墙高**	0.46 米
越壕宽	1.6 米	**爬坡角度**	31°
武器			
主要武器	1 门 M6 37 毫米坦克炮（备弹 123 枚）		
辅助武器	1 挺 M1919A5 7.62 毫米并列机枪 2 挺 M1919A4 7.62 毫米机枪（3 挺机枪共备弹 6250 发）		
装甲			
车体前部	上段 29 毫米（48°） 下段 44 毫米（23°）		
车体侧面	25 毫米（0°）		
车体后部	上段 25 毫米（60°） 中段 25 毫米（0°） 下段 25 毫米（17°）		
炮塔	前部 38 毫米（10°） 侧面 32 毫米（0°） 后部 32 毫米（0°）		
	炮盾 51 毫米（0° ~ 14°）		

M3/M5 轻型坦克发射的主要弹药

① M51 风帽被帽穿甲弹，457 米（500 码）距离垂直穿深 61 毫米

② M74 穿甲弹，457 米（500 码）距离垂直穿深 36 毫米

③ M63 高爆弹，弹头装药为 39 克 TNT，爆炸威力 161 千焦

④ M2 霰弹，内含 122 枚钢珠，大号“喷子”，对付步兵的“大杀器”

①
②
③
④

▲ 一辆由非裔美军士兵驾驶的 M5A1 轻型坦克正在街头待命，等待投入消灭德军机枪火力点的行动，1945 年 4 月 25 日拍摄于德国科堡。背景中的塑像是阿尔伯特亲王，英国维多利亚女王的表弟兼丈夫。

供车组人员自卫用的冲锋枪子弹
200 发机枪弹链盒
（共 25 个）
车体弹药架
（37 毫米炮弹共计）：
· 穿甲弹 ×56
· 高爆弹 ×36
· 霰弹 ×16
炮塔吊篮弹药架
（37 毫米炮弹共计）：
· 穿甲弹 ×7
· 高爆弹 ×3
· 霰弹 ×3

◀ M5A1 的弹药携带情况。

车体机枪

勃朗宁 M1919A4 7.62 毫米机枪安装在球形机枪座上，由机枪手兼无线电操作员操纵。

USA 3046751

主炮与并列机枪

· 1 门 M6 37 毫米坦克炮，射速 25 发 / 分，俯仰角 -10°～ +15°。
· 1 挺勃朗宁 M1919A5 7.62 毫米机枪，位于主炮右侧，随主炮一同俯仰。

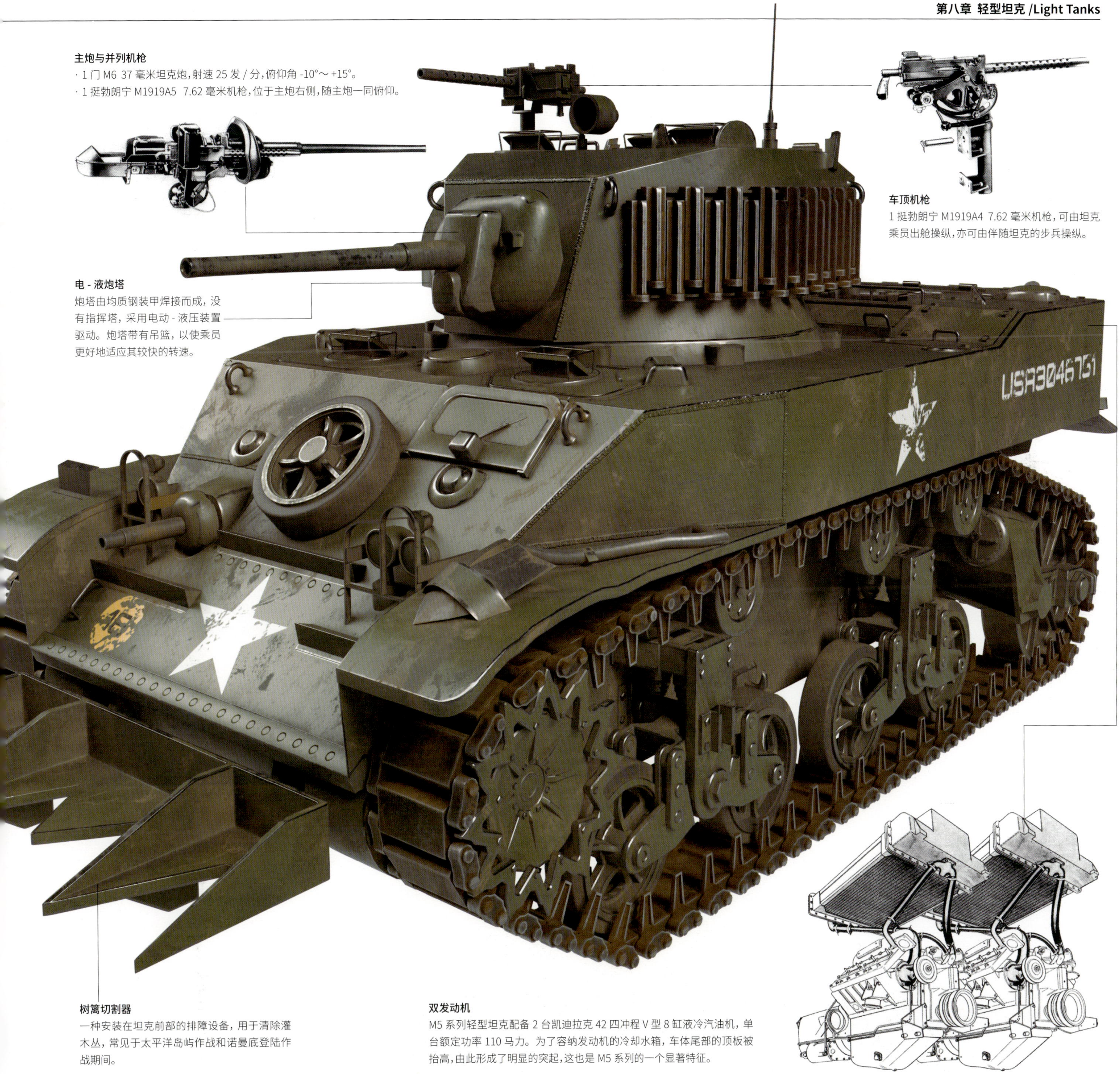

车顶机枪

1 挺勃朗宁 M1919A4 7.62 毫米机枪，可由坦克乘员出舱操纵，亦可由伴随坦克的步兵操纵。

电 - 液炮塔

炮塔由均质钢装甲焊接而成，没有指挥塔，采用电动 - 液压装置驱动。炮塔带有吊篮，以使乘员更好地适应其较快的转速。

USA3046761

树篱切割器

一种安装在坦克前部的排障设备，用于清除灌木丛，常见于太平洋岛屿作战和诺曼底登陆作战期间。

双发动机

M5 系列轻型坦克配备 2 台凯迪拉克 42 四冲程 V 型 8 缸液冷汽油机，单台额定功率 110 马力。为了容纳发动机的冷却水箱，车体尾部的顶板被抬高，由此形成了明显的突起，这也是 M5 系列的一个显著特征。

Spear Of Blitzkrieg

闪击先锋

二战期间，德国大规模使用名为“闪击战”的战术，其核心要旨可以概括为：集中使用装甲力量；出敌不意发起突袭；取得初期突破后迅速大纵深推进以分割包围敌人。无论是在火力、防护还是机动性方面，遂行闪击战的德国坦克都不一定比它们的对手优秀，但合理的使用方法充分发挥了这些坦克的威力，让德军在波兰、法国战役中和入侵苏联的初期阶段势如破竹。

Ⅰ号坦克

Ⅰ号坦克是德国在一战后大规模生产的第一种坦克，总体设计工作由克虏伯公司完成。它在各方面都十分“微缩”，乘员仅 2 人，武器只有 2 挺短枪管 MG 13K 机枪。Ⅰ号 A 型安装的是克虏伯公司的 60 马力 M305 气冷发动机，稍晚出现的 B 型换装了 100 马力迈巴赫 NL38TR 液冷发动机。除了更换发动机，B 型还修改了行走装置，负重轮的数量由 4 对增加到了 5 对。虽然Ⅰ号坦克无法与战争中后期的强大坦克相提并论，但其意义绝不应被忽视——何况以 20 世纪 30 年代初的技术和资金水平，德国也很难制造出更好的坦克了。Ⅰ号坦克虽然没有用于攻击装甲目标的武器，但仍然能有效对付软目标，它足以在波兰、法国战役和“巴巴罗萨行动”早期扮演重要角色。更重要的是，Ⅰ号坦克在德国装甲部队的快速建立、扩充过程中发挥了不容忽视的作用，帮助德军变成了一支战术优秀、装备精良的作战力量。（主图为Ⅰ号 B 型）

主要武器

Ⅰ号坦克的主要武器为 2 挺 MG13K 7.92 毫米机枪，射速 550 发 / 分，有效射程 1000 米。它们安装在可俯仰的防盾上，通过望远式瞄准镜或机械瞄具瞄准。机枪的俯仰和旋回可以通过炮塔内的手轮来实现，也可以由射手直接握住机枪握把来实现——这有利于快速调整射向。

右置机枪塔

机枪塔位置偏右，以便为车体顶部左侧的驾驶员舱门留出位置。

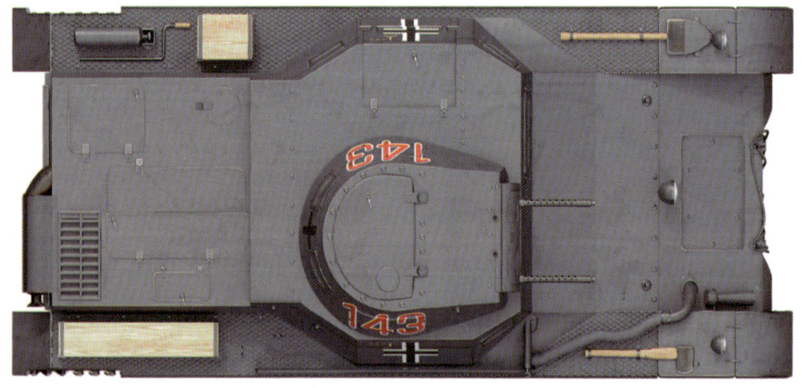

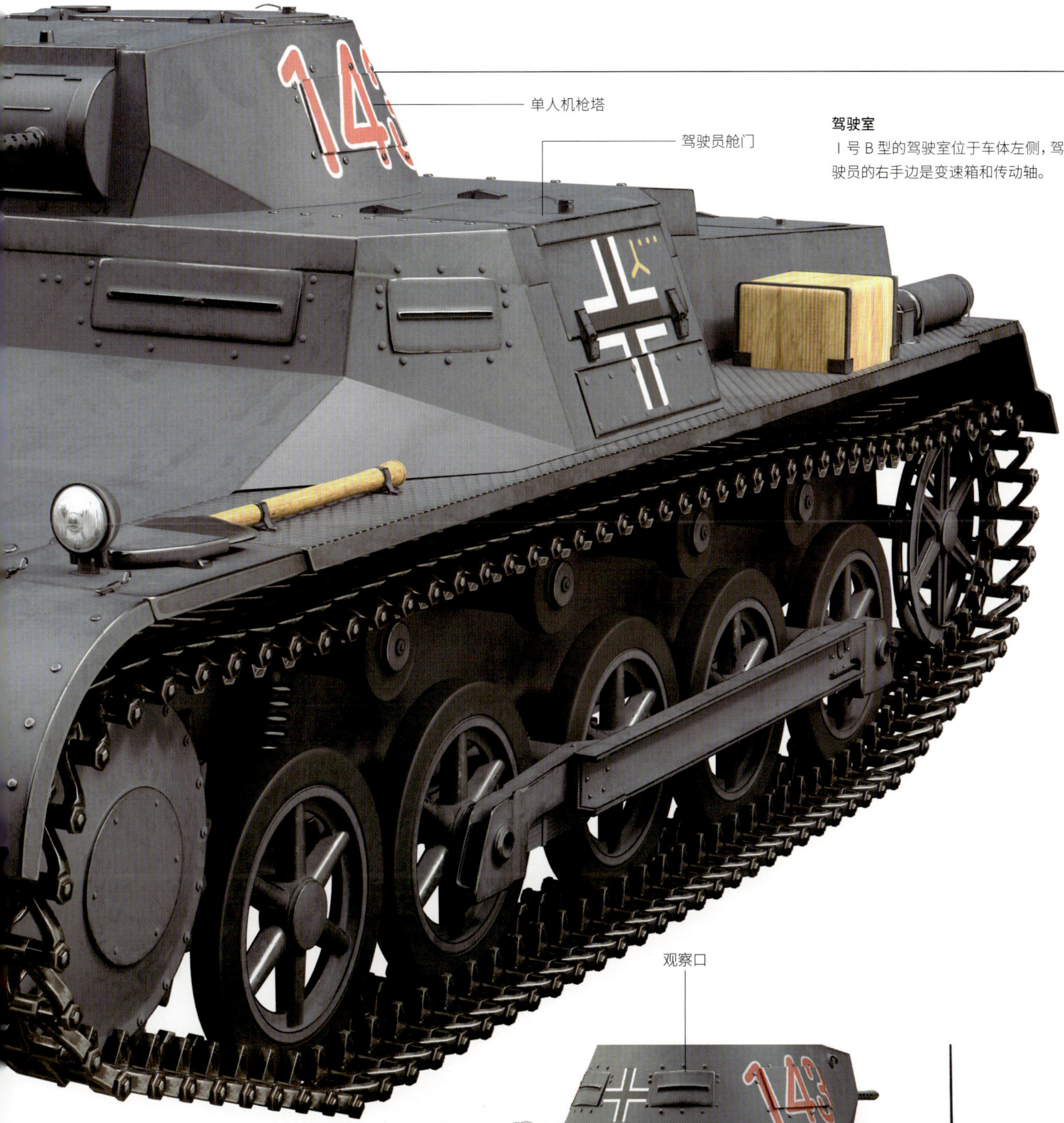

单人机枪塔

驾驶员舱门

驾驶室

Ⅰ号 B 型的驾驶室位于车体左侧，驾驶员的右手边是变速箱和传动轴。

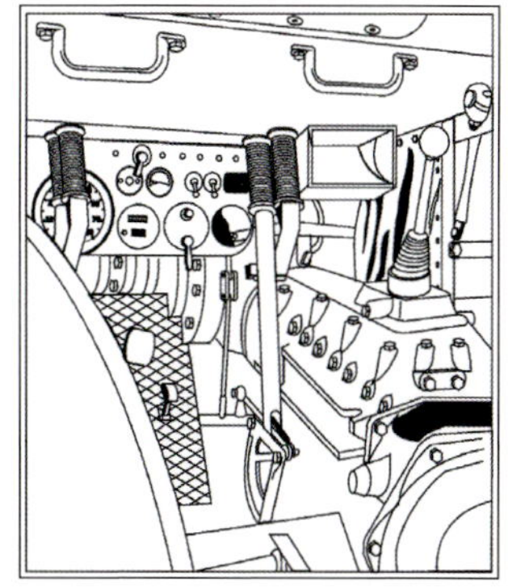

▼ 1942 年 5 月，卡累利阿地区，一队芬兰山地猎兵在Ⅰ号坦克的支援下向苏军阵地挺进。此时Ⅰ号坦克虽然已在德军中退居二线，但其身影仍见于一些次要战场。

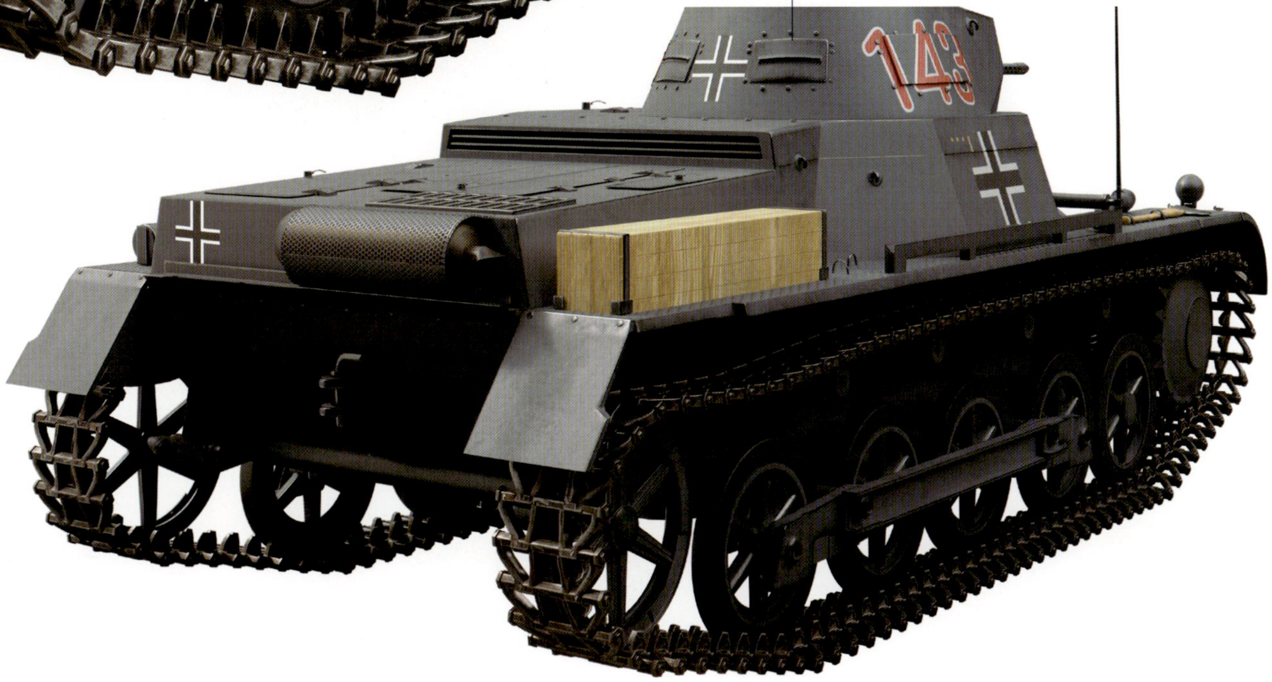

观察口

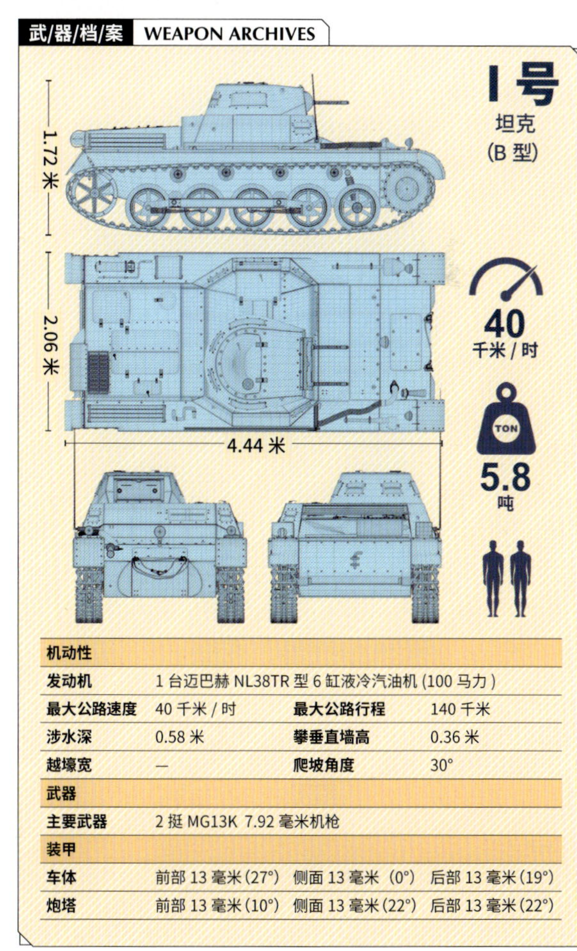

机动性			
发动机	1 台迈巴赫 NL38TR 型 6 缸液冷汽油机 (100 马力)		
最大公路速度	40 千米 / 时	最大公路行程	140 千米
涉水深	0.58 米	攀垂直墙高	0.36 米
越壕宽	—	爬坡角度	30°
武器			
主要武器	2 挺 MG13K 7.92 毫米机枪		
装甲			
车体	前部 13 毫米(27°)	侧面 13 毫米（0°)	后部 13 毫米(19°)
炮塔	前部 13 毫米(10°)	侧面 13 毫米(22°)	后部 13 毫米(22°)

Ⅱ号坦克

装备Ⅱ号坦克本是德国的一种权宜之计。1934年时，由于Ⅰ号坦克的性能不尽如人意，而计划中的“战斗坦克”（后来的Ⅲ号坦克）和“支援坦克”（后来的Ⅳ号坦克）又迟迟无法完成，研制一种同时具备一定反装甲能力和反步兵能力的应急产品就成了当务之急。曼恩、克虏伯、亨舍尔、戴姆勒 - 奔驰等企业都接到了军方的委托，结果曼恩的底盘方案和克虏伯的炮塔方案被选中，戴姆勒 - 奔驰则获准参与后续研发。设计几经修改后，量产型Ⅱ号坦克最终于1937年问世，其主要型号的迭代则持续到1940年。二战爆发时Ⅱ号坦克已经显得落后，但它仍然是德国装甲师的主力，在波兰和法国战役中发挥了重要作用。主图所示为Ⅱ号F型，这是Ⅱ号坦克的最后一个主要型号。

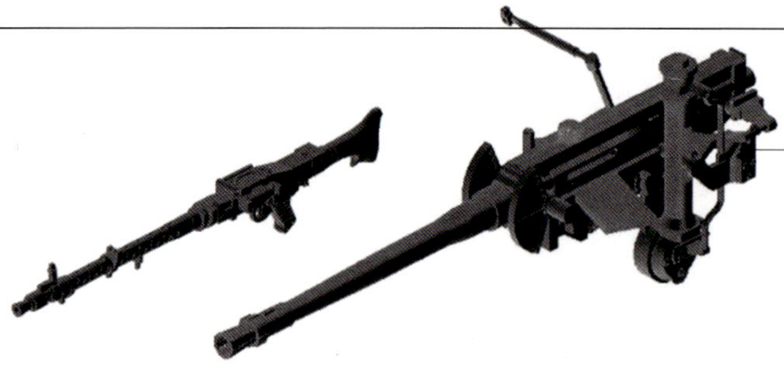

主要武器与辅助武器

· 1门 KwK 30 20毫米55倍径机关炮，备弹180发，射速280发/分，500米距离可穿透20毫米厚30°均质钢板。

· 1挺 MG34 7.92毫米机枪，备弹2700发，射速800发/分，有效射程200米。

20毫米×138毫米有底带机关炮弹

Ⅱ号坦克发射的20毫米×138毫米有底带机关炮弹最初由瑞士苏罗通公司于20世纪30年代研制，是一种在二战中广泛使用的防空及反坦克用炮弹。前文介绍的拉赫蒂L-39反坦克枪也使用这一规格的弹药。

武/器/档/案 WEAPON ARCHIVES

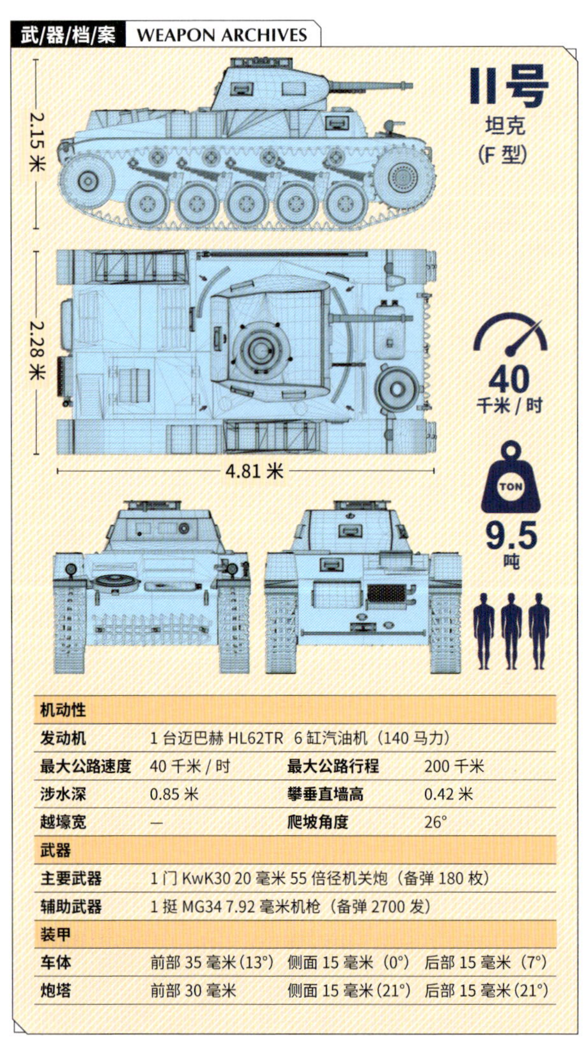

机动性			
发动机	1台迈巴赫 HL62TR 6缸汽油机（140马力）		
最大公路速度	40千米/时	最大公路行程	200千米
涉水深	0.85米	攀垂直墙高	0.42米
越壕宽	—	爬坡角度	26°
武器			
主要武器	1门 KwK30 20毫米55倍径机关炮（备弹180枚）		
辅助武器	1挺 MG34 7.92毫米机枪（备弹2700发）		
装甲			
车体	前部35毫米（13°）	侧面15毫米（0°）	后部15毫米（7°）
炮塔	前部30毫米	侧面15毫米（21°）	后部15毫米（21°）

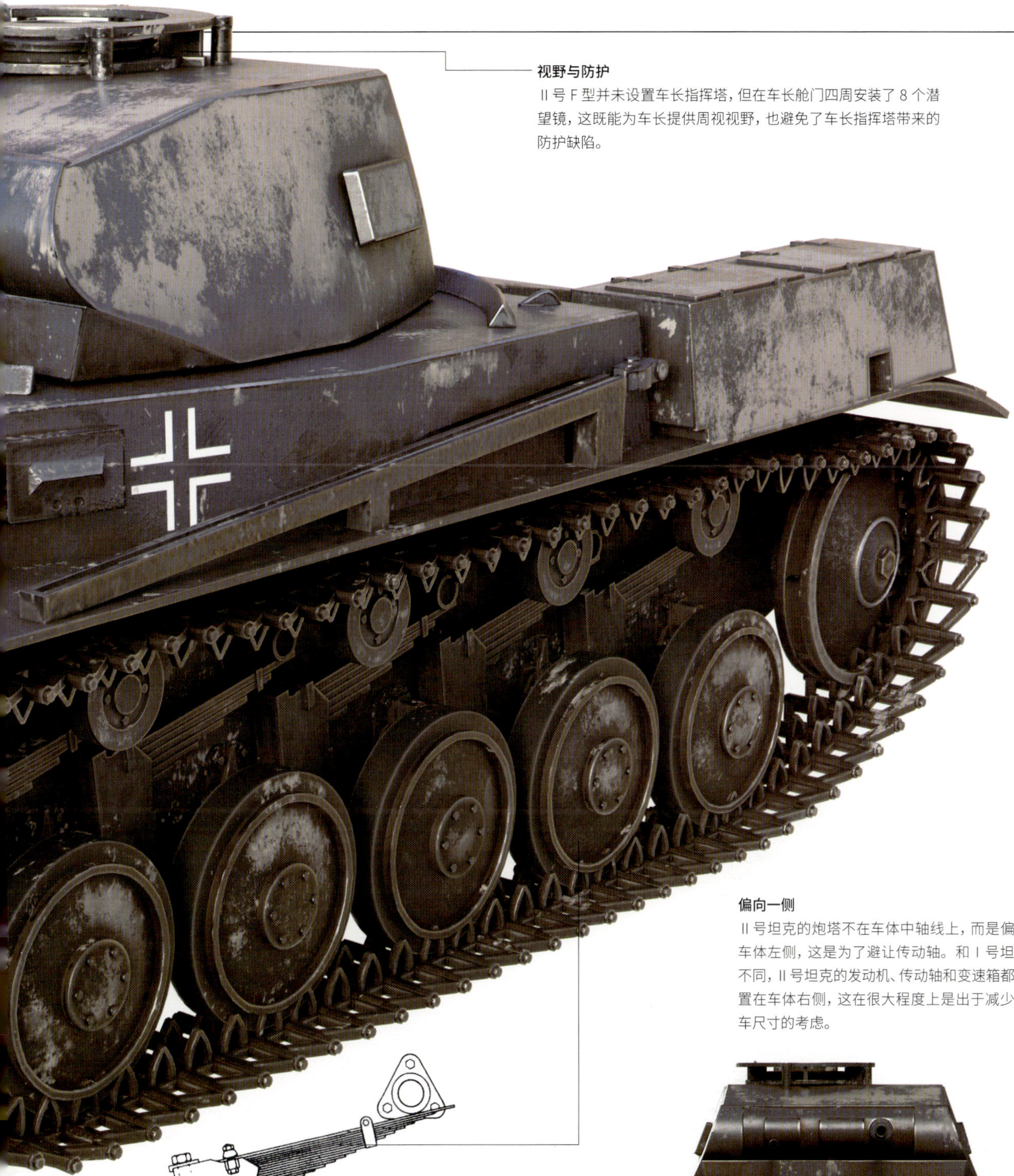

视野与防护

II 号 F 型并未设置车长指挥塔，但在车长舱门四周安装了 8 个潜望镜，这既能为车长提供周视视野，也避免了车长指挥塔带来的防护缺陷。

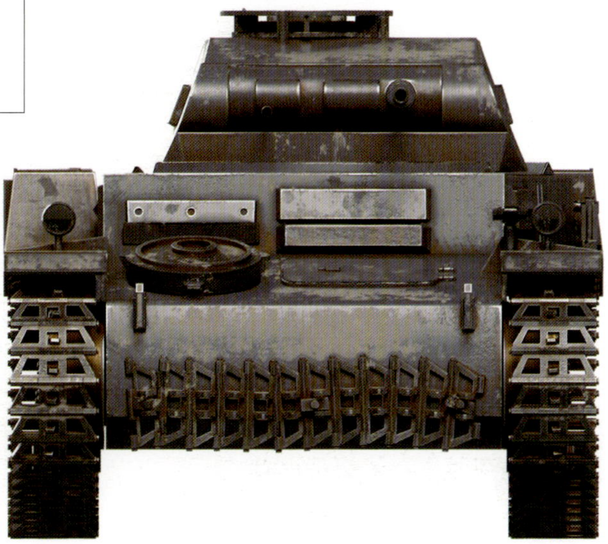

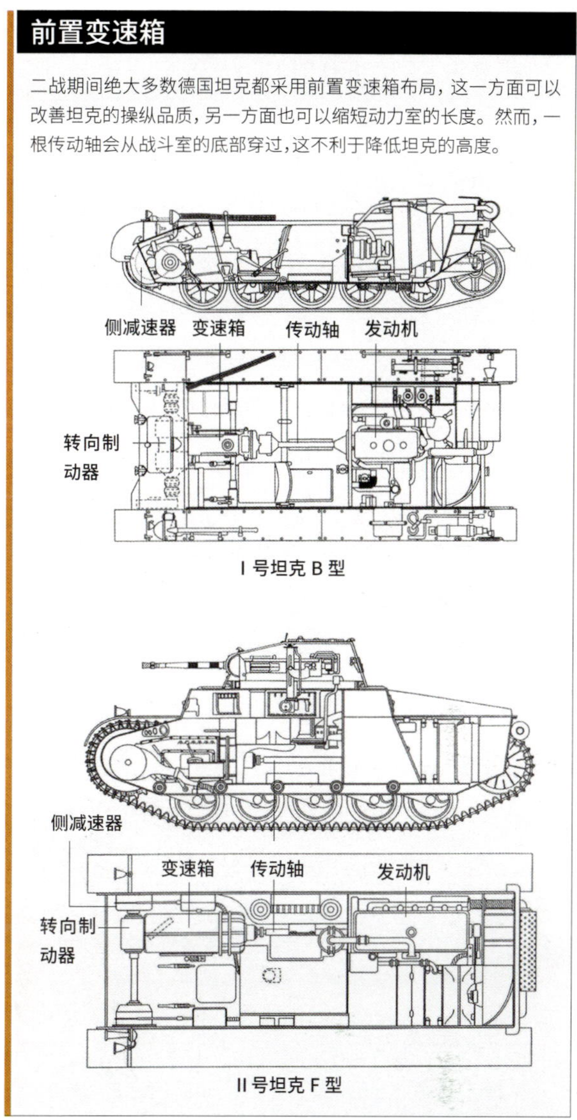

偏向一侧

II 号坦克的炮塔不在车体中轴线上，而是偏向车体左侧，这是为了避让传动轴。和 I 号坦克不同，II 号坦克的发动机、传动轴和变速箱都布置在车体右侧，这在很大程度上是出于减少整车尺寸的考虑。

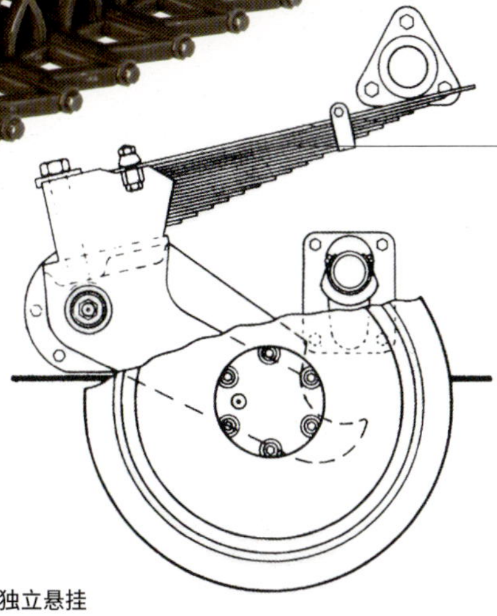

钢板弹簧独立悬挂

每个负重轮都有独立的钢板弹簧，负重轮通过摇臂与钢板弹簧连接。行驶过程中，负重轮带动摇臂上下摆动，使钢板弹簧发生形变，以此来吸收冲击力。

前置变速箱

二战期间绝大多数德国坦克都采用前置变速箱布局，这一方面可以改善坦克的操纵品质，另一方面也可以缩短动力室的长度。然而，一根传动轴会从战斗室的底部穿过，这不利于降低坦克的高度。

I 号坦克 B 型

II 号坦克 F 型

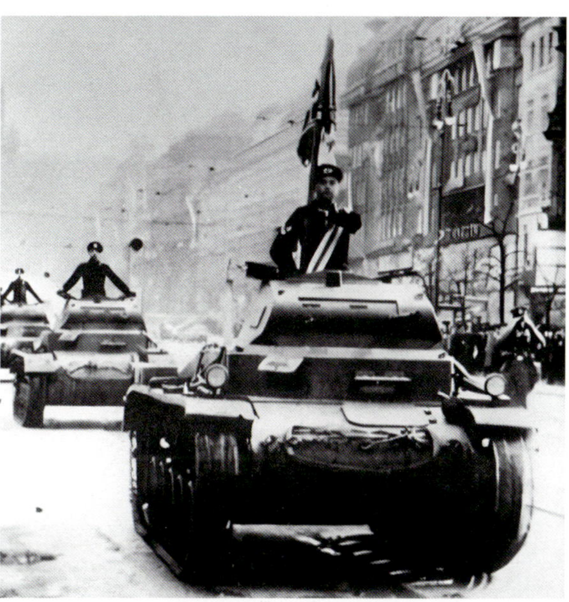

▲ 1939 年 3 月行驶在捷克斯洛伐克首都布拉格街头的德军 II 号坦克。

38(t) 轻型坦克

后来被称为 38(t) 的 LT vz.38 坦克原本是为正欲扩充装甲部队的捷克斯洛伐克陆军设计的，然而德军于 1939 年 3 月 15 日占领了捷克的波西米亚和摩拉维亚，当时首批 LT vz.38 并未完工。不过由于德国急需坦克，LT vz.38 很快就恢复生产并以“Panzerkamfwagen 38(t)”的名义加入德军。38(t) 具有结构简单、结实耐用、操作便利、保养容易的优点，采用铆接装甲，安装一门 37 毫米火炮，配有 125 马力的四冲程直列 6 缸发动机和 5 速预选变速箱，行走机构则采用钢板弹簧平衡悬挂和大直径橡胶轮缘负重轮。它的性能优于 I 号坦克和 II 号坦克，与Ⅲ号坦克早期型号基本持平。这种坦克直到 1942 年 6 月才完全停产，产量达到了 1414 辆，在 1941 年以前无疑是德国装甲部队的重要组成部分。[主图为 38(t) E 型]

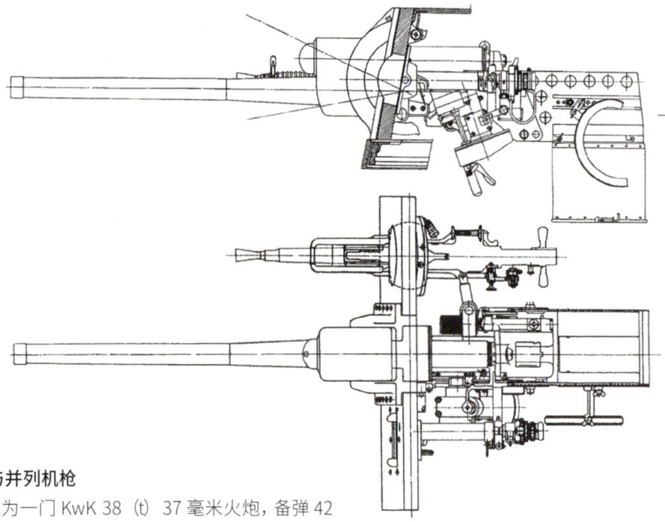

武/器/档/案 WEAPON ARCHIVES

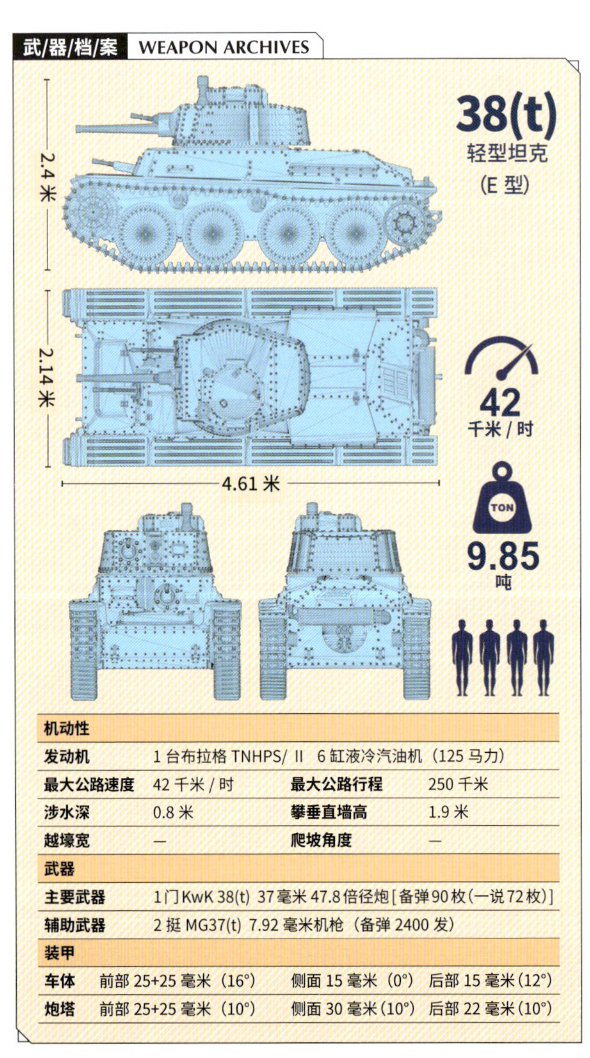

机动性			
发动机	1 台布拉格 TNHPS/ II 6 缸液冷汽油机（125 马力）		
最大公路速度	42 千米 / 时	最大公路行程	250 千米
涉水深	0.8 米	攀垂直墙高	1.9 米
越壕宽	—	爬坡角度	—
武器			
主要武器	1 门 KwK 38(t) 37 毫米 47.8 倍径炮 [备弹 90 枚（一说 72 枚）]		
辅助武器	2 挺 MG37(t) 7.92 毫米机枪（备弹 2400 发）		
装甲			
车体	前部 25+25 毫米（16°）	侧面 15 毫米（0°）	后部 15 毫米（12°）
炮塔	前部 25+25 毫米（10°）	侧面 30 毫米（10°）	后部 22 毫米（10°）

主炮与并列机枪

· 主炮为一门 KwK 38 (t) 37 毫米火炮，备弹 42 枚，有效射程 1500 米，1000 米距离垂直穿甲厚度为 26 毫米。

· 并列机枪为一挺 MG 37 (t) 7.92 毫米机枪，备弹 1200 发。

· 主炮的旋回和俯仰既可用方向机、高低机来调节，也可直接借助肩托来控制。

· 并列机枪可与主炮联动，也可由装填手单独操作。

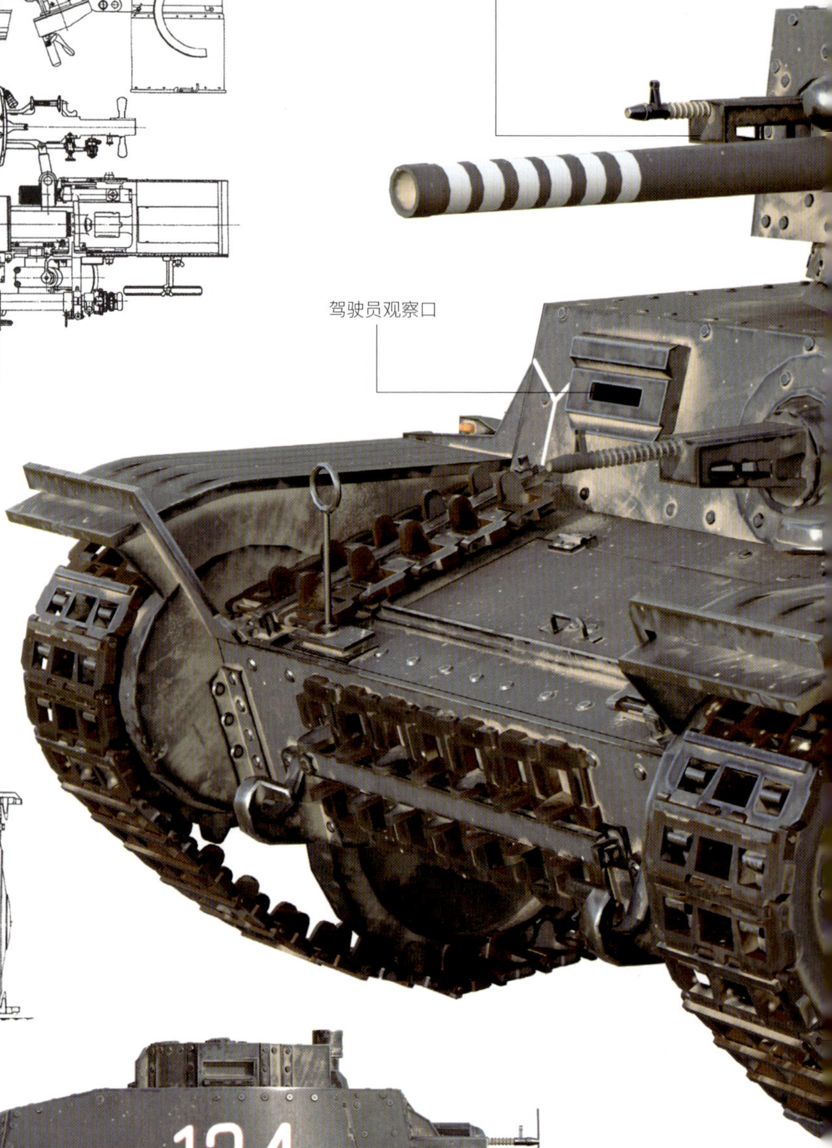

驾驶员观察口

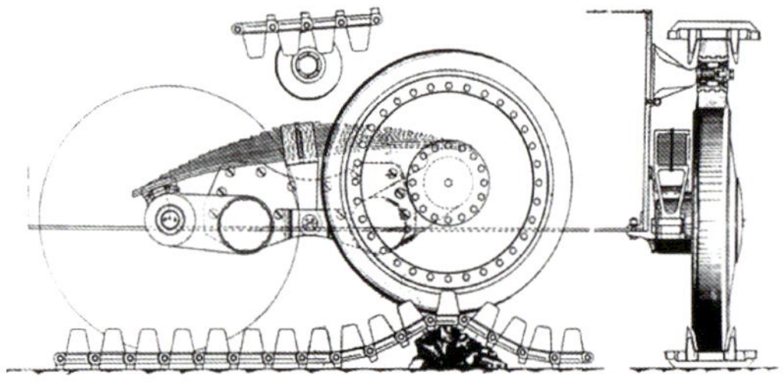

悬挂系统

775 毫米的挂胶负重轮成对安装在与支撑架相连的摆臂上，每对共用一组钢板弹簧。负重轮的 6 毫米圆盘形装甲为钢板弹簧和摆臂提供了一定程度的保护。钢板弹簧的另一个用途是刮除负重轮内缘的泥土。

134

车长周视潜望镜

这个潜望镜可以 360 度旋转，提供周视视野，放大倍率为 2.6 倍，视场为 25 度。潜望镜上端有装甲帽，可以抵御弹片的攻击。

车长指挥塔

车长指挥塔设有 4 个观察口，均装有带装甲护套的潜望镜，分别位于前、后、左、右四个方向。

车长观察口

驾驶员观察口

2000 千克牵引钩

5000 千克牵引钩

优秀的平台

38 (t) 在战争中是万金油一般的存在，德军用它的底盘改装出了多种作战车辆。

“黄鼠狼”III自行反坦克炮

“追猎者”坦克歼击车

“蟋蟀”自行火炮

履带式装甲侦察车

▲ 1942 年 7 月，一辆 38(t) 被困在热勒夫前线的泥泞中。38(t) 的翼子板由 2 毫米厚的钢板制成，足以承受士兵们的重量。

M24 Chaffee Light Tank

炮手瞄准镜

小车扛大炮

为不足 20 吨的坦克装上 75 毫米火炮是一件困难的事，工程师最终选择了 B-25H 轰炸机上的 T13E1 型 75 毫米火炮。这种火炮可以与 M4 中型坦克的 75 毫米主炮通用炮弹，弹道特性也与后者相同。T13E1 火炮身管壁更薄，射击时升温更快，身管寿命也更短，然而其重量很轻，这正是轻型坦克需要的。此外，M24 轻型坦克还配有短后坐同心式驻退机，后坐距离只有 305 毫米，极大地节省了炮塔空间。

武/器/档/案 WEAPON ARCHIVES

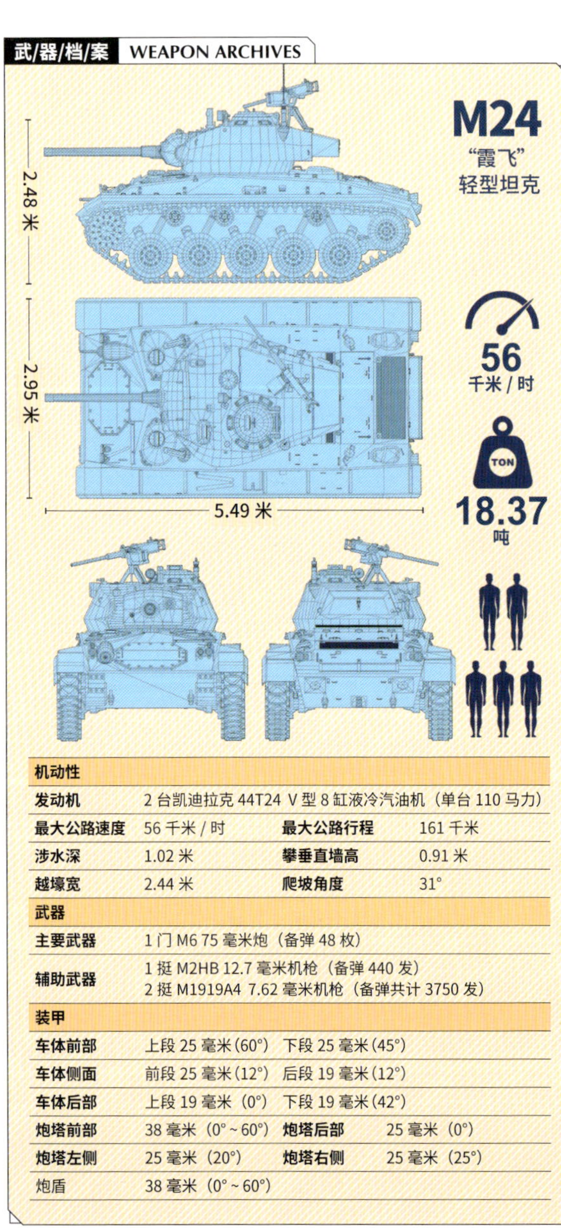

机动性			
发动机	2 台凯迪拉克 44T24 V 型 8 缸液冷汽油机（单台 110 马力）		
最大公路速度	56 千米 / 时	最大公路行程	161 千米
涉水深	1.02 米	攀垂直墙高	0.91 米
越壕宽	2.44 米	爬坡角度	31°
武器			
主要武器	1 门 M6 75 毫米炮（备弹 48 枚）		
辅助武器	1 挺 M2HB 12.7 毫米机枪（备弹 440 发） 2 挺 M1919A4 7.62 毫米机枪（备弹共计 3750 发）		
装甲			
车体前部	上段 25 毫米（60°） 下段 25 毫米（45°）		
车体侧面	前段 25 毫米（12°） 后段 19 毫米（12°）		
车体后部	上段 19 毫米（0°） 下段 19 毫米（42°）		
炮塔前部	38 毫米（0°~60°）	炮塔后部	25 毫米（0°）
炮塔左侧	25 毫米（20°）	炮塔右侧	25 毫米（25°）
炮盾	38 毫米（0°~60°）		

难于使用

M24 的炮塔顶部可以安装一挺 12.7 毫米机枪，然而这挺机枪的位置十分别扭，位于炮塔右后方，射手必须站在炮塔后面才能使用，难以有效对付步兵。

液压减震器

扭杆悬挂

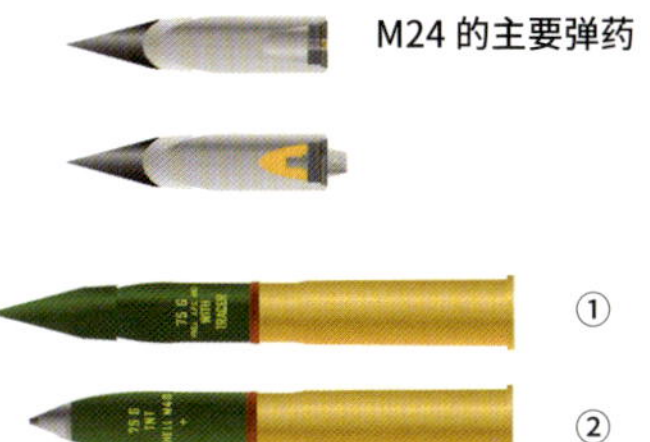

美式 V8
M24 配备 2 台凯迪拉克 44T24 V 型 8 缸汽油机，单台额定功率 110 马力。这种发动机不仅赋予了 M24 优异的机动性，同时也便于维护，且能快速更换。

M24 的主要弹药

①

②

① M61 风帽被帽穿甲弹
风帽用于改善气动外形，被帽用于减少跳弹概率；1000 米距离可击穿 86 毫米厚的垂直均质装甲。

② M48 高爆弹
用于摧毁工事和杀伤人员，弹长 675.64 毫米，弹重 8.16 千克，弹头装药为 0.67 千克 TNT。

扭杆悬挂

有别于前文介绍的其他轻型坦克，M24 采用扭杆悬挂。这种悬挂系统以扭杆作为弹性元件，扭杆一端固定在车体上，另一端通过平衡肘和负重轮相连。坦克行驶时，负重轮带动平衡肘上下摆动，进而使扭杆发生扭转，靠扭转弹力来吸收震动。

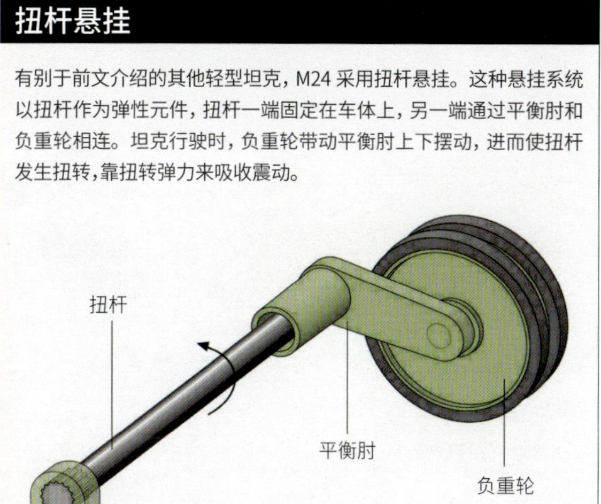

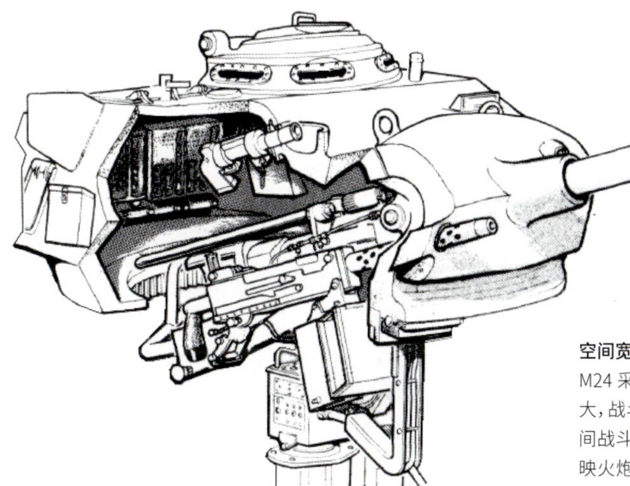

空间宽敞
M24 采用 3 人炮塔，炮塔座圈直径较大，战斗室空间宽敞，能使乘员在长时间战斗中保持效率。不过也有部队反映火炮和机枪的备弹量都不够用，无法满足作战时的消耗。

装甲薄弱
M24 的装甲颇受部队诟病，最厚处仅有 38 毫米，车体装甲格外薄弱，首上和首下都只有 25 毫米厚，车底对地雷的防御效果也很糟糕。

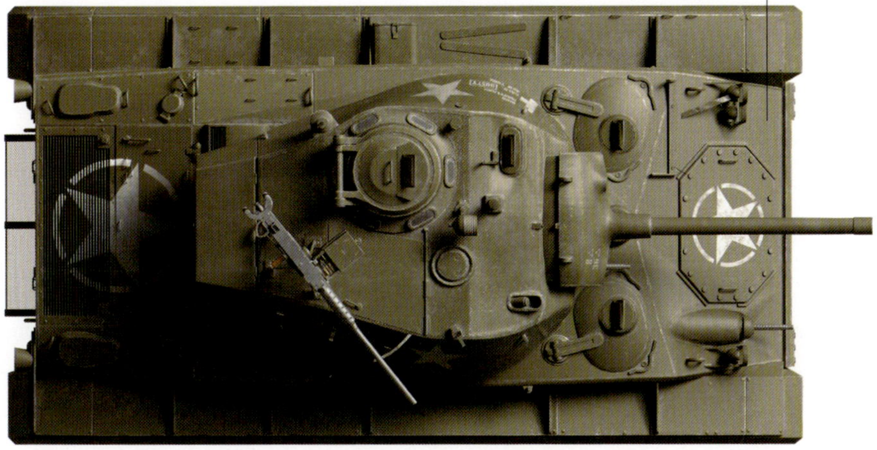

M24“霞飞”轻型坦克

美军在北非获得的经验表明，安装 37 毫米主炮的 M3/M5 系列轻型坦克性能已经被压榨到了极限。1943 年，美国军械委员会开始着手研发新的轻型坦克——配备 75 毫米主炮，但采用轻装甲，车重控制在 20 吨以内。新坦克于 1944 年 4 月量产，随后被定型为 M24 轻型坦克。M24 的性能全面优于 M5，但抵达战场的时间太晚，几乎只活跃在欧洲战事的最后半年。加入二战前夕，美军曾希望轻型坦克能同时肩负支援步兵和遂行侦察的职责，但在北非的经历改变了他们的看法，M24 服役后主要承担侦察任务。在一些资料中，M24 也被称为“霞飞”轻型坦克，这是为了纪念美国陆军装甲部队首任指挥官小阿德纳·罗曼扎·霞飞少将，不过官方很少使用这个名称。另外，随着 M24 陆续抵达欧洲战区，美国陆军担忧基层官兵将其与德国的“黑豹”坦克混淆，遂采取一系列措施使部队了解这种坦克与“黑豹”的区别，这使它得了“小黑豹”的绰号。

ENCYCLOPEDIA OF

LAND WEAPONS

第九章
中型坦克

一般说来，中型坦克的战斗全重介于 20 吨至 40 吨之间。它们拥有均衡的火力、防护和机动性能，同时具备大规模量产的潜能和巨大的改进升级空间，在效费比方面对轻型坦克和重型坦克具有碾压优势，因此在战争中成长为装甲部队的核心。

我们可以在美、苏、德、意、日的战斗序列中看到“中型坦克”这一明确的分类，尽管意、日的中型坦克往往仅相当于美、苏、德的轻型坦克。英国则继续使用“步兵坦克”与“巡洋坦克”的划分方法，不过他们事实上并不缺少优秀的中等吨位坦克。至于法国，德国的入侵与国土的沦陷打断了其坦克发展进程，他们在战前研制的一些“骑兵坦克”按照吨位可以划入“中型坦克”范畴。

苏联的 T-34、美国的 M4“谢尔曼”和德国的Ⅳ号坦克是二战中最具代表性的中型坦克，不仅性能优异、产量巨大，而且分别代表了苏联无坚不摧的钢铁洪流、美国实力雄厚的汽车工业，以及德国引领时代的战争艺术。美制 M26“潘兴”和德国的“黑豹”则可视作二战中型坦克的顶峰，前者为战后漫长的“巴顿”坦克时代打开了大门，后者则成了一种代表坦克的凶猛、坚固、迅捷的文化符号。

Main Force At The Beginning

早期主力

这些战争初期的主力中型坦克设计并不完善，在实战中暴露出了诸多问题，且升级改造的空间也不甚充足，在战争中逐渐被更成熟、更优秀的型号取代了。

M3“李 / 格兰特”

1941 年，M3 中型坦克作为一种权宜之计被匆忙投入生产，以满足美国和英国对中型坦克的迫切需求。美国装甲部队指挥官小阿德纳·霞飞将军希望获得一辆将 75 毫米炮安装在旋转炮塔中的坦克，陆军军械局则认为以当时的水平很难设计出足够大的炮塔。于是 75 毫米炮被置于车体右侧，只能做角度有限的旋回，同时辅以安装 37 毫米炮的炮塔。为了尽可能地多装机枪，炮塔顶部还有一个可全向旋回的机枪塔。

法国战役之后，英国人不得不向美国购买 M3 中型坦克以弥补战争损失，但他们对 M3 的原始设计并不满意。因此供英军使用的版本做了一定的修改，炮塔更为宽敞，取消了旋转机枪塔，并且按照英军的习惯将无线电系统安装在炮塔之内。这种英国“特供”版 M3 中型坦克被英军称作“格兰特”，与之相对应，美式炮塔版 M3 则在英军中获得了“李”的绰号。起这两个名字正是为了纪念美国南北战争中的北军总司令尤利西斯·格兰特和南军总司令罗伯特·李。

▲ M3“李”体型庞大，乘员多达 7 人，防护算不上优秀，因此被称为“七兄弟的棺材”——这一绰号是苏联人起的。

37 毫米炮

安装在炮塔内的 37 毫米炮可以 360°旋转，在一定程度上弥补了 75 毫米炮射界狭窄的不足。

装填手席

炮手席

75 毫米炮

安装在车体右侧的 75 毫米榴弹炮方向射界非常有限，只有 30°（左右各 15°），这对 M3“李 / 格兰特”的作战效能造成了较大的制约。

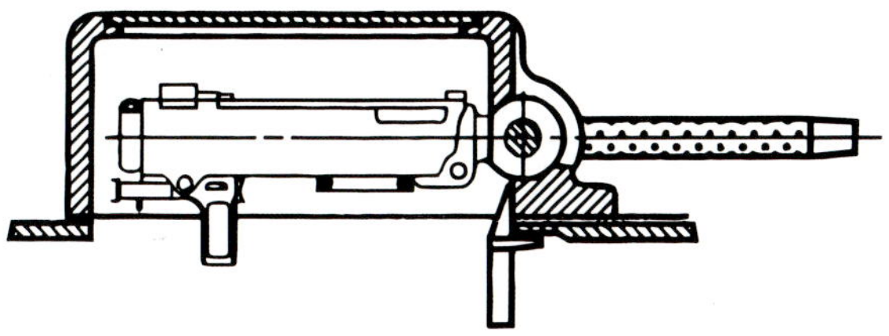

机枪转塔
在炮塔顶部设置机枪转塔的本意是增加反步兵火力，但一名车长很难在操纵这挺机枪时指挥全车战斗，除非他有三头六臂。

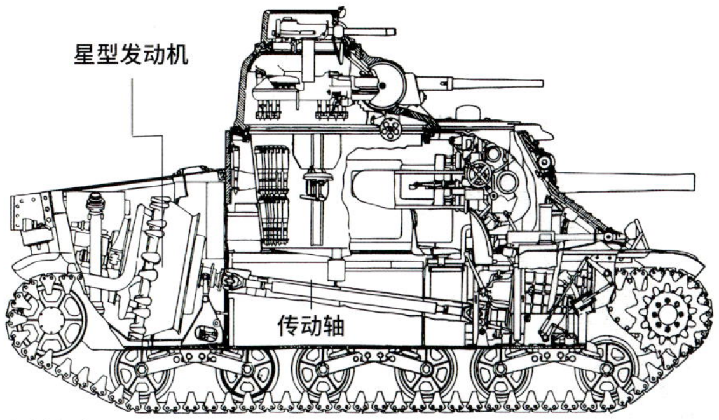

星型发动机
传动轴

身材高大
由于采用了直径较大的星型发动机，并且有一根倾斜的传动轴贯穿车底，再加上炮塔顶部安装了突出的机枪转塔，M3“李”的体型格外高大。

◀安装美式炮塔的 M3“李”中型坦克。

在 M3“李 / 格兰特”上不难发现过时的战间期设计理念，以及因时间仓促造成的设计缺陷。但刚服役时它的确是武器装备最精良的坦克，并且拥有优秀的动力系统。1942 年春季和夏季，这种防护尚可、火力凶悍的坦克投入北非战场，充实了英国装甲师的力量。它们促成了北非战局的转折，也见证了德国非洲集团军群的最后失败。从 1943 年开始，欧洲战区的 M3 不再扮演坦克角色，不过在缅甸战区仍然可以见到它的身影。

▲安装英式炮塔的 M3“格兰特”中型坦克。

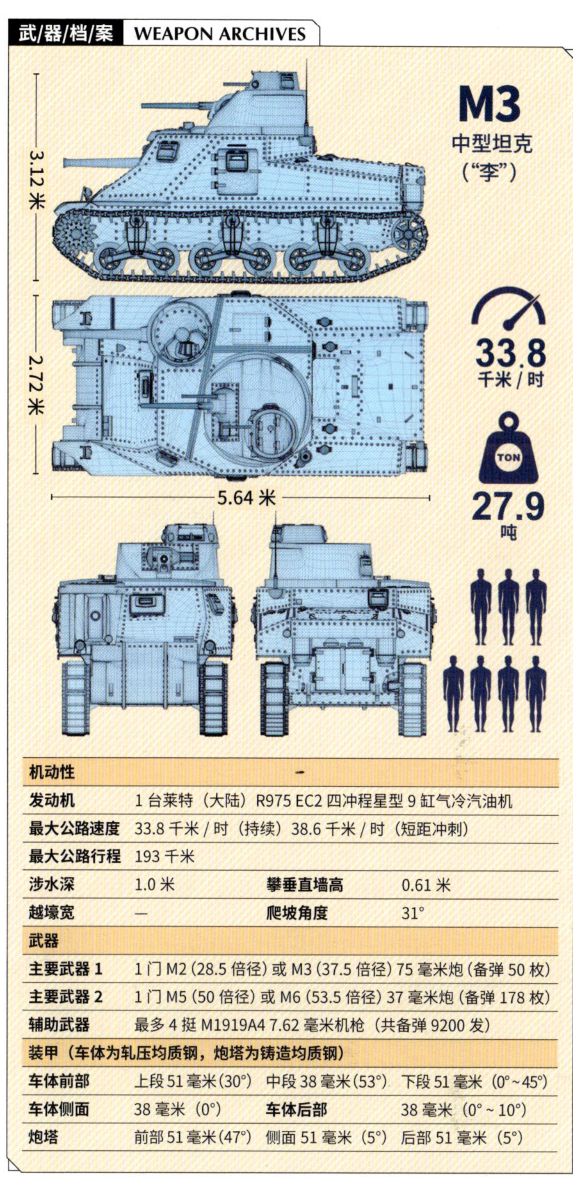

机动性			
发动机	1 台莱特（大陆）R975 EC2 四冲程星型 9 缸气冷汽油机		
最大公路速度	33.8 千米 / 时（持续）38.6 千米 / 时（短距冲刺）		
最大公路行程	193 千米		
涉水深	1.0 米	攀垂直墙高	0.61 米
越壕宽	—	爬坡角度	31°
武器			
主要武器 1	1 门 M2（28.5 倍径）或 M3（37.5 倍径）75 毫米炮（备弹 50 枚）		
主要武器 2	1 门 M5（50 倍径）或 M6（53.5 倍径）37 毫米炮（备弹 178 枚）		
辅助武器	最多 4 挺 M1919A4 7.62 毫米机枪（共备弹 9200 发）		
装甲（车体为轧压均质钢，炮塔为铸造均质钢）			
车体前部	上段 51 毫米（30°）	中段 38 毫米（53°）	下段 51 毫米（0°~45°）
车体侧面	38 毫米（0°）	车体后部	38 毫米（0° ~ 10°）
炮塔	前部 51 毫米（47°）	侧面 51 毫米（5°）	后部 51 毫米（5°）

蒙哥马利与 M3“格兰特”

英国名将蒙哥马利从 M3“格兰特”指挥坦克的炮塔中探出身子，表现出运筹帷幄之中、决胜千里之外的笃定与自信。这张 1942 年 11 月拍摄于阿拉曼的照片完美诠释了蒙哥马利装甲兵将领的身份。

III号坦克

Ⅲ号坦克是德军设想中的主力坦克，主要用于和坦克交战，与负责支援步兵的支援坦克配合使用。Ⅲ号坦克融合了戴姆勒－奔驰、曼恩、亨舍尔三家公司的原型车设计，于1937年投入量产。这是一种高度契合闪击战战术的坦克，拥有相当不错的机动性，不过它在波兰战役爆发时数量太少，直到法国战役时才跻身主力行列。得益于优秀的人机工效和良好的人员训练，Ⅲ号坦克在东线面对T-26、BT-7等坦克时一度打出了1∶6的交换比。然而由于车内空间和载重能力有限，它无法安装长身管75毫米主炮，反装甲能力受到限制。1943年夏季的库尔斯克会战之后，Ⅲ号坦克逐渐退居二线。（主图为Ⅲ号L型）

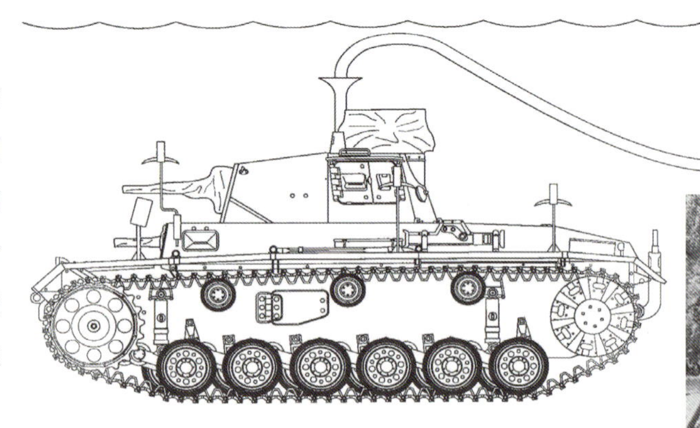

潜水坦克

为执行入侵英国的“海狮计划”，168辆III号坦克被改造成潜水坦克。火炮、机枪、指挥塔、发动机舱盖等部位用防水织物覆盖，炮塔座圈处以充气橡胶管密封，排气口安装了止回阀，通气管则通过浮筒伸出海面。按照计划，这些坦克将由驳船运送至近岸处，然后依靠自身动力在海底行驶，最后在英国海岸突然杀出。当然，这个计划并未实施。

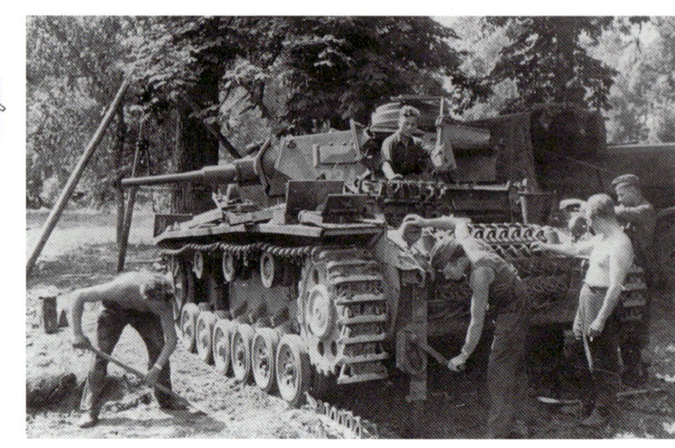

▲德军坦克手正在检修他们的III号H型坦克，履带已经被拆开了。

武/器/档/案 WEAPON ARCHIVES

2.5米
2.95米
6.28米
III号
坦克
（L型）
40
千米/时
TON
22.7
吨

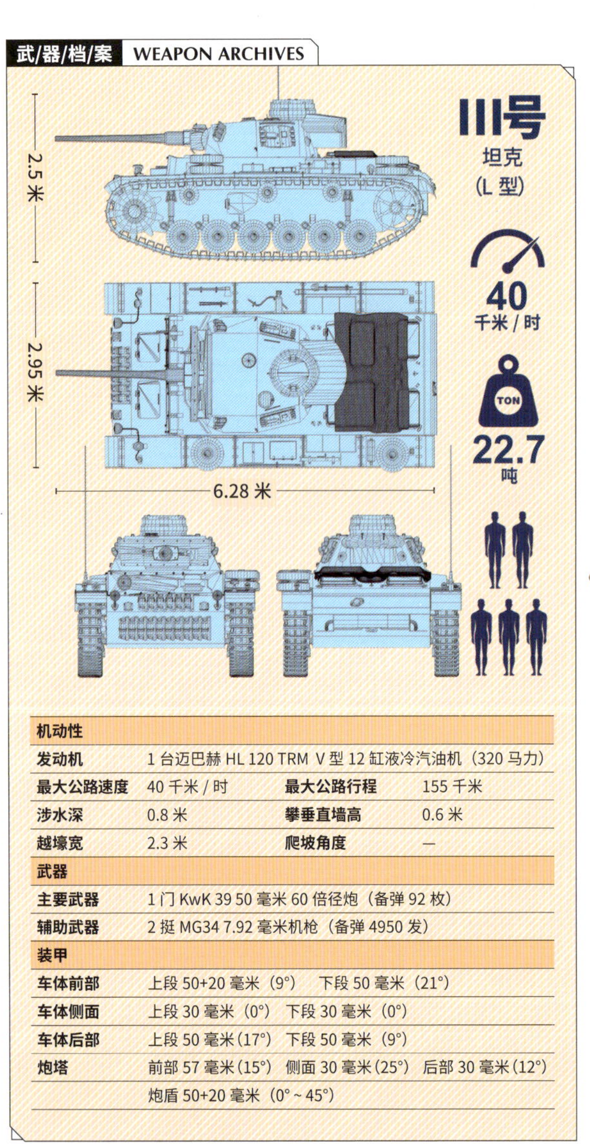

机动性			
发动机	1台迈巴赫HL 120 TRM V型12缸液冷汽油机（320马力）		
最大公路速度	40千米/时	**最大公路行程**	155千米
涉水深	0.8米	**攀垂直墙高**	0.6米
越壕宽	2.3米	**爬坡角度**	—
武器			
主要武器	1门KwK 39 50毫米60倍径炮（备弹92枚）		
辅助武器	2挺MG34 7.92毫米机枪（备弹4950发）		
装甲			
车体前部	上段50+20毫米（9°） 下段50毫米（21°）		
车体侧面	上段30毫米（0°） 下段30毫米（0°）		
车体后部	上段50毫米（17°） 下段50毫米（9°）		
炮塔	前部57毫米（15°） 侧面30毫米（25°） 后部30毫米（12°）		
	炮盾50+20毫米（0°~45°）		

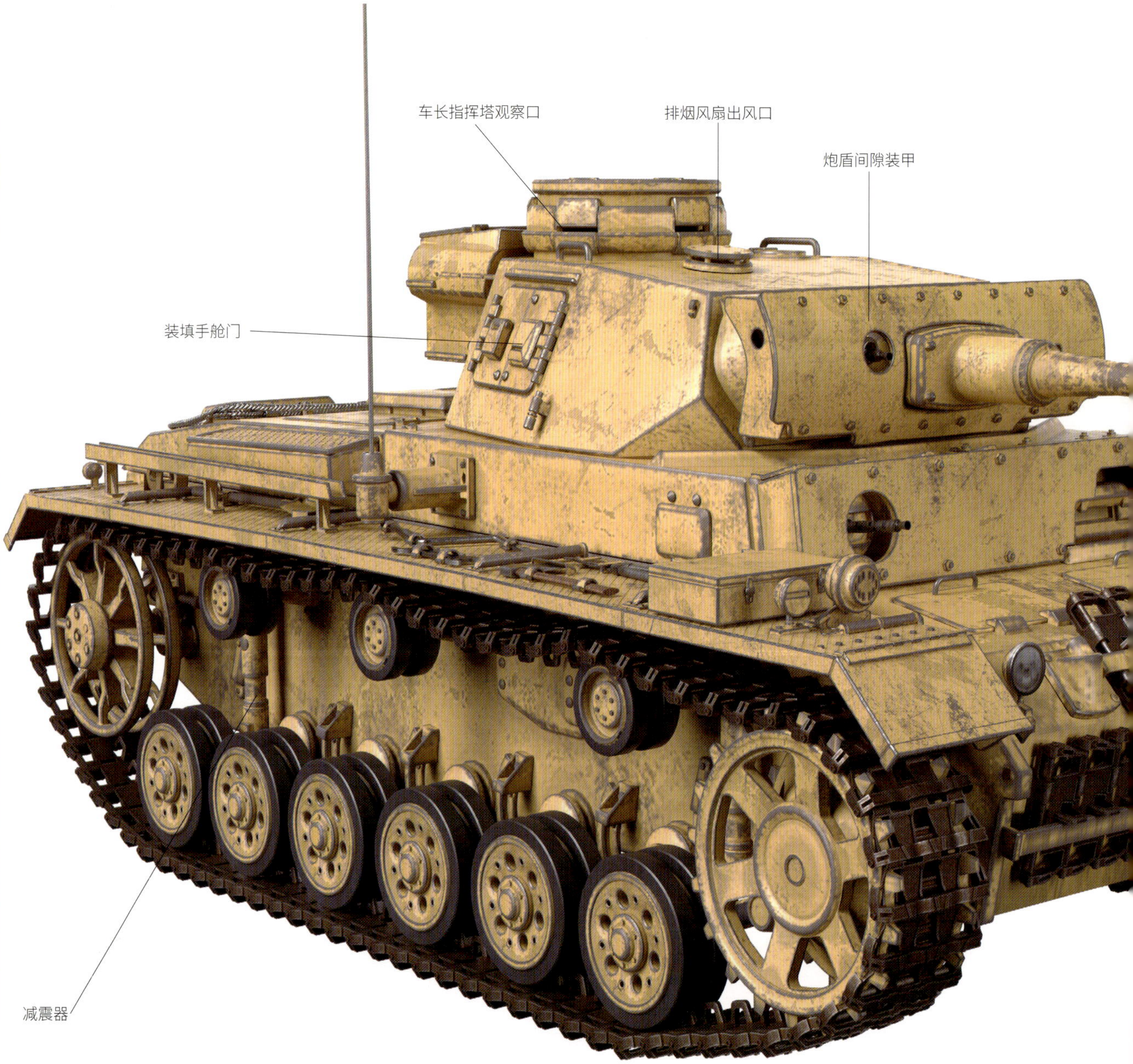

车长指挥塔观察口
排烟风扇出风口
炮盾间隙装甲
装填手舱门
减震器

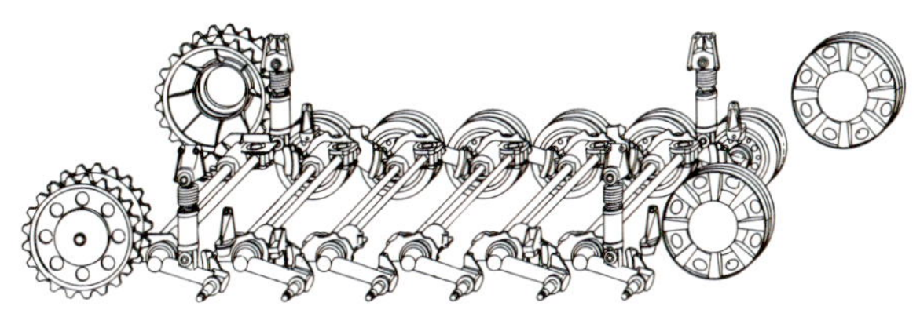

扭杆悬挂

III号坦克是世界上第一种采用扭杆悬挂的量产型坦克，其第一对负重轮和第六对负重轮的平衡肘上还装有减震器。和螺旋弹簧平衡悬挂、钢板弹簧平衡悬挂等悬挂方式相比，扭杆悬挂显著提升了行驶的平稳性和驾乘的舒适性，但让修理和维护变得更加困难。

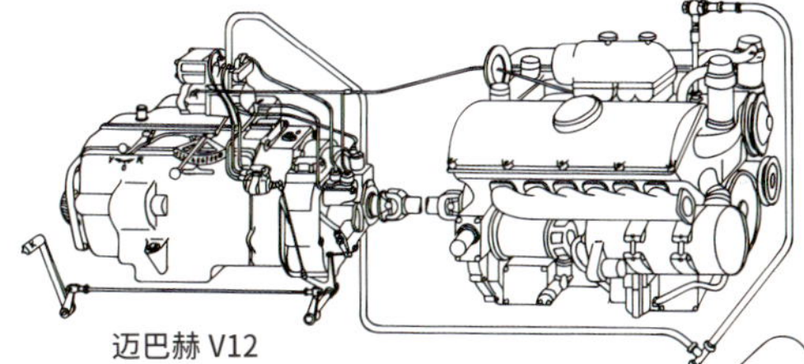

迈巴赫 V12

量产型III号坦克由一台迈巴赫 HL120TRM 汽油发动机驱动，V 型 12 缸布局，排气量 11.9 升，额定功率 320 马力。

火力升级

III号坦克 E 型 · KwK 36 37 毫米主炮，45 倍径

III号坦克 F 型 · KwK 38 50 毫米主炮，42 倍径

III号坦克 J 型 · KwK 39 50 毫米主炮，60 倍径

Kwk 39/L60 50 毫米火炮

1941 年 11 月以后生产的III号坦克主要使用 Kwk 39/L60 50 毫米火炮，这种坦克炮由 50 毫米 Pak 38 反坦克炮发展而来。面对盟军主力坦克 T-34 和 M4“谢尔曼”时 Kwk 39/L60 显得力不从心，但因为炮塔空间有限，III号坦克无法安装威力更大的火炮了。

Far From The Battlefield

战场之外

一些参战国虽然具备一定的工业实力，成功制造了本土的中型坦克，但终归不是本阵营的核心力量。因此，这些中型坦克并未获得参加实战的机会，或者在战场上仅发挥了极其有限的作用。加拿大的“公羊”巡洋坦克是其中的典型代表，从未参加过一场战斗。

“公羊”巡洋坦克

欧洲战事爆发后，英国和美国都没有余力向加拿大提供坦克，因此加拿大以美国M3中型坦克为基础，自行研制了“公羊”巡洋坦克。“公羊”保留了M3的动力系统和行走装置，但重新设计了车体和炮塔，并且采用符合英联邦军队标准的武器。其中，“公羊”Mk Ⅰ配备的是40毫米（2磅）火炮，“公羊”Mk Ⅱ的主炮则升级为57毫米（6磅）火炮。1943年，由于加拿大能够获得足够数量的M4中型坦克，“公羊”便不再继续生产。它从未以坦克的角色投入实战，但为加拿大装甲部队提供了宝贵的经验。（主图为“公羊”Mk Ⅱ晚期型，剖视图为“公羊”Mk Ⅱ早期型）

▲ 加拿大蒙特利尔的“公羊”坦克生产线。

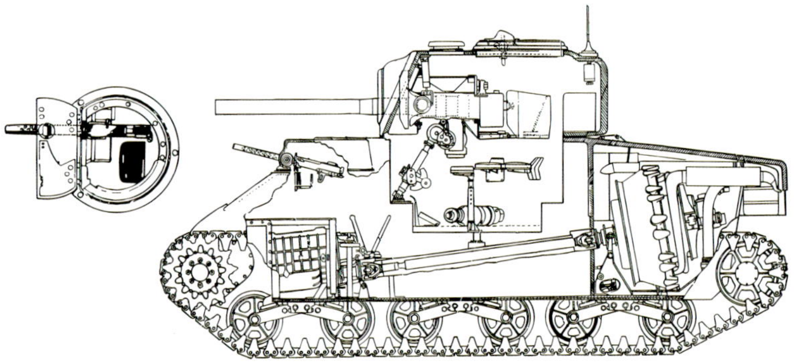

旋转机枪塔

“公羊”巡洋坦克起初在车体左侧安装了与M3“李”类似的机枪转塔，不过这个装置并不实用，所以“公羊”Mk Ⅱ晚期型将其改成了球形机枪座。

武/器/档/案 WEAPON ARCHIVES

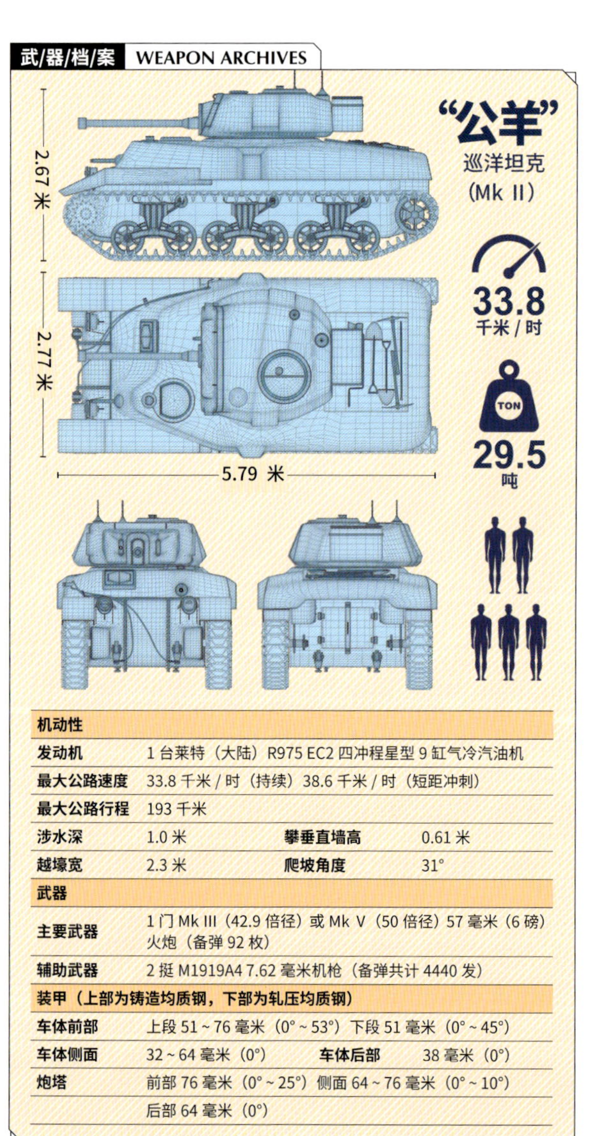

机动性			
发动机	1台莱特（大陆）R975 EC2 四冲程星型9缸气冷汽油机		
最大公路速度	33.8千米/时（持续）38.6千米/时（短距冲刺）		
最大公路行程	193千米		
涉水深	1.0米	攀垂直墙高	0.61米
越壕宽	2.3米	爬坡角度	31°
武器			
主要武器	1门Mk III（42.9倍径）或Mk V（50倍径）57毫米（6磅）火炮（备弹92枚）		
辅助武器	2挺M1919A4 7.62毫米机枪（备弹共计4440发）		
装甲（上部为铸造均质钢，下部为轧压均质钢）			
车体前部	上段51~76毫米（0°~53°）下段51毫米（0°~45°）		
车体侧面	32~64毫米（0°）	车体后部	38毫米（0°）
炮塔	前部76毫米（0°~25°）侧面64~76毫米（0°~10°）		
	后部64毫米（0°）		

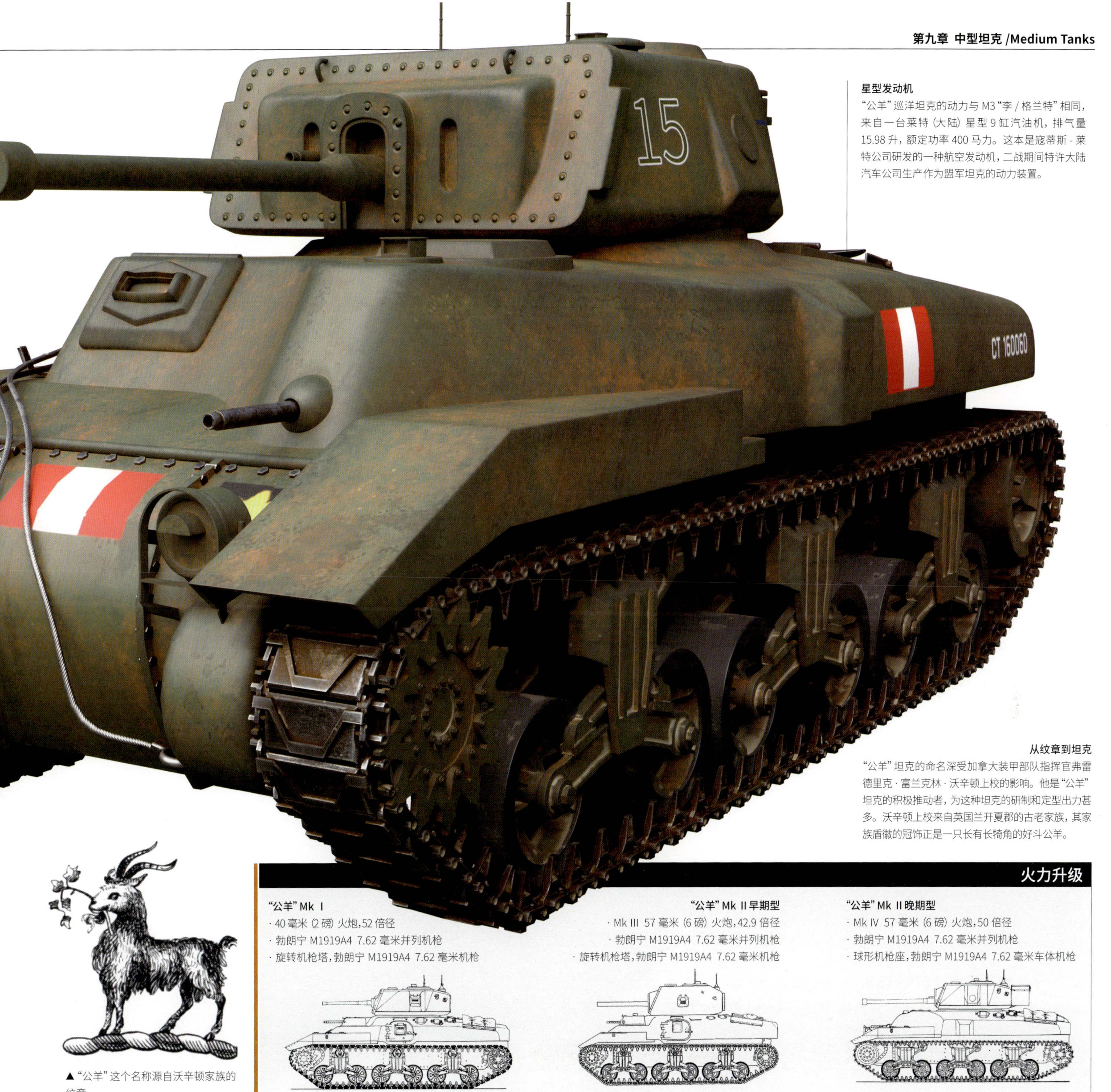

星型发动机

“公羊”巡洋坦克的动力与 M3“李 / 格兰特”相同，来自一台莱特（大陆）星型 9 缸汽油机，排气量 15.98 升，额定功率 400 马力。这本是寇蒂斯 - 莱特公司研发的一种航空发动机，二战期间特许大陆汽车公司生产作为盟军坦克的动力装置。

从纹章到坦克

“公羊”坦克的命名深受加拿大装甲部队指挥官弗雷德里克·富兰克林·沃辛顿上校的影响。他是“公羊”坦克的积极推动者，为这种坦克的研制和定型出力甚多。沃辛顿上校来自英国兰开夏郡的古老家族，其家族盾徽的冠饰正是一只长有长犄角的好斗公羊。

▲“公羊”这个名称源自沃辛顿家族的纹章。

火力升级

“公羊”Mk Ⅰ

- 40 毫米（2 磅）火炮，52 倍径
- 勃朗宁 M1919A4 7.62 毫米并列机枪
- 旋转机枪塔，勃朗宁 M1919A4 7.62 毫米机枪

“公羊”Mk Ⅱ早期型

- Mk Ⅲ 57 毫米（6 磅）火炮，42.9 倍径
- 勃朗宁 M1919A4 7.62 毫米并列机枪
- 旋转机枪塔，勃朗宁 M1919A4 7.62 毫米机枪

“公羊”Mk Ⅱ晚期型

- Mk Ⅳ 57 毫米（6 磅）火炮，50 倍径
- 勃朗宁 M1919A4 7.62 毫米并列机枪
- 球形机枪座，勃朗宁 M1919A4 7.62 毫米车体机枪

Backbone Of Armour

钢铁之柱

M4“谢尔曼”、Ⅳ号坦克与T-34堪称各自所在阵营装甲部队的顶梁柱。它们很好地平衡了作战性能和易生产性，具备不错的战斗力的同时也维持了巨大的装备数量，M4“谢尔曼”在设计时甚至还考虑到了通过海运前往欧洲的战略机动性问题。事实证明，较好的质量和充足的数量对主战武器来说缺一不可。

武/器/档/案 WEAPON ARCHIVES

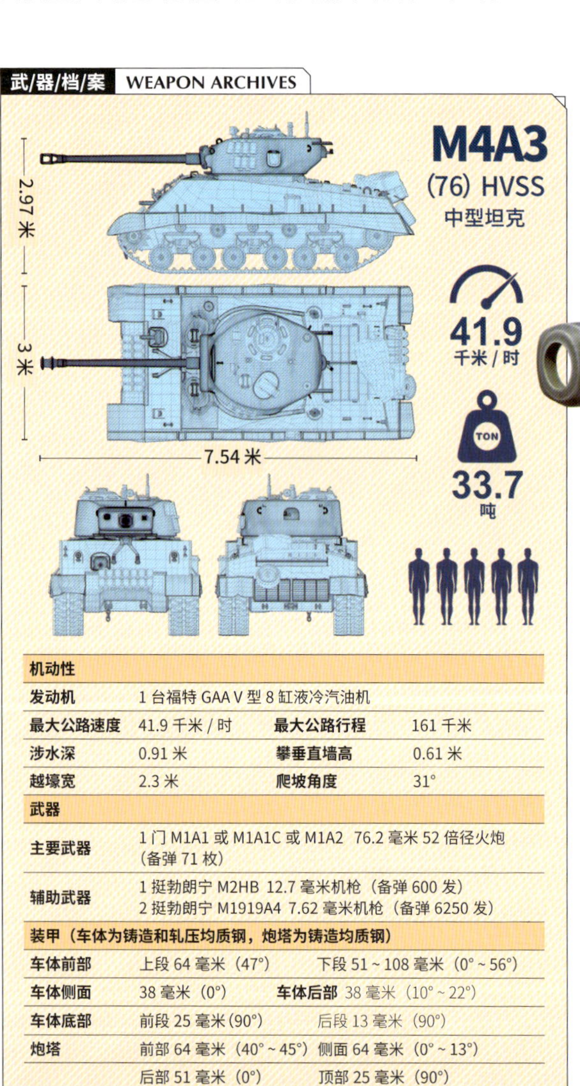

机动性			
发动机	1 台福特 GAA V 型 8 缸液冷汽油机		
最大公路速度	41.9 千米 / 时	最大公路行程	161 千米
涉水深	0.91 米	攀垂直墙高	0.61 米
越壕宽	2.3 米	爬坡角度	31°
武器			
主要武器	1 门 M1A1 或 M1A1C 或 M1A2 76.2 毫米 52 倍径火炮（备弹 71 枚）		
辅助武器	1 挺勃朗宁 M2HB 12.7 毫米机枪（备弹 600 发） 2 挺勃朗宁 M1919A4 7.62 毫米机枪（备弹 6250 发）		
装甲（车体为铸造和轧压均质钢，炮塔为铸造均质钢）			
车体前部	上段 64 毫米（47°）	下段 51 ~ 108 毫米（0° ~ 56°）	
车体侧面	38 毫米（0°）	车体后部	38 毫米（10° ~ 22°）
车体底部	前段 25 毫米（90°）	后段 13 毫米（90°）	
炮塔	前部 64 毫米（40° ~ 45°）	侧面 64 毫米（0° ~ 13°）	
	后部 51 毫米（0°）	顶部 25 毫米（90°）	

M4 中型坦克

M4中型坦克显然不是最好的同盟国坦克，但无疑是一种相对简单、便于维护、可靠且坚固的设计。1942—1946年，有超过40000辆基于M4中型坦克底盘的装甲战斗车辆被生产出来，美、英、苏、法、中等国的部队都曾装备过这种坦克。战争结束时M4中型坦克的面貌较1941年时已经大为不同，在兼顾坦克产量和质量的情况下，美国人也在不断尝试提升坦克的技术水平，将更好的装甲、武器、悬挂装置引入生产当中。M4A3(76)HVSS是一系列M4中型坦克中设计最成熟、性能最均衡的一个型号，它采用焊接车体，装备动力充足的福特GAA液冷发动机，安装一门76.2毫米长身管火炮，为降低被命中后起火的概率，还配备了湿式弹药架。HVSS是水平蜗卷弹簧悬挂的缩写，这一悬挂系统带来了非常出色的通过性。

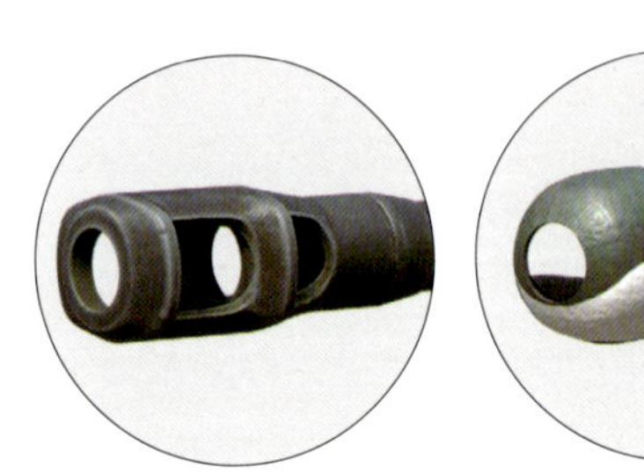

炮口制退器

炮口制退器将部分火药燃气导向炮口侧后方，可以抵消一部分后坐力。另一方面，炮口制退器也会制造强烈的炮口火光、扬尘和冲击波，增加暴露自身位置的风险。

首上装甲倾斜 47°

▶ M4A3(76)HVSS。

履带宽 610 毫米

水平蜗卷弹簧平衡悬挂

车体每侧有3个主支撑架，每个主支撑架上安装一对双缘负重轮，适配宽幅履带以降低对地面的压强。

“谢尔曼 - 萤火虫”

M4 中型坦克被英国人称为“谢尔曼”，它事实上也是 1943—1945 年英军中最重要的坦克，比这一时期其他英国设计和制造的坦克都有更广泛的应用。英国对“谢尔曼”的主要改进是为其中一部分坦克加装 76.2 毫米（17 磅）火炮，这是战争期间英国坦克装备的威力最大的坦克炮，这种坦克被称为“谢尔曼 - 萤火虫”。为了安装威力强大的火炮，“萤火虫”付出了不少代价，比如车内空间局促，无线电操作员不得不由装填手兼任，通信与协同受到影响。76.2 毫米（17 磅）火炮的高爆弹效果不佳，此外这种火炮的身管也非常显眼，导致“萤火虫”易遭优先攻击。虽然问题重重，“萤火虫”仍不失为一种相对成功的应急设计，它是登陆诺曼底的英军中唯一一种理论上能在 1000 米距离击穿“虎”式坦克车体和炮塔正面的坦克。

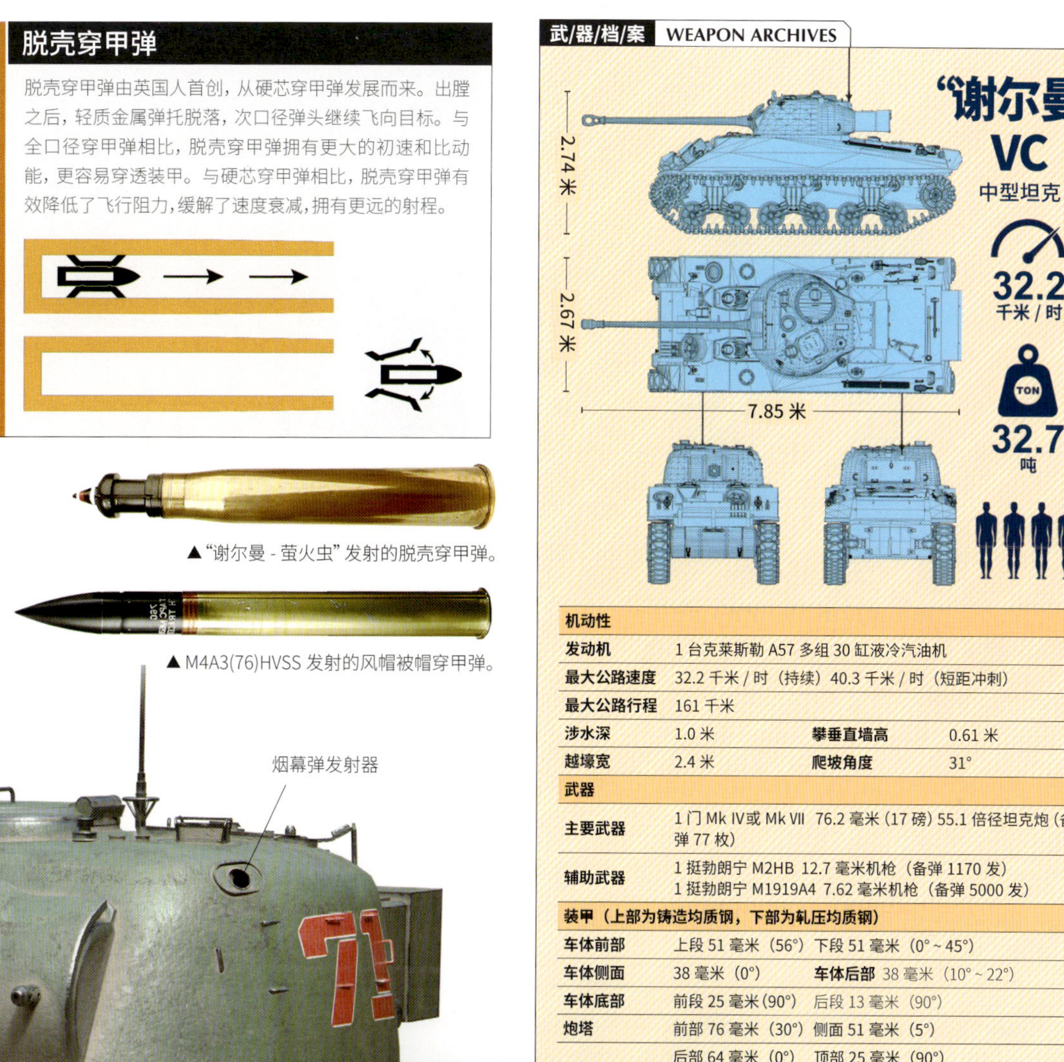

▲“谢尔曼 - 萤火虫”发射的脱壳穿甲弹。

▲ M4A3(76)HVSS 发射的风帽被帽穿甲弹。

机动性			
发动机	1 台克莱斯勒 A57 多组 30 缸液冷汽油机		
最大公路速度	32.2 千米 / 时（持续）40.3 千米 / 时（短距冲刺）		
最大公路行程	161 千米		
涉水深	1.0 米	攀垂直墙高	0.61 米
越壕宽	2.4 米	爬坡角度	31°
武器			
主要武器	1 门 Mk IV或 Mk VII 76.2 毫米（17 磅）55.1 倍径坦克炮（备弹 77 枚）		
辅助武器	1 挺勃朗宁 M2HB 12.7 毫米机枪（备弹 1170 发） 1 挺勃朗宁 M1919A4 7.62 毫米机枪（备弹 5000 发）		
装甲（上部为铸造均质钢，下部为轧压均质钢）			
车体前部	上段 51 毫米（56°）下段 51 毫米（0° ~ 45°）		
车体侧面	38 毫米（0°）	车体后部	38 毫米（10° ~ 22°）
车体底部	前段 25 毫米(90°)	后段 13 毫米（90°）	
炮塔	前部 76 毫米（30°）	侧面 51 毫米（5°）	
	后部 64 毫米（0°）	顶部 25 毫米（90°）	

▼“谢尔曼”VC，一种由“谢尔曼”V（M4A4）改装而来的“萤火虫”坦克。

简易瞄准装置

烟幕弹发射器

垂直蜗卷弹簧平衡悬挂

垂直蜗卷弹簧平衡悬挂存在寿命短的问题。更大的重量造成垂直蜗卷弹簧永久变形，弹簧的磨损也更为严重。另外，由于对地压强更大，坦克通过松软地面的能力受到限制。采用直径更大的弹簧可以部分缓解弹簧负荷大、磨损严重的问题，但无法改善车辆的通过性。

单缘负重轮

履带宽 410 毫米

武/器/档/案 WEAPON ARCHIVES

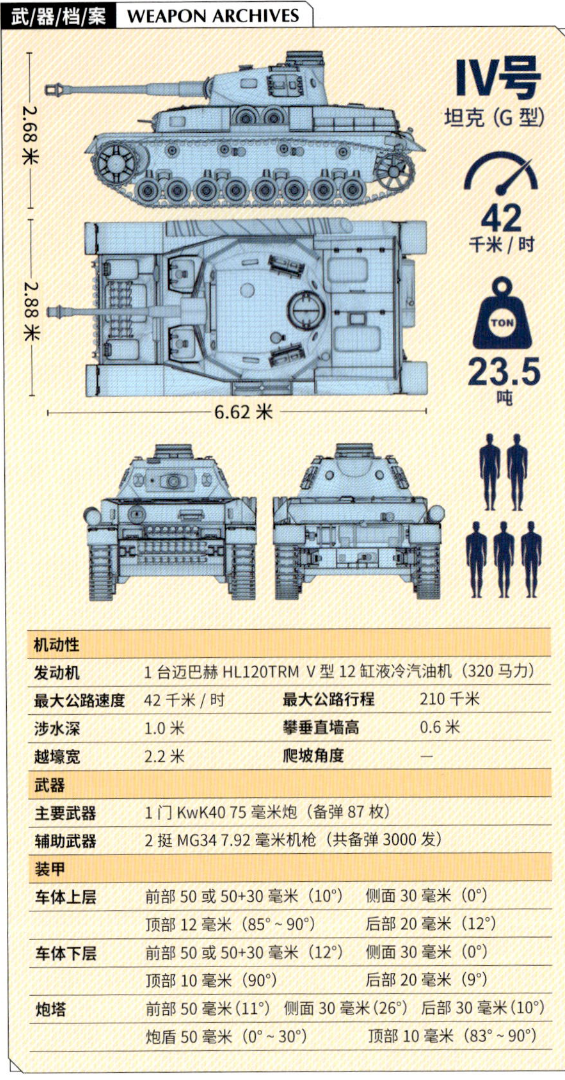

机动性			
发动机	1 台迈巴赫 HL120TRM V 型 12 缸液冷汽油机（320 马力）		
最大公路速度	42 千米 / 时	最大公路行程	210 千米
涉水深	1.0 米	攀垂直墙高	0.6 米
越壕宽	2.2 米	爬坡角度	—
武器			
主要武器	1 门 KwK40 75 毫米炮（备弹 87 枚）		
辅助武器	2 挺 MG34 7.92 毫米机枪（共备弹 3000 发）		
装甲			
车体上层	前部 50 或 50+30 毫米（10°）	侧面 30 毫米（0°）	
	顶部 12 毫米（85°～90°）	后部 20 毫米（12°）	
车体下层	前部 50 或 50+30 毫米（12°）	侧面 30 毫米（0°）	
	顶部 10 毫米（90°）	后部 20 毫米（9°）	
炮塔	前部 50 毫米（11°）	侧面 30 毫米（26°）	后部 30 毫米（10°）
	炮盾 50 毫米（0°～30°）	顶部 10 毫米（83°～90°）	

IV号坦克

德国IV号坦克最初的定位是步兵支援坦克，与主要执行反坦克任务的III号坦克协同作战。和III号坦克相比，IV号坦克技术更为成熟，车内空间和改造潜力也更大。经过不断升级，它逐渐成为德军装甲师的主力车型，同时也是二战期间产量最大的德国坦克。IV号坦克在火力和防护上不及“虎”式、“黑豹”等名声显赫的德国坦克，但它凭借稳定可靠的性能和多样的用途在二战中打满了全场，在士兵中获得了“军马”的美誉。（主图为IV号 G 型）

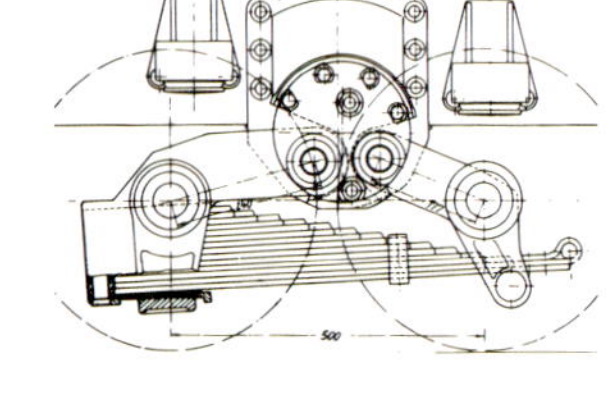

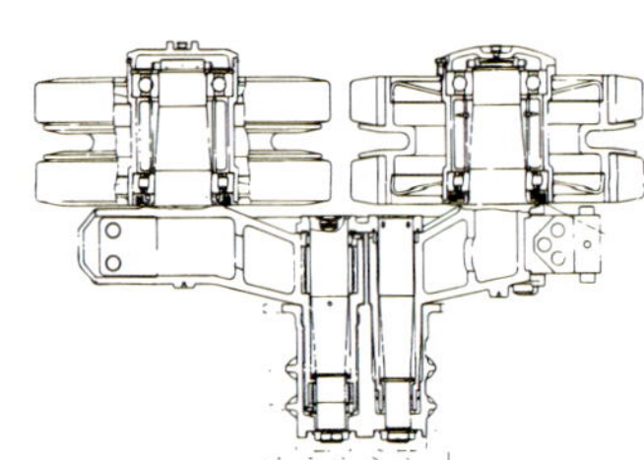

钢板弹簧平衡悬挂

在德军的战斗序列中，III号坦克之后的主力战车大多使用扭杆悬挂，如“黑豹”、“虎”式、“虎王”等。而IV号坦克是和III号坦克并行的研发项目，它采用更为保守的钢板弹簧平衡悬挂（从IV号 C 型开始），虽然悬挂行程不及扭杆悬挂，但胜在不占用车内空间，保证了坦克的升级潜力。

▼ 长身管 75 毫米炮的主要弹药。

SprGr 34 高爆弹

PzGr 39 风帽被帽穿甲弹

攀爬扶手

风帽被帽穿甲弹

在穿甲弹的头部焊接一个韧性较好、外形平钝的被帽，能赋予穿甲弹一定的转正能力，降低跳弹概率，从而有效应对倾斜装甲。但是钝头被帽会增加弹头飞行时的空气阻力，因此通常会在被帽前面安装风帽以降低阻力系数。

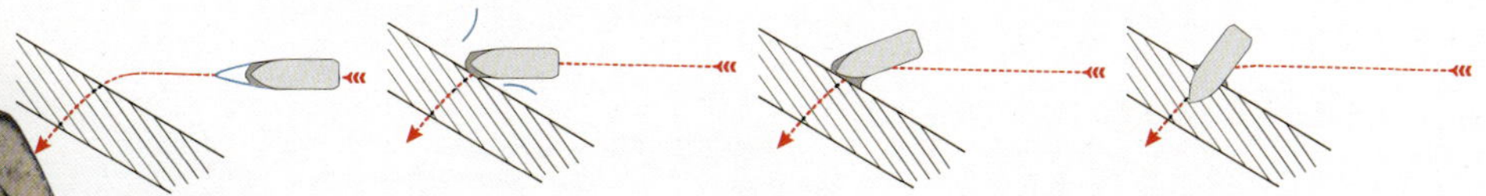

备用履带板

在车体或炮塔外挂装备用履带板不仅方便更换，也能在一定程度上起到附加装甲的作用，提高防御力。

火力升级

IV号 A 型

· KwK 37 75 毫米火炮，24 倍径，短身管

IV号 F2 型

· KwK 40 75 毫米火炮，43 倍径，长身管，单气室炮口制退器

IV号 G 早期型

· KwK 40 75 毫米火炮，43 倍径，长身管，双气室炮口制退器

IV号 G 晚期型

· KwK 40 75 毫米火炮，48 倍径，长身管，双气室炮口制退器

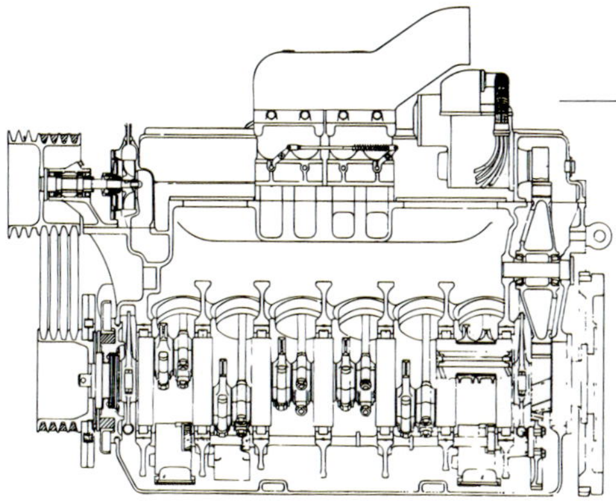

迈巴赫 V12 发动机

IV 号坦克由一台迈巴赫 HL120TR 系列汽油机驱动（从 B 型开始），V 型 12 缸布局，排气量 11.9 升，额定功率 320 马力，动力与 III 号坦克相同，基本能满足闪击战中德军对快速机动的需求。

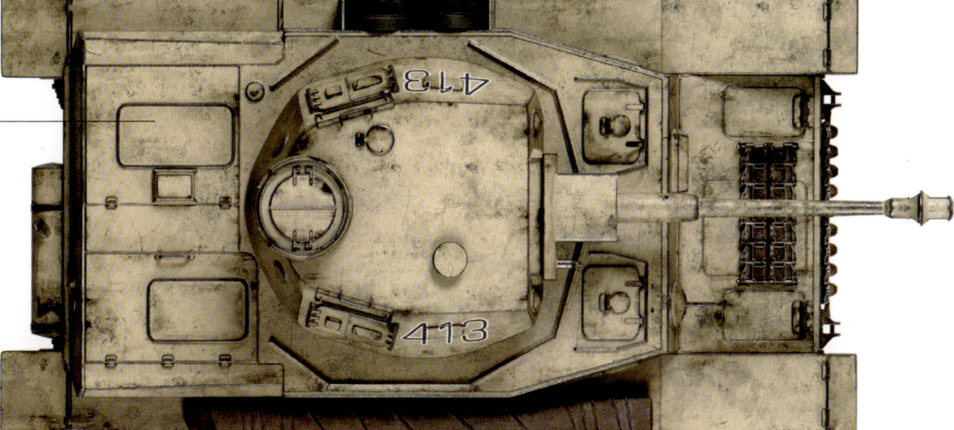

T-34 中型坦克

T-34 是一种深具革命性的中型坦克，它巧妙地把长身管火炮、大面积倾斜装甲、大功率柴油发动机、后置变速箱、克里斯蒂悬挂这些要素结合在一起，获得了领先时代的作战效能。虽然设计理念前卫，但 T-34 远远算不上精密，相反，它是粗糙且廉价的战争机器，产量在二战中型坦克中位居榜首——有将近 50000 辆各型 T-34 在战争期间汇入苏军碾压一切的钢铁洪流，甚至可以说 T-34 就是钢铁洪流本身。纵观装甲兵的历史，我们可能再也找不到具有 T-34 这般影响力的坦克了：德国正是在 T-34 的启发下研制了堪称二战最强中坦的“黑豹”坦克；意大利亦从 T-34 身上获得灵感，推出了他们的首款量产“重型坦克”P26/40；而在战后的苏联和俄罗斯，从广泛支援第三世界国家的产量之王 T-54/55，到不久前还在为苏系坦克的名誉苦苦鏖战的 T-90M，无一不是 T-34 这位反法西斯老兵的精神续作。（主图为 T-34-85 1944 年型）

85 毫米主炮

ZIS-S-53 型 85 毫米火炮是 T-34 系列坦克在二战期间采用的最后一种主炮，发射风帽被帽穿甲弹时 500 米距离垂直穿深 123 毫米，1000 米距离垂直穿深 105 毫米。

武/器/档/案 WEAPON ARCHIVES

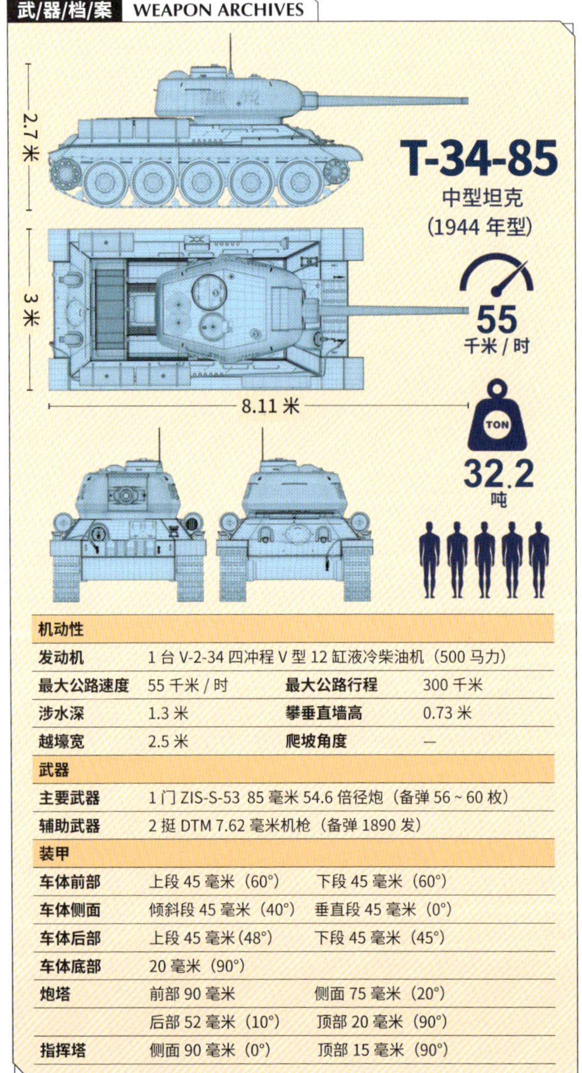

机动性			
发动机	1 台 V-2-34 四冲程 V 型 12 缸液冷柴油机（500 马力）		
最大公路速度	55 千米 / 时	最大公路行程	300 千米
涉水深	1.3 米	攀垂直墙高	0.73 米
越壕宽	2.5 米	爬坡角度	—
武器			
主要武器	1 门 ZIS-S-53 85 毫米 54.6 倍径炮（备弹 56 ~ 60 枚）		
辅助武器	2 挺 DTM 7.62 毫米机枪（备弹 1890 发）		
装甲			
车体前部	上段 45 毫米（60°）	下段 45 毫米（60°）	
车体侧面	倾斜段 45 毫米（40°）	垂直段 45 毫米（0°）	
车体后部	上段 45 毫米（48°）	下段 45 毫米（45°）	
车体底部	20 毫米（90°）		
炮塔	前部 90 毫米	侧面 75 毫米（20°）	
	后部 52 毫米（10°）	顶部 20 毫米（90°）	
指挥塔	侧面 90 毫米（0°）	顶部 15 毫米（90°）	

倾斜装甲

在直角三角形中，斜边长度大于直角边长度。因此，将装甲倾斜布置可以增加敌方穿甲弹需要贯穿的装甲厚度。以 T-34 的首上装甲为例，这块装甲板厚 45 毫米，倾斜角接近 60°，等效厚度约为 90 毫米。此外，倾斜装甲更容易造成弹头的偏转、变形和弹跳，使其侵彻能力大打折扣。倾斜装甲虽然在防御方面颇具优势，但增加了合理利用车内空间的难度，对车辆设计提出了更高的要求。

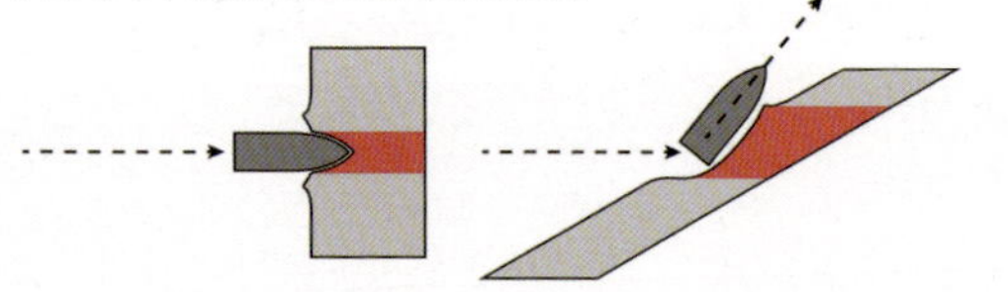

克里斯蒂悬挂

T-34 延续了 BT 系列快速坦克上的克里斯蒂悬挂，虽然不再能以负重轮行走，但保留了行驶速度快、越野能力强的特征。受车内空间限制，其第一对负重轮的弹簧较短。这对承重能力有较大影响，T-34 在历次升级中始终没有增加车首装甲的厚度。

▼ T-34-85 车内布局示意图。

▼ T-34-85 的主要弹药。

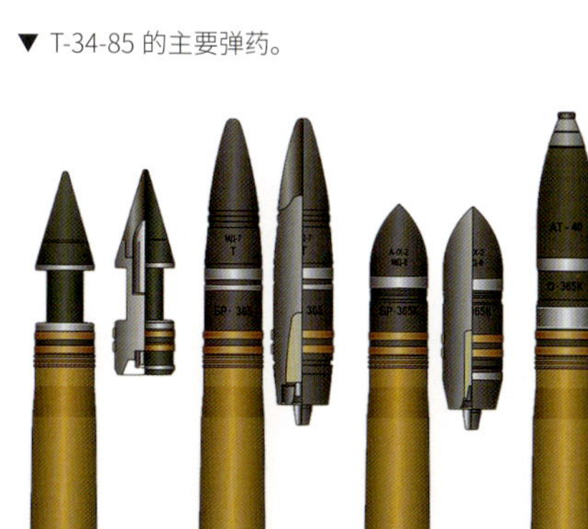

T-34 危机

1941 年，德国入侵苏联初期，德军发现自己装备的主力坦克无法与苏军的 T-34 抗衡。III 号和 IV 号坦克的火力不足以正面击穿 T-34，而 T-34 的长身管火炮却能轻松敲掉 III 号和 IV 号坦克。坦克性能的劣势带来了巨大的损失，一种对 T-34 的焦虑和恐慌在德军中蔓延，他们也被迫重新审视自己的坦克设计，这便是德军的“T-34 危机”。随着德军对 III 号和 IV 号坦克进行升级改造，以及新锐的“虎”式坦克和“黑豹”坦克陆续投入战场，T-34 丧失了最初的性能优势，不过仍然拥有德国坦克无法企及的数量优势。

柴油发动机

在绝大多数坦克都使用汽油发动机的时代，T-34 安装了一台哈尔科夫 V-2-34 型柴油发动机。V 型 12 缸布局，排气量 38.8 升，额定功率 500 马力。不仅动力强劲，而且安全性比汽油发动机更高——柴油不易挥发，因此更难被点燃，坦克被击中后起火的概率大大降低。

T-34 的主要变体

T-34-76 1940 年型

· L-11 主炮 76.2 毫米，30.5 倍径

T-34-76 1941 年型

· F-34 76.2 毫米主炮，42.5 倍径（德军涂装，战场缴获）

T-34-76 1942 年型

· F-34 76.2 毫米主炮，42.5 倍径

T-34-76 1943 年型

· F-34 76.2 毫米主炮，42.5 倍径（芬军涂装，战场缴获）

T-34-85 1943 年型

· D-5T 85 毫米主炮，52 倍径（波兰人民军涂装）

T-34-85 1944 年型

· ZIS-S-53 85 毫米主炮，54.6 倍径（捷克斯洛伐克第一军涂装）

T-34-85 1945 年型

· ZIS-S-53 85 毫米主炮，54.6 倍径

Behind The Times

走在时代之后

以全能型的中型坦克取代步兵坦克（支援型坦克）与巡洋坦克（骑兵坦克 / 快速坦克）的组合，这在二战期间是一种不可逆转的趋势。不过，身为坦克发明国的英国似乎慢了时代一步，步兵坦克和巡洋坦克的分野一直延续到战争结束。直到战后“百夫长”坦克正式列装，“通用坦克”这个概念才在英军中站稳脚跟。二战初期法军同样保留了步兵坦克与骑兵坦克的划分，国家的迅速沦陷使其坦克的发展基本定格在了 1940 年。

“玛蒂尔达”II 步兵坦克

“玛蒂尔达”II 是唯一一款经历了整个二战的英军坦克，应用范围非常广泛。它作为英军主力参加了在法国和北非的行动，对阵德意坦克时颇具优势。不过“玛蒂尔达”II 的设计理念远远算不上先进，它在战争中期就显得有些落伍，从 1942 年 8 月开始逐步在英军中退役。在西线之外，大量“玛蒂尔达”II 被援助给了苏联和澳大利亚，它在苏军中的评价不算太高，但在太平洋战场却凭借厚重的装甲所向披靡。

火力薄弱

“玛蒂尔达”II 的标配主炮是一门 40 毫米（2 磅）坦克炮，最初只能发射穿甲弹。因此，“玛蒂尔达”II 对付步兵时主要使用机枪，面对碉堡、工事基本束手无策。直到 1942 年年底，40 毫米坦克炮的高爆弹才列装部队，但其装药量只有 85 克，威力非常有限。专门用于火力支援的“玛蒂尔达”II 则安装了 76.2 毫米（3 英寸）榴弹炮，但其高爆弹的威力仍然不及其他国家的同口径坦克炮。

“玛蒂尔达”II Mk IV
· 40 毫米（2 磅）坦克炮

“玛蒂尔达”II Mk III火力支援型
· 76.2 毫米（3 英寸）榴弹炮

坚实防御

“玛蒂尔达”II 的车长指挥塔未设观察口，这无疑有利于提升防御力。为了给车长提供全向视野，指挥塔顶部安装了可以 360 度旋转的潜望镜。

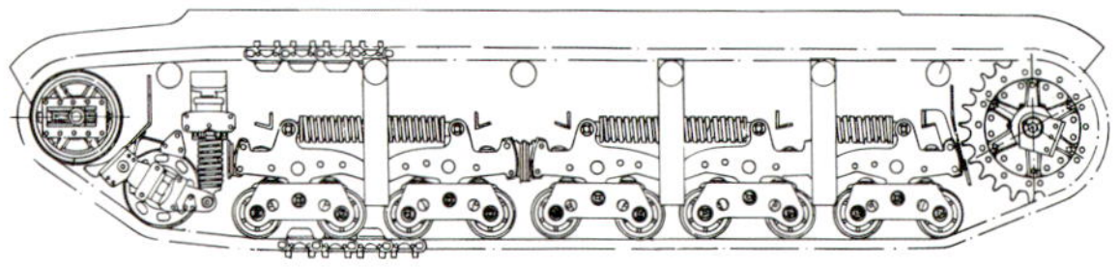

行驶平稳

“玛蒂尔达”II 行走系统的设计在当时来说比较保守，采用水平螺旋弹簧平衡悬挂及小直径负重轮，行驶速度慢，越野机动性差，但在平坦地面行进时稳定性非常好。在短停射击战术大行其道的二战期间，“玛蒂尔达”II 却经常采用行进间射击战术，这很大程度上得益于行驶平稳。

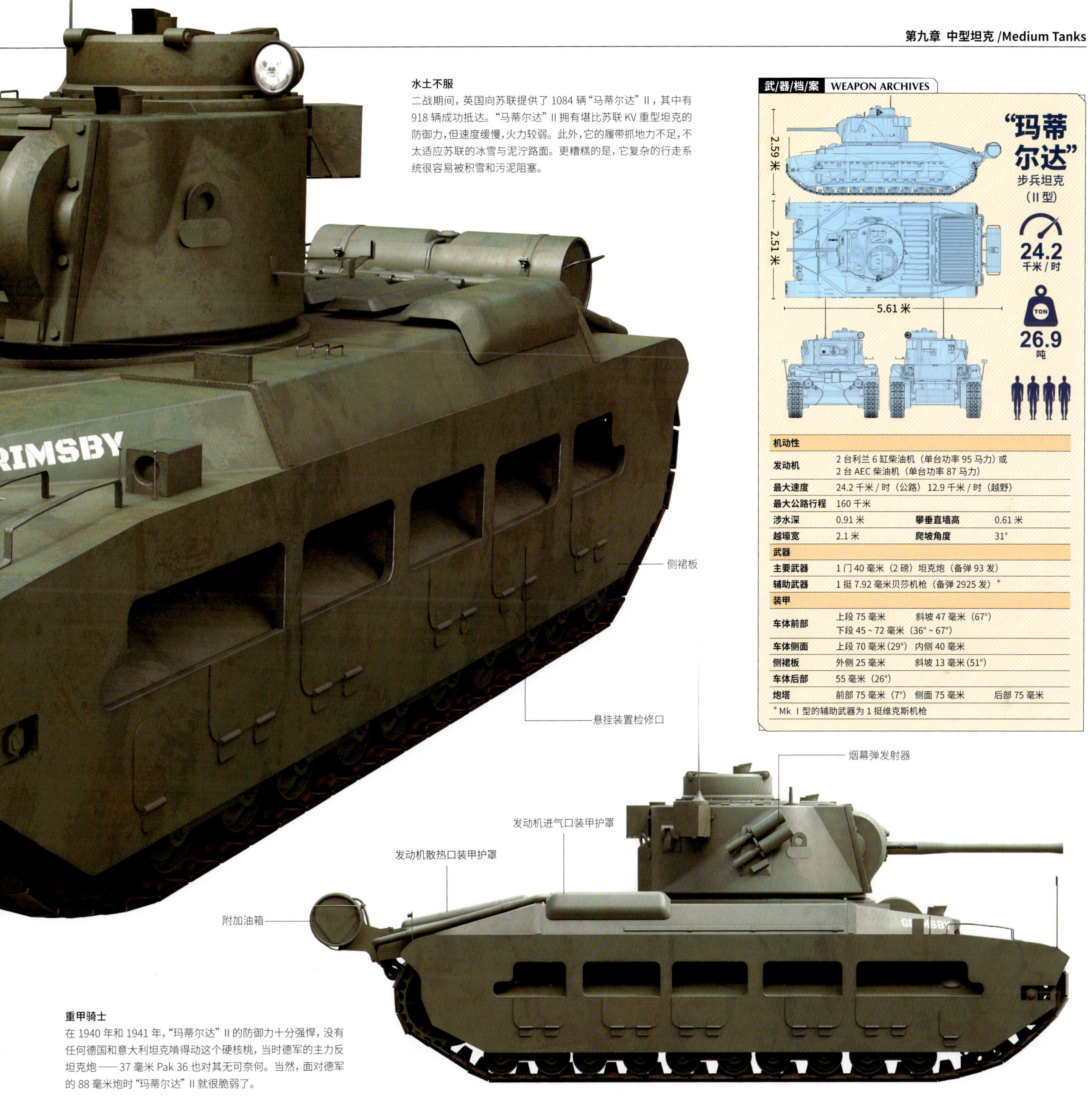

水土不服

二战期间，英国向苏联提供了 1084 辆“马蒂尔达”Ⅱ，其中有 918 辆成功抵达。“马蒂尔达”Ⅱ拥有堪比苏联 KV 重型坦克的防御力，但速度缓慢，火力较弱。此外，它的履带抓地力不足，不太适应苏联的冰雪与泥泞路面。更糟糕的是，它复杂的行走系统很容易被积雪和污泥阻塞。

武/器/档/案 WEAPON ARCHIVES

“玛蒂尔达”步兵坦克（Ⅱ型）

2.59 米
2.51 米
5.61 米
24.2 千米 / 时
26.9 吨

机动性			
发动机	2 台利兰 6 缸柴油机（单台功率 95 马力）或 2 台 AEC 柴油机（单台功率 87 马力）		
最大速度	24.2 千米 / 时（公路） 12.9 千米 / 时（越野）		
最大公路行程	160 千米		
涉水深	0.91 米	攀垂直墙高	0.61 米
越壕宽	2.1 米	爬坡角度	31°
武器			
主要武器	1 门 40 毫米（2 磅）坦克炮（备弹 93 发）		
辅助武器	1 挺 7.92 毫米贝莎机枪（备弹 2925 发）*		
装甲			
车体前部	上段 75 毫米 下段 45 ~ 72 毫米（36° ~ 67°）	斜坡 47 毫米（67°）	
车体侧面	上段 70 毫米（29°）	内侧 40 毫米	
侧裙板	外侧 25 毫米	斜坡 13 毫米（51°）	
车体后部	55 毫米（26°）		
炮塔	前部 75 毫米（7°）	侧面 75 毫米	后部 75 毫米

* Mk Ⅰ型的辅助武器为 1 挺维克斯机枪

重甲骑士

在 1940 年和 1941 年，“玛蒂尔达”Ⅱ的防御力十分强悍，没有任何德国和意大利坦克啃得动这个硬核桃，当时德军的主力反坦克炮——37 毫米 Pak 36 也对其无可奈何。当然，面对德军的 88 毫米炮时“玛蒂尔达”Ⅱ就很脆弱了。

武/器/档/案 WEAPON ARCHIVES

索玛 S35
骑兵坦克

40 千米 / 时

19.5 吨

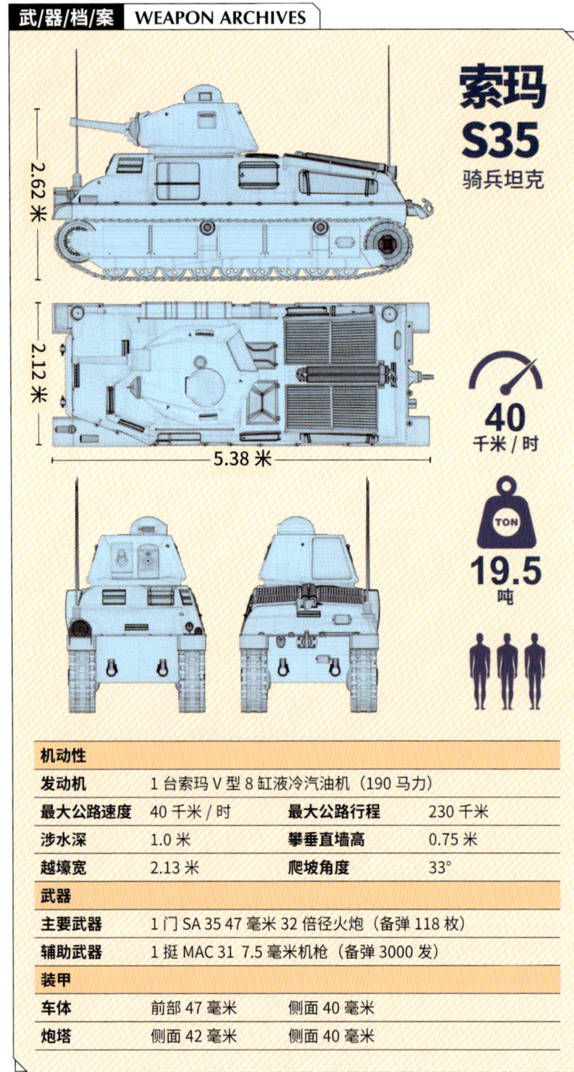

机动性			
发动机	1 台索玛 V 型 8 缸液冷汽油机（190 马力）		
最大公路速度	40 千米 / 时	**最大公路行程**	230 千米
涉水深	1.0 米	**攀垂直墙高**	0.75 米
越壕宽	2.13 米	**爬坡角度**	33°
武器			
主要武器	1 门 SA 35 47 毫米 32 倍径火炮（备弹 118 枚）		
辅助武器	1 挺 MAC 31 7.5 毫米机枪（备弹 3000 发）		
装甲			
车体	前部 47 毫米	侧面 40 毫米	
炮塔	侧面 42 毫米	侧面 40 毫米	

▲ 物归原主——自由法国士兵与从德军手中夺回的索玛 S35 坦克。

索玛 S35 骑兵坦克

索玛 S35 是二战期间综合性能最好的法国坦克，主要配备给法军轻机械化师，用于执行突破和纵深渗透突击任务。其带有一定倾斜角度的铸造车体和铸造炮塔提供了较为完备的防护，此外车内还配有自动灭火系统以提高生存概率。索玛 S35 在机动性方面优于同期其他法国坦克，在火力和防护上优于德国Ⅲ号坦克的早期型号，在 1940 年的法国战役期间是相当强悍的存在，和德军坦克对战时往往可以获得战术优势。然而，由于战略误判，这些性能优异的坦克未能及时、果断地投入战场。法国沦陷后，索玛 S35 亦被德国及其仆从国使用，但它在 1941 年就已经显得过时了。

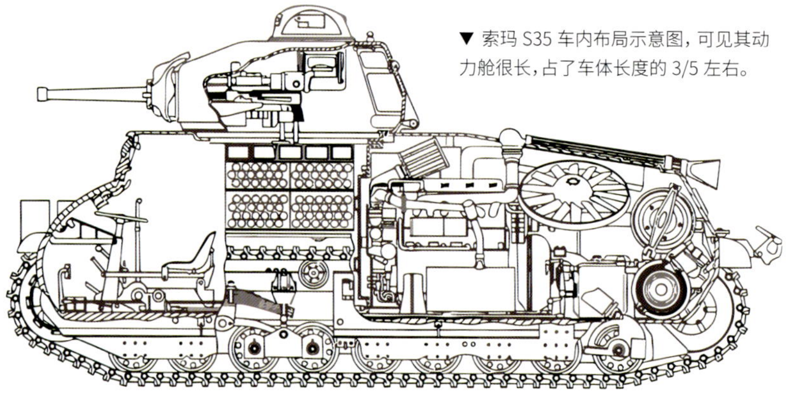

▼ 索玛 S35 车内布局示意图，可见其动力舱很长，占了车体长度的 3/5 左右。

无线电天线

单人炮塔

一如既往，索玛 S35 采用深具法国特色的单人炮塔，车长在炮塔内既要指挥战斗，又要操纵火炮，还要给火炮装弹。一个人身兼三职，很难同时做好每一项工作，这也是索玛 S35 最遭人诟病之处。当然，坐在车体前部右侧的无线电操作员也会给车长搭把手，帮他从弹药架上取炮弹。

动力舱检修舱门

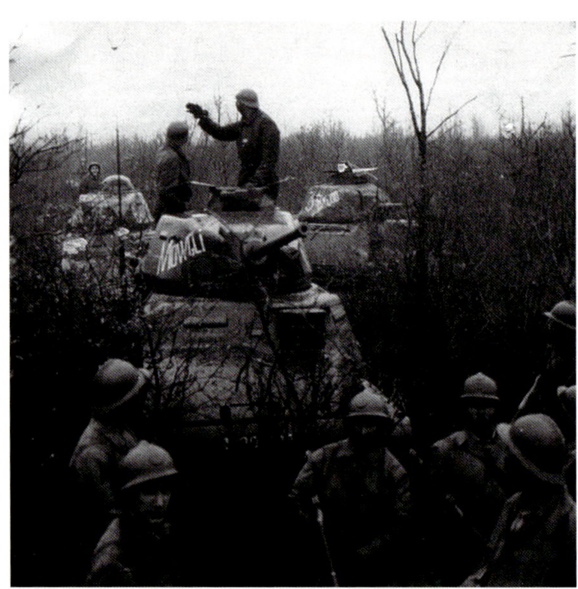

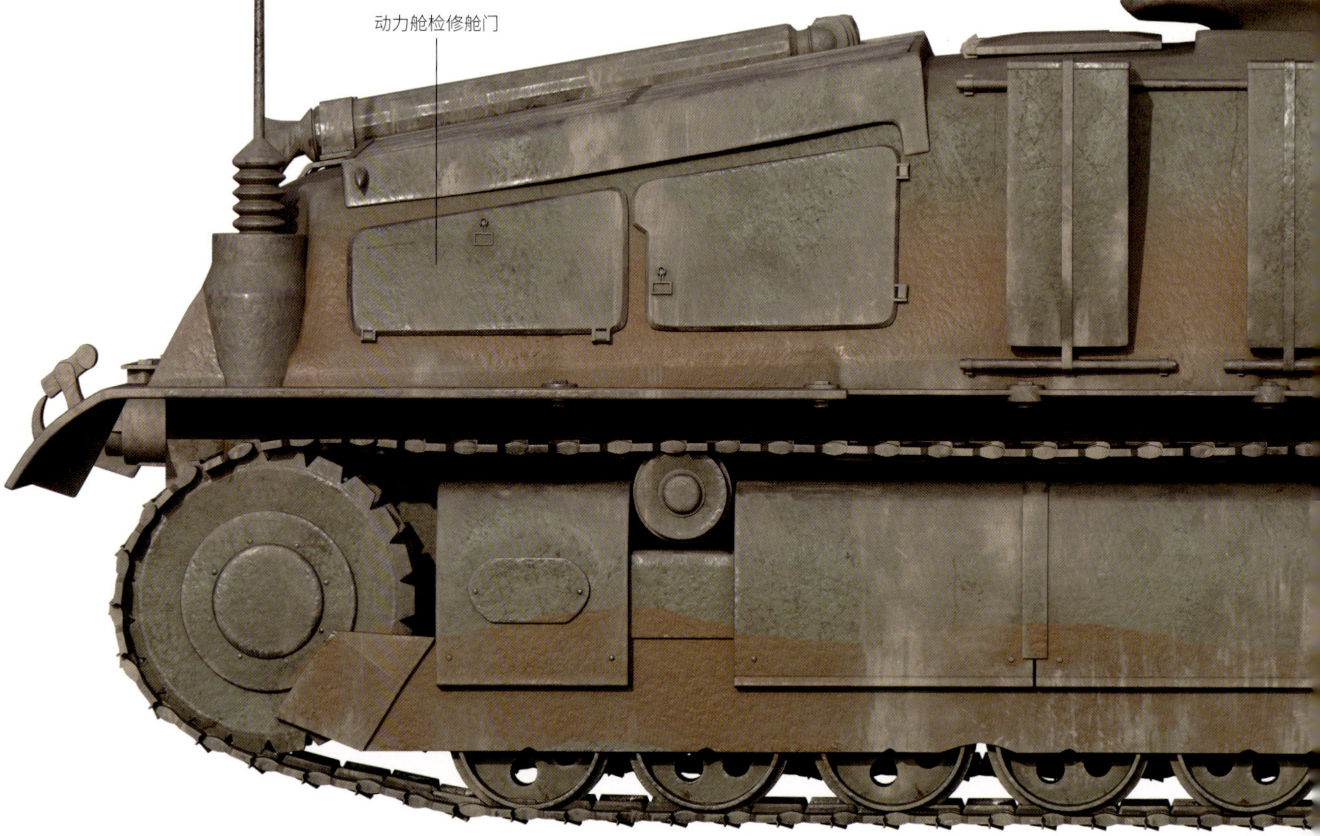

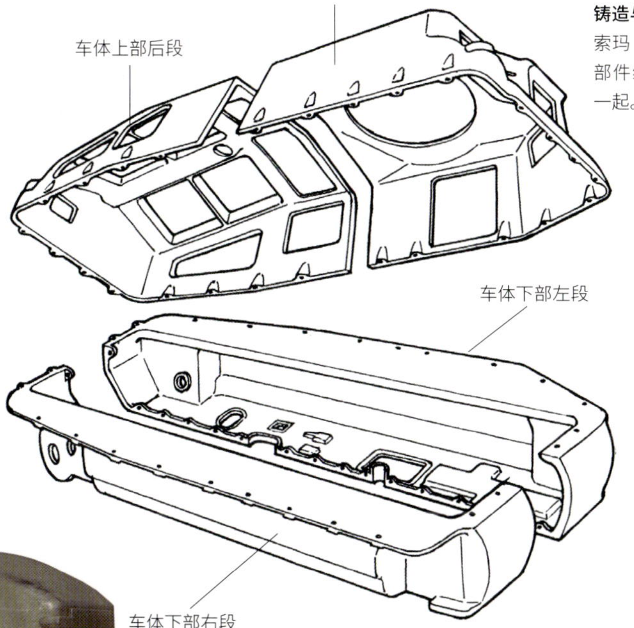

车体上部前段

车体上部后段

铸造与螺接

索玛 S35 的车体由 4 个铸造部件组成，通过螺栓固定在一起。

车体下部左段

车体下部右段

机动受限

索玛 S35 的行走系统深受英国维克斯坦克的影响，每一侧有 9 个负重轮，其中前 8 个负重轮为钢板弹簧平衡悬挂，每 4 个一组安装在一个平衡架上，这种悬挂其实不利于快速行驶。另外，索玛 S35 的诱导轮位置较低，对克服垂直障碍有不利影响。

外部油箱

SA 35 型 47 毫米火炮

1940 年时这门火炮可以在 1000 米距离上击穿任何一种德军主力坦克的装甲。在相对轻便的单人炮塔中，它可以快速旋回及俯仰。

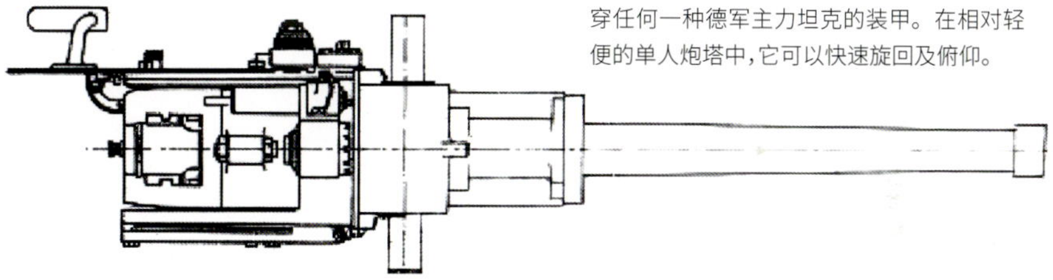

索玛 S35 坦克歼击车

获得光复之后，法国为了重塑大国地位，决定重整军备。为索玛 S35 底盘装上一门英制 76.2 毫米（17 磅）反坦克炮就是其中的一项计划。不过这是个问世即过时的方案，并且只停留在图纸阶段，从未被实施过。这一图纸车几乎被遗忘在历史长河中，直到它在战争游戏《坦克世界》中以索玛 S35 CA 的名义再次出现。

“克伦威尔”巡洋坦克

“克伦威尔”巡洋坦克是“十字军”巡洋坦克的后续型号，于 1944 年服役。尽管此时英军的主力巡洋坦克是 M4“谢尔曼”，“克伦威尔”还是凭借堪用的火力和装甲，以及极为出色的机动性为自己赢得了一席之地。其发动机功率高达 600 马力，功重比将近 22 马力 / 吨，这让它成为英国速度最快的巡洋坦克。当然，面对吨位相近的德国Ⅳ号坦克晚期型号时，“克伦威尔”在火力和装甲方面处于下风，这有力地证明将坦克划分为步兵坦克和巡洋坦克的做法已经不合时宜了。早期型“克伦威尔”配备 57 毫米（6 磅）主炮，从 Mk Ⅳ型开始换装 75 毫米主炮，可以发射威力更大的高爆弹。（主图为“克伦威尔”Mk Ⅳ型）

武/器/档/案 WEAPON ARCHIVES

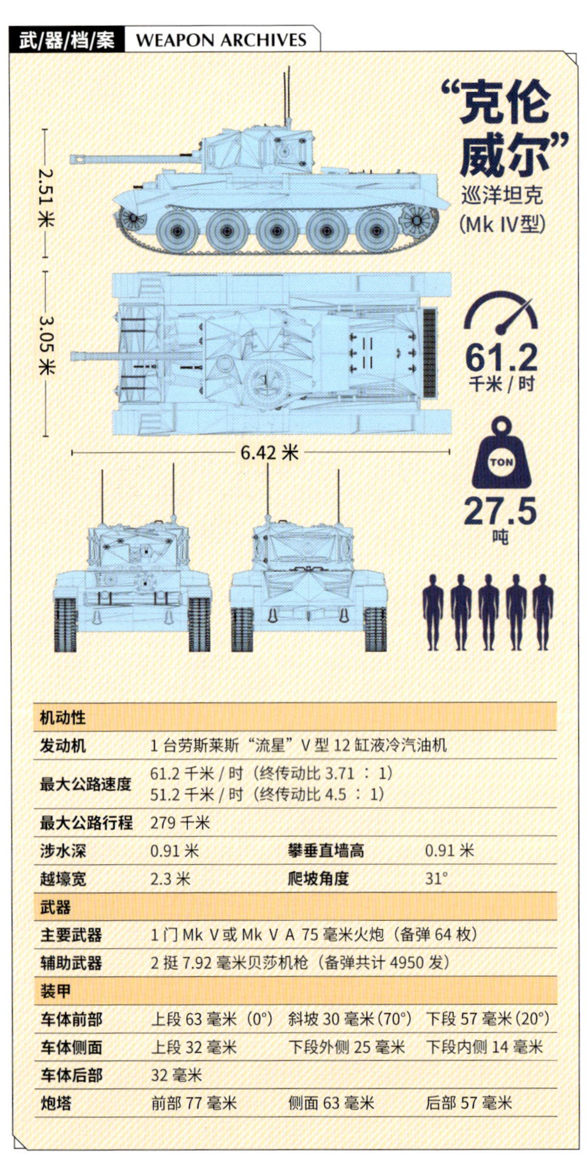

机动性			
发动机	1 台劳斯莱斯“流星”V 型 12 缸液冷汽油机		
最大公路速度	61.2 千米 / 时（终传动比 3.71 ：1） 51.2 千米 / 时（终传动比 4.5 ：1）		
最大公路行程	279 千米		
涉水深	0.91 米	攀垂直墙高	0.91 米
越壕宽	2.3 米	爬坡角度	31°
武器			
主要武器	1 门 Mk V 或 Mk V A 75 毫米火炮（备弹 64 枚）		
辅助武器	2 挺 7.92 毫米贝莎机枪（备弹共计 4950 发）		
装甲			
车体前部	上段 63 毫米（0°）	斜坡 30 毫米（70°）	下段 57 毫米（20°）
车体侧面	上段 32 毫米	下段外侧 25 毫米	下段内侧 14 毫米
车体后部	32 毫米		
炮塔	前部 77 毫米	侧面 63 毫米	后部 57 毫米

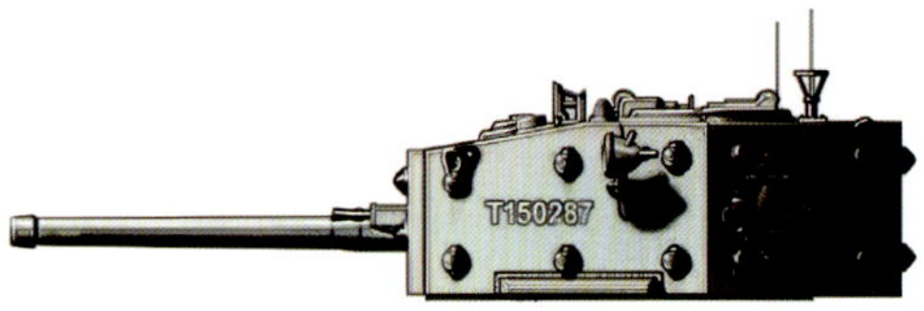

“克伦威尔”Mk Ⅰ
· 57 毫米（6 磅）高速坦克炮，50 倍径

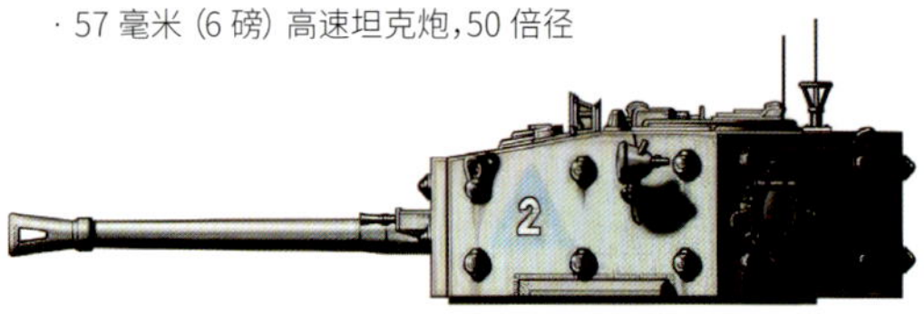

“克伦威尔”Mk Ⅳ
· 75 毫米高速坦克炮，40 倍径

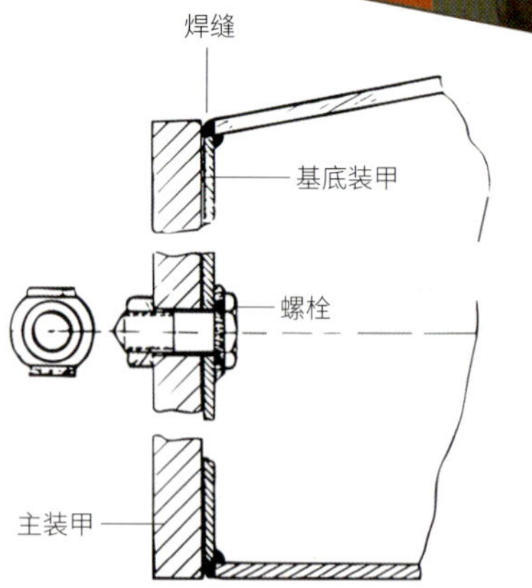

烟幕弹发射器
螺栓
75 毫米高速坦克炮

焊缝
基底装甲
螺栓
主装甲

焊接＋螺接

“克伦威尔”的炮塔基底装甲由轧压均质钢板焊接而成，基底装甲外侧又螺接了一层主装甲。以炮塔正面装甲为例，其基底装甲厚 13 毫米，主装甲厚 64 毫米。

可以 360 度旋转的车长舱门与潜望镜

探照灯

▲ 57 毫米高速坦克炮发射的脱壳穿甲弹。

▲ 75 毫米高速坦克炮发射的高爆弹。

应急火炮

二战期间英国坦克安装的 75 毫米速射由 57 毫米高速坦克炮改进而来。57 毫米高速坦克炮反装甲能力出色，但其高爆弹装药量过少，爆炸威力不足。因此，英国皇家军械厂对 57 毫米高速坦克炮进行扩膛处理，将口径放大到 75 毫米。英制 75 毫米高速坦克炮可以直接使用美制 75 毫米坦克炮的弹药，高爆弹的威力有明显提升。这种改造之所以能够成功，主要是因为英制 57 毫米炮弹和美制 75 毫米炮弹的药筒外形近似，直径几乎相同。

大直径负重轮

改进型克里斯蒂悬挂

“克伦威尔”采用改进型克里斯蒂悬挂，以弹簧的拉伸形变（而不是压缩形变）来支撑车体。弹性元件的倾斜角度很大，这样可以尽量降低车体高度。在第一、第二和第四、第五对负重轮处设有液压减震器以提升行驶的平稳度。

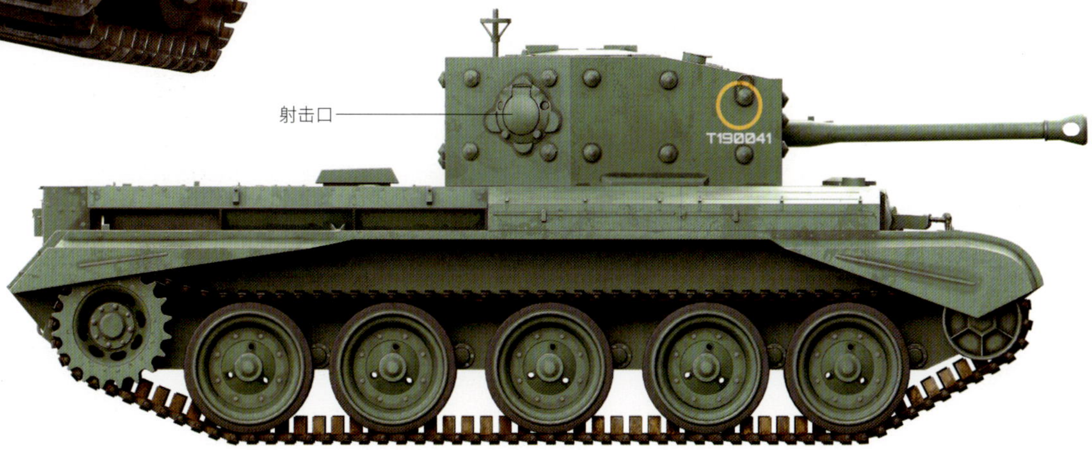

射击口

克里斯蒂的真传

“克伦威尔”巡洋坦克与苏联的 BT 系列快速坦克、T-34 系列中型坦克有诸多相似之处，都采用宽幅履带、大直径负重轮、克里斯蒂悬挂，都是后置变速箱与主动轮的布局，都非常注重机动性。这些设计理念可以追溯到 20 世纪 30 年代初的克里斯蒂 T-3 坦克，它是苏联中型坦克和英国巡洋坦克共同的“导师”。

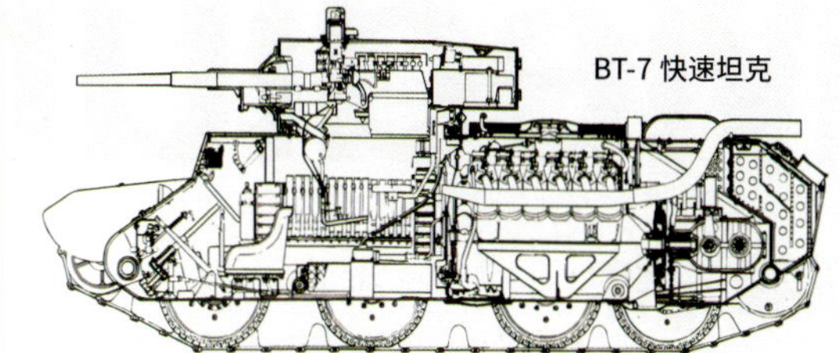

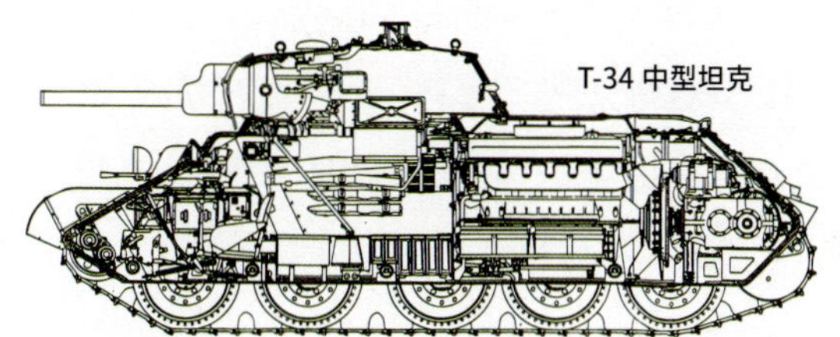

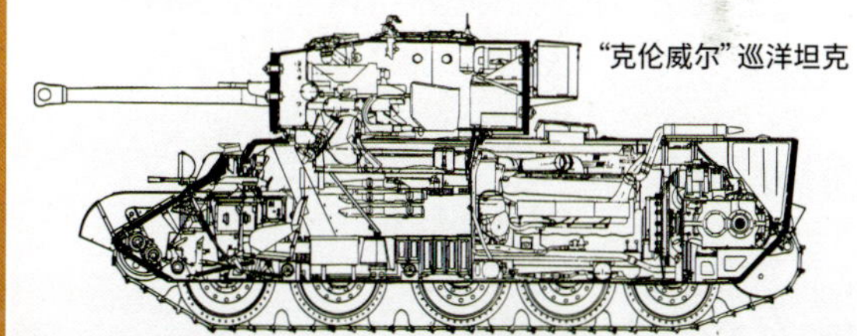

▲美国工程师约翰 · 克里斯蒂（炮塔顶部）和他的 T-3 坦克。

▲ 正在飞车的“克伦威尔”巡洋坦克，由于开得太猛，左侧挡泥板被颠了起来。

The Most Powerful Medium Tank

巅峰之作

相比“V号”这个平平无奇的序号，还是“黑豹”这个名字更具精气神。“黑豹”是希特勒“钦定”的名字，足见这位半吊子坦克爱好者对V号坦克的青睐程度。“黑豹”车如其名，凶猛、迅捷，性能足以碾压一切盟军中型坦克。在东线，它和“虎”式一起倒逼苏联研制了装备122毫米巨炮的IS-2重型坦克。在西线，只有美军最新锐的M26“潘兴”能与之一较高下。

“黑豹”中型坦克

“黑豹”坦克是德国对“T-34危机”的直接反应，借鉴了T-34的宽幅履带、大面积倾斜装甲和长身管中口径坦克炮。它在火力和装甲方面远比二战期间的其他中型坦克优秀，同时还具备相当不错的机动性。1943年的库尔斯克会战是“黑豹”的首次实战，此役它饱受机械故障困扰，但依然取得了不俗的战果。战争后期，“黑豹”已经成为德军的主力中型坦克，装备数量超过半数。然而，由于产能相对不足，它始终没法完全取代IV号坦克。（主图为“黑豹”G后期型）

▲这辆“黑豹”的传动装置被吊出驾驶舱以便进行维修。

德意志内核

虽然倾斜装甲的使用让“黑豹”一改此前德国坦克方方正正的外观特点，但从布局来说它依然是一辆中规中矩的德国坦克：变速箱和主动轮仍旧在车体前部，炮塔位置居中。

700马力迈巴赫

这台迈巴赫HL 230 P30型V型12缸汽油机能输出700马力的动力。对普通中型坦克来说这非常强劲，然而“黑豹”战斗全重超过40吨，这样的动力只能算够用。

避免窝弹

为了避免在炮盾下方形成窝弹区，“黑豹”G 后期型的炮盾下方带有明显的折角。这个“下颚”部分可以把来袭的炮弹弹开，使其远离脆弱的车体顶部。

莱茵金属

莱茵金属公司制造的这门 75 毫米 KwK 42/L70 坦克炮虽然口径不算大，但却拥有恐怖的穿甲威力，风帽被帽穿甲弹的 1000 米垂直穿深可达 149 毫米，硬芯穿甲弹则高达 199 毫米。在正常交战距离，“黑豹”可以正面击穿所有盟军坦克。

交错式负重轮

交错式负重轮不仅可以提升坦克的越野能力，而且能减轻轮缘橡胶的磨损，甚至在一定程度上提高了车体侧面的防护能力。不过这种负重轮布局的缺点也非常明显：一来增加了维修难度，二来容易被冰雪和淤泥冻结——特别是在苏联的冬季。

武/器/档/案 WEAPON ARCHIVES

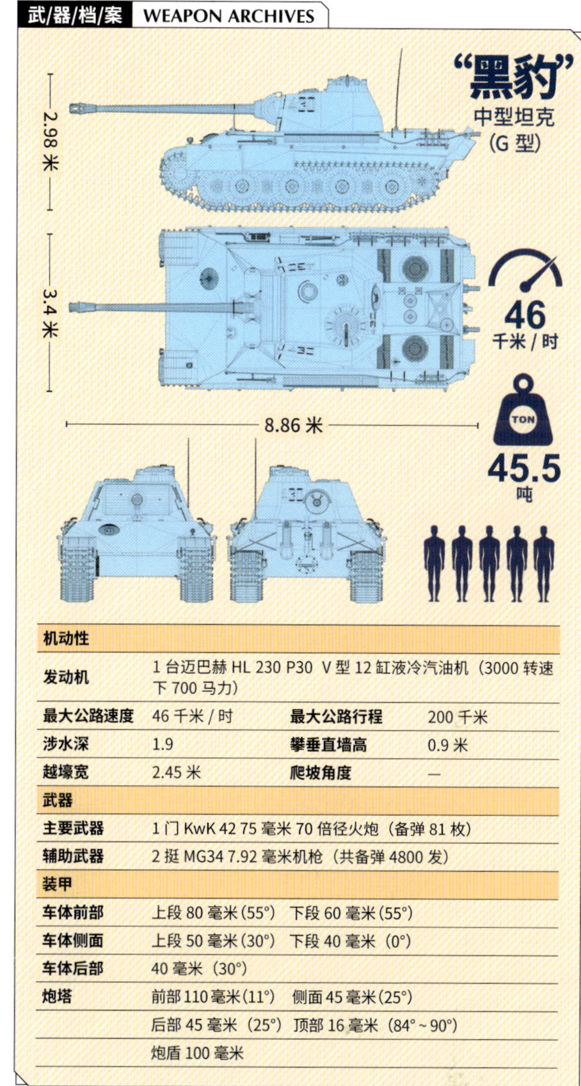

机动性			
发动机	1 台迈巴赫 HL 230 P30 V 型 12 缸液冷汽油机（3000 转速下 700 马力）		
最大公路速度	46 千米 / 时	最大公路行程	200 千米
涉水深	1.9	攀垂直墙高	0.9 米
越壕宽	2.45 米	爬坡角度	—
武器			
主要武器	1 门 KwK 42 75 毫米 70 倍径火炮（备弹 81 枚）		
辅助武器	2 挺 MG34 7.92 毫米机枪（共备弹 4800 发）		
装甲			
车体前部	上段 80 毫米（55°） 下段 60 毫米（55°）		
车体侧面	上段 50 毫米（30°） 下段 40 毫米（0°）		
车体后部	40 毫米（30°）		
炮塔	前部 110 毫米（11°） 侧面 45 毫米（25°）		
	后部 45 毫米（25°） 顶部 16 毫米（84°～90°）		
	炮盾 100 毫米		

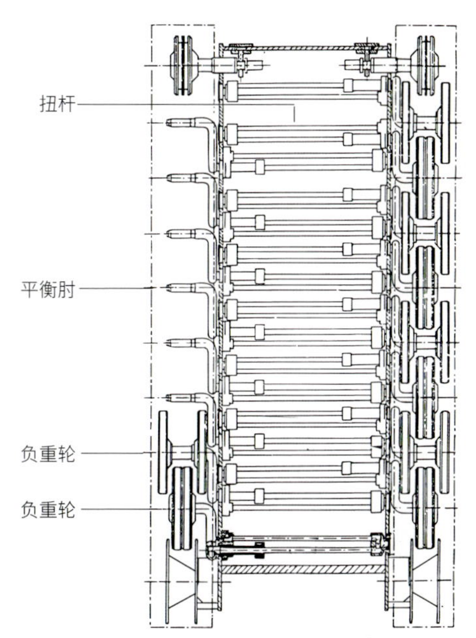

口径近似，威力不同

一些坦克炮的口径近似，穿甲威力却有很大不同。药室容积和炮管长度不同，会导致膛压和初速不同，弹头的动能也就不同。而弹头的侵彻能力主要是由动能与最大截面积的比值（比动能）决定的，比动能越大侵彻能力越强。图中是几种坦克发射的风帽被帽穿甲弹，弹壳的长度和直径可以比较直观地反映出发射药的多少及其穿甲能力。

炮弹编号	①	②	③	④
坦克	T-34-76	Ⅳ号 H 型	“谢尔曼”VC	“黑豹”
火炮	F-34	KwK 40/L48	17 磅炮	KwK 42/L70
口径	76.2 毫米	75 毫米	76.2 毫米	75 毫米
炮管长度	42.5 倍径	48 倍径	55.1 倍径	70 倍径
1000 米垂直穿深	60 毫米	109 毫米	150 毫米	149 毫米

M26“潘兴”中型坦克

M26“潘兴”的研制初衷是取代M4“谢尔曼”中型坦克，它设计成熟，火力、机动、防护均衡，可以与德军的“黑豹”与“虎”式正面抗衡。然而，由于研发周期过长，“潘兴”直到1945年1月才运抵欧洲，最终只有大约310辆被部署到战场，在二战中发挥的作用非常有限。虽然参战经历远无法和M4“谢尔曼”相提并论，但“潘兴”却是承上启下的重要型号，为战后“巴顿”系列坦克（M46、M47、M48及M60）的研制奠定了坚实的基础。需要注意的是，二战期间M26被美军划分为重型坦克，战后则被重新归类为中型坦克。

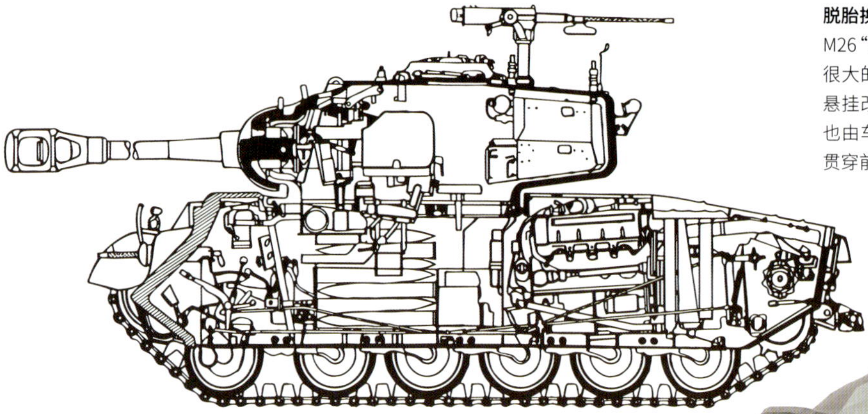

脱胎换骨

M26“潘兴”与以往的美国中型坦克有很大的差异，其悬挂系统由涡卷弹簧悬挂改为扭杆悬挂，变速箱和主动轮也由车体前部移至车体后部，不再有贯穿前后的传动轴。

武/器/档/案 WEAPON ARCHIVES

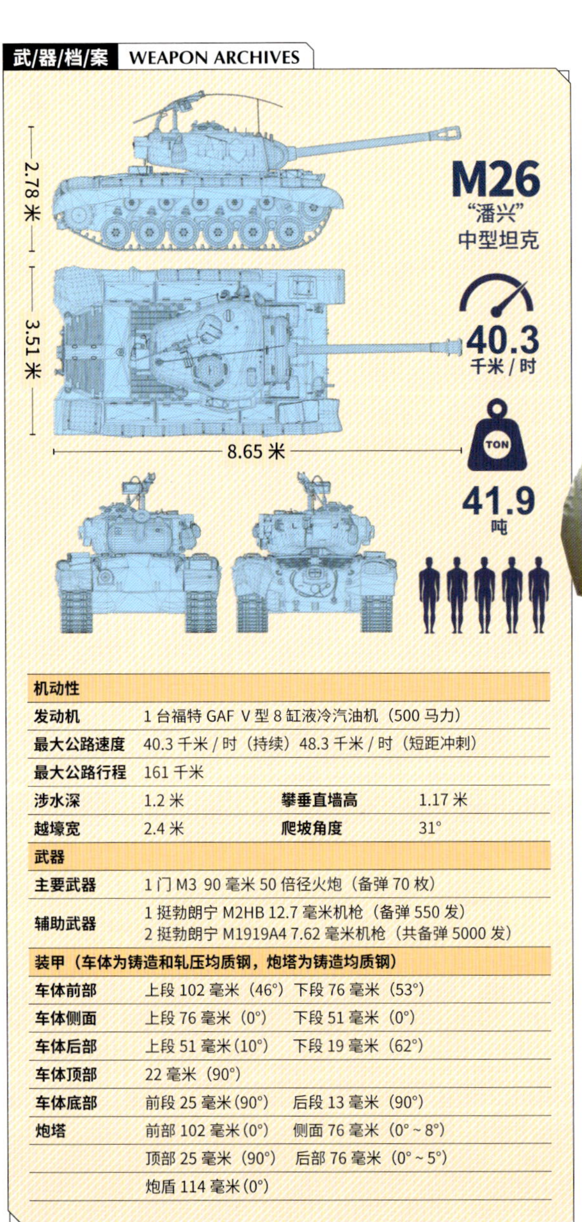

机动性			
发动机	1台福特GAF V型8缸液冷汽油机（500马力）		
最大公路速度	40.3千米/时（持续）48.3千米/时（短距冲刺）		
最大公路行程	161千米		
涉水深	1.2米	攀垂直墙高	1.17米
越壕宽	2.4米	爬坡角度	31°
武器			
主要武器	1门M3 90毫米50倍径火炮（备弹70枚）		
辅助武器	1挺勃朗宁M2HB 12.7毫米机枪（备弹550发） 2挺勃朗宁M1919A4 7.62毫米机枪（共备弹5000发）		
装甲（车体为铸造和轧压均质钢，炮塔为铸造均质钢）			
车体前部	上段102毫米（46°）	下段76毫米（53°）	
车体侧面	上段76毫米（0°）	下段51毫米（0°）	
车体后部	上段51毫米（10°）	下段19毫米（62°）	
车体顶部	22毫米（90°）		
车体底部	前段25毫米（90°）	后段13毫米（90°）	
炮塔	前部102毫米（0°）	侧面76毫米（0°～8°）	
	顶部25毫米（90°）	后部76毫米（0°～5°）	
	炮盾114毫米（0°）		

更矮的身高，更厚的装甲

M26“潘兴”尽量降低履带以上部分车体的高度，这样可以减少防护面积，在车重一定的情况下能堆叠更厚重的装甲。通过正视图的对比可以看出，M26“潘兴”比M4“谢尔曼”矮了不少。

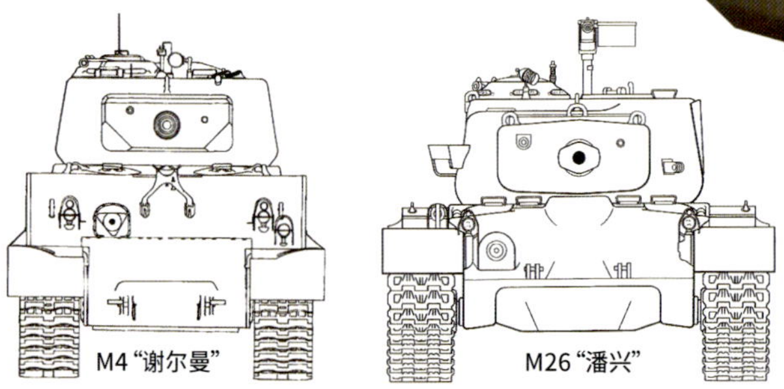

M4“谢尔曼”　M26“潘兴”

科隆大教堂之战

1945 年 3 月 6 日，科隆战役期间，美国第 3 装甲师欲占领横跨在莱茵河上的霍亨索伦大桥，以打通东进的道路。当美军坦克沿着狭窄的街道推进到科隆大教堂附近时，一辆在此埋伏的德军"黑豹"坦克突然发难，连续开炮打瘫了两辆 M4"谢尔曼"。第 32 装甲团 E 连名为"老鹰七号"的 T26E3 坦克临危受命赶来支援，它以街巷和转角为掩护接敌，趁着对方尚未做出反应，在极近的距离向"黑豹"连开三炮，成功将其击毁。这就是历史上赫赫有名的"潘兴"与"黑豹"的"决斗"——科隆大教堂之战。

▲ 现场摄像截图，"老鹰七号"在街角探出头去，街巷远端尽头处就是德军的"黑豹"。

▲ 科隆大教堂前被击毁的"黑豹"——在这样的交战距离抢先开炮的一方获胜。

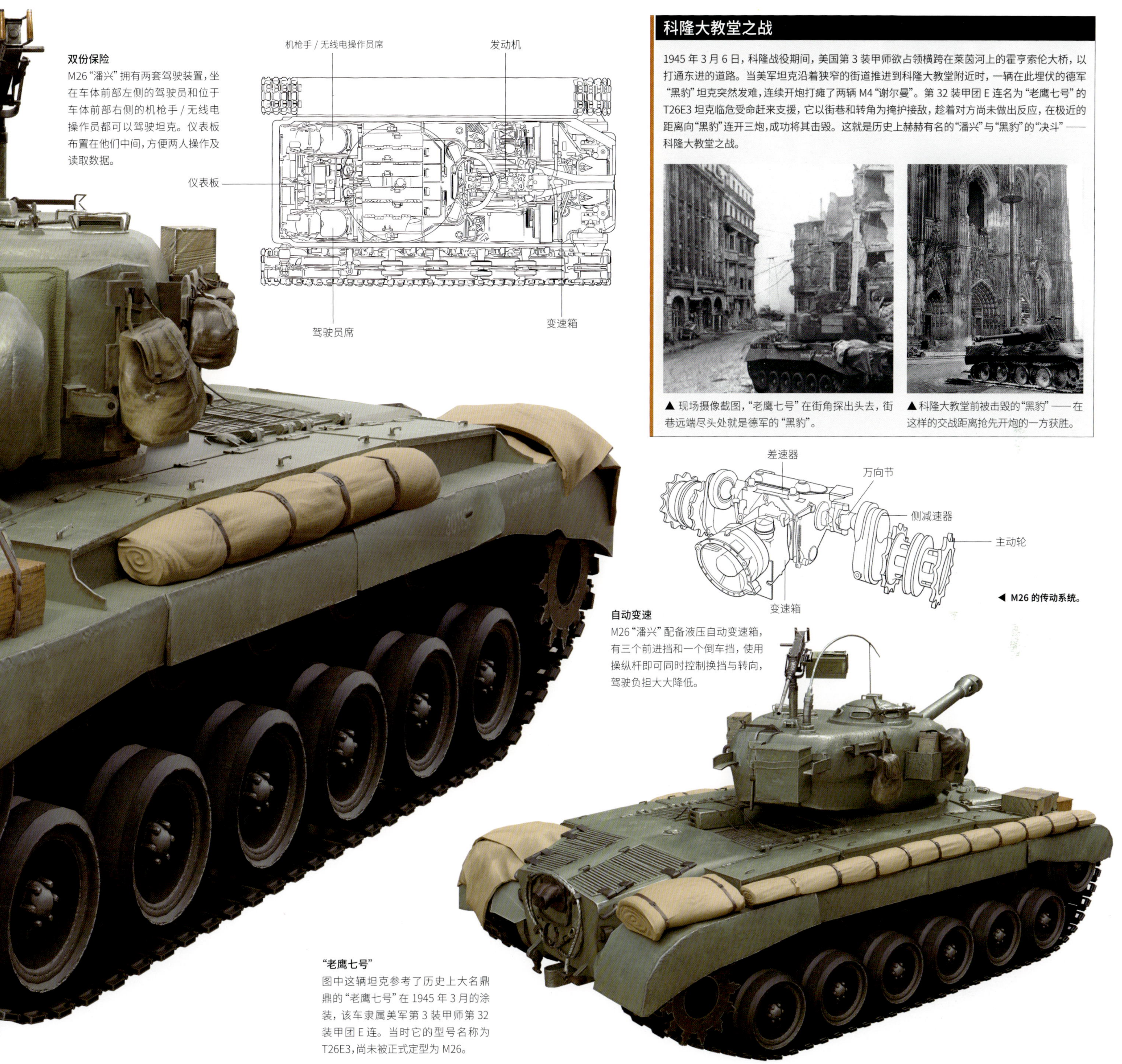

双份保险

M26"潘兴"拥有两套驾驶装置，坐在车体前部左侧的驾驶员和位于车体前部右侧的机枪手 / 无线电操作员都可以驾驶坦克。仪表板布置在他们中间，方便两人操作及读取数据。

◀ M26 的传动系统。

自动变速

M26"潘兴"配备液压自动变速箱，有三个前进挡和一个倒车挡，使用操纵杆即可同时控制换挡与转向，驾驶负担大大降低。

"老鹰七号"

图中这辆坦克参考了历史上大名鼎鼎的"老鹰七号"在 1945 年 3 月的涂装，该车隶属美军第 3 装甲师第 32 装甲团 E 连。当时它的型号名称为 T26E3，尚未被正式定型为 M26。

ENCYCLOPEDIA OF
LAND WEAPONS
OF WORLD WAR II

Chapter 10
Heavy Tanks

第十章 重型坦克

重型坦克的战斗全重在 40 ~ 70 吨之间，和中型坦克相比，它们拥有更凶猛的火力和更厚重的装甲。这当然是有代价的，它们要么机动性比中型坦克逊色，要么动力系统负担过重、可靠性不足，有时甚至两者兼有。

这种坦克的设计初衷通常是摧毁防御工事，击毁敌方坦克，从而正面突破防线。虽然是一种强大的进攻武器，但它们往往在防御作战中表现得更出色，这是因为相对较弱的机动性拖累了进攻效能，而坚甲重炮却可以让它们化身为强大的碉堡。

对任何一个参战国来说重型坦克都是昂贵且稀少的装备，无法像中型坦克那样大量列装，只能用作进攻的

Multi-Turret Tank

天线支架（共 8 个）

KT-28 76.2 毫米坦克炮

20-K 45 毫米坦克炮

多炮塔的困局

给一辆坦克配备多个独立的炮塔/机枪塔是一战堑壕战的惯性思维，本意是让坦克在突破堑壕时具备同时与周围多个目标交战的能力。事实证明这种设计得不偿失，大量的炮塔增加了车重，导致坦克无法安装厚重装甲。同时指挥调度多个炮塔作战也绝非易事，非常容易顾此失彼。二战中，苏联是是唯一一个将多炮塔坦克大量投入实战的国家，其战场表现相当糟糕，很快就遭到淘汰，成了昙花一现般的存在。

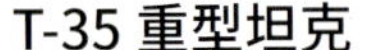
▲ 一幅描绘红场阅兵的海报，斯大林和伏罗希洛夫这两位领导人下方最显眼的坦克即 T-35，它一度是苏联红军强大的机械化力量的象征。

T-35 重型坦克

这种威风凛凛的重型坦克拥有 5 个炮塔/机枪塔，76.2 毫米主炮炮塔处于车体中线偏左且稍微靠前的位置，两个 45 毫米炮炮塔和两个 7.62 毫米机枪塔环绕着主炮塔布置。它虽然具备表面上冠绝群伦的火力，但机动性和可靠性极差。另外，由于隔舱众多，其车内空间非常狭小，和庞大的身躯很不相称。相对于 50 吨的战斗全重来说，其装甲也相当薄弱。T-35 的总产量只有 61 辆，它们参加了卫国战争的早期行动，并且几乎在这些战事中损失殆尽——绝大多数是因为机械故障，而不是因为被敌人击毁。

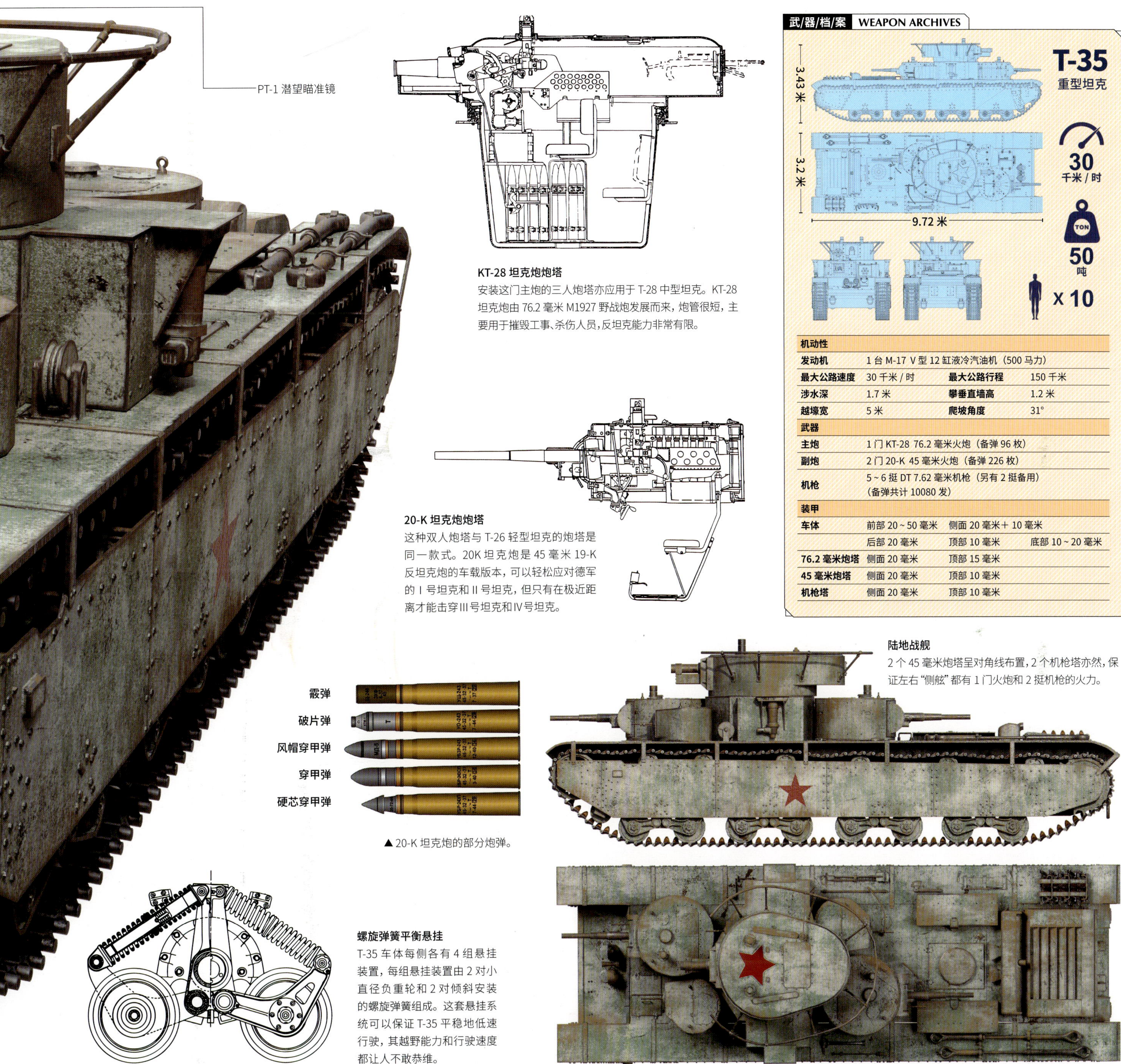

KT-28 坦克炮炮塔

安装这门主炮的三人炮塔亦应用于 T-28 中型坦克。KT-28 坦克炮由 76.2 毫米 M1927 野战炮发展而来，炮管很短，主要用于摧毁工事、杀伤人员，反坦克能力非常有限。

20-K 坦克炮炮塔

这种双人炮塔与 T-26 轻型坦克的炮塔是同一款式。20K 坦克炮是 45 毫米 19-K 反坦克炮的车载版本，可以轻松应对德军的 I 号坦克和 II 号坦克，但只有在极近距离才能击穿 III 号坦克和 IV 号坦克。

机动性			
发动机	1 台 M-17 V 型 12 缸液冷汽油机（500 马力）		
最大公路速度	30 千米 / 时	最大公路行程	150 千米
涉水深	1.7 米	攀垂直墙高	1.2 米
越壕宽	5 米	爬坡角度	31°
武器			
主炮	1 门 KT-28 76.2 毫米火炮（备弹 96 枚）		
副炮	2 门 20-K 45 毫米火炮（备弹 226 枚）		
机枪	5 ~ 6 挺 DT 7.62 毫米机枪（另有 2 挺备用）（备弹共计 10080 发）		
装甲			
车体	前部 20 ~ 50 毫米	侧面 20 毫米 + 10 毫米	
	后部 20 毫米	顶部 10 毫米	底部 10 ~ 20 毫米
76.2 毫米炮塔	侧面 20 毫米	顶部 15 毫米	
45 毫米炮塔	侧面 20 毫米	顶部 10 毫米	
机枪塔	侧面 20 毫米	顶部 10 毫米	

陆地战舰

2 个 45 毫米炮塔呈对角线布置，2 个机枪塔亦然，保证左右“侧舷”都有 1 门火炮和 2 挺机枪的火力。

▲ 20-K 坦克炮的部分炮弹。

螺旋弹簧平衡悬挂

T-35 车体每侧各有 4 组悬挂装置，每组悬挂装置由 2 对小直径负重轮和 2 对倾斜安装的螺旋弹簧组成。这套悬挂系统可以保证 T-35 平稳地低速行驶，其越野能力和行驶速度都让人不敢恭维。

Support The Infantry

支援步兵

并不是所有步兵坦克都身披重甲，不过合格的步兵坦克一定具有优秀的防御力，因为在支援步兵攻坚时它们一定会被敌方火力“重点关照”。这样的“重装骑士”机动性普遍偏弱，较难适应机械化战争时代大开大合的打法，但它们与敌人初次相遇时往往会在甲弹对抗中占据上风。法国的夏尔 B1 重型坦克和英国的“丘吉尔”步兵坦克是其中的突出代表。

夏尔 B1 重型坦克

夏尔 B1 是法国在二战前夕列装的突破型重型坦克，为应对不同目标配备了两种火炮。产量最大的是夏尔 B1 比斯型，反坦克火力和装甲较基础型略有加强。1940 年的法国战役期间，它的火力和防护均优于德军坦克，除了 88 毫米炮之外的所有德军反坦克炮均无法击穿其正面装甲。然而，受糟糕的部队编制与落后的战术所累，这种坦克未能充分发挥自身威力。法国战败后，被俘获的夏尔 B1 主要供二线占领军使用或是充当训练用车。（主图为夏尔 B1 比斯型）

47 毫米 SA-35 火炮，采用立楔式炮闩

75 毫米 SA-35 榴弹炮，采用横楔式炮闩

武/器/档/案 WEAPON ARCHIVES

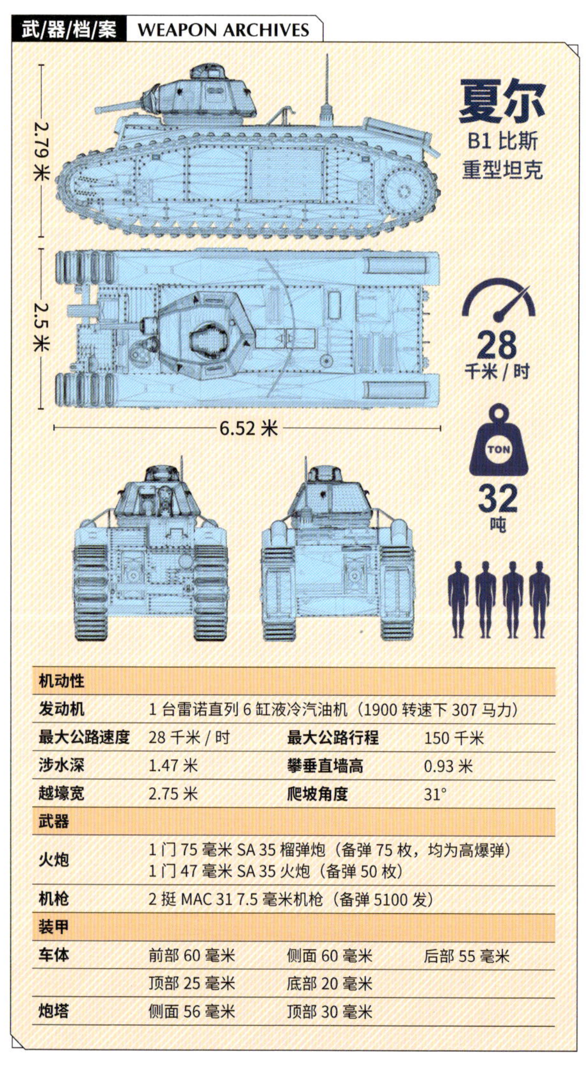

机动性			
发动机	1 台雷诺直列 6 缸液冷汽油机（1900 转速下 307 马力）		
最大公路速度	28 千米 / 时	最大公路行程	150 千米
涉水深	1.47 米	攀垂直墙高	0.93 米
越壕宽	2.75 米	爬坡角度	31°
武器			
火炮	1 门 75 毫米 SA 35 榴弹炮（备弹 75 枚，均为高爆弹） 1 门 47 毫米 SA 35 火炮（备弹 50 枚）		
机枪	2 挺 MAC 31 7.5 毫米机枪（备弹 5100 发）		
装甲			
车体	前部 60 毫米	侧面 60 毫米	后部 55 毫米
	顶部 25 毫米	底部 20 毫米	
炮塔	侧面 56 毫米	顶部 30 毫米	

◀ 75 毫米 SA 35 榴弹炮发射的高爆弹。

炮塔可手动或电动驱动，两种模式下炮塔旋转一周分别需要 55 秒和 28 秒

多火炮坦克

希望坦克同时具备反步兵与反坦克的能力，但又没有高爆弹和穿甲弹威力俱佳的坦克炮，就会考虑为坦克配备两种各司其职的火炮。这虽然解决了功能方面的问题，但也增加了车重，带来了糟糕的人机工效。

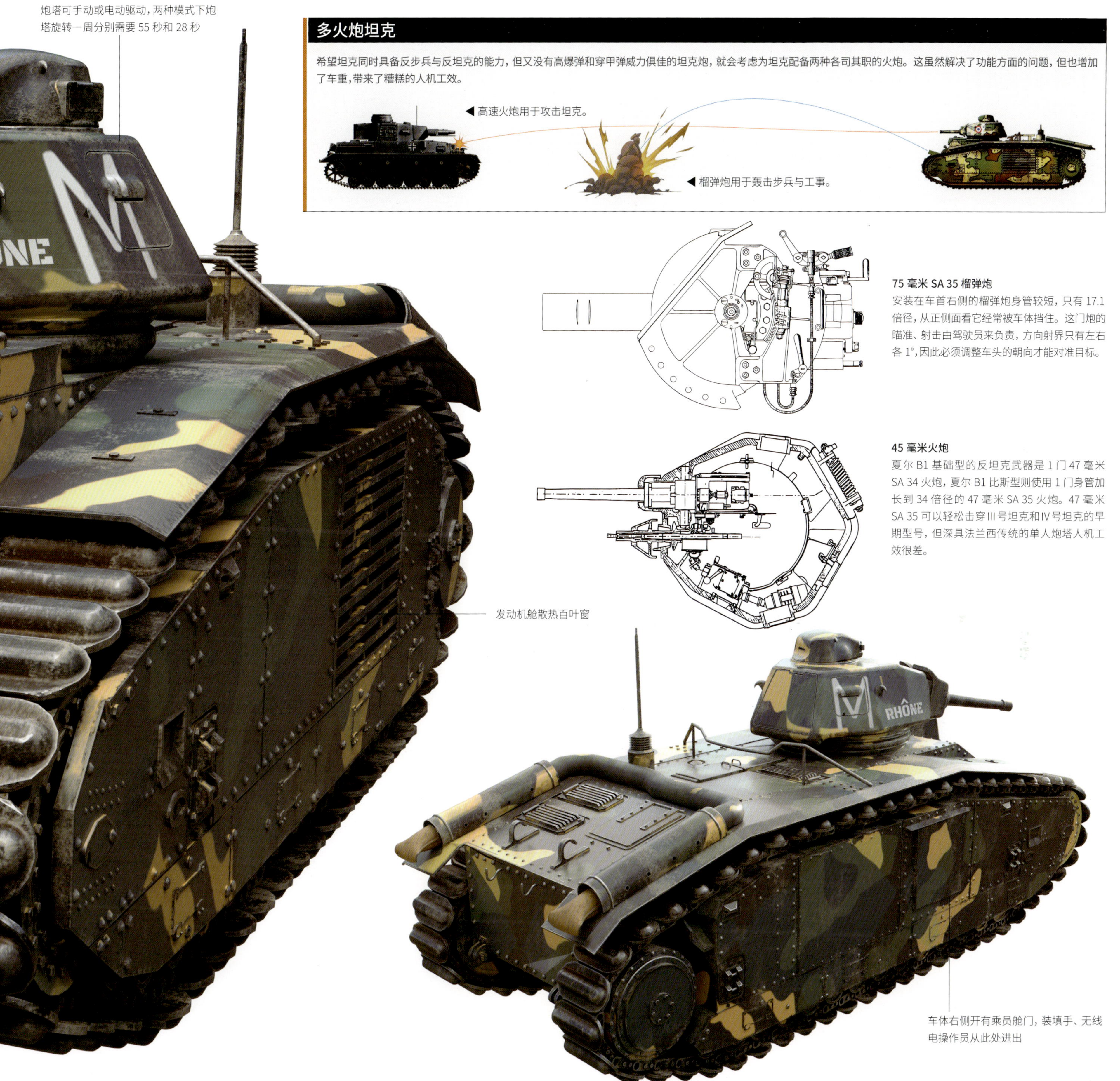

75 毫米 SA 35 榴弹炮

安装在车首右侧的榴弹炮身管较短，只有 17.1 倍径，从正侧面看它经常被车体挡住。这门炮的瞄准、射击由驾驶员来负责，方向射界只有左右各 1°，因此必须调整车头的朝向才能对准目标。

45 毫米火炮

夏尔 B1 基础型的反坦克武器是 1 门 47 毫米 SA 34 火炮，夏尔 B1 比斯型则使用 1 门身管加长到 34 倍径的 47 毫米 SA 35 火炮。47 毫米 SA 35 可以轻松击穿 III 号坦克和 IV 号坦克的早期型号，但深具法兰西传统的单人炮塔人机工效很差。

发动机舱散热百叶窗

车体右侧开有乘员舱门，装填手、无线电操作员从此处进出

“丘吉尔”步兵坦克

“丘吉尔”步兵坦克是英国的最后一种步兵坦克，在法国沦陷、敦刻尔克大撤退导致重装备损失严重、德国跨海入侵威胁迫在眉睫这一背景下临危投产。由于预设战场是一战那样堑壕和铁丝网密布的环境，“丘吉尔”采用了相当长的车体和颇具一战遗风的过肩履带，用以克服恶劣的地面条件。这种坦克素以装甲厚重闻名，后期型号的防御力已经达到甚至超过了德国“虎”式坦克的水平，但相对较弱的火力却显得与强大的防御力极不相称——它的炮塔空间较小，火力提升的空间十分有限。很多人认为“丘吉尔”车如其名，体型高大笨重，行走起来步履蹒跚，恰如心宽体胖的英国首相温斯顿·丘吉尔，但事实上它是以第一代马尔博罗公爵约翰·丘吉尔的姓氏来命名的。（主图为 Mk Ⅶ型）

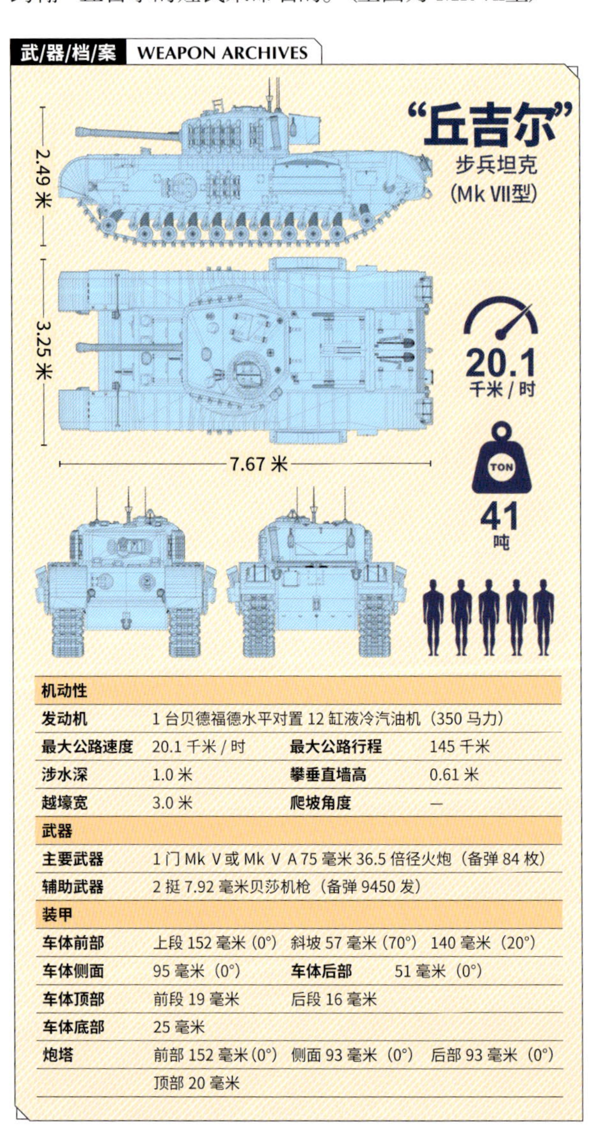

机动性			
发动机	1 台贝德福德水平对置 12 缸液冷汽油机（350 马力）		
最大公路速度	20.1 千米 / 时	最大公路行程	145 千米
涉水深	1.0 米	攀垂直墙高	0.61 米
越壕宽	3.0 米	爬坡角度	—
武器			
主要武器	1 门 Mk V 或 Mk V A 75 毫米 36.5 倍径火炮（备弹 84 枚）		
辅助武器	2 挺 7.92 毫米贝莎机枪（备弹 9450 发）		
装甲			
车体前部	上段 152 毫米（0°） 斜坡 57 毫米（70°） 140 毫米（20°）		
车体侧面	95 毫米（0°）	车体后部	51 毫米（0°）
车体顶部	前段 19 毫米	后段 16 毫米	
车体底部	25 毫米		
炮塔	前部 152 毫米（0°） 侧面 93 毫米（0°） 后部 93 毫米（0°） 顶部 20 毫米		

75 毫米高速坦克炮

装填手 / 无线电操作员舱门

杂物箱

发动机排气口

8/11
“丘吉尔”坦克车体每侧各有 11 组负重轮，在硬质平坦地面上行驶时只有第 3 到第 10 组负重轮和地面接触。第 1、2 组负重轮会在翻越障碍或遭遇不平整路面时发挥作用，而第 11 组负重轮只负责张紧履带。若第 3—10 组负重轮损坏，可将第 1、2 组拆下来更换上去。

重甲傍身

后期型“丘吉尔”可以在 1000 米距离抵御德军“黑豹”坦克发射的普通穿甲弹。当然，这个距离它也完全打不穿“黑豹”的正面装甲。

发动机进气口

BEN NEVIS
T173143H

车长舱门

车体侧门

垂直螺旋弹簧悬挂

“丘吉尔”的悬挂系统结构十分复杂：弹性元件由 4 根螺旋弹簧嵌套而成；负重轮的轮轴中空，内装润滑剂；悬挂系统支架上与负重轮轮架接触的部分设有回弹垫，既能缓冲震动又能限制轮架的运动幅度。悬挂总行程只有 126 毫米，越野能力相当糟糕。

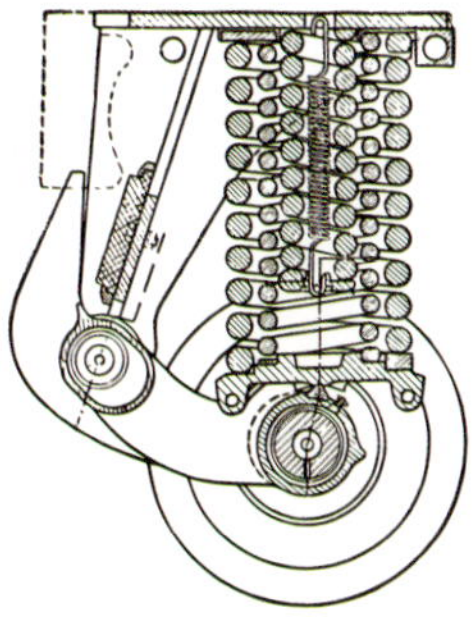

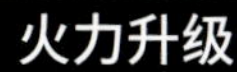

过肩履带

这是一战时期的过顶履带的变体，最初的设计目的是碾压铁丝网。这种履带维修困难、避震效果差、不利于高速行驶，且浪费空间和吨位。

履带张紧器

伏虎

“丘吉尔”坦克最惊艳的一场战斗发生在 1943 年 4 月 21 日突尼斯长停山战役期间。英国陆军第 48 皇家坦克团的“丘吉尔”坦克与德军“虎”式坦克对阵，“丘吉尔”发射的一枚 57 毫米（6 磅）炮弹阴差阳错卡进“虎”式坦克的炮塔和炮塔座圈之间，并且击伤了车内人员。因为炮塔无法转动，车组弃车逃跑，而这辆“虎”式坦克被英军缴获，今天它收藏在英国博文顿的坦克博物馆里，也就是大名鼎鼎的 131“虎”式。

火力升级

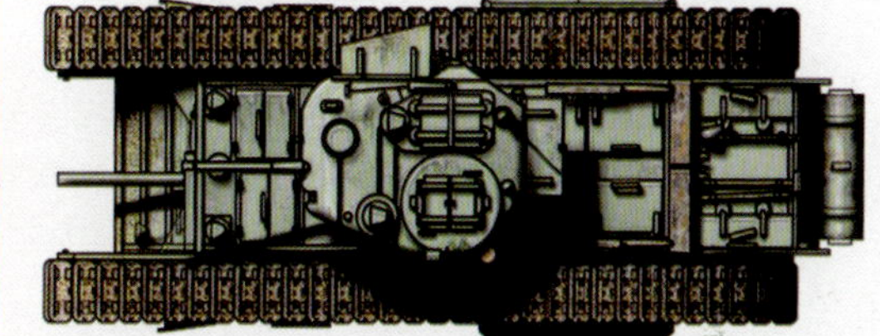

“丘吉尔”Mk Ⅰ

· 40 毫米（2 磅）高速坦克炮——反坦克

· 76.2 毫米（3 英寸）榴弹炮——反步兵

“丘吉尔”Mk Ⅲ

· 57 毫米（6 磅）高速坦克炮——高爆弹威力不佳

“丘吉尔”Mk Ⅶ

· 75 毫米高速坦克炮——高爆弹威力提升，穿甲弹威力略有下降

Legends Of KV

克里缅特·伏罗希洛夫传奇

1940 年，KV 坦克带给德军的震撼一点也不亚于 T-34，甚至有过之而无不及。这种以苏联国防人民委员会委员克里缅特·伏罗希洛夫的名字命名的重型坦克不负众望，对德军坦克形成了碾压优势，也给侵略者制造了严重的心理阴影。苏军在卫国战争初期的溃败是混乱的组织、糟糕的训练、拙劣的指挥、僵化的战术等诸多因素综合起来造成的，但肯定不能归咎于装备劣势。

KV-1 重型坦克

1939 年，约瑟夫·科京（伏罗希洛夫的女婿）与阿纳法西·耶莫雷耶夫在列宁格勒基洛夫机械制造联合设计了 KV-1 重型坦克。KV-1 从多炮塔路线回归了更为务实的单炮塔设计，并且融合了柴油发动机、扭杆悬挂、长身管火炮等创新点。它拥有与 T-34-76 相当的火力和厚重的装甲，在面对德军Ⅱ号、Ⅲ号和早期型Ⅳ号坦克时具有绝对优势，也难以被 37 毫米反坦克炮击穿。不过这种坦克在通过性上的短板比较明显，特别是在不断强化装甲导致车重攀升之后。此外，操纵困难、视野狭窄等人机工效问题也影响了战斗力的发挥。随着德军列装Ⅳ号后期型和“虎”式、“黑豹”等坦克，KV-1 在战争前期的火力与装甲优势逐渐消失，它在苏军中的地位也被 IS 系列重型坦克取代。（主图为 KV-1 1941 年型）

焊接炮塔

KV-1 的大部分型号使用焊接炮塔，棱角比较分明。只有 1942 年型和部分 1941 年型采用铸造炮塔，线条较为圆润，特别是尾舱部分。

战斗英雄

1941 年 8 月 20 日，德军第 6 甲师的先头部队正在向列宁格勒附近的克拉斯诺格瓦尔代斯克前进。隶属苏军机械化第 24 军坦克第 49 师坦克第 97 团重型坦克营的季诺维·科洛巴诺夫中尉奉命阻击德军，他带领 5 辆 KV-1 坦克占据有利地形伏击敌人坦克纵队，在 30 分钟的战斗中总共打出 98 枚穿甲弹，光是科洛巴诺夫中尉的座车（编号 864）就宣称歼敌 22 辆，这辆车在战斗中中弹 156 枚，却没有一枚能穿透它厚重的装甲。因为这场英勇的战斗，科洛巴诺夫中尉被授予红旗勋章。值得一提的是，科洛巴诺夫中尉当时驾驶的是一辆 KV-1E，即装甲加强型，在炮塔侧面和车体侧面安装了 20 毫米厚的附加装甲。左图中的科洛巴诺夫并非中尉军衔，因为拍摄这张照片时他已经荣升中校。

ZIS-5 火炮

KV-1 的主炮几经变化，ZIS-5 是其最后一种主炮，安装在 KV-1 1941 年型和 KV-1 1942 年型上，它在 1000 米距离可击穿约 70 毫米厚的均质装甲。

V 形防溅板

机动短板

虽然 KV-1 在松软的地面上表现良好，但它重量很大，无法通过低载荷等级的桥梁。另外，不断加厚装甲导致行驶速度越来越慢，它逐渐难以跟上中型坦克的步伐。

发动机空气滤清器

发动机排气管

变速箱检修舱口

武/器/档/案 WEAPON ARCHIVES

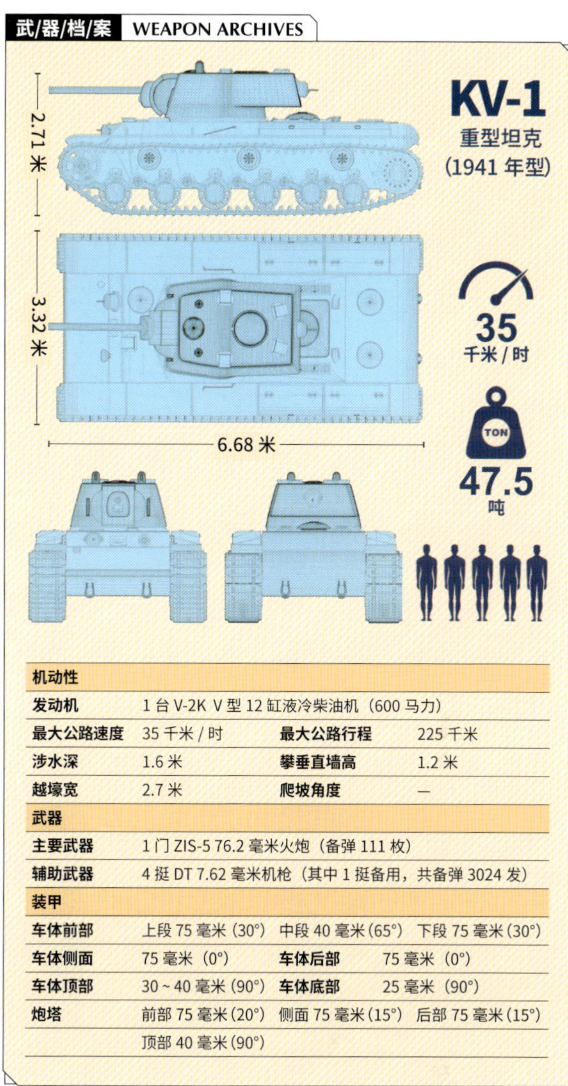

机动性			
发动机	1 台 V-2K V 型 12 缸液冷柴油机（600 马力）		
最大公路速度	35 千米 / 时	最大公路行程	225 千米
涉水深	1.6 米	攀垂直墙高	1.2 米
越壕宽	2.7 米	爬坡角度	—
武器			
主要武器	1 门 ZIS-5 76.2 毫米火炮（备弹 111 枚）		
辅助武器	4 挺 DT 7.62 毫米机枪（其中 1 挺备用，共备弹 3024 发）		
装甲			
车体前部	上段 75 毫米（30°） 中段 40 毫米（65°） 下段 75 毫米（30°）		
车体侧面	75 毫米（0°）	车体后部	75 毫米（0°）
车体顶部	30 ~ 40 毫米（90°）	车体底部	25 毫米（90°）
炮塔	前部 75 毫米（20°） 侧面 75 毫米（15°） 后部 75 毫米（15°）		
	顶部 40 毫米（90°）		

KV-1 1939 年型

· L-11 76.2 毫米主炮，30.5 倍径

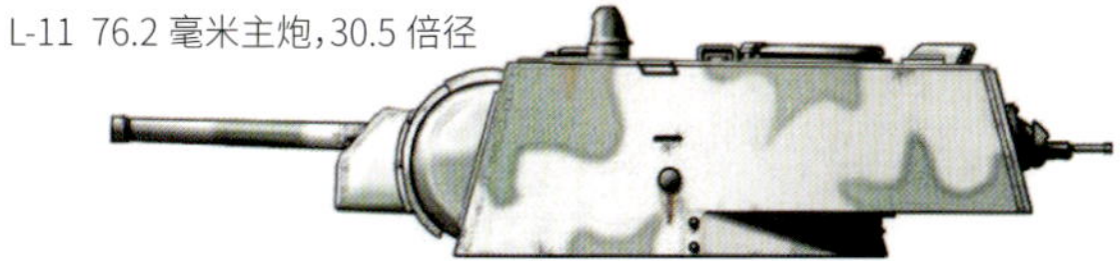

KV-1 1940 年型

· F-32 76.2 毫米主炮，31.5 倍径

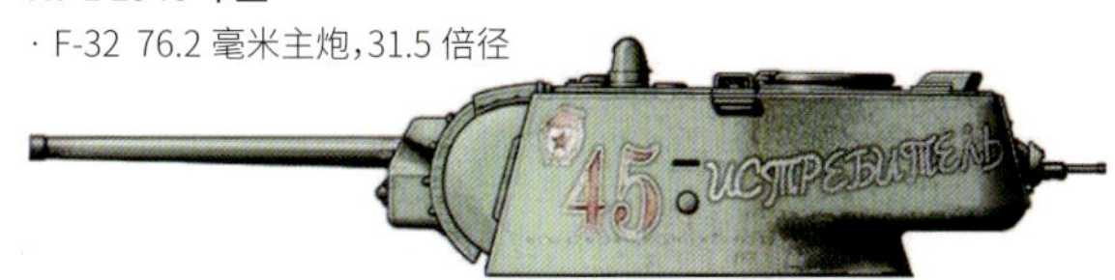

KV-1 1942 年型

· ZIS-5 76.2 毫米主炮，42.5 倍径

▲ KV-1 的主炮变化，注意 1942 年型炮塔的圆润外形。

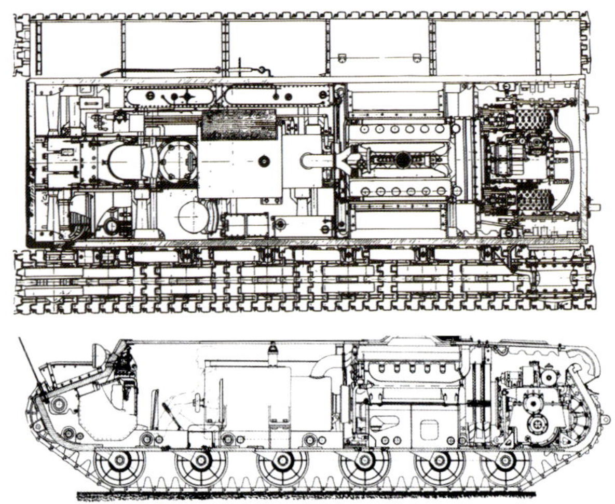

▲ KV-2 的底盘布局示意图。它的底盘与 KV-1 一致，虽然车重增加，但动力、传动和行走系统并未得到升级，这让机动性进一步恶化。

KV-2 重型坦克

KV-2 并非 KV-1 的后继型号，而是一种主要用于拔除碉堡和火力点，为步兵扫清道路的突破型重型坦克。KV-2 沿用了 KV-1 的底盘，不过主炮改为一门 152 毫米榴弹炮，炮塔也更为高大雄伟。凭借厚重的装甲和威力巨大的火炮，KV-2 在卫国战争初期给德军留下了巨大的心理震撼。然而，由于车重猛增，它的行驶速度、通过能力和可靠性较 KV-1 有所下降，总体表现并不尽如人意。

M-10T 152 毫米榴弹炮

炮塔变化

KV-2 有两种炮塔：早期型炮塔呈七角形，正面装甲倾斜布置；量产型炮塔呈六边形，正面装甲垂直布置，生产工艺得到简化。无论哪种炮塔都非常高大笨重，旋转速度缓慢。

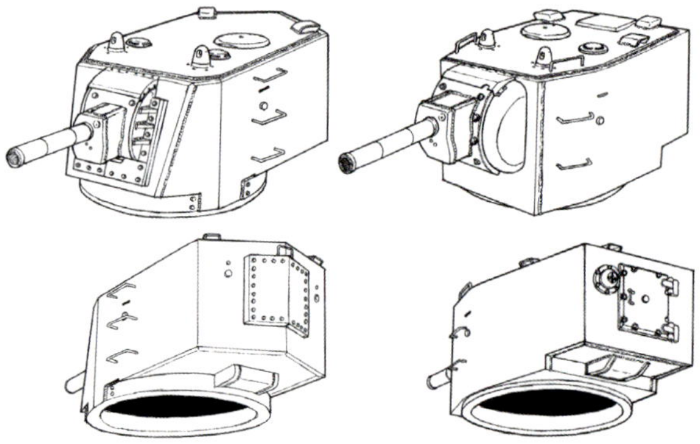

早期型炮塔　量产型炮塔

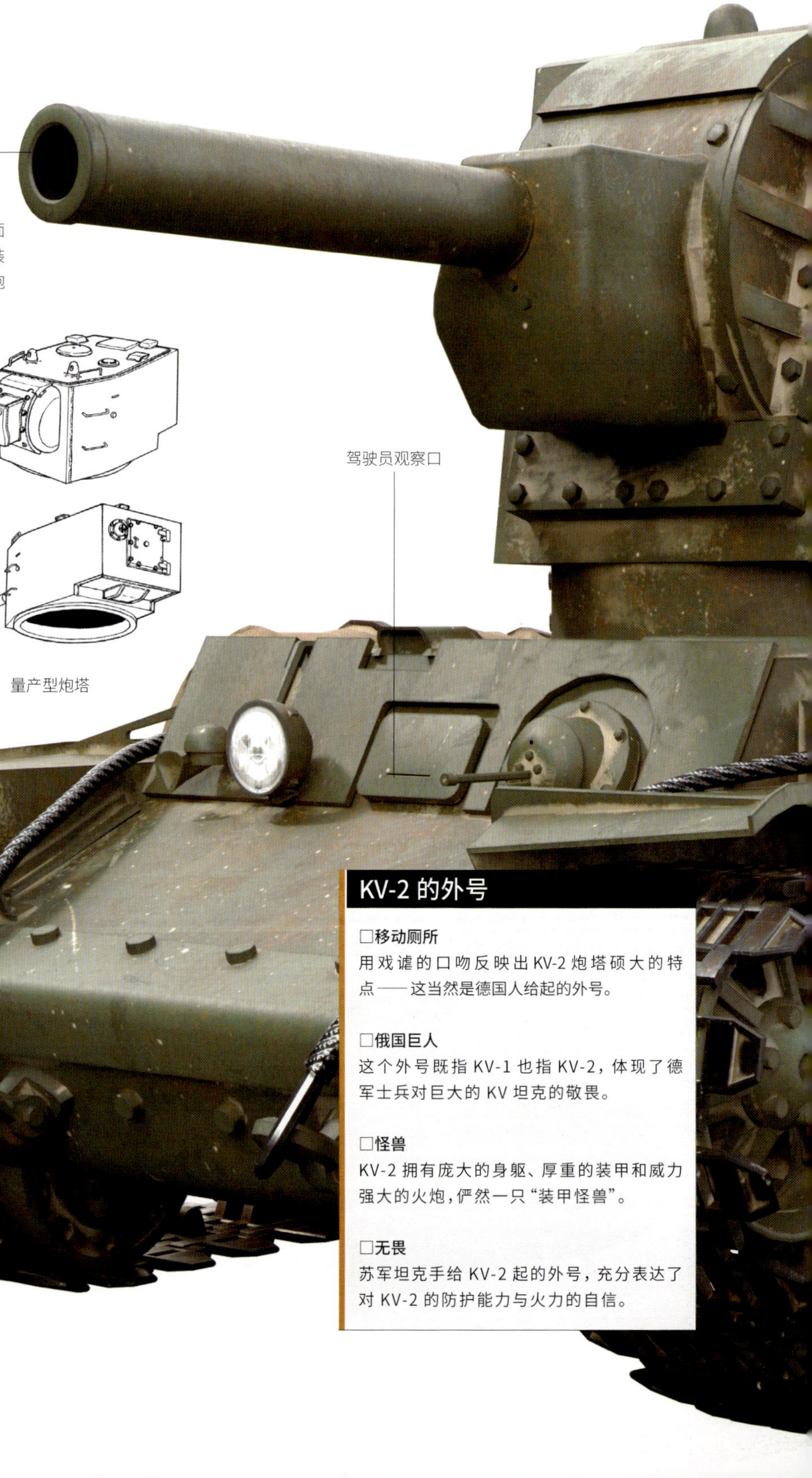

驾驶员观察口

武/器/档/案 WEAPON ARCHIVES

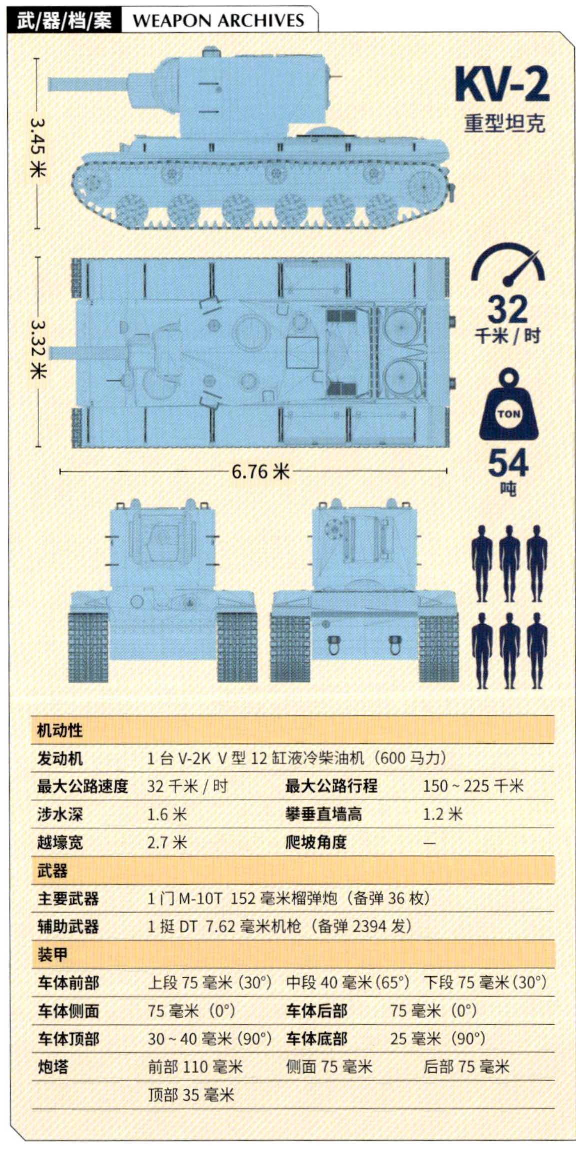

机动性			
发动机	1 台 V-2K V 型 12 缸液冷柴油机（600 马力）		
最大公路速度	32 千米 / 时	最大公路行程	150 ~ 225 千米
涉水深	1.6 米	攀垂直墙高	1.2 米
越壕宽	2.7 米	爬坡角度	—
武器			
主要武器	1 门 M-10T 152 毫米榴弹炮（备弹 36 枚）		
辅助武器	1 挺 DT 7.62 毫米机枪（备弹 2394 发）		
装甲			
车体前部	上段 75 毫米（30°）	中段 40 毫米（65°）	下段 75 毫米（30°）
车体侧面	75 毫米（0°）	车体后部	75 毫米（0°）
车体顶部	30 ~ 40 毫米（90°）	车体底部	25 毫米（90°）
炮塔	前部 110 毫米	侧面 75 毫米	后部 75 毫米
	顶部 35 毫米		

KV-2 的外号

□**移动厕所**
用戏谑的口吻反映出 KV-2 炮塔硕大的特点——这当然是德国人给起的外号。

□**俄国巨人**
这个外号既指 KV-1 也指 KV-2，体现了德军士兵对巨大的 KV 坦克的敬畏。

□**怪兽**
KV-2 拥有庞大的身躯、厚重的装甲和威力强大的火炮，俨然一只“装甲怪兽”。

□**无畏**
苏军坦克手给 KV-2 起的外号，充分表达了对 KV-2 的防护能力与火力的自信。

早期型炮塔，只有 4~6 辆 KV-2 采用这种炮塔

炮塔扶手，更新的量产型炮塔简化为每侧 2 个

除 KV-1 和 KV-2 外，KV 坦克家族的其他主要成员

KV-1S
KV-1 的改进型，拥有更小巧的铸造炮塔和重新设计的车体，机动性更好但装甲更薄。

KV-8
KV-1 的喷火版，在主炮右侧安装了 ATO-41 火焰喷射器，主炮不得不换成更小的 45 毫米炮。

KV-8S
KV-1S 的喷火版，在主炮右侧安装了 ATO-42 火焰喷射器。

KV-85
采用 KV-1S 底盘，主炮换成 D-5T 85 毫米火炮，炮塔为全新设计。

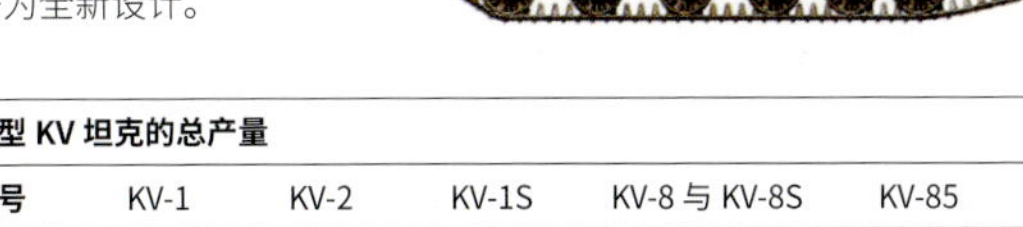

各型 KV 坦克的总产量

型号	KV-1	KV-2	KV-1S	KV-8 与 KV-8S	KV-85
产量	3139	210	1085	148	670

KV-2 的部分炮弹

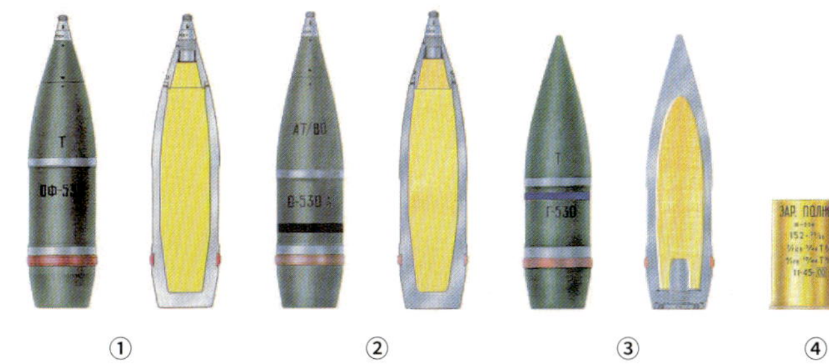

①杀伤爆破弹：兼具破片杀伤和冲击波爆破的功能
②破片杀伤弹：主要用于人员杀伤，装药比①更少，弹体比①更厚，以制造大量弹片
③混凝土破坏弹：结构类似于高爆穿甲弹，采用弹底着发引信，打进混凝土后起爆
④发射药：发射药与弹丸分开储运，开炮时以弹丸在前、发射药在后的顺序装填

▶ 安装量产型炮塔的 KV-2。

发动机检修舱口，炮塔转向侧面时才能打开

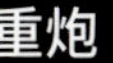

重炮

KV-2 的主炮——152 毫米 M-10T 榴弹炮被搬上坦克之前本是师属压制火炮，其弹头重量普遍高于 40 千克，杀伤爆破弹的杀伤范围高达 70 米 ×30 米，混凝土破坏弹可在 1000 米距离上穿透 1140 毫米厚的混凝土墙。无论哪个弹种，直接命中德军的III号坦克和IV号坦克都会产生致命的破坏效果。然而，由于战争准备并不充分，KV-2 经常缺乏炮弹，此时只能采用撞击加碾压的方式与敌交战。

▲ 德国军官正在测量 KV-2 的主炮口径——152 毫米，比碗口还粗。

Tiger Fear

恐虎症

虽然闪击战格外强调速度、灵活、纵深，但给世人留下最深刻印象的德国坦克却是两位战役机动性远算不上出色的重量级选手——“虎”式及其继任者“虎王”。它们凭借火力与装甲优势获得了极高的交换比，因此成为英美盟军挥之不去的噩梦。不过，在战后的岁月里这两只“猛虎”并没有因为阵营问题遭到唾弃，反而在流行文化中化身无坚不摧的装甲力量的象征。

“虎”式坦克

面对“马蒂尔达”Ⅱ、夏尔 B1 等英法坦克，德军的Ⅲ号、Ⅳ坦克在甲弹对抗中处于劣势。因此德国在研发Ⅵ号坦克，也就是“虎”式坦克时一改过去重机动、轻防护的做法，将其打造成一种火力强大、装甲厚重的突破型坦克。“虎”式于 1942 年 8 月底首次登上战场，对苏军的 T-34 和 KV-1 具有绝对优势，后来在西线亦可以轻松碾压英美的主力坦克 M4“谢尔曼”。中型坦克若想有效对抗“虎”式通常需要采用狼群战术：以一辆坦克充当诱饵，其他三四辆依靠机动优势从两翼包抄，集中射击其侧面与背面——即便得手也可能损失多辆坦克。在“虎”式车组中诞生了众多王牌坦克手，这进一步增加了“虎”式坦克的传奇色彩。（主图为“虎”式后期型）

马蹄形炮塔，手动或液压驱动

超负荷运转

700 马力的发动机在驱动 56 吨的“虎”式坦克时负荷过重，甚至有过热起火的危险。当发动机舱的温度高于 160°C时，自动灭火机会朝燃油泵和化油器位置喷射灭火剂。

瞄准

“虎”式坦克的瞄准镜与主炮随动，具备简易测距功能，拥有 2.5 倍的放大倍率和 25°的视场（后期型放大倍率为 2.5 倍 /5 倍，视场为 28° /14°）。88 毫米主炮的最大表尺射程为 4000 米，随着射程的增加，瞄准中心在目镜中不断下降，相当于火炮抬高角不断增加。

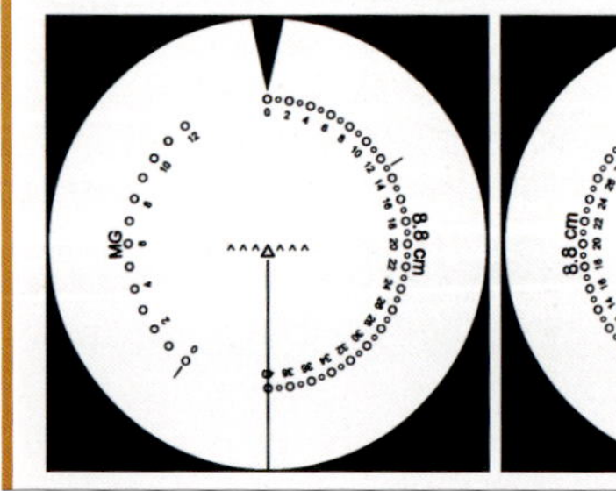

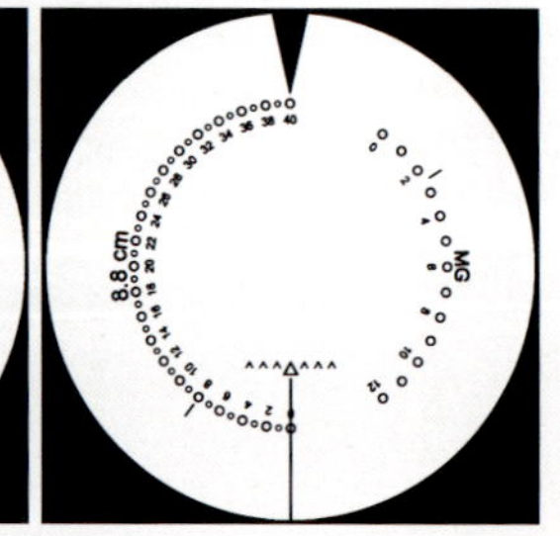

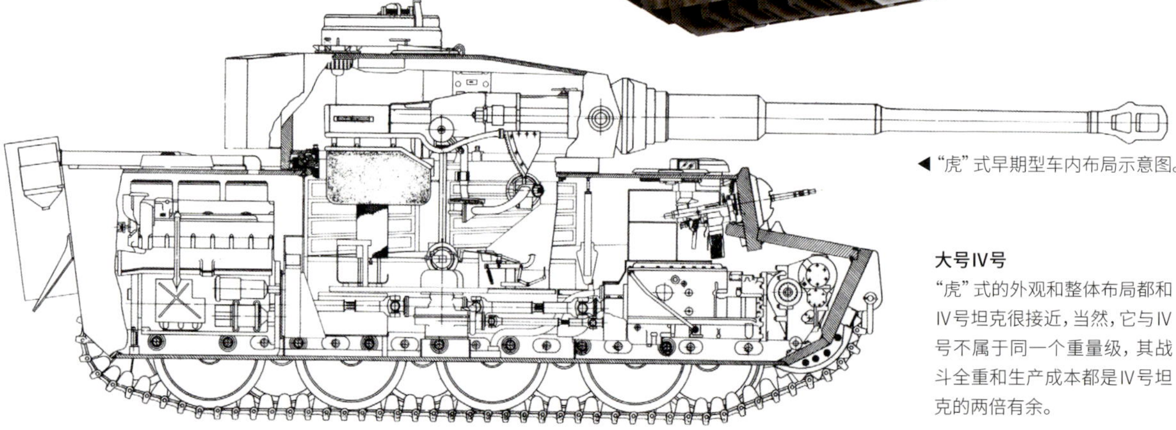

◀“虎”式早期型车内布局示意图。

大号Ⅳ号

“虎”式的外观和整体布局都和Ⅳ号坦克很接近，当然，它与Ⅳ号不属于同一个重量级，其战斗全重和生产成本都是Ⅳ号坦克的两倍有余。

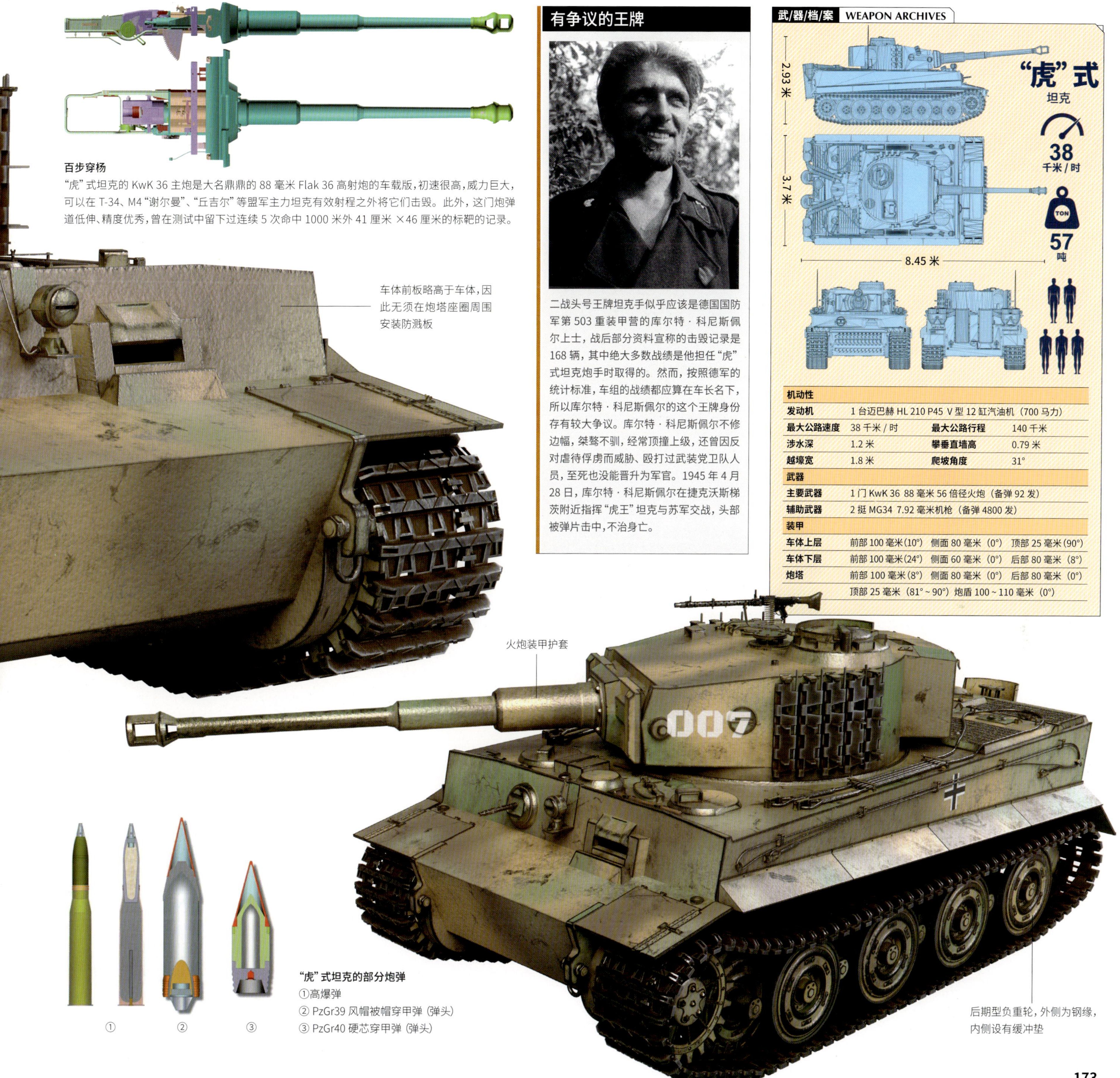

百步穿杨

“虎”式坦克的 KwK 36 主炮是大名鼎鼎的 88 毫米 Flak 36 高射炮的车载版，初速很高，威力巨大，可以在 T-34、M4“谢尔曼”、“丘吉尔”等盟军主力坦克有效射程之外将它们击毁。此外，这门炮弹道低伸、精度优秀，曾在测试中留下过连续 5 次命中 1000 米外 41 厘米 ×46 厘米的标靶的记录。

“虎”式坦克的部分炮弹

①高爆弹
② PzGr39 风帽被帽穿甲弹（弹头）
③ PzGr40 硬芯穿甲弹（弹头）

有争议的王牌

二战头号王牌坦克手似乎应该是德国国防军第 503 重装甲营的库尔特 · 科尼斯佩尔上士，战后部分资料宣称的击毁记录是 168 辆，其中绝大多数战绩是他担任“虎”式坦克炮手时取得的。然而，按照德军的统计标准，车组的战绩都应算在车长名下，所以库尔特 · 科尼斯佩尔的这个王牌身份存有较大争议。库尔特 · 科尼斯佩尔不修边幅，桀骜不驯，经常顶撞上级，还曾因反对虐待俘虏而威胁、殴打过武装党卫队人员，至死也没能晋升为军官。1945 年 4 月 28 日，库尔特 · 科尼斯佩尔在捷克沃斯特梯茨附近指挥“虎王”坦克与苏军交战，头部被弹片击中，不治身亡。

武/器/档/案 WEAPON ARCHIVES

“虎”式坦克

2.93 米　3.7 米　8.45 米　38 千米 / 时　57 吨

机动性			
发动机	1 台迈巴赫 HL 210 P45 V 型 12 缸汽油机（700 马力）		
最大公路速度	38 千米 / 时	最大公路行程	140 千米
涉水深	1.2 米	攀垂直墙高	0.79 米
越壕宽	1.8 米	爬坡角度	31°
武器			
主要武器	1 门 KwK 36 88 毫米 56 倍径火炮（备弹 92 发）		
辅助武器	2 挺 MG34 7.92 毫米机枪（备弹 4800 发）		
装甲			
车体上层	前部 100 毫米（10°）	侧面 80 毫米（0°）	顶部 25 毫米（90°）
车体下层	前部 100 毫米（24°）	侧面 60 毫米（0°）	后部 80 毫米（8°）
炮塔	前部 100 毫米（8°）	侧面 80 毫米（0°）	后部 80 毫米（0°）
	顶部 25 毫米（81° ~ 90°）炮盾 100 ~ 110 毫米（0°）		

以讹传讹

VI号坦克B型的德语非正式称谓"Königstiger"本意为孟加拉虎，但被不明就里的盟军士兵讹传为"King tiger"，即"虎王"。如今"虎王"已经成了约定俗成的名字，相较于文绉绉的"孟加拉虎"，它更加朗朗上口，也更能直观地反映这种坦克的强大威力。

"虎王"坦克

德国的VI号坦克B型，或者叫"虎"II坦克，还有一个略微庸俗但更加脍炙人口的名字——"虎王"。作为"虎"式的后继型号，"虎王"继承了"虎"式重视火力与防护的衣钵，外形则和"黑豹"较为相似，车体和炮塔都采用了倾斜装甲。因为车重过大，"虎王"的可靠性和机动性进一步恶化，但这并不影响它成为比"虎"式坦克更加恐怖对手。"虎王"在和所有型号盟军坦克的甲弹对抗中都具有优势，包括最强大的美军坦克M26"潘兴"和最强大的苏军坦克IS-2。由于生产成本过高，再加上产能遭到盟军打击，"虎王"注定是一种十分稀少的坦克，只有492辆走下生产线。这不利于赢得战争，但却为"虎王"增添了几分俾倪群雄般的吸引力。

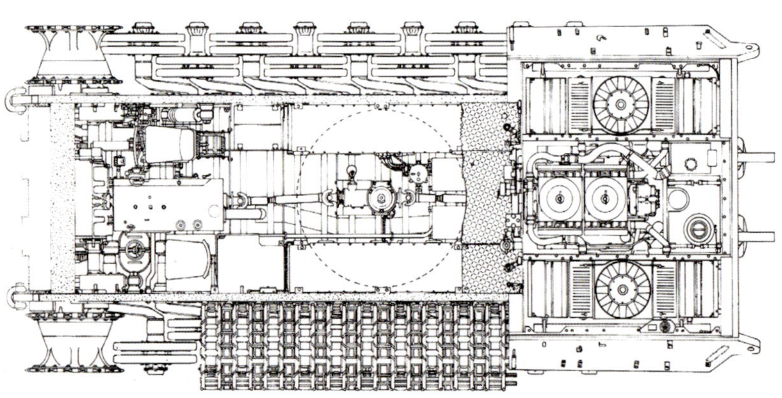

◀"虎王"车体布局示意图。

继承与改进

"虎王"继承了"黑豹"坦克的整体布局，甚至发动机也同样采用迈巴赫HL 230型——这台700马力的发动机在将近70吨的"虎王"身上已经严重动力不足。不同于"黑豹"的是，"虎王"并未采用交错式负重轮，而是选择了内外重叠式负重轮，这主要是为了方便维修。

FuG 5 无线电天线

环形机枪架

牵引钢缆

“保时捷炮塔”与“亨舍尔炮塔”

量产型“虎王”有两种炮塔，长期以来被人们称作“保时捷炮塔”与“亨舍尔炮塔”。其中，“保时捷炮塔”外形圆润，具有更好的避弹外形，但制造难度大，且存在致命的“窝弹区”。因此，只有 50 辆“虎王”安装的是“保时捷炮塔”。

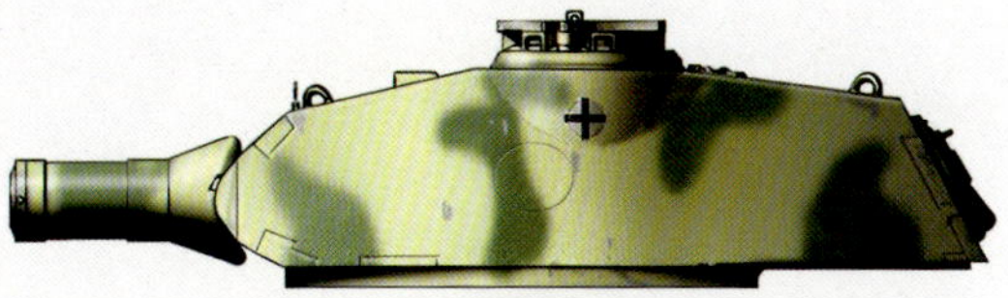

保时捷炮塔

亨舍尔炮塔

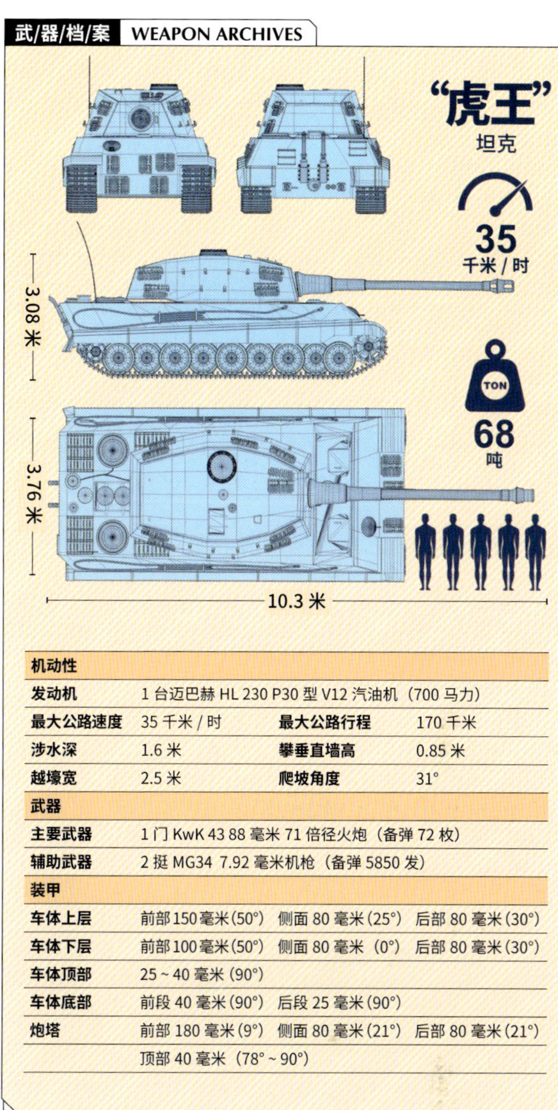

机动性			
发动机	1 台迈巴赫 HL 230 P30 型 V12 汽油机（700 马力）		
最大公路速度	35 千米 / 时	最大公路行程	170 千米
涉水深	1.6 米	攀垂直墙高	0.85 米
越壕宽	2.5 米	爬坡角度	31°
武器			
主要武器	1 门 KwK 43 88 毫米 71 倍径火炮（备弹 72 枚）		
辅助武器	2 挺 MG34 7.92 毫米机枪（备弹 5850 发）		
装甲			
车体上层	前部 150 毫米(50°) 侧面 80 毫米(25°) 后部 80 毫米(30°)		
车体下层	前部 100 毫米(50°) 侧面 80 毫米（0°） 后部 80 毫米(30°)		
车体顶部	25 ~ 40 毫米（90°）		
车体底部	前段 40 毫米(90°) 后段 25 毫米(90°)		
炮塔	前部 180 毫米(9°) 侧面 80 毫米(21°) 后部 80 毫米(21°)		
	顶部 40 毫米（78° ~ 90°）		

▼“虎”式坦克与“虎王”坦克的风帽被帽穿甲弹同比例对比，二者尺寸相差很大。

88 ≠ 88

“虎”式坦克和“虎王”坦克都配备 88 毫米主炮，但二者的威力不可同日而语。“虎王”的 88 炮炮管更长、药室更大、膛压更高，拥有更高的初速、更大的动能、更强的穿甲能力，理论上讲可以在 2500 米的距离击穿所有盟军坦克的正面装甲。

“虎”式坦克
· 88 毫米 KwK 36 型主炮，56 倍径

“虎王”坦克
· 88 毫米 KwK 43 型主炮，71 倍径

In The Name Of Leader

以领袖之名

“虎”式坦克和“黑豹”坦克的问世改变了战场格局，它们在面对 T-34 与 KV-1 时优势巨大。不过新的苏联重型坦克也很快投产，让这场你追我赶、水涨船高的坦克竞赛变得更加紧张激烈。苏军的新型重型坦克由 KV 系列坦克发展而来，被冠以“约瑟夫 · 斯大林”之名（Ио́сиф Ста́лин，首字母缩写的英文转写为 IS），具备比 KV 坦克更优秀的机动性和更好的避弹外形。起初，IS 坦克只配备 85 毫米主炮，火力堪堪与 T-34-85 相当，这被称作 IS-1 型。不久之后主炮就换成了口径 122 毫米的巨炮，这让 IS 坦克战力大增。主炮升级后的版本称作 IS-2，不仅是攻城拔寨的重锤，也是驱虎屠豹的利器。

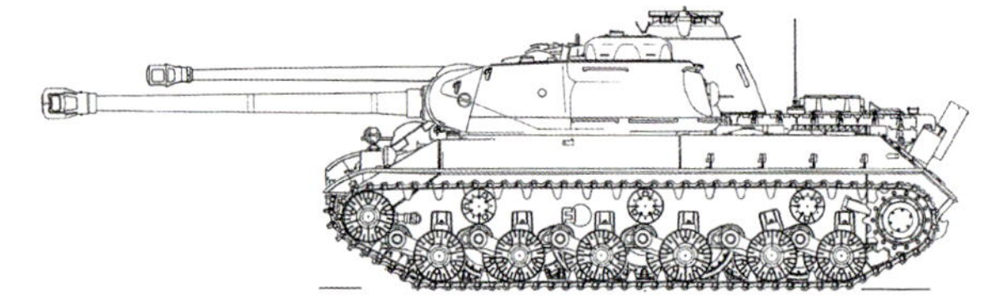

IS-2 与“黑豹”轮廓对比

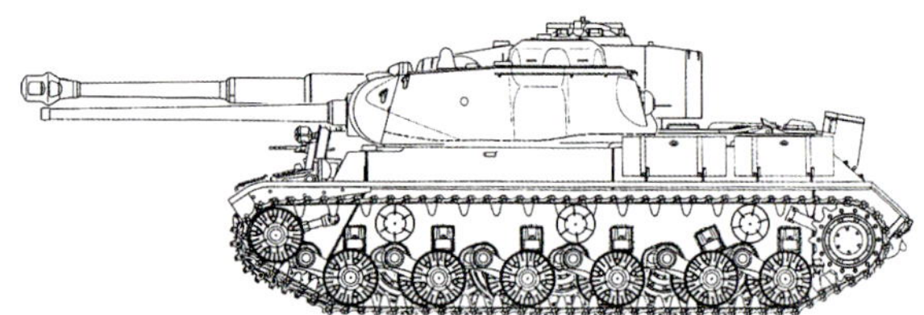

IS-1 与“虎”式轮廓对比

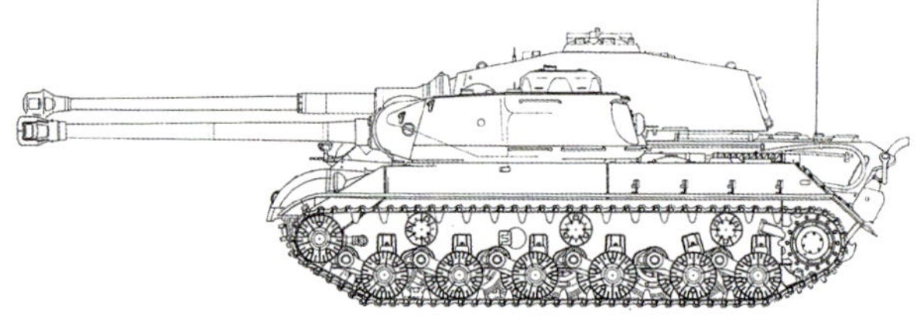

IS-2 与“虎王”轮廓对比

武/器/档/案 WEAPON ARCHIVES

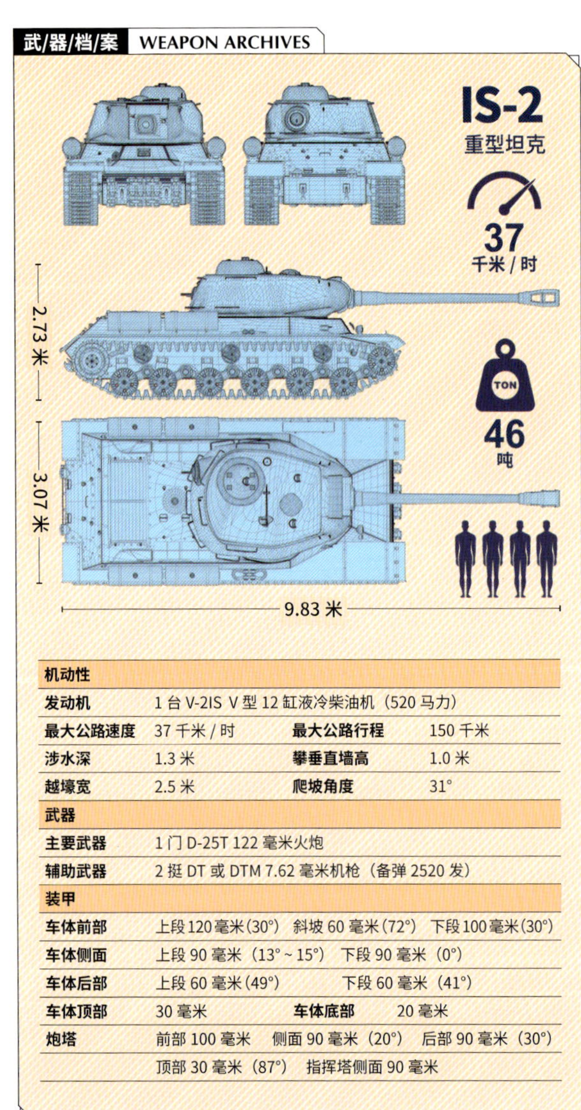

机动性			
发动机	1 台 V-2IS V 型 12 缸液冷柴油机（520 马力）		
最大公路速度	37 千米 / 时	最大公路行程	150 千米
涉水深	1.3 米	攀垂直墙高	1.0 米
越壕宽	2.5 米	爬坡角度	31°
武器			
主要武器	1 门 D-25T 122 毫米火炮		
辅助武器	2 挺 DT 或 DTM 7.62 毫米机枪（备弹 2520 发）		
装甲			
车体前部	上段 120 毫米（30°） 斜坡 60 毫米（72°） 下段 100 毫米（30°）		
车体侧面	上段 90 毫米（13°～15°） 下段 90 毫米（0°）		
车体后部	上段 60 毫米（49°） 下段 60 毫米（41°）		
车体顶部	30 毫米	车体底部	20 毫米
炮塔	前部 100 毫米 侧面 90 毫米（20°） 后部 90 毫米（30°）		
	顶部 30 毫米（87°） 指挥塔侧面 90 毫米		

IS 重型坦克

IS-1 亦称 IS-85，在 KV-13 中型坦克（未量产）和 KV-85 重型坦克的基础上改进而来。它只能算一种不太成功的过渡型号，虽然机动性和防护能力都很优秀，但其 85 毫米主炮的火力对重型坦克来说过于弱小，不足以和“虎”式、“黑豹”对抗。IS-1 只生产了 209 辆，其中还有 102 辆被升级成了 IS-2。

IS-2 使用和 IS-1 相同的底盘与炮塔，但将主炮换成了由军属压制火炮改进而来的 122 毫米加农炮，并且对炮架和炮盾进行了修改。这是一种非常成功的重型坦克，在和“虎”式、“黑豹”的甲弹对抗中具有优势。战争中有 2000 余辆 IS-2 服役，它们协助苏联红军从第聂伯河一路反推到了柏林。

身材矮小

和它的对手相比，IS 坦克相当低矮小巧。体型小可以减小被弹面积，同时有利于减轻车重。IS 比“虎”式坦克轻了 10 吨有余，但防护却与“虎”式旗鼓相当甚至略有优势。当然，IS 车内空间也非常狭小，导致火炮备弹量少，乘员工作环境恶劣——这些缺陷在换装了 122 毫米炮的 IS-2 上尤为明显。

▲ 1945 年 5 月，IS-2 经过柏林勃兰登堡凯旋门——它虽然不是二战中最强的重型坦克，但却笑到了最后。

▼ D-25T 火炮的部分弹药。

▶ IS-2 1943 年型。

▼ IS-2 1944 年型。

威力巨大

IS-2 的 D-25T 122 毫米主炮发射穿甲弹时可在 1500 米距离击穿“虎”式坦克正面，在 1000 米距离击穿“黑豹”坦克正面。即便使用杀伤爆破弹，D-25T 也能重创“虎”式和“黑豹”，使其失去战斗力。不过这门炮仍很难从正面击穿“虎王”。

射速缓慢

由于炮弹巨大而车内空间狭小，IS-2 只能使用分装弹。弹头和发射药都由同一名装填手装填，无论装填手多么训练有素，主炮的射速也很难超过 4 发 / 分钟。另外，在车内的 28 枚备弹中只有 8 枚是穿甲弹。可见 IS-2 更擅长轰击工事、建筑和步兵，而不是和坦克交战。

防护升级

和 1943 年型相比，1944 年型对车体正面装甲做了修改，首上部分由带有折角变为只有一个斜面，这改善了避弹外形，增加了等效厚度。这一改进让 IS-2 的装甲略优于“虎”式，但仍不及“虎王”。

ENCYCLOPEDIA OF

LAND WEAPONS

第十一章 自行反坦克炮

在第二次世界大战的战场上，面对进攻能力不断提升的坦克集群，手中多一件具备反装甲能力的武器总归不是坏事。自行反坦克炮 / 坦克歼击车可以用于这一目的，它能够搭载大口径火炮，火力显著强于使用同型底盘的坦克——尽管要在装甲、速度或灵活性中的一项或多项指标上付出代价。

不同的取舍方案造就了具备不同特征的自行反坦克炮 / 坦克歼击车。有些车辆装甲非常薄弱，仅相当于反坦克炮的运载工具。有些使用了成熟坦克的底盘，取消了炮塔以换取火力和防护的增加，同时也降低了生产成本；它们拥有和坦克相近的机动能力，但作战时扮演的角色或使用方法却与同底盘的坦克有着较大区别。有些车辆仍然保留了炮塔，并以机动性见长，在车辆防护上却有所牺牲。

不同类别的自行反坦克炮 / 坦克歼击车中都有一些佼佼者，比如“犀牛”、“猎豹”、M18“地狱猫”等。这些车辆虽然也像其他自行反坦克炮 / 坦克歼击车一样有着较大的局限性，但仍然经受住了第二次世界大战的严酷考验，证明了自身的战斗价值。

有一种观点认为，对付一辆坦克的最好武器未必是另一辆坦克，一些自行反坦克炮 / 坦克歼击车在激烈战斗中表现出的高效性或许为此提供了佐证。

Open-Top

敞开式战斗室

自行反坦克炮最基本的意义在于使反坦克炮具备机动能力。如果能够接受因放弃炮塔甚至车辆防护而带来的种种不利影响，那么即使是吨位不太大的轻型或中型车辆底盘也可以搭载威力较大的反坦克火炮。

这类自行反坦克炮通常会在底盘上额外建造一个战斗室，外形方面不太容易做到像一部分封闭战斗室自行反坦克炮那样低矮。为了搭载火力尽可能强的火炮，它们也无法为战斗室分配足够的装甲，谈不上能为乘员提供像样的保护。

敞开式战斗室带来了一些额外的风险，使乘员更容易被战场上飞溅的炮弹破片甚至手榴弹破片击伤。从保护装备和乘员的角度来说，这种设计远不是最佳选择，但它确实让一些过时的轻型或中型车辆底盘获得了“发挥余热”的机会。一门能以较快速度机动的反坦克炮，对大多数坦克来说都是不可忽视的威胁。

长 88 炮
包括上部炮架在内，安装在“犀牛”上的 PaK 43/1 88 毫米火炮与牵引式 Pak 43/41 88 毫米火炮完全相同。火炮炮盾的形状改为曲面，以便在火炮旋回时更好地贴合战斗室的侧面。

“犀牛”自行反坦克炮

“犀牛”自行反坦克炮的设计始于 1942 年，目的是为 PaK 43 88 毫米反坦克炮提供一个合适的机动平台。为此，阿尔凯特履带车辆厂（缩写为 Alkett）设计了一种新底盘。为适应新的车体宽度和车体形状，传动系统采用了Ⅲ号坦克的部件，而悬挂系统则采用了Ⅳ号坦克的部件。发动机被前移到车体中央，车体上加装了一个加固平台，以便在靠近车辆重心的位置安装火炮。这也为乘员提供了一个更方便、更隐蔽的空间来操作火炮。

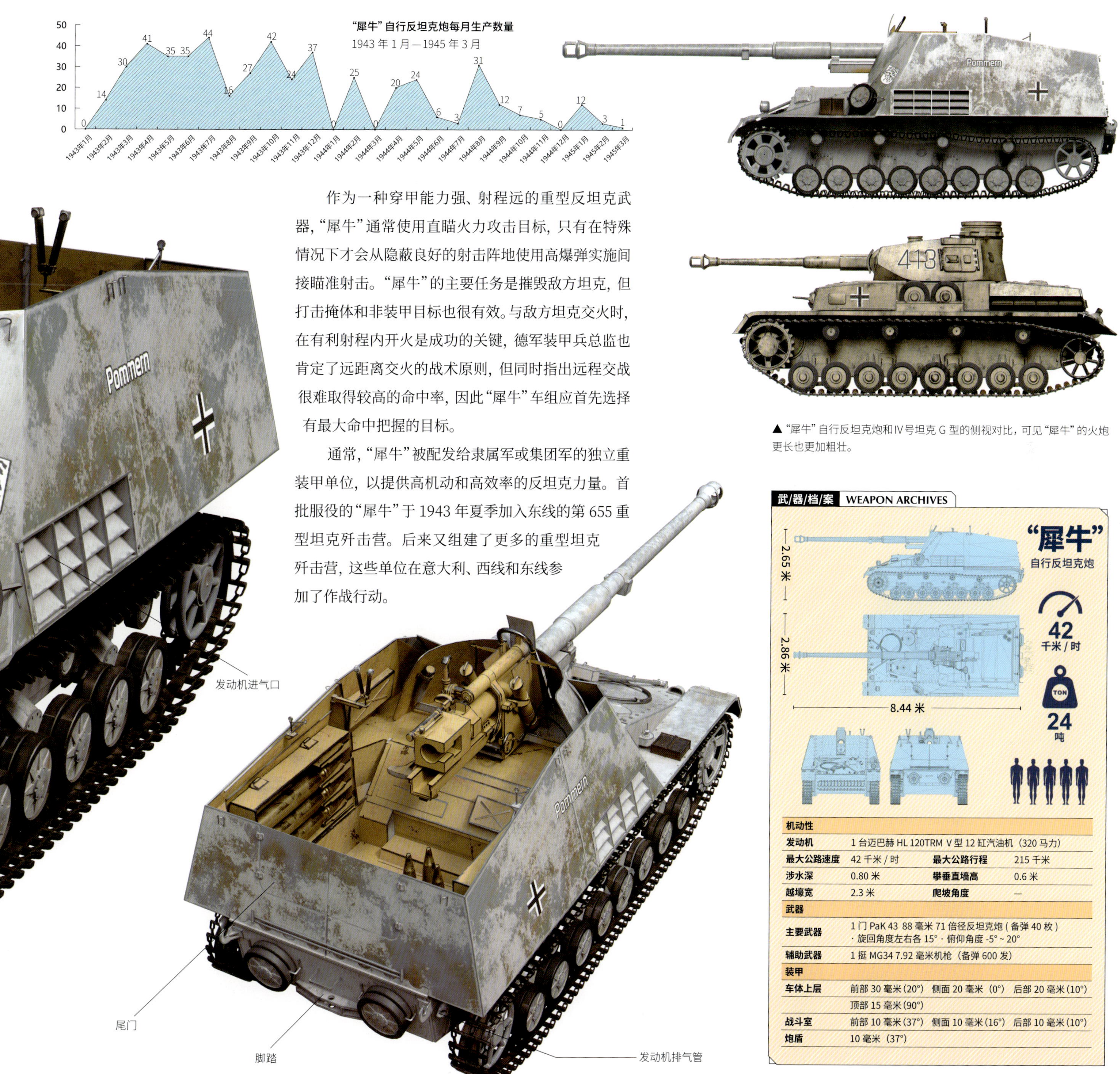

作为一种穿甲能力强、射程远的重型反坦克武器，"犀牛"通常使用直瞄火力攻击目标，只有在特殊情况下才会从隐蔽良好的射击阵地使用高爆弹实施间接瞄准射击。"犀牛"的主要任务是摧毁敌方坦克，但打击掩体和非装甲目标也很有效。与敌方坦克交火时，在有利射程内开火是成功的关键，德军装甲兵总监也肯定了远距离交火的战术原则，但同时指出远程交战很难取得较高的命中率，因此"犀牛"车组应首先选择有最大命中把握的目标。

通常，"犀牛"被配发给隶属军或集团军的独立重装甲单位，以提供高机动和高效率的反坦克力量。首批服役的"犀牛"于 1943 年夏季加入东线的第 655 重型坦克歼击营。后来又组建了更多的重型坦克歼击营，这些单位在意大利、西线和东线参加了作战行动。

▲"犀牛"自行反坦克炮和Ⅳ号坦克 G 型的侧视对比，可见"犀牛"的火炮更长也更加粗壮。

武/器/档/案 WEAPON ARCHIVES

"犀牛"自行反坦克炮

2.65 米　2.86 米　8.44 米　42 千米 / 时　24 吨

机动性			
发动机	1 台迈巴赫 HL 120TRM V 型 12 缸汽油机（320 马力）		
最大公路速度	42 千米 / 时	最大公路行程	215 千米
涉水深	0.80 米	攀垂直墙高	0.6 米
越壕宽	2.3 米	爬坡角度	—
武器			
主要武器	1 门 PaK 43 88 毫米 71 倍径反坦克炮（备弹 40 枚）· 旋回角度左右各 15° · 俯仰角度 -5° ~ 20°		
辅助武器	1 挺 MG34 7.92 毫米机枪（备弹 600 发）		
装甲			
车体上层	前部 30 毫米（20°） 侧面 20 毫米（0°） 后部 20 毫米（10°）		
	顶部 15 毫米（90°）		
战斗室	前部 10 毫米（37°） 侧面 10 毫米（16°） 后部 10 毫米（10°）		
炮盾	10 毫米（37°）		

"黄鼠狼" III 自行反坦克炮

苏德战争初期，德军在装甲力量方面处于劣势，短期内可行的一种应对方法就是生产自行反坦克炮。鉴于38(t)坦克的火力和防护都已显得落后，作为侦察坦克速度又太慢，德国人考虑将一些仍未停产的38(t)底盘改装成火炮运载工具。

1941年12月，安装了苏制的76.2毫米火炮的原型车制造完成，这就是最早出现的"黄鼠狼"Ⅲ。为了适应更大的重量，发动机功率增加到了150马力。火炮则采用PaK 36(r) 76.2毫米反坦克炮，由苏联的F-22师属火炮改进而来——苏德战争初期德军缴获了大量F-22火炮。从1942年7月起，希特勒下令将所有仍在生产的38(t)都用作自行火炮的底盘。这种"黄鼠狼"Ⅲ最终共生产了344辆，主要服役于东线的坦克歼击单位，亦有少部分被派往北非。

1942年6月，一种安装德制PaK 40/3 75毫米反坦克炮的"黄鼠狼"Ⅲ问世，称作"黄鼠狼"Ⅲ H。其火炮控制装置被安装在更低的位置，因此重新设计了战斗室，高度更低、重量更轻、防护更好。德制Pak 40/3 75毫米炮性能与Pak 36(r) 76.2毫米炮相似，但炮身长度更短。"黄鼠狼"Ⅲ H可以携带38枚炮弹，比"黄鼠狼"Ⅲ多8枚。虽然重心相对"黄鼠狼"Ⅲ有所改善，但"黄鼠狼"Ⅲ H仍然不够稳定，机动性因此受到了一定的限制。"黄鼠狼"Ⅲ H从1942年下半年开始配发给坦克歼击部队，当年12月在东线参加作战行动，1943年还在突尼斯和意大利服役过，当时看来是一种实用且性能尚可的自行反坦克炮。

"黄鼠狼" III的不同面貌

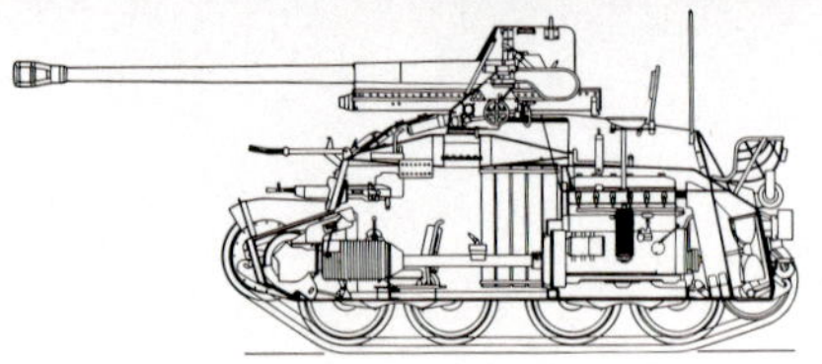

"黄鼠狼" III (Sd.Kfz.139)，共生产 334 辆
装备 Pak 36(r) 76.2 毫米反坦克炮，火炮置于车体中部，炮盾较小

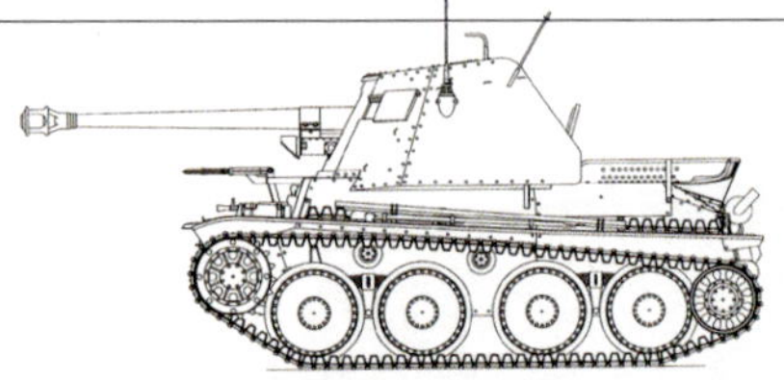

"黄鼠狼" III H (Sd.Kfz.138)，共生产 275 辆
装备 Pak 40/3 75 毫米反坦克炮，火炮置于车体中部，炮盾较大

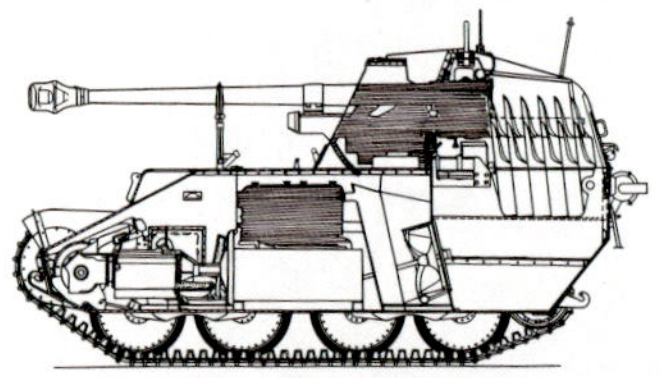

"黄鼠狼" III M (Sd.Kfz.138)，共生产 942 辆
装备 Pak 40/3 75 毫米反坦克炮，火炮置于车体后部

武/器/档/案 WEAPON ARCHIVES

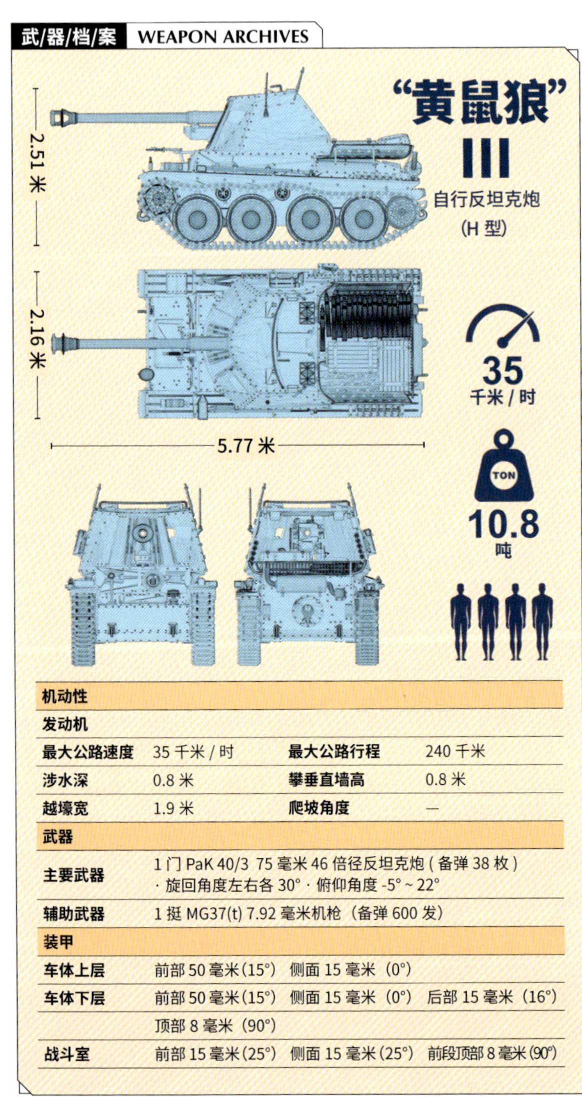

机动性			
发动机			
最大公路速度	35 千米 / 时	最大公路行程	240 千米
涉水深	0.8 米	攀垂直墙高	0.8 米
越壕宽	1.9 米	爬坡角度	—
武器			
主要武器	1 门 PaK 40/3 75 毫米 46 倍径反坦克炮（备弹 38 枚）· 旋回角度左右各 30° · 俯仰角度 -5° ~ 22°		
辅助武器	1 挺 MG37(t) 7.92 毫米机枪（备弹 600 发）		
装甲			
车体上层	前部 50 毫米（15°） 侧面 15 毫米（0°）		
车体下层	前部 50 毫米（15°） 侧面 15 毫米（0°） 后部 15 毫米（16°） 顶部 8 毫米（90°）		
战斗室	前部 15 毫米（25°） 侧面 15 毫米（25°） 前段顶部 8 毫米（90°）		

发动机舱上方的金属盆，可用于收集空药筒，甚至短途搭载步兵

“黄鼠狼”Ⅲ家族的最后一个成员是“黄鼠狼”Ⅲ M，它同样是基于 38(t) 底盘的设计，但底盘布局采用了一种新方案，将发动机移到车体中部，这样火炮就可以安装在车体后部。这个型号于 1943 年 5 月开始生产，10 月达到最大月产量（141 辆），1944 年 5 月停产，以便为设计更完善的“追猎者”坦克歼击车腾出产能。1943 年 5 月，隶属装甲师和步兵师的坦克歼击单位装备了“黄鼠狼”Ⅲ M。该型车在“黄鼠狼”Ⅲ系列中产量最大，在各个战区都服役过，1945 年年初时仍有 350 辆可用于作战。

（主图为“黄鼠狼”Ⅲ H 型）

苏联血统

初始型号的“黄鼠狼”Ⅲ配备 1 门 PaK 36(r) 76.2 毫米反坦克炮，由苏联的 F-22 师属加农炮改进而来。安装了双气室炮口制退器并配备新型弹药后，F-22 就摇身一变成了德军的 PaK 36(r)。

Enclosed Fighting Compartment

封闭式战斗室

对那些基于已有坦克底盘研发的自行反坦克炮而言，拥有比同底盘坦克更强的火力无疑是首要目标。不过在取消炮塔的前提下，有些设计同时做到了“提升火力”和“确保防护”——这些车辆安装有封闭式战斗室，可以让乘员在更完善的防护下工作。一些封闭战斗室的自行反坦克炮外观并不算低矮，它们往往将战斗室置于车体中部或后部。另一些则几乎将战斗室和车体融为一体，赋予车辆相当低矮的轮廓，在伏击战中颇具优势。

薄弱环节

战斗室下层的正面装甲虽然有 80 毫米厚，但倾斜角仅 9°，几乎接近垂直，防护效果远不及战斗室上层 50°倾斜角的装甲，这是Ⅳ号 /70(A) 坦克歼击车的薄弱环节。

IV号 /70(A) 坦克歼击车

1944 年 6 月下旬，德军认为IV号坦克的火力和防护对比苏制 T-34-85 和 IS-2 坦克已基本没有优势，遂授命阿尔凯特履带车辆厂设计一种使用IV号坦克底盘、安装 KwK 42 75 毫米火炮的车辆，即IV号 /70(A) 坦克歼击车。KwK 42 火炮无法直接安装在IV号坦克的炮塔中，因此该车辆采用了固定战斗室。战斗室的前板倾斜，带有炮座，整体高度较高。由于车体前部较重，每侧的前四个负重轮由IV号坦克的胶缘负重轮换成了钢缘负重轮。IV号 /70(A) 于 1944 年 8 月投产，到 1945 年 3 月总共组装了 277 辆。大部分IV号 /70(A) 配发或补充给了东线的作战部队，它们不仅充当普通IV号坦克的替代品，也在独立的突击炮旅中替代那些执行反坦克任务的突击炮——这种运用方式和其他的德国坦克歼击车有所不同。

▲ 除了IV号 /70(A) 之外，德军还有另外一种安装 KwK 42 75 毫米长管火炮的IV号坦克歼击车，名为IV号 /70(V)，由沃玛格机械制造厂生产。它对IV号坦克的底盘进行了更多的修改，解决了燃料箱阻挡炮尾、限制火炮俯仰的问题，因此车体低矮，防护更好，是一型更正统的坦克歼击车。

难于隐蔽

IV号 /70 (A) 的高度较高，这是因为IV号坦克的燃料箱位于炮塔平台下方，如果IV号 /70 (A) 的战斗室不够高，主炮的仰角就会因炮尾被燃料箱妨碍而受到限制。较高的战斗室虽然能带来更大的车内空间，但却不利于隐蔽和防护。

格栅装甲

格栅装甲是一种外挂式轻型装甲，将金属网格悬挂于车体之外，并且和车体之间留有一定间隙。德军给装甲车辆安装格栅装甲主要是为了抵御小口径穿甲弹，弹丸经过格栅装甲后会失去飞行稳定性，弹尖也会被破坏，因此穿甲能力大打折扣。理论上讲，格栅装甲还可以提前引爆聚能装药，使金属射流在抵达主装甲之前就降温降速，对反坦克榴弹也有一定的防御效果。不过测试表明德军的格栅装甲无法有效防御“巴祖卡”火箭筒。

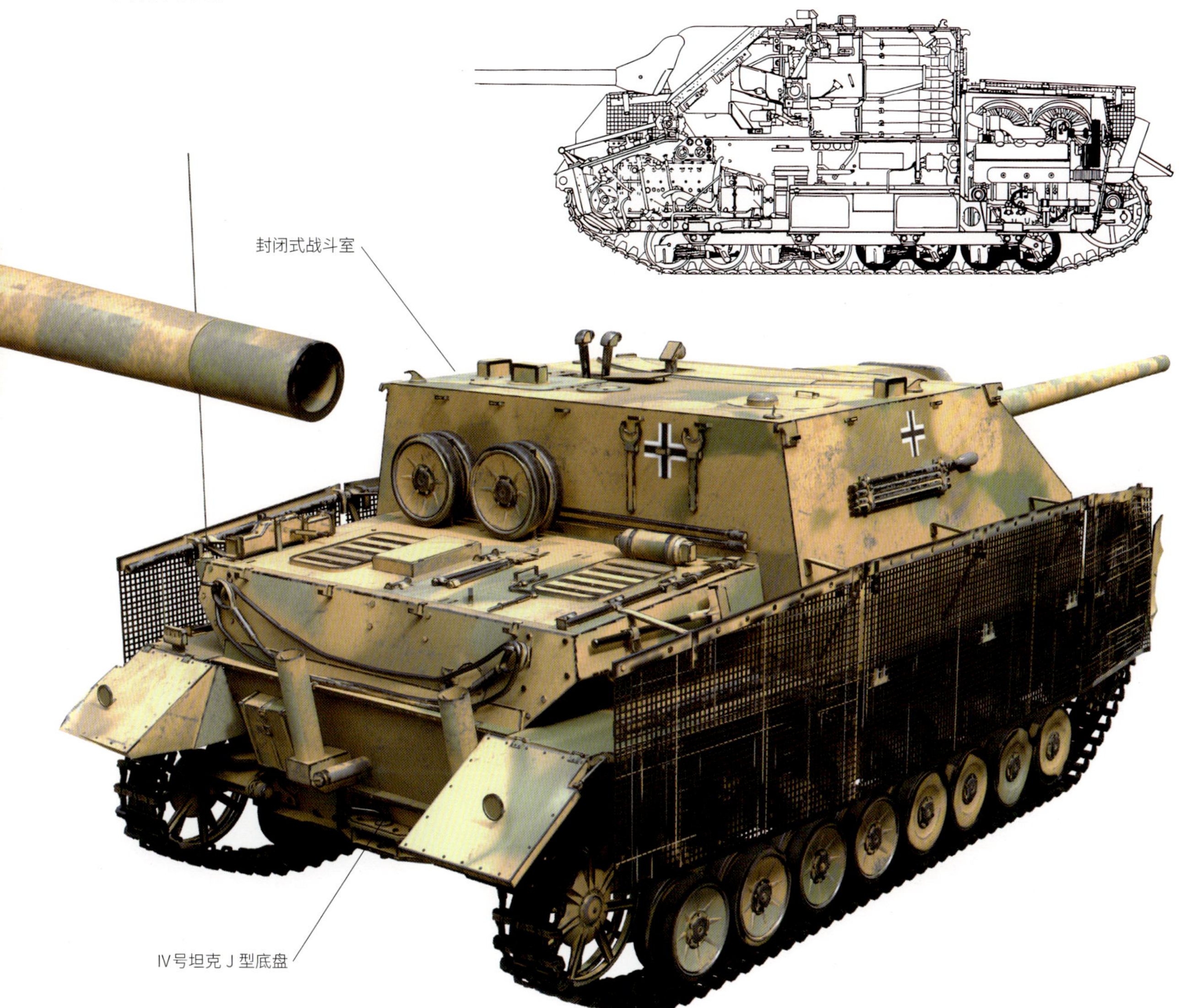

武/器/档/案 WEAPON ARCHIVES

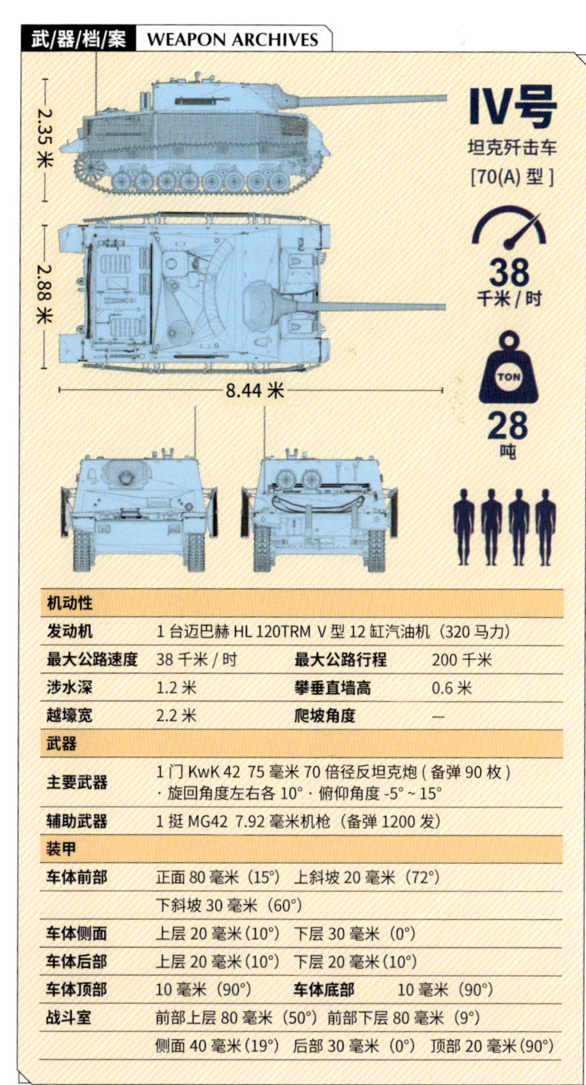

机动性			
发动机	1 台迈巴赫 HL 120TRM V 型 12 缸汽油机（320 马力）		
最大公路速度	38 千米 / 时	最大公路行程	200 千米
涉水深	1.2 米	攀垂直墙高	0.6 米
越壕宽	2.2 米	爬坡角度	—
武器			
主要武器	1 门 KwK 42 75 毫米 70 倍径反坦克炮（备弹 90 枚） · 旋回角度左右各 10° · 俯仰角度 -5° ~ 15°		
辅助武器	1 挺 MG42 7.92 毫米机枪（备弹 1200 发）		
装甲			
车体前部	正面 80 毫米（15°） 上斜坡 20 毫米（72°） 下斜坡 30 毫米（60°）		
车体侧面	上层 20 毫米（10°） 下层 30 毫米（0°）		
车体后部	上层 20 毫米（10°） 下层 20 毫米（10°）		
车体顶部	10 毫米（90°）	车体底部	10 毫米（90°）
战斗室	前部上层 80 毫米（50°） 前部下层 80 毫米（9°） 侧面 40 毫米（19°） 后部 30 毫米（0°） 顶部 20 毫米（90°）		

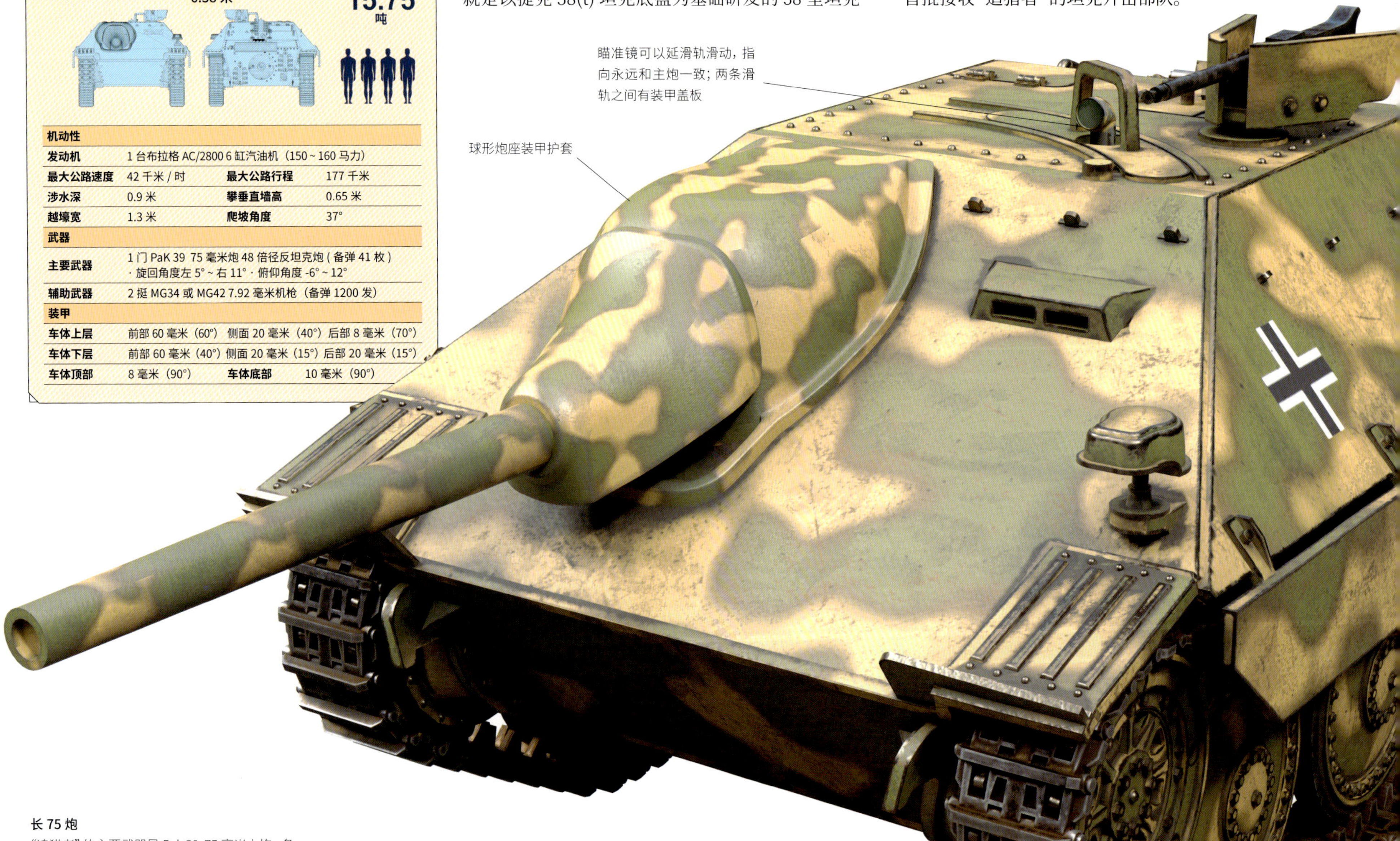

武/器/档/案 WEAPON ARCHIVES

2.17 米
2.63 米
6.38 米
“追猎者”
坦克歼击车
42
千米 / 时
TON
15.75
吨

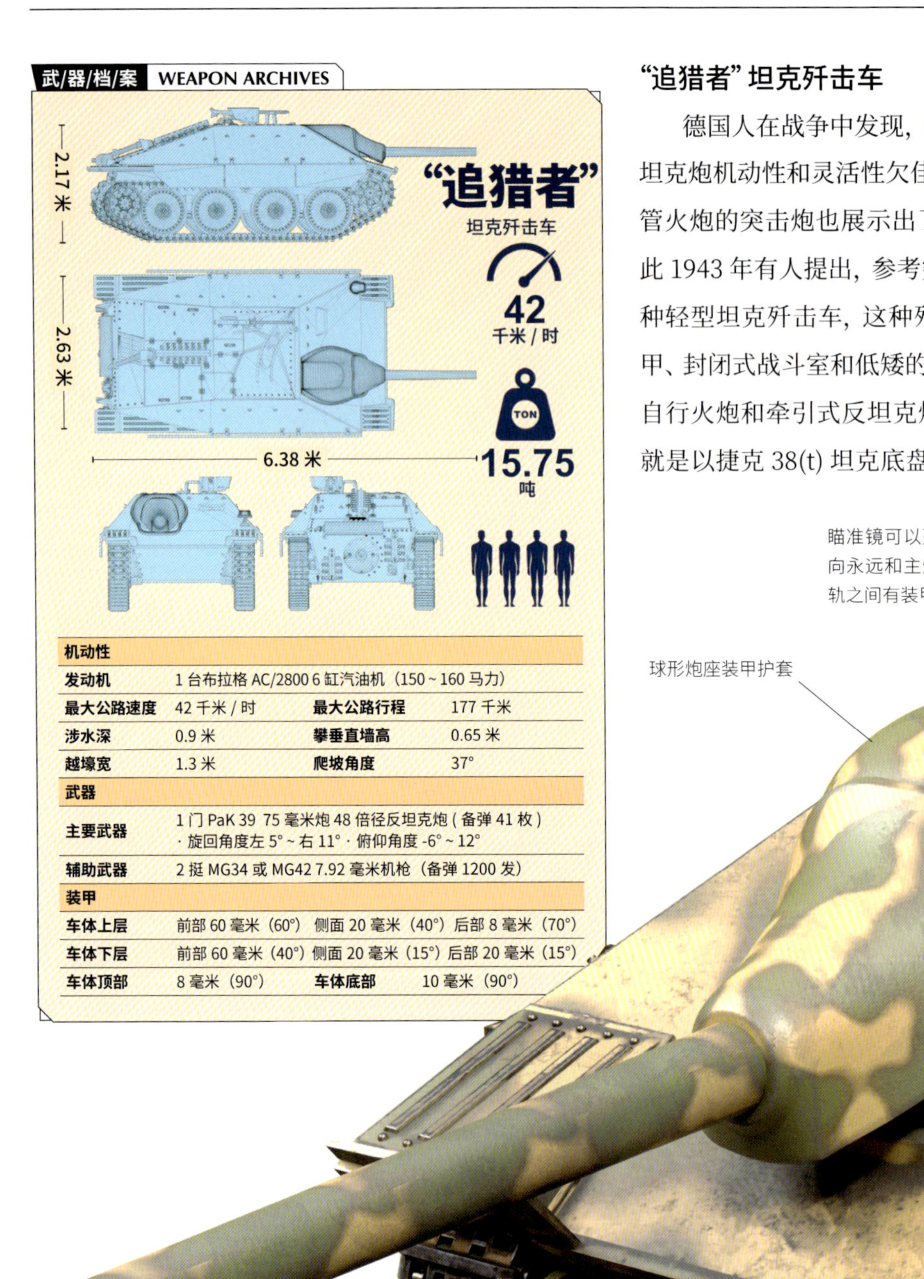

机动性			
发动机	1 台布拉格 AC/2800 6 缸汽油机（150 ~ 160 马力）		
最大公路速度	42 千米 / 时	**最大公路行程**	177 千米
涉水深	0.9 米	**攀垂直墙高**	0.65 米
越壕宽	1.3 米	**爬坡角度**	37°
武器			
主要武器	1 门 PaK 39 75 毫米炮 48 倍径反坦克炮 (备弹 41 枚) · 旋回角度左 5° ~ 右 11° · 俯仰角度 -6° ~ 12°		
辅助武器	2 挺 MG34 或 MG42 7.92 毫米机枪（备弹 1200 发）		
装甲			
车体上层	前部 60 毫米（60°） 侧面 20 毫米（40°） 后部 8 毫米（70°）		
车体下层	前部 60 毫米（40°） 侧面 20 毫米（15°） 后部 20 毫米（15°）		
车体顶部	8 毫米（90°）	**车体底部**	10 毫米（90°）

“追猎者”坦克歼击车

德国人在战争中发现，由坦克底盘改装的自行反坦克炮机动性和灵活性欠佳；另一方面，安装了长身管火炮的突击炮也展示出了不错的反装甲能力。因此 1943 年有人提出，参考突击炮的设计思路开发一种轻型坦克歼击车，这种歼击车应该拥有足够的装甲、封闭式战斗室和低矮的轮廓，以取代现有的轻型自行火炮和牵引式反坦克炮。这一构想的实际成果就是以捷克 38(t) 坦克底盘为基础研发的 38 型坦克歼击车，战后人们常称之为“追猎者”。“追猎者”是一种全新的设计，采用了新型的加宽车体，并尽可能多地使用倾斜装甲，但它也沿用了大量 38(t) 的成熟部件，如悬挂系统和传动装置。虽然战斗室空间狭窄、火炮旋回角度有限，但它总体上还是一种比较成功的设计。各种型号的“追猎者”合计生产了超过 2700 辆，1944 年 7 月，德军第 731 和第 743 坦克歼击营成为首批接收“追猎者”的坦克歼击部队。

瞄准镜可以延滑轨滑动，指向永远和主炮一致；两条滑轨之间有装甲盖板
球形炮座装甲护套

长 75 炮

“追猎者”的主要武器是 Pak 39 75 毫米火炮，备弹 41 枚。通常其中 35% 是 PzGr 39 风帽被帽穿甲弹，威力足以对付大部分敌方装甲战斗车辆。有时还会配备几枚 PrGr 40 硬芯穿甲弹，用于攻击装甲更为厚重的坦克或自行火炮。除了“追猎者”之外，早期型Ⅳ号坦克歼击车也使用这种火炮。

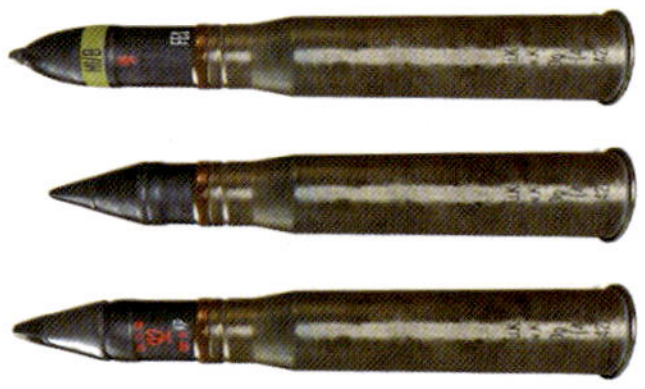

PzGr 39 风帽被帽穿甲弹
PrGr 40 硬芯穿甲弹
Gr 38 HL 破甲弹

◀“追猎者”的部分弹药

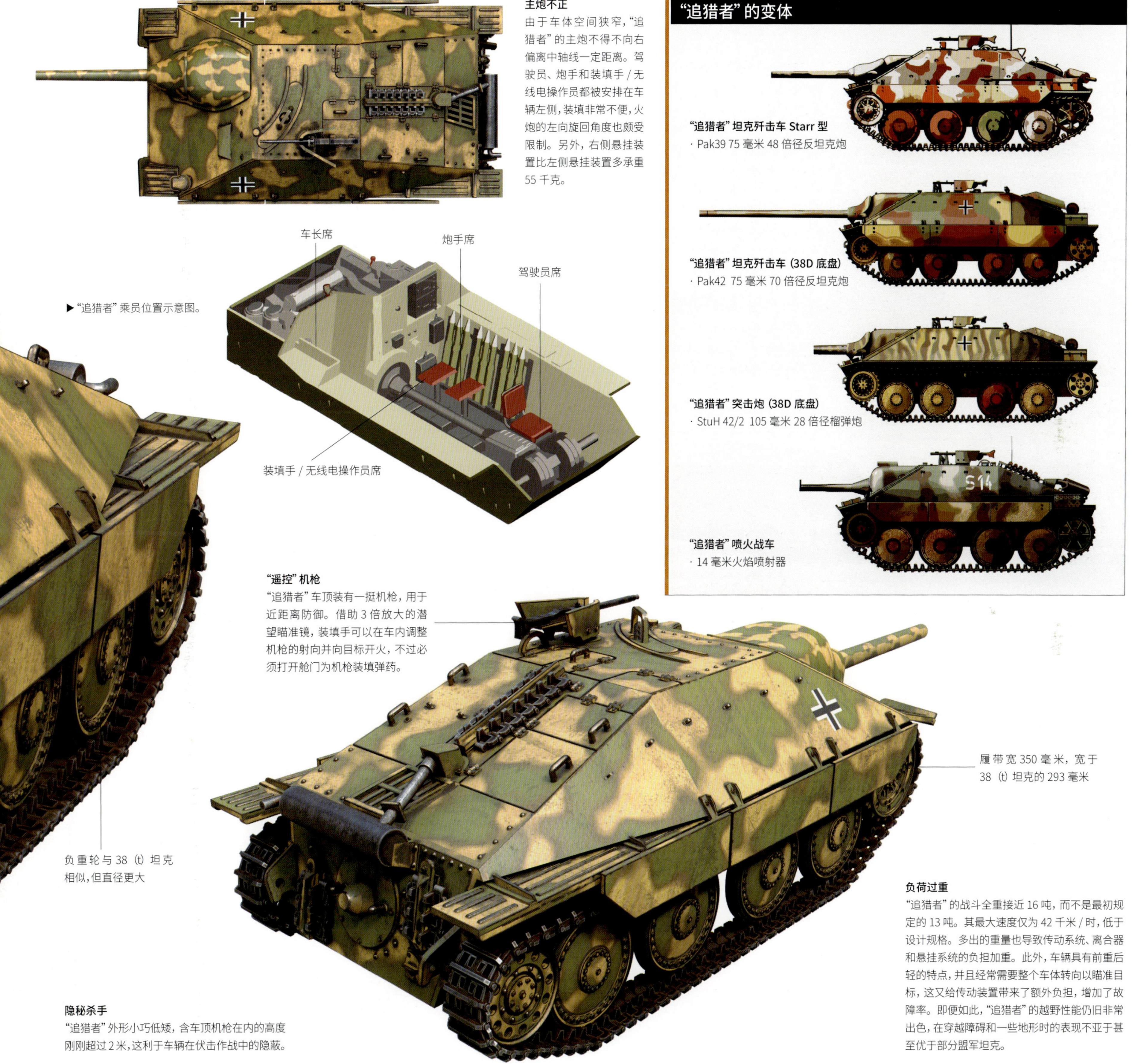

主炮不正

由于车体空间狭窄，“追猎者”的主炮不得不向右偏离中轴线一定距离。驾驶员、炮手和装填手 / 无线电操作员都被安排在车辆左侧，装填非常不便，火炮的左向旋回角度也颇受限制。另外，右侧悬挂装置比左侧悬挂装置多承重 55 千克。

▶“追猎者”乘员位置示意图。

“追猎者”的变体

“追猎者”坦克歼击车 Starr 型

· Pak39 75 毫米 48 倍径反坦克炮

“追猎者”坦克歼击车（38D 底盘）

· Pak42 75 毫米 70 倍径反坦克炮

“追猎者”突击炮（38D 底盘）

· StuH 42/2 105 毫米 28 倍径榴弹炮

“追猎者”喷火战车

· 14 毫米火焰喷射器

“遥控”机枪

“追猎者”车顶装有一挺机枪，用于近距离防御。借助 3 倍放大的潜望瞄准镜，装填手可以在车内调整机枪的射向并向目标开火，不过必须打开舱门为机枪装填弹药。

履带宽 350 毫米，宽于 38（t）坦克的 293 毫米

负重轮与 38（t）坦克相似，但直径更大

隐秘杀手

“追猎者”外形小巧低矮，含车顶机枪在内的高度刚刚超过 2 米，这利于车辆在伏击作战中的隐蔽。

负荷过重

“追猎者”的战斗全重接近 16 吨，而不是最初规定的 13 吨。其最大速度仅为 42 千米 / 时，低于设计规格。多出的重量也导致传动系统、离合器和悬挂系统的负担加重。此外，车辆具有前重后轻的特点，并且经常需要整个车体转向以瞄准目标，这又给传动装置带来了额外负担，增加了故障率。即便如此，“追猎者”的越野性能仍旧非常出色，在穿越障碍和一些地形时的表现不亚于甚至优于部分盟军坦克。

"猎虎"坦克歼击车

"猎虎"是一种基于"虎"Ⅱ底盘的超重型坦克歼击车，其初步构想起始于 1943 年，当时希特勒认为德军需要一种装备 128 毫米火炮的重型坦克歼击车来打击最远 3000 米距离上的装甲和非装甲目标。在这样的车辆上，重型武器和重装甲比速度更重要，但通过沼泽地和雪地的良好越野性能也不能忽视。亨舍尔公司受命开发整车，它将安装固定战斗室和 55 倍径 128 毫米火炮。火炮和战斗室的尺寸非常巨大，以至"虎"Ⅱ坦克基础底盘被加长了 0.4 米。"猎虎"有两种悬挂系统，其一是安装 8 个 700 毫米负重轮的保时捷悬挂，另一种是采用 9 个 800 毫米负重轮的亨舍尔悬挂。仅 11 辆"猎虎"使用了保时捷悬挂，而亨舍尔悬挂型"猎虎"则于 1944 年 9 月投入量产。1944 年 12 月，"猎虎"坦克歼击车的月产量达到峰值，为每月 20 辆。到战争结束时总共只制造了约 85 辆，其中有 4 辆安装的是 Pak 43 L/71 88 毫米主炮，而非 128 毫米火炮。这种数量稀少的歼击车只分配给两支作战部队：第 653 和第 512 重型坦克歼击营。第 653 营被派往西线参加了阿尔萨斯攻势，后来和第 512 营一起参加了德国本土防御作战。盟军的反坦克火力极难在正面击穿"猎虎"，损失的"猎虎"多为侧面被击穿、遭遇空袭，以及因缺乏油料或机械故障被遗弃。

防护优秀

"猎虎"战斗室正面装甲厚达 250 毫米，车体首上装甲为 150 毫米，首下装甲亦有 100 毫米厚，其防护水平高于二战期间的所有其他量产型装甲战斗车辆。

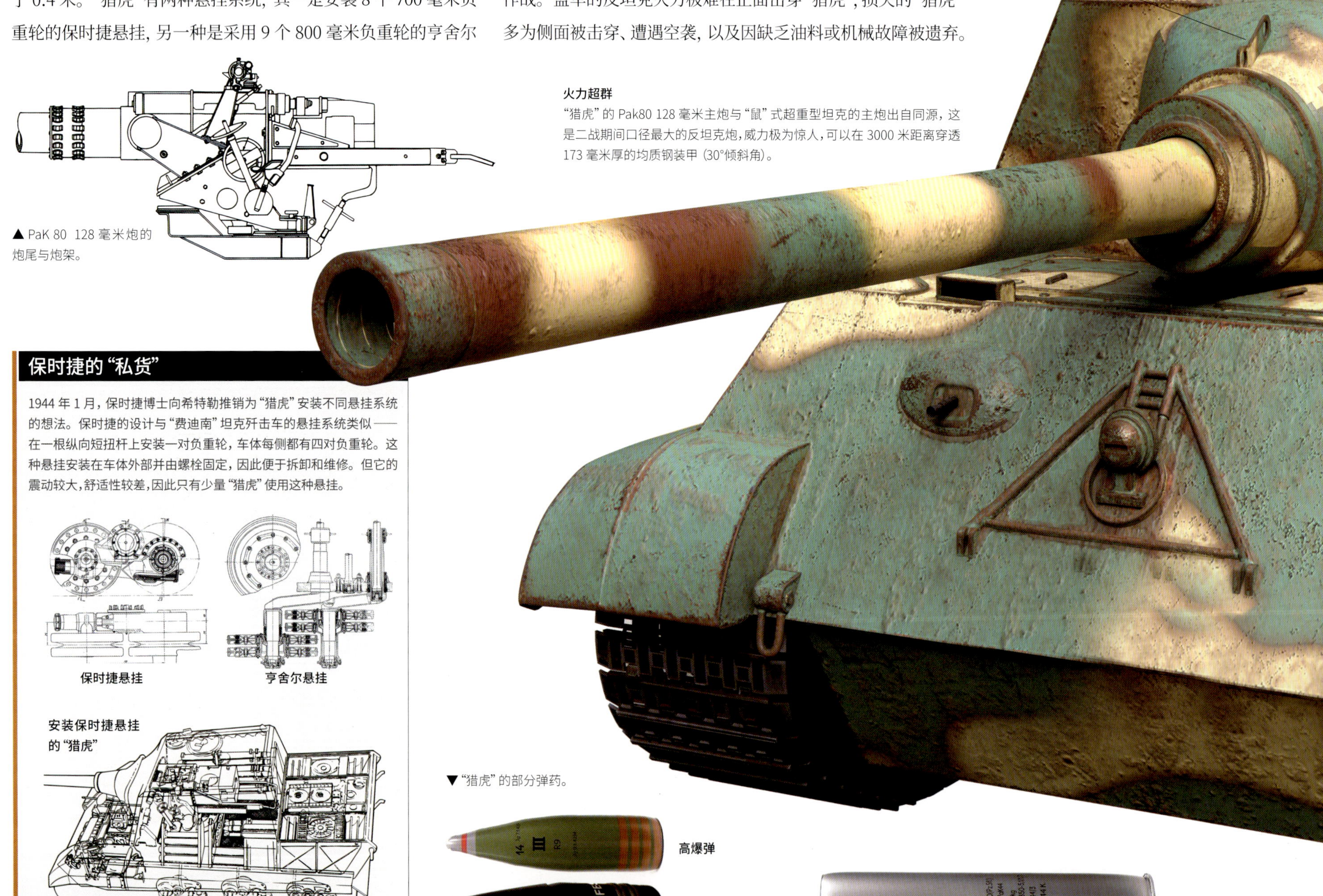

火力超群

"猎虎"的 Pak80 128 毫米主炮与"鼠"式超重型坦克的主炮出自同源，这是二战期间口径最大的反坦克炮，威力极为惊人，可以在 3000 米距离穿透 173 毫米厚的均质钢装甲（30°倾斜角）。

▲ PaK 80 128 毫米炮的炮尾与炮架。

保时捷的"私货"

1944 年 1 月，保时捷博士向希特勒推销为"猎虎"安装不同悬挂系统的想法。保时捷的设计与"费迪南"坦克歼击车的悬挂系统类似——在一根纵向短扭杆上安装一对负重轮，车体每侧都有四对负重轮。这种悬挂安装在车体外部并由螺栓固定，因此便于拆卸和维修。但它的震动较大，舒适性较差，因此只有少量"猎虎"使用这种悬挂。

▼"猎虎"的部分弹药。

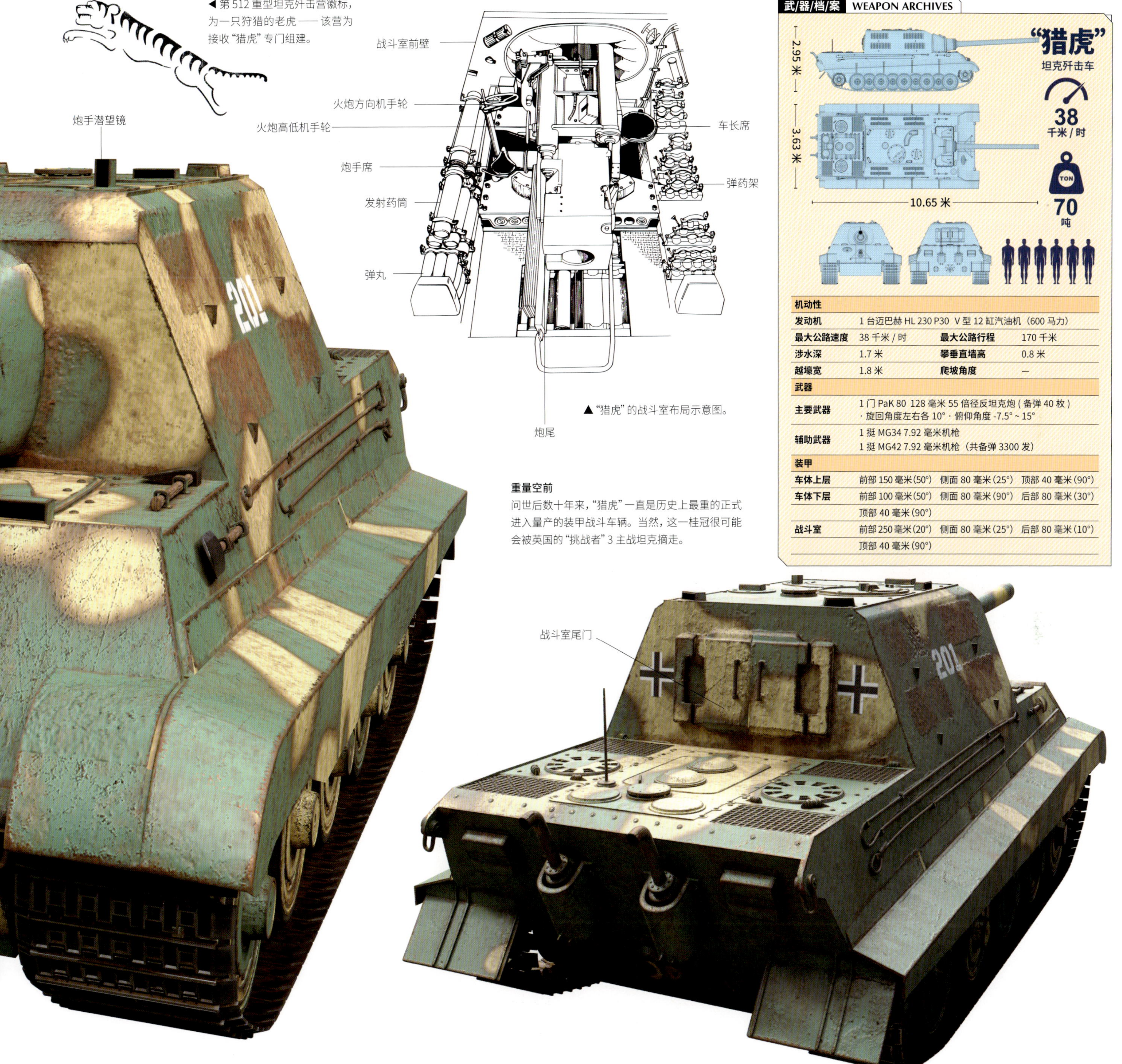

◀第 512 重型坦克歼击营徽标，为一只狩猎的老虎——该营为接收“猎虎”专门组建。

▲“猎虎”的战斗室布局示意图。

重量空前

问世后数十年来，“猎虎”一直是历史上最重的正式进入量产的装甲战斗车辆。当然，这一桂冠很可能会被英国的“挑战者”3 主战坦克摘走。

武/器/档/案 WEAPON ARCHIVES

“猎虎”
坦克歼击车

2.95 米
3.63 米
10.65 米
38 千米 / 时
TON
70 吨

机动性			
发动机	1 台迈巴赫 HL 230 P30 V 型 12 缸汽油机（600 马力）		
最大公路速度	38 千米 / 时	最大公路行程	170 千米
涉水深	1.7 米	攀垂直墙高	0.8 米
越壕宽	1.8 米	爬坡角度	—
武器			
主要武器	1 门 PaK 80 128 毫米 55 倍径反坦克炮 (备弹 40 枚) · 旋回角度左右各 10° · 俯仰角度 -7.5° ~ 15°		
辅助武器	1 挺 MG34 7.92 毫米机枪 1 挺 MG42 7.92 毫米机枪（共备弹 3300 发）		
装甲			
车体上层	前部 150 毫米（50°）	侧面 80 毫米（25°）	顶部 40 毫米（90°）
车体下层	前部 100 毫米（50°）	侧面 80 毫米（90°）	后部 80 毫米（30°）
	顶部 40 毫米（90°）		
战斗室	前部 250 毫米（20°）	侧面 80 毫米（25°）	后部 80 毫米（10°）
	顶部 40 毫米（90°）		

“象”式坦克歼击车

“象”式坦克歼击车是一种“废物利用”的产物，保时捷参与竞标德国Ⅵ号坦克，但其样车“虎”(P)的动力装置出现大量问题，最终落选。1942 年 9 月的一份订单要求将部分“虎”(P)改装为突击炮，这便是“费迪南”突击炮，以保时捷博士的名字来命名。1943 年 6 月，89 辆“费迪南”开往中央集团军群战区，这种重型战车在“堡垒行动”的开始阶段首次投入实战。当年 12 月，48 辆幸存的“费迪南”返厂改造，根据战场经验为无线电操作员增加了一挺车体机枪，为车长增加了一个带有潜望镜的指挥塔，在车体部分区域涂上了防磁涂层，同时修改发动机舱上方的通风格栅。在希特勒的建议下，“费迪南”突击炮在 1944 年 2 月更名为“象”式坦克歼击车，不过据说名称的更改与车辆进行的改造没有任何关系。

纵向扭杆悬挂
发电机
发动机
电动机舱风扇
电动机

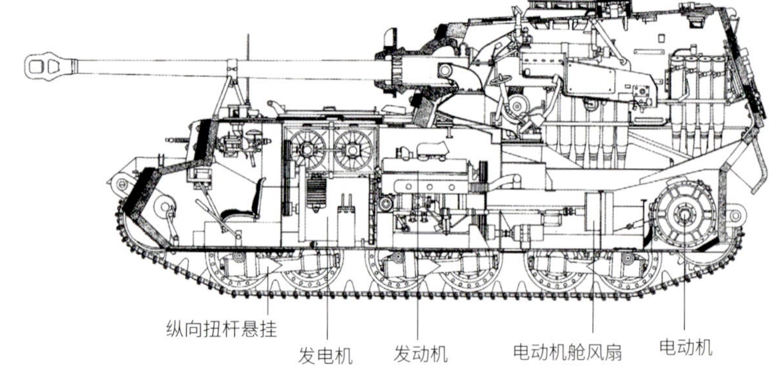

电动“坦克”

“象”式是罕见的电传动装甲车辆，没有常规意义上的变速箱，它以两台迈巴赫 HL 120 TRM 发动机带动两台 500 千伏安西门子发电机，再用产生的电力驱动两台 230 千瓦西门子电动机，每台电动机单独驱动一个主动轮。这套传动系统体积庞大、维修困难且效率低下、可靠性极差，严重制约了“象”式的战斗力。

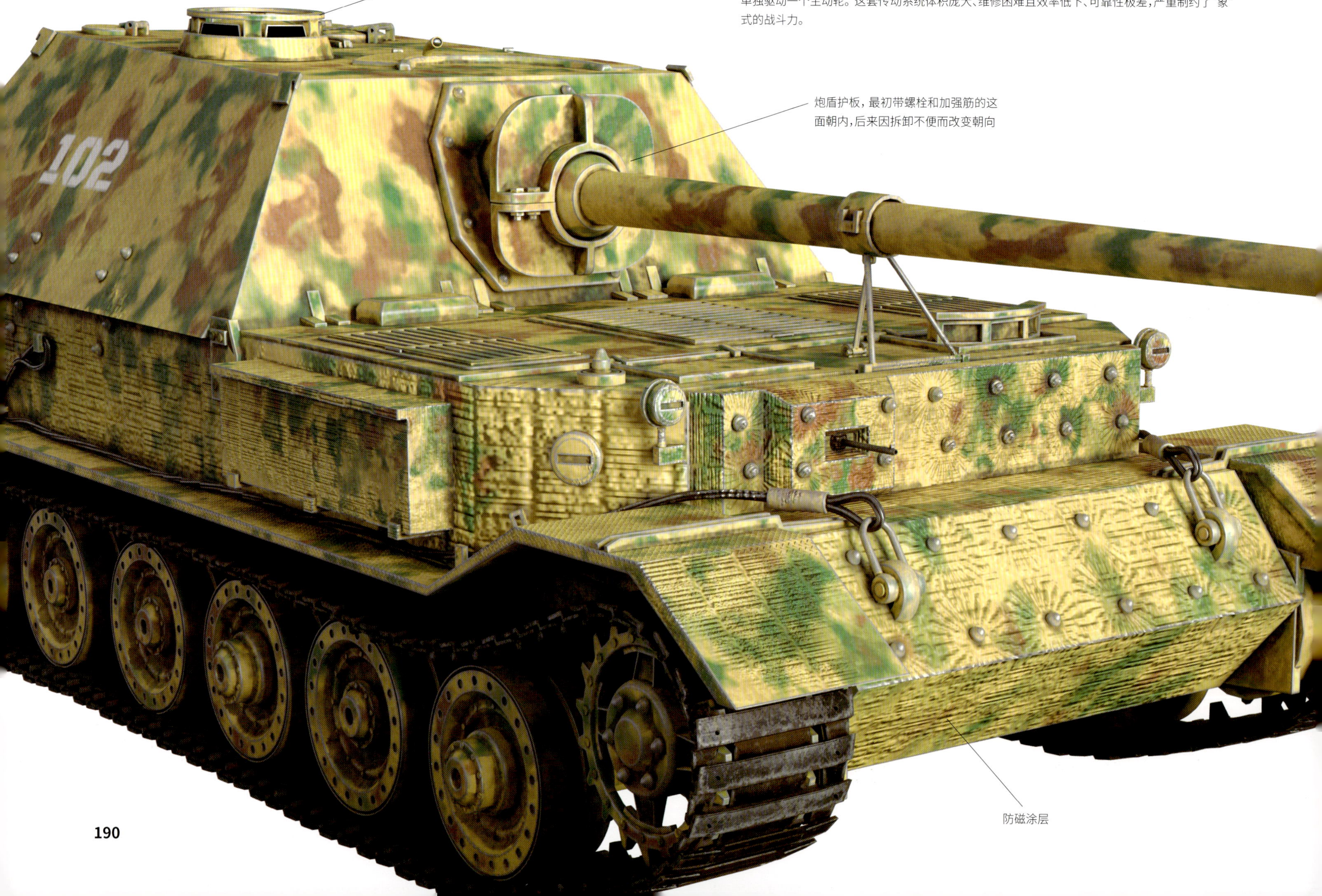

带潜望镜的车长指挥塔
102
炮盾护板，最初带螺栓和加强筋的这面朝内，后来因拆卸不便而改变朝向
防磁涂层

▲ 第 653 重型坦克歼击营徽标。

▲ 第 654 重型坦克歼击营徽标。

"费迪南 / 象式" 与重型坦克歼击营

1943 年 5 月，量产型 "费迪南" 全部配发给了第 653 和第 654 重型坦克歼击营。"堡垒行动" 期间这两个营被布置在一支主攻部队（第 47 装甲军）左翼以提供掩护。大部分 "费迪南" 都在库尔斯克会战中损坏，通常是因为突入阵地后触雷或遭到重炮轰击。在被回收、修复、改造，并更名为 "象" 式后，这种战车重新配发给了第 653 重型坦克歼击营，第 654 重型坦克歼击营则使用 "猎豹" 坦克歼击车——"象" 式的数量过于稀少，只够配发给一个营。

保时捷博士

斐迪南 · 保时捷，这位 1875 年出生于奥匈帝国波西米亚的汽车工程师用实际行动证明了天才与疯子只有一线之隔。他不仅设计了大众耳熟能详的 "甲壳虫" 轿车与保时捷跑车，也创作了 "虎" P、"费迪南 / 象式"、"鼠" 式超重型坦克等作品。他设计的战斗车辆深受希特勒赏识，但大多因为超越时代太远而缺乏实用性。

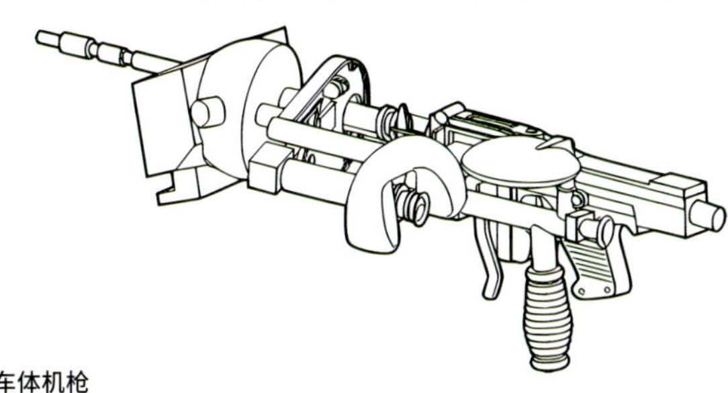

车体机枪

为了保持车体正面防护的完整性，"费迪南" 突击炮并未配备车体机枪，仅在车内存放了 1 挺机枪和 2 支冲锋枪。然而战场经验表明，乘员打开舱盖使用机枪和冲锋枪射击是非常危险的，想要有效抵御步兵的抵近攻击就必须配备车体机枪。于是 "费迪南" 返厂改造时增添了安装在球形机枪座上 MG34 机枪，安装在车体右前，由无线电操作员负责操作。

武/器/档/案 WEAPON ARCHIVES

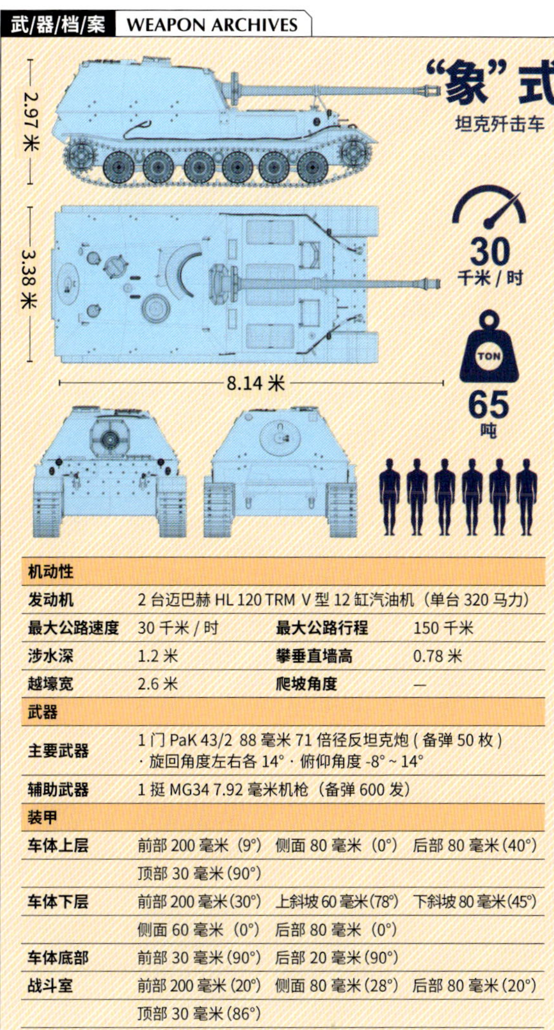

机动性			
发动机	2 台迈巴赫 HL 120 TRM V 型 12 缸汽油机（单台 320 马力）		
最大公路速度	30 千米 / 时	最大公路行程	150 千米
涉水深	1.2 米	攀垂直墙高	0.78 米
越壕宽	2.6 米	爬坡角度	—
武器			
主要武器	1 门 PaK 43/2 88 毫米 71 倍径反坦克炮 (备弹 50 枚) · 旋回角度左右各 14° · 俯仰角度 -8° ~ 14°		
辅助武器	1 挺 MG34 7.92 毫米机枪（备弹 600 发）		
装甲			
车体上层	前部 200 毫米（9°） 侧面 80 毫米（0°） 后部 80 毫米（40°） 顶部 30 毫米（90°）		
车体下层	前部 200 毫米（30°） 上斜坡 60 毫米（78°） 下斜坡 80 毫米（45°） 侧面 60 毫米（0°） 后部 80 毫米（0°）		
车体底部	前部 30 毫米（90°） 后部 20 毫米（90°）		
战斗室	前部 200 毫米（20°） 侧面 80 毫米（28°） 后部 80 毫米（20°） 顶部 30 毫米（86°）		

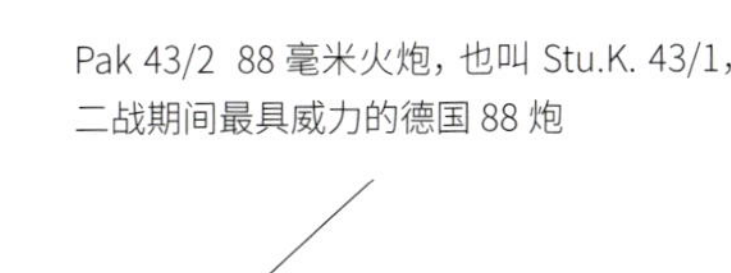

Pak 43/2 88 毫米火炮，也叫 Stu.K. 43/1，二战期间最具威力的德国 88 炮

战斗室尾门，尾门中间的小舱口能单独打开，炮弹可通过这个舱口送入车内

排气口装甲罩

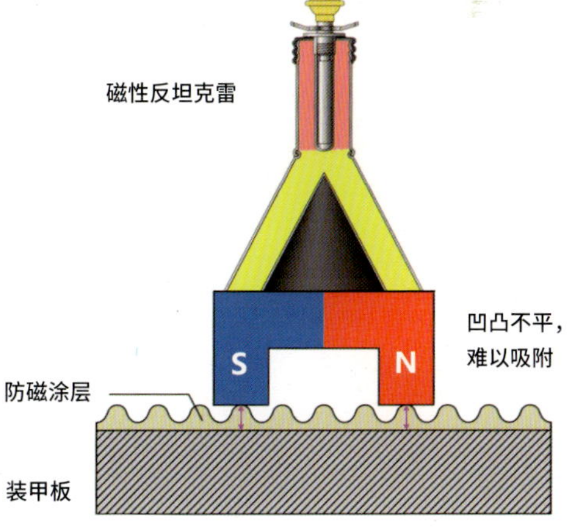

凹凸不平

装甲表面凹凸不平的涂层用来防御磁力吸附式反坦克手雷或地雷。这种涂层由丙酮、硫酸钡、黏合剂、锯末、硫化锌、赭石颜料混合而成，为减少磁铁和装甲的接触面积，涂层表面刻画有凹凸不平的坑纹。它不仅可以使磁性雷难以吸附在车体上，而且能降低车辆的可视程度。二战中使用磁性反坦克雷的只有德日两家，盟军并没有类似的武器，因此防磁涂层只能用来抵御被盟军缴获的德制反坦克雷。

ACE VS ACE

棋逢对手

在二战当中，有这样两型坦克歼击车 / 自行反坦克炮，它们都基于经典的中型坦克底盘设计而成，都采用前置战斗室的布局，都披挂大面积的倾斜装甲，都配备令人生畏的反坦克炮，这就是德国的“猎豹”坦克歼击车与苏联的 SU-100 中型自行火炮。它们拥有很多相似之处，不过“猎豹”对战局的影响远不像 SU-100 那样举足轻重。前者精密、复杂、产量稀少，甚至无法整建制地装备坦克歼击营；后者粗糙简陋、人机工效糟糕，在二战中的产量却高达2300余辆，堪称苏军猎杀“虎”“豹”的核心力量。

▲“猎豹”车内布局示意图。

百变长 88

“猎豹”坦克歼击车使用克虏伯公司设计的 PaK 43/3 或 PaK 43/4 火炮，为 PaK 43 反坦克炮的变体，这个系列的火炮涵盖了用于不同装甲战斗车辆的诸多型号，如安装在“犀牛”自行反坦克炮上的 PaK 43/1，安装在“费迪南 / 象”式坦克歼击车上的 PaK 43/2，还有安装在“虎王”重型坦克上的 KwK 43。

“猎豹”坦克歼击车

1942 年 10 月 2 日，希特勒下令开发一种基于“黑豹”坦克底盘、安装 88 毫米 71 倍径火炮的重型自行火炮，这就是后来的“猎豹”坦克歼击车。1944 年 1 月“猎豹”开始量产，生产工作一直持续到 1945 年 3 月。尽管和“黑豹”坦克相比成本更低，单车工时更少，可受限于缓慢的生产速度，“猎豹”的产量仍然很少，仅略多于 400 辆。第一批“猎豹”于 1944 年 6 月分配给第 559 和第 654 坦克歼击营。只有第 654 坦克歼击营获得了足够装备全营的“猎豹”，其他的坦克歼击营得到的车辆皆不超过 14 辆，仅能装备一个连。

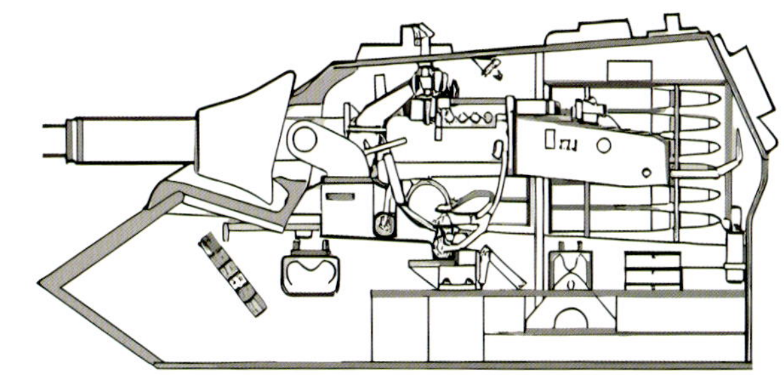

一体式车体 - 战斗室

“猎豹”的战斗室由普通“黑豹”坦克底盘的上部车体扩展而来，战斗室和车体上部没有明显的分界线，几块大面积倾斜装甲构筑了非常优秀的避弹外形。其中，战斗室正面采用了 55°倾斜的 80 毫米装甲，这与“黑豹”坦克的车体倾斜装甲相同，盟军中型坦克装备的 M1 系列 76.2 毫米火炮或 76.2 毫米（17 磅）火炮很难在大于 500 米的距离将其击穿。当然，由于设有火炮炮孔和球形机枪座，其防御性能多少会受到一些影响。

半自动灭火系统

“猎豹”坦克歼击车拥有一套从“黑豹”坦克身上继承下来的半自动灭火系统，当传感器探测到发动机舱起火时系统就会发出告警，乘员手动开启开关，灭火剂通过管道从喷嘴喷出，扑灭火情。这套系统使用哈龙灭火剂，灭火剂直接参与燃烧过程中的化学反应，使燃烧反应迅速停止，其灭火原理与日常灭火器完全不同。

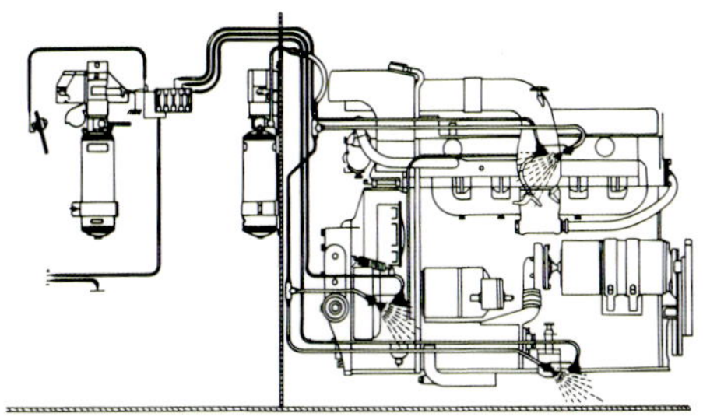

武/器/档/案 WEAPON ARCHIVES

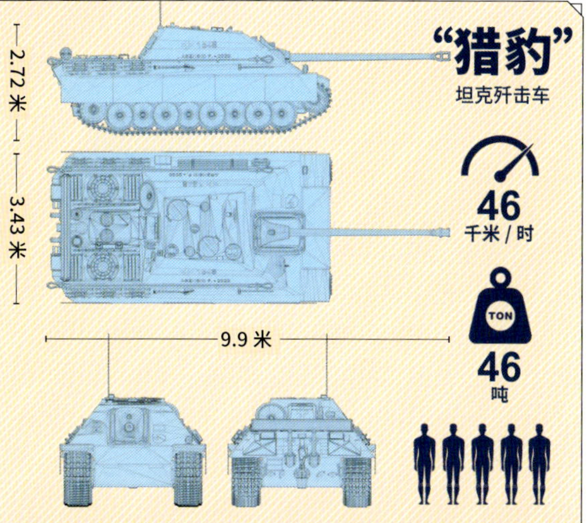

“猎豹”坦克歼击车

2.72 米　3.43 米　9.9 米

46 千米 / 时

46 吨

机动性			
发动机	1 台迈巴赫 HL 230 P30 V 型 12 缸汽油机（700 马力）		
最大公路速度	46 千米 / 时	最大公路行程	160 千米
涉水深	1.55 米	攀垂直墙高	0.9 米
越壕宽	2.45 米	爬坡角度	—
武器			
主要武器	1 门 PaK 43/3 型 88 毫米 71 倍径反坦克炮（备弹 57 枚）· 旋回角度左右各 13° · 俯仰角度 -8° ~ 14°		
辅助武器	1 挺 MG34 7.92 毫米机枪（备弹 1200 发）		
装甲			
车体	前部 60 毫米（55°）	侧面 40 毫米（0°）	后部 40 毫米（25°）
	顶部 40 毫米（25°）		
战斗室	前部 80 毫米（55°）	侧面 50 毫米（30°）	后部 40 毫米（35°）

速度下降

“猎豹”虽然比“黑豹”更低矮，但重量更大，因此速度略逊“黑豹”一筹，理论上能达到 46 千米 / 时，但通常不会 以如此高的车速行驶。

SU-100 自行火炮

本质上讲，SU-100 是一种基于 T-34 中型坦克底盘的自行火炮。

1943 年，苏联研制了以 T-34 底盘为基础，搭载 85 毫米 D-5S 火炮的 SU-85 自行火炮，但随着德国“虎”式、“黑豹”坦克的服役，SU-85 的主炮越发乏力，火力亟须升级，SU-100 应运而生。为了节省成本和制造时间，SU-100 的主要部件，包括发动机、变速箱和底盘都与 SU-85 保持一致，该车只有 16.5% 的部件与 SU-85 不通用。

1944 年 7 月初，苏联国防委员会正式批准 SU-100 进入红军服役。同年 9 月，几辆试生产型 SU-100 被送往前线测试，得到了乘员的一致好评。由于 100 毫米穿甲弹尚未到位，大多数量产型 SU-100 暂时前往军事院校或训练场。11 月 11 日，穿甲弹开始运往前线，SU-100 终于得以投入战斗。凭借强大的火力，它迅速成为让敌人畏惧的“动物杀手”。

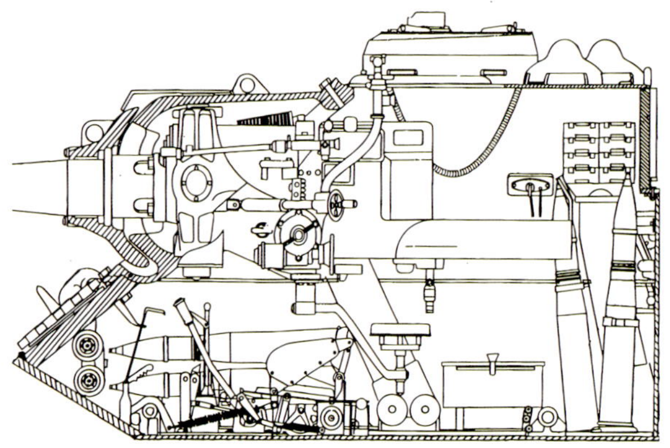

防护升级

SU-100 的战斗室从 SU-85 处继承而来且有所改进，本质上讲它亦是从 T-34 坦克底盘的上部车体扩展而来的，战斗室正面和车体正面融为一体。为了改善通风条件，车顶安装了两个带有保护罩的排风扇。此外，它还移植了 T-34 坦克的指挥塔，为车长提供了较好的视野。尤为值得一提的是，战斗室正面装甲的厚度从 T-34 的 45 毫米提升到了 75 毫米，再考虑到有约 50° 的倾斜角，其等效厚度将近 100 毫米。

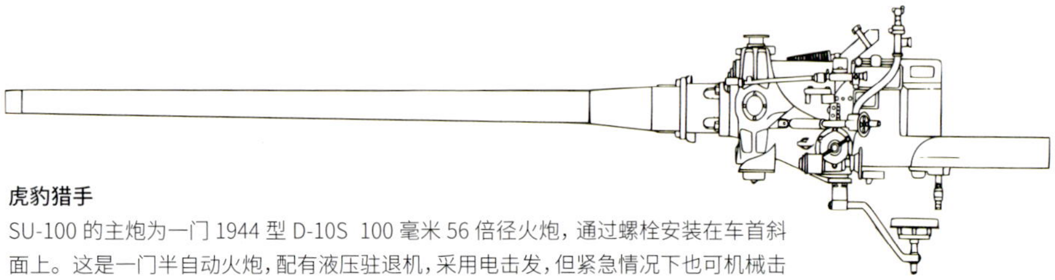

虎豹猎手

SU-100 的主炮为一门 1944 型 D-10S 100 毫米 56 倍径火炮，通过螺栓安装在车首斜面上。这是一门半自动火炮，配有液压驻退机，采用电击发，但紧急情况下也可机械击发。这种 100 毫米火炮能够击伤或摧毁大多数战争后期的德国装甲车辆。SU-100 通常作为支援车使用，或者与提供掩护的步兵、飞机一起行动，很少单独作战，因此没有安装车体机枪，不过车内存放着 PPSh-41 冲锋枪和手榴弹，供车辆乘员自卫。

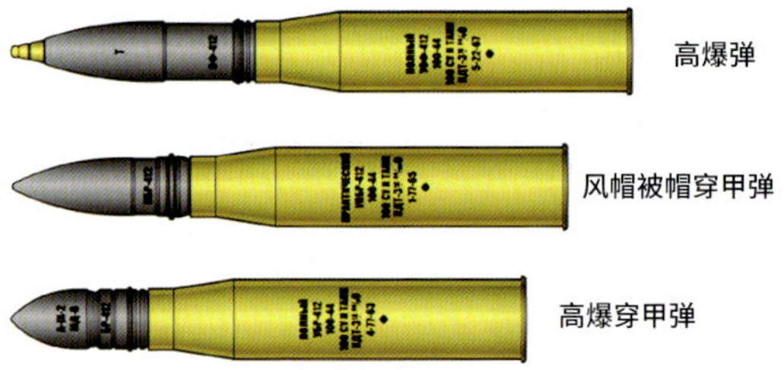

高爆弹

风帽被帽穿甲弹

高爆穿甲弹

▲ SU-100 的部分弹药。

排风扇装甲护罩

传动舱散热格栅

周视潜望镜

车长指挥塔

履带张紧调节孔

防御弱点

SU-100 在车首斜面上开有一扇带棱镜式观察口的舱门，驾驶员可以通过此处快速进出，不过这个舱门也削弱了车体的正面装甲——这个弱点源自 T-34 坦克，并被 SU-85 和 SU-100 一路继承了下来。

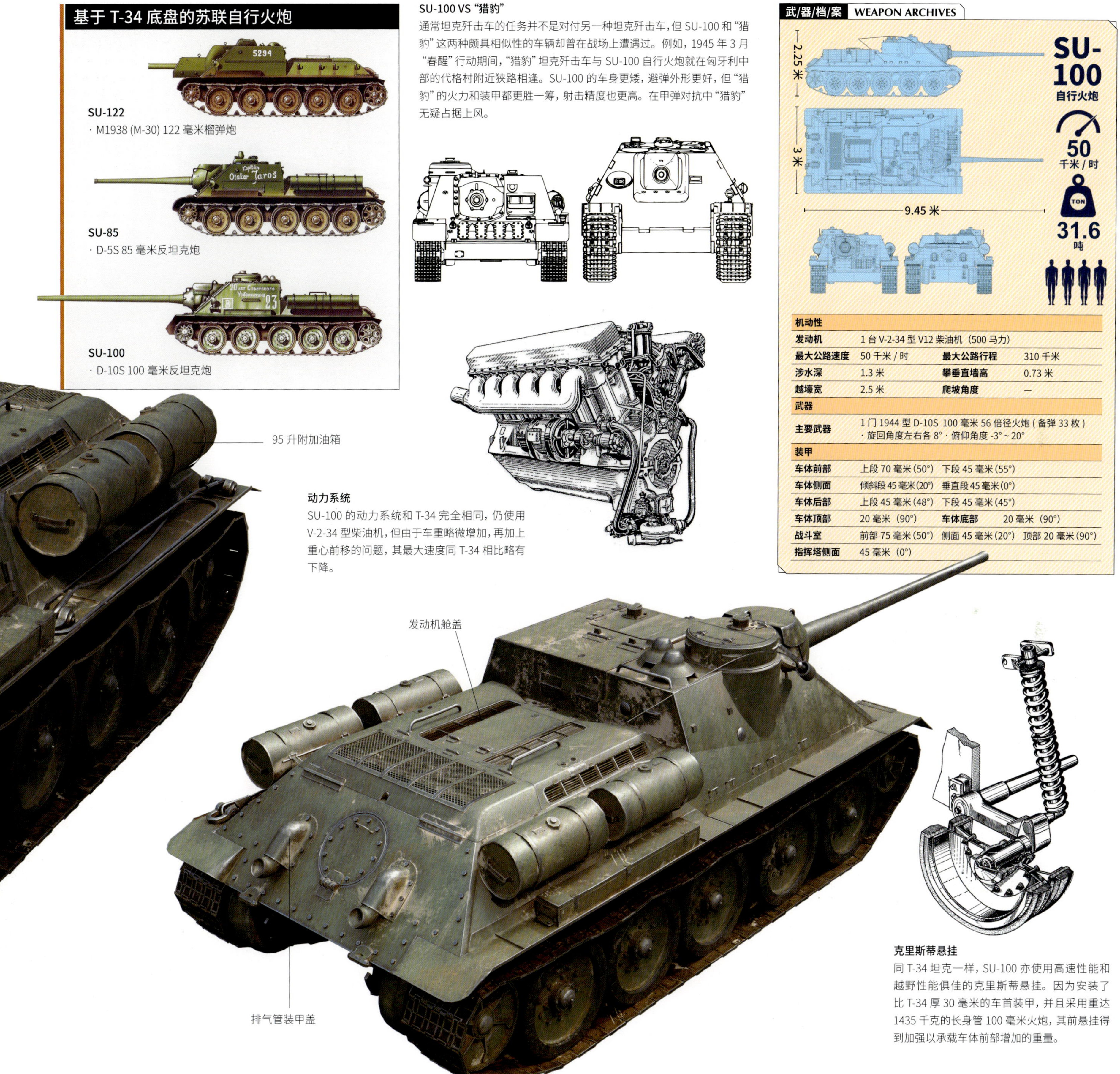

基于 T-34 底盘的苏联自行火炮

SU-122

· M1938 (M-30) 122 毫米榴弹炮

SU-85

· D-5S 85 毫米反坦克炮

SU-100

· D-10S 100 毫米反坦克炮

SU-100 VS "猎豹"

通常坦克歼击车的任务并不是对付另一种坦克歼击车，但 SU-100 和"猎豹"这两种颇具相似性的车辆却曾在战场上遭遇过。例如，1945 年 3 月"春醒"行动期间，"猎豹"坦克歼击车与 SU-100 自行火炮就在匈牙利中部的代格村附近狭路相逢。SU-100 的车身更矮，避弹外形更好，但"猎豹"的火力和装甲都更胜一筹，射击精度也更高。在甲弹对抗中"猎豹"无疑占据上风。

动力系统

SU-100 的动力系统和 T-34 完全相同，仍使用 V-2-34 型柴油机，但由于车重略微增加，再加上重心前移的问题，其最大速度同 T-34 相比略有下降。

武/器/档/案 WEAPON ARCHIVES

机动性			
发动机	1 台 V-2-34 型 V12 柴油机（500 马力）		
最大公路速度	50 千米 / 时	最大公路行程	310 千米
涉水深	1.3 米	攀垂直墙高	0.73 米
越壕宽	2.5 米	爬坡角度	—
武器			
主要武器	1 门 1944 型 D-10S 100 毫米 56 倍径火炮（备弹 33 枚） · 旋回角度左右各 8° · 俯仰角度 -3° ~ 20°		
装甲			
车体前部	上段 70 毫米（50°） 下段 45 毫米（55°）		
车体侧面	倾斜段 45 毫米（20°） 垂直段 45 毫米（0°）		
车体后部	上段 45 毫米（48°） 下段 45 毫米（45°）		
车体顶部	20 毫米（90°）	车体底部	20 毫米（90°）
战斗室	前部 75 毫米（50°） 侧面 45 毫米（20°） 顶部 20 毫米（90°）		
指挥塔侧面	45 毫米（0°）		

克里斯蒂悬挂

同 T-34 坦克一样，SU-100 亦使用高速性能和越野性能俱佳的克里斯蒂悬挂。因为安装了比 T-34 厚 30 毫米的车首装甲，并且采用重达 1435 千克的长身管 100 毫米火炮，其前悬挂得到加强以承载车体前部增加的重量。

Search And Destroy

12.7 毫米机枪

防尘帆布

夜间行驶灯

有炮塔坦克歼击车

和苏德不同，二战期间美军广泛装备拥有旋转炮塔的坦克歼击车，不过从结果来看，这些车辆并不让人满意，它们都缺乏顶部防护，且要么装甲过薄，要么机动中庸。在战争后期，它们在火力方面的优势也基本丧失。尽管如此，美国坦克歼击车还是能够证明战前美国陆军的观念转变基本正确——机动化和进攻性的反坦克火力在未来战争中更为有效。

M18“地狱猫”坦克歼击车

M18 火炮机动载具（GMC）充分体现了美国坦克歼击部队一种关于理想坦克歼击车的构想——相比坦克有更强的火力、更快的速度。它的确成了二战中速度最快的美制履带装甲战斗车辆，公路行驶速度可达 80.5 千米 / 时。然而，在 1944—1945 年的实战条件下，其高速优势并不总是像人们期待的那样有效，火炮也不足以正面对抗装甲厚实的德国“黑豹”和“虎”式坦克。很多时候，M18 用来为步兵和其他作战部队提供直接火力支援，而不是执行反坦克任务。M18 的确在美军最大规模的几次战役中表现出色，但这更多要归功于车组人员训练有素、坚韧不拔，而不是车辆的设计有多优秀。

▲ 二战时期美国坦克歼击部队臂章图案，主要设计元素是一只正将坦克撕碎的黑豹。

M18 的生产情况，1943 年 7 月—1944 年 10 月

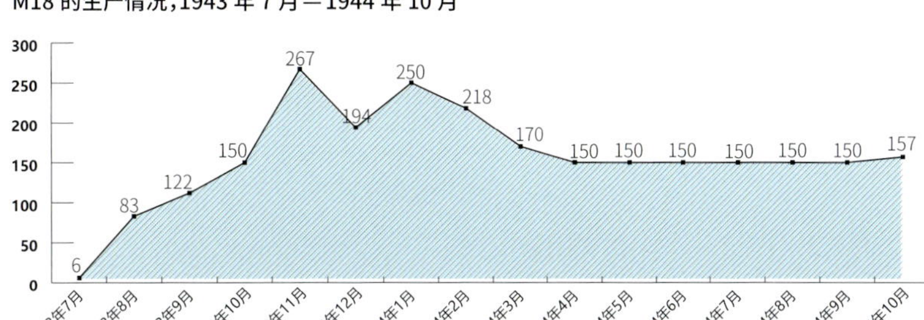

欧洲战区 M18 保有和损失数量，1944 年 6 月—1945 年 5 月

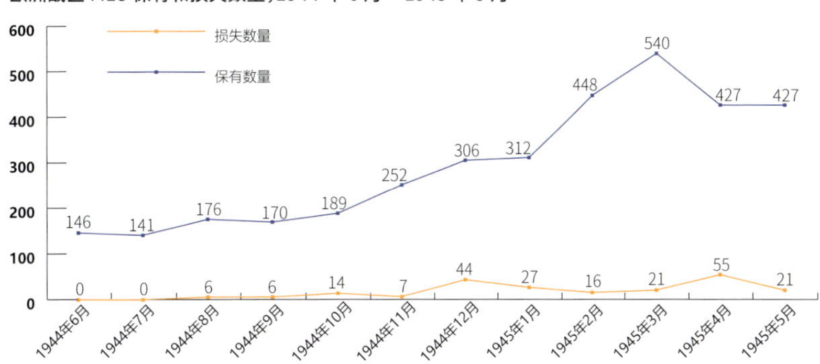

数字通常表示该车的归属，3-1 的意思是，这是某连 3 排的 1 号车

防护薄弱

M18 的装甲很薄，仅能抵御轻武器和炮弹破片，且炮塔顶部缺乏保护。此外，车长在操作顶部 12.7 毫米机枪时必须探出身子，使自己暴露在炮塔之外，易受敌方火力攻击。

航空识别标志

因为炮塔狭小，火炮以沿炮管轴线顺时针旋转 45°的方式安装

炮口制退器

早期型 M18 炮口扬尘问题比较严重，开炮后尘土弥漫，严重阻碍车组人员的视线。为解决这一问题，后期型 M18 换装了带有炮口制退器的 76.2 毫米 M1A2 火炮——炮口暴风被制退器引向两侧，而不是猛烈冲击地面。

尾灯

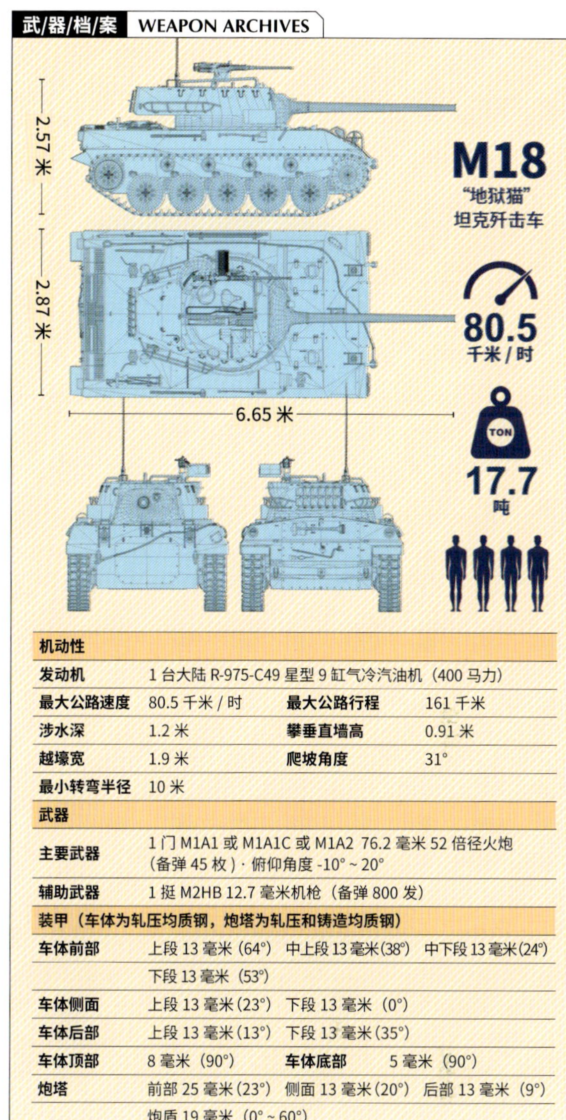

机动性			
发动机	1 台大陆 R-975-C49 星型 9 缸气冷汽油机（400 马力）		
最大公路速度	80.5 千米 / 时	最大公路行程	161 千米
涉水深	1.2 米	攀垂直墙高	0.91 米
越壕宽	1.9 米	爬坡角度	31°
最小转弯半径	10 米		
武器			
主要武器	1 门 M1A1 或 M1A1C 或 M1A2 76.2 毫米 52 倍径火炮（备弹 45 枚）· 俯仰角度 -10° ~ 20°		
辅助武器	1 挺 M2HB 12.7 毫米机枪（备弹 800 发）		
装甲（车体为轧压均质钢，炮塔为轧压和铸造均质钢）			
车体前部	上段 13 毫米（64°）	中上段 13 毫米（38°）	中下段 13 毫米（24°）
	下段 13 毫米（53°）		
车体侧面	上段 13 毫米（23°）	下段 13 毫米（0°）	
车体后部	上段 13 毫米（13°）	下段 13 毫米（35°）	
车体顶部	8 毫米（90°）	车体底部	5 毫米（90°）
炮塔	前部 25 毫米（23°）	侧面 13 毫米（20°）	后部 13 毫米（9°）
	炮盾 19 毫米（0° ~ 60°）		

M18"地狱猫"前期型

· 76.2 毫米 M1A1 火炮，未安装炮口制退器

M18"地狱猫"后期型

· 76.2 毫米 M1A2 火炮，安装炮口制退器

M10 “狼獾” 坦克歼击车

20 世纪 30 年代末至 40 年代初，美国陆军确定了一项新的战术理论，即以牵引式火炮和自行高速火炮组成的新型坦克歼击部队对抗快速移动的坦克编队。由于有了在 M4 中型坦克底盘上安装 105 毫米榴弹炮的成功经验，美军考虑在中型坦克底盘上安装一门高初速火炮，使其能够充当自行反坦克炮。1942 年 6 月，设计最终定型并被命名为 M10 火炮机动载具。M10 采用 M4A2 中型坦克的底盘，配以新型薄装甲上层车体和敞开炮塔，车体和炮塔采用倾斜装甲以尽可能改善防护水平，主炮为一门 76.2 毫米反坦克炮。虽然装甲很薄，机动性与火力亦算不上特别出色，它仍然是美军坦克歼击营的主力装备，同时也是二战期间产量最大的美国坦克歼击车。

▼ M10 “狼獾” 车内布局示意图。

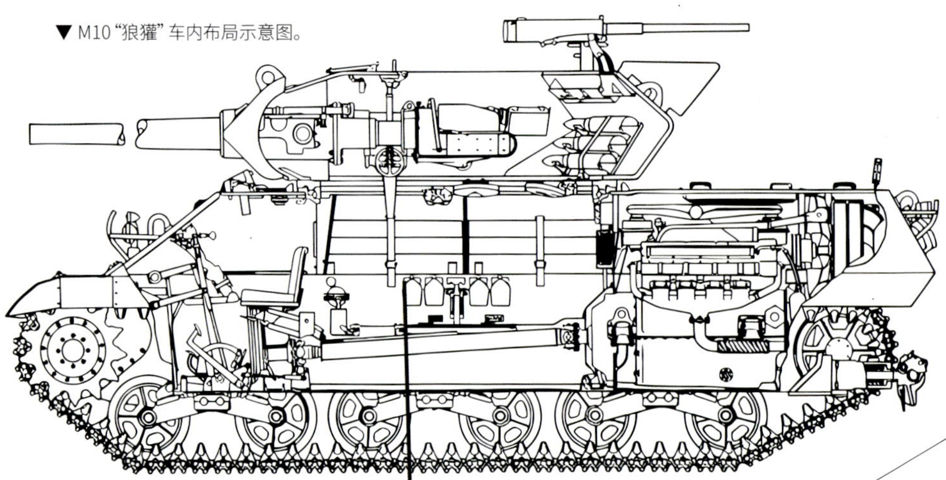

火炮周视瞄准镜

直瞄 / 间瞄

M10 既配有坦克式直瞄瞄准具，也配有炮手象限仪和火炮周视瞄准镜，既可直瞄射击，也能执行间接瞄准射击任务。

武/器/档/案 WEAPON ARCHIVES

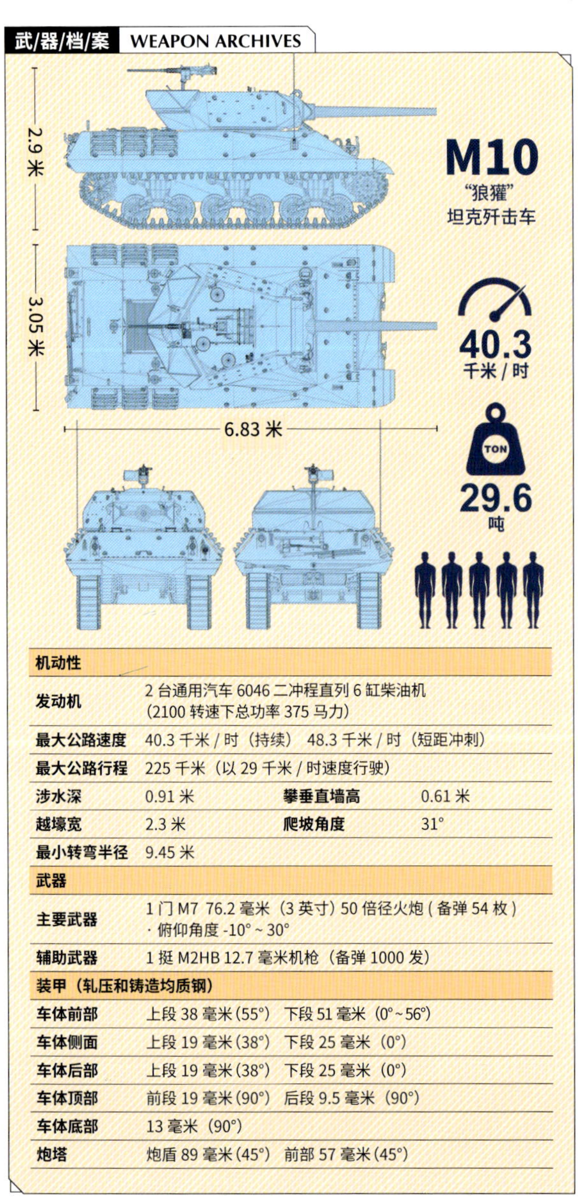

机动性			
发动机	2 台通用汽车 6046 二冲程直列 6 缸柴油机（2100 转速下总功率 375 马力）		
最大公路速度	40.3 千米 / 时（持续） 48.3 千米 / 时（短距冲刺）		
最大公路行程	225 千米（以 29 千米 / 时速度行驶）		
涉水深	0.91 米	攀垂直墙高	0.61 米
越壕宽	2.3 米	爬坡角度	31°
最小转弯半径	9.45 米		
武器			
主要武器	1 门 M7 76.2 毫米（3 英寸）50 倍径火炮（备弹 54 枚）· 俯仰角度 -10° ~ 30°		
辅助武器	1 挺 M2HB 12.7 毫米机枪（备弹 1000 发）		
装甲（轧压和铸造均质钢）			
车体前部	上段 38 毫米（55°） 下段 51 毫米（0°~56°）		
车体侧面	上段 19 毫米（38°） 下段 25 毫米（0°）		
车体后部	上段 19 毫米（38°） 下段 25 毫米（0°）		
车体顶部	前段 19 毫米（90°） 后段 9.5 毫米（90°）		
车体底部	13 毫米（90°）		
炮塔	炮盾 89 毫米（45°） 前部 57 毫米（45°）		

表现平平

大部分 M10 分配给了美军坦克歼击营，每营约 36 辆，亦有相当一部分被援助给英国。在实战中 M10 并不特别成功，它虽然装甲较薄，但仍显得笨重，特别是与 M18 相比。英军的大多数 M10 都换装了英制 76.2 毫米（17 磅）火炮，并且重命名为“阿喀琉斯”Mk Ⅰ C。

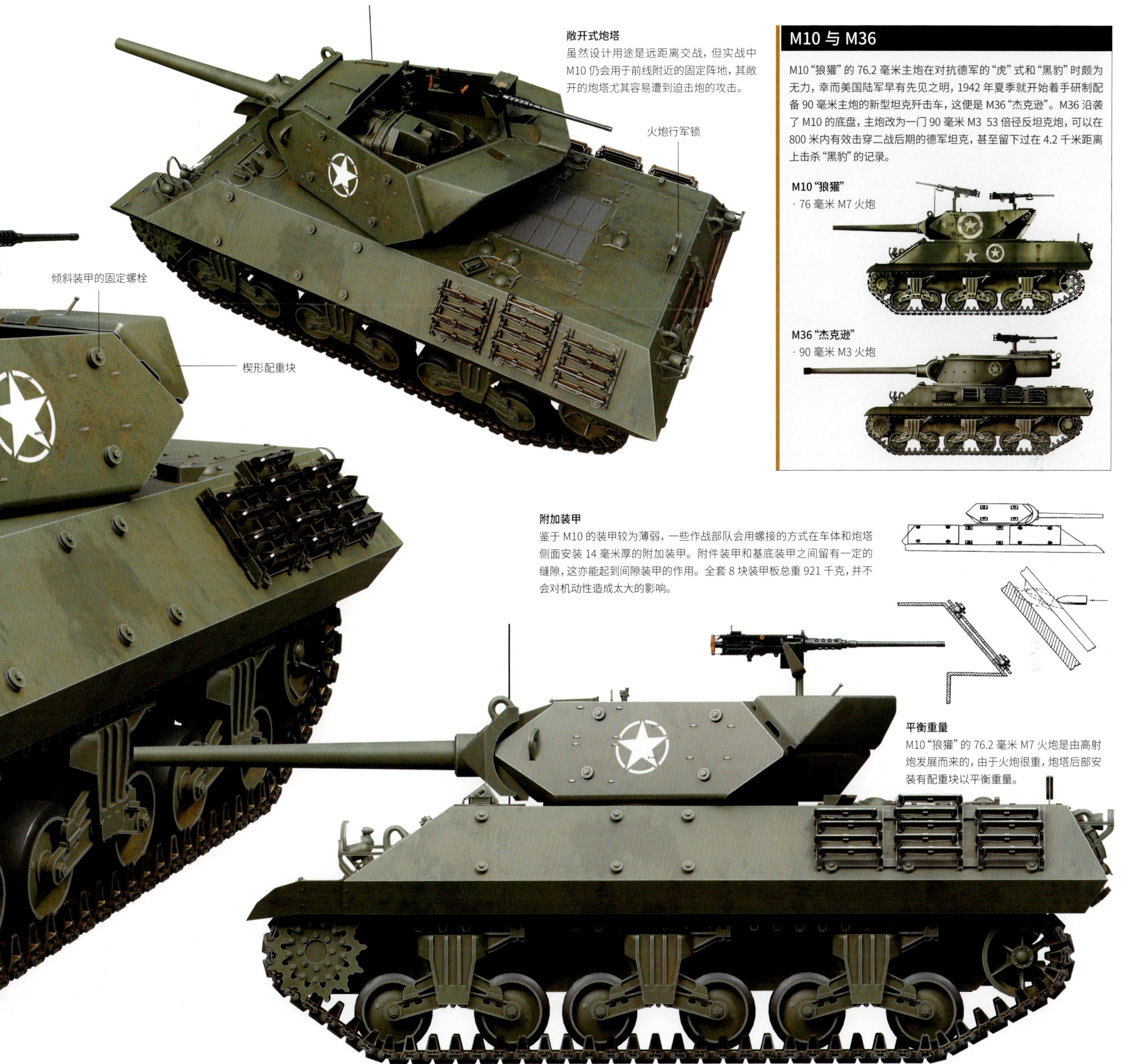

敞开式炮塔

虽然设计用途是远距离交战，但实战中M10仍会用于前线附近的固定阵地，其敞开的炮塔尤其容易遭到迫击炮的攻击。

M10 与 M36

M10“狼獾”的76.2毫米主炮在对抗德军的“虎”式和“黑豹”时颇为无力，幸而美国陆军早有先见之明，1942年夏季就开始着手研制配备90毫米主炮的新型坦克歼击车，这便是M36“杰克逊”。M36沿袭了M10的底盘，主炮改为一门90毫米M3 53倍径反坦克炮，可以在800米内有效击穿二战后期的德军坦克，甚至留下过在4.2千米距离上击杀“黑豹”的记录。

M10“狼獾”

· 76毫米M7火炮

M36“杰克逊”

· 90毫米M3火炮

附加装甲

鉴于M10的装甲较为薄弱，一些作战部队会用螺接的方式在车体和炮塔侧面安装14毫米厚的附加装甲。附件装甲和基底装甲之间留有一定的缝隙，这亦能起到间隙装甲的作用。全套8块装甲板总重921千克，并不会对机动性造成太大的影响。

平衡重量

M10“狼獾”的76.2毫米M7火炮是由高射炮发展而来的，由于火炮很重，炮塔后部安装有配重块以平衡重量。

ENCYCLOPEDIA OF

LAND WEAPONS

第十二章 自行火炮

自行火炮在1939年之前还是一种相当少见的武器，不过到1943年它就在各主要参战国中广泛服役，成了机械化部队中不可或缺的装备。坦克的运用让部队的机动性得到大幅提高，负责火力支援的火炮要想跟上一线部队的脚步，就必须具备相同或相近的机动能力，因此把火炮装在车辆上成了不二之选。

广义上讲，突击炮和自行压制火炮都属于自行火炮，前一章介绍的自行反坦克炮亦是“自行火炮”这一概念的延伸，不过它们的作战用途和技术特点有较大不同。突击炮是一种直瞄武器，主要在进攻作战中为步兵提供近距炮击支援；自行压制火炮则是一种间瞄武器，主要负责远程覆盖打击。

和其他参战国相比苏联更加倚重重型突击炮，它们也能胜任坦克歼击车和远程压制火炮的角色。美国则主要以装备厚重装甲和中口径榴弹炮的坦克充当突击炮，或者直接用自行压制火炮进行直瞄射击。

工业化和机械化让火箭弹这种武器在二战中重新焕发了活力。车辆底盘的运用不仅使其跟得上摩托化部队的脚步，也让同时并联十几根、数十根发射管成为可能。这极大地提升了火箭炮的火力密度，赋予了它远超身管火炮的压制能力。不过，令人印象最深刻的是它们制造的心理压迫感，而非毁伤效果。

Assault Gun

突击炮

“突击”二字很好地诠释了突击炮的使命——对敌军进行直接炮击。因此，突击炮必须具备一定的防御力以抵御敌火打击。大部分突击炮都在坦克底盘上改装而成，并且具备至少与其蓝本坦克基本相当的防护水平。由于没有炮塔，突击炮可以安装口径更大的火炮，从而获得比坦克更强的爆破威力。虽然主要任务是轰击敌军碉堡、机枪阵地、反坦克炮以及其他障碍物，但它们仍然能和坦克交战，只是态势感知能力和灵活性要逊色一些。

Ⅲ号突击炮

Ⅲ号突击炮以Ⅲ号坦克的底盘为基础研制而成，是二战期间产量最大的德国装甲战斗车辆，总共制造了10500 辆。1940 年时Ⅲ号突击炮作为步兵支援武器服役，但德军很快就把它的短管 75 毫米榴弹炮换成了长管 75 毫米炮以提高其反坦克能力。它虽然是坦克的廉价替代品，但拥有与Ⅳ号坦克相当的火力和正面装甲，战场表现可圈可点——整场战争中，Ⅲ号突击炮宣称一共击毁了超过 21000 辆敌方战车。（主图为Ⅲ号突击炮 G 型）

火力升级

Ⅲ号突击炮 A 型 · 75 毫米火炮，24 倍径

Ⅲ号突击炮 F 型 · 75 毫米火炮，43 倍径

Ⅲ号突击炮 G 型 · 75 毫米火炮，48 倍径

当心侧翼！
为了节约生产成本，突击炮以固定战斗室取代了炮塔，主炮无法 360°旋转，只有有限的方向射界，敌方坦克从侧翼袭来时往往束手无策。

▼ StuK 40 75 毫米 48 倍径火炮。

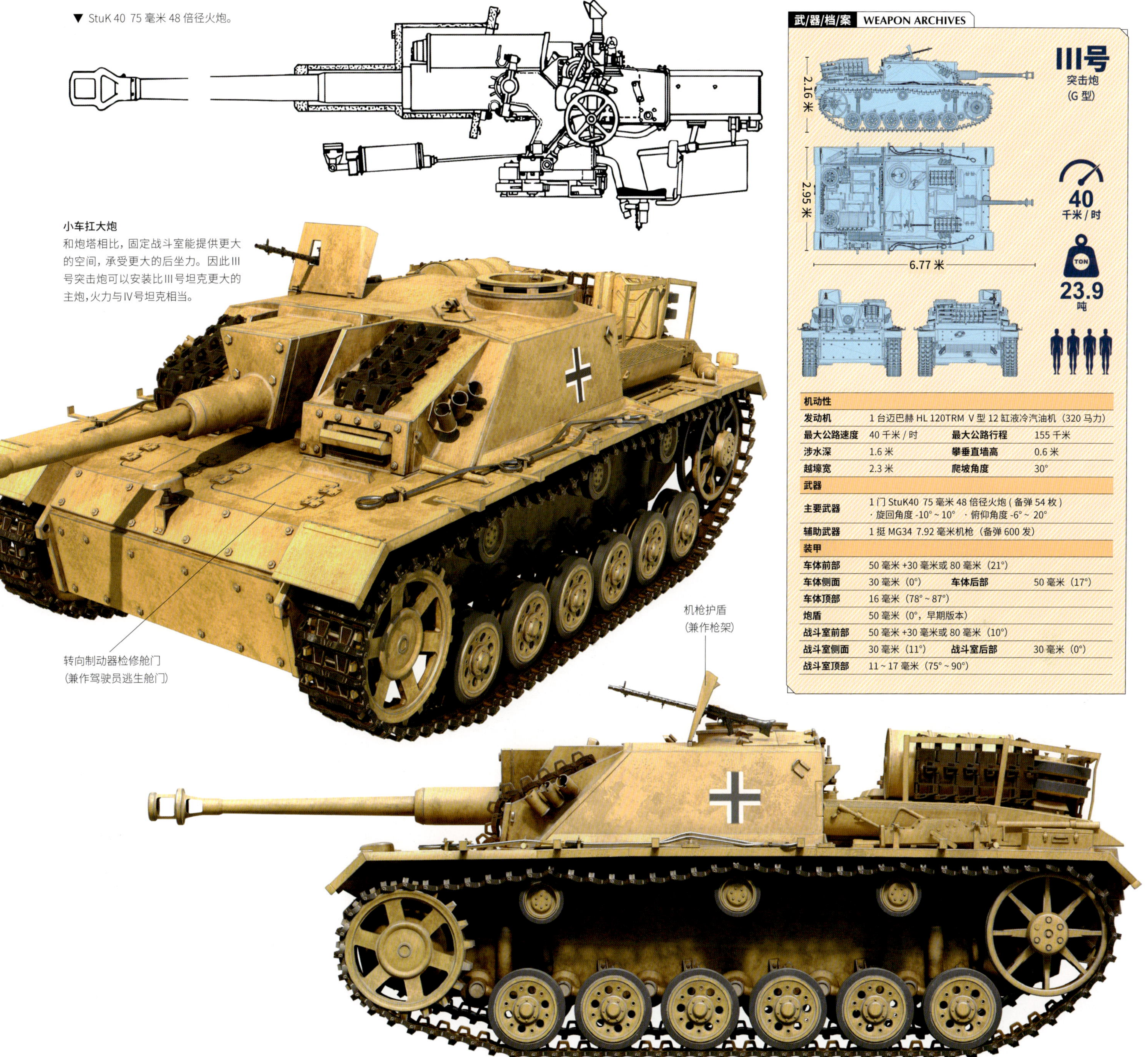

小车扛大炮

和炮塔相比，固定战斗室能提供更大的空间，承受更大的后坐力。因此 III 号突击炮可以安装比 III 号坦克更大的主炮，火力与 IV 号坦克相当。

武/器/档/案 WEAPON ARCHIVES

III号 突击炮(G 型)

40 千米 / 时

23.9 吨

机动性			
发动机	1 台迈巴赫 HL 120TRM V 型 12 缸液冷汽油机（320 马力）		
最大公路速度	40 千米 / 时	**最大公路行程**	155 千米
涉水深	1.6 米	**攀垂直墙高**	0.6 米
越壕宽	2.3 米	**爬坡角度**	30°
武器			
主要武器	1 门 StuK40 75 毫米 48 倍径火炮 (备弹 54 枚) · 旋回角度 -10° ~ 10° · 俯仰角度 -6° ~ 20°		
辅助武器	1 挺 MG34 7.92 毫米机枪（备弹 600 发）		
装甲			
车体前部	50 毫米 +30 毫米或 80 毫米（21°）		
车体侧面	30 毫米（0°）	**车体后部**	50 毫米（17°）
车体顶部	16 毫米（78° ~ 87°）		
炮盾	50 毫米（0°，早期版本）		
战斗室前部	50 毫米 +30 毫米或 80 毫米（10°）		
战斗室侧面	30 毫米（11°）	**战斗室后部**	30 毫米（0°）
战斗室顶部	11 ~ 17 毫米（75° ~ 90°）		

75/18 型自行火炮

目睹了Ⅲ号突击炮在法国战役中的出色表现后，意大利人决定研发类似的武器。他们把菲亚特 M13/40、M14/41 和 M15/42 中型坦克的底盘与 75 毫米 18 倍径 M34 山炮结合在一起，制成了一系列名为 75/18 的自行火炮。75/18 自行火炮与其原型坦克非常接近，具有铆接车体和半圆形钢板弹簧悬挂，不过乘员由原来的 4 人缩减为 3 人且全部簇拥在固定战斗室内。

18 倍径的 75 毫米炮初速较低，仅有 450 米 / 秒，不过它对大多数盟军坦克是有效的，使用破甲弹时破甲厚度可达 120 毫米，足以对付 M3“李 / 格兰特”、M4“谢尔曼”等装甲相对厚实的中型坦克。另外，它也是合格的间瞄火力，其杀伤弹、高爆弹和烟幕弹在步兵支援时很有效。和牵引式的 M34 山炮相比，75/18 自行火炮的仰角更小，因此射程从 9500 米下降到了 7000 ~ 7500 米。

武/器/档/案 WEAPON ARCHIVES

75/18
自行火炮
(M14/41 型)
1.85 米
2.28 米
5.06 米
35
千米 / 时
TON
13.5
吨

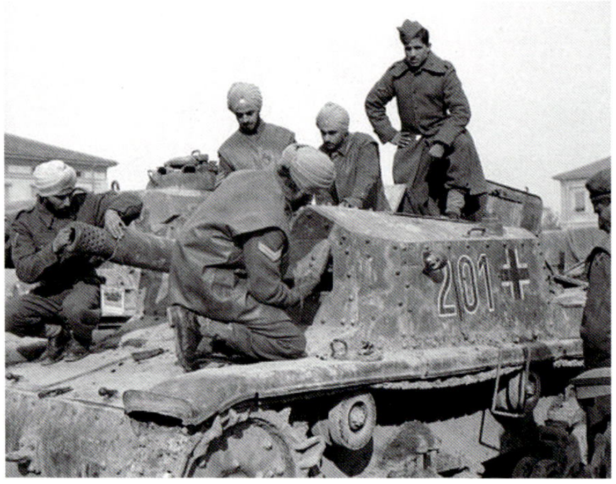

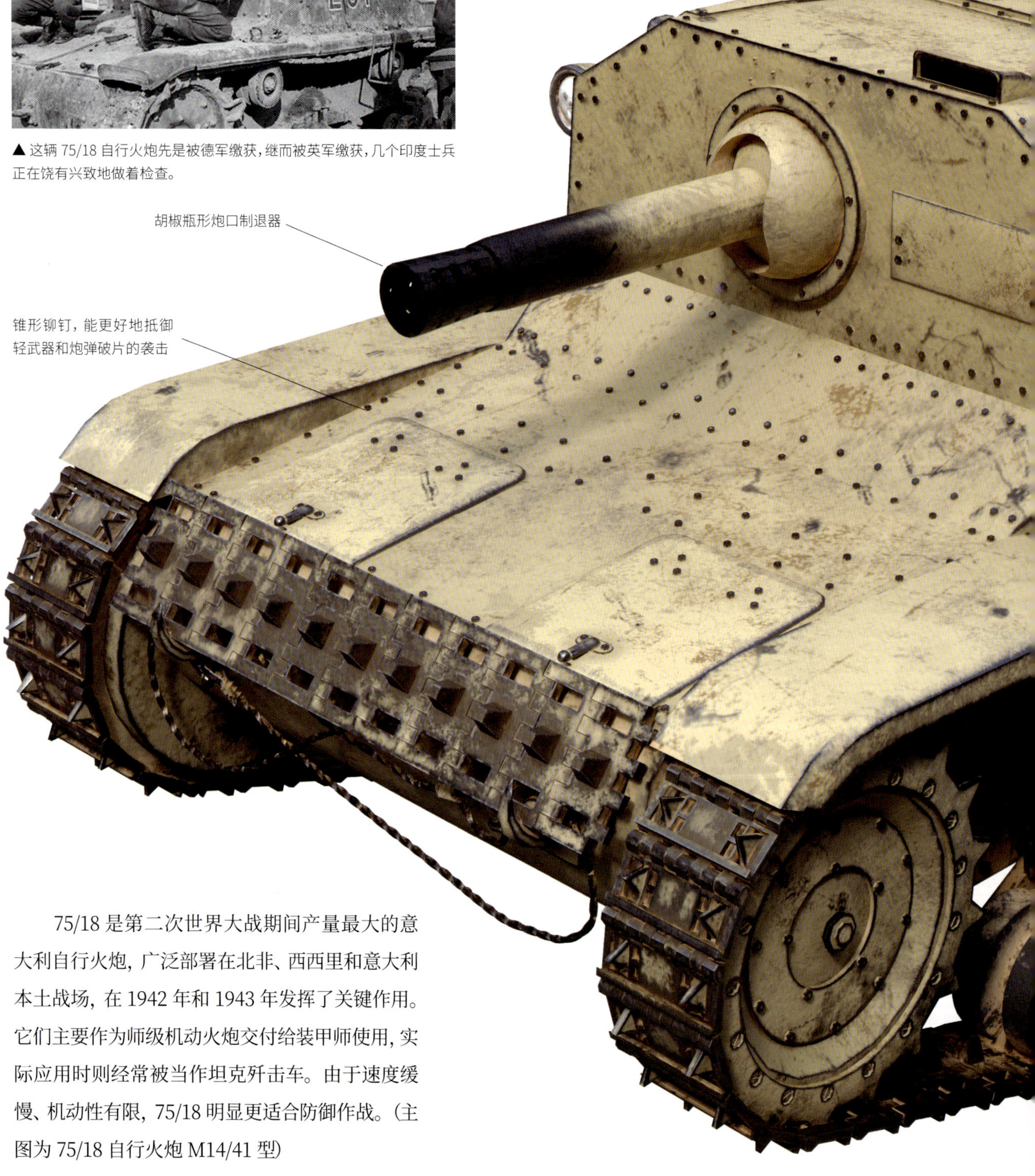

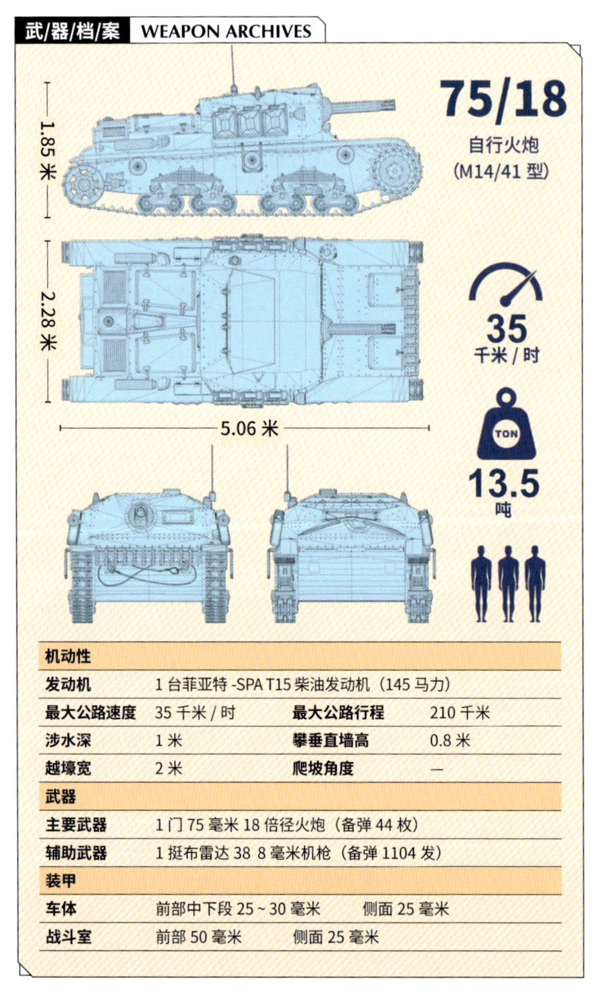

机动性			
发动机	1 台菲亚特 -SPA T15 柴油发动机（145 马力）		
最大公路速度	35 千米 / 时	最大公路行程	210 千米
涉水深	1 米	攀垂直墙高	0.8 米
越壕宽	2 米	爬坡角度	—
武器			
主要武器	1 门 75 毫米 18 倍径火炮（备弹 44 枚）		
辅助武器	1 挺布雷达 38 8 毫米机枪（备弹 1104 发）		
装甲			
车体	前部中下段 25 ~ 30 毫米	侧面 25 毫米	
战斗室	前部 50 毫米	侧面 25 毫米	

201

▲ 这辆 75/18 自行火炮先是被德军缴获，继而被英军缴获，几个印度士兵正在饶有兴致地做着检查。

战斗室顶部舱门
(3 名乘员皆可使用)
车长兼无线电
操作员潜望镜
胡椒瓶形炮口制退器
锥形铆钉，能更好地抵御
轻武器和炮弹破片的袭击

75/18 是第二次世界大战期间产量最大的意大利自行火炮，广泛部署在北非、西西里和意大利本土战场，在 1942 年和 1943 年发挥了关键作用。它们主要作为师级机动火炮交付给装甲师使用，实际应用时则经常被当作坦克歼击车。由于速度缓慢、机动性有限，75/18 明显更适合防御作战。（主图为 75/18 自行火炮 M14/41 型）

通风不畅

75/18 自行火炮的战斗室并未配备通风系统，火炮发射后残留在战斗室内的火药燃气不易散去，因此很难在不开舱门的情况下战斗。

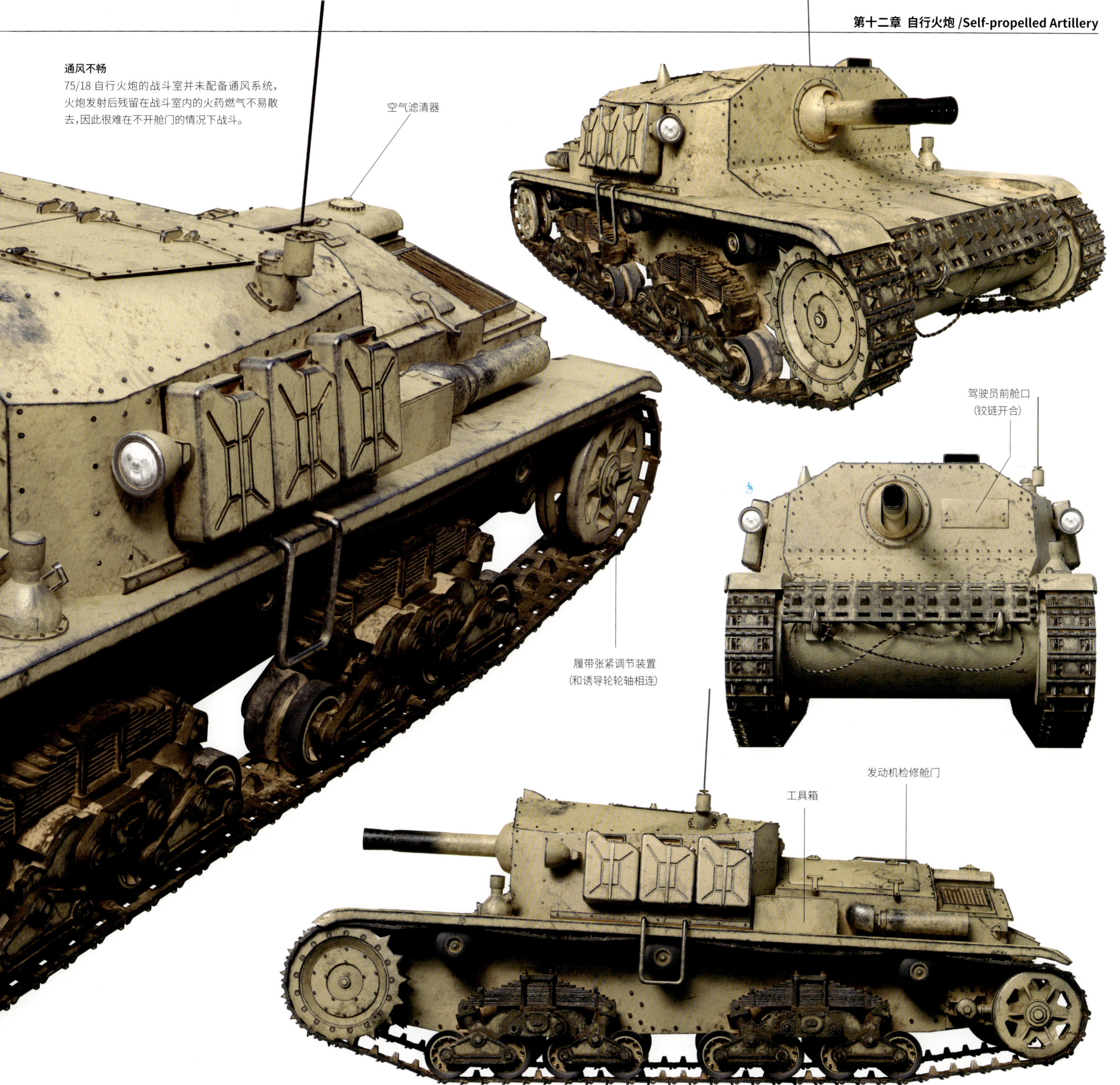

SU-152 自行火炮

1942 年，苏军急需一种装备大口径火炮、可以伴随步兵进攻的战斗车辆以应对残酷的城市巷战，SU-152 自行火炮应运而生。本质上讲它是 KV-2 重型坦克的继任者，但比 KV-2 更为成熟可靠。SU-152 将一门 ML-20S 型 152 毫米榴弹炮安装在 KV-1S 重型坦克的底盘上，并且用固定战斗室取代旋转炮塔以节约成本。它既能提供直接火力支援，也可以实施远程火力打击。1943 年的库尔斯克会战中，SU-152 成功击毁或阻止了包括“费迪南”在内的德军重型战车。次年的巴格拉季昂攻势中，它在摧毁德军工事方面发挥了重要作用。在 KV 系列坦克停产后，因为缺乏底盘，SU-152 逐渐被 ISU-152 取代。

防御步兵

SU-152 并未配备车体机枪，为防御步兵攻击，可在战斗室顶部安装 DSHk 12.7 毫米机枪。另外，车体上开有带装甲塞子的射击口。

武/器/档/案 WEAPON ARCHIVES

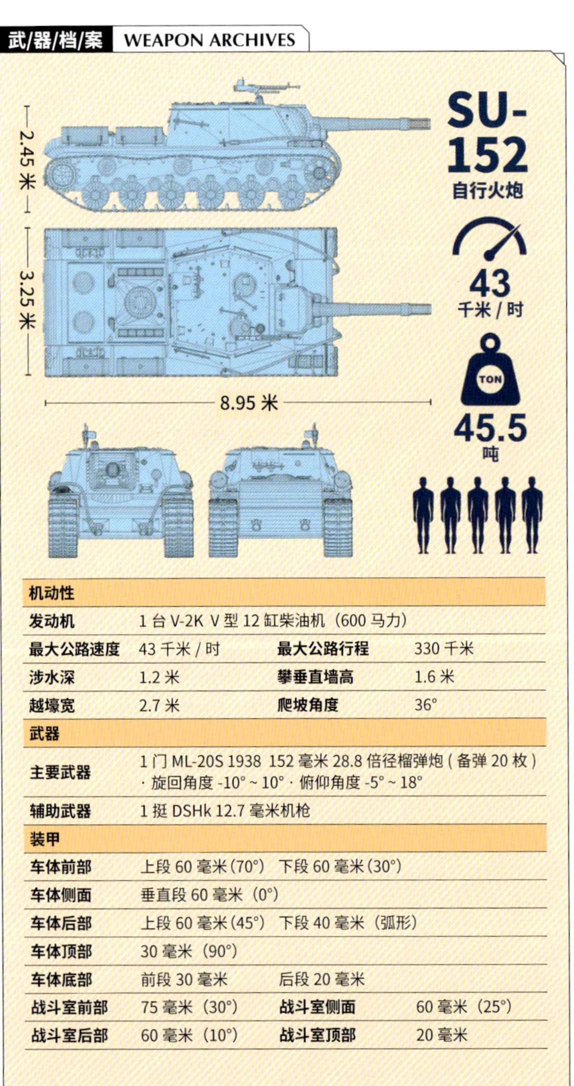

机动性			
发动机	1 台 V-2K V 型 12 缸柴油机（600 马力）		
最大公路速度	43 千米 / 时	最大公路行程	330 千米
涉水深	1.2 米	攀垂直墙高	1.6 米
越壕宽	2.7 米	爬坡角度	36°
武器			
主要武器	1 门 ML-20S 1938 152 毫米 28.8 倍径榴弹炮（备弹 20 枚）· 旋回角度 -10° ~ 10° · 俯仰角度 -5° ~ 18°		
辅助武器	1 挺 DSHk 12.7 毫米机枪		
装甲			
车体前部	上段 60 毫米（70°） 下段 60 毫米（30°）		
车体侧面	垂直段 60 毫米（0°）		
车体后部	上段 60 毫米（45°） 下段 40 毫米（弧形）		
车体顶部	30 毫米（90°）		
车体底部	前段 30 毫米	后段 20 毫米	
战斗室前部	75 毫米（30°）	战斗室侧面	60 毫米（25°）
战斗室后部	60 毫米（10°）	战斗室顶部	20 毫米

动物杀手

ML-20S 152 毫米榴弹炮的设计初衷主要是破坏混凝土工事，但事实证明其穿甲弹、高爆弹和混凝土破坏弹也能有效打击装甲目标。在 1000 米的正常交战距离，它可以从正面打瘫“虎”式、“黑豹”，以及更加重量级的“虎王”、“费迪南”。即便炮弹无法穿透装甲，巨大的能量也会破坏敌方坦克的部件，同时造成其车内装甲崩落，甚至瓦解其车体结构，使之“散架”。

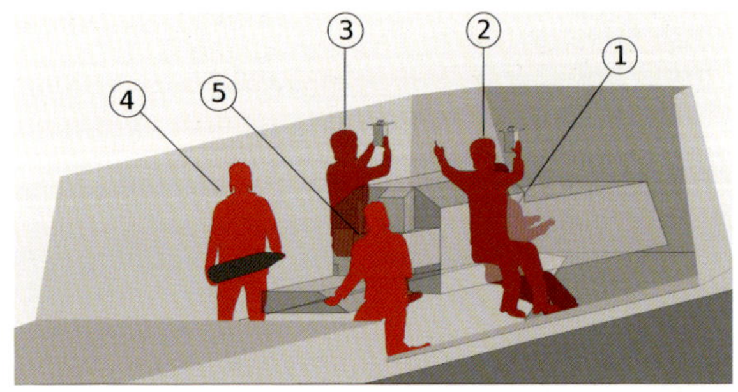

◀ SU-152 与 ISU-152 乘员位置示意图。

①驾驶员——战斗室左前部，负责驾驶车辆
②车长——主炮右侧，负责指挥全车、搜索敌人
③炮手——主炮左侧，负责操作火炮，瞄准射击
④第一装填手——炮尾左侧，负责装填弹丸
⑤第二装填手——炮尾右侧，负责装填发射药，同时还要根据射击需要调整发射药量

▲ 152 毫米高爆弹直接命中“黑豹”坦克炮塔侧面的效果，装甲被剧烈的爆炸撕裂了。

ISU-152 自行火炮

1943 年夏季的库尔斯克会战中，SU-152 成功击毁了德军的“虎”式、“黑豹”坦克和“斐迪南”重型坦克歼击车，展现出了强大的威力，但同时也暴露出防御不足、射击后排烟不畅等缺陷。针对 SU-152 的不足，苏联又研制了 ISU-152 突击炮，它强化了装甲，增高了战斗室，并且改进了通风系统；主炮仍然是 ML-20S 型 152 毫米榴弹炮，但采用 IS-2 重型坦克的底盘。同 IS-2 一样，ISU-152 也是深受苏军器重的攻坚重锤和坦克杀手，在通往柏林的道路上功不可没。

武/器/档/案 WEAPON ARCHIVES

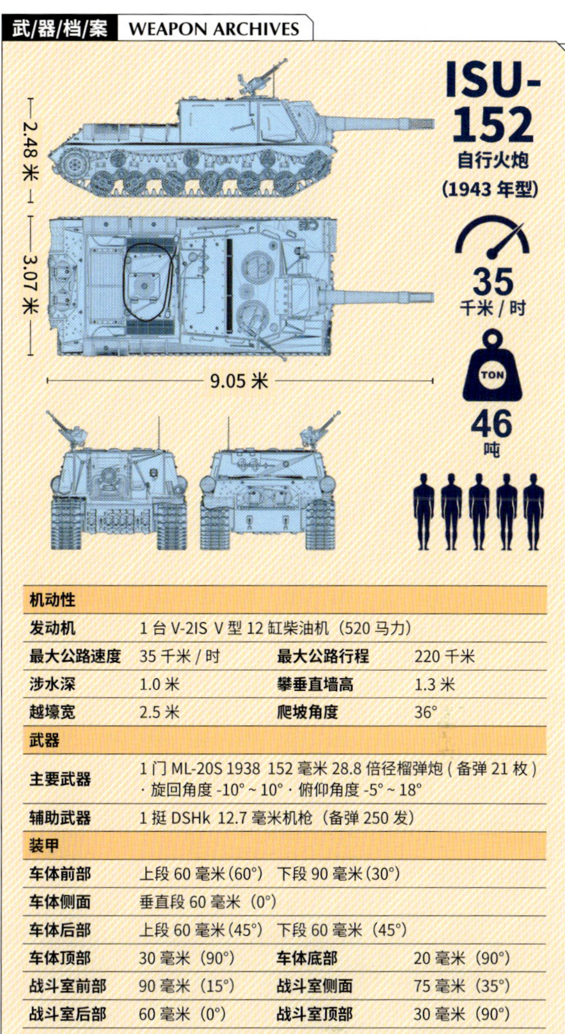

机动性			
发动机	1 台 V-2IS V 型 12 缸柴油机（520 马力）		
最大公路速度	35 千米 / 时	最大公路行程	220 千米
涉水深	1.0 米	攀垂直墙高	1.3 米
越壕宽	2.5 米	爬坡角度	36°
武器			
主要武器	1 门 ML-20S 1938 152 毫米 28.8 倍径榴弹炮（备弹 21 枚）· 旋回角度 -10° ~ 10° · 俯仰角度 -5° ~ 18°		
辅助武器	1 挺 DSHk 12.7 毫米机枪（备弹 250 发）		
装甲			
车体前部	上段 60 毫米（60°） 下段 90 毫米（30°）		
车体侧面	垂直段 60 毫米（0°）		
车体后部	上段 60 毫米（45°） 下段 60 毫米（45°）		
车体顶部	30 毫米（90°）	车体底部	20 毫米（90°）
战斗室前部	90 毫米（15°）	战斗室侧面	75 毫米（35°）
战斗室后部	60 毫米（0°）	战斗室顶部	30 毫米（90°）

凶狠但缓慢

SU-152 通常携带 13 枚高爆弹或混凝土破坏弹、7 枚穿甲弹，ISU-152 的总备弹量比 SU-152 多一枚。ML-20S 的弹丸非常沉重，重量接近 50 千克，发射药同样重量不菲。即便配备 2 名装填手，射速也只有 2 发 / 分钟左右。由于射速很慢，射击精度亦不如“虎”“豹”等主要对手，SU-152 和 ISU-152 在反装甲作战时经常采用伏击战术。

▼ ML-20S 152 毫米榴弹炮的部分弹药。

高爆杀伤弹　穿甲弹　风帽被帽穿甲弹　发射药筒

视野狭窄

SU-152 和 ISU-152 的炮盾非常巨大，驾驶员位于火炮左侧，右侧视野严重受阻，对路况的感知通常需要其他乘员的协助。

驾驶员观察口

出自"虎"式，胜于"虎"式

要想在狭窄的街巷里推进，装甲必须能抵御密集的反坦克火力的近距离攻击。"突击虎"战斗室正面装甲厚达150毫米，且倾斜45°，等效厚度约为200毫米。此外，一些车辆还在100毫米厚的车体正面装甲前加装了50毫米附加装甲。厚重的装甲自然意味着巨大的重量，"突击虎"的战斗全重直逼"虎王"重型坦克。

▲一辆因故障被遗弃的"突击虎"，身边有一辆英军装甲工程车经过。

"突击虎"自行火炮

"突击虎"是德国为应对城市攻坚战制造的一种特化的突击炮，设计重点是如何近距离摧毁建筑物。它以受损回收的"虎"式坦克底盘为基础制成，将炮塔改为高大方正的战斗室，安装一门威力巨大的380毫米火箭助推臼炮，装甲较"虎"式坦克亦大为加强。1944年8月，"突击虎"甫一服役就参加了镇压华沙起义的行动，这是它唯一一次参与城市攻坚作战。在随后的日子里，德军已是强弩之末，"突击虎"主要在西线从事防御作战，其中大部分在战场上被击毁或因机械故障、燃料短缺被遗弃。离开了城市战环境，这种缓慢、笨重的战车就失去了恰当的用武之地。

胡椒瓶

"突击虎"的炮口有32个排气孔，正面看去好似胡椒瓶。如此设计是为了将炮弹发射时产生的有毒废气导出车外，以免伤及乘员。此外还可以降低膛压，减轻对炮管的灼蚀。

▼“突击虎”吊装炮弹示意图。

人力不及

给“突击虎”装填炮弹已经超过了人类体力的极限，因此必须借助吊臂。先用吊臂把弹药架上的炮弹吊运到载弹板上，然后再将其推入炮膛——吊运炮弹时必须有人在车外操作吊臂，战斗室顶部的盖板必须处于打开状态。由于炮弹过大，“突击虎”的载弹量非常少，左右弹药架各 6 枚，再加上载弹板上的 1 枚和炮膛里的 1 枚，总共 14 枚。

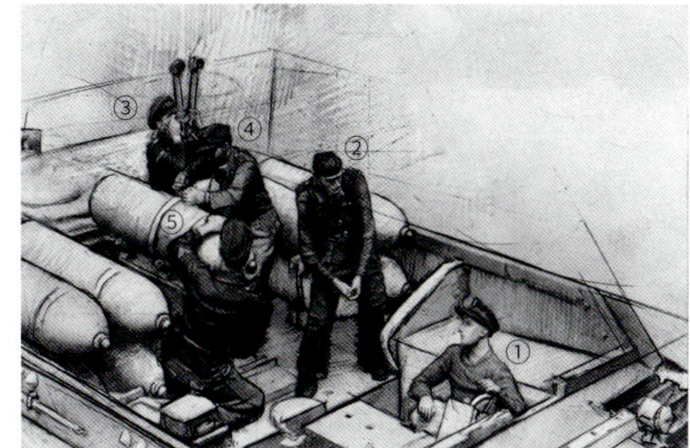

▲“突击虎”的乘员位置：①驾驶员；②炮手；③车长；④⑤装填手。

混凝土破坏弹　　高爆弹

暴力破拆

“突击虎”的 RW61 380 毫米臼炮由海军使用的火箭助推反潜深弹发射器发展而来，是非常有效的反建筑武器，可以将 345 千克重的炮弹抛射到 5500 米之外（最大射程与温度密切相关）。其混凝土破坏弹的穿深高达 2500 毫米，高爆弹则拥有 125 千克的恐怖装药量。开火时，发射药先将弹头推出炮膛并使其加速到 45 米 / 秒，继而火箭装药点火，将速度提升到约 250 米 / 秒。炮弹的弹道非常弯曲，可以对坚固工事实施攻顶打击。

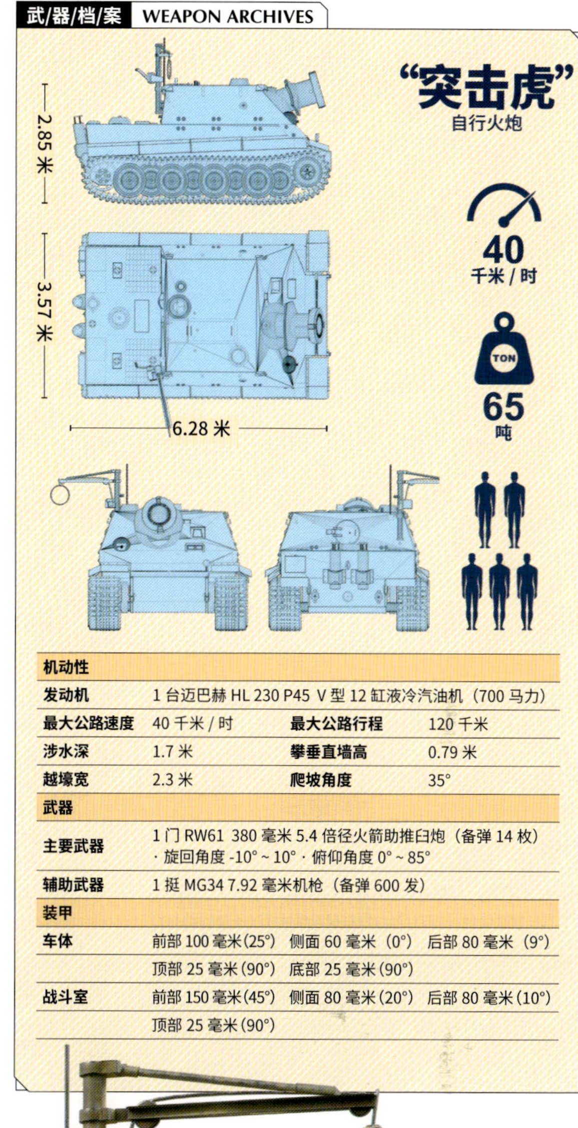

机动性			
发动机	1 台迈巴赫 HL 230 P45 V 型 12 缸液冷汽油机（700 马力）		
最大公路速度	40 千米 / 时	最大公路行程	120 千米
涉水深	1.7 米	攀垂直墙高	0.79 米
越壕宽	2.3 米	爬坡角度	35°
武器			
主要武器	1 门 RW61 380 毫米 5.4 倍径火箭助推臼炮（备弹 14 枚）· 旋回角度 -10° ~ 10° · 俯仰角度 0° ~ 85°		
辅助武器	1 挺 MG34 7.92 毫米机枪（备弹 600 发）		
装甲			
车体	前部 100 毫米（25°）	侧面 60 毫米（0°）	后部 80 毫米（9°）
	顶部 25 毫米（90°）	底部 25 毫米（90°）	
战斗室	前部 150 毫米（45°）	侧面 80 毫米（20°）	后部 80 毫米（10°）
	顶部 25 毫米（90°）		

圆形逃生尾门

弹药吊环

宽度 725 毫米，节距 130 毫米的全钢履带

Self-Propelled Howitzer

自行压制火炮

自行压制火炮的任务以远距离火力覆盖为主，瞄准方式则以间接瞄准为主，通常安装一门射击仰角很大的中、大口径榴弹炮。它们往往部署在战线后方，对防御力的要求不高，因此装甲比较薄弱，仅能抵御机枪、小口径火炮或是炮弹破片的攻击。绝大多数二战期间的自行压制火炮都没有炮塔，出于便于操作的考虑，其战斗室又多为开放式设计。

“黄蜂”自行火炮

“黄蜂”是由Ⅱ号坦克底盘和 leFH 18 105 毫米榴弹炮组合而成的师属压制火炮，主要配发给装甲师的装甲炮兵营。虽然Ⅱ号坦克的火力和防护都很薄弱，但其底盘仍不失为一种机动性和可靠性俱佳的载具。“黄蜂”于 1943 年服役，总产量在 270 辆上下，它的到来让德军装甲师的机动能力获得了巨大提升。

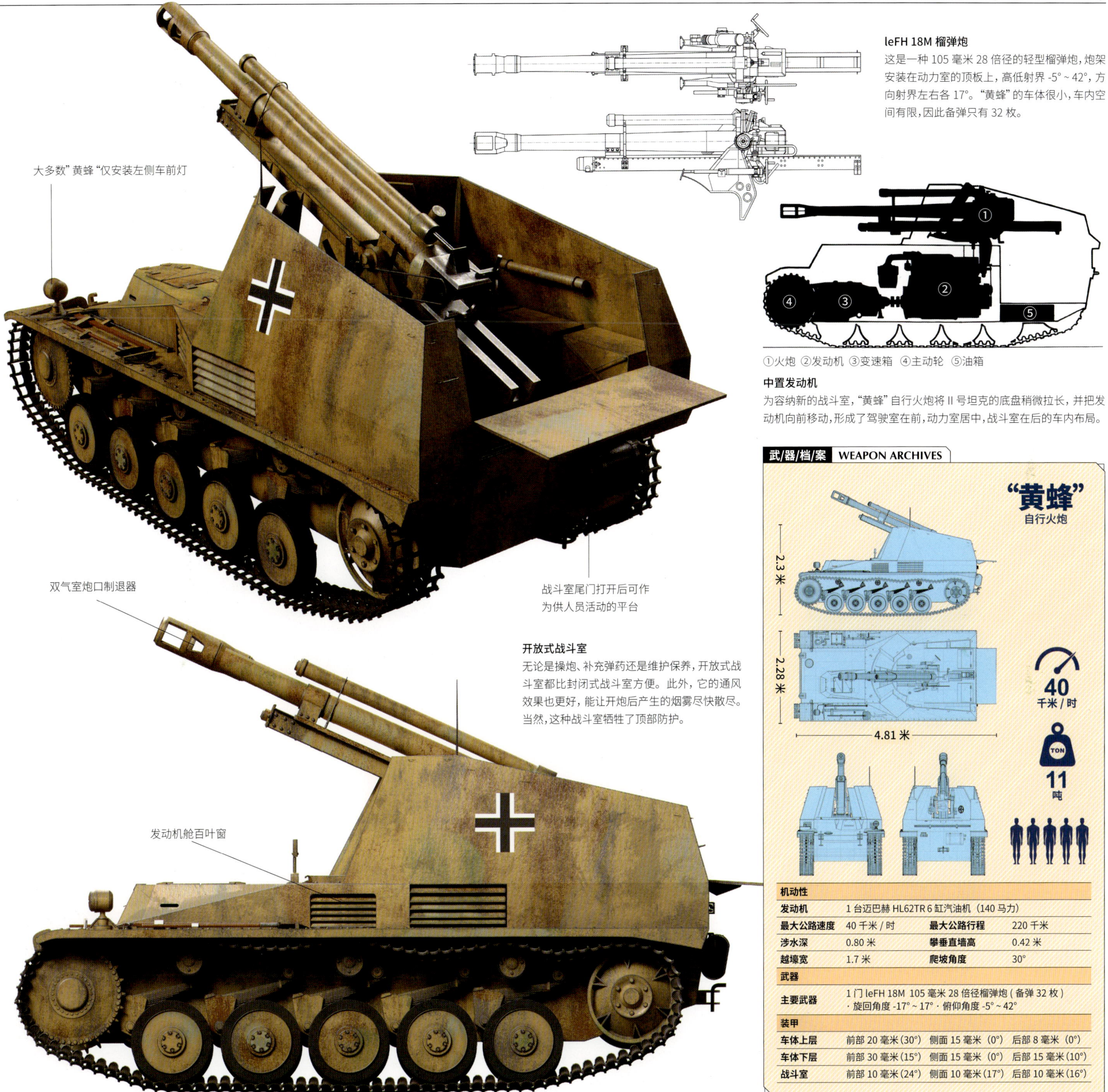

leFH 18M 榴弹炮

这是一种 105 毫米 28 倍径的轻型榴弹炮，炮架安装在动力室的顶板上，高低射界 -5° ~ 42°，方向射界左右各 17°。"黄蜂"的车体很小，车内空间有限，因此备弹只有 32 枚。

中置发动机

为容纳新的战斗室，"黄蜂"自行火炮将 II 号坦克的底盘稍微拉长，并把发动机向前移动，形成了驾驶室在前，动力室居中，战斗室在后的车内布局。

开放式战斗室

无论是操炮、补充弹药还是维护保养，开放式战斗室都比封闭式战斗室方便。此外，它的通风效果也更好，能让开炮后产生的烟雾尽快散尽。当然，这种战斗室牺牲了顶部防护。

机动性			
发动机	1 台迈巴赫 HL62TR 6 缸汽油机（140 马力）		
最大公路速度	40 千米 / 时	最大公路行程	220 千米
涉水深	0.80 米	攀垂直墙高	0.42 米
越壕宽	1.7 米	爬坡角度	30°
武器			
主要武器	1 门 leFH 18M 105 毫米 28 倍径榴弹炮 (备弹 32 枚) · 旋回角度 -17° ~ 17° · 俯仰角度 -5° ~ 42°		
装甲			
车体上层	前部 20 毫米（30°）	侧面 15 毫米（0°）	后部 8 毫米（0°）
车体下层	前部 30 毫米（15°）	侧面 15 毫米（0°）	后部 15 毫米（10°）
战斗室	前部 10 毫米（24°）	侧面 10 毫米（17°）	后部 10 毫米（16°）

“熊蜂”自行火炮

“熊蜂”是与“黄蜂”同期研发并投入使用的自行火炮，受某些网络游戏影响，国内军迷更习惯称其为“野蜂”。它以III号／IV号底盘搭载一门 sFH 18/1 型 150 毫米榴弹炮，这种车体后来也应用于“犀牛”自行反坦克炮。1 个德军装甲炮兵营的编制曾一度包含 2 个“黄蜂”轻型自行火炮连与 1 个“熊蜂”重型自行火炮连。无论是射程还是威力，“熊蜂”都远远强于“黄蜂”。1944 年 6 月，苏军逼近位于波兰卢布林的法莫 - 乌尔苏斯工厂，导致“黄蜂”停产，因此“熊蜂”的装备比重大幅提升。它是二战期间最成功的德军自行火炮，为装甲部队提供了强大的远程伴随火力。

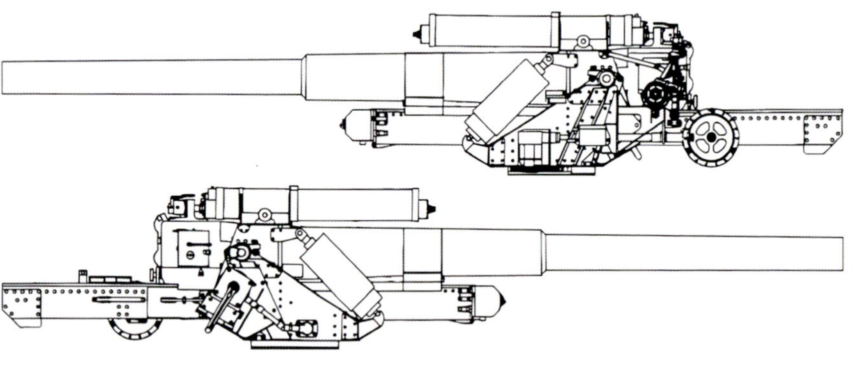

sFH18/1 型榴弹炮

150 毫米 30 倍径的重型榴弹炮，高低射界 -3° ~ 42°度，方向射界左右各 15°，可以将 42.5 千克的弹丸打出 13 千米远，火箭增程弹的射程更是可以达到 18 千米。车内备弹只有 18 枚，因此持续作战格外倚重弹药运输车。通常每个连（6 辆“熊蜂”自行火炮）配备 1 辆“熊蜂”弹药运输车。

行军锁，部分“犀牛”自行反坦克炮也采用相同的样式

这种和驾驶舱平齐的无线电员舱属于后期型设计，提供了充足的空间

发射药筒储存箱

▲“熊蜂”自行火炮后期型。

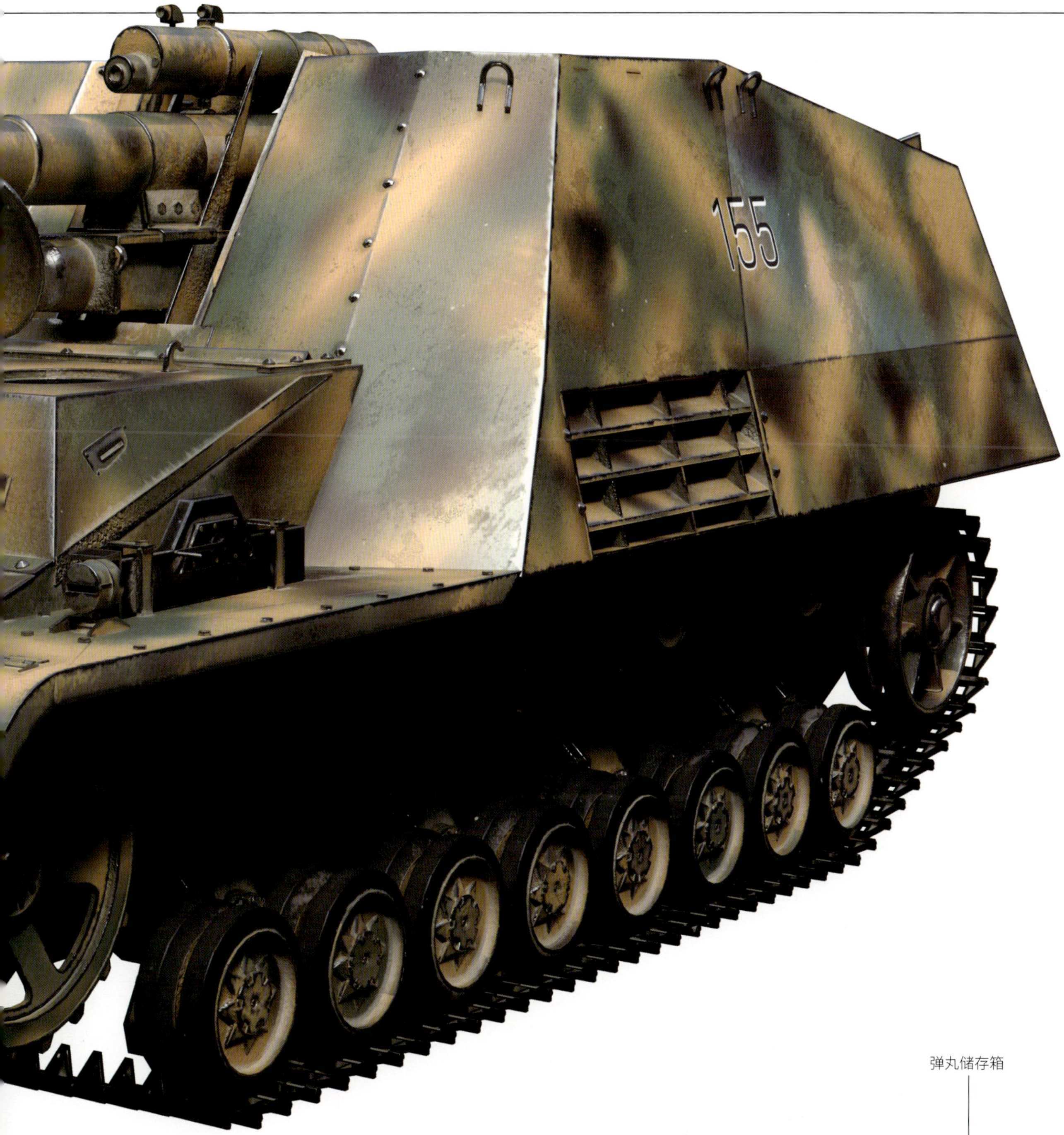

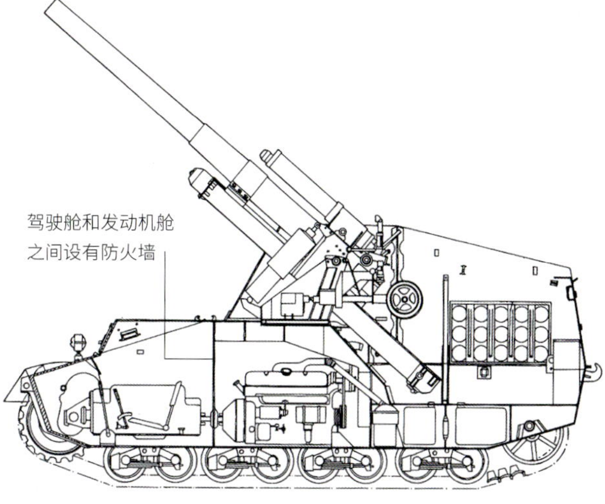

III号 / IV号底盘

“熊蜂”自行火炮使用一种混合底盘，它结合了III号坦克的操纵系统、转向系统与IV号坦克的发动机、悬挂系统，其实际机动能力优于“黄蜂”。

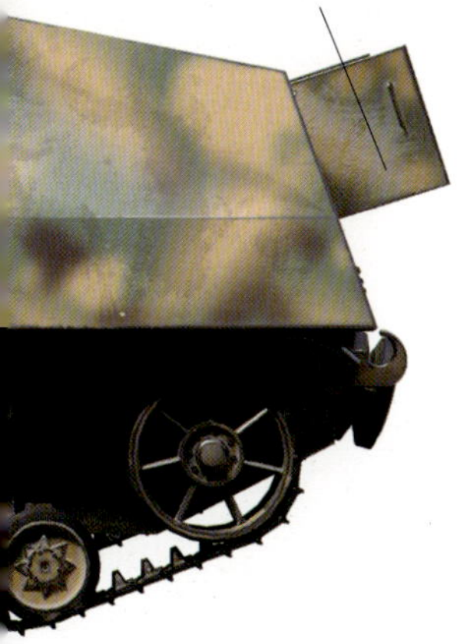

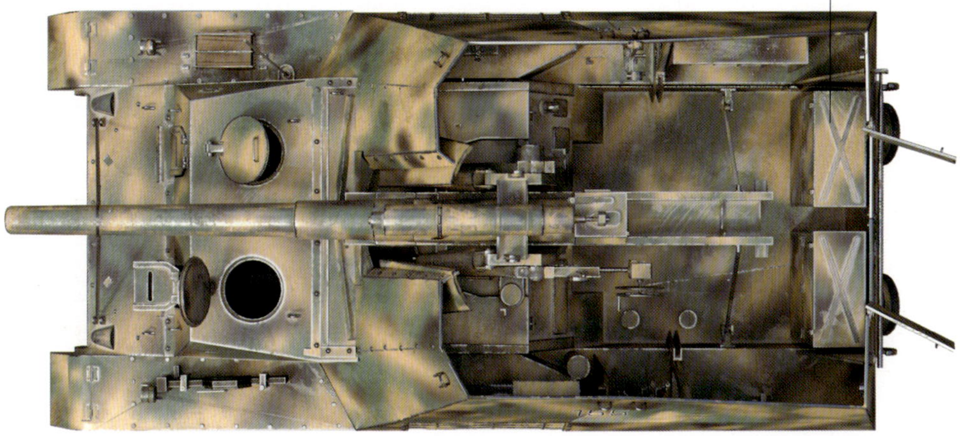

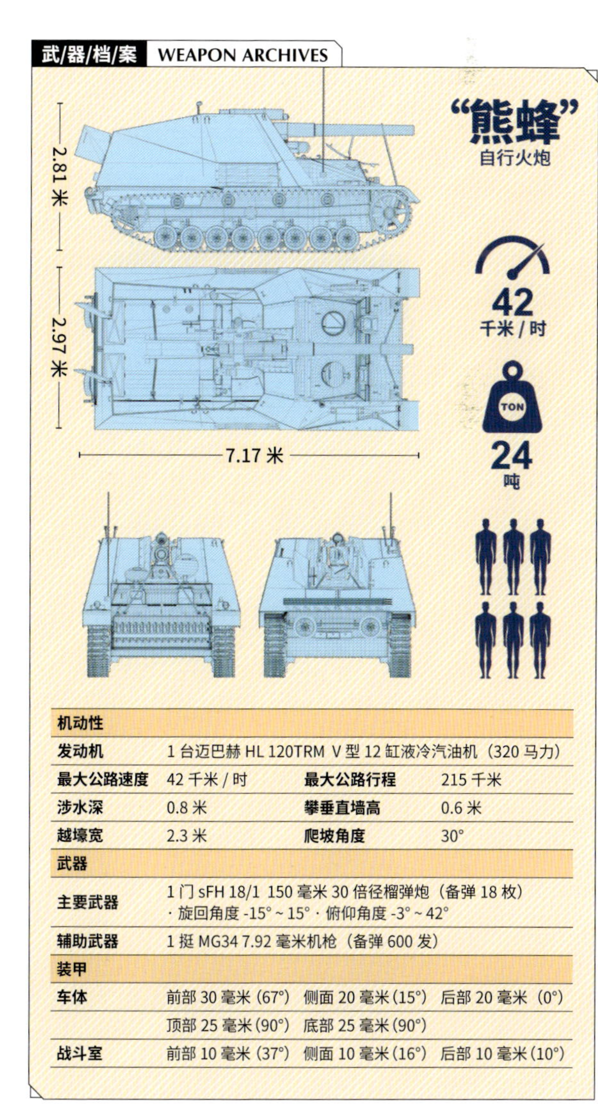

机动性			
发动机	1 台迈巴赫 HL 120TRM V 型 12 缸液冷汽油机（320 马力）		
最大公路速度	42 千米 / 时	最大公路行程	215 千米
涉水深	0.8 米	攀垂直墙高	0.6 米
越壕宽	2.3 米	爬坡角度	30°
武器			
主要武器	1 门 sFH 18/1 150 毫米 30 倍径榴弹炮（备弹 18 枚） · 旋回角度 -15° ~ 15° · 俯仰角度 -3° ~ 42°		
辅助武器	1 挺 MG34 7.92 毫米机枪（备弹 600 发）		
装甲			
车体	前部 30 毫米（67°）侧面 20 毫米（15°）后部 20 毫米（0°） 顶部 25 毫米（90°）底部 25 毫米（90°）		
战斗室	前部 10 毫米（37°）侧面 10 毫米（16°）后部 10 毫米（10°）		

弹丸储存箱

左右对开式尾门

“蟋蟀”自行火炮

1942 年 9 月，德国人决定以 38(t) 系列坦克的底盘和 sIG33 步兵炮为基础开发 150 毫米自行火炮，试验车辆在当年就被制造出来。38(t) 坦克底盘上加装了新的敞开战斗室，翼子板以下的部分则保持不变。sIG33 步兵炮的炮架被重新设计以满足在车辆上安装的要求，铆接炮架被更小的装有两个液压平衡机的基座取代。这一自行步兵炮被命名为 sIG33/1 38H“蟋蟀”，采用中置战斗室、后置发动机布局。它是基于 38(t) H 型底盘打造的，因此也被称作“蟋蟀”H。

为了获得更好的机动火炮平台，波希米亚 - 摩拉维亚机械厂对 38(t) 底盘进行了重新设计，将发动机舱移到车体中部，战斗室移到车体后部。这样的改动使悬挂系统承担的负载更为均衡，一部分乘员便可集中在车体尾部活动。这种发动机中置的底盘最初是为“黄鼠狼”Ⅲ M设计的，但也用在了“蟋蟀”身上。发动机中置、战斗室后置的“蟋蟀”被称作 sIG33/2 38M，也叫“蟋蟀”K。除了配发给新单位外，“蟋蟀”K 也用于补充“蟋蟀”H 的损失，同一个单位可能同时装备两种型号的“蟋蟀”。

◀ sIG33 是二战期间德军口径最大的短程步兵支援火炮，主要用于压制据点。

▲“蟋蟀”K 自行火炮，战斗室位于车体后部。

立柱，用于悬挂帆布顶篷或伪装网

千斤顶

▲"蟋蟀" H 自行火炮，采用了中置战斗室、后置发动机的布局，和"蟋蟀" K 相比火炮明显更靠前一些。

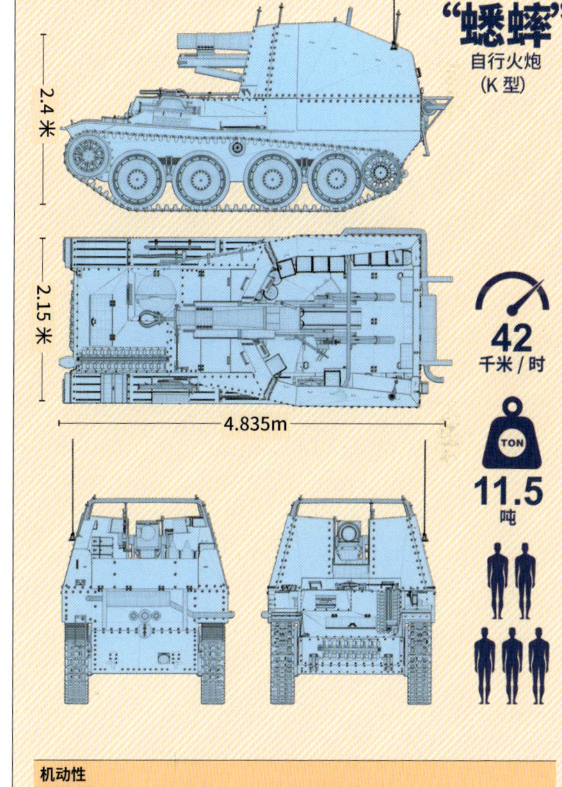

机动性			
发动机	1 台布拉格 A C 发动机（150 马力）		
最大公路速度	42 千米 / 时	最大公路行程	185 千米
涉水深	0.9 米	攀垂直墙高	0.85 米
越壕宽	1.9 米	爬坡角度	30°
武器			
主要武器	1 门 sIG33/2 150 毫米步兵炮（备弹 15 枚） · 旋回角度 -5°～5°　· 俯仰角度 -3°～72°		
装甲			
车体上层	前部 10 毫米（67°）	侧面 10 毫米（15°）	后部 10 毫米（0°）
车体下层	前部 20 毫米（15°）	侧面 15 毫米（0°）	后部 10 毫米（41°）
战斗室	前部 10 毫米（9°）	侧面 10 毫米（16°）	后部 10 毫米（17°）

重火力支援

依照德军 1944 年 9 月的编制表，每个重型自行步兵炮连应装备 6 辆"蟋蟀"。这些自行步兵炮连隶属装甲掷弹兵团，其任务是为摩托化步兵突击提供即时的重火力支援。"蟋蟀"首次大规模投入实战是在 1943 年 7 月的"堡垒行动"中，有 40 辆分别随"大德意志"师、"警卫旗队"师和"帝国"师参加了战斗。

武/器/档/案 WEAPON ARCHIVES

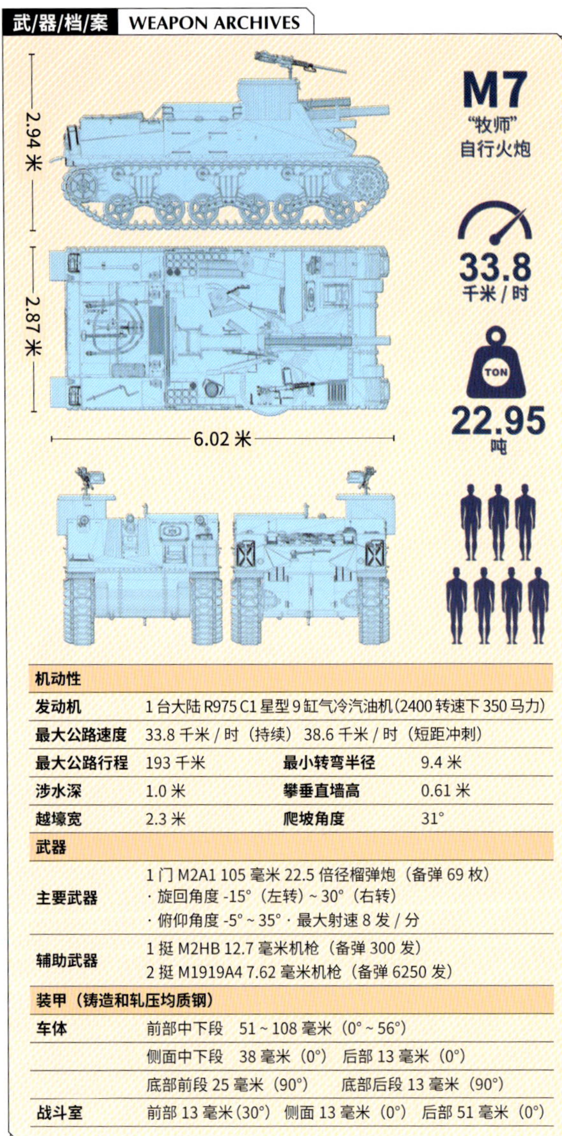

机动性			
发动机	1 台大陆 R975 C1 星型 9 缸气冷汽油机(2400 转速下 350 马力)		
最大公路速度	33.8 千米 / 时（持续）38.6 千米 / 时（短距冲刺）		
最大公路行程	193 千米	最小转弯半径	9.4 米
涉水深	1.0 米	攀垂直墙高	0.61 米
越壕宽	2.3 米	爬坡角度	31°
武器			
主要武器	1 门 M2A1 105 毫米 22.5 倍径榴弹炮（备弹 69 枚） · 旋回角度 -15°（左转）~ 30°（右转） · 俯仰角度 -5° ~ 35° · 最大射速 8 发 / 分		
辅助武器	1 挺 M2HB 12.7 毫米机枪（备弹 300 发） 2 挺 M1919A4 7.62 毫米机枪（备弹 6250 发）		
装甲（铸造和轧压均质钢）			
车体	前部中下段　51 ~ 108 毫米（0° ~ 56°）		
	侧面中下段　38 毫米（0°）　后部 13 毫米（0°）		
	底部前段 25 毫米（90°）　底部后段 13 毫米（90°）		
战斗室	前部 13 毫米(30°）侧面 13 毫米（0°）后部 51 毫米（0°）		

底盘升级

M7“牧师”早期型　· M3“李”中型坦克底盘

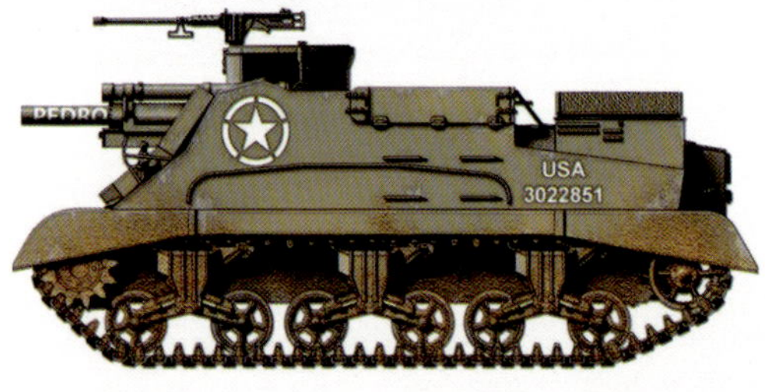

M7“牧师”后期型　· M3“李”中型坦克底盘　· M4“谢尔曼”中型坦克悬挂

M7B1“牧师”　· M4A3“谢尔曼”中型坦克底盘

牧师的讲坛

为了使 12.7 毫米机枪获得良好的射界，M7 在战斗室右前方设置了一个高耸的圆柱体机枪座，好似牧师的讲坛，“牧师”的绰号就由此而来。这个绰号是英国人起的，他们在北非、西北欧和太平洋战场都曾使用这种美国自行火炮，以教职来命名自行火炮是英军的传统。

人字形履带纹，可增强履带抓地力

三件式底盘前盖，早期 M4 标准型及 M4A4 中型坦克也有这个特征

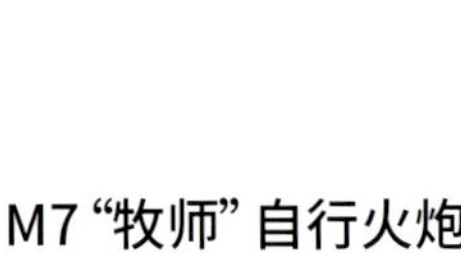

M7“牧师”自行火炮

为了给坦克部队提供及时有效的炮火支援，美国在 1942 年研发了这款自行榴弹炮。起初它以 M3“李”中型坦克的底盘搭载一门 M2A1 型 105 毫米榴弹炮。随着 M3“李”被 M4“谢尔曼”取代，M7“牧师”亦逐渐换装 M4“谢尔曼”的悬挂系统和首下装甲模块，最后甚至直接采用 M4A3 坦克的底盘。一般来说一个美军装甲师会编有三个装甲野战炮兵营，共计 54 辆 M7 自行火炮。事实证明，这是一种可靠性出色、性能优异的武器，除了执行远程炮击任务之外，它也能客串突击炮实施抵近射击。

▼ M7“牧师”的车组正在将弹丸和发射药组合在一起。

仰角不足

M7“牧师”备弹 69 枚，最大射速 8 发 / 分。这门 105 毫榴弹炮的左右射界并不对称，它可以右转 30°，但向左只能旋转 15°。最受人诟病的还是它的高低射界，最大俯角为 -5°，这无可指摘，但最大仰角仅 35°，这不仅限制了射程，也打不出特别高抛的弹道，不利于山地作战。

▼ 装在车载炮架上的 M2A1 105 毫米榴弹炮。

“主教”自行火炮

在北非战局当中，装甲作战大纵深、高机动的特点显露无遗，和德意军队作战的英军对自行火炮的需求愈发强烈。1942年，英国伯明翰铁路机车运输公司推出了一款基于“瓦伦丁”Ⅱ步兵坦克底盘的自行火炮，它以方正的固定战斗室取代了炮塔，配备一门在当时深受英军青睐的25磅野战炮，并且因为独特的外形获得了“主教”的绰号。“主教”自行火炮参加了第二次阿拉曼战役和意大利战局的初期行动，但实战表现不尽如人意，很快就退出一线，转为训练用途。

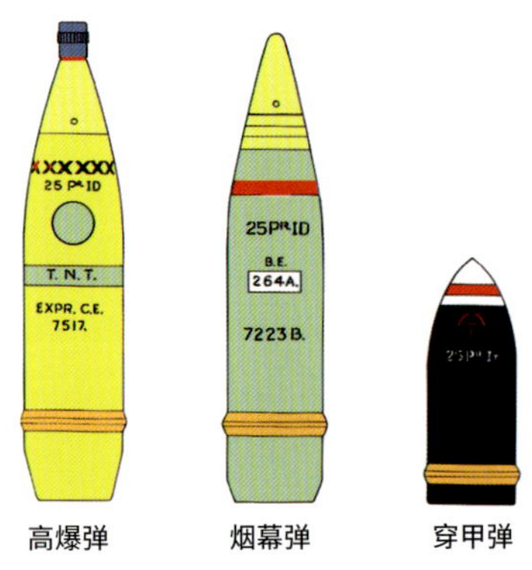

高爆弹　烟幕弹　穿甲弹

▲“主教”自行火炮的部分炮弹。

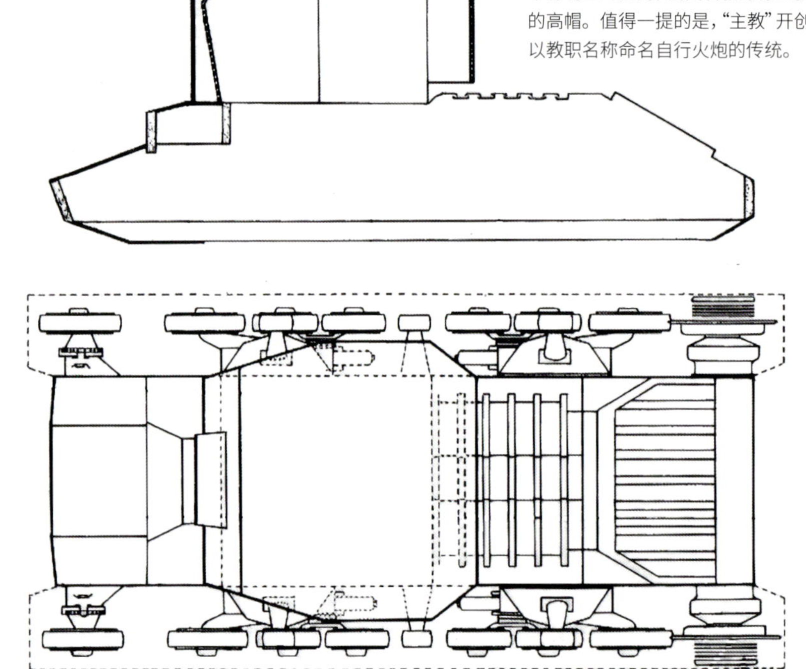

主教的高帽

“主教”的绰号源自高耸的战斗室，它的前部带有明显的折角，侧面看就好像主教头上戴的高帽。值得一提的是，“主教”开创了英国以教职名称命名自行火炮的传统。

冗余的装甲

“主教”自行火炮直接使用“瓦伦丁”Ⅱ步兵坦克的底盘，并未对防护进行适当的削弱，其车体前部和后部装甲的最厚处都达到了60毫米。对主要进行远程打击的自行火炮来说，这种车体防护水平是过度、冗余的，且过分厚重的装甲会拖累机动性。

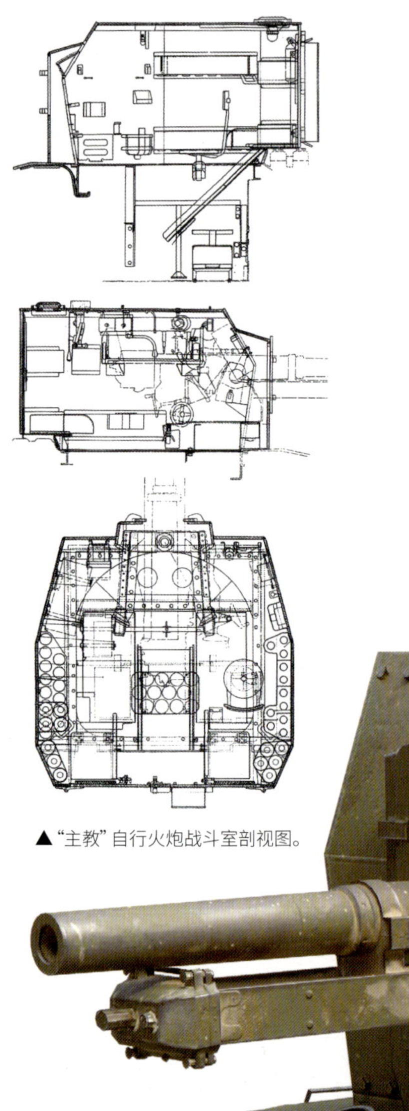

▲“主教”自行火炮战斗室剖视图。

兼职任务

虽然不是专职反坦克炮，“主教”也具备一定的反坦克能力。发射穿甲弹时，在500米距离上它能以10°入射角击穿“虎”式坦克车体侧面，以30°入射角击穿“黑豹”坦克车体侧面。

固定战斗室

电话线缆

BB5/25

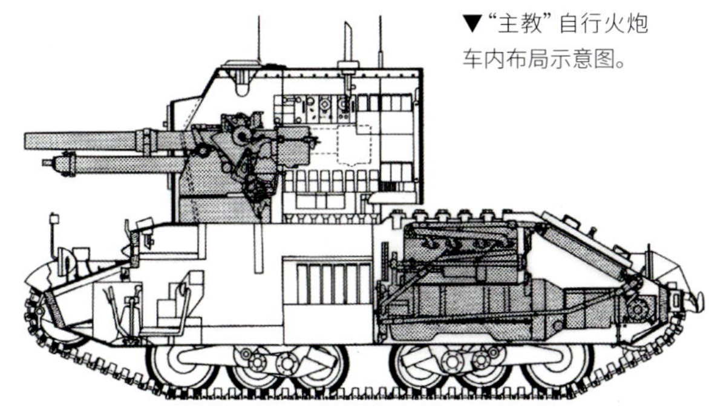

▼“主教”自行火炮车内布局示意图。

没有炮塔

“主教”的战斗室看起来好像一座炮塔，但它并不能左右旋转。火炮的炮架是固定在战斗室前部平台上的，炮架本身有左右各 5°的射界，旋回角度与牵引式 25 磅野战炮相同，想要大范围调整射击方向只能改变车体朝向。

从“主教”到“司事”

“主教”自行火炮射程近、速度慢，因此英军在 1943 年就以美制 M7“牧师”自行火炮取而代之。然而，M7“牧师”使用的 105 毫米榴弹炮并非英军制式装备，这给后勤补给制造了很大的麻烦。最终取代“主教”的是加拿大制造的“司事”自行火炮，它以“公羊”坦克或“灰熊”坦克(M4A1“谢尔曼”的加拿大版本)为蓝本，同样安装一门英制 25 磅野战炮，符合英联邦国家的标准。

“主教”自行火炮

“司事”自行火炮

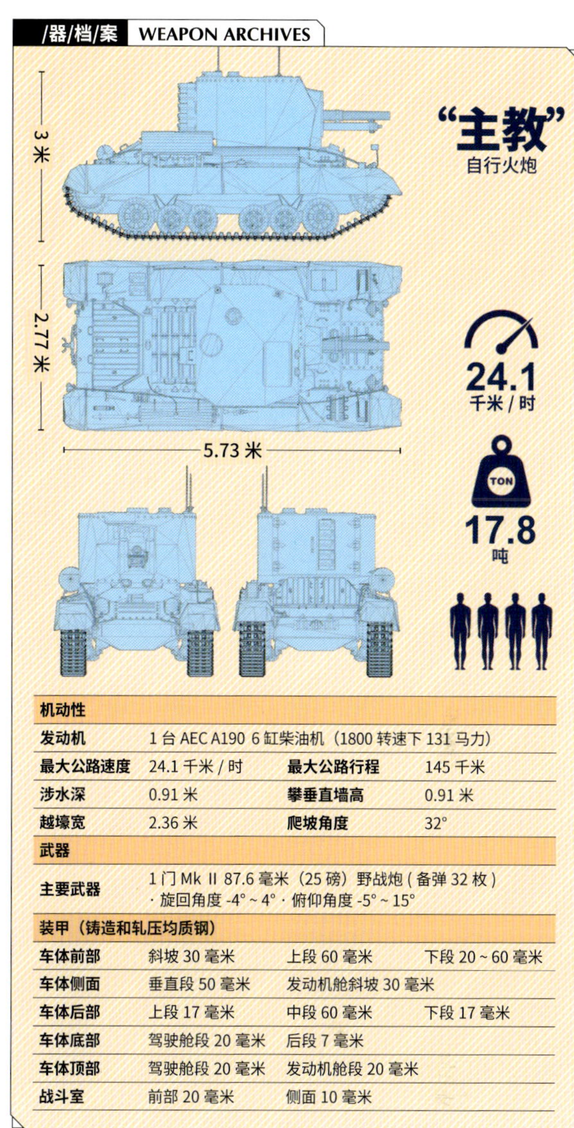

机动性			
发动机	1 台 AEC A190 6 缸柴油机（1800 转速下 131 马力）		
最大公路速度	24.1 千米 / 时	最大公路行程	145 千米
涉水深	0.91 米	攀垂直墙高	0.91 米
越壕宽	2.36 米	爬坡角度	32°
武器			
主要武器	1 门 Mk II 87.6 毫米（25 磅）野战炮 (备弹 32 枚) · 旋回角度 -4° ~ 4° · 俯仰角度 -5° ~ 15°		
装甲（铸造和轧压均质钢）			
车体前部	斜坡 30 毫米	上段 60 毫米	下段 20 ~ 60 毫米
车体侧面	垂直段 50 毫米	发动机舱斜坡 30 毫米	
车体后部	上段 17 毫米	中段 60 毫米	下段 17 毫米
车体底部	驾驶舱段 20 毫米	后段 7 毫米	
车体顶部	驾驶舱段 20 毫米	发动机舱段 20 毫米	
战斗室	前部 20 毫米	侧面 10 毫米	

仰角即射程

“主教”自行火炮的最大射击仰角只有 15°，这导致其最大射程仅为 5900 米，只相当于牵引型 25 磅野战炮的一半。实战中英军经常会为“主教”构筑坡道以抬高仰角、增大射程。

Rocket Artillery

自行火箭炮

火箭这种古老的武器在二战中焕发了第二春。和身管火炮相比，它们造价更低，更利于大规模生产，精度方面的不足则可以通过增加发射管的数量、提高火力密度来弥补。大面积的火力覆盖和密集的弹着不仅能对人员、装备、工事造成物理伤害，也是有效的心理战手段，有助于瓦解敌人的战斗意志。安装在车辆底盘上的多管火箭炮更是如虎添翼，具备远程机动、临机处置、快打快撤的能力。从技术层面讲，德国的火箭炮走在时代的前列，但真正让火箭炮独当一面、和身管火炮平分秋色的是苏联红军。

42 型装甲自行火箭炮

为了让性能优异的 41 型“喷烟者”火箭弹实现摩托化，德军将其安装在欧宝“骡子”半履带车、sWS 半履带车等底盘上，并为其加装装甲，制成了这款自行火箭炮。1943 年秋季，它在东线投入测试，证明自己是一种优秀的火力覆盖武器，火箭弹飞行和爆炸时产生的噪声、烟雾、冲击波、火焰和弹片亦有很好的心理震慑作用。采用欧宝“骡子”底盘的型号亦简称为“骡子”火箭炮，西线盟军则给 42 型装甲自行火箭炮起了个“尖啸米妮”的外号，用以形容其火箭弹飞行时产生的凄厉声音。

武/器/档/案 WEAPON ARCHIVES

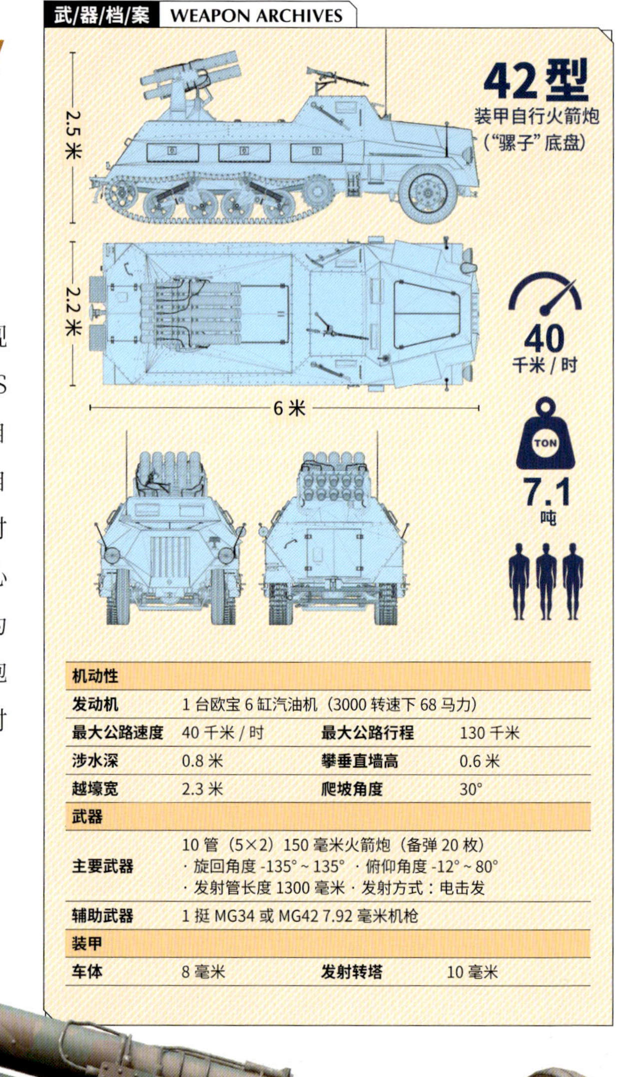

机动性			
发动机	1 台欧宝 6 缸汽油机（3000 转速下 68 马力）		
最大公路速度	40 千米 / 时	最大公路行程	130 千米
涉水深	0.8 米	攀垂直墙高	0.6 米
越壕宽	2.3 米	爬坡角度	30°
武器			
主要武器	10 管（5×2）150 毫米火箭炮（备弹 20 枚） · 旋回角度 -135°~135° · 俯仰角度 -12°~80° · 发射管长度 1300 毫米 · 发射方式：电击发		
辅助武器	1 挺 MG34 或 MG42 7.92 毫米机枪		
装甲			
车体	8 毫米	发射转塔	10 毫米

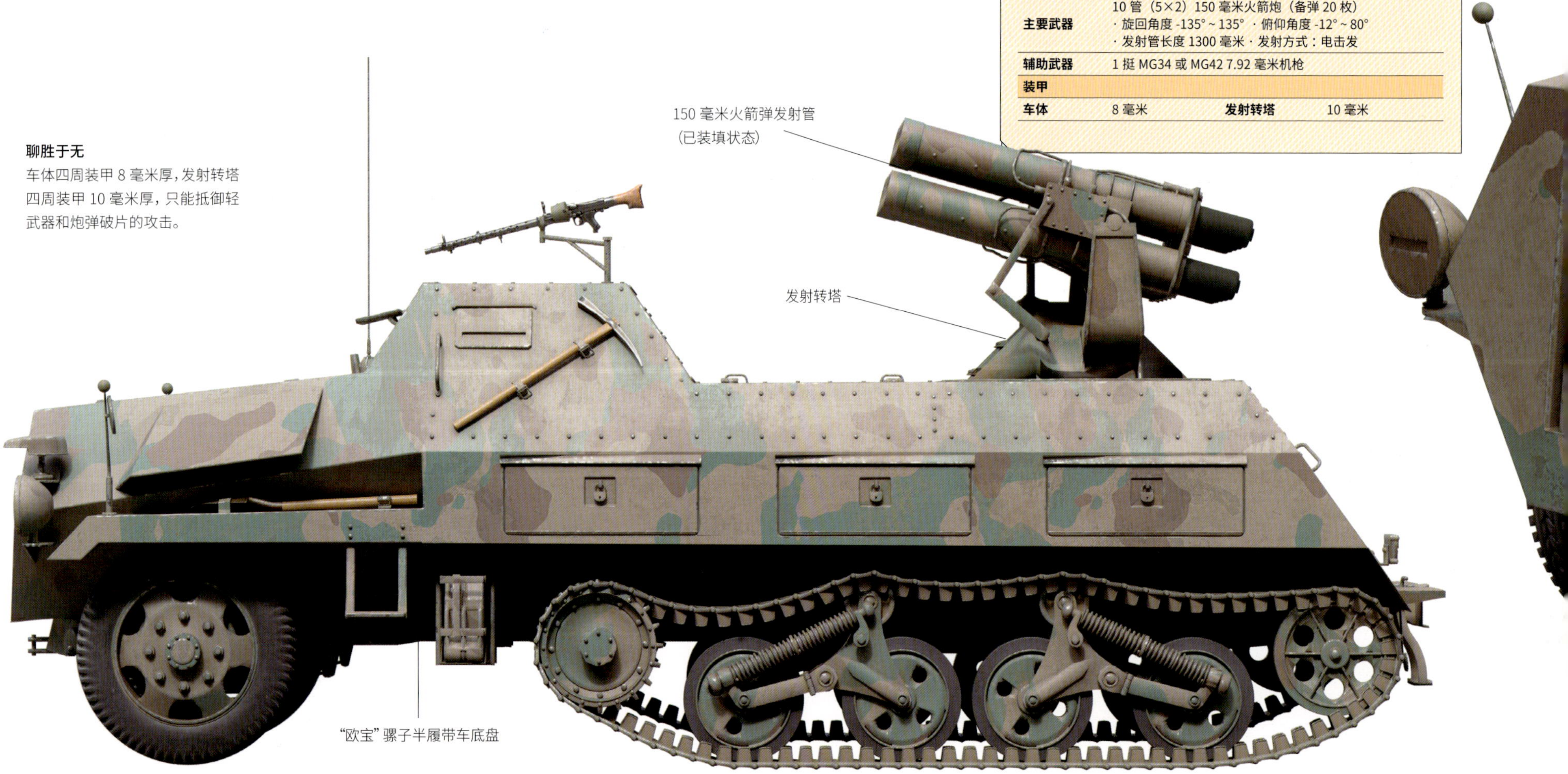

聊胜于无
车体四周装甲 8 毫米厚，发射转塔四周装甲 10 毫米厚，只能抵御轻武器和炮弹破片的攻击。

150 毫米火箭弹发射管（已装填状态）

发射转塔

“欧宝”骡子半履带车底盘

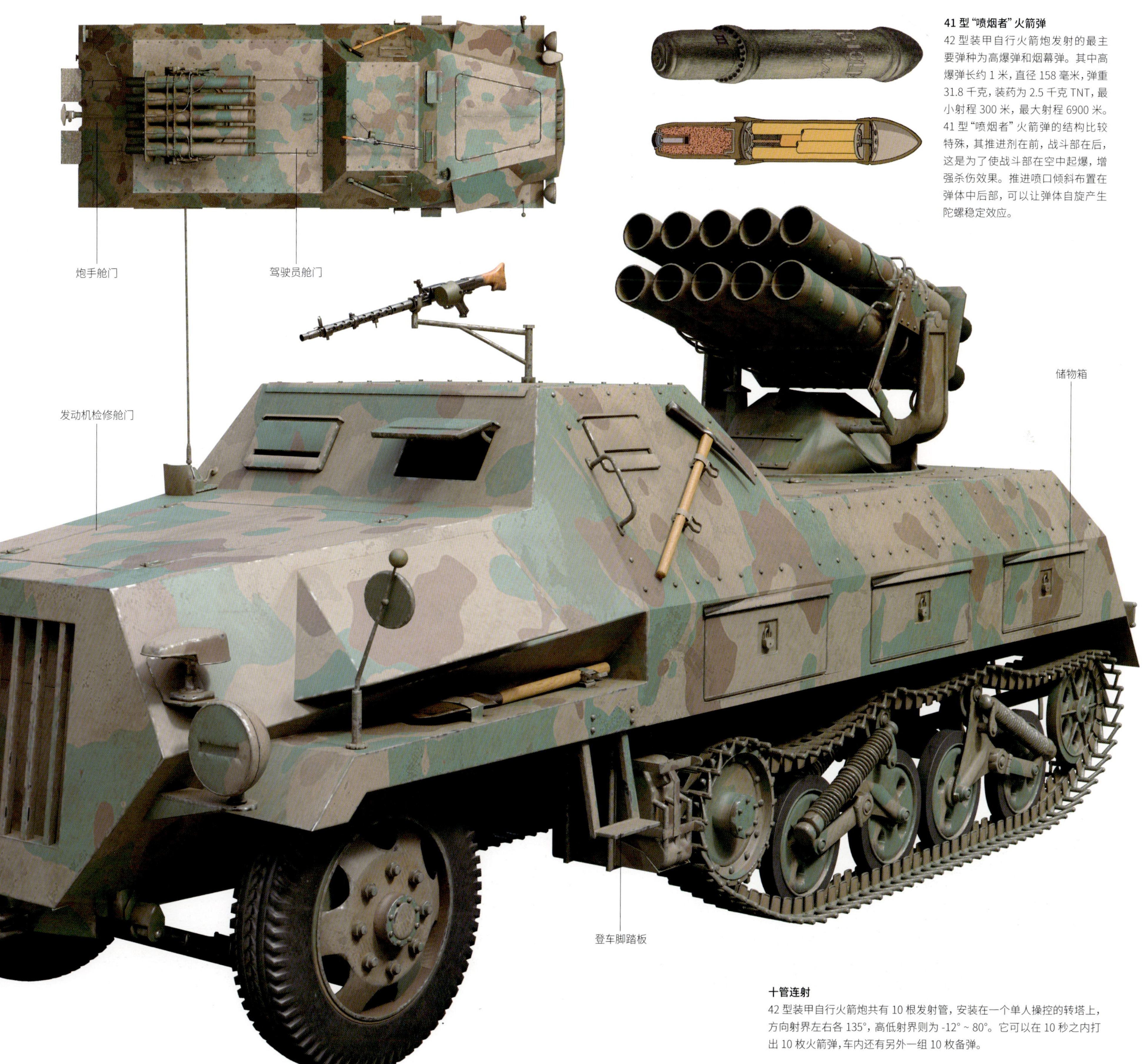

41 型“喷烟者”火箭弹

42 型装甲自行火箭炮发射的最主要弹种为高爆弹和烟幕弹。其中高爆弹长约 1 米，直径 158 毫米，弹重 31.8 千克，装药为 2.5 千克 TNT，最小射程 300 米，最大射程 6900 米。41 型“喷烟者”火箭弹的结构比较特殊，其推进剂在前，战斗部在后，这是为了使战斗部在空中起爆，增强杀伤效果。推进喷口倾斜布置在弹体中后部，可以让弹体自旋产生陀螺稳定效应。

十管连射

42 型装甲自行火箭炮共有 10 根发射管，安装在一个单人操控的转塔上，方向射界左右各 135°，高低射界则为 -12° ~ 80°。它可以在 10 秒之内打出 10 枚火箭弹，车内还有另外一组 10 枚备弹。

T34“管风琴”多管火箭炮

受苏联“喀秋莎”火箭炮的启发，美国于 1943 年推出了一款由 M4“谢尔曼”中型坦克搭载的多管火箭炮，名为 T34“管风琴”。最初的设想是以其强大的火力攻击诺曼底海滩上的掩体，为登陆部队扫清障碍。但“谢尔曼”坦克安装火箭炮后重心太高，运输时的稳定性太差，“管风琴”未能如愿参加诺曼底登陆。1945 年，它在随美军坦克挺进德国本土的过程中发挥了一些威力，不过大多数时候起的是威慑作用。

60 管“大杀器”

T34“管风琴”共有 60 根发射管，它们被发射架托举在炮塔顶部，其中上方的 36 根发射管是固定式的，下方的两组共 24 根发射管是可拆卸的，所有发射管都与坦克的主炮共同俯仰，并且能和炮塔一起旋转。火箭弹采用电击发，线缆从发射管尾部接入炮塔内部，发射开关由车长控制。

▲ 搭载 T34“管风琴”多管火箭炮的 M4A3（75）W 中型坦克。

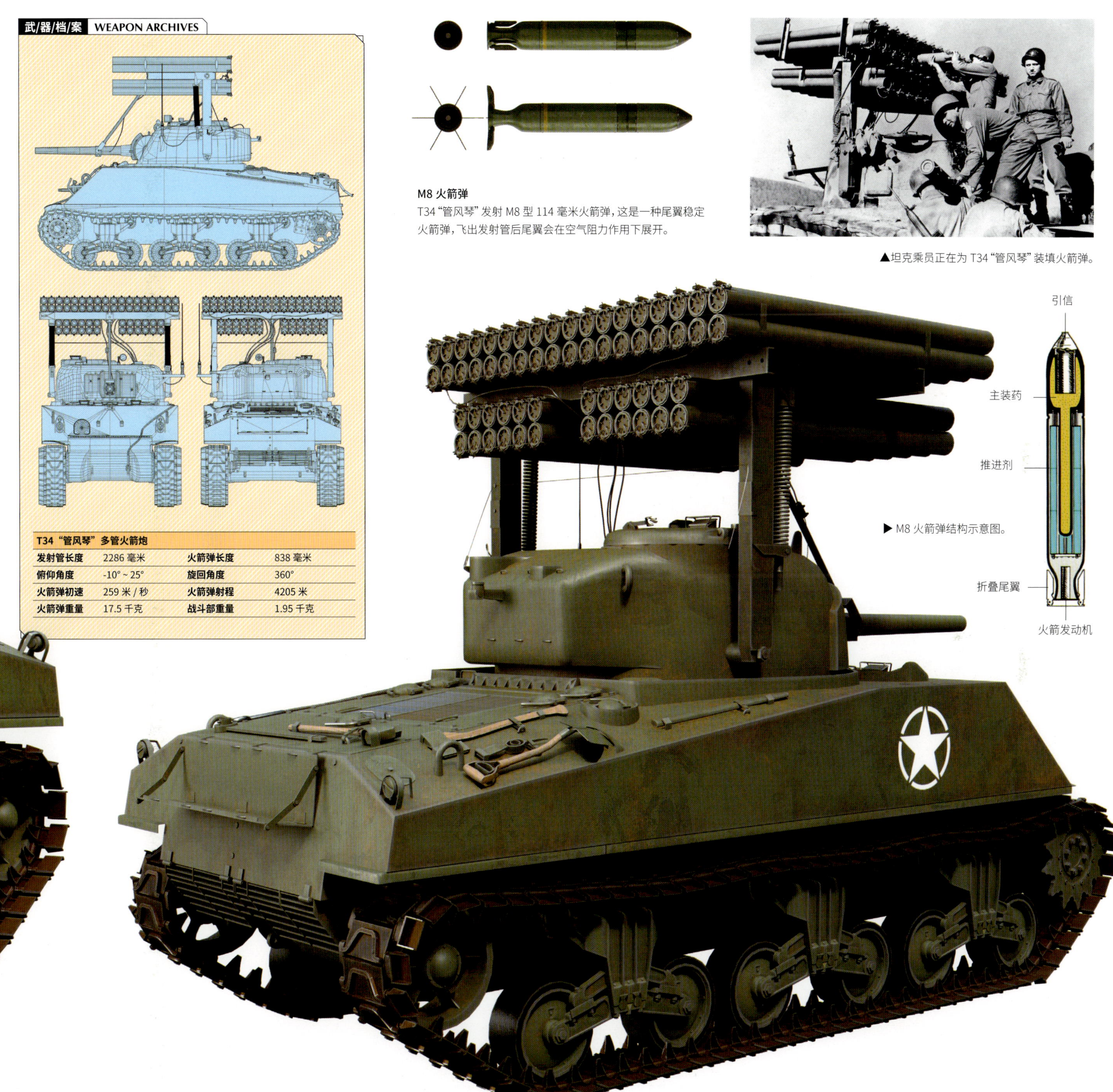

T34“管风琴”多管火箭炮			
发射管长度	2286 毫米	**火箭弹长度**	838 毫米
俯仰角度	-10° ~ 25°	**旋回角度**	360°
火箭弹初速	259 米 / 秒	**火箭弹射程**	4205 米
火箭弹重量	17.5 千克	**战斗部重量**	1.95 千克

M8 火箭弹

T34“管风琴”发射 M8 型 114 毫米火箭弹，这是一种尾翼稳定火箭弹，飞出发射管后尾翼会在空气阻力作用下展开。

▲坦克乘员正在为 T34“管风琴”装填火箭弹。

▶ M8 火箭弹结构示意图。

BM-13 自行火箭炮

提及火箭炮，大多数人首先想到的一定是“喀秋莎”。作为苏联的第一种量产型自行火箭炮，它不仅数量巨大、应用广泛，而且声名远播、家喻户晓，以致成了火箭炮的代名词。“喀秋莎”的正式名称为BM-13，最初只是苏联弹药人民委员会第 3 研究所内部劳动竞赛的产物。由于装填时间过长，它起初并不受炮兵欢迎，直到 1941 年 6 月底卫国战争爆发时才开始服役，不过很快就展现出了巨大的价值。这种火箭炮结构简单，成本低廉，可以安装在多种车辆底盘上，能在短时间内向敌人倾泻大量弹药，并在遭到反制之前快速撤离。毫无疑问，BM-13 以空前的火力密度和优秀的机动能力开启了苏军炮兵的新纪元，出于对它的追忆，BM-13 之后的很多自行火箭炮也被苏军冠以“喀秋莎”之名。

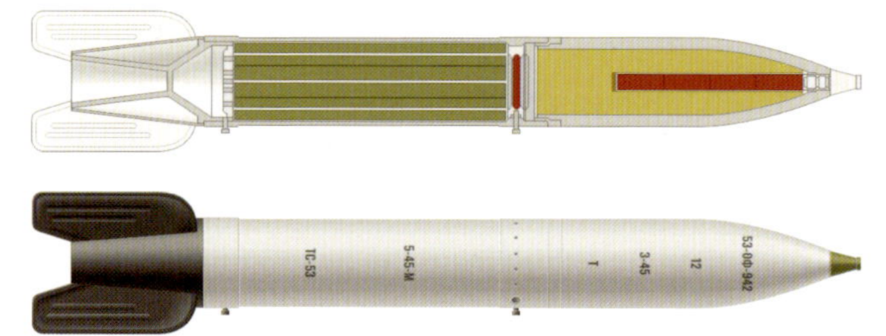

M-13 火箭弹

BM-13 火箭炮发射 M-13 型火箭弹，最常用的弹种为高爆弹，弹长 800 毫米，直径 132 毫米，弹重 42 千克，装药 4.9 千克，最大射程 8500 米。BM-13-16 火箭炮可以在 7 ~ 10 秒的时间内射出全部 16 枚火箭弹，火力覆盖范围达 8000 平方米，数辆发射车集火同一区域可以对敌方人员制造“毁天灭地”的心理震撼效果。据遭受过这种火箭炮攻击的德军士兵回忆，它对士气的打击效果要大于实际杀伤效果。

可折叠的驾驶室装甲盖板

美国卡车

图中所示的是 BM-13-16 型自行火箭炮，采用斯蒂庞克 US-6 卡车底盘，装填火箭弹时全重 6.2 吨，动力为 1 台赫拉克勒斯 JXD 型直列 6 缸液冷汽油机，额定功率 95 马力。这种通过《租借法案》从美国获得的车辆是二战期间最受苏军欢迎的卡车。

战斗英雄

伊万·弗莱罗夫上尉指挥了 BM-13 火箭炮的首次实战，1941 年 7 月 14 日下午，他带领试验火箭炮连对斯摩棱斯克附近的德军发动突袭。确切的交战位置在何处还存有争议，一说为俄罗斯斯摩棱斯克州的鲁德尼亚（Rudnya），另一说为白俄罗斯的奥尔沙（Orsha）。无论首战地点在何处，它都标志着一段传奇的开始。在卫国战争中，BM-13 火箭炮将大放异彩，并让德军深刻体会到毁灭与绝望。此后伊万·弗莱罗夫上尉率部继续在斯摩棱斯克战线打击德军的士气，直到 10 月 7 日遭到伏击，不幸牺牲。

发射导轨

BM-13 用发射导轨充当火箭弹的定向器，每根导轨长 5145 毫米，宽 90 毫米，上下各悬挂 1 枚火箭弹。BM-13-16 有 8 条导轨，一次可以发射 16 枚火箭弹。导轨的最大仰角为 45°，方向射界则取决于采用何种底盘。

昵称与绰号

· BM-13 火箭炮被苏军昵称为“喀秋莎”，关于这个名字的由来，流传最广的说法是：当时的生产厂家沃罗涅日共产国际机械场在发射架上标注了字母 K，即“共产国际”（Коминтерн）一词的首字母；红军战士们看到这个字母，联想到当时流行的战争歌曲《喀秋莎》，于是给这种火力凶猛的武器起了个温婉少女的名字。

·“斯大林管风琴”（Stalinorgel）是 BM-13 在德军中的绰号，既取其发射导轨像管风琴上长长的风管之意，又反映出它在飞行中会发出尖啸声的特点。

ENCYCLOPEDIA OF

LAND WEAPONS

第十三章 牵引火炮

第二次世界大战无疑加快了自行火炮的发展，然而牵引火炮在为其他兵种的作战提供火力支援方面仍然发挥着重要作用，它们仍是各国炮兵手中最基本的武器。牵引火炮能遏制敌人的进攻势头，能扰乱敌人的补给线，也能直接摧毁敌人的设施和武器。如果没有比自行火炮数量更多的牵引火炮提供的掩护火力，高效的步兵和装甲作战是难以实现的。

摩托化浪潮对各国陆军都产生了巨大影响，卡车的使用在各国炮兵部队中都更加普遍，橡胶轮胎逐渐取代了此前的木质或全钢质炮轮，一些火炮还安装了带悬挂装置的炮轮，能在公路上以较快的速度行军。

无论是地面火炮还是高射炮都在追求威力的提升，人们不断开发口径更大、射程更远的新型号。借助新的发射药和引信，新型弹药的威力无疑大大加强。在地面火炮中，开架式炮架的应用更加广泛，这使火炮拥有了更大的旋回角度。炮兵火控流程和通信装备的完善则极大提升了火炮的作战效率。

Cannon

加农炮

加农炮具备身管长、初速大、射程远、弹道低伸的特征，按照苏军的标准，其身管长度在 40 倍径以上。这种火炮的射程一般比其他类型的火炮更远，但在口径相同的情况下，其重量通常也比其他类型的火炮更重。它们炮身长、发射时后坐力大，也因此配备了更坚固的炮架。从战间期到第二次世界大战，主力火炮口径由 75 毫米级别逐渐向 105 毫米级别过渡，然而类似口径的野战加农炮也面临着自身发展的困境，这似乎正是加农炮自身的特点导致的——为了控制火炮重量，射程与威力难以兼顾。德军的 10 厘米 sK 18 加农炮（实际口径 105 毫米）就是一个几乎被时代抛弃的例子，虽然射程很远，但德国更愿意将生产资源分配给威力更大的 150 毫米榴弹炮并努力提升后者的射程。苏联的 ZIS-3 加农炮看上去是一种相当成功的火炮，但它已经到达 76.2 毫米野战加农炮的发展极限了。

10 厘米 sK 18（18 型重型加农炮）

与其他“18 型”武器类似，10 厘米 sK 18 也是在 1926 至 1930 年间研制的，并于 1933 至 1934 年间开始服役。

一战后，德国急需完成火炮的更新换代，其中一项要求是开发一种新的远程火炮，供军级炮兵单位而不是野战炮兵连使用。1930 年，克虏伯公司和莱茵金属公司都已完成了样炮的设计并制造出了原型火炮。德国军队并未决定采用哪种设计，最终他们采用了两种设计的混合体，将莱茵金属公司的炮管和克虏伯公司的炮架组合成一种新火炮。

双轮前车，牵引火炮时使用

可拆卸式驻锄

钢板弹簧悬挂

这种克虏伯炮架在德国军队中的使用是相当广泛的，它是一种坚固的开架式炮架，安装了冲压钢质炮轮，炮轮配有实心轮胎和钢板弹簧悬挂装置。它与 15 厘米 sFH 18 榴弹炮使用的炮架相同。

1934 年，第一批火炮运抵部队。这种火炮的口径为 105 毫米，但通常被称为“10 厘米 18 型加农炮（10cm schwere Kanone 18）”。与其发射的弹丸重量相比，这种火炮显得有些过于沉重。口径更大的 150 毫米榴弹炮虽然最大射程不及 sK 18，但它发射的弹丸明显有着更好的杀伤效果，而且两种火炮重量相差不大。

到 1941 年，德军已经认识到 sK 18 及其改进型号的缺点，但仍将其用于一些次要场合，如海岸防御，以发扬其射程优势。为了在射击海上目标时更好地发挥优势，sK 18 引进了一系列新弹药，包括用于测距的特殊标记弹。

马匹之力

sK 18 服役时，德国陆军的机械化程度并不太高，因此火炮仍然由马匹牵引。然而完整火炮的重量较大，对一支马队来说难以承受，因此利用畜力牵引时，应将炮管从摇架上拆卸下来，置于四轮运输车上，这给操作 sK 18 的炮兵增加了不少麻烦。直到半履带牵引车出现，该火炮才真正实现整体牵引。

▲ 这张 1939 年秋季拍摄于华沙的照片显示了以马匹运输 sK 18 的情景，前一辆马车牵引炮架，后一辆马车运输炮管。

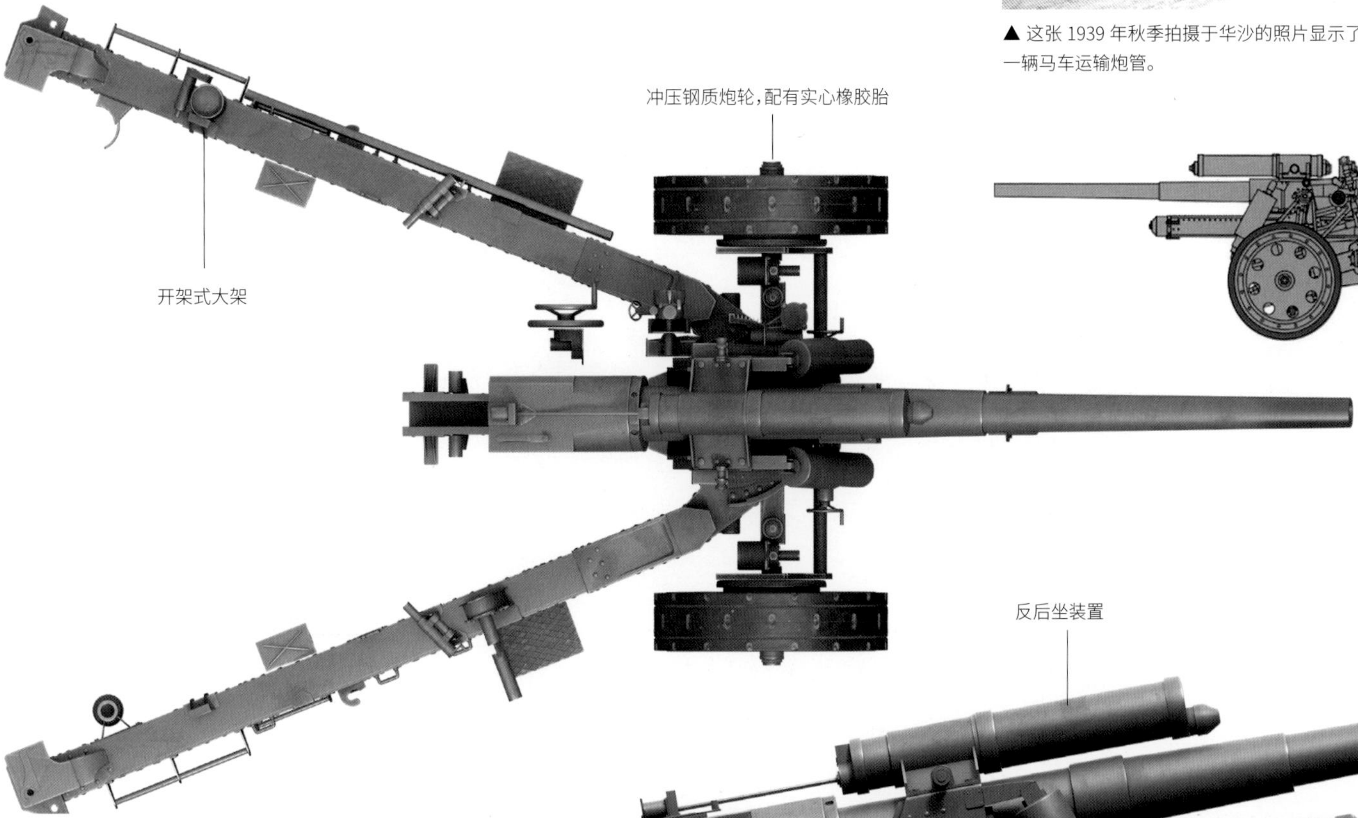

冲压钢质炮轮，配有实心橡胶胎

开架式大架

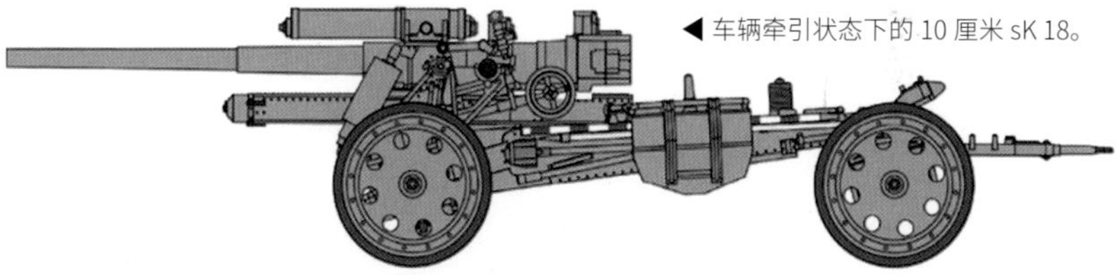

◀ 车辆牵引状态下的 10 厘米 sK 18。

车辆牵引

使用车辆牵引时，需要将炮管与火炮的反后坐装置断开，并把炮管推回摇架末端固定。炮管通过钢丝绳和连接到炮架上的绞盘来前后移动。此外，火炮运载时大架末端需要一个高度较低的双轮前车来支撑。

反后坐装置

10 厘米 sK 18（18 型重型加农炮）	
口径	105 毫米
炮闩机构	横楔式炮闩
炮身长	5.46 米
行军重量	6.434 吨
展开重量	5.624 吨
旋回角度	-32° ~ 32°
俯仰角度	0° ~ 48°
炮弹重量	15.14 千克（高爆弹）
最大射程	19075 米
炮口初速	835 米 / 秒（大号装药）

76.2 毫米 1942 年型 ZIS-3 师属加农炮

在苏德战争中声名鹊起的 ZIS-3 76.2 毫米师属火炮于 1941 年 5 月开始研制。这种加农炮很适合大规模生产，既能充当野战炮，也能扮演反坦克炮角色。作为反坦克武器，它在初速、穿甲性能方面不如德制 75 毫米反坦克炮，但在机动性和运输方面更具优势。其突出特点还包括每分钟 25 发的高射速和不错的射击精度。

ZIS-3 获得了炮兵部队的广泛好评，火炮的设计师瓦西里·格拉宾也在他的回忆录中说，"理论上不可能造出更好的 76 毫米师属火炮了"。苏联的领袖约瑟夫·斯大林则赞美它说："这门火炮是火炮工业系统的杰作。"从 1941 年到 1945 年，ZIS-3 加农炮共生产了超过 60000 门，超过苏联各口径加农炮总产量的 22%。

① BR-350A 曳光穿甲弹
② BR-354P 硬芯曳光穿甲弹
③ OF-350 钢质破片杀伤榴弹
④发射药筒

主要弹药

杀伤爆破榴弹和穿甲弹是 ZIS-3 的主要炮弹类型，此外还有硬芯穿甲弹、破甲弹、烟幕弹和其他类型的炮弹。该火炮发射 OF-350 杀伤爆破榴弹时最大射程能达到 13290 米，而使用穿甲弹直射时射程为 820 米。

76.2 毫米 1942 年型 ZIS-3 师属加农炮	
口径	76.2 毫米
炮闩机构	半自动立楔式炮闩
炮身长	3.246 米
行军重量	2.15 吨
展开重量	1.12 吨
旋回角度	-27° ~ 27°
俯仰角度	-5° ~ 37°
炮弹重量	6.21 千克
最大射程	13290 米
炮口初速	680 米 / 秒

机动灵活

ZIS-3 的战斗重量约为 1.12 吨，由训练有素的炮班将火炮从牵引状态转换为战斗状态，通常需要 30 ~ 40 秒，反之亦然。加农炮在公路和小路上的牵引速度分别为 40 千米 / 时和 30 千米 / 时，越野时的牵引速度则为 10 千米 / 时。

SU-76M 自行火炮

1943 年，苏联将 ZIS-3 加农炮安装在拉长的 T-70 轻型坦克底盘上，制成了 SU-76M 自行火炮。这种自行火炮功能非常全面，ZIS-3 能有效对付步兵阵地，车组亦可借助机动和隐蔽优势以迂回或伏击战术攻击敌方装甲力量的侧翼。同时，它具有优秀的机动性和通过能力，可以克服中型坦克和其他自行火炮无法逾越的恶劣地形。不过 SU-76M 的装甲十分薄弱，敞开式战斗室也让乘员在严冬中苦不堪言。

ZIS-3 加农炮的设计目的是压制和摧毁敌人的有生力量、步兵射击掩体、铁丝网、碉堡、火炮、装甲车辆等。1942 年 5 月出现了装备 20 门 ZIS-3 的反坦克炮兵团（1943 年起改为每团 24 门）。1943 年夏季，反坦克炮兵团被合并为规模更大的反坦克炮兵旅，每个旅共装备 72 门火炮，这些反坦克炮兵旅曾在库尔斯克会战中大显身手。

战争后期，ZIS-3 在对抗德国重型和中型坦克，以及自行火炮时面临着巨大的困难。但它具有结构简单、可靠性高的优点，仍在战场上占有一席之地。

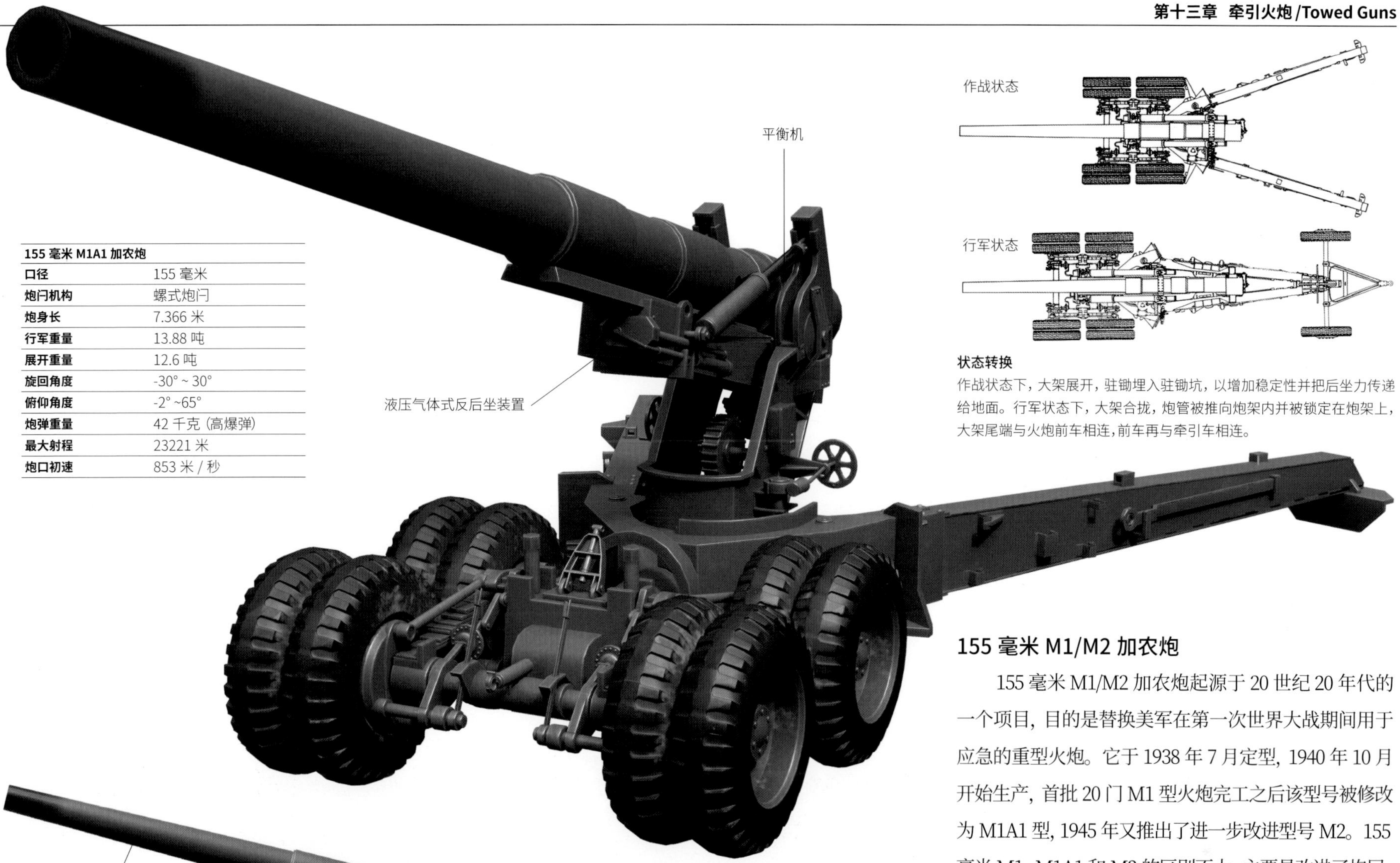

作战状态

行军状态

状态转换

作战状态下，大架展开，驻锄埋入驻锄坑，以增加稳定性并把后坐力传递给地面。行军状态下，大架合拢，炮管被推向炮架内并被锁定在炮架上，大架尾端与火炮前车相连，前车再与牵引车相连。

平衡机

液压气体式反后坐装置

155 毫米 M1A1 加农炮	
口径	155 毫米
炮闩机构	螺式炮闩
炮身长	7.366 米
行军重量	13.88 吨
展开重量	12.6 吨
旋回角度	-30° ~ 30°
俯仰角度	-2° ~65°
炮弹重量	42 千克（高爆弹）
最大射程	23221 米
炮口初速	853 米 / 秒

双胎炮轮

炮架前部安装了 4 个双胎炮轮，炮轮在火炮行军时降下承重，在战斗状态下则可以抬起，使火炮完全以大架接地，获得更好的稳定性。

炮管采用冷加工制造，长度为 45 倍口径，有 49 条阴线，膛线为等齐膛线

155 毫米 M1/M2 加农炮

155 毫米 M1/M2 加农炮起源于 20 世纪 20 年代的一个项目，目的是替换美军在第一次世界大战期间用于应急的重型火炮。它于 1938 年 7 月定型，1940 年 10 月开始生产，首批 20 门 M1 型火炮完工之后该型号被修改为 M1A1 型，1945 年又推出了进一步改进型号 M2。155 毫米 M1、M1A1 和 M2 的区别不大，主要是改进了炮尾。事实证明 155 毫米 M1/M2 加农炮性能非常出色，它能将 42 千克重的弹丸抛射到 23 千米之外，美军将其编入炮兵营作为军级支援火炮使用，并且经常用于反炮兵作战。因为射程较远，它得到了“远程汤姆”的绰号。

M4 高速牵引车

155 毫米 M1/M2 加农炮是一种重型野战武器，需要动力强劲的车辆来牵引。二战期间美国制造了 5800 余辆 M4 高速牵引车用以拖曳 155 毫米 M1/M2 加农炮，203 毫米 M1 榴弹炮，以及 90 毫米高射炮。它采用“斯图亚特”坦克的履带、主动轮和负重轮，安装一台 210 马力发动机，最大牵引重量 18 吨。除驾驶员外，车上还能搭载 11 名炮班成员，一些变体还安装了起重机以协助吊运炮弹。

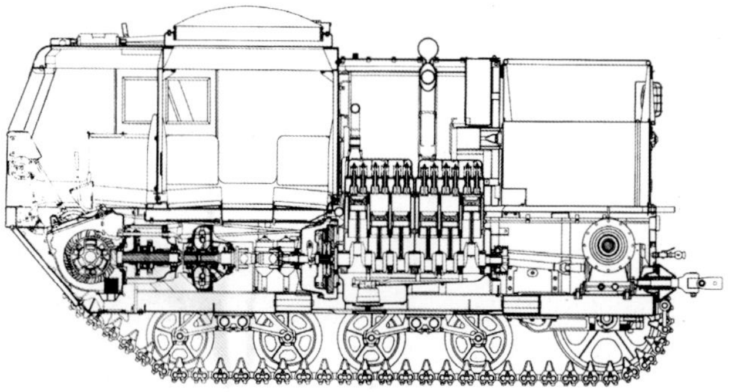

▶ 1944 年 8 月 20 日一个美军 M1 加农炮炮组正在向试图渡过塞纳河逃跑的德军驳船开火，弹丸上写着“哈莱姆给希特勒的礼物”。

Howitzer

榴弹炮

榴弹炮是一种用于对地面目标实施曲射打击，以及用于破坏防御工事的火炮。传统榴弹炮身管较短，炮口初速较小，与同口径的加农炮相比通常重量更轻，射程也更近。第一次世界大战后期到战间期，部分榴弹炮开始配备更长的身管，进而诞生了一种兼有榴弹炮和加农炮战斗性能的火炮，苏军将其称为“加农榴弹炮”，中文语境下则可简称为“加榴炮”，典型代表就是苏制 1937 年型 152 毫米榴弹炮。虽然 150 毫米级别的榴弹炮在二战中表现得十分抢眼，但 105 毫米及稍小口径的榴弹炮也在一些国家得到了广泛应用，例如美国的 105 毫米 M2/M2A1 和德国的 10.5 厘米 leFH 18。这类榴弹炮有着比 75 毫米火炮更强的威力，又比 150 毫米火炮轻便很多。

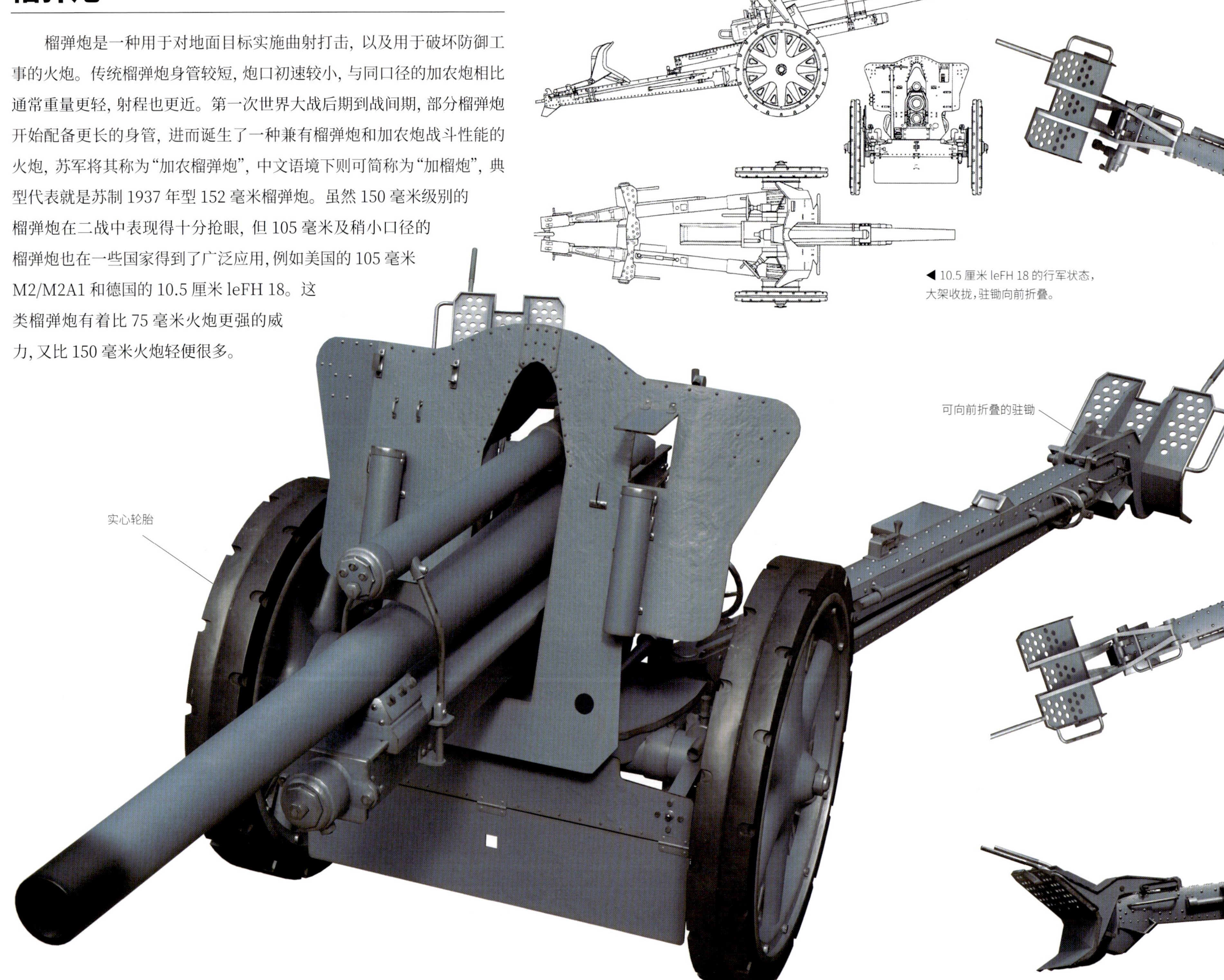

◀ 10.5 厘米 leFH 18 的行军状态，大架收拢，驻锄向前折叠。

10.5 厘米 leFH 18 榴弹炮（18 型轻型野战榴弹炮）

10.5 厘米 leFH 18 由德国莱茵金属公司于 1929 至 1930 年间设计，1935 年开始服役，很快成为标准的师属野战榴弹炮。这是一种采用常规设计的火炮，以可靠、易于操作著称。它采用带驻锄的开架式炮架，配有木质或冲压金属炮轮。驻退机装在摇架内，液体气压式复进机位于炮管上方。炮身右侧安装了单筒液压平衡机，从而减轻火炮瞄准手的负担。在战争期间，德军建造了大量 leFH 18 榴弹炮，并且不断为其推出改进型号。

10.5 厘米 leFH 18 的部分弹药

① 高爆破片弹 ② 破甲弹 ③ 穿甲弹
④ 烟幕弹 ⑤ 宣传弹

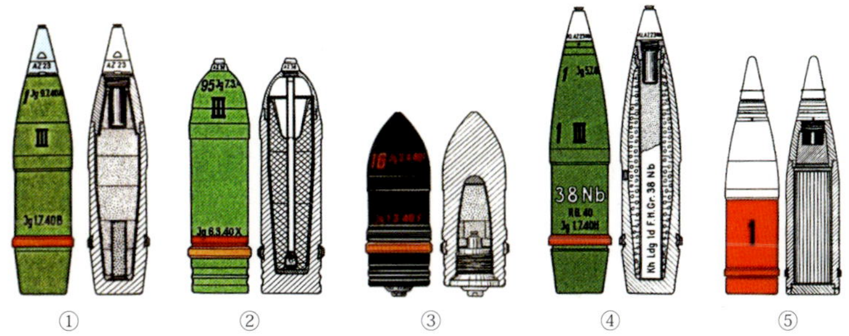

①　②　③　④　⑤

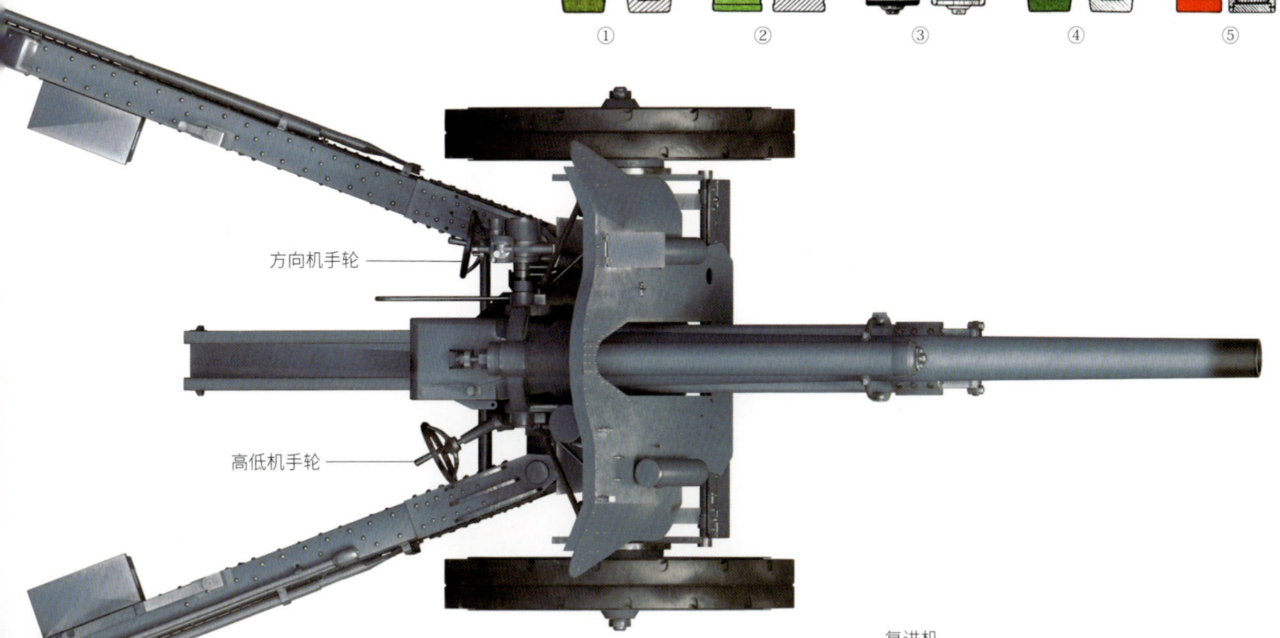

方向机手轮

高低机手轮

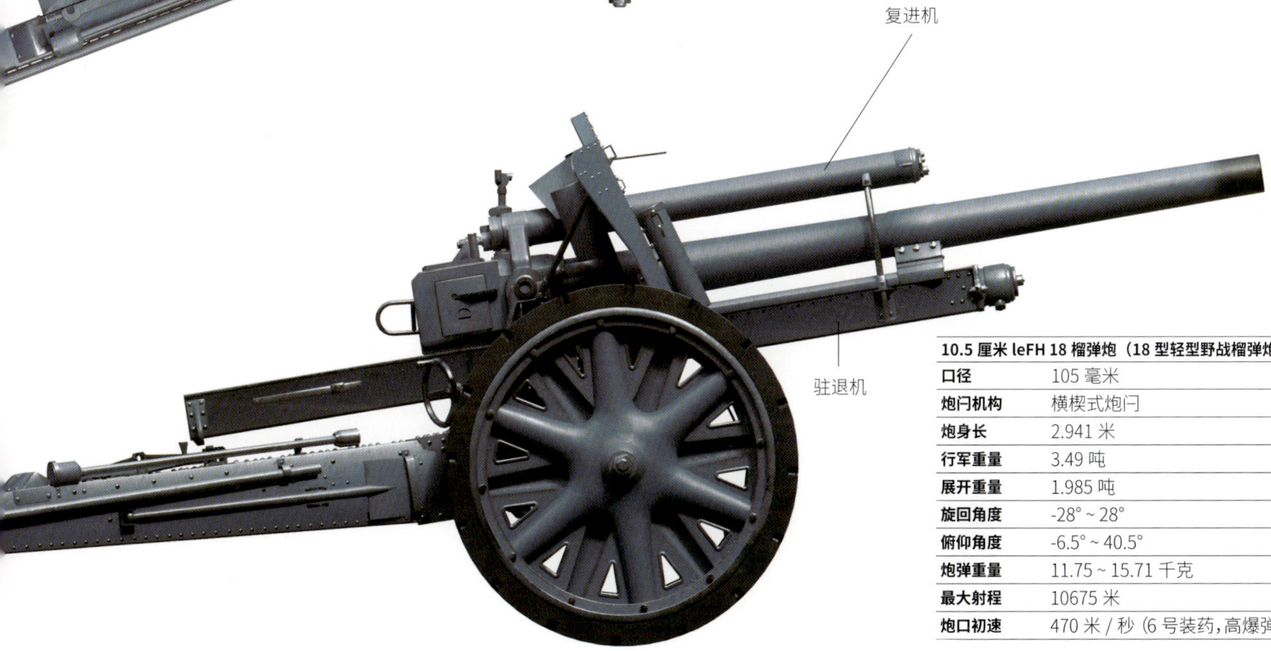

复进机

驻退机

10.5 厘米 leFH 18 榴弹炮（18 型轻型野战榴弹炮）	
口径	105 毫米
炮闩机构	横楔式炮闩
炮身长	2.941 米
行军重量	3.49 吨
展开重量	1.985 吨
旋回角度	-28° ~ 28°
俯仰角度	-6.5° ~ 40.5°
炮弹重量	11.75 ~ 15.71 千克
最大射程	10675 米
炮口初速	470 米 / 秒（6 号装药，高爆弹）

不断改进

LeFH 18

Le FH 18 在大多数方面都表现出色，但它的最大射程较短，德军一直在寻找解决方案。

LeFH 18M

1940 年，德国人决定为 LeFH 18 配备用药量更大的装药和新型远程炮弹。因为后坐力变大，炮口安装了制退器，反后坐装置也得到加强。这一改型被称作为 LeFH 18M。

LeFH 18/40

1942 年，德国人将 LeFH 18M 的炮管、反后坐装置和 PaK 40 反坦克炮的炮架结合，推出了 LeFH 18/40。既在不影响性能的前提下大幅减重，又能够快速生产。

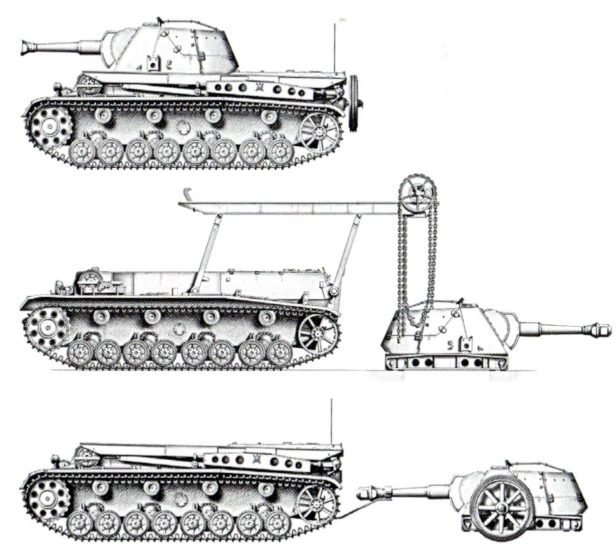

断头“蚱蜢”

从 1942 年开始，LeFH 18 陆续被安装在 II 号坦克、哈奇开斯 H35、夏尔 B-1、洛林 37L 等履带式车辆的底盘上以增强机动性。最奇葩的设计要数一种名为“蚱蜢”的自行火炮，它采用经过修改的 IV 号坦克底盘，装有 Le FH 18 榴弹炮的炮塔不仅可以 360 度旋转，还可以用吊车卸载下来，安放在事先准备好的混凝土平台上充当火力点。此外，给这个炮塔装上轮子就能拖曳着它行军。这种脑洞大开的自行火炮只制造了 3 辆样车，并未投产。

最大仰角

图中所示为 ML-20 的最大射击仰角——65°，此时的弹道非常弯曲，炮弹可以有效杀伤遮蔽物后方的目标。为了能在高仰角状态下装填，后膛设置了弹丸和发射药固定机构。

152 毫米 1937 年型 ML-20 榴弹炮	
口径	152 毫米
炮闩机构	螺式炮闩
炮身长	4.925 米
行军重量	7.93 吨
展开重量	7.128 吨
旋回角度	-29° ~ 29°
俯仰角度	-2° ~ 65°
炮弹重量	43.5 千克
最大射程	17265 米
炮口初速	655 米 / 秒

OF-540 式杀伤榴弹

OF-540 式杀伤榴弹是 ML-20 使用的主要弹种之一，不仅对人员有很强的杀伤效果，对装甲目标也有一定的威力。其沉重的碎片能穿透 20 ~ 30 毫米厚的装甲，弹幕射击可对轻型装甲车辆构成严重威胁。面对重型装甲车辆时，弹片即使无法击穿装甲，也可能会损坏其行走机构、观瞄设备，爆炸冲击波则有一定概率造成车内损坏。若炮弹直接命中中型坦克，通常会导致装甲撕裂，造成无法修复的损伤。

斯大林涅兹 S-65 拖拉机

这是 ML-20 最主要的牵引车，总产量高达 37000 台以上，其 75 马力柴油发动机油耗较少且能忍耐劣质燃料。它虽然牵引力尚可，但行动非常缓慢，最大速度只有 7 千米 / 时。

152 毫米 1937 年型 ML-20 榴弹炮

苏联的 152 毫米 1937 年型 ML-20 榴弹炮是对法国施耐德 M1910 152 毫米攻城炮的深度改进。这是一种集团军级火炮，主要用于对近后方的敌方人员、防御工事和关键设施进行间接射击。通过改变射击仰角和使用 13 种不同的发射药，它能胜任榴弹炮和加农炮两种角色。与传统榴弹炮相比 ML-20 更具射程优势，这使它能相对安全地炮击敌方炮兵阵地，将自身置于敌火炮的射程之外。与传统加农炮相比，它不仅重量较轻，机动性更强，而且成本低廉，利于大规模生产。ML-20 是战争期间苏联红军重型野战炮兵连的主力装备，其优异的性能给德军炮兵留下了深刻印象，因此它们也被德军大量缴获使用，在东线和西欧的“大西洋壁垒”都有服役记录。

105 毫米 M2/M2A1 榴弹炮

第一次世界大战结束后，美国人开始考虑用中等重量的榴弹炮来取代师级 155 毫米榴弹炮。战利品中的 105 毫米德国榴弹炮被列入备选方案，研制类似尺寸美国版本的计划也开始实施。经过漫长的技术探索之后，相对成熟的 105 毫米 M2 榴弹炮终于在 1934 年完成了标准化设计，其改进型号 M2A1（主要是改进了炮尾）也于 1940 年实现标准化。这种火炮成功平衡了机动性、射程和投射重量，是一种优秀的折中方案。该火炮在战争期间共制造了 8536 门，除了美国陆军和海军陆战队自用外，还支援给了英国、中国、法国等盟国。

105 毫米 M2A1 榴弹炮	
口径	105 毫米
炮闩机构	横楔式炮闩
炮身长	2.574 米
行军重量	2.26 吨
展开重量	1.934 吨
旋回角度	-23° ~ 23°
俯仰角度	-5° ~ 65°
炮弹重量	14.97 千克
最大射程	11430 米
炮口初速	472 米 / 秒

炮闩

炮闩位于炮尾内部，是火炮闭锁机构的重要组成部分，具有闭锁、击发、开锁、开闩及抽出药筒等功能。依据闭锁原理的不同，炮闩可分为螺式炮闩和楔式炮闩。

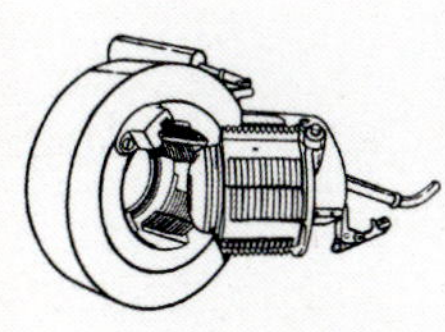

螺式炮闩

螺式炮闩依靠闩体上的断隔螺纹与炮尾内部的断隔螺纹相咬合来闭锁炮膛，具有重量轻、受力均匀的优点，但射速较慢，且开闩后需要占用较大的炮尾侧面空间，多用于大口径火炮或对射速要求不高的火炮。

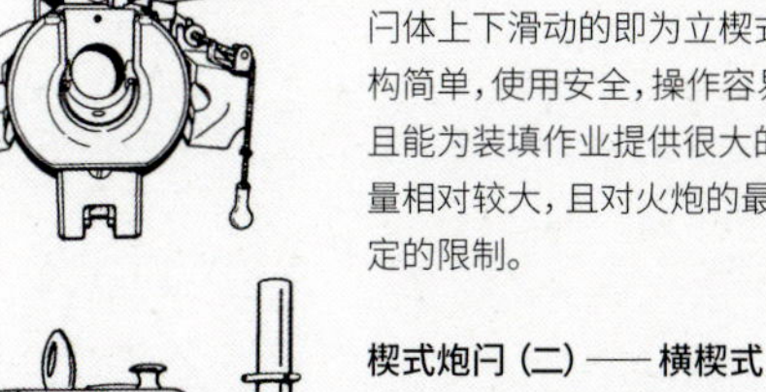

楔式炮闩（一）—— 立楔式

楔式炮闩依靠楔形闩体闭锁炮膛，楔形闩体上下滑动的即为立楔式炮闩，它结构简单，使用安全，操作容易且迅速，而且能为装填作业提供很大的空间，但重量相对较大，且对火炮的最大仰角有一定的限制。

楔式炮闩（二）—— 横楔式

楔形闩体左右滑动的炮闩即为横楔式炮闩，它和立楔式炮闩一样具有操作快速、容易的优点，但需要的操作力更小。另外它不会干扰火炮俯仰。

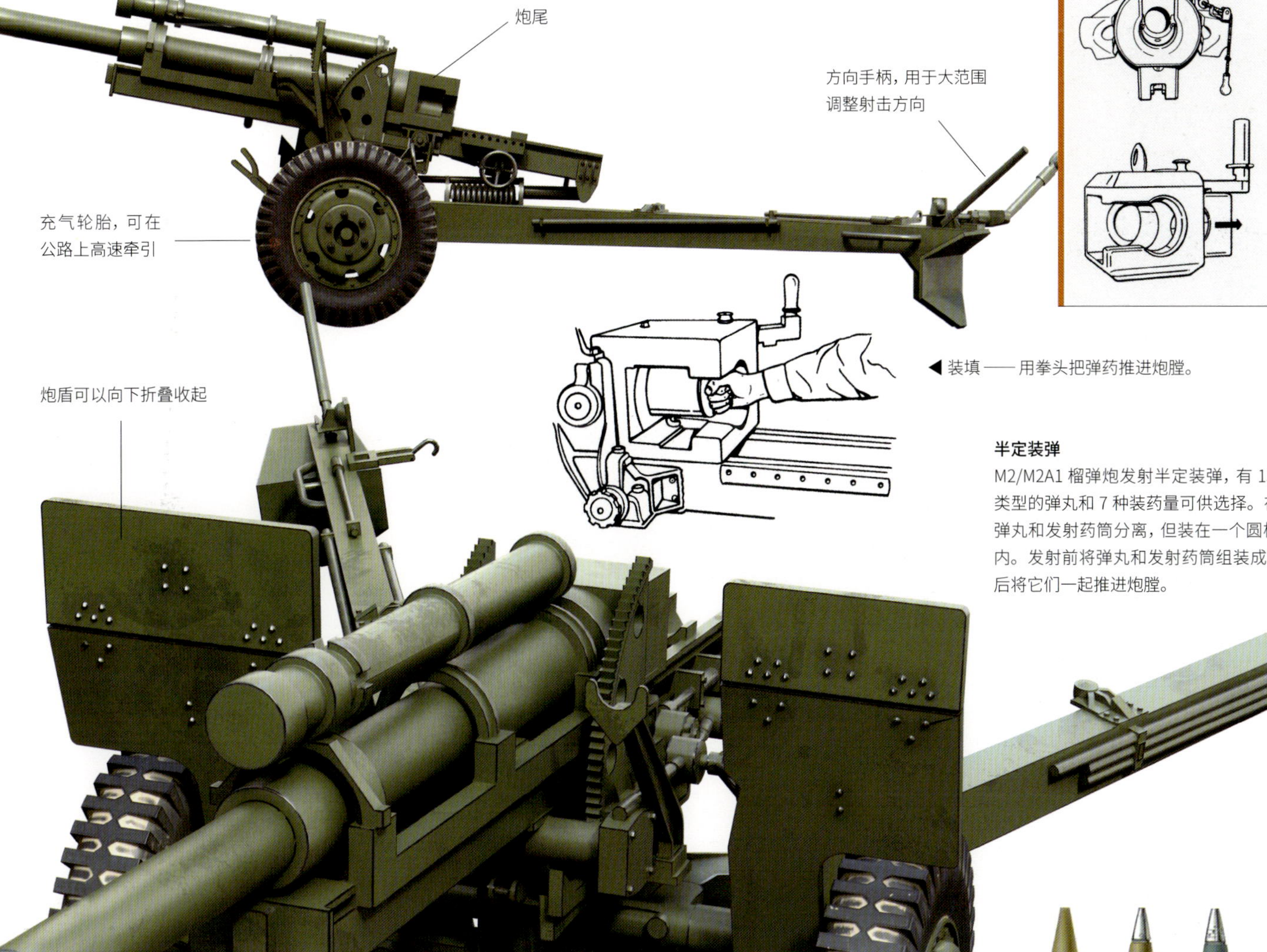

◀ 装填 —— 用拳头把弹药推进炮膛。

半定装弹

M2/M2A1 榴弹炮发射半定装弹，有 13 种不同类型的弹丸和 7 种装药量可供选择。在储运时弹丸和发射药筒分离，但装在一个圆柱体容器内。发射前将弹丸和发射药筒组装成整弹，然后将它们一起推进炮膛。

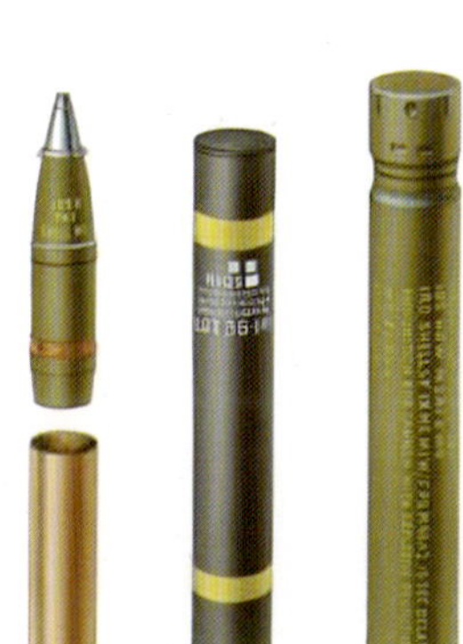

破甲弹 高爆破片弹 烟幕弹 弹药容器

15 厘米 sFH 18（18 型重型野战榴弹炮）

sFH 18 榴弹炮于 1933 年定型并很快成为德国的标准重型野战榴弹炮。和 sK 18 加农炮一样，它也是莱茵金属公司的炮管与克虏伯公司的炮架结合的产物。

这种火炮的第一个版本是为马匹牵引设计的，行军时需要分解成炮身和炮架两部分。不久之后，一种由半履带车牵引的版本被生产出来，很快成为更常见的版本。

德国人曾在 sFH 18 上尝试过火箭助推弹，初衷是将射程提高到与 sK 18 相同的水平。如果 sFH 18 也拥有了射程远的优势，那么就没有必要继续生产 sK 18，由此腾出的产能可用于更重要的武器。火箭助推弹于 1941 年配发，但实际效果不太理想，不久之后就停止使用了。

另一方面，1941 年入侵苏联后，德国人很快发现，sFH 18 的射程不及苏制 152 毫米榴弹炮。为了增加射程，德国人进行了各种尝试，包括使用更强的装药。不过这种做法会加剧炮管磨损和侵蚀，也加重了反后坐装置的负担，因此受到严格限制——使用大装药量发射药连续发射的炮弹不得超过 10 发。

虽然 sFH 18 的射程不尽如人意，但它仍是一种坚固耐用的榴弹炮，在整个第二次世界大战期间德国参与的各个战场中都表现出色。并不是所有的 sFH 18 都作为野战炮使用，在大西洋沿岸的筑垒地域，它们也被用于加强海岸防御。一些 sFH 18 还被提供给了德国的盟国，比如意大利和芬兰。

▲ 1945 年 2 月 25 日，普吕姆河附近，美军士兵正在检视一门被遗弃的 sFH 18 榴弹炮。

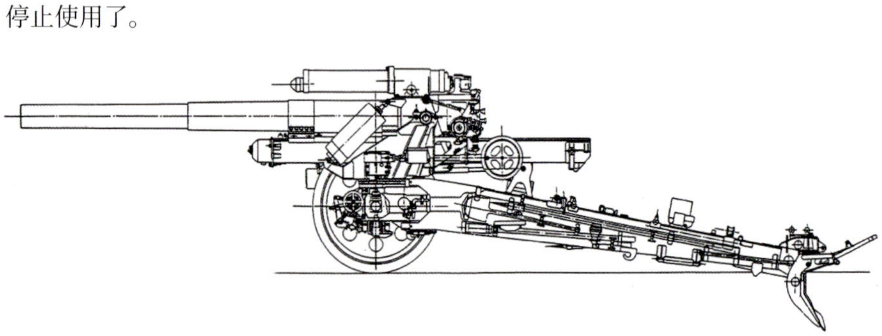

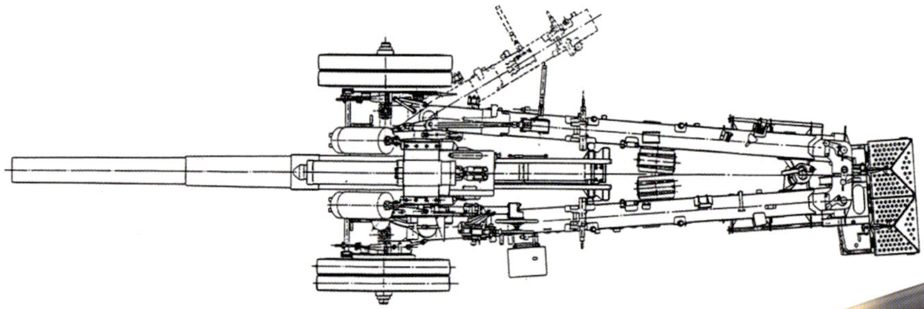

15 厘米 sFH 18（18 型重型野战榴弹炮）	
口径	150 毫米
炮闩机构	横楔式炮闩
炮身长	4.495 米
行军重量	6.304 吨
展开重量	5.512 吨
旋回角度	-32° ~ 32°
俯仰角度	-3° ~ 45°
炮弹重量	24.55 ~ 43.5 千克
最大射程	13250 米
炮口初速	495 米 / 秒（8 号装药）

▼ 15 厘米 sFH 18 的部分弹药。

克虏伯与莱茵金属

20 世纪初以来，克虏伯公司和莱茵金属公司一直在德国火炮生产商中占据着显赫的地位。两家公司都在第一次世界大战的冲击下幸存了下来。1933 年纳粹党掌权时，两家公司都已准备好向新客户提供产品。正在扩充实力的德国军队提出了多种新火炮的需求，在面对克虏伯和莱茵金属提交的加农炮方案和榴弹炮方案时，德国军方遇到了难以抉择的情况，他们认为两家公司的方案不相上下，因此选择了折中方案，即把莱茵金属的炮身和克虏伯的炮架结合到一起。10 厘米 sK 18 加农炮和 15 厘米 sFH 18 榴弹炮都是这种情况。

▲克虏伯公司的 Logo（左）与莱茵金属公司的 Logo（右）。

Anti-Aircraft Gun

▲ M1 40 毫米自动炮的高爆弹（弹头）。

高射炮

由于空中力量飞速发展，前沿地面部队遭到俯冲轰炸机和对地攻击机打击的可能性越来越大，后方地区的高价值目标也可能遭到重型远程轰炸机的轰炸。

轻型高射炮是对抗俯冲轰炸机和攻击机的重要装备，二战初期它还是一种相对较新的武器，口径大多在 20 ~ 40 毫米之间，能向空中投射自动火力，主要用于防御高度不超过 3000 米的空中目标。

应对高空轰炸仍然要依靠防空战斗机和重型高射炮，第二次世界大战也是重型高射炮最后一次大规模投入使用的战争——它们既是野战防空的中坚力量，又是交通枢纽和工业中心的忠诚护卫。

由于空中目标具有高速度和运动轨迹复杂的特点，二战期间高射炮比其他类型的陆军火炮更早配备了新型火控数据传输系统，人们甚至开始尝试利用自动控制系统来辅助瞄准。

M1 40 毫米自动炮

美国陆军及海军陆战队装备的 M1 40 毫米自动炮由瑞典博福斯公司授权生产，这是一种中口径高射炮，填补了小口径高射炮和大口径高射炮之间的火力空白。它能以每分钟 120 发的速度发射 875 ~ 934 克的弹丸，炮口初速 823 ~ 875 米 / 秒，在指挥仪控制下的有效射程为 2743 米，其高爆弹配备瞬发引信，即使撞击轻质材料（如机翼使用的材料）也可以正常起爆。由于射程和毁伤威力方面的优势，它对俯冲轰炸机和低空飞行目标的攻击效果比小口径高射炮要好。另外它也可以用来对付地面目标，发射穿甲弹时可在 457 米（500 码）距离击穿 50 毫米厚的垂直均质装甲。

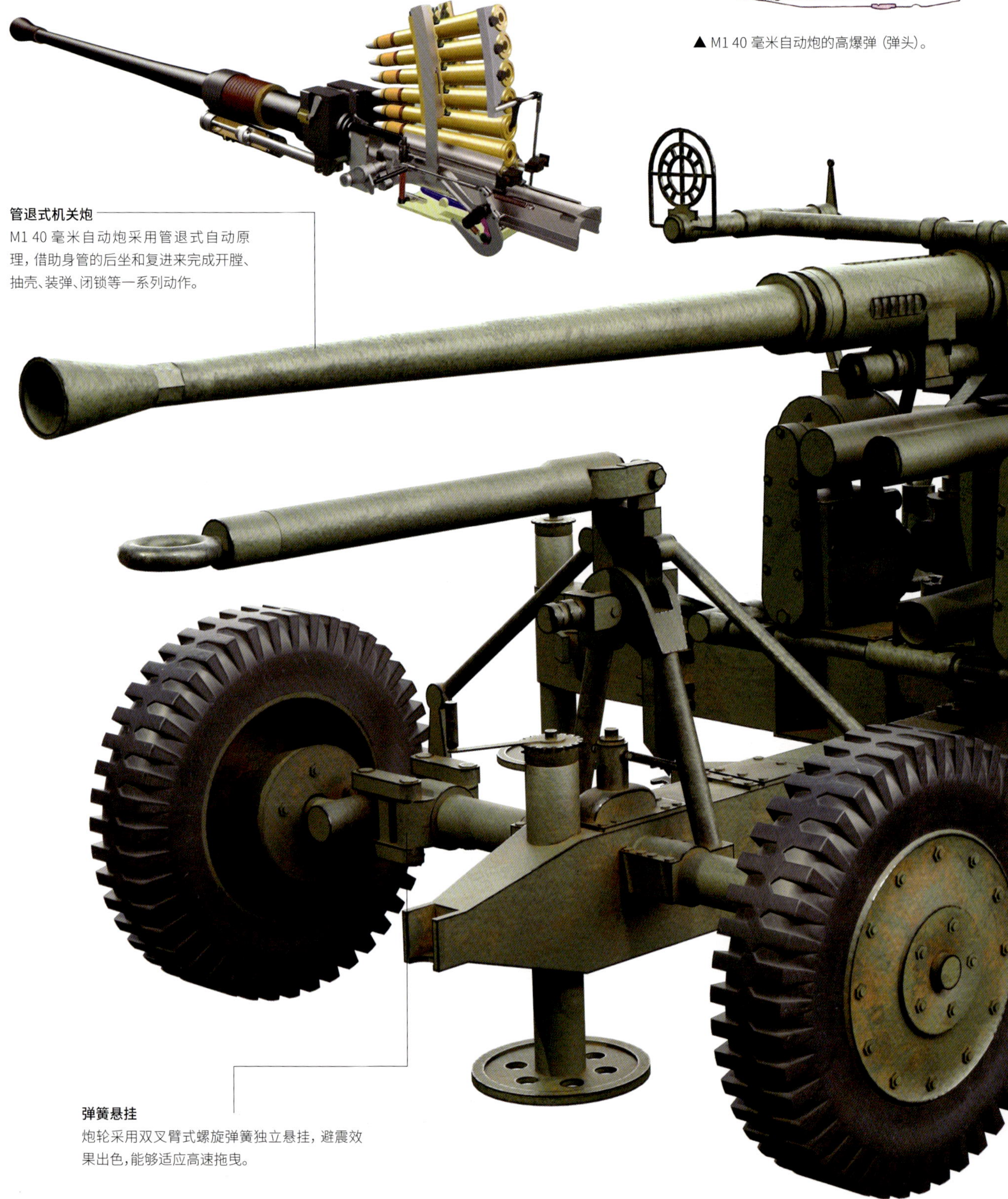

管退式机关炮
M1 40 毫米自动炮采用管退式自动原理，借助身管的后坐和复进来完成开膛、抽壳、装弹、闭锁等一系列动作。

弹簧悬挂
炮轮采用双叉臂式螺旋弹簧独立悬挂，避震效果出色，能够适应高速拖曳。

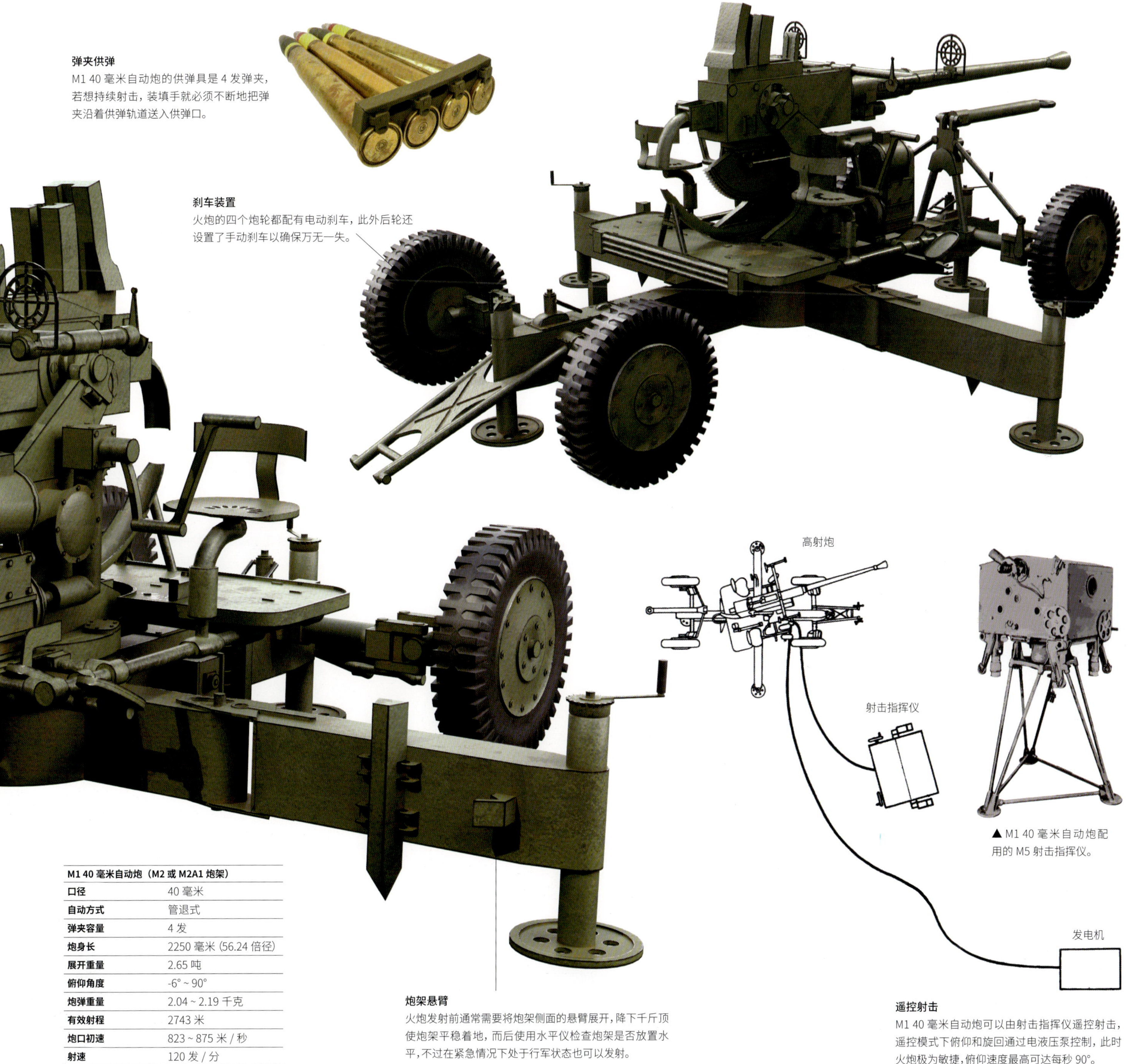

弹夹供弹

M1 40 毫米自动炮的供弹具是 4 发弹夹，若想持续射击，装填手就必须不断地把弹夹沿着供弹轨道送入供弹口。

刹车装置

火炮的四个炮轮都配有电动刹车，此外后轮还设置了手动刹车以确保万无一失。

▲ M1 40 毫米自动炮配用的 M5 射击指挥仪。

M1 40 毫米自动炮（M2 或 M2A1 炮架）	
口径	40 毫米
自动方式	管退式
弹夹容量	4 发
炮身长	2250 毫米（56.24 倍径）
展开重量	2.65 吨
俯仰角度	-6° ~ 90°
炮弹重量	2.04 ~ 2.19 千克
有效射程	2743 米
炮口初速	823 ~ 875 米 / 秒
射速	120 发 / 分

炮架悬臂

火炮发射前通常需要将炮架侧面的悬臂展开，降下千斤顶使炮架平稳着地，而后使用水平仪检查炮架是否放置水平，不过在紧急情况下处于行军状态也可以发射。

遥控射击

M1 40 毫米自动炮可以由射击指挥仪遥控射击，遥控模式下俯仰和旋回通过电液压泵控制，此时火炮极为敏捷，俯仰速度最高可达每秒 90°。

2 厘米 Flak 38 高射炮

一战之后，德国陆军的第一种小口径高射炮是莱茵金属公司研制的 2 厘米 Flak 30，它在西班牙内战和波兰战役中都有不错的表现，但也暴露出射速偏低的缺陷（只有 120 发 / 分）。

由于莱茵金属公司忙于其他武器的研制，德国空军遂邀请毛瑟公司重新设计 2 厘米高射炮，希望能将该炮的射速提高一倍。毛瑟公司做的改动并不多，主要变化是采用了新的炮闩机构、加速机构和复进簧，但射速几乎提高了 4 倍。新的 2 厘米高射炮被定型为 Flak 38，它在外观上与 Flak 30 相似且沿用了 Flak 30 的炮座。

Flak 38 于 1940 年年初开始服役，此后逐渐取代了大部分 Flak 30 高射炮。除了主要的防空用途外，它还可以用作轻型地面支援武器，能够毁伤轻型装甲车辆，亦是恐怖的“步兵收割机”。

这是一种非常有效和成功的装备，战争期间一直是德军的主力轻型高射炮，总共制造了超过 40000 门，产量在所有的二战德军火炮中无出其右。

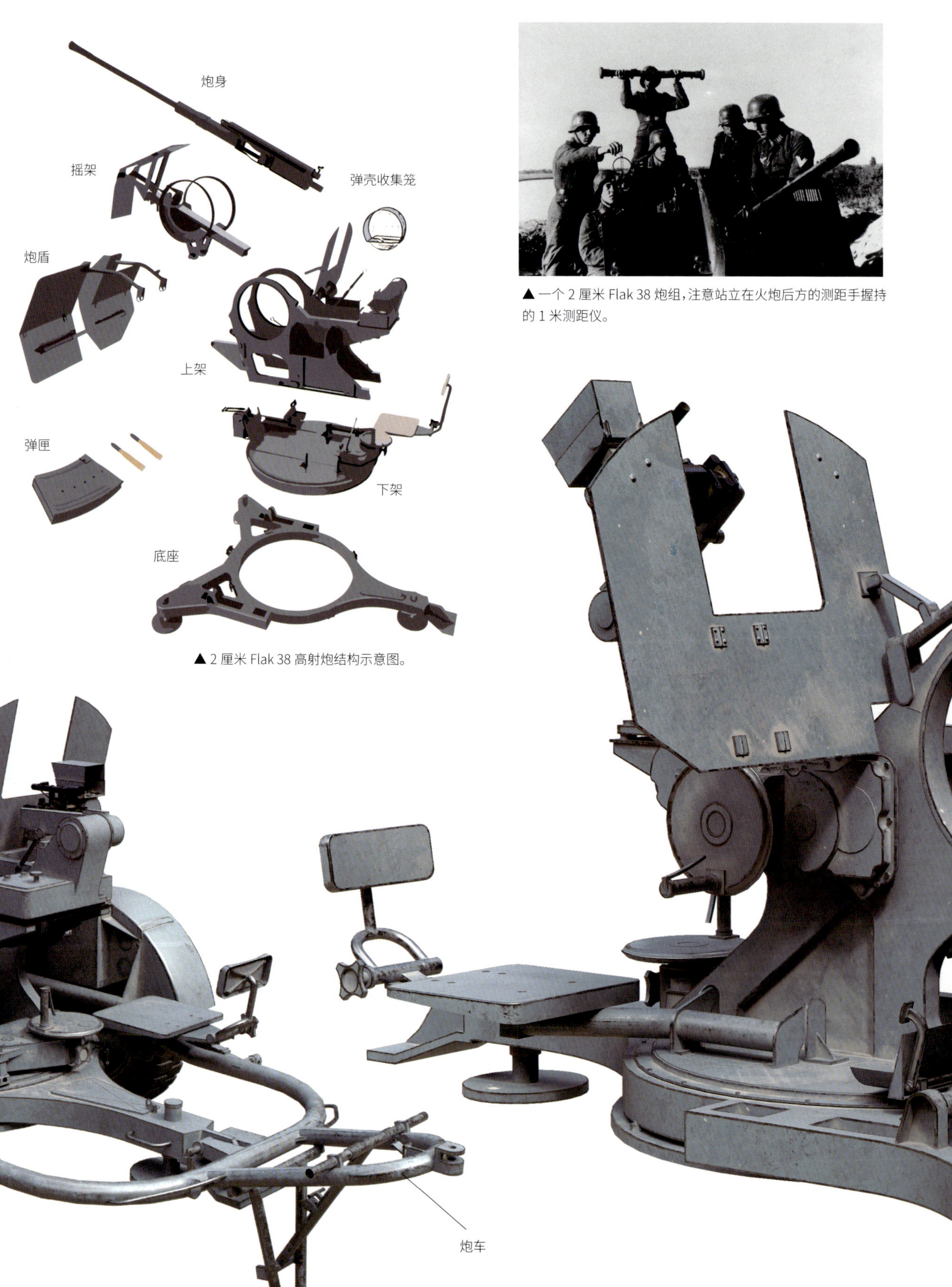

▲ 2 厘米 Flak 38 高射炮结构示意图。

▲ 一个 2 厘米 Flak 38 炮组，注意站立在火炮后方的测距手握持的 1 米测距仪。

轻量化

应德国陆军山地部队和德国空军空降部队的要求，1940 年晚些时候，更加紧凑轻便的 Geb Flak 38 问世了，它使用三脚架而不是 Flak 38 的重型底座。为了适应山地狭窄崎岖的道路，牵引车也设计得更窄。空降版在轻量化的基础上又增加了可拆卸设计，方便空投及人力搬运。

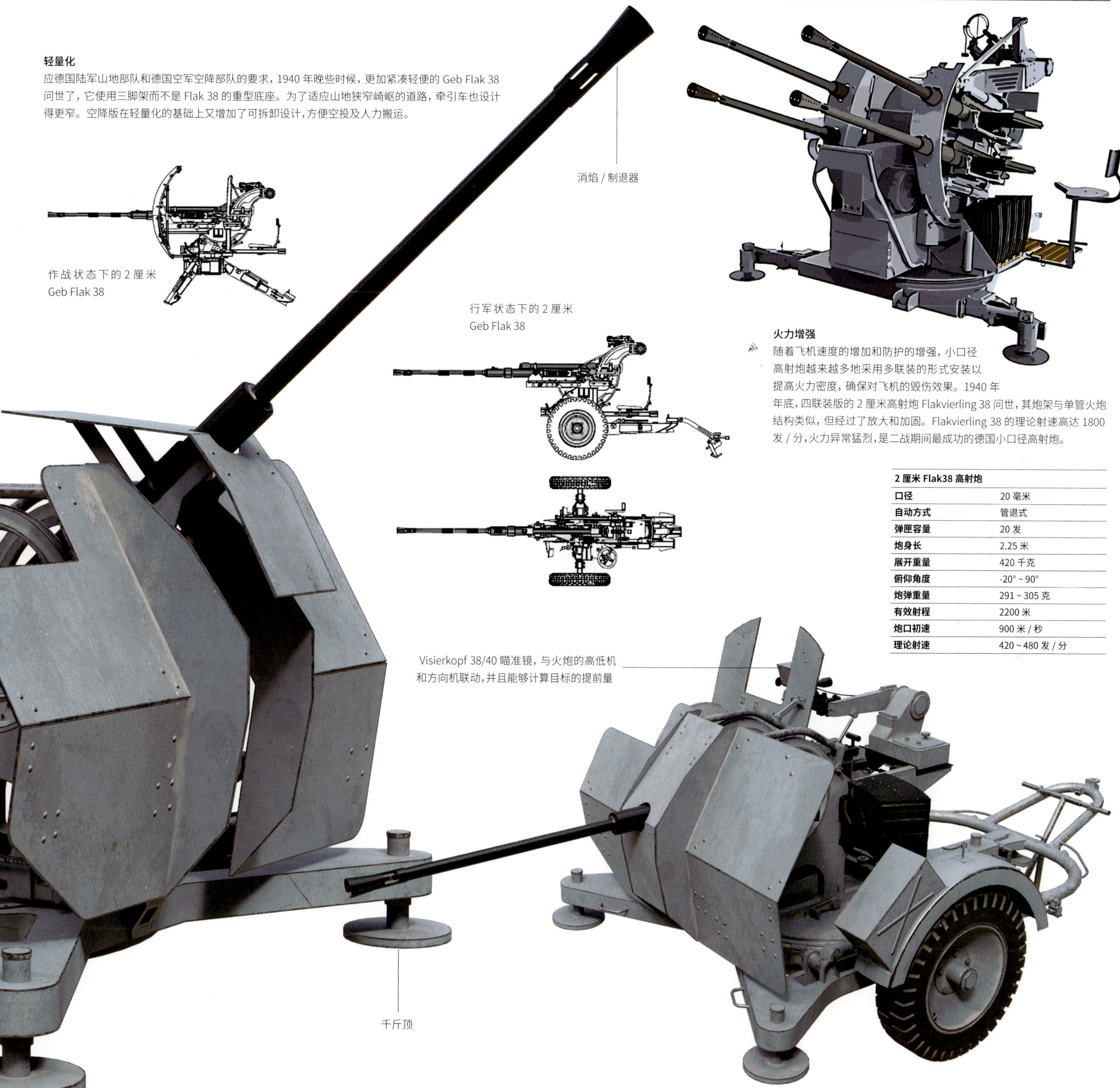

作战状态下的 2 厘米 Geb Flak 38

行军状态下的 2 厘米 Geb Flak 38

火力增强

随着飞机速度的增加和防护的增强，小口径高射炮越来越多地采用多联装的形式安装以提高火力密度，确保对飞机的毁伤效果。1940 年年底，四联装版的 2 厘米高射炮 Flakvierling 38 问世，其炮架与单管火炮结构类似，但经过了放大和加固。Flakvierling 38 的理论射速高达 1800 发 / 分，火力异常猛烈，是二战期间最成功的德国小口径高射炮。

2 厘米 Flak38 高射炮	
口径	20 毫米
自动方式	管退式
弹匣容量	20 发
炮身长	2.25 米
展开重量	420 千克
俯仰角度	-20° ~ 90°
炮弹重量	291 ~ 305 克
有效射程	2200 米
炮口初速	900 米 / 秒
理论射速	420 ~ 480 发 / 分

88MM Gun

88 炮

德国的 8.8 厘米高射炮称得上战争中最著名的武器，主要是因为它们也被用作野战炮和反坦克炮，并且反坦克能力出色。一些德国军官通过西班牙内战观察到了 8.8 厘米高射炮的反坦克潜力，在这场战争之后，8.8 厘米高射炮配备了直瞄瞄准具和专用的反坦克弹药。二战爆发后，一些 8.8 厘米高射炮还安装了炮盾以保护炮组人员。二战初期这种武器在反坦克作战中的应用很有限，在 1941—1942 的北非战场它才以反坦克炮的身份大展身手。此后的日子里，它给盟军士兵留下了严重的心理阴影，战场上任何较大的爆炸声都可能被识别为“88 炮”。毫无疑问，8.8 厘米高射炮是一种有效的火炮，但它也并非宣传中那样无所不能。作为一门高射炮，它的一些指标并不比同时代的英美同行更好。

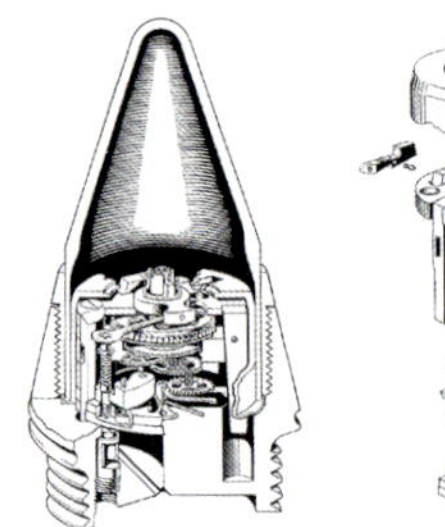

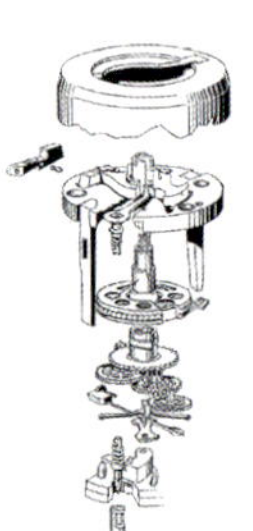

▼ 8.8 厘米 Flak18/36/37 的炮弹。

高爆弹（对空）

风帽被帽穿甲弹（对地）

延期引信

受射击精度的限制，着发引信无法有效应对高空飞行的飞机，因此大口径高射炮的炮弹普遍采用延期引信。这种引信需要预先设定好起爆时间，从而使弹丸在飞到敌机附近时爆炸，以破片杀伤敌机。至于弹丸出膛后需要飞行多久其弹道才会与敌机的飞行轨迹相交，则需要精确计算。这也是大口径高射炮需要复杂的火控系统的重要原因。

8.8 厘米 Flak 37

在 Flak 36 的基础上，Flak 37 简化了炮管活动衬套的设计，使火炮的抽壳动作更为可靠。此外，它还配备了更先进的火控系统，防空作战的能力比 Flak 18 和 Flak 36 都要强大。不过这并不意味着它无法执行反坦克任务，二战期间德军所有的 88 炮都配有穿甲弹。

8.8 厘米 Flak 37	
口径	88 毫米
炮闩机构	横楔式半自动炮闩
炮身长	4.93 米
重量	4985 千克
俯仰角度	-3° ~ 85°
炮弹重量	10.65 ~ 15.40 千克
最大射高	9900 米
最大（地面）射程	14815 米
炮口初速	820 米 / 秒
最大射速	15 发 / 分
穿深	105 毫米（1000 米距离，30°倾斜装甲板）

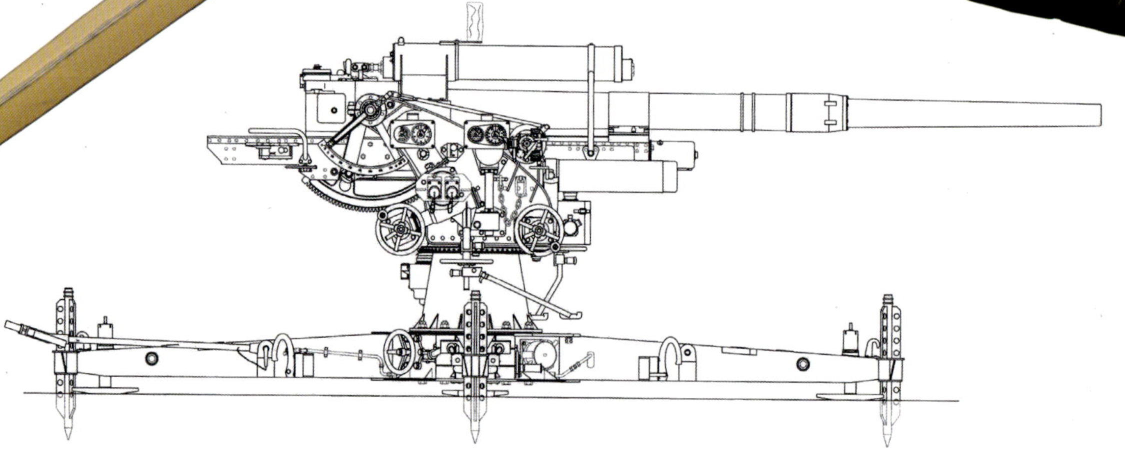

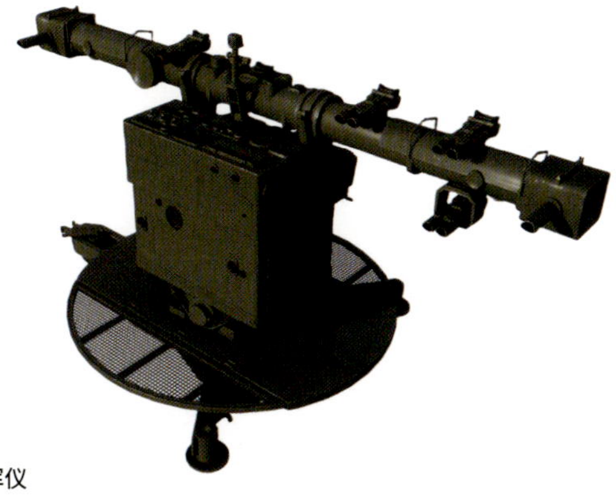

射击指挥仪

射击指挥仪用于计算飞机的位置和高射炮的射击诸元，其操作员使用测距仪追踪目标并借助系统内置时钟计算敌机的方位角和仰角，这一目标信息连同飞机的速度和航线会一起发送给 88 炮。射击指挥仪还装载了 88 炮的弹道数据，在计算出目标位置后能提供最合适的炮弹引信延迟时间，以便炮手设定引信。

▲ Flak 37 的瞄准手刻度表盘。

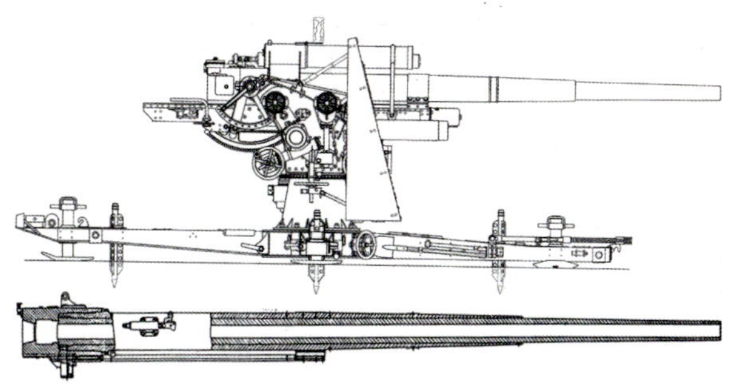

8.8 厘米 Flak 18

8.8 厘米 Flak 18 是德国的第一种 88 炮，从 1933 年开始服役，由克虏伯公司的团队在瑞典博福斯工厂完成设计。其炮架大致呈十字形，配有 2 个两轮前车以供行军之用，前车在炮架着地后可以卸下。Flak 18 的半自动炮闩设计精妙，不论后坐长度如何变化都能正常工作，当然这也要求金属药筒有更小的公差，并且增加了炮闩的复杂程度。

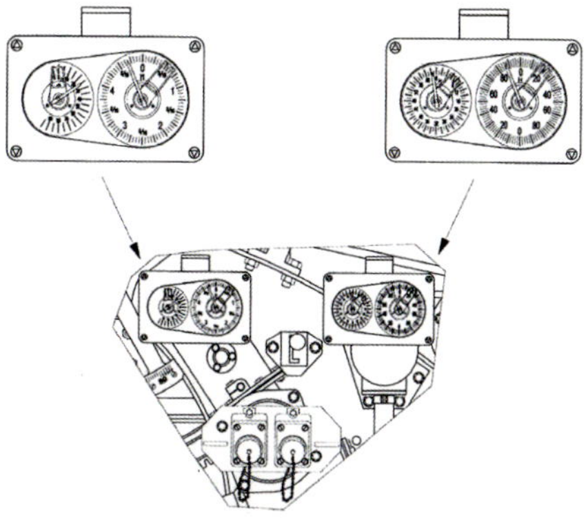

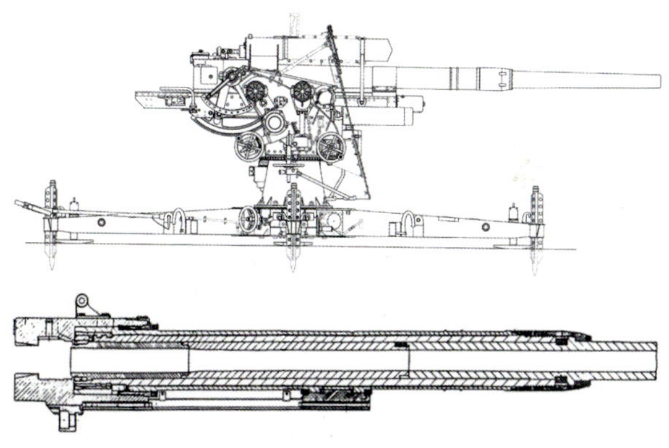

8.8 厘米 Flak 36

德国人根据生产和使用经验对 Flak 18 做了一些改进，在 1936 年推出了 Flak 36。Flak 36 的炮管分为三个部分——药室段、中间段和炮口段，这三个部分可以使用不同等级的钢材制造，从而减少高等级钢材的用量。另外，当炮膛出现磨损时（通常发生在远离炮口的一端），可以仅更换磨损严重的部分而不必更换整个身管，这大大降低了火炮的使用成本。

8.8 厘米 Flak 41

Flak 41 是德国 88 炮的最终型号，于 1943 年服役。它的炮管由 56 倍径增长到 74 倍径，药筒也变得更大，最大射高从不足 10000 米猛增至 11300 米。炮架为全新设计，使得 Flak 41 更加低矮，在对地作战时拥有更强的隐蔽性和更小的被弹面积。然而这是一种价格昂贵、结构复杂，对维护保养要求极高的武器，并没有像其他 88 炮那样大量生产。

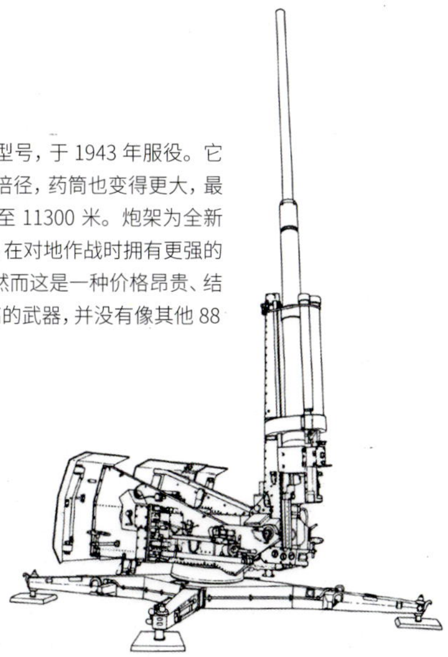

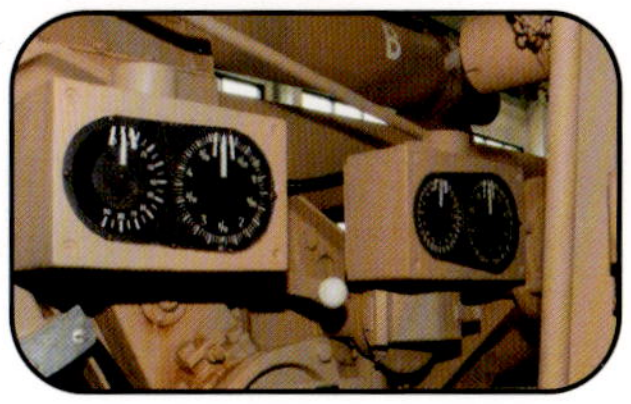

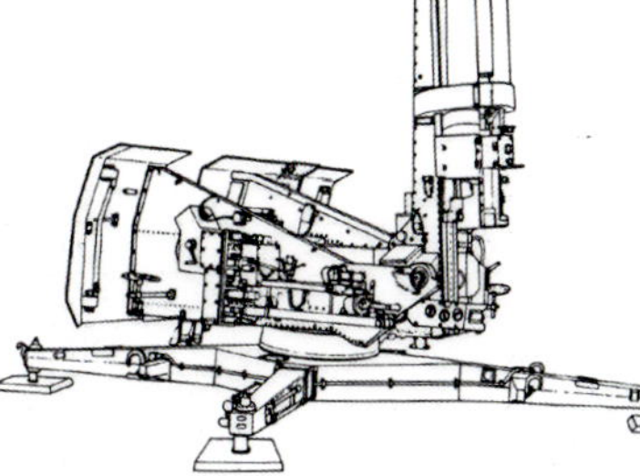

简化流程

Flak 37 的瞄准手刻度盘采用简便的跟随指针系统，火炮上安装了两组表盘。从射击指挥仪接收火控信息后，其中一组表盘的指针指向相应位置。随后瞄准手调整火炮的俯仰角与方位角，直到第二组表盘指针的指向与第一组表盘相同，此时就完成了瞄准。这种跟随指针系统简化了瞄准工作并提高了准确性。

Anti-Tank Gun

反坦克炮

在单兵反坦克武器尚未普及的年代，反坦克炮显然是比反坦克枪更可靠的武器，即使在反坦克榴弹发射器运用越来越广泛的第二次世界大战末期，反坦克炮仍然维持着能在较远距离击穿装甲目标的优势。

在二战前夕至战争初期服役的反坦克炮还是一种口径较小的武器，然而随着坦克的防护水平不断提高，反坦克炮的口径、尺寸、重量也不断增加，反坦克弹药的种类更是日益丰富，这些都是持续追求火炮穿甲性能的结果。

在大规模机械化战争的背景下，炮手们面临的战斗非常残酷，使用难以迅速转移阵地的牵引反坦克炮时尤是如此。虽然有时一门隐蔽良好的反坦克炮能连续摧毁多辆装甲车辆，但炮手们也得做好近距离射击重装甲目标的准备，这需要良好的判断力和相当大的勇气。

7.5 厘米 Pak 40 反坦克炮

1939 年，考虑到坦克装甲厚度未来必然会增加，德国陆军与克虏伯公司、莱茵金属公司签订了开发 7.5 厘米反坦克炮的合同。起初这个项目并没有被优先推进，但 1941 年在苏联遭遇重型坦克后，德军很快认识到 5 厘米 Pak 38 力不从心，因此加快了 7.5 厘米反坦克炮的设计工作。新的 7.5 厘米 Pak 40 于 1941 年年底服役，可以将其视为 5 厘米 Pak 38 的放大版，同样使用开架式炮架和双层炮盾。不过与 Pak 38 的圆弧截面炮盾不同，Pak 40 的炮盾截面为折线形。此外 Pak 40 的炮架完全是钢质的，没有像 Pak 38 一样使用轻合金，这使其战斗全重比 Pak 38 多出 40% 以上。Pak 40 是一种威力强大且有效的武器，在战争的剩余时间里它一直是德军的标准反坦克炮。

ZF3×8 瞄准镜

Pak 40 通过安装在炮架左侧的 ZF3×8 型望远瞄准镜来瞄准，这种瞄准镜的放大倍率为 3 倍，视场为 8 度，具有简易测距功能。

多种底盘

Pak 40 无疑是一种优秀的反坦克炮，战争期间被移植到了多种坦克和装甲车的底盘上，它们大多为轻型车辆且全部采用开放式战斗室。

“黄鼠狼” I
哈奇开斯 H39 轻型坦克底盘

“黄鼠狼” I
洛林 37L 履带式牵引车底盘

“黄鼠狼” I
FCM 36 轻型坦克底盘

“黄鼠狼” II
II 号轻型坦克底盘

“黄鼠狼” III
38(t) 轻型坦克底盘

sdkfz 234/4 装甲车
8×8 轮式底盘

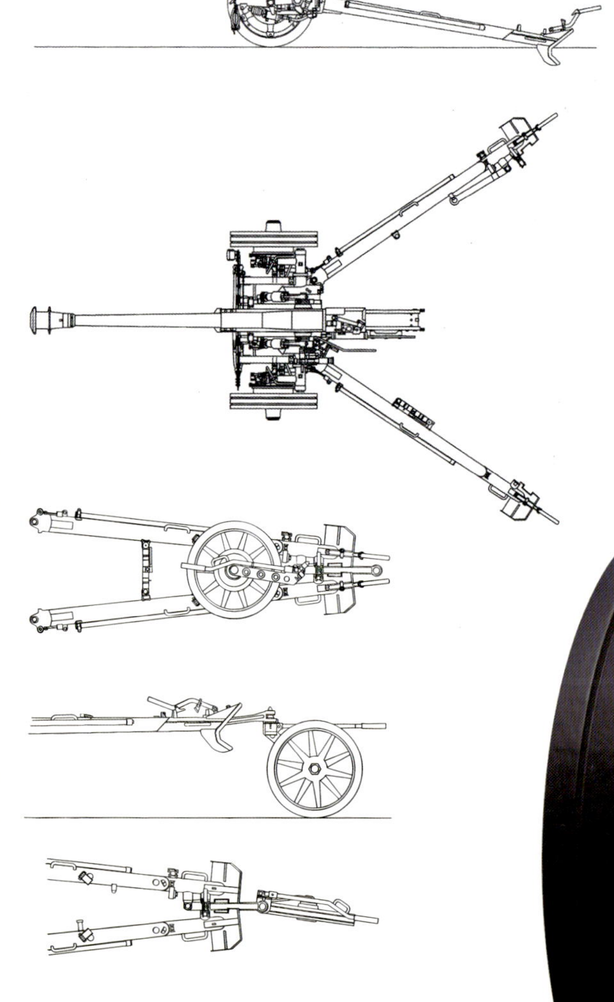

推行困难

7.5 厘米 Pak 40 配有带转向功能的尾轮，尾轮平时固定在大架上方，需要短距推行时则安装到大架末端。然而 Pak 40 自重较大，推行不便，尤其是在冬季的积雪地面和春季的泥泞地面，东线战场有很多炮组因为无法把 Pak 40 推到牵引车处而遗弃火炮。

超长药筒

Pak 40 的药筒长达 714 毫米，整弹长度接近 1 米，这样的弹长在二战期间的 75 毫米及 76.2 毫米反坦克炮中无出其右。虽然装填多有不便，但超长的药筒换来了优秀的穿深，在 2710 克发射药的推动下，一枚重达 6.8 千克的穿甲弹可以在飞出炮口时加速到 792 米 / 秒，在 1000 米距离上击穿 T-34 这样的对手还是毫无问题的。

脆弱的防护

Pak 40 的炮盾由两层 4 毫米的薄钢板组成，钢板之间有 25 毫米的间隙，防护效果只能说聊胜于无。好在它的高度仅为 1.2 米，隐蔽性很不错。

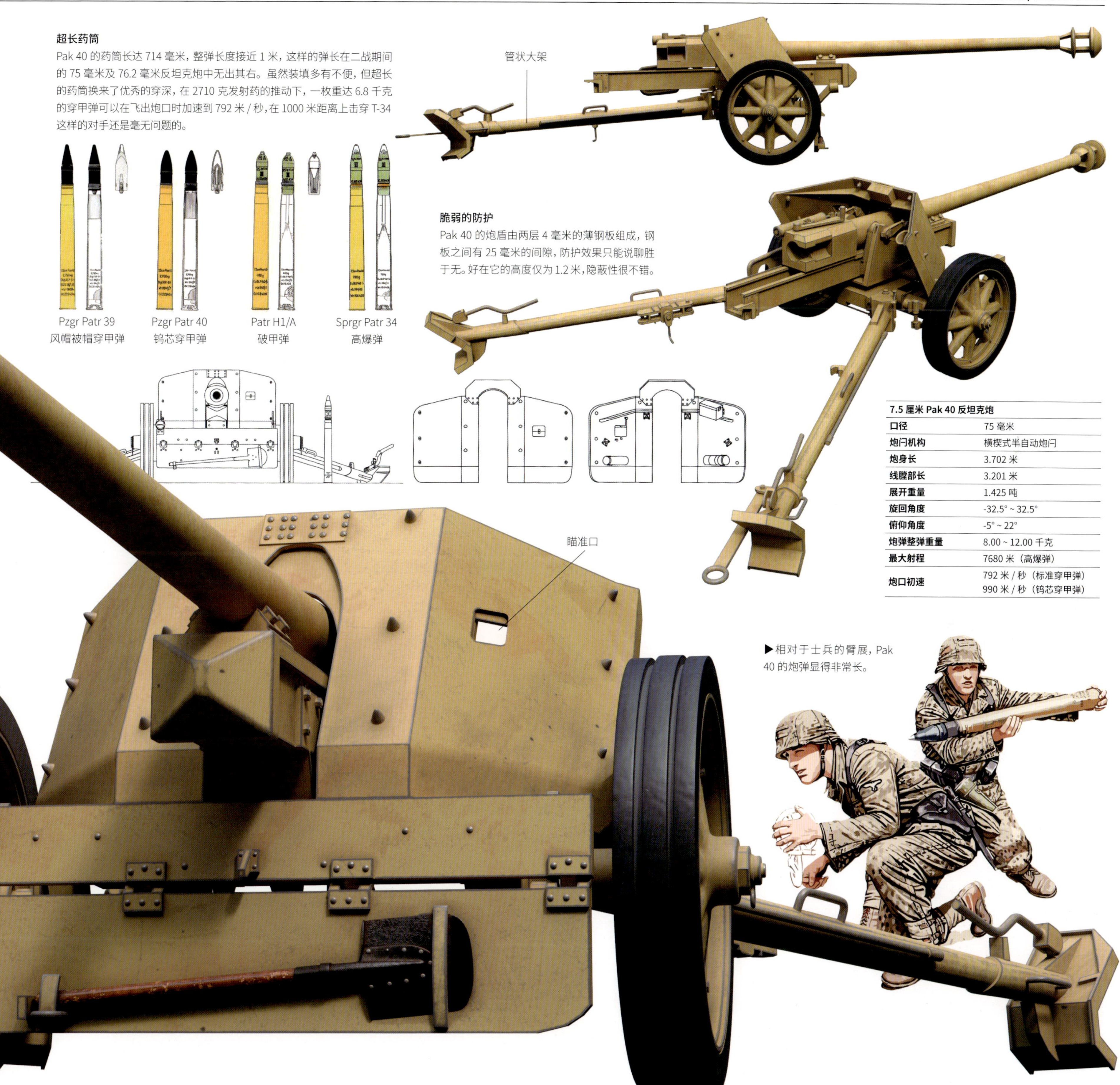

7.5 厘米 Pak 40 反坦克炮	
口径	75 毫米
炮闩机构	横楔式半自动炮闩
炮身长	3.702 米
线膛部长	3.201 米
展开重量	1.425 吨
旋回角度	-32.5° ~ 32.5°
俯仰角度	-5° ~ 22°
炮弹整弹重量	8.00 ~ 12.00 千克
最大射程	7680 米（高爆弹）
炮口初速	792 米 / 秒（标准穿甲弹） 990 米 / 秒（钨芯穿甲弹）

▶相对于士兵的臂展，Pak 40 的炮弹显得非常长。

57 毫米 ZIS-2 反坦克炮

1940 年年中，苏联情报部门报告说大批新型重型坦克正在加入德国军队，因此苏联军方高层决定开发一种口径 57 毫米，威力足够应对潜在威胁的反坦克炮。第 92 兵工厂在当年 1 月完成了样炮制造，次年这种火炮被正式命名为“57 毫米 1941 年型反坦克炮”。因为第 92 兵工厂获得了“斯大林工厂”（缩写为 ZIS）的称号，所以这种反坦克炮也获得了 ZIS-2 的工厂编号。1941 年型 ZIS-2 生产工艺复杂，成本也很高，德国入侵后一度被迫停产。然而由于越来越多的德国重型坦克出现在战场上，苏军于 1943 年年中决定恢复 ZIS-2 的批量生产，并将其名称改为“57 毫米 1943 年型反坦克炮”。ZIS-2 可在 500 米距离上击穿“虎”式坦克、“黑豹”坦克的侧面装甲，能对德军的“装甲动物园”构成一定的威胁。

T-34-57

苏联莫罗佐夫设计局在 1941 年研发了一款 ZIS-2 的坦克炮变体，名为 ZIS-4，安装在 T-34 中型坦克上以提升其反装甲能力，配备这种主炮的坦克则称作 T-34-57。虽然 ZIS-4 发射穿甲弹时有着不错的穿深，但由于口径较小，其高爆弹装药量太小，威力不足。T-34-57 成了纯粹的“坦克猎手”，显然不符合苏军对坦克的定位，因此没有大量生产。

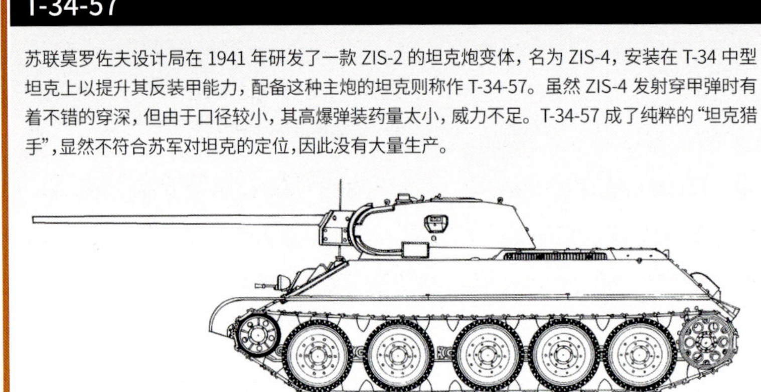

57 毫米 ZIS-2 反坦克炮（1941 年型）	
口径	57 毫米
炮闩机构	立楔式炮闩
炮身长	4.161 米
炮膛长	3.95 米
线膛部长	3.444 米
行军重量	1.9 吨
展开重量	1.05 吨
旋回角度	-28.5° ~ 28.5°
俯仰角度	-5° ~ 25°
射速	15 ~ 25 发 / 分
弹丸重量	1.79 ~ 3.75 千克
炮弹整弹重量	5.40 ~ 6.79 千克
最大射程	5200 米（破片榴弹）

▶ ZIS-2 的部分弹药。

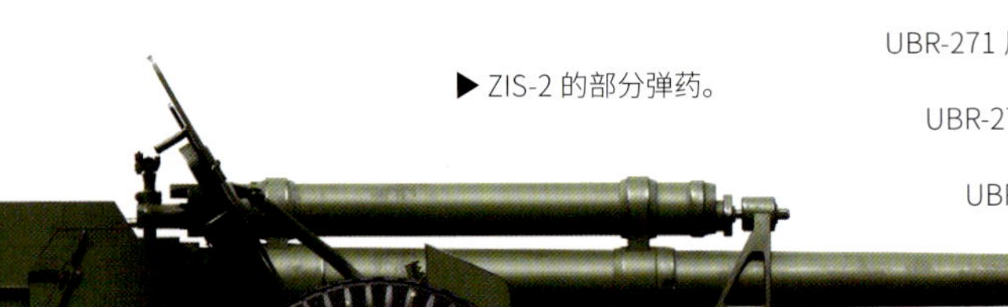

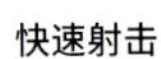

快速射击

ZIS-2 使用半自动炮闩，装填第一发弹药时需要将炮尾右侧的开闩手柄后压到位降下炮闩。炮弹被装入药室后炮闩自动上升并闭锁。炮弹击发后炮身后坐 970 ~ 1060 毫米，驻退机在这一过程中提供缓冲，同时复进机开始积蓄复进能量。空药筒会被抽出，随后炮闩保持在开锁位置以便装填下一发炮弹。ZIS-2 的射速通常可达 15 发 / 分，极限射速则高达 25 发 / 分。

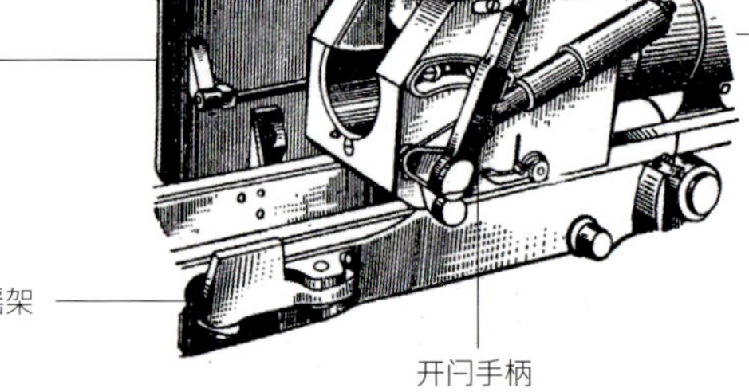

▶ ZIS-2 的炮尾部分示意图。

弹药前车

ZIS-2 配用的轮式弹药前车能在炮组席位下方容纳 24 发炮弹。行军时火炮大架与前车相连，前车再与 1 辆嘎斯 -AA 卡车或 6 匹挽马相连。

5 厘米 Pak 38 反坦克炮

一些德国军官在 1936 年就预见到已有的 3.7 厘米反坦克炮难以击穿未来坦克的装甲，反坦克炮的口径必须得到提升。1938 年，莱茵金属公司开启了 5 厘米 Pak 38 反坦克炮的研制工作，然而直到 1940 年年末它才服役。Pak 38 的设计较为传统，采用了炮口制退器和半自动炮闩。炮架为开架式，配有管状大架和带盘状轮毂的炮轮，炮轮在大架展开时可以锁定。由于在炮架中使用了轻合金，火炮重量很轻，易于操作。总的来说它是一种设计精良的优秀武器，虽然随着时间推移有越来越多的大口径反坦克武器可供选择，但 Pak 38 未被完全淘汰，而是一直服役到战争结束，使用钨芯穿甲弹时它可以对付大多数同盟国坦克。

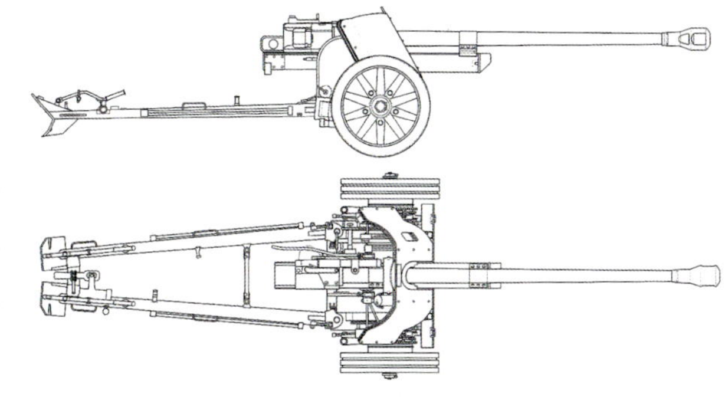

▲ 5 厘米 Pak 38 的行军状态——和 7.5 厘米 Pak 40 一样，它也没有前车。

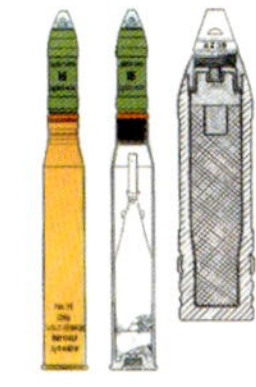
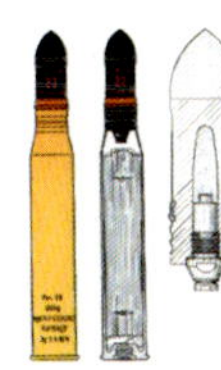
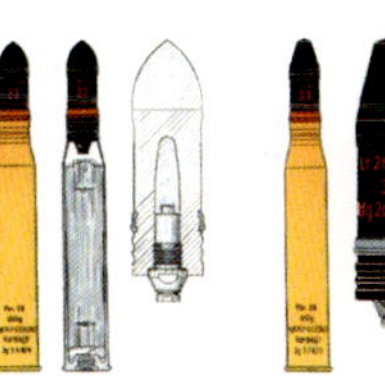
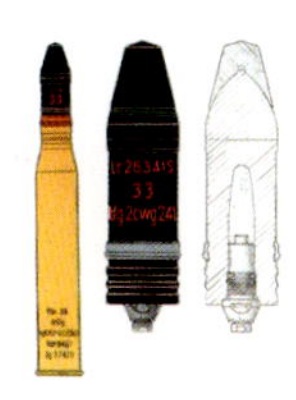

▲ Pak 38 的部分弹药。

	标准穿甲弹		钨芯穿甲弹	
距离	着弹角度	穿深	着弹角度	穿深
250 米	0°	88 毫米	0°	141 毫米
	30°	67 毫米	30°	109 毫米
500 米	0°	78 毫米	0°	120 毫米
	30°	61 毫米	30°	86 毫米
1000 米	0°	61 毫米	0°	84 毫米
	30°	50 毫米	30°	55 毫米

▲ 穿甲弹的穿深数据。

半自动炮闩

Pak 38 的半自动炮闩具有自动退壳功能，炮组只需手动装弹，无须手动退壳，火炮的射速为 13 发 / 分上下。

▲ Pak 38 反坦克炮阵地，火线只比掩体稍微高出一点。

5 厘米 Pak 38 反坦克炮	
口径	50 毫米
炮闩机构	横楔式炮闩
炮身长	3.187 米
线膛部长	2.381 米
行军重量	1.062 吨
展开重量	1.0 吨
旋回角度	-32.5° ~ 32.5°
俯仰角度	-8° ~ 27°
炮弹整弹重量	2.73 ~ 4.13 千克
最大射程	2650 米（高爆弹）
炮口初速	823 米 / 秒（标准穿甲弹） 1198 米 / 秒（钨芯穿甲弹） 550 米 / 秒（高爆弹）

低调杀手

Pak 38 的高度只有 1.05 米，便于隐蔽且难于命中，另外大多数炮组成员都可以蜷缩在炮盾后操作以获得保护。

第十四章 装甲车

装甲车是一个内涵驳杂、外延广阔的概念，不同的种类、型号在结构和功能上可能存在巨大的差异。抛开坦克不谈，狭义的装甲车通常配备轻薄的装甲与轻型武器，并且具备优秀的公路机动能力。

随着汽车工业的长足发展，装甲车在战场上扮演的角色日渐丰富，地位也日益重要。二战期间它们广泛应用于侦察、巡逻、传令、牵引装备、运送人员、支援步兵等领域，是机械化部队中不可或缺的辅助装备。

一战期间很多装甲车都是以民用车辆改装而成的，二战中发达的工业国大多摒弃了这种做法，转而为军方研制专用的装甲车辆，不过苏联是个例外，卡车和拖拉机仍然是苏制装甲车的主要底盘来源。

Armoured Scout Car

装甲侦察车（4×4）

小巧、轻便、灵活的四轮装甲车是一种侦察利器，它们的装甲能抵御轻武器的攻击，火力足够与步兵和轻型坦克交战，出色的机动性足以使其快速渗透、快速撤离，及时传递战场情报——为了应对复杂的路况，这些装甲侦察车大多采用四轮驱动，虽然越野性能不及履带式车辆，但也具备不错的脱困能力。除了执行侦察任务之外，它们也可以成为一支战场奇兵，利用迂回穿插战术为主力助攻。

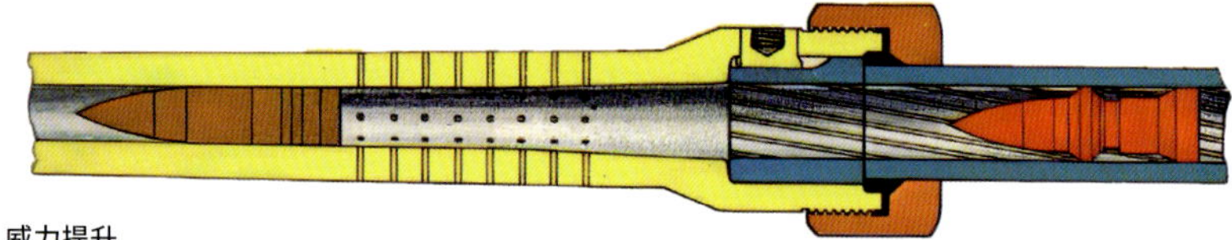

威力提升

“小约翰”炮口适配器前细后粗，40毫米硬芯穿甲弹从炮口适配器的腔体内穿过，会被挤压成30毫米粗细。这一过程能够提高膛压和初速，另外横截面积变小之后，炮弹的飞行阻力也会变小，可以进一步提升穿甲能力。

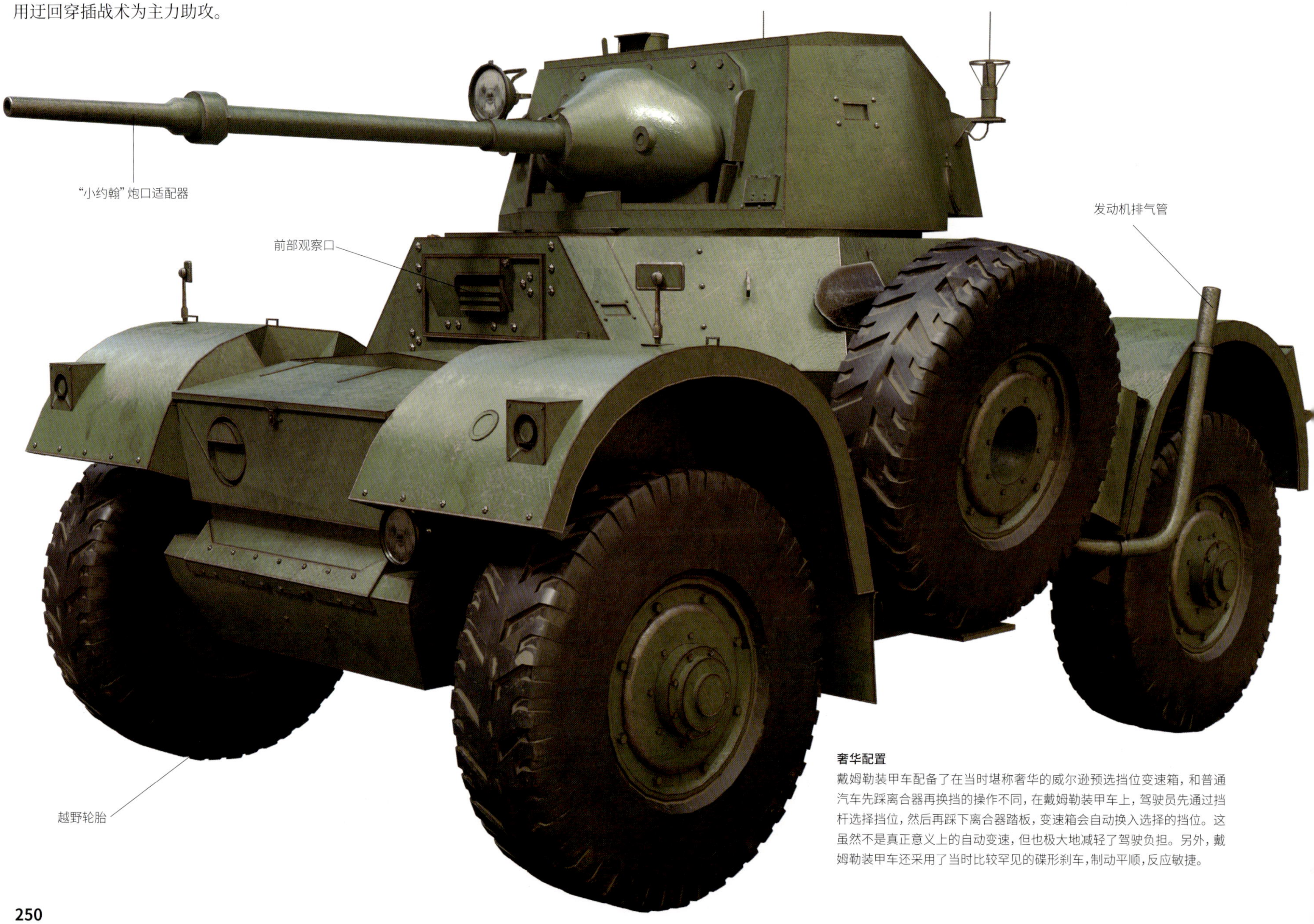

“小约翰”炮口适配器

前部观察口

发动机排气管

越野轮胎

奢华配置

戴姆勒装甲车配备了在当时堪称奢华的威尔逊预选挡位变速箱，和普通汽车先踩离合器再换挡的操作不同，在戴姆勒装甲车上，驾驶员先通过挡杆选择挡位，然后再踩下离合器踏板，变速箱会自动换入选择的挡位。这虽然不是真正意义上的自动变速，但也极大地减轻了驾驶负担。另外，戴姆勒装甲车还采用了当时比较罕见的碟形刹车，制动平顺，反应敏捷。

备用蓄电池

后部观察口

射击口

发动机舱百叶窗

双向驾驶

戴姆勒装甲车有两套驾驶系统，一套在驾驶室前方，另一套在战斗室后部，安装方向完全相反。除了驾驶员之外，车长也可以驾驶车辆。遇到危险时无须转向或掉头，可以立刻朝后方撤退。不过，车长的驾驶系统无法换挡，车辆的后部观察口又十分狭小，因此直接向后开的功能仅限紧急情况下使用。

发动机检修舱门

戴姆勒装甲车

这是戴姆勒公司为英国陆军制造的一款轻型装甲车辆，由戴姆勒“野狗”侦察车改进而来，采用后置发动机，液力机械式变速箱，四轮独立悬挂，全时四轮驱动。为强化火力，它安装了 Mk Ⅶ“领主”轻型坦克的炮塔，配有 40 毫米（2 磅）坦克炮。戴姆勒装甲车坚固耐用，结实可靠，越野性能优异，广泛应用于武装侦察、战场联络等领域，战后也被用来执行反恐镇暴、保护要员等任务，是一种极为成功的武器。（主图为戴姆勒装甲车 Mk Ⅱ型）

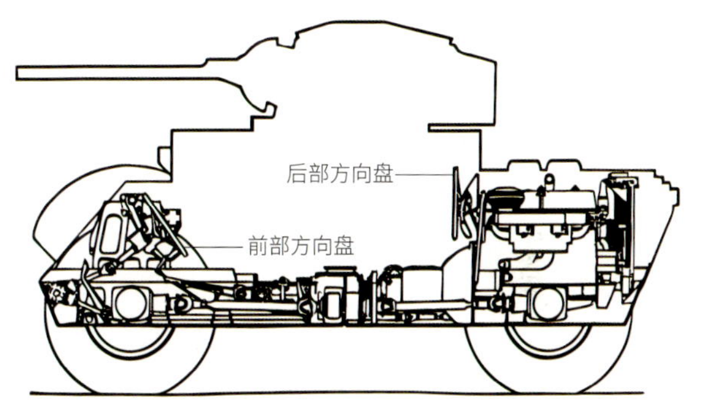

武/器/档/案 WEAPON ARCHIVES

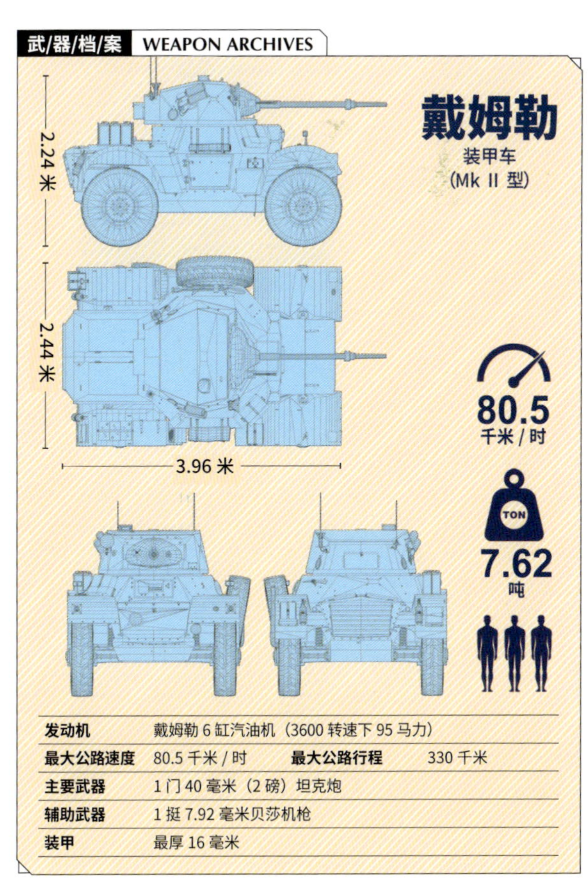

发动机	戴姆勒 6 缸汽油机（3600 转速下 95 马力）		
最大公路速度	80.5 千米 / 时	**最大公路行程**	330 千米
主要武器	1 门 40 毫米（2 磅）坦克炮		
辅助武器	1 挺 7.92 毫米贝莎机枪		
装甲	最厚 16 毫米		

潘哈德 178 装甲车

潘哈德 178 是二战前夕为法国骑兵部队研发的装甲侦察车，被誉为战争初期最好的轻型装甲车辆。它采用了与坦克类似的驾驶室—战斗室—动力室三段式布局，但没有沿袭法国坦克的单人炮塔，而是安装了更为高效的双人炮塔。为实现快速撤离，它亦采用双向驾驶设计，并且配备了专门的后向驾驶员，可以以 42 千米 / 时的速度高速倒车。实际使用中，潘哈德 178 逐渐暴露出内部空间狭窄、炮塔旋转缓慢、越野性能不理想等问题，但它具备可靠的机械性能、优秀的公路机动性、相当远的行程和非常安静的发动机，仍不失为称职的侦察车辆。法国战役开始时法军大约装备了 370 辆潘哈德 178，这些车辆不仅在面对德军装甲侦察车时具备优势，即便对手是 II 号坦克也有一战之力，遗憾的是它们没能发挥出应有的战斗力。

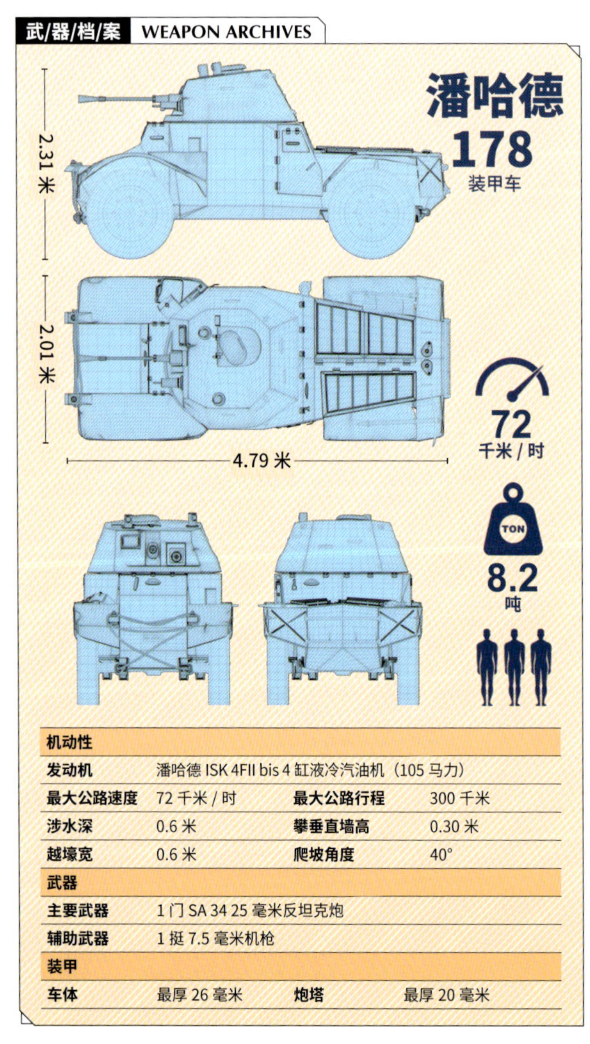

机动性			
发动机	潘哈德 ISK 4FII bis 4 缸液冷汽油机（105 马力）		
最大公路速度	72 千米 / 时	最大公路行程	300 千米
涉水深	0.6 米	攀垂直墙高	0.30 米
越壕宽	0.6 米	爬坡角度	40°
武器			
主要武器	1 门 SA 34 25 毫米反坦克炮		
辅助武器	1 挺 7.5 毫米机枪		
装甲			
车体	最厚 26 毫米	炮塔	最厚 20 毫米

周视潜望镜

喇叭口形消焰器

车长观察口

穿甲能手

就服役之初的战场环境来说，潘哈德 178 的 SA 34 25 毫米火炮穿甲能力很不错。它由牵引式反坦克改进而来，为了装车而缩短了炮管，但增加了炮弹的发射药量，穿深甚至高于原始版本，可在 800 米距离内击穿德国 I 号坦克和 II 号坦克的正面装甲。另一方面，由于弹丸很轻，这种火炮容易跳弹，对倾斜装甲效果不佳。它的另一个明显缺陷是后效不足，通常要打穿十几发才能击毁敌方坦克。

▲ 见证耻辱——法国右翼作家罗伯特 · 布拉西拉赫、法西斯主义政客雅克 · 多里奥特和极右翼政治家克劳德 · 让特的合影，潘哈德 178 装甲车成了他们的背景板。

命运波折

1940 年法国投降后，部分潘哈德 178 被德军改造成了铁道巡逻车。另外，维希法国的警察部队也获准使用潘哈德 178，但主要武器降格为机枪。维希法国曾背着德国秘密为自己的潘哈德 178 生产 47 毫米或 25 毫米炮塔，不过换装计划随着 1942 年 11 月维希法国被全境占领被打断。随后德军接收了维希法国的潘哈德 178 并为其中一部分换装了 50 毫米 L/42 或 L/60 火炮。

防护完善

作为一种轻型装甲侦察车，潘哈德 178 的防护水平相当不错，其炮塔正面装甲厚 26 毫米，侧面装甲厚 13 毫米。车体部分的前部、后部和侧面皆为 13 毫米，车首最前方那块装甲板则加强至 20 毫米。另外，在战斗室和动力舱之间设有防火舱壁。仅就纸面数据来说，潘哈德 178 优于德国 I 号坦克和早期型 II 号坦克。较厚的装甲带来了较大的重量，其战斗全重为 8.2 吨，远高于 4 吨的设计要求，不过它仍然保持了较好的机动性。

狭长的动力舱

低矮狭长且逐渐向后收窄的动力舱是潘哈德 178 的典型识别特征。发动机和变速箱仅占用了这个舱室的一半长度，剩下的空间留给了油箱。潘哈德 178 拥有一个 120 升的主油箱和一个 20 升的辅助油箱，足以满足长距离侦察的需求。

有限的越野性能

潘哈德 178 采用纵置钢板弹簧悬挂，虽然具有强度高、结构简单、承重能力强的优点，但是在崎岖路面上行驶时平衡性差，操纵品质恶劣，限制了越野能力。

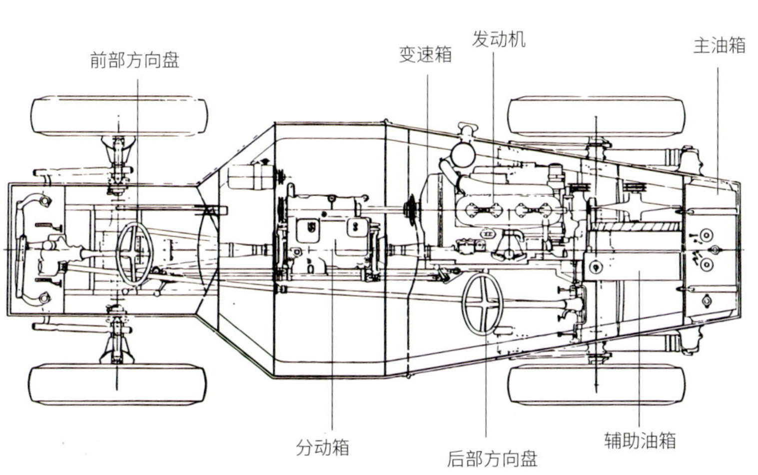

▲ 潘哈德 178 底盘布局示意图。

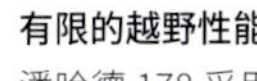

Sd.Kfz.222 轻型装甲侦察车

1935 年至 1944 年，德国生产了一系列四轮驱动的轻型装甲侦察车。其中，配备 20 毫米机关炮的 Sd.Kfz.222 产量最大，也最具代表性。Sd.Kfz.222 由一台 3.5 升 V8 发动机驱动，采用双叉臂式四轮独立悬挂，配以大尺寸越野轮胎，就轮式车辆而言具有相当出色的非铺装路面机动性。其车体由薄钢板焊接而成，可抵御轻武器的攻击，外形首尾窄中部宽，具有明显的折角，大体上呈菱形。战斗室位于车体中部最宽处，顶部为敞开式设计，配备的火力与Ⅱ号轻型坦克基本相当。Sd.Kfz.222 于 1938 年服役，主要配发给装甲师的侦察营，在波兰战役和法国战役中均表现出色，不过在东线战场的泥泞中和北非战场的沙漠中其机动能力大打折扣——这是轮式车辆固有的局限决定的。值得一提的是，这个系列的车辆是二战前夕德国唯一对外出口的轮式装甲车，中国就曾引进过大约 15 辆，所以在抗日战场也能看到它们的身影。

四轮转向

Sd.Kfz.222 的前轮和后轮都设有转向器，前后转向器之间以机械装置连接，后轮相对于前轮反向偏转，偏转角度由前轮决定。四轮转向可以显著减小转弯半径，提升转弯时的操控性和稳定性。

武/器/档/案 WEAPON ARCHIVES

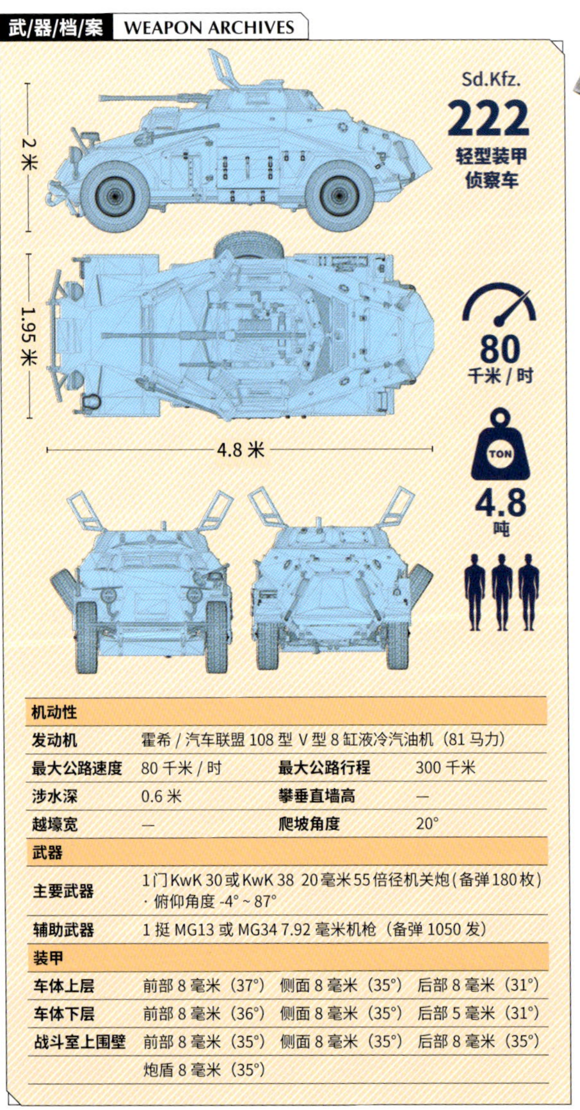

机动性			
发动机	霍希 / 汽车联盟 108 型 V 型 8 缸液冷汽油机（81 马力）		
最大公路速度	80 千米 / 时	最大公路行程	300 千米
涉水深	0.6 米	攀垂直墙高	—
越壕宽	—	爬坡角度	20°
武器			
主要武器	1 门 KwK 30 或 KwK 38 20 毫米 55 倍径机关炮（备弹 180 枚）· 俯仰角度 -4° ~ 87°		
辅助武器	1 挺 MG13 或 MG34 7.92 毫米机枪（备弹 1050 发）		
装甲			
车体上层	前部 8 毫米（37°）	侧面 8 毫米（35°）	后部 8 毫米（31°）
车体下层	前部 8 毫米（36°）	侧面 8 毫米（35°）	后部 5 毫米（31°）
战斗室上围壁	前部 8 毫米（35°）	侧面 8 毫米（35°）	后部 8 毫米（35°）
	炮盾 8 毫米（35°）		

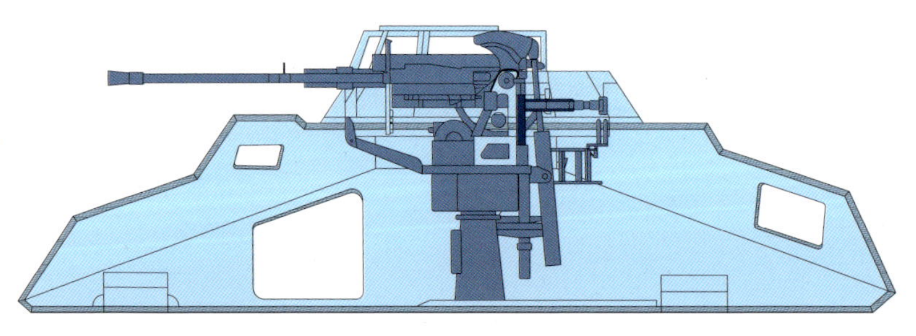

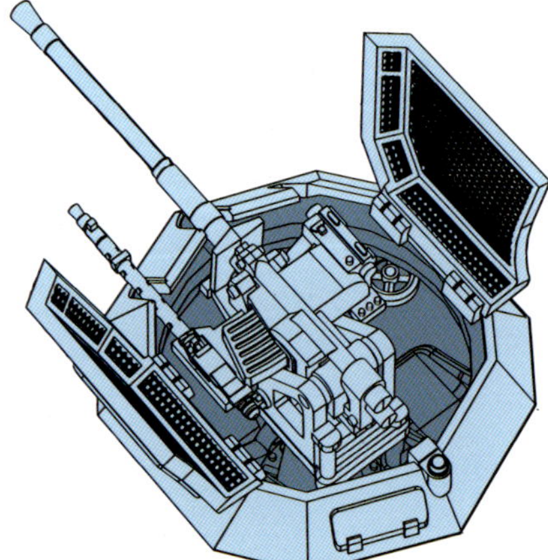

并非炮塔

Sd.Kfz.222 拥有可以 360°旋转的战斗室上围壁，它虽然形似炮塔，但不是真正意义上的炮塔。20 毫米机关炮的炮座安装在车体地板上，战斗室上围壁随火炮一起旋转。

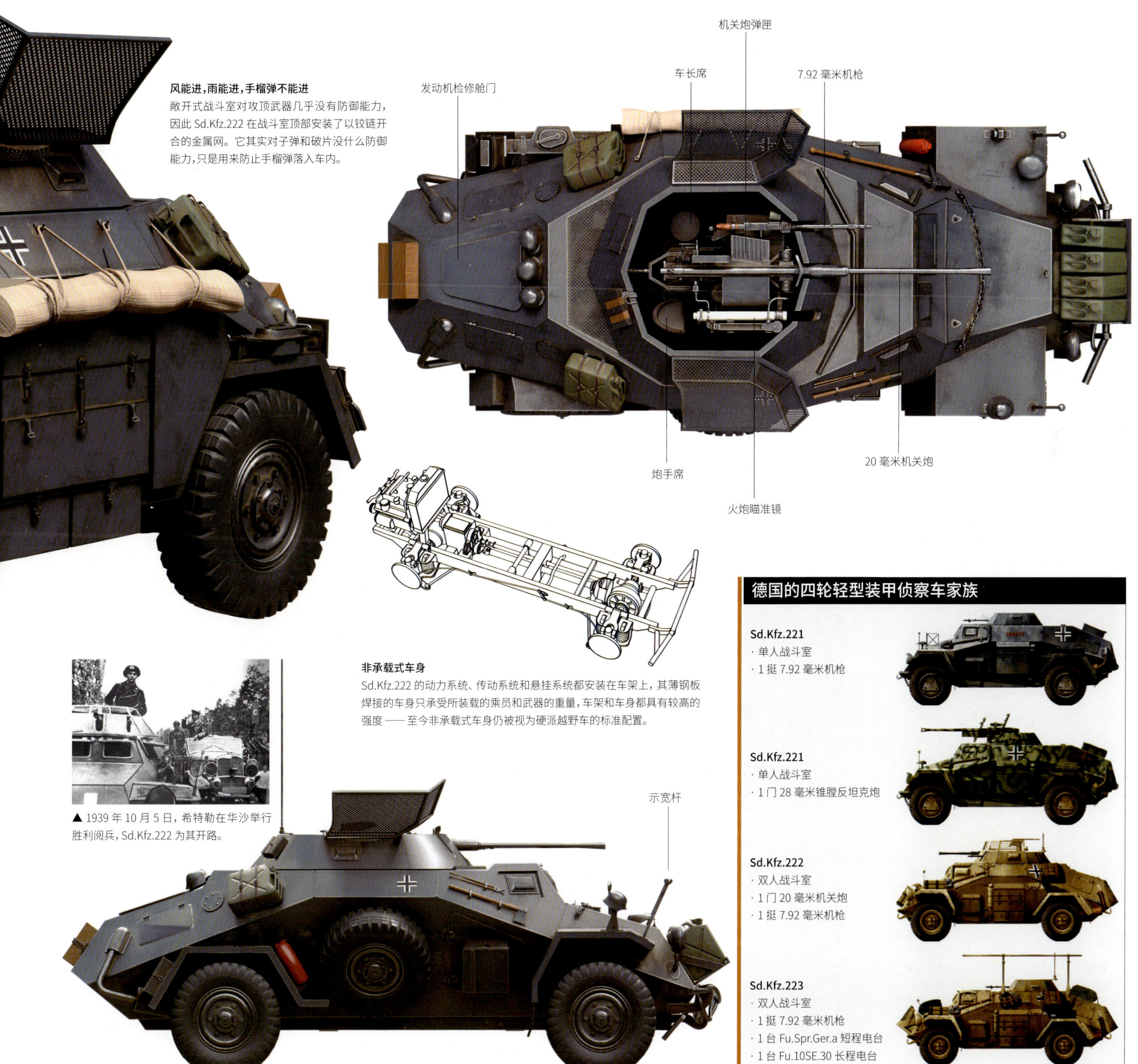

风能进，雨能进，手榴弹不能进

敞开式战斗室对攻顶武器几乎没有防御能力，因此 Sd.Kfz.222 在战斗室顶部安装了以铰链开合的金属网。它其实对子弹和破片没什么防御能力，只是用来防止手榴弹落入车内。

非承载式车身

Sd.Kfz.222 的动力系统、传动系统和悬挂系统都安装在车架上，其薄钢板焊接的车身只承受所装载的乘员和武器的重量，车架和车身都具有较高的强度——至今非承载式车身仍被视为硬派越野车的标准配置。

▲ 1939 年 10 月 5 日，希特勒在华沙举行胜利阅兵，Sd.Kfz.222 为其开路。

德国的四轮轻型装甲侦察车家族

Sd.Kfz.221
- 单人战斗室
- 1 挺 7.92 毫米机枪

Sd.Kfz.221
- 单人战斗室
- 1 门 28 毫米锥膛反坦克炮

Sd.Kfz.222
- 双人战斗室
- 1 门 20 毫米机关炮
- 1 挺 7.92 毫米机枪

Sd.Kfz.223
- 双人战斗室
- 1 挺 7.92 毫米机枪
- 1 台 Fu.Spr.Ger.a 短程电台
- 1 台 Fu.10SE.30 长程电台

Armoured Scout Car

装甲侦察车（6×6 及 8×8）

对越野车辆来说，更多的驱动轮往往意味着更强的通过性和脱困能力。同时，轮轴数越多，车辆的载重能力就越强。相对于四轮装甲车，六轮驱动和八轮驱动装甲车通常可以更从容地应对野外路况，并且能安装更重型的武器和更厚重的装甲。

武/器/档/案 WEAPON ARCHIVES

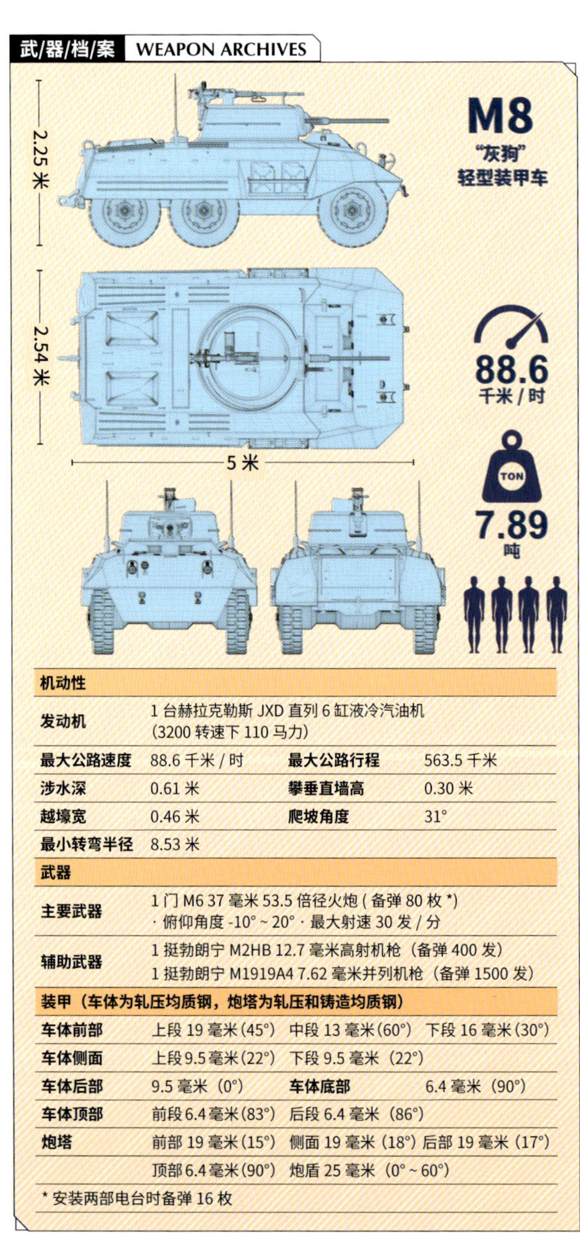

机动性			
发动机	1 台赫拉克勒斯 JXD 直列 6 缸液冷汽油机（3200 转速下 110 马力）		
最大公路速度	88.6 千米 / 时	最大公路行程	563.5 千米
涉水深	0.61 米	攀垂直墙高	0.30 米
越壕宽	0.46 米	爬坡角度	31°
最小转弯半径	8.53 米		
武器			
主要武器	1 门 M6 37 毫米 53.5 倍径火炮（备弹 80 枚 *）· 俯仰角度 -10°～20° · 最大射速 30 发 / 分		
辅助武器	1 挺勃朗宁 M2HB 12.7 毫米高射机枪（备弹 400 发） 1 挺勃朗宁 M1919A4 7.62 毫米并列机枪（备弹 1500 发）		
装甲（车体为轧压均质钢，炮塔为轧压和铸造均质钢）			
车体前部	上段 19 毫米（45°） 中段 13 毫米（60°） 下段 16 毫米（30°）		
车体侧面	上段 9.5 毫米（22°） 下段 9.5 毫米 （22°）		
车体后部	9.5 毫米 （0°）	车体底部	6.4 毫米 （90°）
车体顶部	前段 6.4 毫米（83°） 后段 6.4 毫米 （86°）		
炮塔	前部 19 毫米（15°） 侧面 19 毫米 （18°） 后部 19 毫米 （17°） 顶部 6.4 毫米（90°） 炮盾 25 毫米 （0°～60°）		

* 安装两部电台时备弹 16 枚

M8"灰狗"轻型装甲车

美军的 M8"灰狗"轻型装甲车原本是作为快速坦克歼击车设计的，但随着坦克防护水平的提高，其 37 毫米主炮已经很难对德军坦克造成威胁，因此它最终作为装甲侦察车服役，用于填补 4×4 的 M3 侦察车与 M3/M5"斯图亚特"轻型坦克之间的空白。"灰狗"采用六轮驱动，只有两个前轮是转向轮，前轮和两对后轮皆为钢板弹簧非独立悬挂。它在坚硬路面上表现优秀，但转向半径过大、悬挂行程过小、没有差速锁等缺陷限制了越野能力，在多山的意大利战场尤为明显。车底装甲薄弱是它在防护方面最大的短板，为了抵御地雷的攻击，乘员往往会在地板上堆放沙袋。"灰狗"通常会同时配备远程无线电台和短程无线电台，前者用于向上级指挥部汇报战场信息，后者用于联络本级部队。虽然 M8"灰狗"的性能不尽如人意，但它仍然是美军的主力装甲侦察车并大量援助给了英法盟友。

可向前翻折的驾驶舱舱门

无声的幽灵

M8"灰狗"的动力来自一台赫拉克勒斯 JXD 直列 6 缸 5.2 升汽油机，它比大多数同级别的发动机要安静，这极大地增强了 M8"灰狗"的隐蔽性和生存能力。因为不易察觉，巴顿第 3 集团军的"灰狗"就在德军当中获得了"巴顿的幽灵"这一诨号。

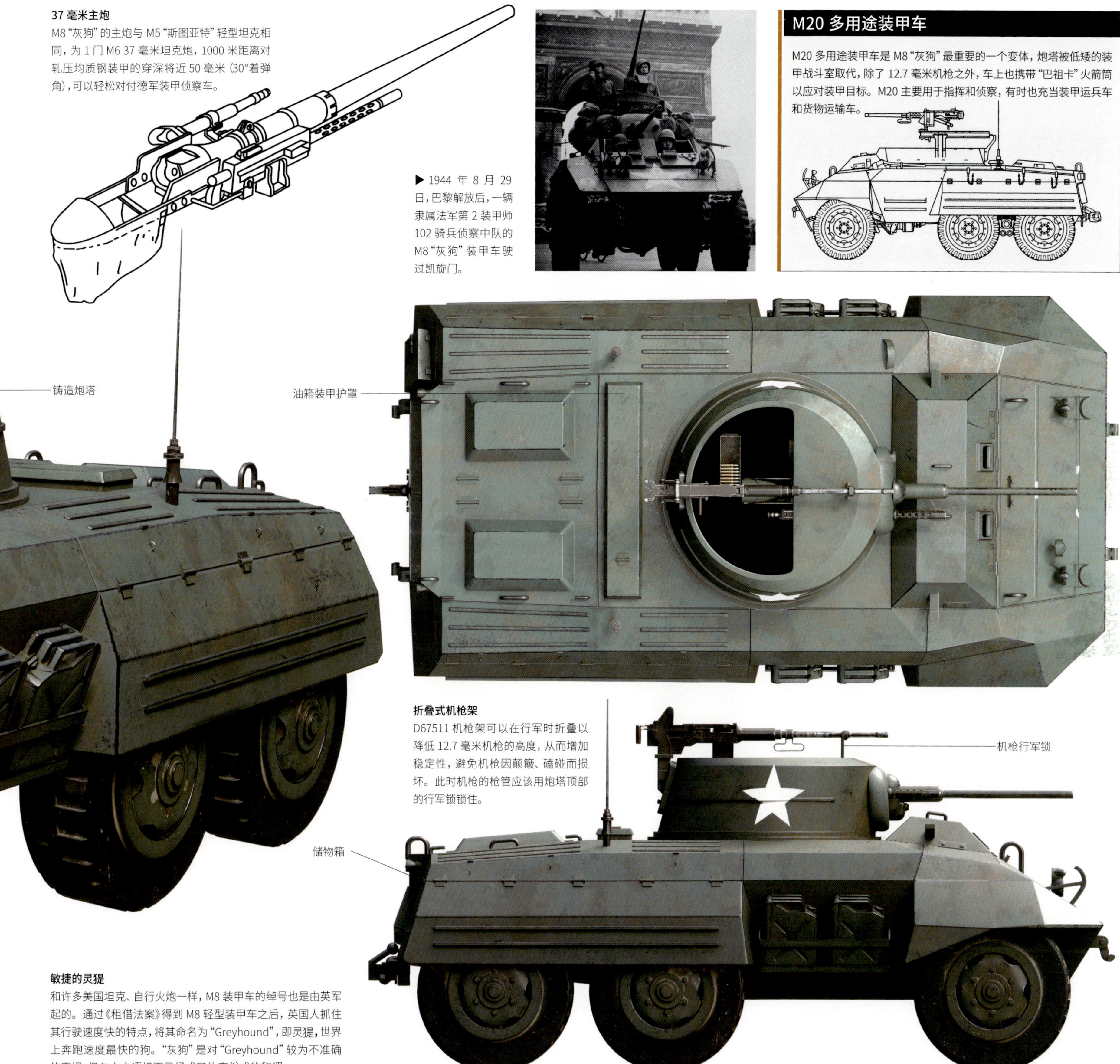

37 毫米主炮

M8“灰狗”的主炮与 M5“斯图亚特”轻型坦克相同，为 1 门 M6 37 毫米坦克炮，1000 米距离对轧压均质钢装甲的穿深将近 50 毫米（30°着弹角），可以轻松对付德军装甲侦察车。

▶ 1944 年 8 月 29 日，巴黎解放后，一辆隶属法军第 2 装甲师 102 骑兵侦察中队的 M8“灰狗”装甲车驶过凯旋门。

M20 多用途装甲车

M20 多用途装甲车是 M8“灰狗”最重要的一个变体，炮塔被低矮的装甲战斗室取代，除了 12.7 毫米机枪之外，车上也携带“巴祖卡”火箭筒以应对装甲目标。M20 主要用于指挥和侦察，有时也充当装甲运兵车和货物运输车。

折叠式机枪架

D67511 机枪架可以在行军时折叠以降低 12.7 毫米机枪的高度，从而增加稳定性，避免机枪因颠簸、磕碰而损坏。此时机枪的枪管应该用炮塔顶部的行军锁锁住。

敏捷的灵猩

和许多美国坦克、自行火炮一样，M8 装甲车的绰号也是由英军起的。通过《租借法案》得到 M8 轻型装甲车之后，英国人抓住其行驶速度快的特点，将其命名为“Greyhound”，即灵猩，世界上奔跑速度最快的狗。“灰狗”是对“Greyhound”较为不准确的直译，但在中文语境下已经成了约定俗成的称谓。

Sd.Kfz.234 重型装甲侦察车

重型装甲车是一种战力尚可，并且用途广泛的武器，因此德国在二战前予以大力发展。德军的重型装甲车在波兰、法国和北非都有不俗的战绩，但在面对沙漠中的高温、干旱和苏联的严寒时则显得不够皮实可靠。有鉴于此，德国总结旧型车辆的设计缺陷，研制了专门针对北非作战环境的Sd.Kfz.234 重型装甲侦察车。这是一种8×8装甲车，采用硬壳式车身，由一台气冷柴油机驱动。具有讽刺意味的是，Sd.Kfz.234 于 1943 年 7 月投产，此时北非战事已经结束，德军在这一战场全面溃败。虽然没有像设想的那样在戈壁和沙漠上驰骋，Sd.Kfz.234 仍不失为一种强大的武器，可以搭载中型坦克级别的火炮，防护水平也可圈可点，在东西两线都证明了自己的价值。

六边形炮塔

图中所示为 Sd.Kfz.234/1 型，它的战斗室看起来和 Sd.Kfz.222 轻型装甲侦察车有几分相似，但其实二者存在本质的不同。Sd.Kfz.234/1 配备的是真正的炮塔，安装在炮塔座圈上。其炮座固定在炮塔内，而不是车体地板上。

特立独行

Sd.Kfz.234 是二战期间德国唯一一种使用气冷柴油机的装甲车，装备一台捷克斯洛伐克制造的太拖拉 103 发动机。和液冷发动机相比，气冷发动机的散热效率较差，但环境适应性更强，在酷热的气候条件下不易过热，在严寒中也不易过冷。

双叉臂＋钢板弹簧

Sd.Kfz.234 采用双叉臂式钢板弹簧平衡悬挂，每个车轮都安装在一对叉臂上。车体同侧的 4 个车轮，每 2 个一组，由一具纵向钢板弹簧连接。钢板弹簧可吸收震动，亦可围绕中心轴上下摆动以克服地形起伏。这种悬挂在二战期间的德国 8×8 装甲车上得到了广泛应用。

▲ Sd.Kfz.234 的底盘（左前视角）。

前示宽杆

保险杠

8 轮转向

Sd.Kfz.234 的 8 个车轮分为前后两组，每组都配有转向器。通常情况下后部 4 个车轮的转向器是锁死的，车辆用前面 4 个车轮转向，但在后向驾驶员驾车时这一设置可以反转——为了实现快速撤离，Sd.Kfz.234 具有前后双向驾驶的功能。

武/器/档/案 WEAPON ARCHIVES

Sd.Kfz. 234/1 重型装甲侦察车

2.1 米　2.4 米　6 米

80 千米 / 时

11.5 吨

机动性			
发动机	1 台太拖拉 103 型 V 型 12 缸气冷柴油机（210 马力）		
最大公路速度	80 千米 / 时	最大公路行程	900 千米
涉水深	1.2 米	攀垂直墙高	0.5 米
越壕宽	1.35 米	爬坡角度	—
武器			
主要武器	1 门 KwK 38 20 毫米 55 倍径机关炮（Sd.Kfz.234/1）		
辅助武器	1 挺 MG42 7.92 毫米机枪		
装甲（车体为轧压均质钢，炮塔为轧压和铸造均质钢）			
车体上层	前部 30 毫米（40°）	侧面 8 毫米（35°）	后部 10 毫米（38°）
车体下层	前部 30 毫米（30°～55°）		侧面 8 毫米（30°）
	后部 10 毫米（31～46°）		
炮塔	前部 30 毫米（40°）	侧面 8 毫米（40°）	后部 8 毫米（38°）

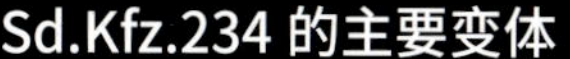

Sd.Kfz.234 的主要变体

Sd.Kfz.234 主要有 4 种变体，最大的区别在武器方面。其中最早的生产型是 Sd.Kfz.234/2，绰号为"美洲狮"。Sd.Kfz.234/1 和 Sd.Kfz.234/3 同时研发，问世时间比 Sd.Kfz.234/2 稍晚。Sd.Kfz.234/4 火力最为强大，几乎把 8×8 底盘的潜力压榨到了极限。

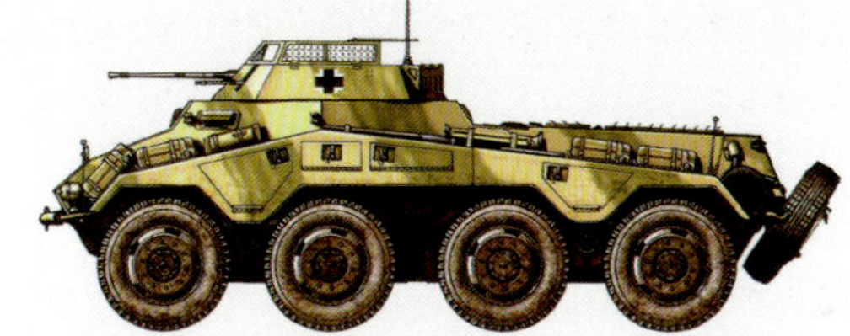

Sd.Kfz.234/1 · 敞开式战斗室 · KwK 38 20 毫米 55 倍径机关炮

Sd.Kfz.234/2 · 封闭式炮塔 · KwK 39/1 50 毫米 60 倍径火炮

Sd.Kfz.234/3 · 敞开式战斗室 · K51 75 毫米 24 倍径火炮

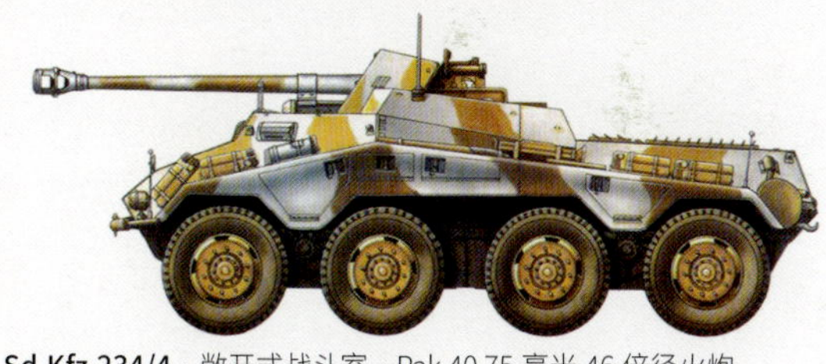

Sd.Kfz.234/4 · 敞开式战斗室 · Pak 40 75 毫米 46 倍径火炮

BA-10 Armoured Car

BA-10 中型装甲车

BA-10 是二战爆发前夕苏军装备的性能最出色的装甲车，亦是二战期间苏军装备最多的中型装甲车。它并非典型的装甲侦察车，不仅能执行侦察任务，也可以充当主战武器，普遍被当作“廉价坦克”使用。其底盘源自当时苏联最先进的国产卡车嘎斯 -AAA，车体的主体部分由装甲板焊接而成，一些部位也采用了螺接和铆接工艺。它沿用了嘎斯卡车的基本布局，车体从前到后分别为动力室、驾驶室和战斗室，炮塔为后置式，背负在战斗室顶部。BA-10 的火力与 T-26 轻型步兵坦克基本持平，防护水平则稍逊一筹，在二战初期是一种威力强大的武器。在入侵波兰、诺门坎战役、苏芬战争中 BA-10 都十分活跃，但自身损失也比较严重，暴露出了防护和机动性不足的问题。虽然 BA-10 综合性能尚佳，但其作战效能终究不能和坦克相比，1941 年之后就宣告停产，其侦察职能则被 T-60、T-70 等轻型坦克取代。

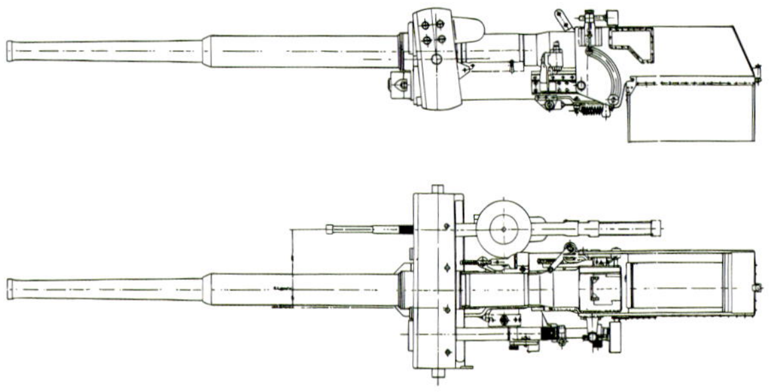

火力凶猛

BA-10 配备了 T-26 坦克同款主炮和并列机枪——20K 45 毫米火炮和 DT 7.62 毫米机枪。20K 45 毫米火炮能在 1000 米距离正面击穿德国 II 号坦克的大部分型号和日本九七式坦克。

武/器/档/案 WEAPON ARCHIVES

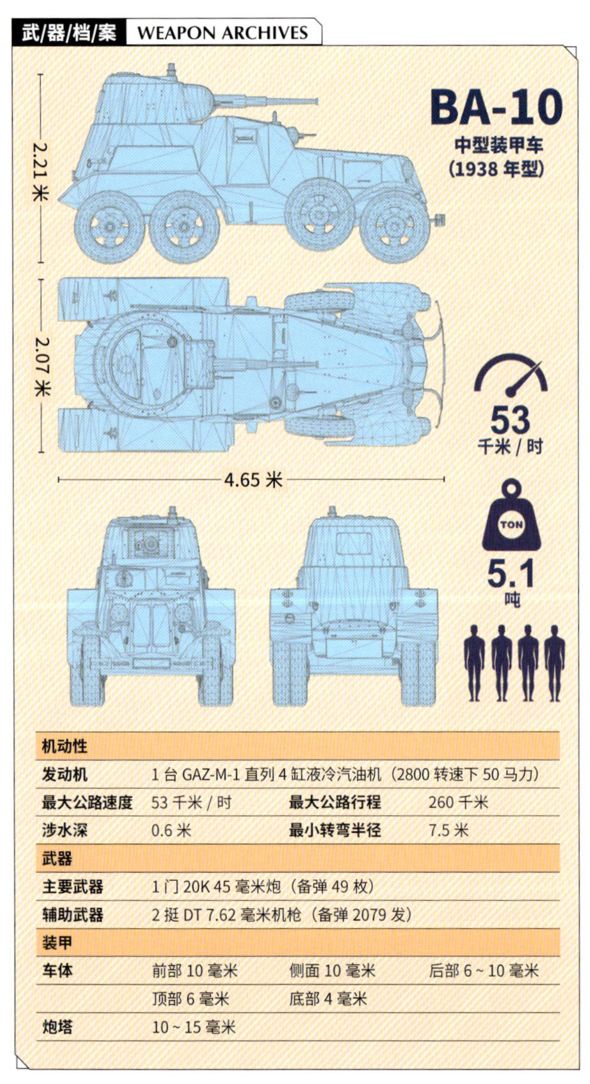

机动性			
发动机	1 台 GAZ-M-1 直列 4 缸液冷汽油机（2800 转速下 50 马力）		
最大公路速度	53 千米 / 时	最大公路行程	260 千米
涉水深	0.6 米	最小转弯半径	7.5 米
武器			
主要武器	1 门 20K 45 毫米炮（备弹 49 枚）		
辅助武器	2 挺 DT 7.62 毫米机枪（备弹 2079 发）		
装甲			
车体	前部 10 毫米	侧面 10 毫米	后部 6 ~ 10 毫米
	顶部 6 毫米	底部 4 毫米	
炮塔	10 ~ 15 毫米		

不惧子弹

BA-10 装甲车使用实心橡胶轮胎，虽然增加了重量且严重影响舒适性，但具有优秀的防弹能力。

备胎

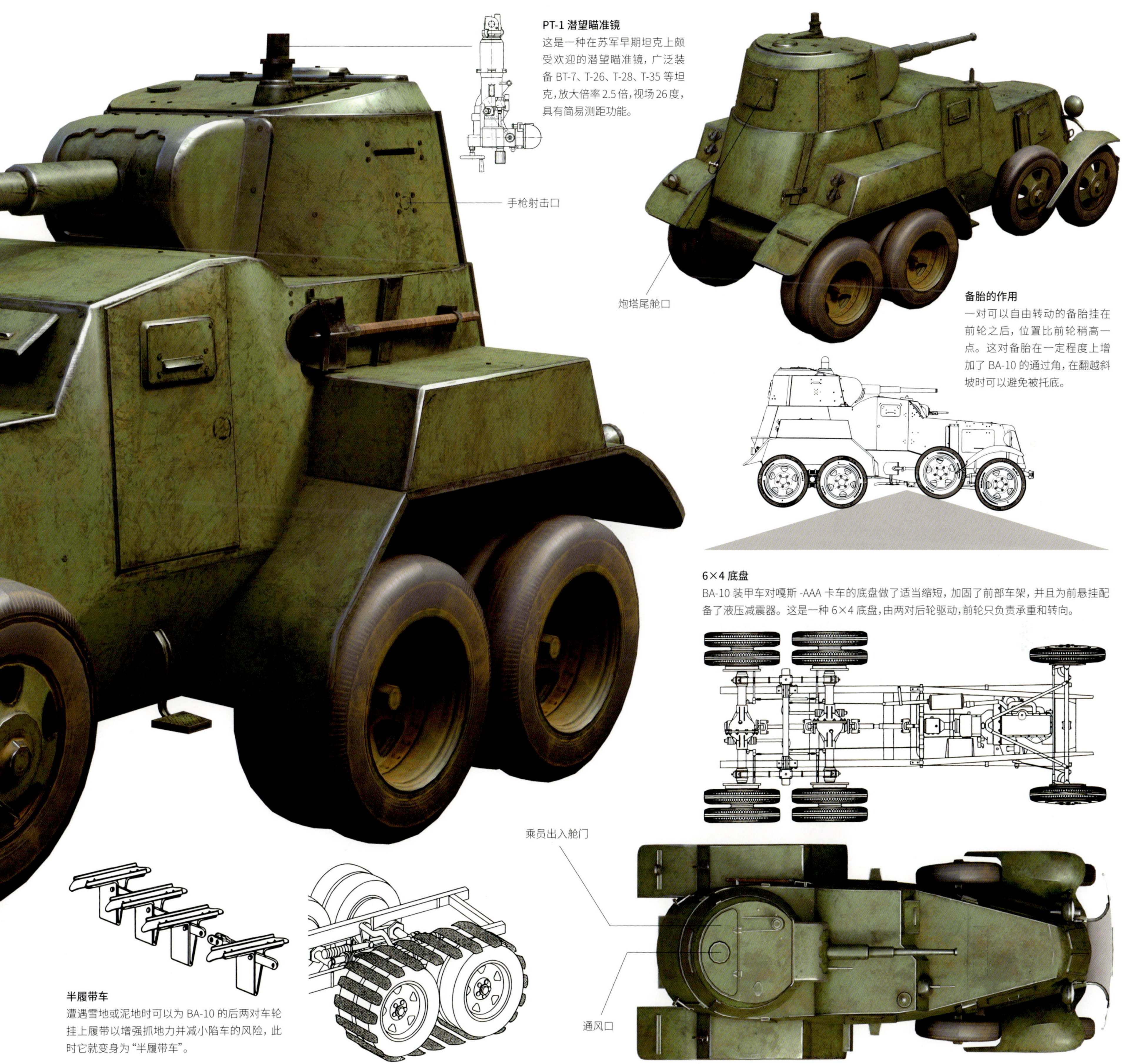

PT-1 潜望瞄准镜

这是一种在苏军早期坦克上颇受欢迎的潜望瞄准镜，广泛装备 BT-7、T-26、T-28、T-35 等坦克，放大倍率 2.5 倍，视场 26 度，具有简易测距功能。

备胎的作用

一对可以自由转动的备胎挂在前轮之后，位置比前轮稍高一点。这对备胎在一定程度上增加了 BA-10 的通过角，在翻越斜坡时可以避免被托底。

6×4 底盘

BA-10 装甲车对嘎斯 -AAA 卡车的底盘做了适当缩短，加固了前部车架，并且为前悬挂配备了液压减震器。这是一种 6×4 底盘，由两对后轮驱动，前轮只负责承重和转向。

半履带车

遭遇雪地或泥地时可以为 BA-10 的后两对车轮挂上履带以增强抓地力并减小陷车的风险，此时它就变身为“半履带车”。

Half-Track

半履带车

二战期间，半履带车这种起始于 19 世纪末的混合式车辆迎来了自己的巅峰时刻。事情起源于让士兵和辎重跟上坦克的需求——履带式车辆虽然越野能力很强，但昂贵、复杂且容易磨损，显然不够经济，无法大量装备；轮式车辆虽然价格便宜、技术成熟，但过度依赖道路，很容易被坦克抛在身后；而半履带车似乎是一个完美的解决方案，拥有远高于轮式车辆的越野性能，又比履带式车辆更具性价比。

Sd.Kfz.250 轻型装甲运兵车

1941 年在德军服役的 Sd.Kfz.250 半履带车绝对是特立独行的存在，它没有使用同类车辆常用的车架结构，而是采用了承载式车身。由于车轮和履带都可以参与转向，加上车身较短，它在转弯时非常灵活。车上配备的迈巴赫 VG 102128 H 型挡位预选变速箱拥有 7 个前进挡和 3 个倒退挡，可以提供相当平顺的驾驶体验。Sd.Kfz.250 秉承了德国装甲车一贯的倾斜装甲设计，车体顶部是敞开的，车尾有一扇舱门供人员出入。驾驶员和车长身后设有 4 个乘员席位，可以搭载半个 8 人制步兵班。除了运送人员之外，这种车辆也广泛应用于侦察、指挥、联络、观察、弹药输送等任务，并且拥有类型丰富的变体。（主图为 Sd.Kfz.250/11）

行走机构

Sd.Kfz.250 的前桥使用的是横置钢板弹簧悬挂，前轮没有动力，只用于转向。履带部分主动轮在前，诱导轮在后，负重轮交错排列，采用扭杆悬挂。

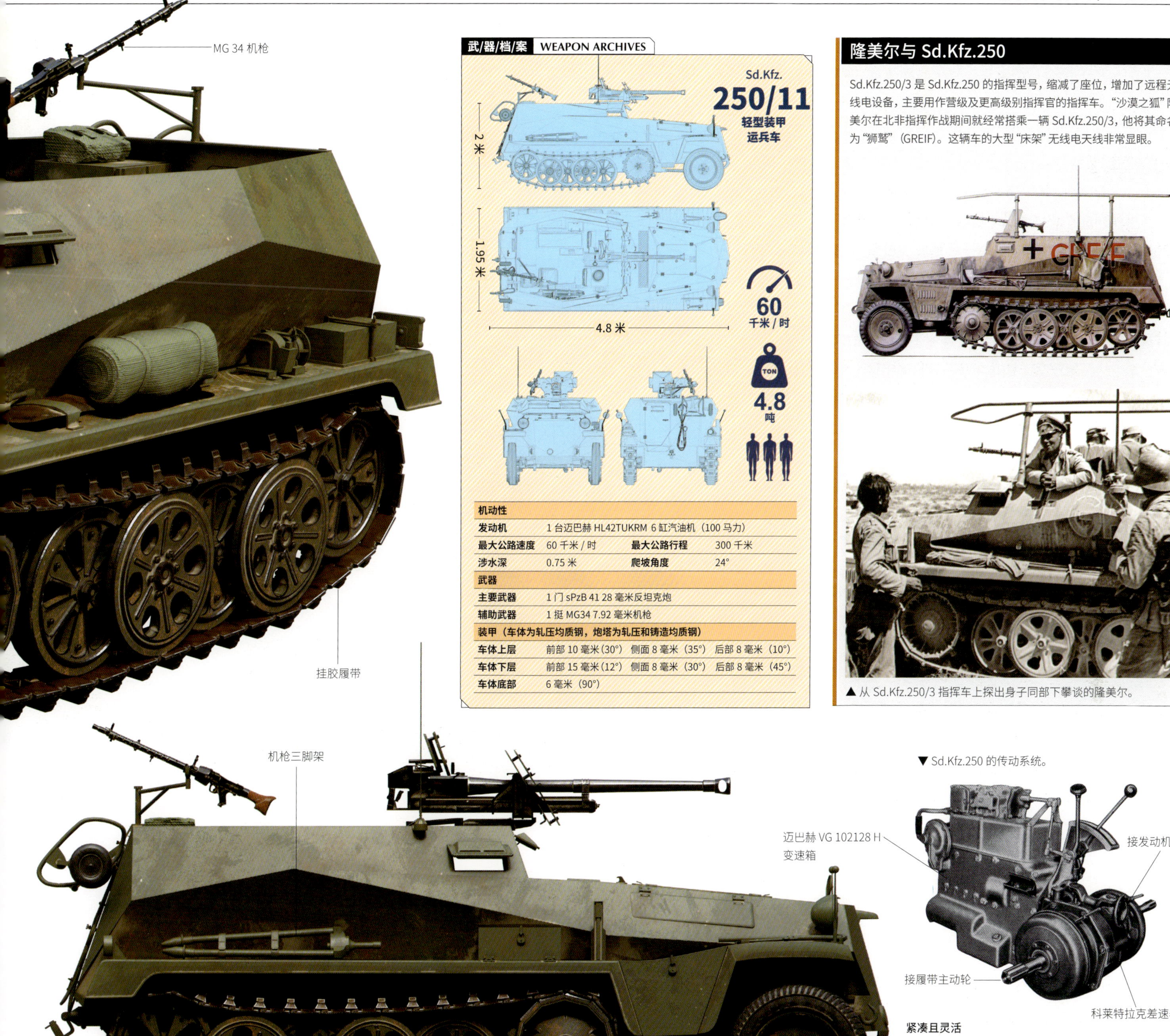

武/器/档/案 WEAPON ARCHIVES

机动性			
发动机	1 台迈巴赫 HL42TUKRM 6 缸汽油机（100 马力）		
最大公路速度	60 千米 / 时	最大公路行程	300 千米
涉水深	0.75 米	爬坡角度	24°
武器			
主要武器	1 门 sPzB 41 28 毫米反坦克炮		
辅助武器	1 挺 MG34 7.92 毫米机枪		
装甲（车体为轧压均质钢，炮塔为轧压和铸造均质钢）			
车体上层	前部 10 毫米（30°） 侧面 8 毫米（35°） 后部 8 毫米（10°）		
车体下层	前部 15 毫米（12°） 侧面 8 毫米（30°） 后部 8 毫米（45°）		
车体底部	6 毫米（90°）		

隆美尔与 Sd.Kfz.250

Sd.Kfz.250/3 是 Sd.Kfz.250 的指挥型号，缩减了座位，增加了远程无线电设备，主要用作营级及更高级别指挥官的指挥车。“沙漠之狐”隆美尔在北非指挥作战期间就经常搭乘一辆 Sd.Kfz.250/3，他将其命名为“狮鹫”（GREIF）。这辆车的大型“床架”无线电天线非常显眼。

▲ 从 Sd.Kfz.250/3 指挥车上探出身子同部下攀谈的隆美尔。

▼ Sd.Kfz.250 的传动系统。

紧凑且灵活

Sd.Kfz.250 车身很短，布局相当紧凑，这有利于缩小转弯半径。在公路上行驶时，Sd.Kfz.250 只需用前轮转向，在狭窄街巷或野外地面行驶时则可利用科莱特拉克差速器转向。大角度转动方向盘，差速器将差动履带，此时转弯半径可以减小到 5 米。

Sd.Kfz.251 中型装甲运兵车

为配合装甲掷弹兵的步兵与战车协同战术，德国在二战前夕研制了 Sd.Kfz.251 半履带车。它可以搭载一个 10 人制步兵班并为其提供对轻武器和炮弹破片的防护。按照设想，搭乘 Sd.Kfz.251 抵达战场后装甲掷弹兵将下车作战，车载机枪会为其提供支援火力，同时装甲掷弹兵亦能为车辆提供掩护。没有顶棚的设计虽然让载员直接暴露在顶部攻击之下，但也提高了他们的态势感知能力和面对威胁时的反应速度。和 Sd.Kfz.250 一样，Sd.Kfz.251 亦采用交错式负重轮和扭杆悬挂，并且可以通过差动履带来转向，这套系统结构复杂、维护困难，且在积雪和泥泞地面上容易被冻结。虽然铺装路面行驶速度不及轮式车辆，越野能力又不及坦克，Sd.Kfz.251 还是凭借强大的通用性为自己赢得了一席之地。它不仅是德军的核心步兵战斗车辆，也是二战中产量最大、用途最广的德国半履带车。（主图为 Sd.Kfz.251/7C）

复合非硬芯穿甲弹
破片杀伤弹
153 g
Nz.R.P.-(3-3/05)
Rdf 1940/2
Anx2c 41W
139g
Nz.R.P.-(3-3/05)
Rdf 1940/2
Anx2c 41W

示宽杆
转向指示灯
带防空灯罩的车前灯
发动机启动手柄插孔

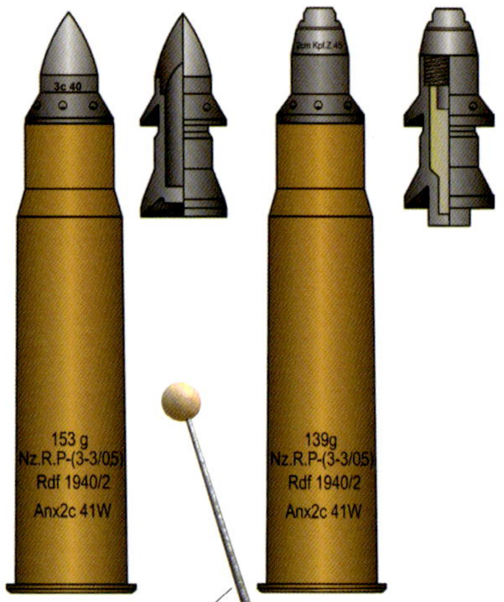

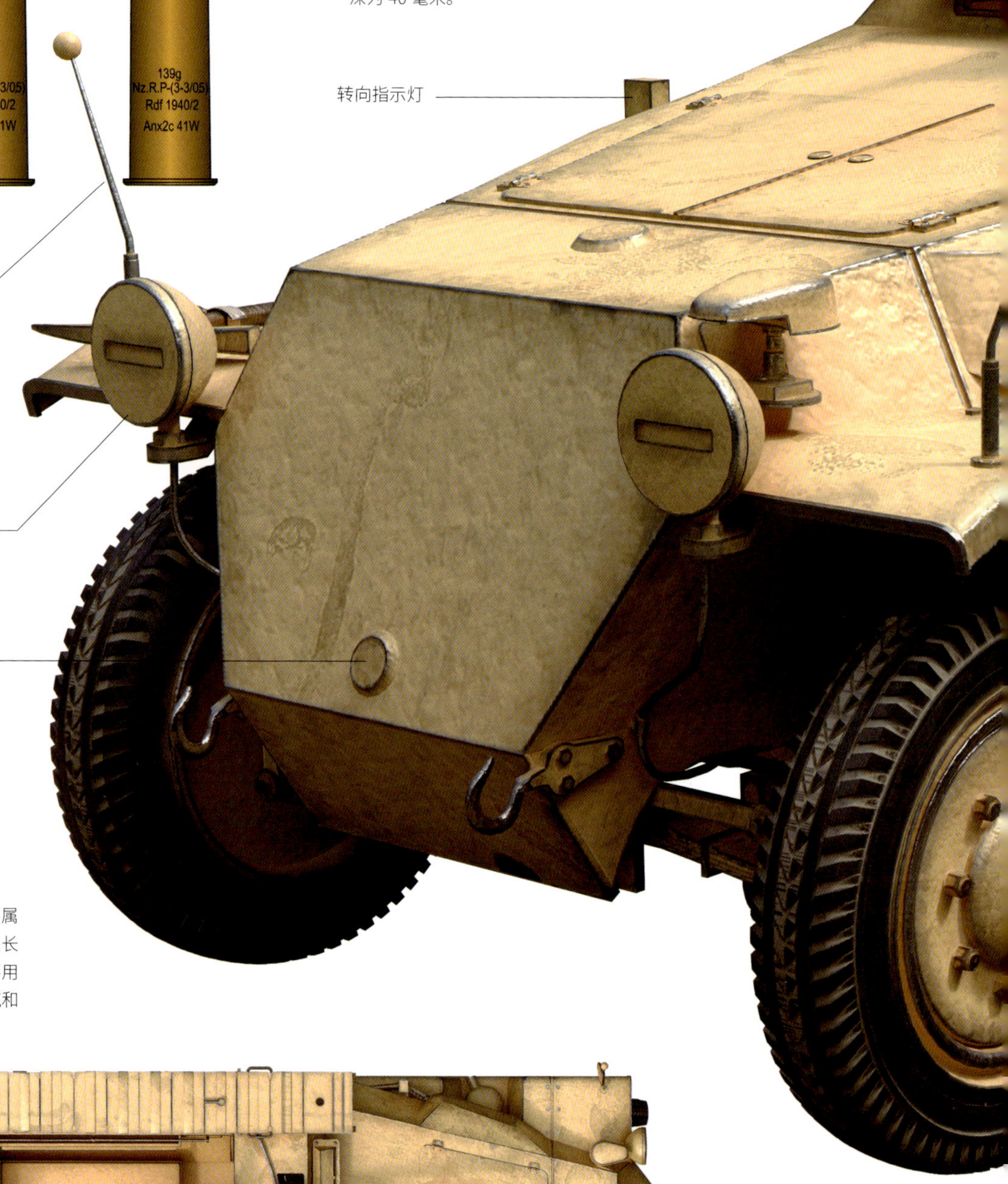

2.8 厘米锥膛炮

图中所示的 Sd.Kfz.251/7 C 型半履带车搭载了一门 sPzB 41 28 毫米反坦克炮，这是一种锥膛炮，炮膛从尾部到炮口逐渐收窄。发射时，环绕弹芯的软质金属弹裙受到炮膛挤压，不断变细，同时紧密密封炮膛。和同口径普通火炮相比，锥膛炮膛压更高，初速更快，因此穿甲能力更强。sPzB 41 可在 100 米距离击穿 75 毫米厚垂直均质装甲，400 米距离穿深为 40 毫米。

武/器/档/案 WEAPON ARCHIVES

Sd.Kfz.
251/7C
中型装甲
运兵车
1.75 米
2.1 米
2.8 米
53
千米 / 时
TON
7.81
吨

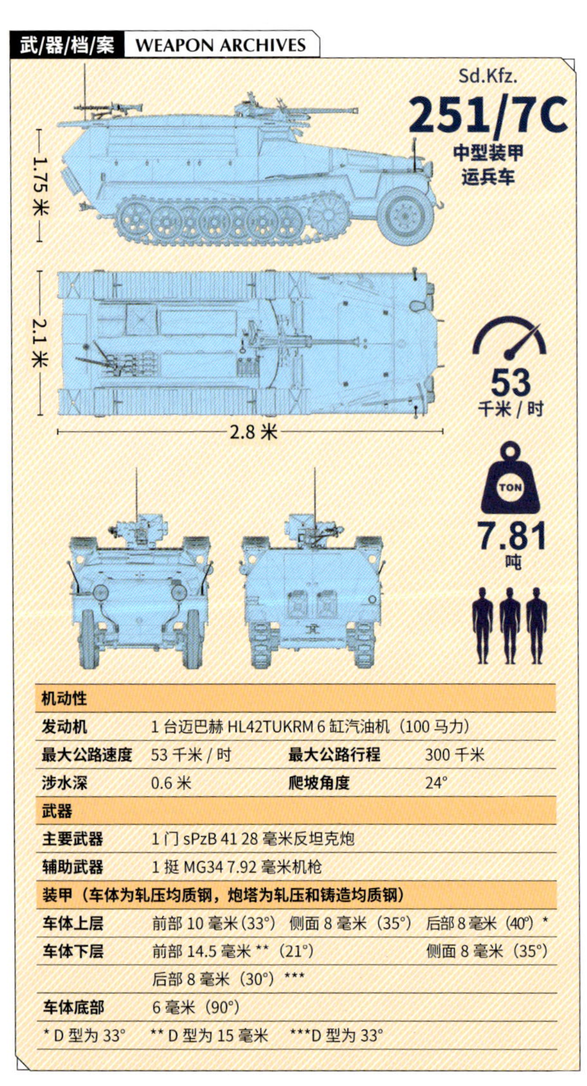

机动性			
发动机	1 台迈巴赫 HL42TUKRM 6 缸汽油机（100 马力）		
最大公路速度	53 千米 / 时	**最大公路行程**	300 千米
涉水深	0.6 米	**爬坡角度**	24°
武器			
主要武器	1 门 sPzB 41 28 毫米反坦克炮		
辅助武器	1 挺 MG34 7.92 毫米机枪		
装甲（车体为轧压均质钢，炮塔为轧压和铸造均质钢）			
车体上层	前部 10 毫米（33°） 侧面 8 毫米（35°） 后部 8 毫米（40°）*		
车体下层	前部 14.5 毫米 **（21°）	侧面 8 毫米（35°）	
	后部 8 毫米（30°）***		
车体底部	6 毫米（90°）		
*D 型为 33°	**D 型为 15 毫米	***D 型为 33°	

工兵突击

这辆 Sd.Kfz.251/7 C 型半履带车属于工兵突击型，因此携带了两块长 4 米、宽 0.32 米的钢质桥板，主要用于填补小型壕沟、弹坑，保证坦克和其他装甲车辆的通行。

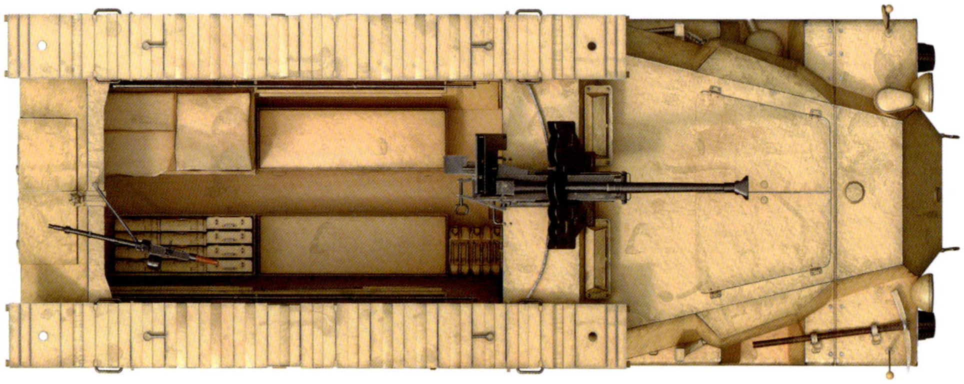

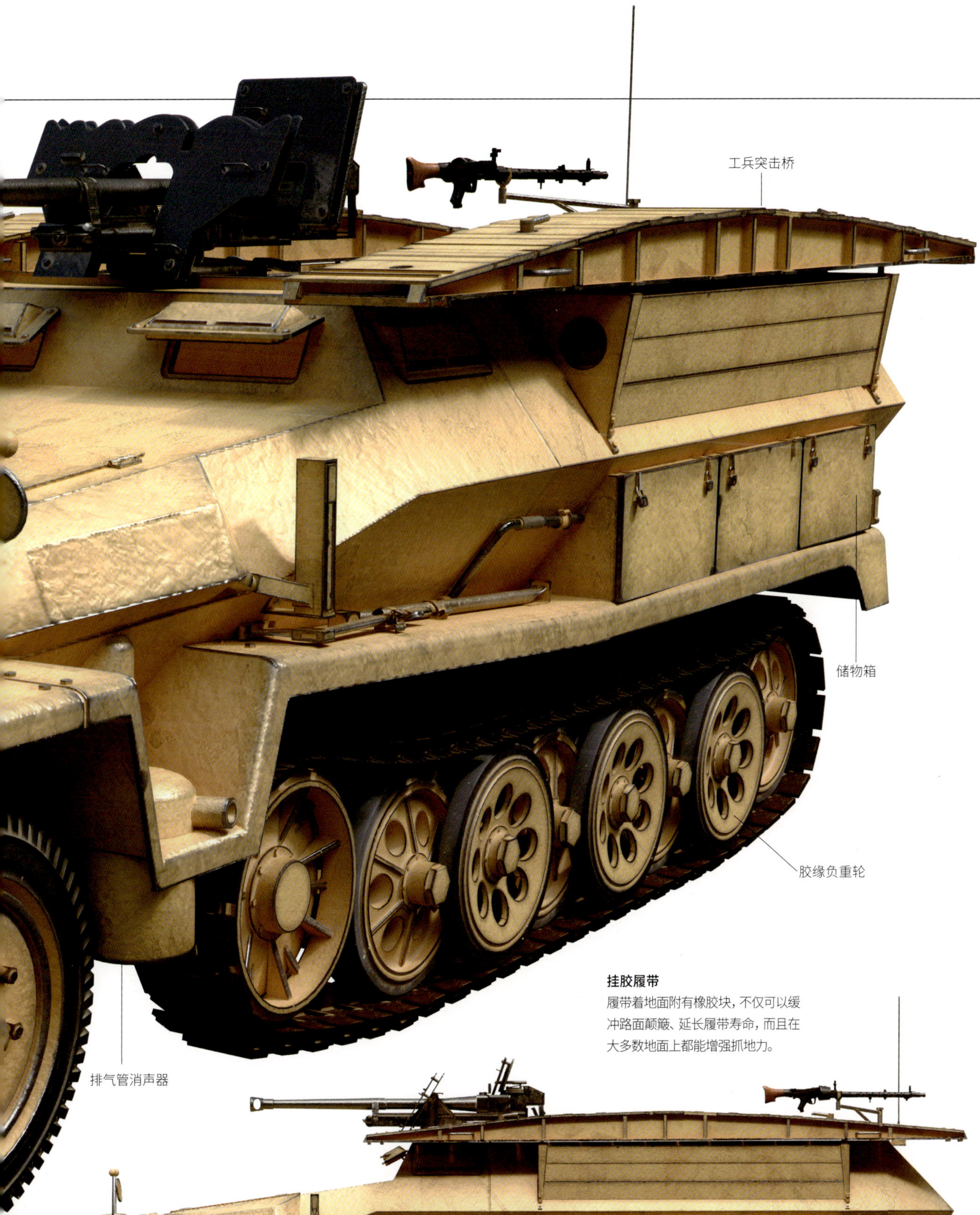

工兵突击桥
储物箱
胶缘负重轮
排气管消声器

挂胶履带

履带着地面附有橡胶块，不仅可以缓冲路面颠簸、延长履带寿命，而且在大多数地面上都能增强抓地力。

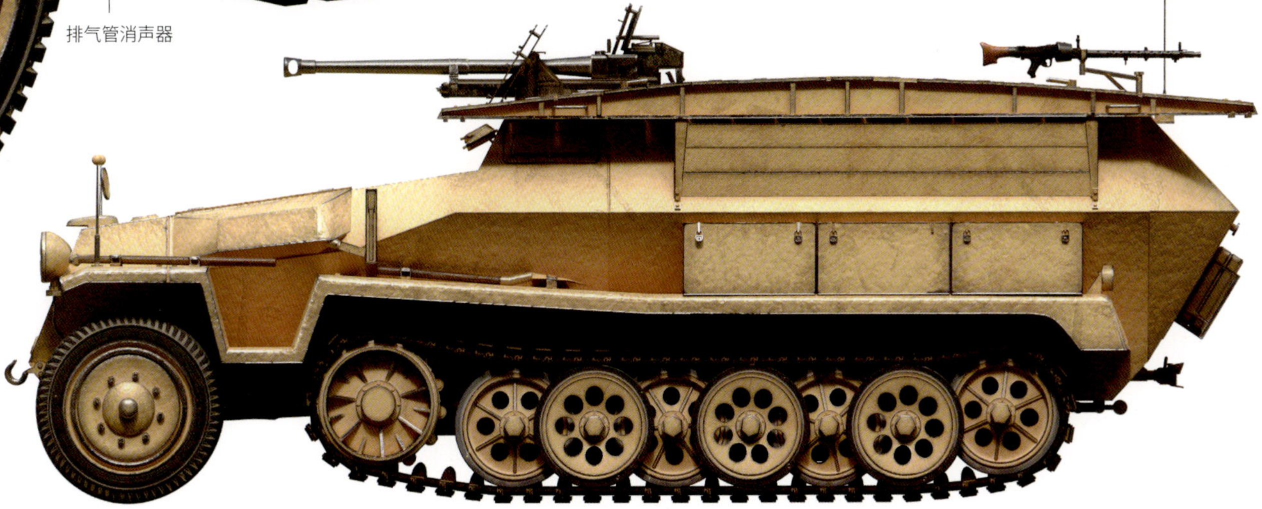

从 A 到 D

Sd.Kfz.251 有 4 个基本型号，1939 年起少量生产 A 型与 B 型，它们车首装甲由两块梯形装甲板构成，和 A 型相比，B 型取消了载员舱的观察窗。C 型是大量生产的型号，车首装甲改为一整块六边形装甲板，但车身其他部位的斜面增加，生产难度增大。1943 年又推出了生产工艺大幅简化的 D 型，装甲板的斜面大幅减少，最明显的特征是尾部装甲改为一个完整的斜面。

A 型与 B 型
C 型

A 型
B 型
C 型
D 型

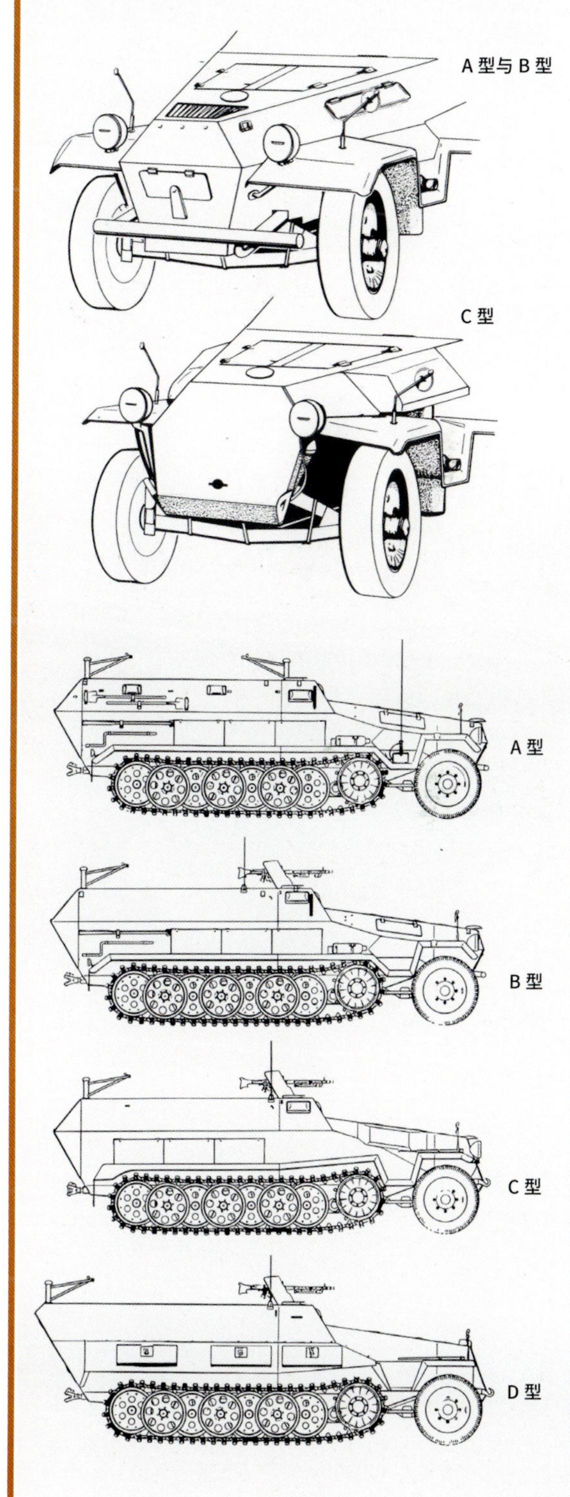

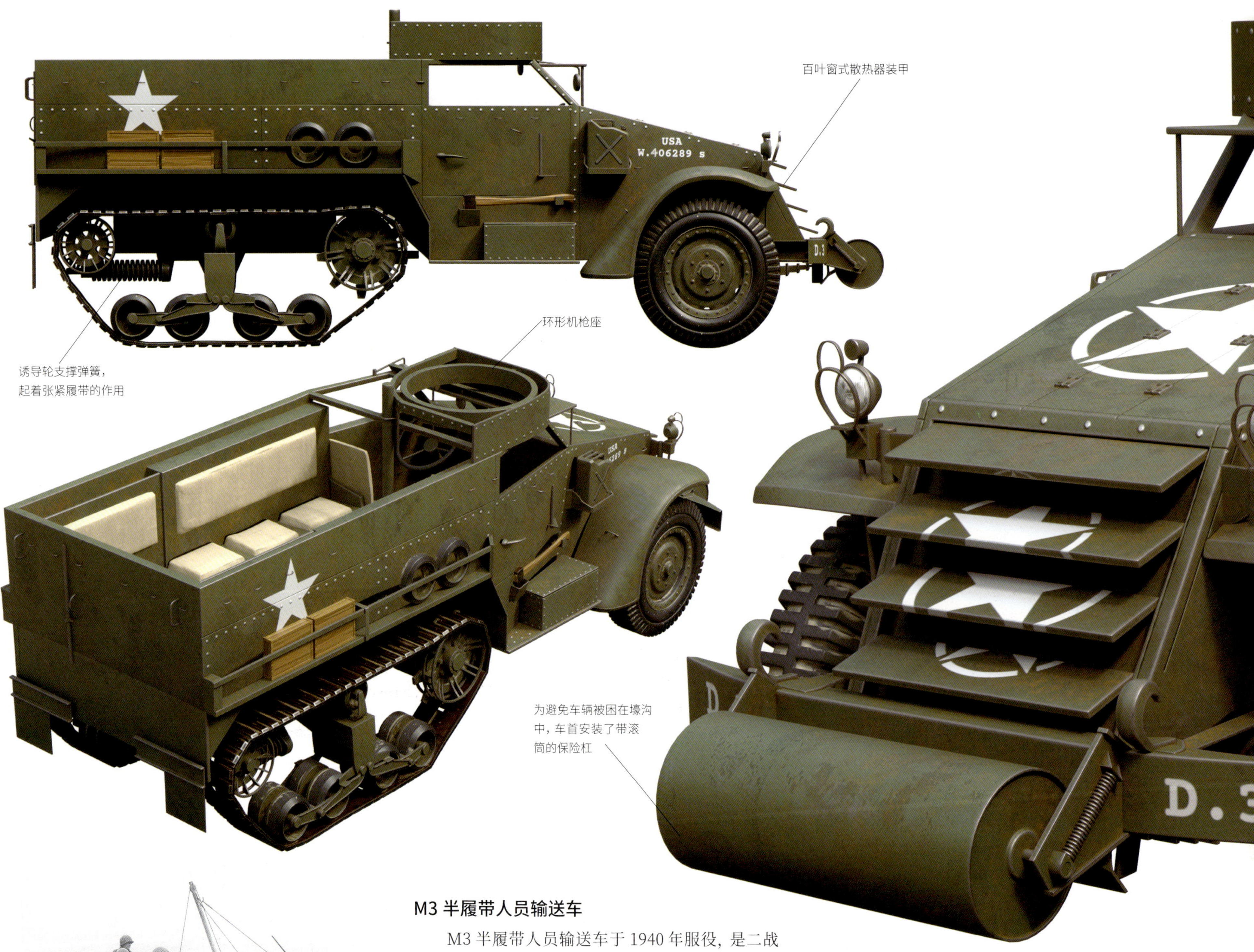

▲ 1945 年 2 月 28 日，卢森堡维斯瓦姆帕赫地区，一辆美军第 11 装甲师第 22 坦克营的半履带车正在吊起吉普车。这辆半履带车加装了起重机，可以充当抢修车。

M3 半履带人员输送车

M3 半履带人员输送车于 1940 年服役，是二战期间美军应用最广泛的半履带车，大量使用民用组件以提高可靠性和生产效率。它采用传统的卡车式布局，动力室在前，驾驶室居中，载员舱在后，全车有薄钢板保护，发动机散热器前设有百叶窗式装甲，挡风玻璃、驾驶员车窗处亦有可调节的防弹板。驾驶室内有 3 个席位，载员舱设有 10 个座席，从而可以容纳一个完整的 12 人制步兵班。M3 在 1942 年 11 月的“火炬行动”期间首次投入战场，主要用户是美军装甲步兵团，它在防护方面不尽如人意，但拥有极佳的机械可靠性。M3 的履带无法差动，因此只能依靠车轮转向。初期型号的 M3 前轮没有动力，转弯半径很大，灵活性欠佳，后期型号则将一部动力分配给了前轮，转向性能有所改善。

武/器/档/案 WEAPON ARCHIVES

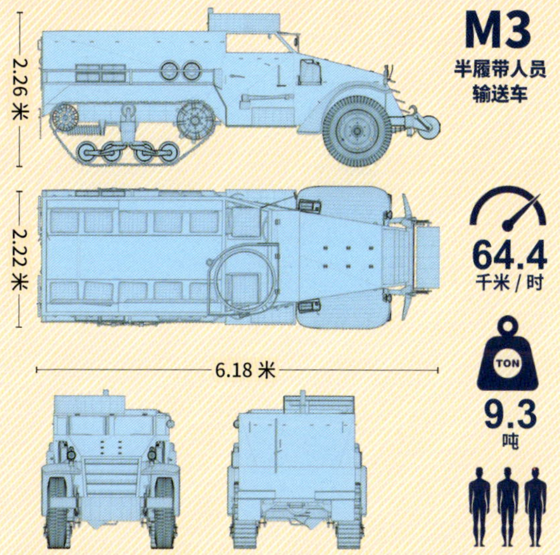

M3
半履带人员输送车

2.26 米
2.22 米
6.18 米
64.4 千米 / 时
9.3 吨

机动性			
发动机	1 台怀特 160AX 6 缸汽油机（147 马力）		
最大公路速度	64.4 千米 / 时	最大公路行程	282 千米
涉水深	0.81 米	攀垂直墙高	0.30 米
爬坡角度	31°		
武器			
主要武器	1 挺 12.7 毫米机枪（备弹 700 发）或 1 挺 7.62 毫米机枪（备弹 7750 发）		
装甲			
车体	6.35 ~ 12.7 毫米		

履带以钢缆、固定片为骨架，外覆橡胶

M3 半履带车的变体

M3 半履带车作为一种通用车辆无疑是非常成功的，除了装甲人员输送车之外，美军还在其底盘基础上研发了种类繁多的武器载具。

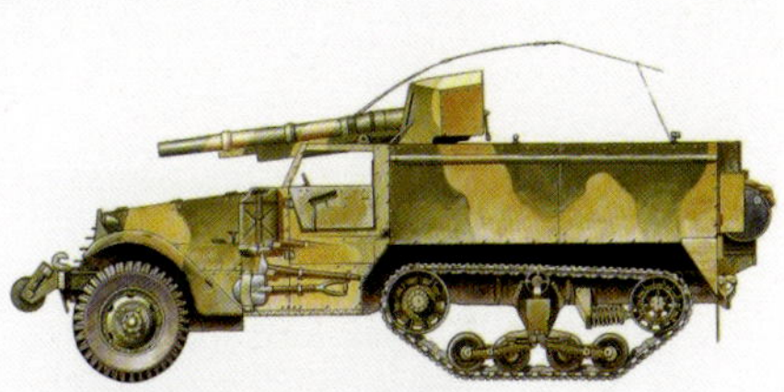

M3 火炮机动载具（自行反坦克炮）
· 1 门 M1897 75 毫米野战炮

M15 混合武器机动载具（防空车）
· 1 门 M1 37 毫米高射炮
· 2 挺 M2HB 12.7 毫米高射机枪

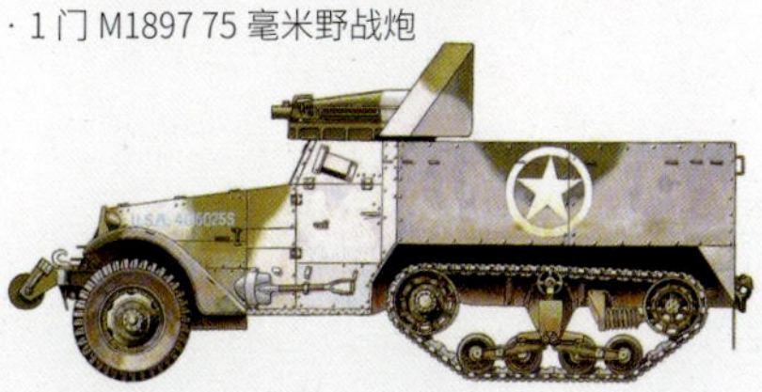

T30 榴弹炮机动载具（自行榴弹炮）
· 1 门 M1A1 75 毫米榴弹炮

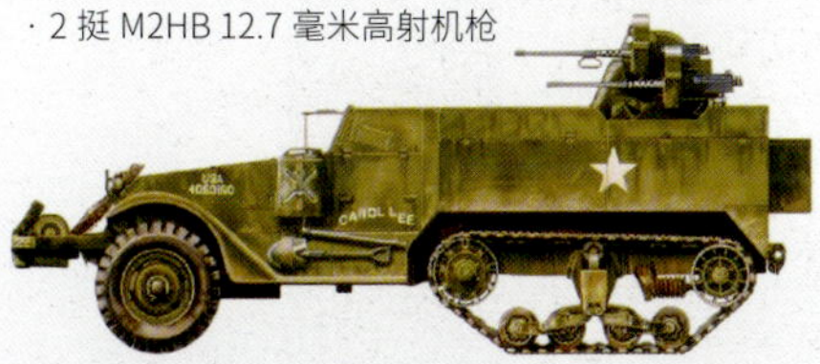

M16 多管机枪机动载具（防空车）
· 4 挺 M2HB 12.7 毫米高射机枪

紫心箱子

M3 半履带车缺乏顶部防护，对在头顶爆炸的炮弹毫无防御力，其装甲也不足以抵御机枪子弹，因此获得了"紫心箱子"的绰号，意指搭乘此车容易负伤或死亡，随后被颁发紫心勋章。紫心勋章通常授予在美军服役期间受伤或阵亡的人员，其章体为带金色边框的紫色心形，图案为乔治·华盛顿的侧面胸像。因为面向广大士兵颁发且授予门槛较低，它是美军中最为常见的勋章。

Tankette

超轻型坦克

超轻型坦克是一种超轻型履带式装甲战斗车辆，外观与坦克近似，但尺寸很小，重量很轻，甚至不及家用汽车。在两次世界大战之间的经济大萧条中，它一度成为坦克的廉价替代品，对那些有一定工业基础和国际影响力、希望发展装甲部队但又缺乏经费的中小国家来说尤是如此。超轻型坦克的装甲和火力都很薄弱，在二战中已无法担当廉价坦克的角色，主要用来执行侦察、巡逻、传令、牵引装备等辅助任务。

L3/33 与 L3/35 超轻型坦克

20 世纪 30 年代，为了以较低成本构建一支装甲部队，工业资源和工业水平都不甚理想的意大利制造了大量工艺简单、造价低廉的 L3/33 与 L3/35 超轻型坦克。截至 1940 年向法国宣战时，它们已经成为意军中装备数量最大的装甲战斗车辆。L3/33 与 L3/35 并无明显差别，最大的不同在于装甲板的固定方式，前者为螺接加焊接，后者为铆接。因为装甲薄弱，L3/33 与 L3/35 获得了“沙丁鱼罐头”“铁棺材”等绰号，不过其灵活、可靠、易于隐蔽的特性在崎岖多山的地形中仍然很有价值。从 1935 年第二次意大利 - 埃塞俄比亚战争到 1943 年意大利投降，L3/33 与 L3/35 一直十分活跃。

▲ 1943 年 10 月，一辆 L3/35 正在狄那里克山脉的山间公路上追击南斯拉夫游击队，它的主要武器是 2 挺 8 毫米布雷达机枪。

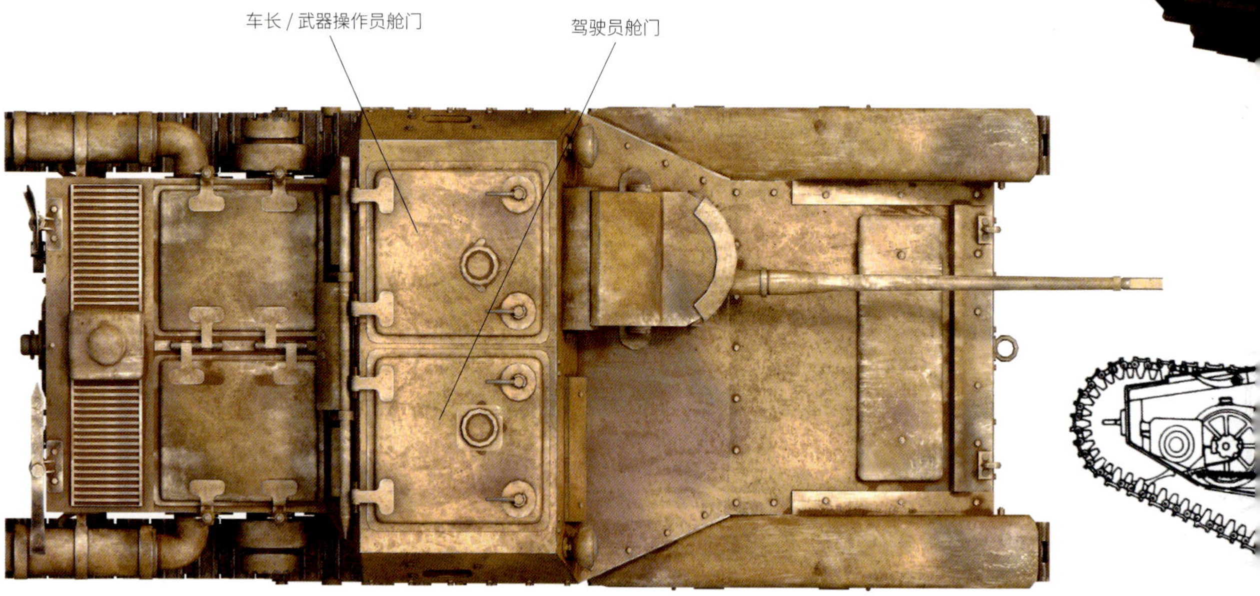

苏罗通 S-18/1000 20 毫米反坦克枪

这是一种瑞士研制的半自动反坦克枪，10 发弹匣供弹，100 米距离可击穿 35 毫米厚的垂直均质装甲，500 米距离穿深为 23 毫米。它空枪重高达 40 千克且后坐力巨大，并不适合步兵使用，不过作为车载武器这些缺点可以忽略不计。

车长 / 武器操作员舱门

驾驶员舱门

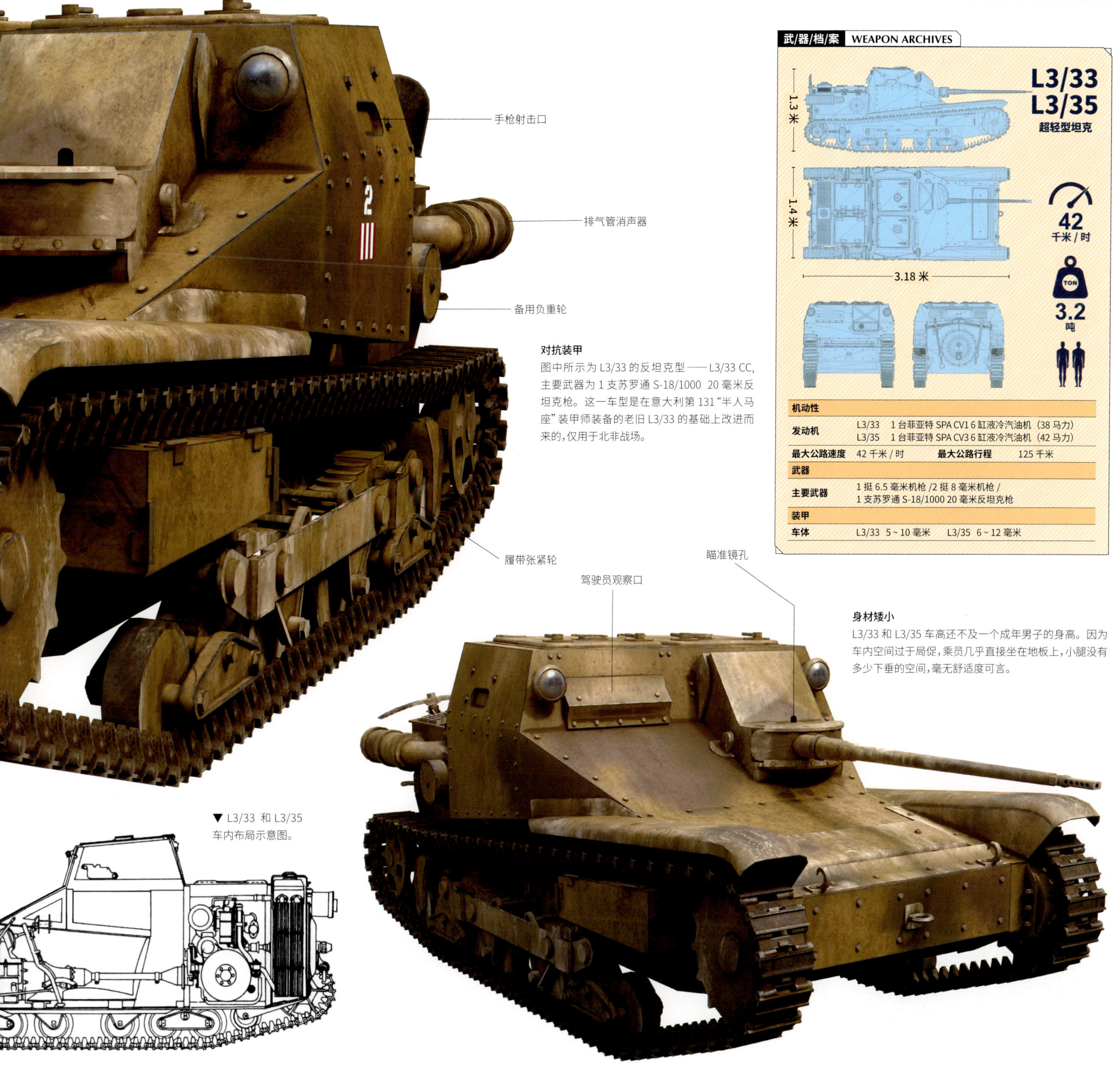

机动性			
发动机	L3/33 1 台菲亚特 SPA CV1 6 缸液冷汽油机（38 马力） L3/35 1 台菲亚特 SPA CV3 6 缸液冷汽油机（42 马力）		
最大公路速度	42 千米 / 时	最大公路行程	125 千米
武器			
主要武器	1 挺 6.5 毫米机枪 /2 挺 8 毫米机枪 / 1 支苏罗通 S-18/1000 20 毫米反坦克枪		
装甲			
车体	L3/33 5 ~ 10 毫米	L3/35 6 ~ 12 毫米	

对抗装甲

图中所示为 L3/33 的反坦克型——L3/33 CC，主要武器为 1 支苏罗通 S-18/1000 20 毫米反坦克枪。这一车型是在意大利第 131“半人马座”装甲师装备的老旧 L3/33 的基础上改进而来的，仅用于北非战场。

身材矮小

L3/33 和 L3/35 车高还不及一个成年男子的身高。因为车内空间过于局促，乘员几乎直接坐在地板上，小腿没有多少下垂的空间，毫无舒适度可言。

▼ L3/33 和 L3/35 车内布局示意图。

TK-3 与 TKS 侦察坦克

1931 年，波兰以英国卡登 · 洛伊德装甲车底盘为基础，研发了 TK-3 侦察坦克，它使用波兰版的哈奇开斯重机枪和美国产的福特 A 型汽油机。1933 年，波兰又推出了 TK-3 侦察坦克的改进型 TKS，改用波兰菲亚特 -122 发动机，增厚了装甲，修改了车体形状和悬挂系统。二战前夕，TK-3 和 TKS 是波兰装甲部队的主要装备，其战斗力堪堪与德国 I 号坦克持平。它们在波兰战役中损失惨重，幸存下来的车辆在德国及其仆从国军队中主要用于人员训练、维持治安、牵引火炮、机场警戒、跑道扫雪等任务。（主图为 TKS 侦察坦克）

车长 / 武器操作员潜望镜

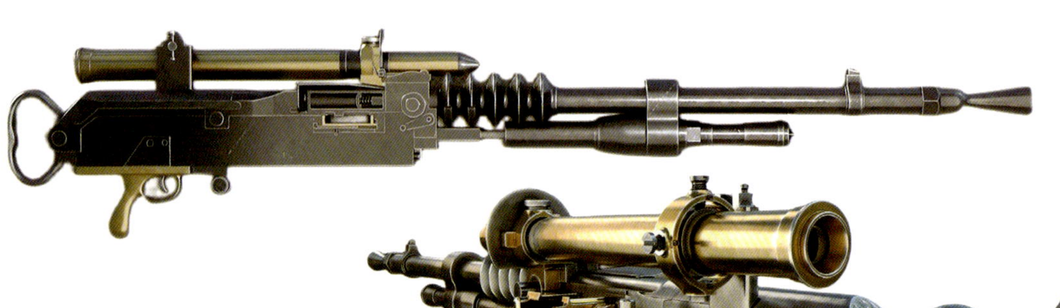

波兰版哈奇开斯

TK-3 与 TKS 的主要武器为一挺 Ckm wz.25 机枪，这是哈奇开斯 M1914 重机枪的波兰版，弹药由 8 毫米 ×50 毫米勒贝尔弹改为 7.92 毫米 ×57 毫米毛瑟弹，仍旧以 30 发弹板供弹。这并不是一个成功的设计，相比勒贝尔弹，毛瑟弹膛压更高，导致枪管的烧蚀与磨损更加严重，其他零件也更容易损坏。

外观差别

TK-3 与 TKS 最大的外观差别在于战斗形状。前者的战斗室接近于规整的棱柱加梯形柱状；后者的战斗室增加了装甲倾斜角度，且在驾驶员前方有明显的凹陷。

TK-3

TKS

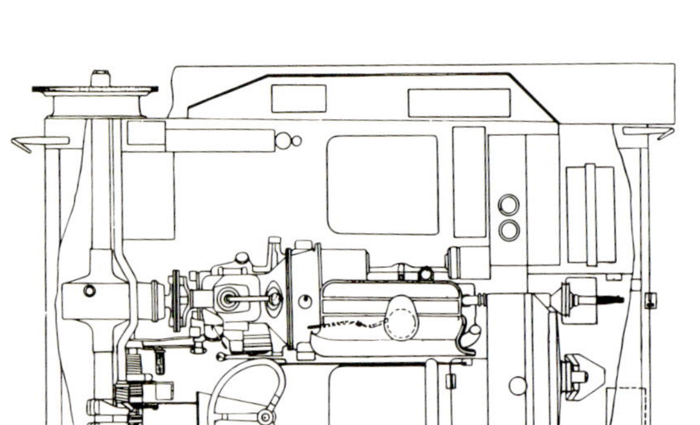

布局紧凑

TK-3 与 TKS 的车身很短，发动机和变速箱安置在两名乘员之间。发动机散热水箱紧贴在驾驶员席位背后，油箱则见缝插针地塞在了车长兼武器操作员身后。出于方便布置管道的考虑，排气管消声器“背负”在战斗室后方较高的位置。

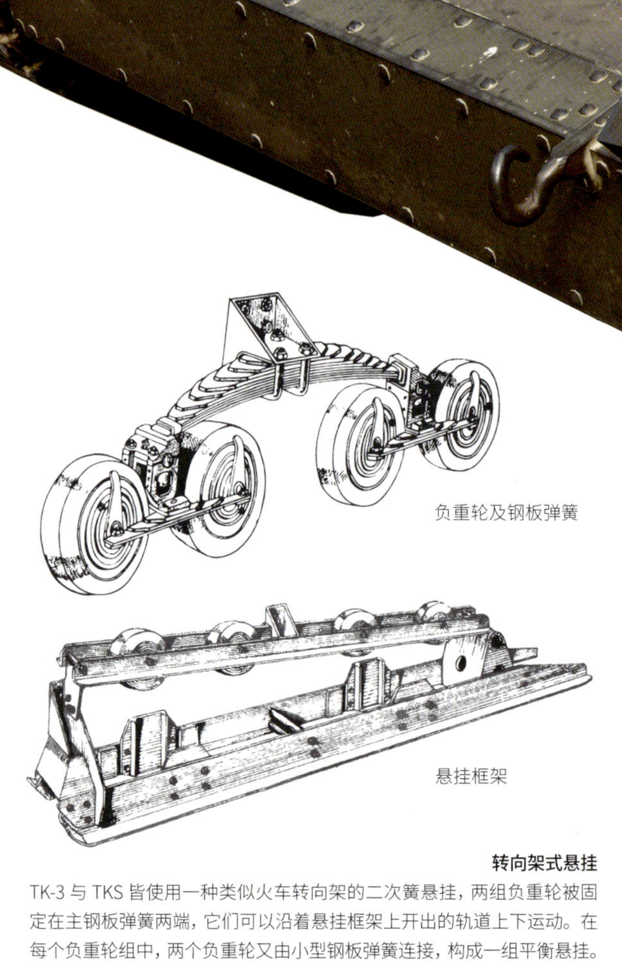

转向架式悬挂

TK-3 与 TKS 皆使用一种类似火车转向架的二次簧悬挂，两组负重轮被固定在主钢板弹簧两端，它们可以沿着悬挂框架上开出的轨道上下运动。在每个负重轮组中，两个负重轮又由小型钢板弹簧连接，构成一组平衡悬挂。

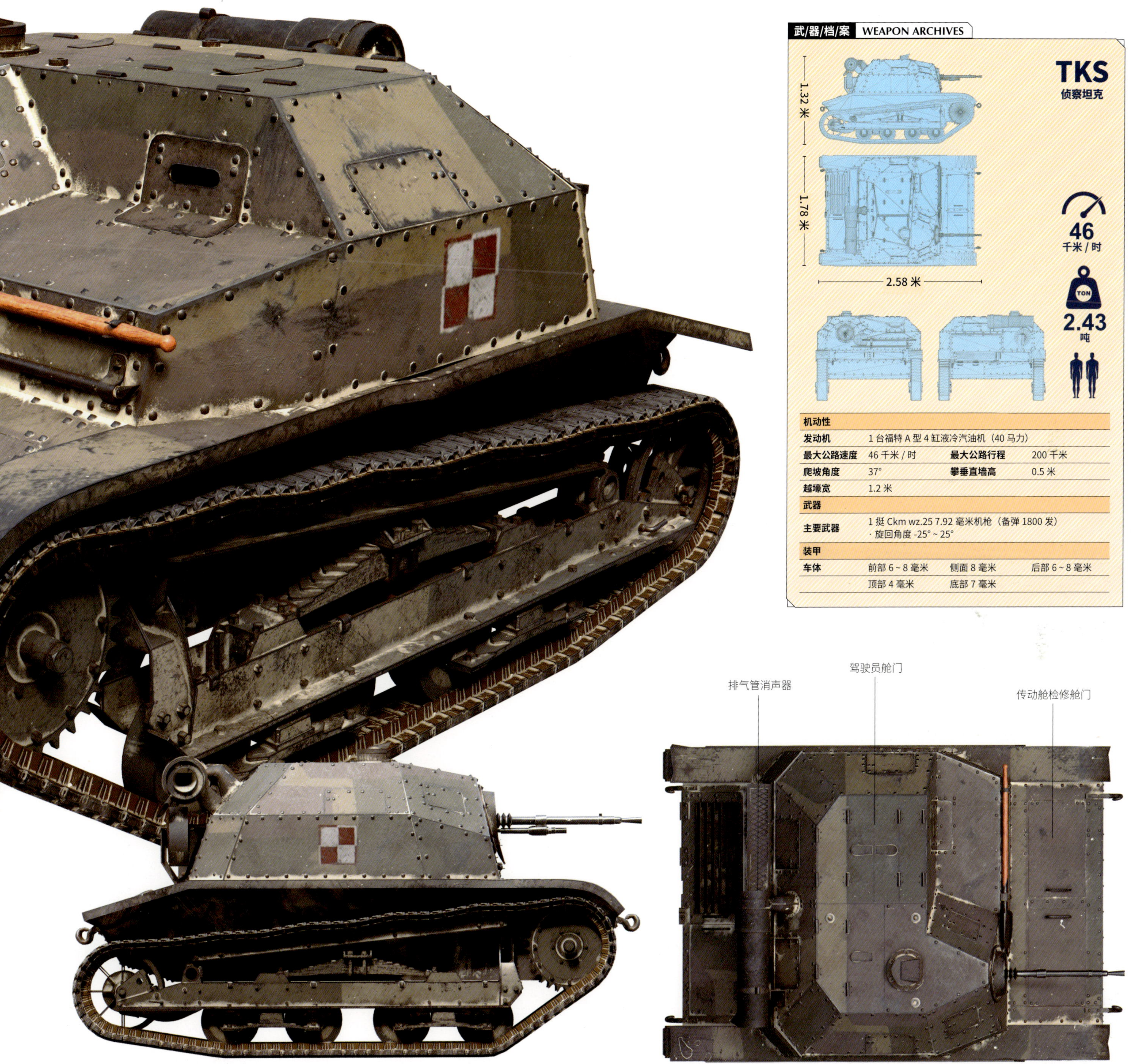

机动性			
发动机	1 台福特 A 型 4 缸液冷汽油机（40 马力）		
最大公路速度	46 千米 / 时	最大公路行程	200 千米
爬坡角度	37°	攀垂直墙高	0.5 米
越壕宽	1.2 米		
武器			
主要武器	1 挺 Ckm wz.25 7.92 毫米机枪（备弹 1800 发） · 旋回角度 -25° ~ 25°		
装甲			
车体	前部 6 ~ 8 毫米	侧面 8 毫米	后部 6 ~ 8 毫米
	顶部 4 毫米	底部 7 毫米	

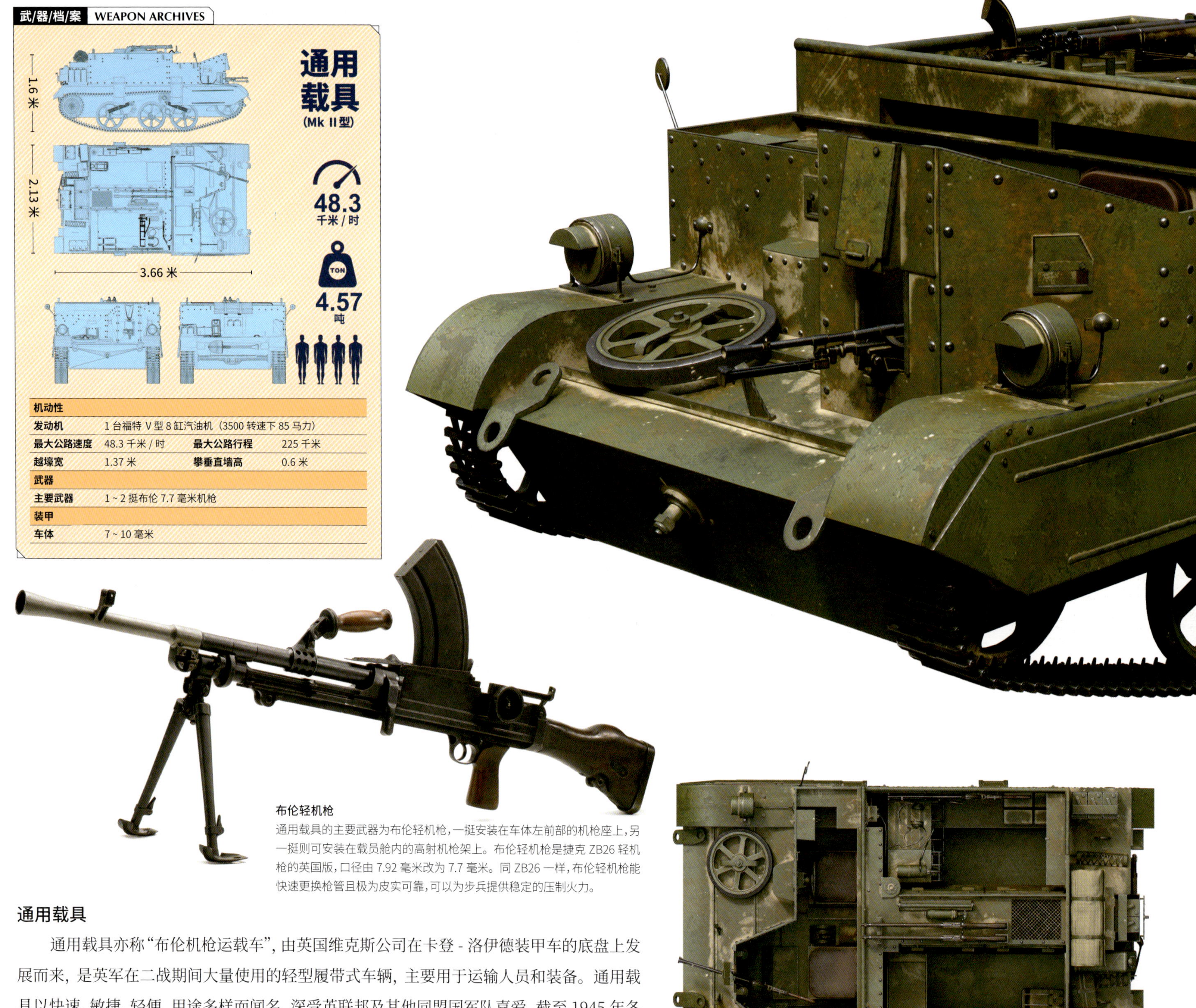

机动性			
发动机	1台福特V型8缸汽油机（3500转速下85马力）		
最大公路速度	48.3千米/时	最大公路行程	225千米
越壕宽	1.37米	攀垂直墙高	0.6米
武器			
主要武器	1～2挺布伦7.7毫米机枪		
装甲			
车体	7～10毫米		

布伦轻机枪

通用载具的主要武器为布伦轻机枪，一挺安装在车体左前部的机枪座上，另一挺则可安装在载员舱内的高射机枪架上。布伦轻机枪是捷克ZB26轻机枪的英国版，口径由7.92毫米改为7.7毫米。同ZB26一样，布伦轻机枪能快速更换枪管且极为皮实可靠，可以为步兵提供稳定的压制火力。

一分为三

通用载具的车内空间被分成了三个部分，驾驶舱在前部，以钢板和载员舱分隔开来。驾驶员席位于右侧，这符合英国左侧通行的驾驶习惯。车长兼机枪手席在左侧，其前部空间突出，为机枪提供了良好的射界。载员舱被中间的动力系统和传动系统一分为二，左右可各容纳一人及若干武器弹药。

通用载具

通用载具亦称“布伦机枪运载车”，由英国维克斯公司在卡登-洛伊德装甲车的底盘上发展而来，是英军在二战期间大量使用的轻型履带式车辆，主要用于运输人员和装备。通用载具以快速、敏捷、轻便、用途多样而闻名，深受英联邦及其他同盟国军队喜爱，截至1945年各种变体的总产量高达5.7万辆，1960年停产时共有11.3万辆走下生产线，这一数据使其成为世界上产量最大的装甲战斗车辆。就如同吉普车是二战期间美国军队的象征一样，通用载具亦是代表二战英军的重要符号，从北非沙漠到东南亚丛林，从西欧平原到意大利山地，各个战场都能看到它小巧的身影。（主图为通用载具Mk II型）

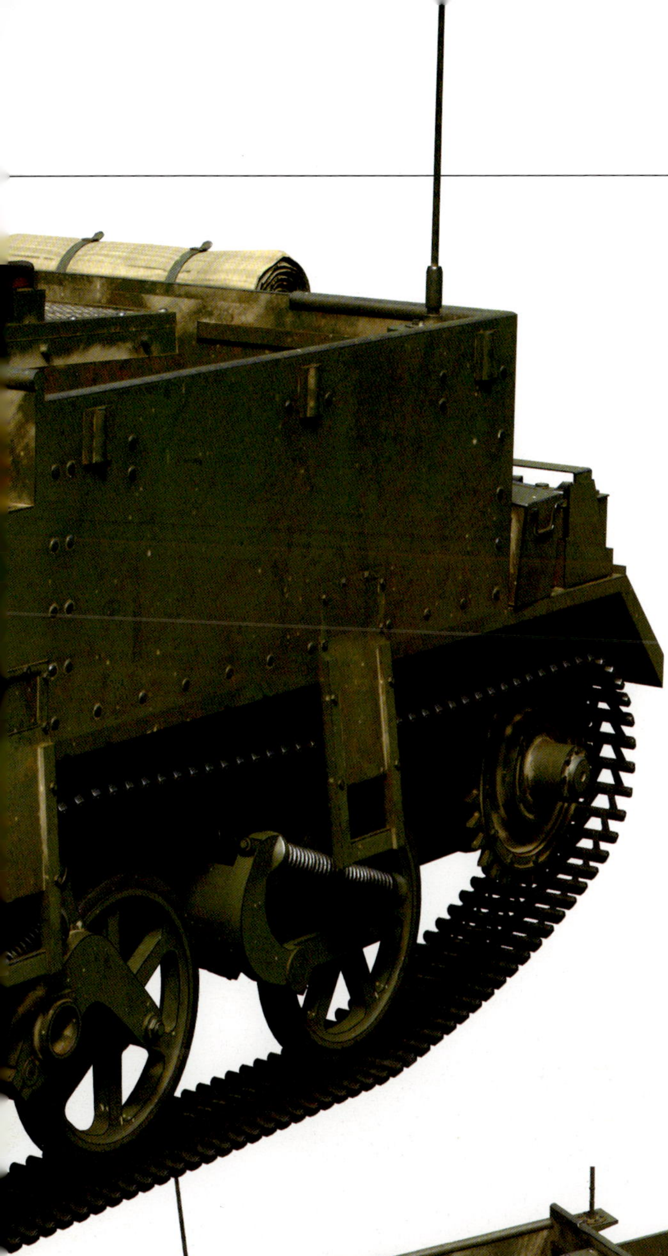

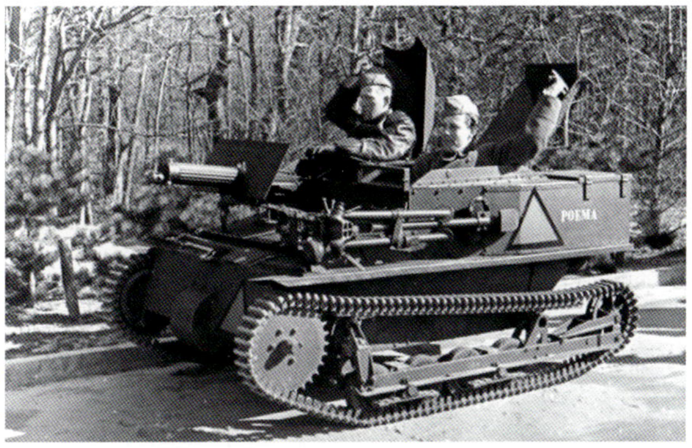

开山之作

英国在 20 世纪二三十年代制造的一系列卡登 - 洛伊德超轻型装甲车被视作超轻型坦克的鼻祖，其中最成功的是 Mk VI型，它被英军当作侦察车、移动机枪阵地、轻型火炮牵引车、迫击炮载具，以及烟幕弹发射车。此外，它还出口到了波兰、捷克斯洛伐克、苏联、日本、意大利、加拿大等国。二战中各国的超轻型坦克都或多或少受到了卡登 - 洛伊德装甲车的影响。

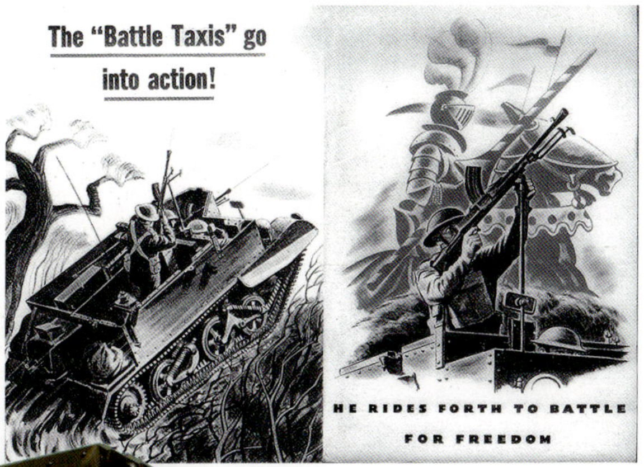

The "Battle Taxis" go into action!

HE RIDES FORTH TO BATTLE FOR FREEDOM

战场出租车与自由骑士

两张福特公司的宣传画，都展示了通用载具乘员操作布伦轻机枪对空射击的场景，画上写着“战场出租车投入战斗”和“他策马冲锋，为自由而战”。福特公司不仅为通用载具提供发动机，还生产了数万辆通用载具。

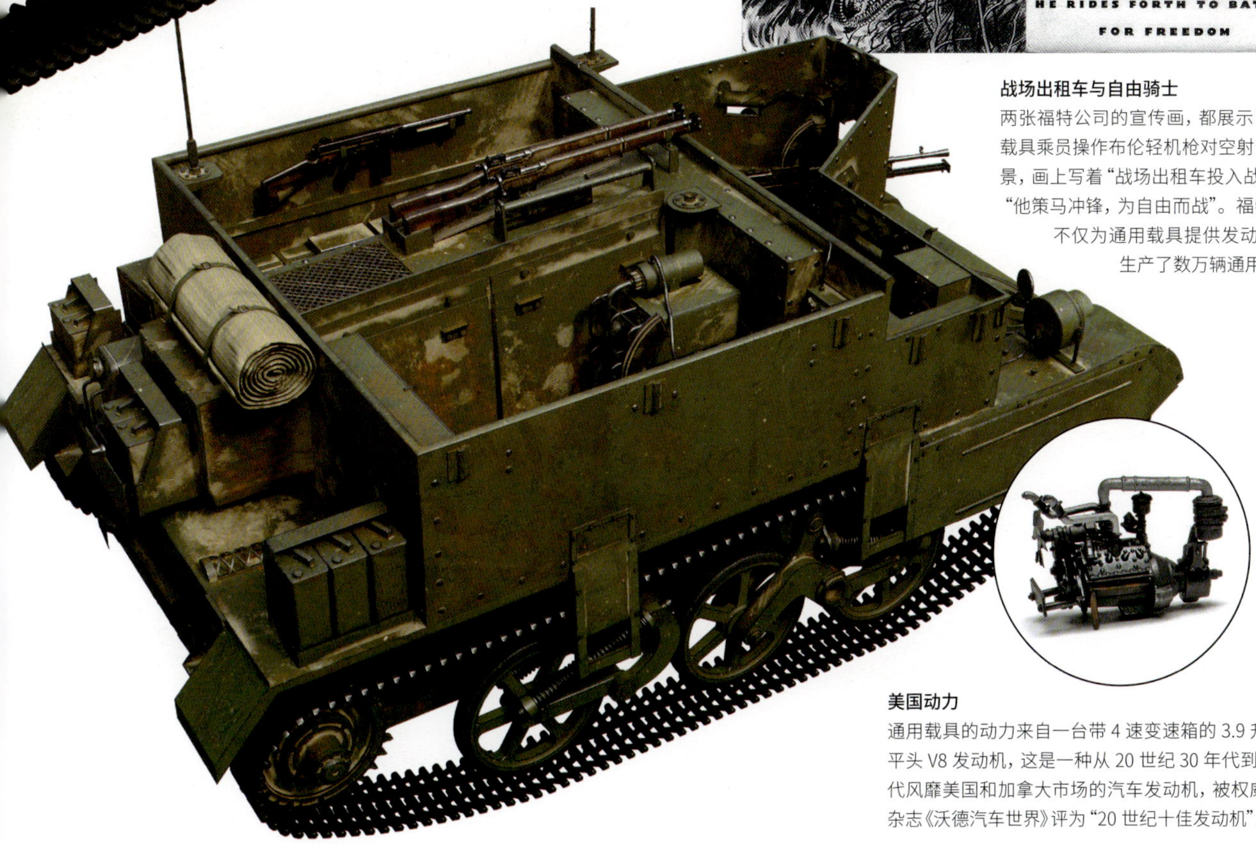

美国动力

通用载具的动力来自一台带 4 速变速箱的 3.9 升福特平头 V8 发动机，这是一种从 20 世纪 30 年代到 50 年代风靡美国和加拿大市场的汽车发动机，被权威车评杂志《沃德汽车世界》评为“20 世纪十佳发动机”之一。

通用性

通用载具变体繁多，可以搭载种类丰富的武器装备，是一种全能型支援车辆，几乎把“通用”这一特性发挥到了极致。

· 维克斯—马克沁重机枪运载车

· 博伊斯反坦克枪运载车

· 火焰喷射器运载车（绰号“黄蜂”）

· DSHk 大口径机枪运载车（支援苏联）

· “坦克杀手”火箭筒运载车（德国缴获）

· 3 英寸迫击炮运载车

ENCYCLOPEDIA OF

LAND WEAPONS

第十五章 卡车与轻型车辆

第二次世界大战中坦克的狂飙突进让人印象深刻，然而装甲部队的全面战役机动是通过运输的大规模机械化来实现的。如果没有大量的卡车来维持补给线，闪电战就不可能发生，战争的节奏则很可能停留在一战水平。

同时，机械化的战斗部队也需要机械化的支援部队来辅助，许多无装甲的轻型车辆在侦察、联络、传令、巡逻、渗透、战场救护等领域肩负重任。这些车辆看起来毫不起眼，但没有它们的协助，一支现代化的军队将寸步难行。

平心而论，开战前德军并没有在卡车和轻型辅助车辆方面做好准备，他们的车辆数量不足、规格杂乱，对战斗力造成了较大的影响。另一方面，苏联在快速推进的德军到达之前把大部分工厂迁移到了到东部，随后将工业力量集中在装甲车辆的生产上，卡车和轻型车辆很大程度上依赖于美国。

汽车工业实力雄厚的美国则是这一领域的佼佼者，通过《租借法案》为盟友们提供了大部分后勤和支援车辆。福特、道奇、通用、雪佛兰、斯蒂庞克等众多著名汽车制造商都投入到了这场关于补给线和勤务支援的战争中，为盟军的胜利奠定了坚实的基础。

Trucks

卡车

卡车是运输物资和人员的主力车辆，堪称连接前线与后方的大动脉。得益于较大的输出扭矩，它们也可以用于牵引武器装备。为了承载较大的负荷，卡车大多采用车身框架结构和整体式前后桥。出于方便装卸货物考虑，其货箱与驾驶室相互分离。虽然使用场景以道路行驶为主，但为了应对战场上的恶劣地面，它们通常具备不错的脱困能力甚至一定的越野能力。

通用汽车 CCKW 卡车

CCKW 卡车原为美国吉姆西汽车公司的产品，二战期间吉姆西公司被通用收购，所以这型卡车亦被归为通用名下。CCKW 这个名称源自吉姆西公司的命名法，第一个“C”代表 1941 年设计，第二个“C”表示长车头驾驶室，“K”意为全轮驱动，“W”则是双后轴的意思。这是一种十分成功的 2.5 吨级别 6×6 越野卡车，1941 至 1945 年间共制造了约 572500 辆，占二战期间美国卡车总产量的四分之一、2.5 吨 6×6 卡车总产量的 80% 以上，在轮式车辆中数量仅次于吉普车。1944 年 8 至 11 月，CCKW 构成了著名的“红球快递”的核心车型，此后亦是维系盟军东进补给线的骨干力量。

“鸭子”

CCKW 卡车有很多变体，DUKW 353（1942 年设计的 / 两栖 / 全轮驱动 / 双后轴车辆 353 型）无疑是其中最为独特的一个。这是一种 6×6 两栖车辆，采用一体式钢质焊接船形壳体，配备水上航行时使用的船舵和螺旋桨，可以运送 25 名全副武装的士兵抢滩登陆或者携带最多 2.5 吨的装备，水中最大速度 10 千米 / 时，陆上最大速度则和 CCKW 卡车相差无几。这种车辆在诺曼底登陆期间得到广泛应用，因为独特的造型、水陆两栖用途以及名称的谐音，它被戏称为“鸭子”(Duck)。

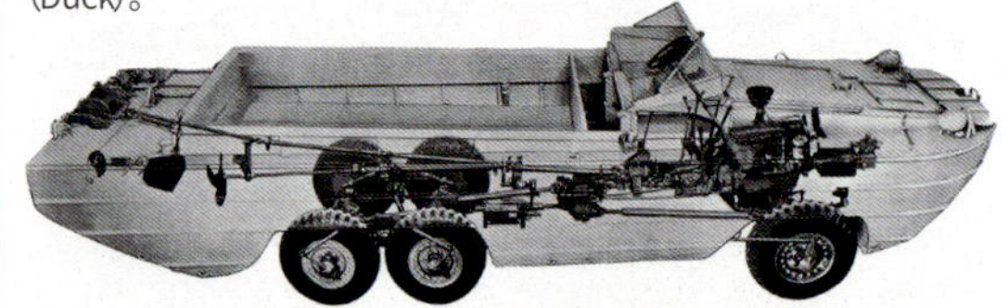

通用汽车 CCKW 卡车（353 型）	
乘员	2 人
车重	4 吨
车长	6.68 米
车宽	2.24 米
车高	2.36 米（至驾驶室顶部）
动力	GMC 270 直列 6 缸汽油机（104 马力）
最大速度	72 千米 / 时
最大行程	483 千米
载重	2.5 吨

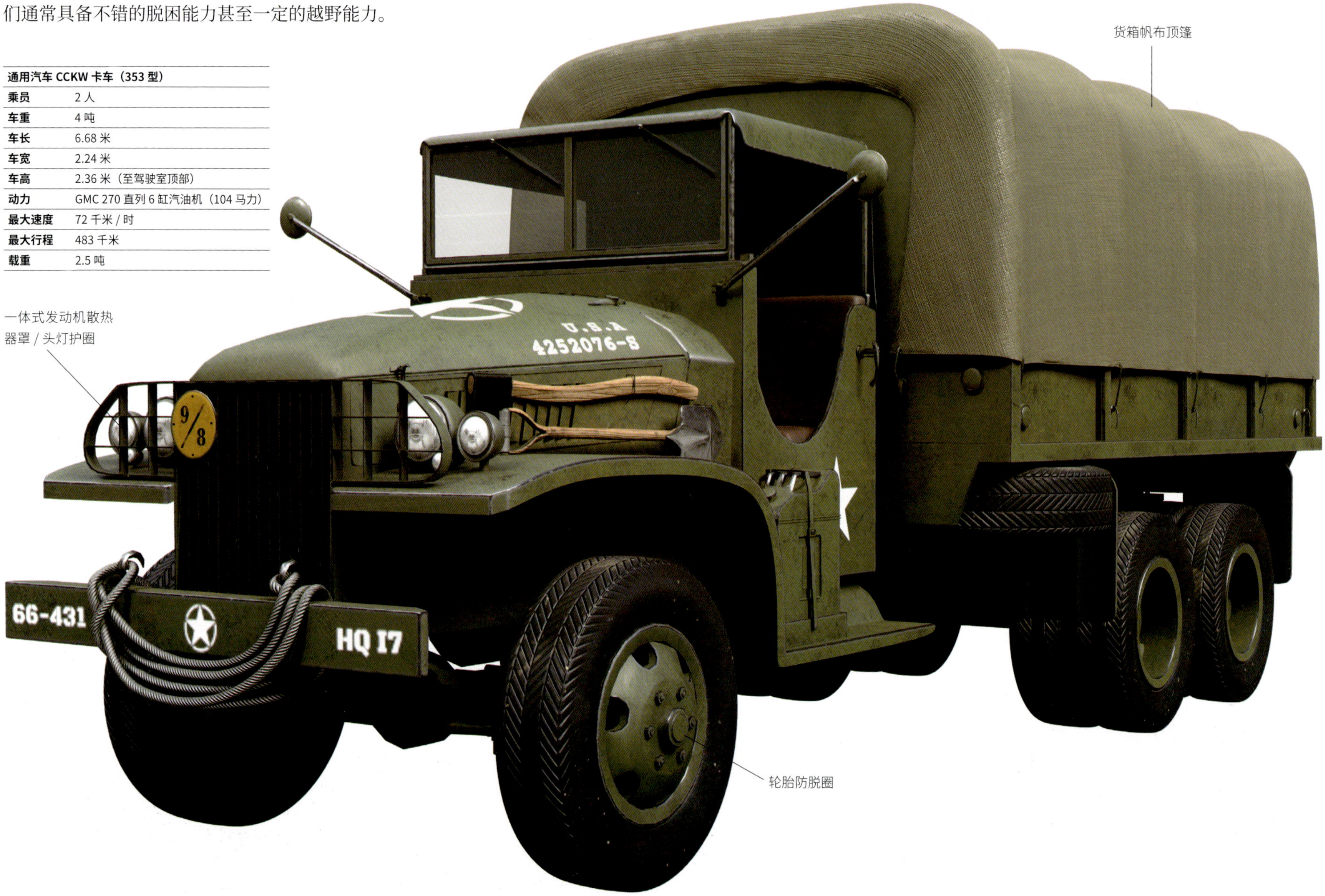
货箱帆布顶篷
一体式发动机散热器罩 / 头灯护圈
轮胎防脱圈
U.S.A
4252076-S
66-431
HQ 17

红球快递

诺曼底登陆之后，盟军为了实现快速进军，开启了一项名为“红球快递”的公路后勤运输行动。1944 年 8 月 25 日至 11 月 16 日，盟军在法国瑟堡和位于沙特尔的前沿后勤基地之间启用了两条封闭交通路线，一条用于输送补给，另一条用于返程。执行运输任务的卡车在车头悬挂红色圆盘，沿着有红色标记的路线高速前进。最高峰时期盟军动用了 5958 辆卡车，每天向前线输送约 11200 吨补给。

▲“红球快递”的宣传、引导牌。

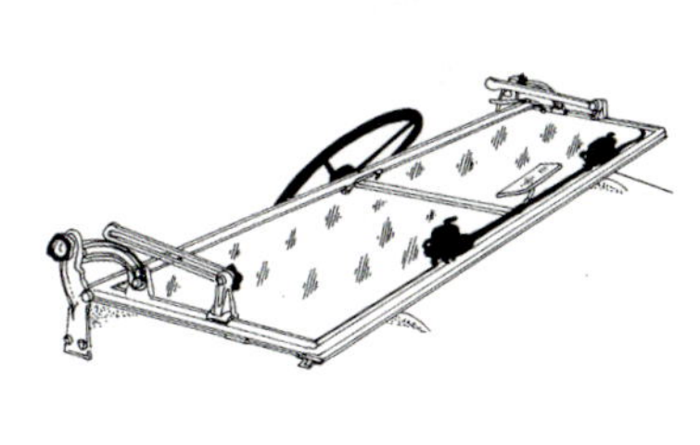

挡风玻璃

CCKW 的前挡风玻璃可以向上翻折以增加驾驶室的通风性，如果拆掉驾驶室顶棚，挡风玻璃的框架则可整体向下翻折，贴在引擎盖上。

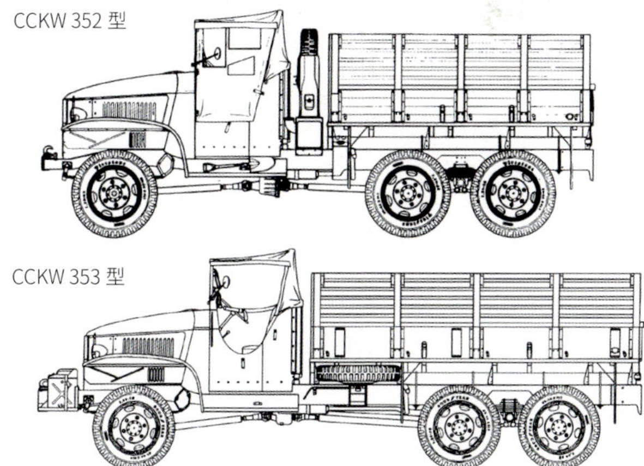

▲ 352 型和 353 型是 CCKW 的两个主要变体，二者轴距不同。

“分离式”底盘的传动布局

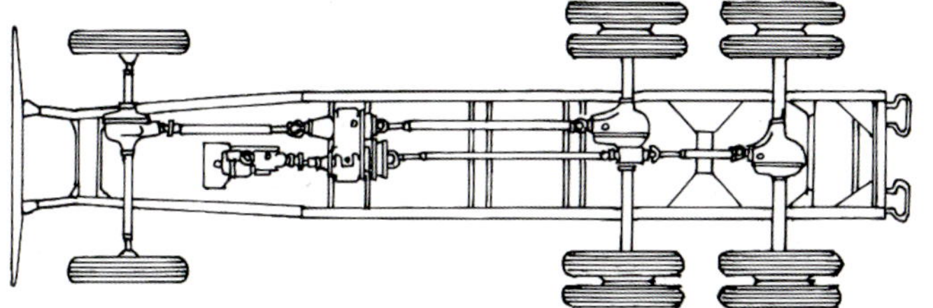

两种底盘

根据分动箱的不同构型，CCKW 的底盘分为“分离式”和“斑鸠琴式”两种，前者的后传动轴几乎是平行的，后者的后传动轴几乎在分动箱处交汇。此外“分离式”底盘和“斑鸠琴式”底盘的悬挂亦有细微差别。

“斑鸠琴式”底盘的传动布局

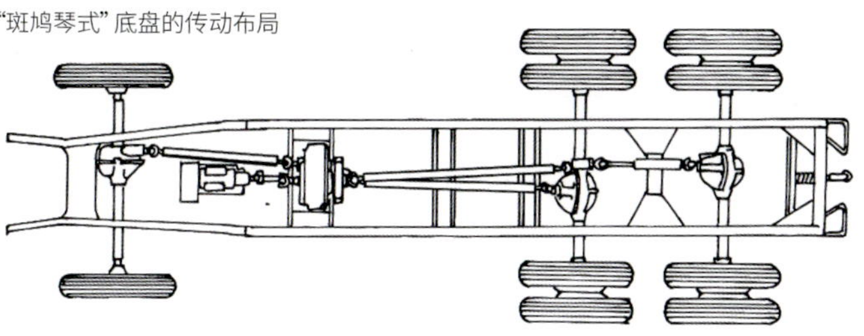

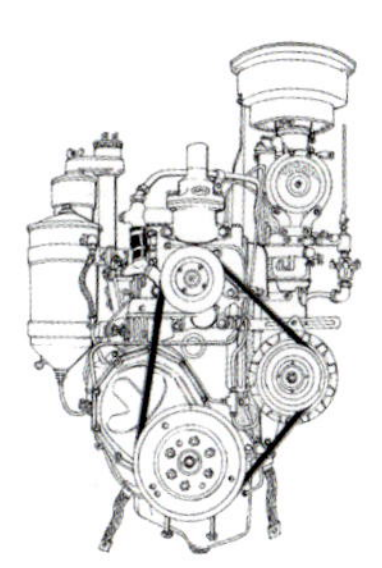

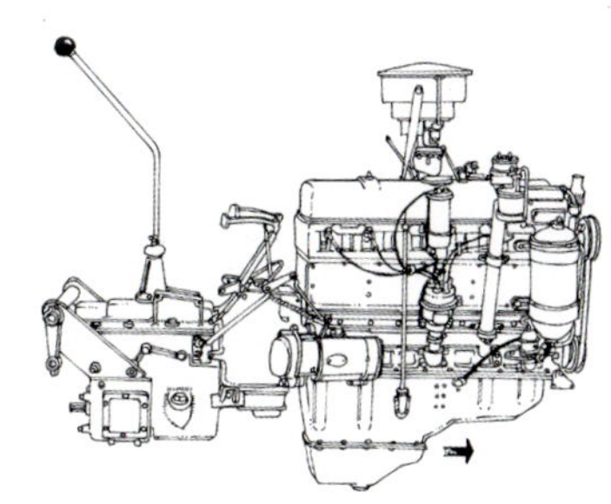

发动机与变速箱

GMC 270 直列 6 缸发动机是一种可靠耐用的商用发动机，排气量 4.4 升，峰值扭矩 293 牛 · 米。搭配华纳 T93 型 5 速手动变速箱，具有扭矩放大功能。

克虏伯“普罗策”卡车

正式名称为 L2H 43（1933—1936 年生产）和 L2H 143（1937—1941 年生产），在德军中主要用作人员输送车和 37 毫米反坦克炮牵引车，此外还有高级军官专车、无线电通信车、2 厘米高射炮弹药车、60 厘米探照灯发电车等变体。作为人员输送车时其车厢内可以容纳 10 名士兵，牵引反坦克炮时车厢内载员为 4 人。“普罗策”卡车在法国、北非、西西里岛和东线战场广泛使用，总产量约为 7000 辆。

克虏伯“普罗策”卡车	
乘员	2 人
车重	2.60 吨
车长	4.95 米
车宽	1.95 米
车高	2.30 米
动力	克虏伯 M 304/M 305 水平对置 4 缸气冷汽油机
最大速度	70 千米 / 时
最大行程	400 千米
载重	1.15 吨

▲ 1940 年的德国宣传画，风驰电掣的边三轮摩托车和在车厢里搭载士兵的克虏伯“普罗策”。

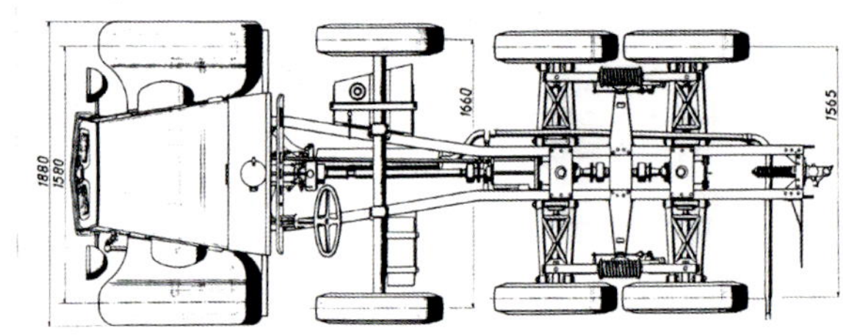

6×4 卡车

克虏伯“普罗策”是一种 6×4 卡车，后四个车轮为驱动轮，前轮只具有转向功能。为了应对湿滑和崎岖路面，后桥配有限滑差速器。

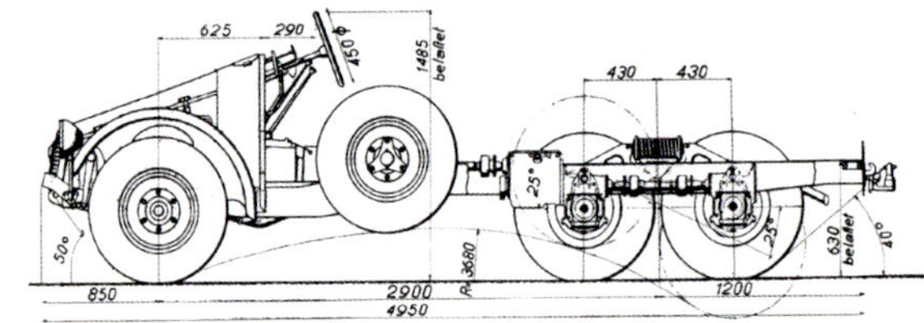

通过性

克虏伯“普罗策”拥有较好的通过性，接近角在 50 度左右，离去角约为 40 度（不计算拖曳钩），其后轮的悬挂行程较大，同侧两个后轮可以绕平衡式悬挂的中心点做上下各 25 度的摆动。此外，两个备胎安装在驾驶室侧面的转动轴上，在翻越斜坡或沟壑时可以起到辅助支撑作用。

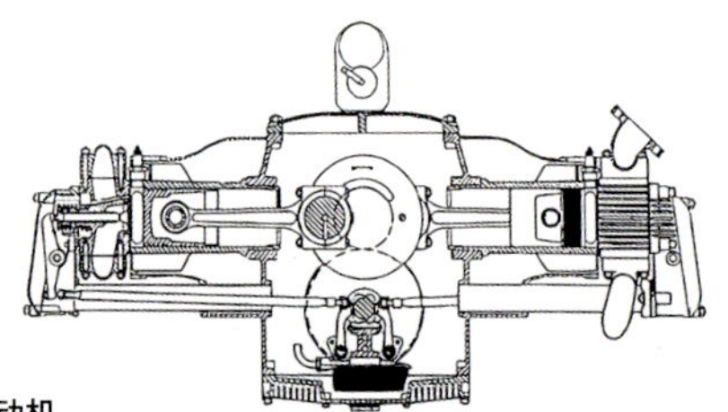

水平对置发动机

克虏伯“普罗策”的 M 305 发动机为排量 3.5 升的水平对置发动机，4 个汽缸呈 180 度夹角分列曲轴的左右两侧，高度很低，因此其引擎盖也很低矮。Ⅰ号坦克 A 型也使用这种发动机。

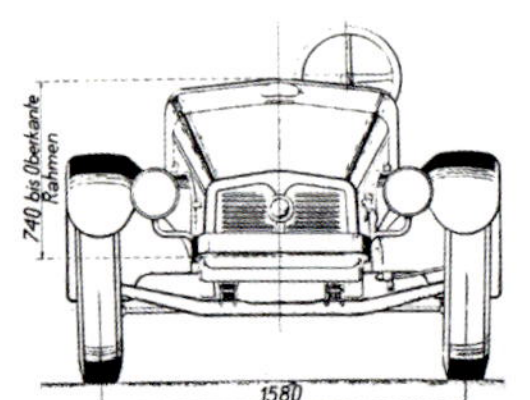

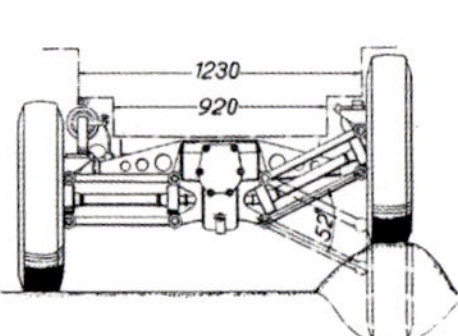

独特的悬挂

克虏伯“普罗策”的前桥为整体式结构，采用纵向钢板弹簧悬挂。后桥则十分独特，采用双叉臂式悬挂，左右半桥相互独立，然而同侧的两个后轮又以水平螺旋弹簧相连接。在 Sd.Kfz. 234 装甲车上也能看到类似的悬挂结构。

▲ 嘎斯汽车厂徽标，“嘎斯”（ГАЗ）其实是“高尔基汽车厂”（Горьковский автомобильный завод）的缩写。

嘎斯 -AAA 卡车	
乘员	2 人
车重	2.47 吨
车长	5.33 米
车宽	2.04 米
车高	1.97 米米
动力	嘎斯 -AA I4 直列 4 缸汽油机（41 马力）
最大速度	65 千米 / 时
最大行程	400 千米
载重	1.8 吨

坚固的“苏联福特”

嘎斯 -AAA 沿用了福特 -AA 卡车“前置发动机，后轮驱动”的基本布局，发动机为 1 台 3.3 升嘎斯 -AA I4 直列 4 缸汽油机，峰值扭矩 162 牛·米，配备 4 速手动变速箱。这辆卡车没有装甲，但依然很坚固，拥有 2 毫米厚的冲压钢质轮毂、5 毫米厚的底盘框架和 15 毫米的木质货运平板。得益于较大的底盘离地间隙，它在不做任何准备的情况下就可以涉过 80 厘米深的水体。

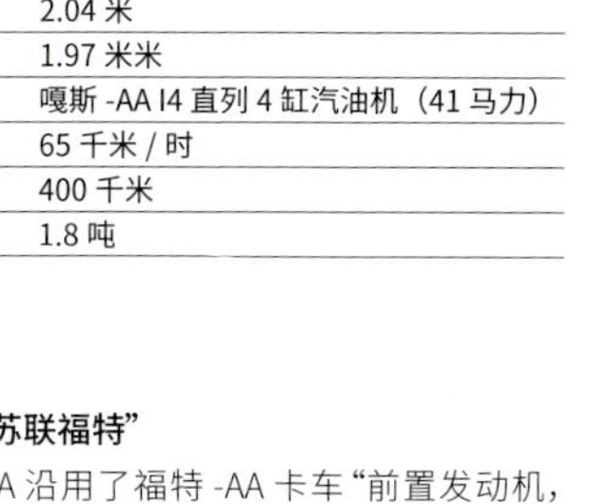

嘎斯 -AAA 卡车

在大萧条期间，苏联从美国福特汽车公司买下了部分汽车技术和生产线，这为苏联汽车工业的兴起打下了基础。当时，采用 6×4 布局的三轴越野卡车在全球大为流行，苏联嘎斯汽车制造厂遂在福特 -AA 卡车的基础上研制了一款 6×4 越野卡车，即嘎斯 -AAA。1936 至 1943 年，嘎斯 -AAA 共生产了 37373 辆，虽然产量远不及同一汽车厂生产的两轴卡车嘎斯 -AA（超过 100 万辆），但三轴布局无疑赋予了它更强的越野能力、载重能力和改装潜力。

▲ 福特 -AA 卡车，嘎斯 -AAA 卡车的原型。

越野能力出色

嘎斯 -AAA 的前桥用于转向，后桥是驱动桥，后轮采用双排轮布局，有助于降低地面压强，提升松软道路上的通行能力。此外它的变速箱具有扭矩放大功能，进一步增强了脱困能力。事实证明在路况恶劣的东线战场嘎斯 -AAA 的表现比大部分的盟军越野卡车都要好。

钢板弹簧平衡悬挂

嘎斯 -AAA 的后桥为钢板弹簧平衡悬挂，同侧的两个后轮由上下两根钢板弹簧连接。和克虏伯“普罗策”卡车类似，同侧两个后轮可以围绕悬挂中心上下摆动以克服地形起伏。

Light Off-Road Vehicles

轻型越野车

轻型越野车不仅是高效的通勤运输车、隐蔽的侦察渗透车、灵活的传令联络车、廉价的治安巡逻车，而且也能被改装成功能各异的专用辅助车辆，是部队机动性的基本保障，更是机械化战争的底层支柱。

严酷的测试

1943 年 9 月，量产之前，高尔基汽车厂对嘎斯 -67 进行了严酷的测试，用它拖曳 76.2 毫米 ZIS-3 火炮行驶了 2200 千米，其中 930 千米是乡村公路，550 千米是破碎卵石路。嘎斯 -67 顺利完成任务，没有明显的损坏，但 ZIS-3 火炮经不住折腾，炮车失灵了。

部分嘎斯 -67 没有雨刷，配置可谓十分简陋

嘎斯 -67 的越野能力高于大部分外国同类车辆，这很大程度上要归功于其越野轮胎

嘎斯 -67 越野车	
车重	1.32 吨
牵引负载	1.2 吨
车体长	3.85 米
车宽	1.69 米
车高	1.70 米（含车篷）
轴距	2.1 米
轮距	1.45 米
动力	直列 4 缸液冷汽油机（2800 转速下 54 马力）
最大速度	90 千米 / 时
最大行程	440 千米
爬坡角度	45°
涉水深	0.7 米
最小转弯半径	6.5 米

嘎斯 -67 越野车

苏联高尔基汽车厂在二战期间研发了一系列四轮驱动轻型越野车，嘎斯 -67 是其中的最终版本。因为与美国威利斯吉普车拥有类似的外观、性能和战场定位，它也获得了“伊万 - 威利斯”的绰号。嘎斯 -67 在 1943 年 9 月投产，战争结束时制造了 4851 辆。虽然战时产量不大，但嘎斯 -67 是二战期间苏联制造的轻型越野车中性能最为出色的一款。嘎斯 -67 的生产一直持续到 1953 年，二战结束后它亦被提供给中国军队和朝鲜军队。

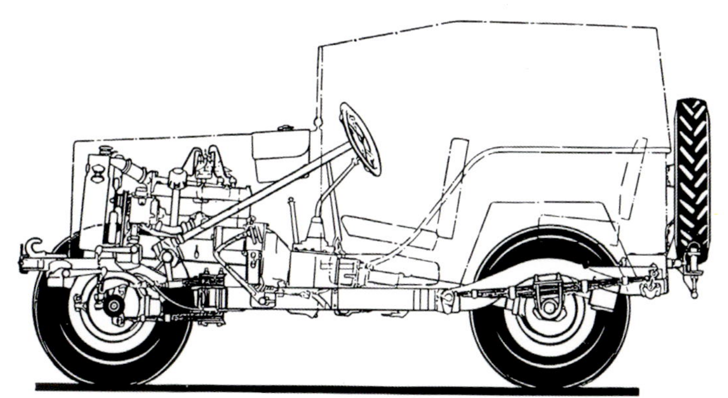

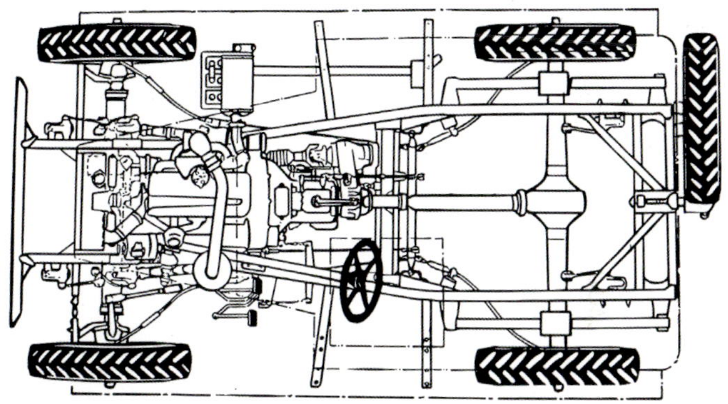

“硬”派越野

嘎斯 -67 前后桥都采用钢板弹簧非独立悬挂，虽然结实耐用，但行驶舒适度不佳。在实际使用时，一些单位还经常拆掉液压减震器，以避免其损坏，这进一步恶化了驾乘体验。此外它的变速箱没有同步器，很难实现平顺换挡。

发动机舱盖可向内侧翻折打开

为了上下车方便，嘎斯 -67 并未安装车门，但可以安装帆布门帘，能起到一定的遮蔽作用

条件简陋

嘎斯 -67 的驾驶室相当简陋，中控台只有速度表和里程表两个仪表。即便要在苏联的严冬中行驶，它也没有配备暖风系统和防风雪设备，只有可拆卸式帆布顶棚和帆布门帘能勉强抵御寒冷。

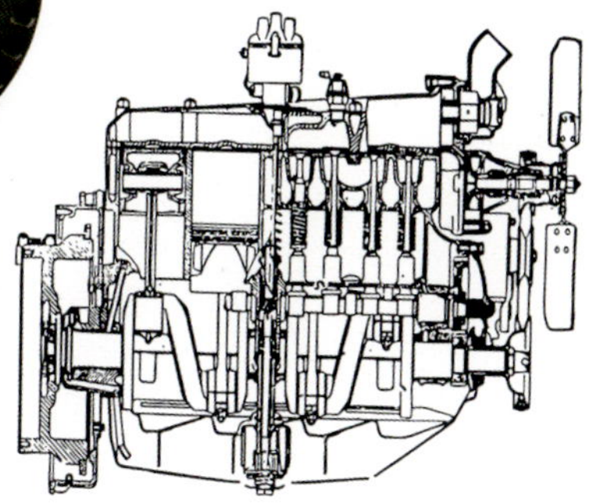

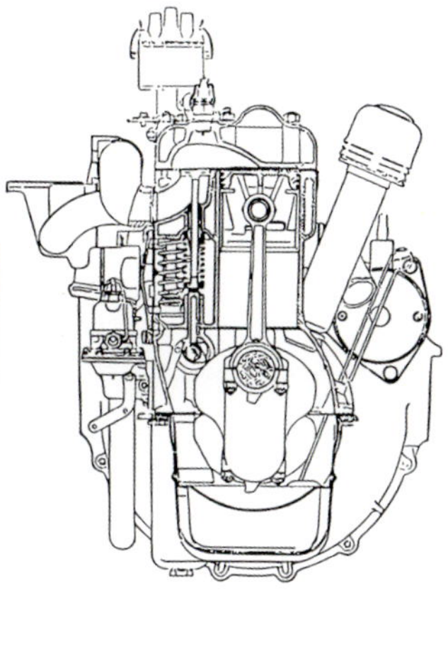

挡风玻璃可向前翻折放倒

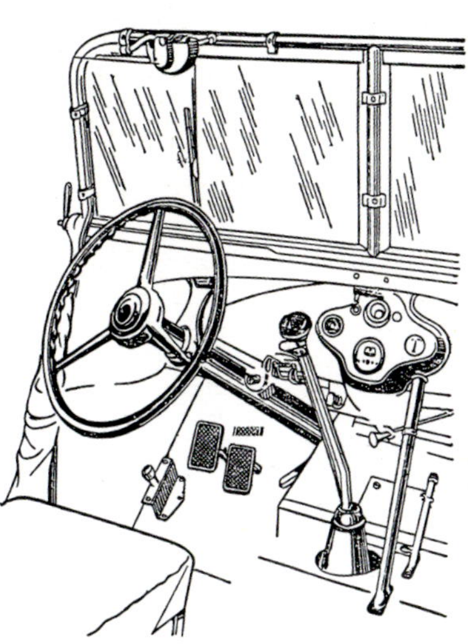

前轮和后轮的轮距皆在 1.45 米左右，大于美军装备的吉普车，拥有良好的稳定性

直列四缸发动机

嘎斯 -67 配备一台 3.28 升直列四缸发动机，额定功率 54 马力，峰值扭矩 180 牛 · 米，动力相当不错且易于维护，不过油耗较高。

大众 82 型越野车

1938 年，德国国防军指示保时捷公司在民用汽车的基础上开发一种能运载 4 名士兵及其装备的军用车辆，这就是 82 型越野车的缘起，其原型是当时德国的“国民轿车”大众“甲壳虫”。

1940 年沃尔夫斯堡的大众工厂开始批量生产 82 型越野车，最初使用 0.985 升 23.5 马力发动机，1943 年时排量和功率分别提升至 1.130 升和 25 马力。投产当年有少量 82 型越野车参加了在法国的行动，但从北非战局开始它才大量投入使用。

这种轻便灵活的车辆在部队中广受欢迎，被士兵们称为“桶车”。“桶车”（Kükelwagen）实际上是“桶式座椅汽车”（kübelsitzwagen）的简写，“桶”指的是德国国防军车辆的标准桶式座椅。理论上讲“桶车”这个名称适用于所有德国国防军的车辆，但 82 型越野车实在是过于成功，成了德军车辆的代表，霸占了“桶车”的名号。

战争结束时德国总共建造了超过 50000 辆 82 型越野车，在尺寸、用途和象征意义上它都和美军中的吉普车非常相似。此外，82 型越野车还奠定了今天“巴吉”赛车（Buggy）的基本结构——轻量化车身、独立悬挂、后轮驱动、气冷散热、后置引擎。

▲ 一辆大众 82 型越野车正在搭乘用冲锋舟和木板制作的浮筏渡过河流。

大众 82 型越野车	
车重	725 千克
有效载荷	450 千克
车长	3.74 米
车宽	1.60 米
车高	1.65 米（装软式车顶时）
轴距	2.4 米
动力	4 缸气冷汽油机（3000 转速下 23.5 马力 *）
最大速度	80 千米 / 时
最大行程	440 千米
涉水深	0.45 米
最小转弯半径	5.5 米

* 1943 年 3 月起发动机功率提升至 25 马力

油箱盖

喇叭

WH-282668

车底平坦

大众 82 型越野车的底盘由一条半管状主梁和冲压钢板组成，车身底部非常平坦，遇到较高的障碍物时可以轻松滑过而不至于托底。

如履平地

82 型越野车是一辆两驱车，但这并未影响越野性能。其前桥是转向桥，采用扭力杆独立悬挂。后桥是驱动桥，采用摆动轴式独立悬挂和龙门式轮毂减速器，不仅放大了扭矩，也提高了底盘离地间隙。此外后桥差速器有自锁装置，车轮打滑时能够合理分配牵引力。

可折叠的顶棚支架

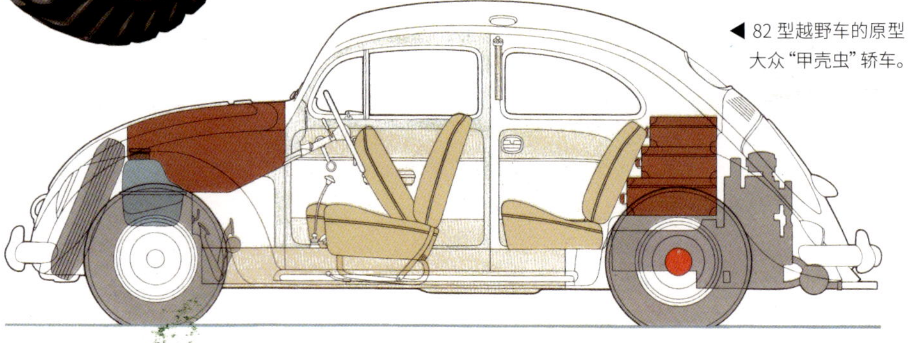

◀ 82 型越野车的原型大众“甲壳虫”轿车。

大众 166 型两栖越野车

1940 年 7 月 1 日，保时捷公司收到了一份设计两栖越野车的合同，数日后新车的设计工作就开始了。这项工作的最终成果是大众 166 型两栖越野车，它与大众 82 有诸多相似之处。最初德军将 166 型越野车指定为侦察车，计划用它来取代越野能力不足的挎斗摩托车。该车广泛装备了包括国防军工兵、空降部队在内的德国武装部队，深受官兵欢迎——不过并非因为具有两栖能力，部队更看重其多功能性和全轮驱动带来的非凡越野能力。166 型从 1942 年开始量产，到 1944 年停产时共制造了 14276 辆。它虽然性能优异，但制造起来需要耗费大量的工时和高质量材料，在战争后期德国人认为将其停产才是更合理的选择。

水上航行

在水上航行状态下，螺旋桨通过联轴器直接与发动机输出轴相连，这意味着单纯依靠螺旋桨只能获得前进的推动力而无法倒车。166 型越野车通过车轮划水也能获得一定的动力，其前轮还兼具方向舵功能。必要的时候乘员也会使用船桨来控制航行方向。

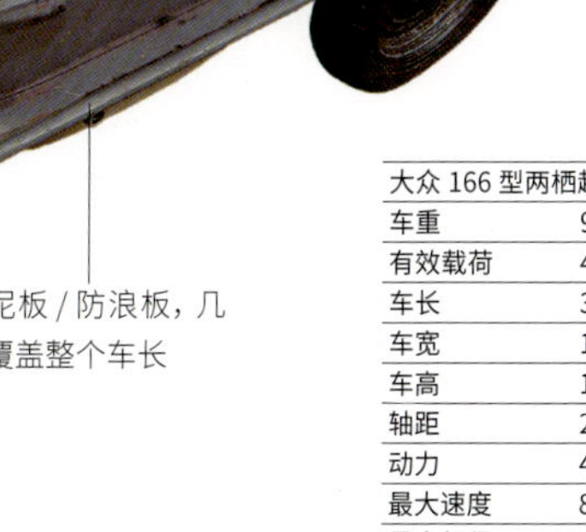

大众 166 型两栖越野车	
车重	910 千克
有效载荷	435 千克
车长	3.825 米
车宽	1.48 米
车高	1.615 米（装软式车顶时）
轴距	2.0 米
动力	4 缸气冷汽油机（3000 转速下 25 马力）
最大速度	80 千米 / 时（公路）10 千米 / 时（水上）
最大行程	520 千米
涉水能力	可浮渡，吃水 0.77 米
最小转弯半径	5 米（公路） 8 米（水上）

状态转换

在岸上行驶时，车尾的一具三叶螺旋桨向上折叠，以免触碰到地面障碍物。车辆下水后，乘员可以借助一根特制的杆子将螺旋桨推到位于水下的工作位置，螺旋桨在被推送到位后不需要额外的装置固定。

▲ 地面行驶状态（右侧视角），车尾螺旋桨向上折叠。

▲ 水中行驶状态（左侧视角），车尾螺旋桨放下，可以看到用于收放螺旋桨的杆子。

▲ 刚刚入水的状态，后排乘员正在用杆子放下螺旋桨。

传承与修改

166 型越野车很大程度上沿用了 82 型越野车的设计，总体布局同样为后置后驱，油箱和备胎同样放置在车头，悬挂方式同样为前桥独立扭力杆式、后桥独立旋转轴式，动力也和 1943 年以后生产的大众 82 相同，皆为一台 1.130 升水平对置 4 缸气冷发动机，这些都是大众“甲壳虫”轿车的衣钵。不过 166 型越野车是一辆四驱车，另外为了实现水上航行，它采用了焊接式澡盆状车体，并且在车尾安装了螺旋桨。

道奇 WC-54 救护车

道奇 WC-54 0.75 吨救护车由美国克莱斯勒公司开发。这是一种四轮驱动车辆，由一台六缸汽油发动机提供动力。该型车的底盘来自道奇 WC 系列轻型卡车，车身由印第安纳州的韦恩公司制造。WC-54 的车厢是钢质的，可以容纳 7 名轻伤员或 4 名重伤员。车厢左右两侧安装了 2 条可折叠的长凳，供轻伤员使用。长凳上方可以并排悬吊 2 副担架，每副担架的担架杆分别挂在车厢顶部的吊环和车厢侧壁的金属钩上。如果将长凳折叠起来，车厢地板还可以再放置 2 副担架。

WC-54 的任务是将伤员运送到急救站或其他医疗后送转运点，并非急救，因此它只配备了担架、毯子、手臂和腿部夹板，而没有携带急救所需的医疗设备。这种车辆在部队中数量相对较少，因此一些其他运输车，如通用汽车旗下的卡车和道奇 WC-51，也会被改装成救护车以弥补 WC-54 数量上的不足。

第二次世界大战期间，WC-54 成为美国陆军的标准救护车，于 1942 年开始交付。1944 年 4 月，随着最后一批 436 辆交付完毕，WC-54 停止了生产。1942 年 5 月以后，WC-54 总共建造了 26002 辆，看起来已经是个很大的数字，不过其数量仅大致相当于 WC 底盘总产量的 10%。大部分 WC-54 救护车供给美国陆军使用，但它也曾在英国皇家陆军军医队、自由法国部队和美国战地服务团服役。

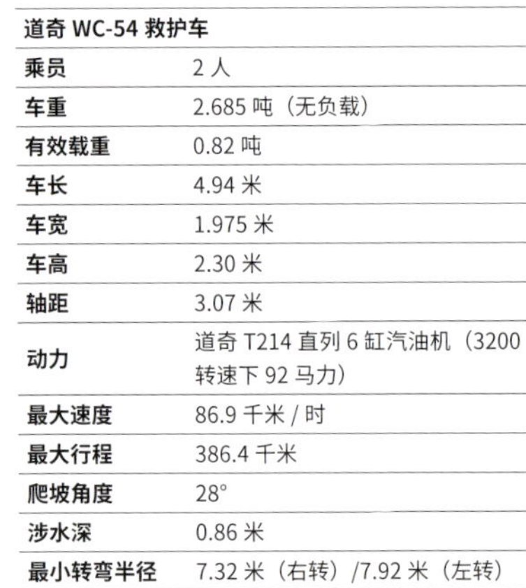

道奇 WC-54 救护车	
乘员	2 人
车重	2.685 吨（无负载）
有效载重	0.82 吨
车长	4.94 米
车宽	1.975 米
车高	2.30 米
轴距	3.07 米
动力	道奇 T214 直列 6 缸汽油机（3200 转速下 92 马力）
最大速度	86.9 千米 / 时
最大行程	386.4 千米
爬坡角度	28°
涉水深	0.86 米
最小转弯半径	7.32 米（右转）/7.92 米（左转）

▲ 道奇 WC-54 的 T214 直列 6 缸发动机。

▼ 道奇 WC 系列 0.75 吨轻型卡车的底盘。

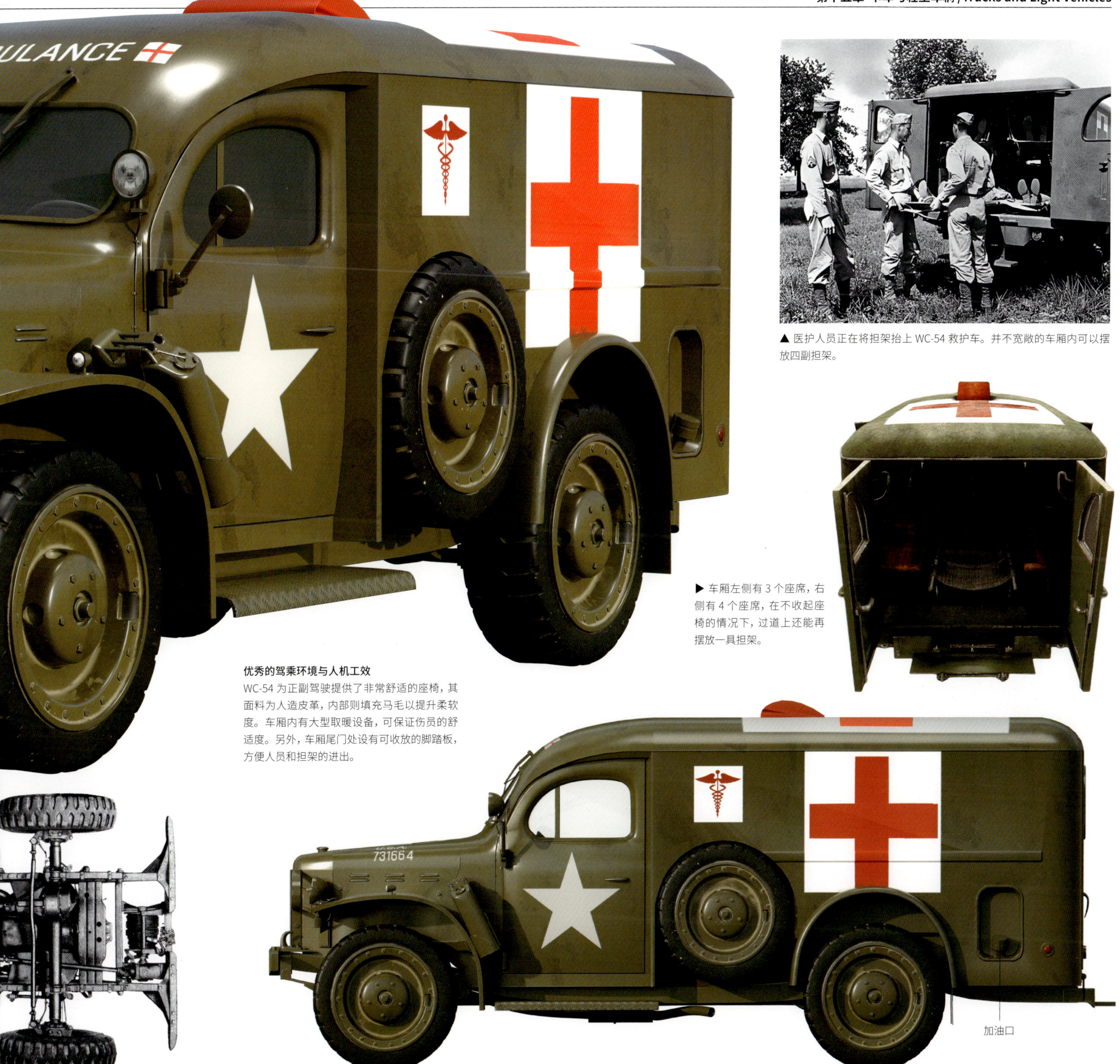

▲ 医护人员正在将担架抬上 WC-54 救护车。并不宽敞的车厢内可以摆放四副担架。

▶ 车厢左侧有 3 个座席，右侧有 4 个座席，在不收起座椅的情况下，过道上还能再摆放一具担架。

优秀的驾乘环境与人机工效

WC-54 为正副驾驶提供了非常舒适的座椅，其面料为人造皮革，内部则填充马毛以提升柔软度。车厢内有大型取暖设备，可保证伤员的舒适度。另外，车厢尾门处设有可收放的脚踏板，方便人员和担架的进出。

梅赛德斯 - 奔驰 G-4 乘用车

梅赛德斯 - 奔驰 G-4 是一种奢华的三轴乘用车，通常用于检阅、游行等场合，一些德国军政要员也乘坐它访问前线。其超长的轿车车身、硕大的越野轮胎、宽敞的敞篷车厢看起来威武霸气、气场不凡，但对作战部队来说它过于昂贵和张扬。1934 至 1939 年，斯图加特的下蒂克海姆工厂共制造了 57 辆 G-4，其中只有 11 辆交给德国国防军。

奔驰 G-4 分为 W31 和 W131 两型，其中 W31 使用 5.0 升发动机，W131 则安装 5.3 升或 5.4 升发动机。G-4 采用了细长的箱形车身以提供充足的车内空间，其车厢有固定式顶棚和敞篷之分，敞篷版配有折叠式软质顶篷且右前座可以放倒，方便官员站立起来检阅军队或接见群众。一些 G-4 安装了后向射灯，具有一定的致盲作用，可以防止未经允许的车辆跟得太近，敞篷版 G-4 还可以架设机枪。

虽然产量不大，但在一百年来所有的奔驰 G 级越野车中，G-4 无疑是历史感最为厚重的一款。二战期间希特勒一直在使用奔驰 G-4，他乘坐这辆车去过沦陷的波兰、比利时、法国，以及被德国占领的苏联领土。

▲ 1939 年华沙战役期间，希特勒（右起第二人）正在他的专车里阅读战报，他右手边的将领是德国国防军陆军总司令布劳希奇。

元首的癖好

希特勒专车的车篷通常是折叠起来的，车窗也经常处于摇下状态，他本人又非常喜欢起身站立在自己的车里，这时车辆仅有的防御手段基本都会失效，子弹和手榴弹都将对他构成巨大威胁。1942 年 5 月 27 日，党卫队头目赖因哈德 · 海德里希在布拉格郊外乘坐敞篷车时被反坦克手榴弹炸伤，不久后不治身亡。这件事发生以后，希特勒似乎再也不敢在乘坐专车时起身站立了。

▲ 1938 年 10 月，德国吞并捷克斯洛伐克苏台德区，希特勒正乘他的奔驰 G-4 专车穿过德国与捷克斯洛伐克的边境线。

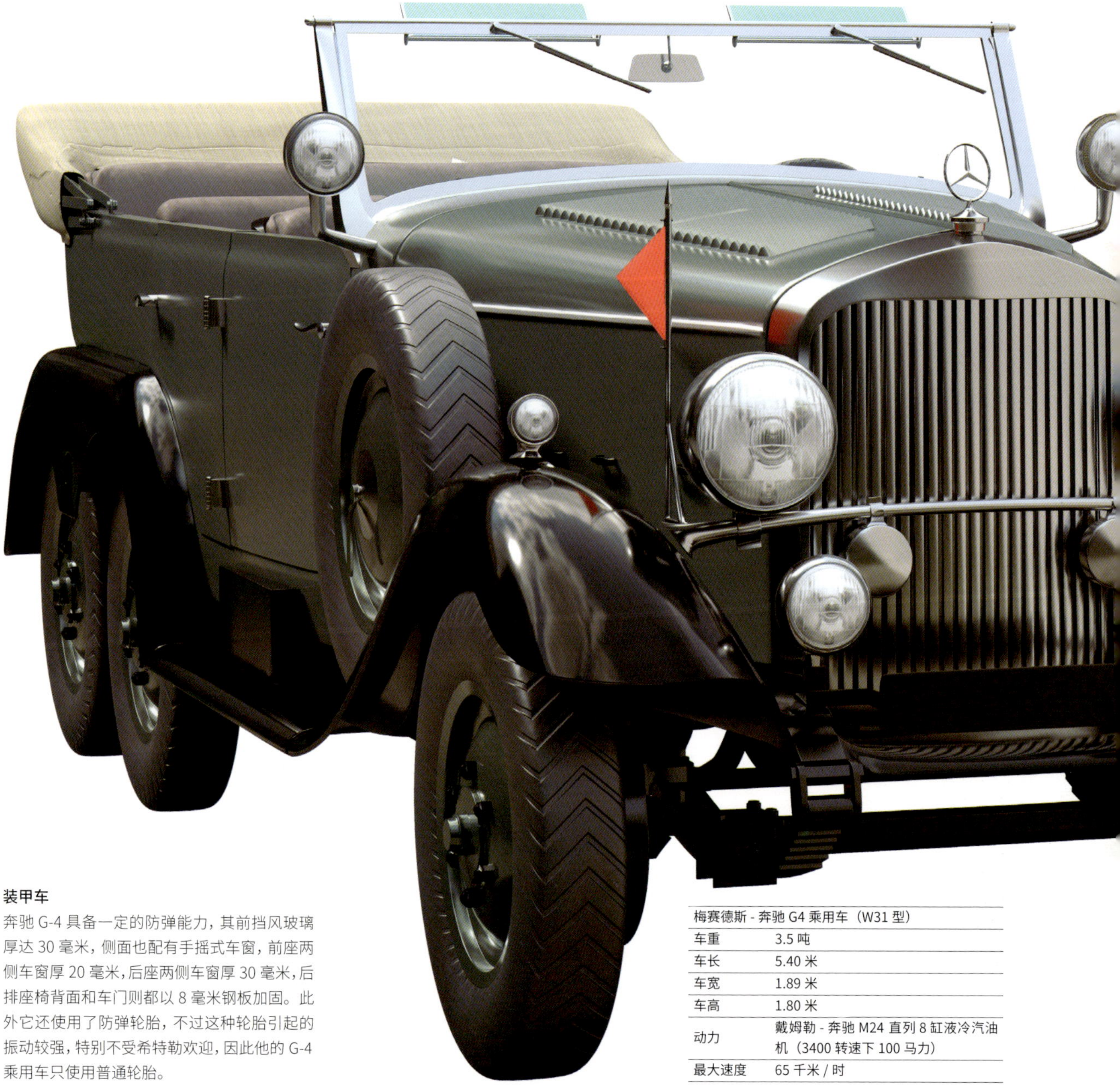

装甲车

奔驰 G-4 具备一定的防弹能力，其前挡风玻璃厚达 30 毫米，侧面也配有手摇式车窗，前座两侧车窗厚 20 毫米，后座两侧车窗厚 30 毫米，后排座椅背面和车门则都以 8 毫米钢板加固。此外它还使用了防弹轮胎，不过这种轮胎引起的振动较强，特别不受希特勒欢迎，因此他的 G-4 乘用车只使用普通轮胎。

梅赛德斯 - 奔驰 G4 乘用车（W31 型）	
车重	3.5 吨
车长	5.40 米
车宽	1.89 米
车高	1.80 米
动力	戴姆勒 - 奔驰 M24 直列 8 缸液冷汽油机（3400 转速下 100 马力）
最大速度	65 千米 / 时

直列 8 缸发动机

奔驰 G-4 使用戴姆勒 - 奔驰 M24 系列直列 8 缸发动机。其中 1934 至 1936 年生产的 G-4 安装的是 5.0 升发动机，功率为 100 马力；1937 年生产的 G-4 安装的是 5.3 升发动机，功率提升至 105 马力。1938 至 1939 年，奔驰 G-4 的功率进一步提升，换装 110 马力的 5.4 升发动机。虽然功率强劲，但受车重和越野轮胎等因素的限制，奔驰 G-4 的速度并不算太快，甚至比不上一些货运卡车。

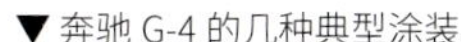

▼ 奔驰 G-4 的几种典型涂装。

6×4 轿车

奔驰 G-4 是一款 6×4 轿车，前桥为转向桥，后桥为驱动桥。前后桥都采用钢板弹簧非独立悬挂，后桥配有自锁差速器，6 个车轮都有液压制动器。奔驰 G-4 备一定的越野能力，但其 3.5 吨的车重对一辆乘用越野车来说过于沉重了。

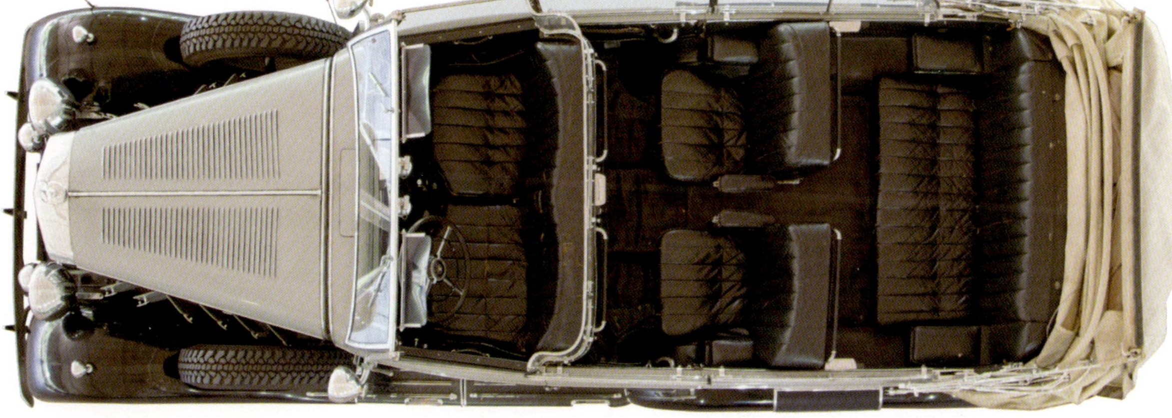

奢华的座椅

奔驰 G-4 共有三排座椅，前后为连排座椅，中间为两个并排的单人座椅，可供 1 名司机和 6 名乘客使用。后两排座椅都设有扶手，中间排单人座椅之间留有空隙以方便后排人员进出。座椅以昂贵的皮革材质为面料，坐垫和靠背都非常厚实、柔软且贴合人体曲线。

威利斯 MB/ 福特 GPW

广泛装备美国陆军的吉普车，堪称 20 世纪最具影响力的军用战术车辆。陆军官方将其称为 0.25 吨 4×4 载重汽车，该车的两家生产商则分别称其为威利斯 MB 和福特 GPW。

威利斯公司的 0.25 吨载重汽车以班塔姆 BRC 汽车为基础设计而成，因结实耐用、越野性能出色在美国战争部的招标中脱颖而出。与此同时，福特公司也承诺按威利斯的设计生产车辆并提供关键零部件，这打动了美国政府，再加上《租借法案》实施后美国对军用车辆的需求激增，因此福特也得以参与 0.25 吨载重汽车的生产。事实证明，这种车辆完美平衡了机动性、耐用性和实用性，并且可以以低廉的成本大量生产，因此成了盟军部队战斗力的重要保障。

简陋的行驶机器

威利斯 MB/ 福特 GPW 采用前置四驱布局，拥有刚性车架，前后桥皆为钢板弹簧非独立悬挂且配有液压减震器。其车厢为开放式设计，有前后两排座椅，后排座椅比较狭窄。由于悬挂和座椅都偏硬且对乘员的遮蔽不足，其驾乘体验远算不上舒适。

散热器格栅

威利斯 MB/ 福特 GPW	
驾驶员	1 人
车重	1.11 吨 *
有效载重	363 千克
牵引负载	454 千克
车长	3.36 米
车宽	1.575 米
车高	1.02 米（至发动机盖上沿）
轴距	2.03 米
轮距	1.24 米
动力	威利斯 441 型直列 4 缸液冷汽油机（4000 转速下 60 马力）
最大速度	104.7 千米 / 时
最大行程	351 千米
爬坡角度	60%
涉水深	0.53 米
最小转弯半径	5.3 米

* 装载汽油和水，无其他负载

来自盟友的称谓

根据《租借法案》，0.25 吨载重汽车被大量援助给同盟国军队。在英国它通常称作"威利斯 0.25 吨（5 英担）4×4 汽车"，有时也叫"威利斯 - 班塔姆"，不过最受欢迎的名字是"闪电越野车"（Blitz Buggy）。

▲ 英国皇家特种空勤团装备的福特 GPW 巡逻车，画面右侧站立者是特种空勤团首任指挥官大卫 · 斯特林。

美军俚语"吉普"（Jeep）本是"新兵"的意思，虽然这个词在军中流传多年，但开始时士兵们并不用它专指威利斯 MB/ 福特 GPW，很多时候这是对 0.5 吨载重汽车的称呼，0.25 吨载重汽车则称作"吉普之子"或"婴儿吉普"。最先用"吉普"指代威利斯 MB 的是威利斯公司的试车员欧文 · 豪斯曼，这个词后来通过《华盛顿每日新闻》的一篇报道进入公众视野。随着威利斯和福特先后开始在广告宣传中使用"吉普"称呼威利斯 MB/ 福特 GPW，这个说法变得越来越流行。

▼ 0.25 吨载重汽车的车架及悬挂。

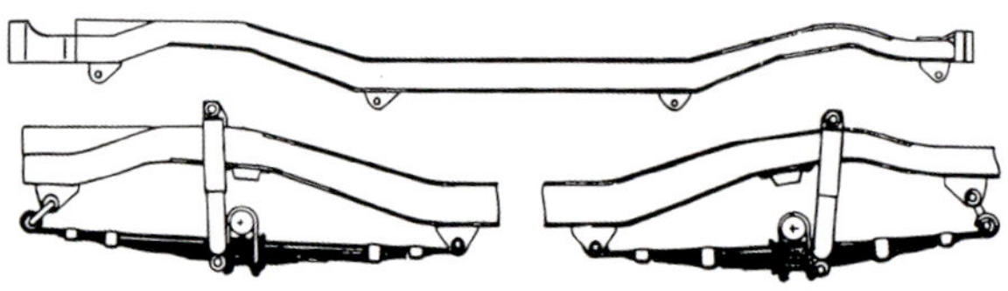

可折叠的后靠背

▼ 0.25 吨载重汽车的车内布局。

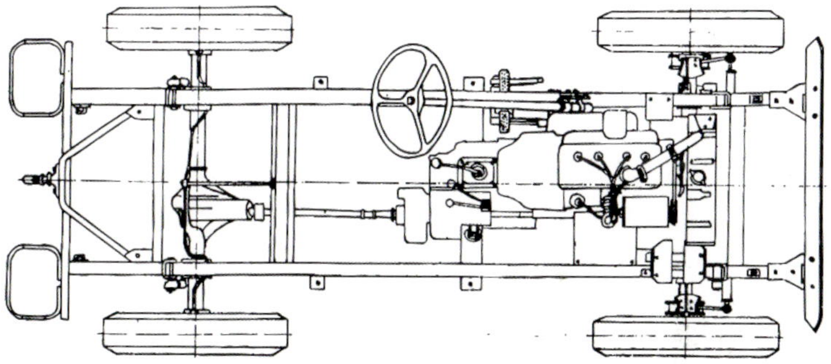

▼ 0.25 吨载重汽车的底盘。

直列4缸发动机

威利斯MB与福特GPW都使用威利斯L134型直列4缸发动机，排气量2.2升，额定功率60马力，峰值扭矩142牛·米。这台绰号“Go Devil”的发动机是威利斯0.25吨载重汽车赢得美国战争部招标的关键。

可折叠的前挡风玻璃

可折叠的帆布支撑架

▲ 1942年印刷的美国战争海报，一辆载着四名士兵的吉普车在飞驰，海报上的文字为“和你相比，他们有更重要的目的地”和“节约橡胶，现在检查你的轮胎”，旨在劝导民众节约战争资源。

Motorcycles

摩托车

早在一战之前摩托车就已经是一种较为成熟的交通工具了。它虽然在载重能力方面不及汽车，越野能力的上限也无法和越野车相提并论，但具有体积小、重量轻、速度快、道路适应性好、便于隐蔽的优点，非常适合执行侦察、通信/联络任务，搭载武器后亦能担任火力支援的角色，因此在二战中得到了广泛应用。一些二战期间的摩托车厂商，比如宝马、哈雷-戴维森等，在今天仍然是行业的佼佼者，战时的生产经历无疑是其品牌价值的重要组成部分。

Sd.Kfz.2 履带式摩托车

1940 年，德国内卡苏尔姆的 NSU 公司收到了建造一种 0.5 吨牵引车的委托。该公司推出了一种半履带车辆设计，后来发展成为 Sd.Kfz.2。

这种车辆配有一个类似摩托车的前叉以方便转向，可能正是这个原因让它获得了"履带式摩托车"(Kettenkraftrad) 的官方名称。然而 Sd.Kfz.2 并不执行那些通常由摩托车来完成的任务，它实际上是一种轻型牵引车，许多不同的兵种都使用过它。

士兵们对 Sd.Kfz.2 的喜爱在很大程度上是因为它越野性能出色，操控性非常好，而且速度也很快。Sd.Kfz.2 在普通道路上能以 70 千米/时的速度行驶，另外与同时代同等重量的车辆相比，它的燃料消耗相对较少。

当然，Sd.Kfz.2 并不是一种完美的军用载具。在 1942 年年底以前它一直存在前叉强度不足的问题，而且直到战争结束，转向机构易出故障和倒挡齿轮易损坏的缺陷都没有被消除。另外，由于重心相对较高，而车辆宽度又很小，它在斜坡上行驶时有翻倒的危险。

这种车辆总共建造了 8345 辆，战争结束后生产还持续了三年，战后主要应用在农业和林业领域。在战后的很长一段时间里都没有一家越野车制造商成功地推出越野能力赶得上"履带式摩托车"的类似产品。

今天"履带式摩托车"仍然是收藏家和博物馆游客们非常感兴趣的车辆，前叉和履带这对奇妙组合魅力不减当年。

电话线铺设车

Sd.Kfz.2 有两个变体，分别是 Sd.Kfz.2/1 和 Sd.Kfz.2/2，它们都是电话线铺设车，前者铺设普通的电话线，后者则用于布设电话交换机的强化电缆。

Sd.Kfz.2/1

Sd.Kfz.2/2

▲ Sd.Kfz.2 正被装入 Ju-52 运输机，能用 Ju-52 空运是其设计要求之一。

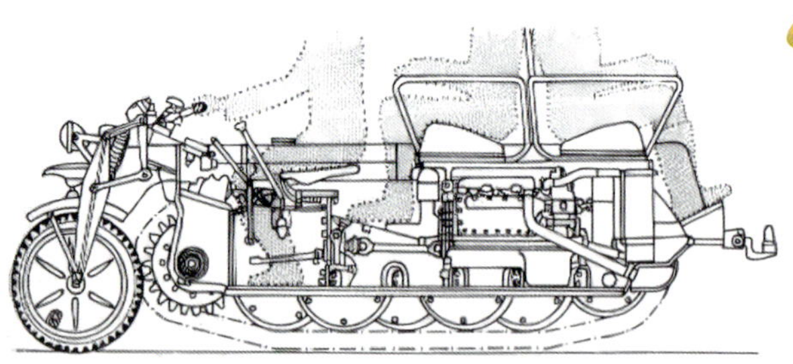

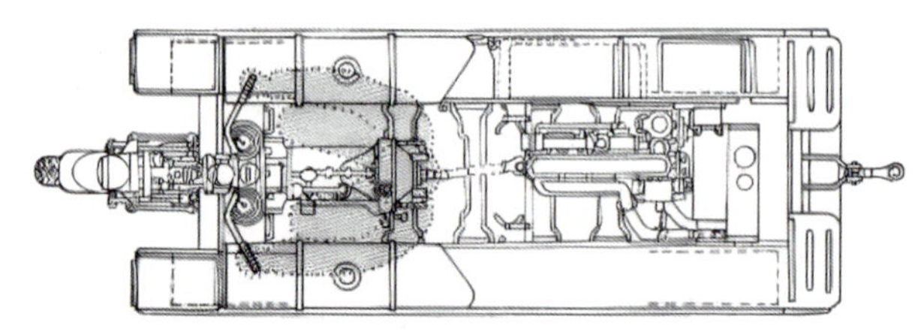

三人"摩托"

包括驾驶员在内，Sd.Kfz.2 的车厢可以容纳 3 人，其中驾驶员的鞍形座椅设在变速箱上方，两名载员则位于发动机上方。

摩托式前叉

Sd.Kfz.2 的转向机构是摩托式前叉而不是方向盘，这一点让人印象十分深刻。"履带式摩托车"这个官方名称很可能因此而来。本质上讲，它其实是一辆半履带车。

Sd.Kfz.2 履带式摩托车	
车重	1.28 吨
车长	3.00 米
车宽	1.00 米
车高	1.20 米
轴距	2.4 米
动力	欧宝“奥利匹亚”4 缸液冷汽油机（3400 转速下 36 马力）
最大速度	70 千米 / 时
最大行程	260 千米
有效载荷	325 千克（含乘员）
牵引负载	450 千克
涉水深	0.44 米
最小转弯半径	4.5 米

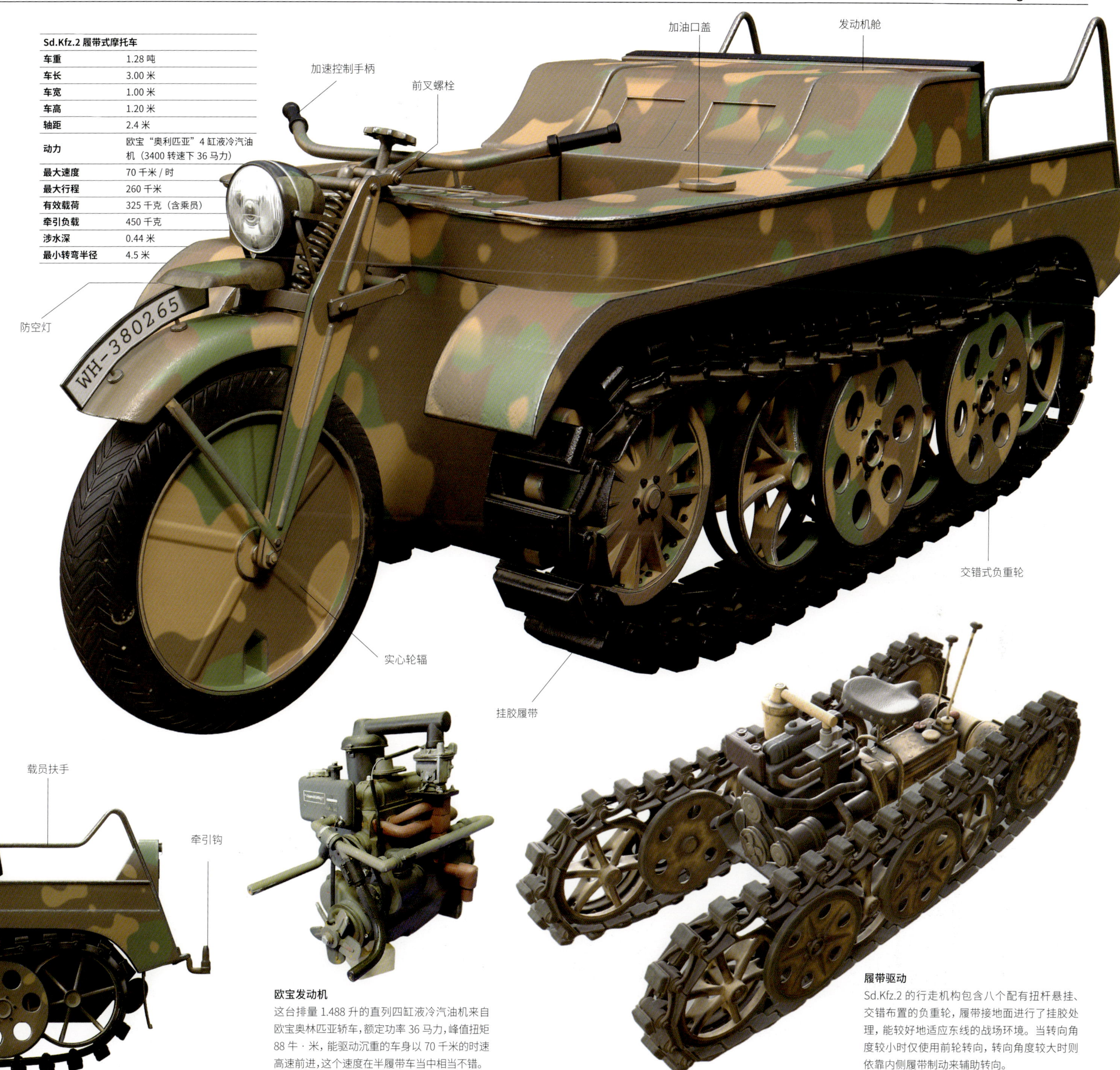

欧宝发动机

这台排量 1.488 升的直列四缸液冷汽油机来自欧宝奥林匹亚轿车，额定功率 36 马力，峰值扭矩 88 牛 · 米，能驱动沉重的车身以 70 千米的时速高速前进，这个速度在半履带车当中相当不错。

履带驱动

Sd.Kfz.2 的行走机构包含八个配有扭杆悬挂、交错布置的负重轮，履带接地面进行了挂胶处理，能较好地适应东线的战场环境。当转向角度较小时仅使用前轮转向，转向角度较大时则依靠内侧履带制动来辅助转向。

宝马 R75 摩托车

宝马 R75 是德国在 1941 至 1944 年制造的边三轮摩托车，被德国国防军广泛使用。它具备倒车挡，且边轮也有驱动装置，另外还能以极低的车速正常行驶数小时。这种摩托车十分可靠，能够在缺乏维护和使用劣质燃料的条件下运行，但它的造价也十分昂贵，战争中后期的原材料短缺和使用缺乏培训的战俘劳工更是削弱了产能。相比之下，德军更喜欢价格实惠的且适合大规模生产的大众四轮越野车，因此宝马 R75 在 1944 年 10 月停产。如今宝马 R75 备受摩托车收藏家的追捧，一辆经过良好修复的 R75 不仅能够胜任日常驾驶，也是非常有格调的旅行工具。

▲ 二战期间的宣传画：宝马 R75，新的重型摩托。

宝马 R75 摩托车	
车重	400 千克
有效载荷	270 千克
车长	2.40 米
车宽	1.73 米（含挎斗）
车高	1.00 米
轴距	1.444 米
动力	宝马 275/2 四冲程双缸气冷汽油机（4400 转速下 26 马力）
最大速度	92 千米 / 时
最大行程	340 千米
涉水深	0.35 米

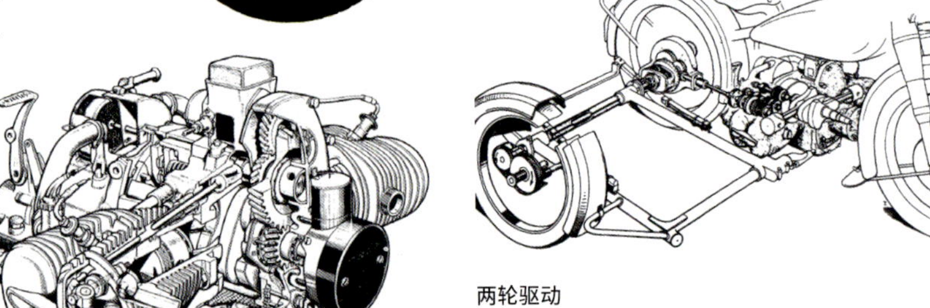

双缸发动机

宝马 R-75 的动力来自一台 275/2 型四冲程水平对置双缸发动机，冷却方式为气冷，排气量 745 毫升，额定功率 26 马力，峰值扭矩 49 牛 · 米。

两轮驱动

宝马 R-75 最突出的设计特点就是边轮也输出动力，这一点通过后轮右侧的锁止差速器来实现，它可以保证后轮和边轮的动力比值为 7/3。值得一提的是，宝马 R-75 的分动箱不仅具备倒车挡，而且还有低速越野挡，可以放大扭矩以应对恶劣路况。

空气滤清器

油箱上方头盔状金属盖里容纳的是空气滤清器。这个装置原本在变速箱上方，但在路况恶劣的东线战场会被水和泥浆灌满，因此 1942 年 6 月之后生产的宝马 R75 将空气滤清器移到了油箱上面。

WH-900686

伸缩筒式前叉

哈雷 - 戴维森 WLA 摩托车

哈雷 - 戴维森公司是历史悠久的军用摩托车制造商，从一战开始就为美军提供摩托车。二战时期生产的 WLA 是其最著名的产品，几乎成了美国军用摩托的代表。WLA 由民用的 WL 摩托车改进而来，整体上与民用版非常相似。在其名称中，W 是车系名称，L 代表采用高压缩比发动机，A 则表示供陆军使用。WLA 及其变体在战争期间大约生产了 8 万辆，主要用来执行纠察、护卫、送信、侦察等任务。在同盟国军队中它的绰号是“解放者”。

喇叭

点火控制手柄

油浴空气滤清器

防空灯

驻车灯

节流阀调节手柄

启动踏板

V 型发动机

哈雷 - 戴维森 WLA 由一台排量 739.4 毫升的 V 型双缸发动机驱动，两个气缸的夹角为 45 度。使用大排量的 V 型双缸发动机是美式摩托的一大特色。

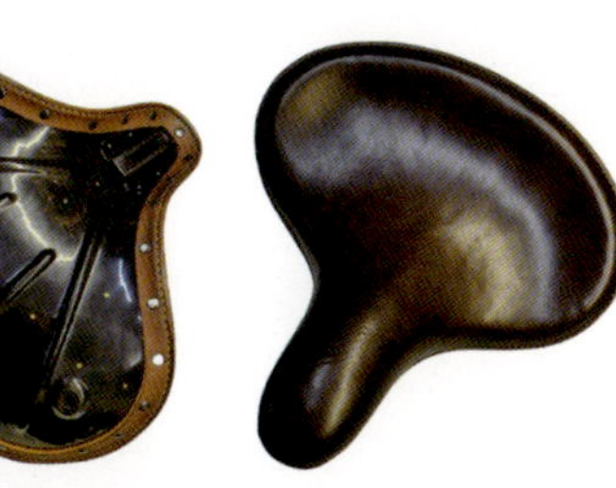

座椅

鞍式座椅本体为钢质，外覆皮革，座椅和车架的连杆下设有减震弹簧。

骑行与射击

起初美国陆军认为骑手可以一边驾驶摩托车一边开枪射击，但测试表明同时做这两件事几乎是不可能的，一心二用在高速行驶或通过崎岖不平的地面时尤为危险。绝大多数情况下骑手都会停下车来依托摩托车射击。

挎斗

美军的哈雷 - 戴维森 WLA 并不用于突击任务，因此很少装备挎斗。但苏军的情况有所不同，包括美国援助的哈雷 - 戴维森 WLA 在内的很多摩托车会直接参与战斗，因此安装了挎斗并配备了机枪甚至迫击炮等武器。

哈雷 - 戴维森 WLA 摩托车	
车重	243 千克
有效载荷	90.7 千克
车长	2.24 米
车宽	0.92 米
车高	1.04 米
轴距	1.46 米
动力	哈雷 - 戴维森 WLA 四冲程 V 型双缸气冷汽油机（4500 转速下 25 马力）
最大速度	104.7 千米 / 时
最大行程	161 千米
涉水深	0.46 米
最小转弯半径	2.29 米（左转）/2.21 米（右转）